Pawlowski-Doemens

Die brautechnischen Untersuchungsmethoden

Bearbeitet von Dr. Albert Doemens

Fünfte Auflage

Mit 90 Abbildungen im Text
und 14 Tabellen

München und Berlin 1938

Verlag von R. Oldenbourg

Druck von R. Oldenbourg, München

Printed in Germany

VORWORT.

Die vorliegende fünfte Auflage enthält wieder manche neue Arbeitsmethoden. Bei der überaus großen Anzahl von Neuerscheinungen mußte jedoch mit Rücksicht auf den Umfang des Buches eine sorgfältige Auswahl getroffen werden und der Verfasser sich, wenn auch oft schweren Herzens, manche Beschränkung auferlegen. In solchen Fällen begnügte ich mich mit dem Hinweis auf die betreffende Literaturstelle. Ebenso wurde bei den aus der vierten Auflage nicht übernommenen Kapiteln auf die betreffende Stelle in der vierten Auflage verwiesen. Die zahlreichen, von Freunden des Buches mir zugegangenen dankenswerten Anregungen fanden nach Möglichkeit Berücksichtigung. So wird auch das Stichwortverzeichnis sich gewiß als angenehme, den Gebrauch des Buches sehr erleichternde Neuerung erweisen.

Die Vereinbarungen der mitteleuropäischen brautechnischen Versuchsstationen zu den Untersuchungen der verschiedenen Braumaterialien und Brauereihilfsstoffen wurden eingehendst berücksichtigt.

Wenn die neue Auflage sich als geeignet erweisen wird, den guten Ruf des »Pawlowski« in der ganzen Brauerwelt zu erhalten, so verdanke ich dieses zum großen Teil der Mithilfe der Wissenschaftlichen Station für Brauerei in München, Für ihre wertvolle Mitwirkung gestatte ich mir den Herren Dr. G. Nowak, Dr. C. Enders und F. M. Wieninger dieses Institutes an dieser Stelle meinen herzlichsten Dank zum Ausdruck zu bringen.

München, Januar 1938.

Dr. Doemens.

INHALTSÜBERSICHT.

Seite

Seite

I. Allgemeines.

Zur Beachtung: Die Vorschriften für die Herstellung der Reagenzlösungen, auf welche im Text durch Angabe der Nummern der Lösungen verwiesen ist, finden sich am Schlusse des Buches. Ebenso sind die numerierten Tabellen am Schlusse des Buches zusammengestellt.

Die Temperaturangaben beziehen sich ausschließlich auf Grade der hundertteiligen Skala, sog. Celsiusgrade. Die jedesmalige Beifügung der Bezeichnung »C« wurde für überflüssig erachtet.

Unter »Wasser« ist durchweg reines Wasser (destilliertes Wasser) zu verstehen. Der Zusatz »dest.« wurde nur in solchen Fällen gemacht, wo — wie bei der Wasseranalyse — eine Verwechslung mit Brunnenwasser nicht ganz ausgeschlossen erschien.

A. Waagen und Gewichte.

Für die Tarierwaage genügt eine Empfindlichkeit von 0,05 bis 0,10 g bei 500 g Belastung, für die analytische Waage von ca. 1 mg bei 100 g Belastung, d. h. die Einstellung der Waage soll sich bei einer Zulage von 0,05—0,1 g bzw. 1 mg um einen Skalenteil verschieben. Es empfiehlt sich sehr, die Waagen auf Gleicharmigkeit des Waagebalkens zu prüfen. Am einfachsten geschieht dies, indem man zunächst die Waage genau auf 0 einstellt, dann jede Waagschale mit ungefähr dem Höchstgewicht belastet, so daß wieder die Waage auf 0 steht und hierauf die beiden Gewichte vertauscht. War z. B. die Waage im Gleichgewicht mit links 500-g-Gewicht Nr. 1 und rechts 500-g-Gewicht Nr. 2 + 0,1 g, so würde der Waagebalken vollkommen gleicharmig sein, wenn 500-g-Gewicht Nr. 2 + 0,1 g links und 500-g-Gewicht Nr. 1 rechts wieder Gleichgewicht gäbe. Wäre aber im letzteren Falle die Zulage von 0,1 g zu 500-g-Gewicht Nr. 2 nicht erforderlich, so ist der linke Waagebalkenarm (= l) offenbar länger als der rechte (= r), und zwar ergibt sich für das Verhältnis $\frac{l}{r}$ der Wert $1 + \frac{0,1}{500 \times 2} = 1,0001$. Demnach ist auch ein auf der linken Waagschale stehender Körper 1,0001 mal so schwer als die zu seiner Austarierung auf der rechten Waagschale erforderlichen Gewichtsstücke. Das Verhältnis $\frac{l}{r}$ ergibt sich allgemein aus der Formel

$$\frac{l}{r} = 1 + \frac{Z_1 + Z_2}{2 \times P}.$$

Wobei Z_1 die bei der ersten Wägung, Z_2 die bei der zweiten Wägung rechts erforderlich gewesene Zulage in g und P das Hauptgewicht auf einer Waagschale in g bedeutet. Eventuell links erforderlich gewesene Zulagen gelten mit negativem Vorzeichen für rechts. Man beachte, daß $\frac{l}{r}$ bei einseitiger Erwärmung der Waage (Besonnung, Nähe einer Gasflamme usw.) sich wesentlich verändern kann. Will man nicht jedesmal die Korrektur für das Waagebalkenarmverhältnis anbringen, so gewöhne man sich wenigstens an, den zu wägenden Gegenstand immer auf die gleiche Waagschale (etwa links) zu setzen. Ganz unabhängig macht man sich von der Ungleicharmigkeit der Waage, wenn man zum Wägen die Substitutionsmethode anwendet. Nach dieser wird der Gegenstand zunächst mit einem Tariergewichtssatz genau austariert, dann nimmt man den Gegenstand von der Waage herunter und ersetzt ihn durch Gewichte des genauen Gewichtssatzes, bis die Waage wieder im Gleichgewicht ist. Die dazu erforderlichen Gewichte sind natürlich gleich dem Gewichte des Körpers.

Zur Kontrolle der Gewichte hält man sich am besten einen Normalgewichtssatz mit Tabelle für die Fehler der einzelnen Gewichtsstücke. Diese Normalgewichte sollen aus dem gleichen Material hergestellt sein wie die Gebrauchsgewichte, um den Einfluß des Luftauftriebs auszuschalten. Sie sind möglichst vor Staub, Temperaturwechsel, Feuchtigkeit und Laboratoriumsdämpfen geschützt aufzubewahren, am besten in einem mit Rohseide ausgelegten Etui. Der Vergleich der Gewichte mit den Normalgewichten soll nur nach obiger Substitutionsmethode erfolgen.

B. Thermometer.

Zur Kontrolle der Betriebs- wie der Laboratoriumsthermometer hält man sich ein geprüftes Thermometer mit Fehlertabelle, ein sog. Normalthermometer. Dasselbe soll aus Jenaer Normalglas 16^{III} gefertigt und mit Milchglasskala von 0 bis 100^0, am besten in Fünftel Grade geteilt, versehen sein. Die Angabe in schmelzendem Eis ist, namentlich im Anfang, etwa alle halbe Jahre zu prüfen. Ergibt sich dabei ein Ansteigen des Eispunktes z. B. um $0{,}1^0$, so ist auch an allen anderen Punkten der Skala die Angabe um $0{,}1^0$ gestiegen, die Fehlertabelle ist aber entsprechend zu korrigieren.

C. Meßgefäße.

Die genauesten Messungen gestatten die Pipetten (Voll- und Meßpipetten). Das angegebene Volumen bezieht sich auf die aus dem Instrument auslaufende Flüssigkeit. Entweder muß man von einer bis zur anderen Marke (immer mit angelegter Spitze) oder ganz auslaufen lassen. Die Meßkolben dienen hauptsächlich zum Auffüllen auf ein bestimmtes Volumen, zum Verdünnen. Ein gefüllter 200-cm^3-Kolben enthält 200 cm^3 Flüssigkeit, beim Ausgießen laufen aber natürlich nicht vollständig 200 cm^3 aus. Die Meßzylinder dienen nur zu ganz beiläufigen Messungen. Beim Arbeiten mit der Bürette ist die Luft aus der Auslaufspitze durch Vorschießenlassen immer sorgfältig zu entfernen. Abgelesen wird bei allen Meßgefäßen in der Regel am unteren Meniskus und auch auf diesen eingestellt, nur bei Flüssigkeiten, die infolge ihrer dunklen Farbe nicht genügend durchsichtig sind, kann auch auf den oberen Rand eingestellt werden. Zur Vermeidung von Parallaxenfehlern, welche dadurch entstehen, daß Auge, Marke und unterster Punkt des Meniskus nicht in einer geraden Linie sich befinden, achte man darauf, daß die als Kreis um das ganze Glasrohr herumgezogene Marke eine waagerechte gerade Linie bildet, daß also der vordere und hintere Teil der Marke sich decken. Die Marke soll daher immer um das ganze Rohr herumgehen oder wenigstens bis zu etwa $^2/_3$ des Rohrumfanges, was auch bei Büretten gut durchführbar (wenn auch etwas teurer) ist. Bei Büretten mit kürzeren Skalenstrichen, wie sie meistens in Gebrauch sind, hat man vielfach zur Vermeidung der Parallaxe die hintere Bürettenwand mit einem blauen Streifen auf Milchglashintergrund versehen. Der Meniskus wird dadurch für das Auge in zwei Teile geteilt, welche mit ihren spitzen Enden in der Mitte zusammenstoßen. An dem Berührungspunkt ist alsdann die Skala genau abzulesen. Einfacher und besser ist die Bergmannsche Visierblende, die man nahe unter dem Flüssigkeitsniveau um die Bürette legt und dann das Auge in eine Lage bringt, daß die obere Fläche der Blende vom Blick gestreift wird.

Alle Meßgefäße, ob normal oder Handelsware, besonders aber die Pipetten, sind vor Ingebrauchnahme auf ihre Genauigkeit zu prüfen, zu eichen, da sie vielfach ziemlich große Fehler aufweisen. Die Eichung geschieht durch Auswägen mit destilliertem Wasser bei ca. 15° C. Der Raum, den bei dieser Temperatur 1 g Wasser in Luft gewogen einnimmt, bezeichnet man als Mohrschen Kubikzentimeter, auf solche beziehen sich gewöhnlich auch die Angaben auf den Meßgefäßen, und zwar gewöhnlich für eine Temperatur des Meßgefäßes von ebenfalls 15°. 1 cm^3 nach Mohr = 1,00194 cm^3 wirklich. Zum Auswägen von Pipetten und Büretten tariere man sich ein sog. Wägeglas (trocken), soweit die Tragfähigkeit der Waage es gestattet auf der analytischen Waage, gebe das abgemessene Quantum Wasser hinein und wäge das wieder verschlossene Glas. Büretten wäge man aus von 5 zu 5 cm^3, immer wieder von 0 ab, also 5, 10, 15 . . 50 cm^3. Ebenso wäge man Meßpipetten aus in etwa 4—10 Anteilen. Meßkolben werden erst leer und trocken tariert, dann zur Marke aufgefüllt, evtl. nach dem Temperieren in einem Wasserbad, genau eingestellt und wieder gewogen. Fehler bei größeren Gefäßen von $^1/_{1000}$, bei kleineren, etwa unter 10 cm^3, von $^1/_{500}$ können beim Gebrauch unberücksichtigt bleiben. Ist es nicht möglich, bei der Eichung die Normaltemperatur von 15° ziemlich genau einzuhalten, so kann man die bei anderen Temperaturen erhaltenen Zahlen durch Multiplikation mit nachstehenden Faktoren, die mit einem kubischen Ausdehnungskoeffitienten des Glases von 0,000027 errechnet sind, auf 15° umrechnen.

Temp.	Faktor	Temp.	Faktor
12°	0,99968	19°	1,00059
13°	0,99978	20°	1,00077
14°	0,99988	21°	1,00095
15°	1,00000	22°	1,00114
16°	1,00013	23°	1,00135
17°	1,00027	24°	1,00156
18°	1,00042	25°	1,00179.

D. Doppelbestimmung.

In der Regel sind alle Bestimmungen doppelt auszuführen. Geht die Differenz nicht über die zulässige Fehlergrenze hinaus, so nehme man von beiden gewonnenen Zahlen das arithmetische Mittel. Im allgemeinen gilt bei chemischen Bestimmungen als zulässige Fehlergrenze 1% der gefundenen Zahl. Wären also z. B. 200 und 202 mg gefunden worden, so gilt 201 mg als die richtige Zahl. Die Doppelbestimmung kann aber auch nicht in allen Fällen als genügende Sicherheit gegen fehlerhafte Bestimmungen betrachtet werden. Wenn, wie bei Maischversuchen und spezifischen Gewichtsbestimmungen, Temperatureinflüsse und subjektive Beurteilungen eine Rolle spielen, ist es manchmal empfehlenswert, die zwei Bestimmungen an zwei verschiedenen Tagen vorzunehmen. Die größte Sicherheit ist gegeben, wenn nach verschiedenen Methoden übereinstimmende Resultate erzielt werden.

E. Berechnung der Resultate.

Die durch Rechnung sich ergebenden Zahlen, besonders die Schlußzahl, sind sinngemäß abzurunden, denn es hat selbstverständlich keinen Zweck, einen bei einer Division sich ergebenden unendlichen Dezimalbruch auf die 4. oder 5. Dezimalstelle auszurechnen, wenn die Genauigkeit der Methode nur bis in die 1. oder 2. Dezimalstelle reicht. Bei sich häufiger wiederholenden, gleichartigen Bestimmungen gewöhne man sich an, das Verhältnis der durch die Wägung direkt gefundenen Zahl zur Schlußzahl mit früheren Bestimmungen durch Schätzung zu vergleichen; gröbere Fehler können dadurch sehr oft vermieden werden. Man habe z. B. bei einer früheren Bestimmung gefunden, daß ein Gewicht der Würze im 50-cm³-Pyknometer von 51,660 g einem Extraktgehalt des Malzes von 72,9% entspricht und fände mit demselben Pyknometer bei einem anderen Malz von annähernd gleichem Wassergehalt das Gewicht der Würze = 51,680 g, so sind jetzt rund 50 cm³ um 0,02 g oder 1 cm³ 0,0004 g schwerer, also ist auch das spezifische Gewicht um 4 in der 4. Dezimale höher, daher der Extraktgehalt der (ca. 8proz.) Würze um rund 0,1 höher; daher erhöhen sich 80 Extrakt um 1 und 73 um etwa 0,9. Daher muß der Extraktgehalt des Malzes jetzt rund 72,9 + 0,9 = 73,8% betragen.

Der Rechenstab.

Wer keine Rechenmaschine zur Verfügung hat, kann sich das Rechnen außerordentlich erleichtern durch Benutzung eines Rechenstabes. Für Laboratoriumszwecke empfiehlt sich besonders der größere Rechenstab mit 50 cm langer Skala. Bei diesem beträgt der Ablesungsfehler höchstens 0,1% der gesuchten Zahl, was in den meisten Fällen vollkommen genügt. Bei Berechnung größerer Ansätze mit mehreren Multiplikationen und Divisionen kann man annehmen, daß die Ablesungsfehler sich gegenseitig ungefähr aufheben. Benutzung einer Lupe erhöht die Ablesungsgenauigkeit. Zum mindesten kann der Rechenstab immer dazu dienen eine durchgeführte Berechnung zu kontrollieren; nennenswerte Fehler, wie sie besonders bei der Division leicht vorkommen, werden so leicht entdeckt.

Im Text ist bei den wichtigsten Berechnungen durch ein »R-St« auf die Anwendung des Rechenstabes aufmerksam gemacht.

Rechnen mit Logarithmen.

Der Hauptzweck des Rechnens mit Logarithmen ist die Sicherung gegen Rechenfehler, welche darin besteht, daß Multiplizieren und Dividieren sich in Addieren und Subtrahieren verwandeln. Die Genauigkeit bei Anwendung fünfstelliger Logarithmen geht bis zu einer Einheit in der fünften Stelle der gesuchten Zahl. An Zeit wird nur dann gespart, wenn es sich um größere Ansätze handelt und der Rechenstab nicht mehr genügend genau erscheint, sonst ist der Rechenstab vorteilhafter.

F. Kontrolle der wichtigsten Bestimmungen.

Um sich von der Genauigkeit seiner Arbeiten zu überzeugen, nimmt man am besten eine Bestimmung vor in einer Substanz von bekanntem Gehalt. Soweit die wichtigsten brautechnischen Untersuchungen in Betracht kommen, sind besonders nachstehend Kontrollbestimmungen empfehlenswert. In Betriebslaboratorien tätige Anfänger werden gut tun, von Zeit zu Zeit eine Kontrollanalyse, besonders von Malz, an einer Versuchsstation vornehmen zu lassen oder sich ein an der Station frisch untersuchtes Malz kommen zu lassen.

Die in den nachstehenden Beispielen angeführten Zahlen wurden unter Anwendung der gewöhnlichen Methoden und Apparate tatsächlich gefunden.

1. Zuckerbestimmung.

Von chemisch reinem Rohrzucker (Saccharose) werden auf der analytischen Waage genau 32 g abgewogen, quantitativ in einen gewogenen Glaskolben mit Gummistopfen gebracht, auf der Tarierwaage mit Wasser genau auf 399,6 g (= rund 400 g im Vakuum) aufgefüllt und gelöst. Von dieser Lösung, welche genau 8 Gew.-% Zucker enthält, kann man nun den Zuckergehalt bestimmen nach dem spezifischen Gewicht, mittels Schwebekörper und durch Polarisation.

a) Nach dem spezifischen Gewicht.

Das spezifische Gewicht wurde nach den unter Malz gegebenen Vorschriften gefunden zu 1,03184, während nach Tabelle 2 eine 8proz. Zuckerlösung das spezifische Gewicht 1,03182 zeigt.

b) Mittels Schwebekörper.

Die Methode ist unter Malzuntersuchung genau beschrieben. Bei Zuckerlösung ist zu beachten, daß sich leicht Luftbläschen an den Schwebekörper ansetzen, die durch wiederholtes Herausheben des Schwebekörpers mittels Rührer und Thermometer sorgfältig entfernt werden müssen. Noch besser ist, die Zuckerlösung vor dem Auffüllen mit Wasser mittels der Wasserstrahlsaugpumpe zu entlüften. Es wurde gefunden 7,995 statt 8,0 Gew.-%.

c) Durch Polarisation.

Mittels des unter Gerste beschriebenen Lippich-Apparates wurde bei 20° der Winkel $\alpha = +\ 10{,}94$ gefunden. Da das spezifische Drehungsvermögen des Rohrzuckers für 20° bei einer 8prozentigen Lösung 66,5 beträgt, so entsprechen 10,94° einem Zuckergehalt von $\frac{10{,}94 \times 50}{66{,}5} = 8{,}226$ g in 100 cm³, entsprechend (s. Tabelle 2) 7,974 Gew.-%.

Zuckerbestimmung mittels Fehlingscher Lösung.

Da Rohrzucker die Fehlingsche Lösung nicht reduziert, so ist er zunächst in Invertzucker überzuführen. Am besten verfährt man nach Herzfeld in folgender Weise. Genau 13 g Saccharose werden in einem 100-cm³-Kölbchen in 75 cm³ Wasser gelöst. Nach Zusatz von 5,0 cm³ konz. Salzsäure (Lös. 4a) hält man das Kölbchen zur Invertierung genau 5 Minuten im Wasserbade bei 65—70°. Nach dem Abkühlen, Auffüllen bis zur Marke (100 cm³) und Durchschütteln werden 10 cm³ der Lösung mit Wasser in einem Meßkölbchen auf 200 cm³ verdünnt und von dieser Lösung 25 cm³ mit 25 cm³ Sodalösung, die 1,7 g Na_2CO_3 im Liter enthält, und 50 cm³ Fehlingscher Lösung (Lös. 54) in einem Erlenmeyerkölbchen genau 2 Minuten lang gekocht. Die in Form von Kupferoxydul ausgeschiedene

Kupfermenge wird bestimmt entweder nach Kjeldahl oder nach Kjeldahl-Bertrand. (Beide Methoden sind unter Malzuntersuchung beschrieben.) Es müssen genau 312,2 mg Cu gefunden werden. In einem Falle wurden gefunden nach Methode Kjeldahl 312,7 mg.

Zuckerbestimmung nach Willstätter-Schudel.

Von der obigen auf 200 cm³ verdünnten Invertzuckerlösung gibt man wieder 25 cm³ (= 162,5 mg Rohrzucker) nebst 25 cm³ Sodalösung in ein Erlenmeyerkölbchen, dazu 25 cm³ $N/10$ Jodlösung (Lös. 38) und 3 cm³ N. Natronlauge (Lös. 27) und verfährt weiter, wie in dem Kapitel »Diastatisohe Kraft« unter Malzuntersuchung angegeben ist. Die auf den vorhandenen Zucker verbrauchte $N/10$ Jodlösung ergibt durch Multiplikation mit $18 \times 0,95$ den Rohrzucker. In einem Falle wurden verbraucht 9,42 cm³ $N/10$ Jödlösung, entsprechend $9,42 \times 18 \times 0,95 = 161,1$ mg Rohrzucker statt 162,5 mg.

2. Alkoholbestimmung.

Zunächst ist das spezifische Gewicht des käuflichen reinen Alkohols mittels Pyknometer (s. unter Malzuntersuchung) bei genau 17,5° zu bestimmen. Dabei ist das reine Alkoholgewicht durch das reine Wassergewicht zu dividieren. Eine Umrechnung der Gewichte auf Vakuum ist nicht erforderlich. Hierauf wägt man in einem Wägeglas auf der analytischen Waage ca. 17 g Alkohol genau ab, bringt sie ohne Verlust unter Nachspülen mit Wasser in einen gewogenen Glaskolben von ungefähr ½ l Inhalt und füllt mit Wasser genau auf 400 g auf. Von dieser ungefähr 4proz. Lösung bestimmt man nun direkt wieder das spezifische Gewicht genau wie unter Malzuntersuchung angegeben und ferner den Alkoholgehalt durch Destillation, wie unter Bieruntersuchung angegeben.

In einem Falle wurden folgende Zahlen gefunden:

Gewicht des Pyknometers mit Alkohol	63,8930 g
Leeres Pyknometer	23,1855 g
Alkohol	40,7075 g
Wasserwert des Pyknometers	49,9075 g
Daher spezifisches Gewicht des Alkohols 40,7075 : 49,9075 =	0,81566
Eine zweite Bestimmung ergab	0,81564
Im Mittel	**0,81565**

Dies entspricht nach Tabelle 3 **92,08** Gew.-% Alkohol.

Von diesem Alkohol wurden 17,0903 g mit Wasser auf genau 400 g verdünnt. Daher enthielt die Lösung $\frac{17,0903 \times 0,9208}{4} =$ 3,935 Gew.-% Alkohol.

Das spezifische. Gewicht dieser Lösung wurde gefunden zu 0,99292 und 0,99297, also im Mittel 0,99294, entsprechend (siehe Tabelle 3) 3,947 Gew.-% Alkohol, statt 3,935.

Durch Destillation wurden gefunden 3,917 und 3,900, also im Mittel 3,909 Gew.-%.

3. Stickstoffbestimmung.

Als Kontrollsubstanz eignet sich sehr gut reinstes Glykokoll (am besten Glykokoll Kahlbaum) $H_2NH_2C \cdot COOH$, Mol.-Gew. = 75,05. Von diesem werden angewandt genau 0,30 g $\left(= \frac{14 \times 300}{75,05} = \right.$ 56 mg Stickstoff) und mit Schwefelsäure aufgeschlossen usw., genau wie unter Gerste angegeben. Zum Zurücktitrieren der vorgelegten 50 cm³ $N/10$ Schwefelsäure wurden in einem Falle verbraucht 10,29 cm³ $N/10$ Ammoniak, also wurden 50 — 10,29 = 39,71 cm³ $N/10$ Schwefelsäure von dem überdestillierten Ammoniak gesättigt, diese entsprechen 40,17 × 1,4 = 56,2 mg Stickstoff.

II. Gerste.

Probenahme.

Die nachstehend beschriebenen Methoden für die Gerstenuntersuchung können durchweg in der gleichen Weise auch für Weizen angewandt werden.

Die zur Untersuchung bestimmte Probe muß dem wirklichen Durchschnitt des ganzen Gerstenpostens entsprechen. Man entnehme daher zunächst an verschiedenen Stellen und in verschiedenen Tiefen eine größere Anzahl (mindestens 15—20) Teilproben und gebe diese in eine flache Schüssel oder in ein sonst geeignetes, trockenes Mischgefäß. Zur Entnahme der Proben sind verschiedene Formen von Probesteckern im Gebrauch, sehr empfehlenswert ist der nach Barth-Eckhardt (Abb. 1). Zur automatischen Probenahme haben sich die Probenehmer von Gräfe-Pfungstadt und von Wlokka bewährt. Die Einzelproben werden gründlichst durchgemischt und hierauf die Probe (mindestens 0,5 kg) zur Untersuchung entnommen. Der Versand erfolgt in Flaschen, Konservengläsern oder Blechbüchsen. Papierdüten, Holzschachteln, Leinwandsäckchen usw. sind unzulässig.

A. Mechanisch-physiologische Prüfung.

1. Äußere Merkmale.

Die äußeren Merkmale treten nach Franke viel deutlicher hervor, wenn man die Gerstenprobe vorher ½ bis 1 Stunde in warmem Wasser weicht.

a) Geruch.

Der Geruch der Gerste soll rein strohartig sein; er tritt beim Anhauchen der Probe deutlicher hervor. Die angehauchte Probe darf nicht wieder in die Hauptprobe zurückgegeben werden. Dumpfig und muffig riechende Gerste wurde meistens feucht eingefahren oder aufbewahrt und keimt in der Regel schlecht.

b) Geschmack.

Wird das Gerstenkorn zerbissen und gekaut, so soll es milde, mehlig und schwach süßlich sein, auf keinen Fall darf es modrig oder säuerlich schmecken. Der an der Gerste bisweilen vorkommende Strahlenpilz kann gefährliche Kiefererkrankungen hervorrufen, weshalb es ratsam ist, die durch Kauen zu prüfenden Gerstenkörner vorher kurze Zeit in 96 proz. Alkohol zu legen und wieder zu trocknen.

c) Aussehen und Farbe.

Die Gerste soll im allgemeinen hellgelbe Farbe besitzen und ein glänzendes Aussehen zeigen. Weiße Gerste ist oft glasig und der Schweflung verdächtig. Nicht vollkommen ausgereifte Körner weisen eine grünlichgelbe Farbe auf. Braunspitzigkeit wird durch Fadenpilzbildungen in und unter dem Spelzengewebe hervorgerufen. Braunspitzige Körner sollen schlecht und langsam keimen und stark zur Schimmelbildung neigen.

Man soll die Farbe der Gerste bei der Beurteilung wohl berücksichtigen, ihr jedoch nur einen relativen Wert beilegen.

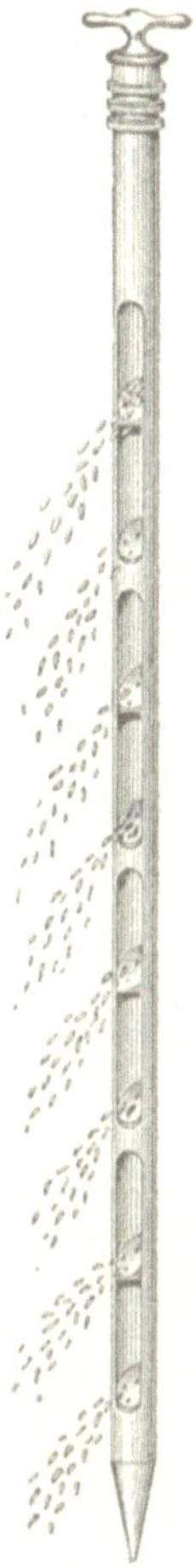

Abb. 1.

d) Gestalt und Größe der Körner.

Die Gerstenkörner sollen voll und rund sein, da solche Körner gewöhnlich reicher an Stärke und ärmer an Eiweiß sind als flache Körner. Kurze und bauchige Körner besitzen eine kleinere Oberfläche als flache, darum werden flache Körner bei gleicher Größe immer mehr Hülsen und Schalen haben.

e) Grad der Verunreinigungen (Reinheit).

Das Vorhandensein von Unkrautsamen, wie Linsen, Wicken, Mutterkorn, sog. Kugeln und Halbkugeln, sowie Sand, Steine usw. erhöhen den Preis der Gerste, da sie als solche gekauft werden; außerdem üben sie einen schädlichen Einfluß auf den Bierbereitungsprozeß aus.

Quantitativ kann man die Reinheit bestimmen, indem man 200 oder 300 g Gerste abwägt, dieselbe auf einen Bogen Papier ausleert, die Verunreinigungen aussucht und abwägt.

Beispiel: 200 g Gerste ergaben 5 g Verunreinigungen, auf 100 g somit 5 : 2 = 2,5 g = **2,5**%.

f) Verletzte Körner.

Es ist höchst wichtig, daß die Gerste frei von verletzten Körnern ist. Zerbrochene und halbe Körner (Dampfdreschmaschine!), ebenso durch Insekten (Kornkäfer!) angefressene Körner geben, abgesehen davon, daß sie nicht keimen, Anlaß zu Schimmelbildung.

Sehr zu achten ist auf die sog. »gekoppte« Gerste, welche beim Dreschen so scharf entgrannt wurde, daß die Spelzen an der Spitze bald mehr, bald weniger verletzt wurden. Solche Gerste verarbeitet sich hitzig auf der Tenne.

g) Beschaffenheit der Spelzen.

Die Feinschaligkeit einer Gerste ist an der Kräuselung und an den zarten Falten der Spelze zu erkennen. Je feinschaliger eine Gerste ist, desto mehr extraktgebende Substanz besitzt sie. Doch deutet eine fehlende Kräuselung nicht immer auf Spelzenreichtum, auch ungenügend ausgereifte Körner zeigen keine Kräuselung. Über die quantitative Bestimmung der Spelzen s. unten B 8.

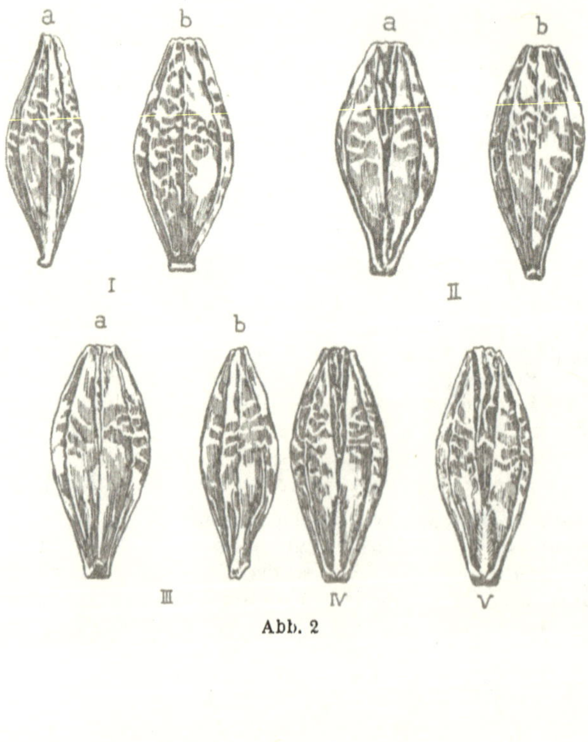

Abb. 2

h) Sortenreinheit.

Bei Verarbeitung der Gerste spielt die Sortenreinheit eine nicht untergeordnete Rolle, da ein Gemenge verschiedener Gerstenvarietäten in den meisten Fällen nicht die erforderliche Gleichmäßigkeit besitzt.

Die Varietäten der Gerste lassen sich voneinander durch folgende Merkmale, am besten unter Anwendung einer guten Lupe, unterscheiden.

1. Die 4- bzw. 6zeilige Gerste erkennt man leicht an den gedrehten Körnern (Krummschnäbel Abb. 2 IIa Bauch-, b Rückenansicht).

2. Die Imperialgerste (aufrechte 2zeilige Gerste) besitzt am Kornende auf der Rückenseite, gleich unterhalb des Keimlings, eine kleine Querfurche (Wulst, Nute, Abb. 2 Ib Rücken-, a Seitenansicht), welche bei der nickenden 2 zeiligen Gerste (Chevallier- und Landgerste) fehlt (Abb. 2 III).

3. Die Chevalliergerste unterscheidet sich wieder von der Landgerste dadurch, daß die Basalborste des Kornes der Chevalliergerste kurzwollig behaart ist (Abb. 2 IV), wogegen die Behaarung der Landgerste lang, besenförmig ist (Abb. 2 V).

Sechszeilige Gersten (Hordeum hexastichum) werden in Europa selten (in Spanien und Italien), häufig aber in Nordamerika als Braugerste verwendet.

Vierzeilige Gersten (Hordeum tetrastichum) werden besonders in Südosteuropa angebaut.

Am besten eignet sich zu Brauzwecken Chevallier- und Landgerste (Hordeum distichum nutans), jedoch werden auch Imperialgersten (Hordeum distichum erectum) mit gutem Erfolg verwendet.

i) Auswuchs.

Bei feuchtem Erntewetter wachsen vielfach einige Prozent der Körner auf dem Felde aus, höherer Prozentgehalt an ausgewachsenen Körnern ist meist auch mit muffigem Geruch und ungünstigem Aussehen verbunden und macht die Gerste unverwendbar. Man erkennt die ausgewachsenen Körner an den Wurzelkeimen, auch zeigen sie süßen Geschmack und graue Farbe. Bei der Schwimmprobe (s. unten) schwimmen sie vielfach an der Oberfläche. Bei der Schnittprobe (s. unten) erweisen sie sich vielfach als auffallend mehlig.

Zum Sichtbarmachen des Blattkeimes, wenn der Wurzelkeim von den ausgewachsenen Körnern durch Putzen entfernt wurde, empfiehlt Markert[1]), die Körner 20 Minuten lang in Wasser mäßig zu kochen und dann einige Zeit in kaltem Wasser stehen zu lassen. Dadurch wird der hellgelbe Keimling mit dem evtl. Blattkeim durch die durchscheinend gewordene Spelze deutlich sichtbar.

[1]) Spezialmonatsschrift für die gesamte Brauerei- und Mälzerei-Betriebskontrolle 1913/14. Nr. 10.

2. Keimprobe.

Bei der Keimprobe unterscheidet man Keimungsenergie und Keimfähigkeit.

Die Keimungsenergie drückt man aus in der Anzahl der Körner, welche von 100 innerhalb 3 Tagen zur Keimung kommen, wenn auch nur eben angekeimt, die Keimfähigkeit dagegen in der Anzahl, die nach 5 Tagen überhaupt gekeimt haben.

Frisch geerntete Gerste mit hohem Wassergehalt keimt schwieriger wie einige Zeit gelagerte, doch kann die Keimkraft durch künstliche, vorsichtige Trocknung gesteigert werden, insbesondere wenn die Gerste nach der Trocknung noch kurze Zeit lagert. Bei einer guten Gerste darf die Keimungsenergie nicht unter 90—92, die Keimfähigkeit nicht unter 95—96% liegen.

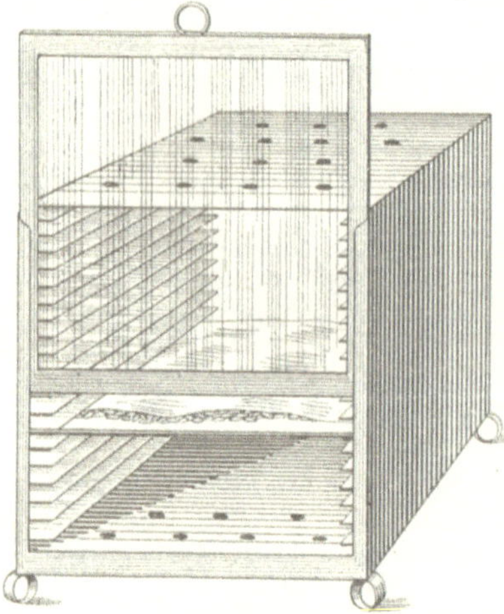

Abb. 3.

Die Keimprobe der Gerste ist zur Beurteilung für deren Brauwert von höchster Wichtigkeit. Um sie auszuführen gibt es eine Anzahl von Keimapparaten, wie von Aubry, Schönjahn, Schönfeld, Reinke usw., die alle mit mehr oder weniger großer Genauigkeit zur Ermittlung der Keimkraft führen.

Die Apparate von Aubry (Abb. 3), Schönjahn (Abb. 4) und Schönfeld sind am häufigsten im Gebrauch.

Der einfachste in der Handhabung, zuverlässigste und zweckmäßigste ist wohl der Aubrysche Keimkasten, um so mehr, da man eine größere Anzahl Proben unter denselben Bedingungen darin keimen lassen kann. Zur Ausführung einer Bestimmung werden 300 Körner abgezählt, eine Glasplatte mit Filtrierpapier bedeckt, die Körner darauf gleichmäßig verteilt und wieder mit einem Stück Filtrierpapier belegt, auf dem vorher der Tag der Einlage und bei Untersuchung verschiedener Proben die Sorte und Nummer verzeichnet wird. Die Probe wird dann ordentlich mit Wasser angefeuchtet, durch Schiefhalten der Platte läßt man das überschüssige Wasser abtropfen und schiebt die Platte in eine Abteilung des Keimkastens. Der

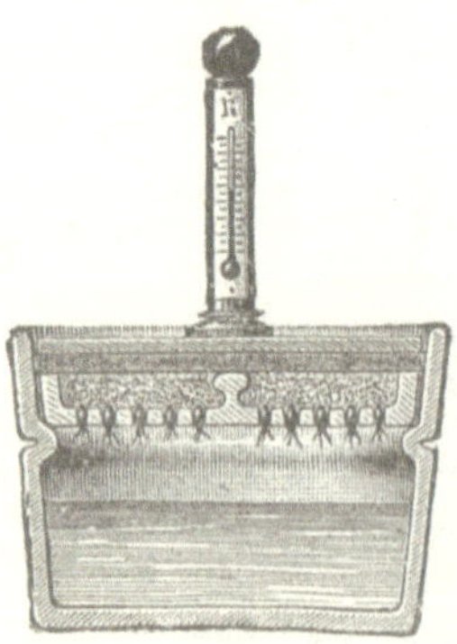

Abb. 4.

Kasten wird geschlossen und in einen Raum von 17—20° C gestellt. Man hat während der Keimung stets darauf zu achten, daß das Keimbeet weder zu feucht noch zn trocken ist.

Von jeder Gerste sind immer zwei Platten mit je 300 Körnern einzulegen.

Bei dem Schönjahnschen Apparat werden die Körner (100 St.) mit dem Wurzelende nach unten in die Vertiefungen einer Porzellanplatte eingesetzt, dann mit Sand eben überdeckt und hierauf der Sand angefeuchtet. In das Glasgefäß gibt man etwasWasser und überdeckt die in das Glasgefäß eingesetzte Porzellanplatte mit dem Filzdeckel.

Der Schönfeldsche Apparat besteht der Hauptsache nach aus vier Glastrichtern (Durchmesser 8,5 cm). Die Trichter sind unten mit Schlauch und Quetschhahn verschlossen, oben mit Glasdeckel bedeckt. Um das Eindringen von Körnern in das Trichterrohr zu verhindern, steckt in demselben ein Glasstab mit Wulst, welcher von oben gehoben und so als Ventil zum Ablassen des Weichwassers benutzt werden kann. Man kann auch statt dessen das Trichterrohr mit etwas Glaswolle überdecken. Der Trichter dient zum Weichen (evtl. auch Luftwasserweiche) und auch zum Keimen der Gerste (500 Körner). Auf ein Holzgestell mit entsprechenden Ausschnitten können beliebig viele derartige Keimtrichter angebracht werden.

a) Keimungsenergie.

Nach 3 Tagen wird die Zahl der nicht gekeimten Körner festgestellt.

Beispiel. Von 600 Körnern sind nicht gekeimt 54, folglich gekeimt 600 — 54 = 546, also treffen auf 100 eingelegte Körner 546 : 6 = 91 gekeimte = **91%** Keimungsenergie.

b) Keimfähigkeit.

Die nicht gekeimten Körner werden in den Apparat zurückgegeben. Nach weiteren 2—3 Tagen wird die Zahl der Ausbleiber festgestellt.

Beispiel: 12 Körner sind nicht gekeimt, folglich beträgt die Keimfähigkeit

(600 — 12) : 6 = **98%**.

Halbkörnerkeimmethode nach Dr. Eckhardt.

200 Körner werden mit dem Wurzelende nach unten in den Pohlschen Kornprüfer (s. unter 5.) gesteckt und möglichst in der Mitte durchschnitten. Eventuell sind die Löcher in der Hartgummiplatte etwas zu erweitern. Die unteren Hälften werden alsdann in den Aubryschen Keimkasten eingelegt wie oben angegeben. Die Methode bietet große Vorteile. Die Keimung verläuft viel schneller als bei den ganzen Körnern, in der Regel hat man schon nach zwei Tagen das Resultat. Ferner kann man nach dieser Methode die Keimfähigkeit schon kurz nach der Ernte feststellen, während die ganzen Körner erst nach erlangter Lagerreife keimen.

Schnellmethode zur Keimfähigkeitsbestimmung.

Wissenschaftliche Station für Brauerei in München.

100 Körner werden mit 0,5 g »Dinitrobenzol zur Keimfähigkeitsbestimmung« (Merck, Darmstadt) in ein kurzes Reagenzglas gegeben, mit Brunnenwasser bedeckt, einige Male gut durchgeschüttelt und unter Benutzung eines Reischauer Sternes (s. bei Zuckerbestimmung unter Malz) 1 Std. lang in ein Wasserbad von 50° C gestellt. Zweckmäßig wird alsdann das Keimgut auf einem Drahtnetz mit Wasser kurz abgespült und dann durch 10 Min. langes Einlegen in eine 5proz. Ammoniaklösung »entwickelt«. Die Körner werden mit Hilfe eines Rasiermessers durch die Keimanlage quer geschnitten. Ist dieselbe differenziert rot gefärbt, dann ist das Korn keimfähig (Abb. 5, 1a und 1b), ist sie weiß geblieben oder undifferenziert rot gefärbt, dann ist das Korn nicht keimfähig (Abb. 5, 2a, b u. c[1]).

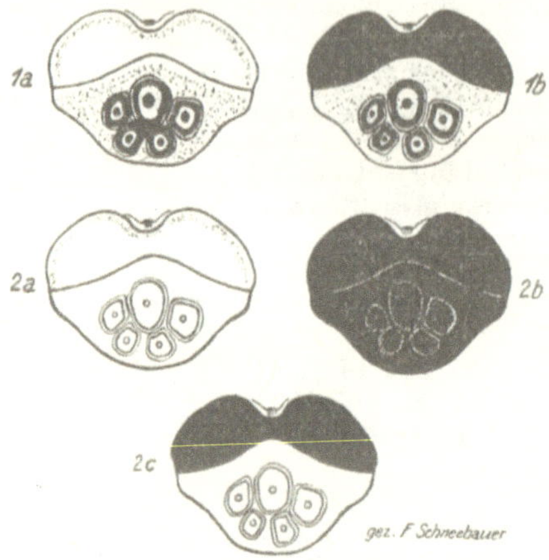

Abb. 5.

Der Wert dieser Methode zur Bestimmung der Keimfähigkeit beruht außer auf ihrer Schnelligkeit (Durchführungszeit für eine oder mehrere Proben rd. 1½ Std.) darauf, daß sie bereits unmittelbar nach der Ernte, also praktisch bei allen Gersten des Handels, die Keimfähigkeit angibt, die die Gerste erst nach Beendigung der Lagerreife besitzt[2]).

Praktische Schnellmethode zur Keimfähigkeitsbestimmung.

Um sich sofort über die Keimfähigkeit einer Gerste einigermaßen zu orientieren, wird in der Praxis vielfach folgende Methode angewandt.

100 bis 200 Körner werden in Wasser gegeben, und dann wird zum Kochen erhitzt. Nach 8 bis 10 Minuten langem Kochen frischt man mit kaltem Wasser ab und prüft nun die einzelnen Körner, indem man das Korn zwischen Daumen und Zeigefinger nimmt und mit dem Daumennagel den Keimling aus dem Korn herauszudrücken sucht. Bei keimfähigen Körnern tritt sofort der weiße, angequollene Keimling heraus wie beim Spitzen des Haufens.

[1]) Enders, Pfahler, Schneebauer, Wochenschrift für Brauerei 1937, Nr. 38.
[2]) Enders und Schneebauer, Wochenschrift für Brauerei 1937, Nr. 44.

3. Ermittlung der Schwere der Gerste.

a) Korngewicht.

Dasselbe gibt für die Beurteilung der Gerstenqualität und zum Vergleich zwischen Lieferung und Muster gewisse Anhaltspunkte. Außerdem kann man mit dem Korngewicht der Gerste den Mälzungsschwand berechnen, wenn man das Korngewicht des erzeugten Malzes kennt; ferner ist es von Nutzen bei der Wasserbestimmung auf der Darre usw. Das Korngewicht der lufttrockenen Gerste schwankt zwischen 30 und 50, meist beträgt es über 40 mg. Am besten zu verarbeiten sind erfahrungsgemäß Gersten mit mittlerem Korngewicht.

Abb. 6.

Zur genauen Bestimmung des Korngewichtes wägt man auf einer Tarierwaage 100 oder 200 g Gerste ab und stellt die Anzahl der Körner durch Zählen fest.

Zum raschen Abzählen von mehreren Tausend Körnern bedient man sich am besten einer Zählplatte, einer Metallplatte, die mit 100 Schlitzen versehen ist. Auf der Platte werden die Körner so lange bewegt, bis in jedem Schlitz ein Korn liegt. Sehr häufige Anwendung findet der Kickelhaynsche Apparat (Abb. 6), mit dem sehr bequem gleichzeitig 500 Körner abgezählt werden können.

Derselbe wird gehandhabt, indem man auf den obersten Teil der schiefen, mit Schlitzen versehenen Platte eine größere Quantität Gerste aufschüttet. Durch Drehen der Kurbel wird die

Platte in rüttelnde Bewegung gebracht, die Körner gleiten herab und bleiben teilweise in den Schlitzen liegen, der Überschuß fällt in die seitliche Schublade. Hierauf sieht man nach, ob alle Schlitze mit Körnern gefüllt sind, entfernt evtl. doppelte, halbe Körner und Unkrautsamen und ersetzt sie durch ganze Körner. Zieht man den unter der geschlitzten Platte befindlichen Schieber heraus, so fallen die Körner in die untere Schublade. Die in den Schlitzen steckengebliebenen Körner werden durchgedrückt.

Für die Schublade benutzt man am besten ein einzelnes Taragewicht.

Genauer verfährt man in folgender Weise: Man wäge nach Entfernung der Halbkörner und der Verunreinigungen 200 g Gerste, nach den Vereinbarungen ca. 50 g, ab und zähle diese mit dem Zählapparat soweit wie möglich ab, den Rest zähle man mit der Hand ab.

Beispiel. Abgewogen wurden 200 g Gerste; die Zählung ergab 4840 Körner; 1000 Körner wiegen somit lufttrocken

$$\frac{200 \times 1000}{4840} \text{ (R-St)} = 41{,}3 \text{ g und ein Korn ebensoviel mg.}$$

Also: Korngewicht = 41,3.

Diese Gerste hatte einen Wassergehalt von 13,2%, d. h. 100 g Gerste enthielten 13,2 g Wasser; die 41,3 g Gerste enthalten demnach

$$\frac{13{,}2 \times 41{,}3}{100} \text{ (R-St)} = 5{,}45 \text{ g Wasser.}$$

Daher Korngewicht-Trockensubstanz =

$$41{,}3 - 5{,}45 = \mathbf{35{,}85}.$$

b) Hektolitergewicht.

Dasselbe gibt an, wieviel Kilogramm 100 l Gerste wiegen. Das Hektolitergewicht der Braugerste schwankt normal zwischen 65 und 74 kg. Da von den wesentlichen Bestandteilen des Gerstenkornes die Stärke das höchste spezifische Gewicht hat und dieselbe hauptsächlich die extraktliefernde Substanz ist, könnte man annehmen, daß diejenige Gerste, welche das höchste Hektolitergewicht besitzt, auch für die Malzbereitung am vorteilhaftesten ist. Da aber das Hektolitergewicht von vielen Faktoren abhängt, wie z. B. von der Form der Gerstenkörner, vom Wassergehalt, von der Art des Dreschens usw., so würde es in vielen Fällen zu ganz falschen Schlüssen führen, die Gerste danach zu beurteilen. Im allgemeinen wird eine im übrigen normale Gerste mit hohem Hektolitergewicht allerdings ergiebiger sein als leichte Gerste. Mittelschwere Gersten geben meist die besten Malzqualitäten.

Die Bestimmung des Hektolitergewichtes würde am einfachsten vorgenommen, indem man ein geeichtes Gefäß, z. B. einen Meßzylinder, bis zur Marke mit der Gerste füllt und die Gerste wägt, alsdann auf 1 hl umrechnet. Doch wird das Resultat dieser Methode sehr durch die Art des Einfüllens und die Größe des Meßgefäßes beeinflußt, und man wird selten konstante Zahlen erhalten.

Die genaueste Bestimmung des Hektolitergewichtes ermöglicht die von der Normaleichungskommission geprüfte »Reichsgetreidewaage« (Abb. 7).

Diese besteht aus einem Meßgefäß, meistens für ¼ (oder auch 1) l Inhalt, mit einem Schlitz und einem Füllrohr, das auf das Meßgefäß fest aufgesetzt werden kann, ferner dem sog. Vorfallkörper, dem Schüttzylinder am Glas und einem scharfen Abstechmesser.

Abb. 7.

Beim Gebrauch stellt man das Meßgefäß auf die dafür bestimmte Metallscheibe, steckt das Messer in den Schlitz, legt den Vorfallkörper darauf und setzt das Füllrohr fest auf. Nach dem Einschütten der Gerste aus dem Schüttzylinder in das Füllrohr (eben voll) wird das Messer ohne Erschütterung herausgezogen. Hierauf steckt man das Messer wieder in den Schlitz, schüttet die über demselben befindliche Gerste ab, entfernt das Füllrohr und die evtl. noch auf dem Messer liegengebliebenen Körner, entfernt das Messer und hängt nun das Meßgefäß an die eine Seite der Waage; an die andere Seite kommt die Waagschale, und nun stellt man mit den beigegebenen Gewichten, auf denen der betreffende Wert in Gramm angegeben ist, das Gewicht fest, und aus der Tabelle Nr. Va 3. Spalte wird dann das entsprechende Hektolitergewicht entnommen. In der gleichen Weise bestimmt man das Hektolitergewicht von Weizen unter Anwendung von Tabelle Vb.

Außer der erwähnten Waage sind auch noch andere Hektolitergewichtswaagen konstruiert worden, wie von Brauer (Abb. 8), Greiner (Abb. 9), Frank-Kamenetzky, Streitz usw. Am häufigsten wird von diesen der Getreideprober nach Brauer verwendet.

Er besteht aus einer Waage, an deren linkem Arm *A* eine Schale *B* zur Aufnahme eines bestimmten festen Gewichtes (150 g) gehängt wird, während an dem rechten Waagebalken ein trichterförmiges Gefäß *C* hängt, dessen untere Öffnung durch einen herausziehbaren Konus *D* verschlossen ist. An der Waage ist ferner noch mit Klemmringen ein gläsernes Meßgefäß *F* befestigt.

Zuerst überzeugt man sich, daß die Zunge bei unbelasteter Waage senkrecht steht, alsdann legt man das Gewicht *E* auf, schüttet die zu prüfende Gerste vorsichtig in den Trichter *C*, bis die Waage wieder genau im Gleichgewicht ist. Dann hängt man den Trichter *C* aus, setzt ihn auf das Glasgefäß *F*, zieht den Verschluß *D* rasch heraus und die Gerste fällt in das Glas. Eine Erschütterung desselben, z. B. durch Klopfen an das Glasgefäß, ist zu vermeiden. Nun liest man an der Oberfläche der Gerste die am Gefäß angebrachte sog. Sperrigkeitszahl oder den Sperrigkeitsgrad ab. Das

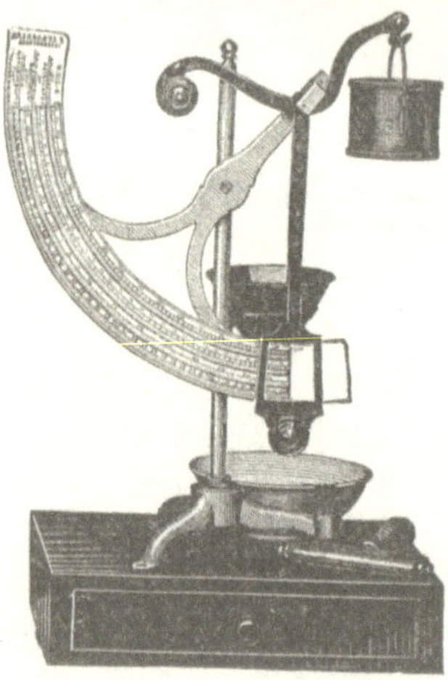

Abb. 8.

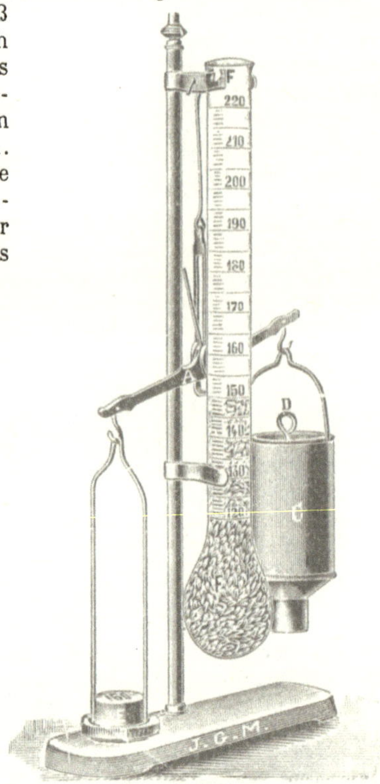

Abb. 9.

Gefäß *F* ist in Grade von 120—220 geteilt, von denen jeder einen Rauminhalt von 1,5 cm³ besitzt. Aus der abgelesenen Zahl kann man das Hektolitergewicht berechnen, oder der Einfachheit wegen benützt man eine zu diesem Zwecke ausgerechnete Tabelle (Nr. VI).

c) Spezifisches Gewicht (1,20—1,35).

Diese Bestimmung gibt auch einen Anhaltspunkt für den Brauwert einer Gerste. Je spezifisch schwerer eine Gerste ist, desto stärkereicher dürfte sie sein, da die Stärke der spezifisch schwerste Teil der Gerste ist (s. Jahresbericht der Lehr- und Versuchsanstalt für Brauer in München 1908/09).

Das spezifische Gewicht einer Gerste bestimmt man am besten mit dem Apparat von Barczewski (Abb. 10). Man füllt den Apparat, den man nahe an den Rand des Arbeitstisches gestellt hat, mit Alkohol bis über die Verengung, öffnet den Quetschhahn, läßt den Alkohol bis zur Verengung vollständig ablaufen und schließt den Quetschhahn wieder; der Apparat darf dann nicht mehr von der Stelle bewegt werden. Hierauf wägt man 200 g gereinigte Gerste ab und schüttet sie in den Apparat. Es wird dadurch soviel Alkohol über die Verengung hinausgetrieben, als die Gerste Raum einnimmt.

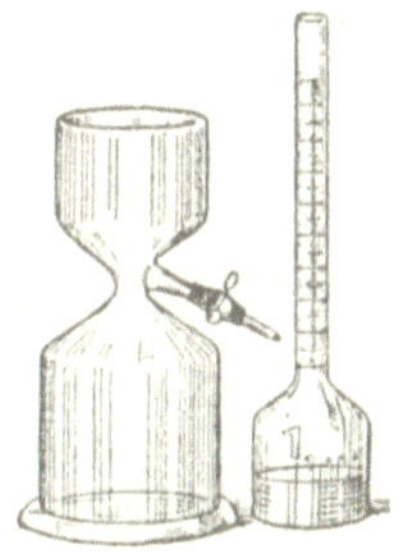

Abb. 10.

Man öffnet nun den Hahn, läßt den Alkohol in das ganz trockene Meßgefäß gut ablaufen und liest ab, bis zu welchem Strich der Alkohol reicht. Vor die an dem Striche abgelesene Zahl setzt man „1," und erhält auf diese Weise das spezifische Gewicht.

Beispiel: Der Alkohol reicht bis zum Strich 32,5. Dann ist das spezifische Gewicht der Gerste **1,325.**

d) Schwimmprobe (Sinkprobe).

Eine gut geputzte Gerste soll in Wasser vollständig untersinken. Bis zu 3% Schwimmgerste kann zugelassen werden.

Zur Ausführung der Schwimmprobe wirft man 200—500 Körner in ein Becherglas mit Wasser, rührt durch und zählt die an der Oberfläche schwimmenden Körner ab.

Beispiel: Von 500 Körnern schwimmen 12, von 100 Körnern schwimmen 12 : 5 = 2,4 Körner = **2,4%.**

4. Sortierung (Gleichmäßigkeit der Körner).

Die Gleichmäßigkeit der Körner ist für den Malzbereitungsprozeß sehr wichtig, da ungleichmäßige Körner nicht gleichmäßig weichen und keimen, und die Folge davon ist ungleichmäßiges Malz.

Um die Gerste auf Gleichmäßigkeit zahlenmäßig zu prüfen, bedient man sich am besten des von Steinecker nach Angaben von Professor Dr. Vogel konstruierten Sortierapparates (Abb. 11). Es sind auch Handsiebe für den gleichen Zweck in Gebrauch.

Der Steineckersche Sortierapparat besteht aus drei übereinander gelagerten Trieurblechen Nr. 1, 2 und 3 mit einem abnehmbaren Deckel und einem Blech (Boden) für den Abputz. Nach den Vereinbarungen dürfen nur gefräste Bleche aus gehärtetem Messing benutzt werden. Die Blechstärke soll 1,3 mm $\pm$ 0,1 mm betragen, Schlitzweiten 2,8, 2,5, 2,2 mm. Dieser Siebkasten hängt in einer schaukelartigen Schüttelvorrichtung, die durch ein Rad mit der

Hand oder mit motorischer Kraft in Bewegung gesetzt wird. Die Schlitzweite kann durch einen keilförmigen Schlitzmesser geprüft werden. Die Prüfung ist nach längerem Gebrauch des Apparates zu wiederholen.

Abb. 11.

Die Sortierung wird auf folgende Weise ausgeführt:

100 g Gerste werden 5 Minuten lang, bei 300—320 Touren in der Minute, geschüttelt und hierauf die einzelnen Siebanteile auf der Tarierwaage gewogen. Die Summe von Sieb 1 (2,8 mm) und Sieb 2 (2,5 mm) bildet die I. Sorte, Sieb 3 (2,2 mm) die II. Sorte und das auf dem Boden des Siebsatzes Befindliche den Ausputz.

Beispiel:	I. Sorte	Sieb 1	34,4 g	80,2%
		» 2	45,8 g	
	II. Sorte,	Sieb 3	18,4 g	18,4%
	Ausputz		1,4 g	1,4%
				100,0%

Um bei Sortierversuchen eine Konstanz in den Resultaten zu erhalten, muß immer dieselbe Menge Gerste angewandt sowie dieselbe Schütteldauer und Schüttelgeschwindigkeit (Tourenzahl) eingehalten werden. Der Versuch ist mindestens dreimal mit je 100 g Gerste auszuführen. Von den erhaltenen Zahlen nehme man das arithmetische Mittel.

Zu bemerken ist noch, daß nach Untersuchungen von Meindl der Wassergehalt der Gerste auf das Resultat des Sortierungsversuches von wesentlichem Einfluß ist.

Eine Braugerste ist gut und rentabel zu nennen, wenn sie 85—90% I. Sorte hat.

Der Ausputz sollte 3% nicht übersteigen.

Je größer die Summe der auf 2 benachbarten Sieben (Sieb 1 und 2 oder 2 und 3) liegengebliebenen Körner ist, desto gleichmäßiger ist die Gerste. Nach Haase soll diese Summe bei einer Braugerste mindestens 85% betragen.

Ein sehr anschauliches Bild von der Dicke und der Gleichmäßigkeit der Körner gibt der »Gerstenbonitierer« nach Dr. Eckhardt. Derselbe besteht der Hauptsache nach aus einer geschliffenen Glasplatte und einer ebensolchen Metallplatte, die schräg gegeneinander geneigt sind, so daß der Abstand oben 3,4, unten 2,2 mm beträgt. Wirft man 100 Gerstenkörner zwischen die beiden Platten, so fallen die Körner um so tiefer, je dünner sie sind.

5. Beschaffenheit des Mehlkörpers (Milde).

Der Mehlkörper einer Gerste kann mehlig, halbglasig oder ganz glasig sein. Die Mehligkeit bzw. Glasigkeit ist auf verschiedene Ursachen zurückzuführen. Ganz mehlige Gersten sind sehr selten, weniger mehlige geben oft die besten Resultate. In vielen Fällen verdankt die Gerste ihre Mehligkeit sehr feuchter Witterung während der Reife und Ernte.

Die glasigen und halbglasigen Körner herrschen fast immer vor, doch kann man zwischen einer »schädlichen« und einer sog. »gutartigen« Glasigkeit unterscheiden. Die erstere beruht auf ungünstigen Wachstums- und Ernährungsbedingungen, — diese Gerste ist meistens sehr stickstoffreich; ihre Körner besitzen kleine und dicht gelagerte Zellen mit sehr widerstandsfähigen Zellwänden, und solche Gerste läßt sich schlecht verarbeiten. Die »gutartige« Glasigkeit ist bedingt durch trockene Witterung während der Reife und Ernte. Solche Gerste verliert beim Weichen ihre Glasigkeit, und bei richtiger Behandlung liefert sie ein gut brauchbares Malz.

Um festzustellen, ob die Glasigkeit einer Gerste schädlich bzw. gutartig ist, weicht man etwa 500 Körner 24 Stunden lang in Wasser bei gewöhnlicher Temperatur, und dann läßt man sie bei einer Temperatur nicht über 40° langsam trocknen, um alsdann nochmals den Mehlkörper zu prüfen.

Man unterscheidet bei der Prüfung des Mehlkörpers die sog. Schnittprobe und die weniger gebräuchliche Beleuchtungsprobe. Der Praktiker legt vielfach noch Wert auf die Beißprobe.

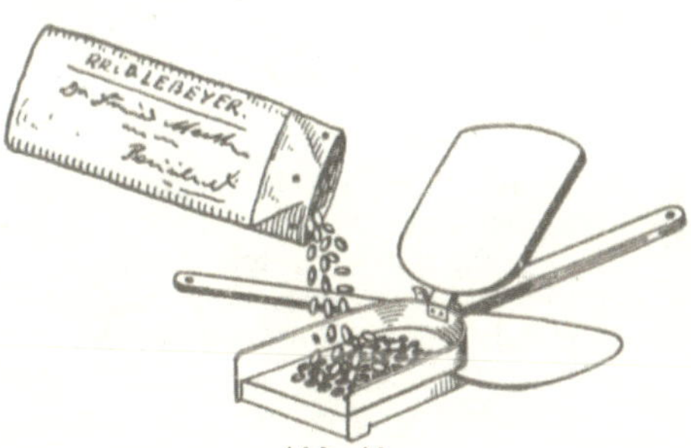

Abb. 12.

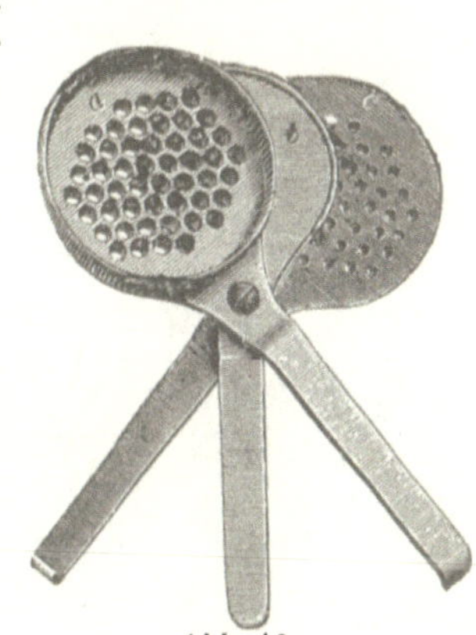

Abb. 13.

a) Schnittprobe.

Für dieselbe benützt man Kornschneider — Farinatome genannt —, deren Handhabung sehr einfach und leicht ersichtlich ist, und mit denen man 50 bzw. 100 Körner auf einmal durchschneiden kann.

Sehr verbreitet sind die Apparate für je 50 Körner von Pohl (Abb. 12 und Grobecker (Abb. 13).

Es muß hervorgehoben werden, daß bei allen diesen Instrumenten das Messer stets recht scharf sein muß, da ein stumpfes Messer die Körner quetscht und dadurch das Endosperm auf der Schnittfläche zu sehr zerrieben wird, wodurch auch die Schnittfläche eines glasigen Kornes ein mehliges Aussehen erhält.

Bei der Bestimmung macht man mehrere Schnittproben, und aus dem Durchschnitt berechnet man in Prozenten die mehligen, halbglasigen und ganzglasigen Körner.

Beispiel.

Schnitt-probe	Zahl der Körner	Vor dem Weichen			Nach dem Weichen		
		mehlige	1/2 glasige	1/1 glasige	mehlige	1/2 glasige	1/1 glasige
1.	50	21	11	18	42	4	3
2.	50	24	10	16	38	5	8
3.	50	23	9	18	43	3	4
4.	50	20	14	16	45	2	3
Summa	200	88	44	68	168	14	18
	In %	44	22	34	84	7	9

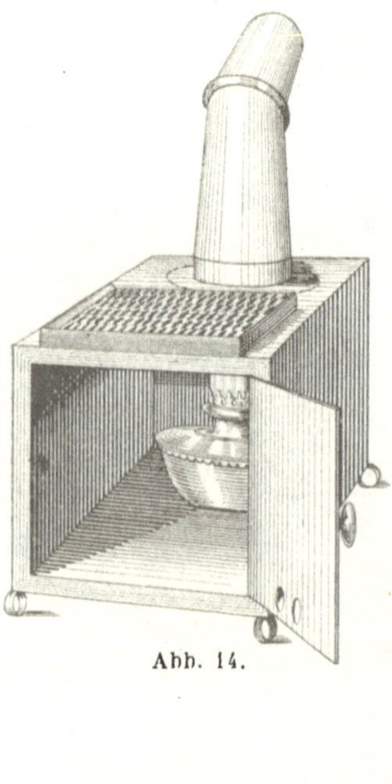

Abb. 14.

Man kann auch zum besseren Vergleich die Summe der glasigen und halbglasigen Körner vereinigen, indem man die Anzahl der halbglasigen durch 2 dividiert und zur Anzahl der glasigen Körner addiert.

Eine gute Braugerste wird meistens nicht unter 80% mehlige (evtl. nach dem Weichen!) Körner aufweisen.

b) Durchleuchtungsprobe.

Dieselbe findet gelegentlich neben der Schnittprobe Verwendung und beruht auf der Tatsache, daß Licht nur durch glasige, nicht aber durch mehlige Körner hindurchgeht. Optische Apparate für diese Probe werden Diaphanoskope genannt. Die bekanntesten sind die von Vogel, Wanha und Asthon.

Der Vogelsche Apparat (Abb. 14) besteht aus einem Blechkasten, bei welchem als Lichtquelle eine Petroleumlampe oder Gasflamme oder eine elektrische Glühlampe (50 Watt) Verwendung findet. Die Gerstenkörner werden in die Schlitze einer Platte gelegt und von oben gegen das Licht betrachtet. Den Versuch stellt man am besten im verdunkelten Zimmer oder des Nachts an.

Der Apparat von Wanha unterscheidet sich von dem ersteren dadurch, daß er eine Verdunkelungsvorrichtung hat und ohne weiteres die Benützung auch am Tage gestattet.

Der Apparat von Asthon benützt als Lichtquelle das Tageslicht. Er ist sehr handlich und kann leicht in der Tasche getragen werden.

6. Getreideschädlinge.

Am häufigsten wird die Gerste durch den Kornkäfer angefressen. Der Kornkäfer ist durch seinen braunen gebogenen Rüssel unter anderen Schädlingen leicht zu erkennen und verrät sich schon beim Durchsuchen der Probe. Da der Kornkäfer gegen das Licht sehr empfindlich ist und sich nur im Dunkeln aufhält, so wird seine Anwesenheit auf folgende Weise ermittelt:

Man breitet die Gerste dünn auf einem weißen Papier aus und läßt durch das Fenster Sonnenstrahlen darauf fallen. Die gegen das Licht empfindlichen Käfer ziehen dann nach der dem Lichte entgegengesetzten Seite ab.

Körner mit Larven sind schwerer zu erkennen, bei der Schwimmprobe werden sie jedoch meist oben schwimmen. Wenn man dazu Zeit hat, stellt man eine Probe Gerste in einem trockenen Glasgefäß verschlossen an einen warmen Ort. Nach 8—10 Tagen kommen evtl. entstandene Käfer zum Vorschein.

B. Chemische Prüfung.

Zur Beachtung! Bei der Bestimmung der einzelnen chemischen Bestandteile der Gerste (und auch des Malzes) werden meistens nur wenige Gramm Substanz angewandt. Nun ist aber wohl zu beachten, daß die Körner in Proben von etwa 3—5 g sehr verschieden sein können. Um vollkommen gleichmäßig zusammengesetzte Proben zu erhalten, die der durchschnittlichen Zusammensetzung des Gerstenmusters wirklich entsprechen, ist es daher erforderlich, ein größeres Quantum Gerste, mindestens 50 g, auf einer Seckschen Feinmehlmühle (s. Abb. 15) zu mahlen[1]) und das gewonnene feine Mehl in einer geräumigen Schale gründlich zu mischen. Von diesem Mehl werden alsdann die Proben für die nachstehenden Bestimmungen entnommen. Die Mahlung kann im Notfalle auch auf einer guten sog. französischen Kaffeemühle bei feinster Einstellung vorgenommen werden.

[1]) Bei mehr als 16—17 % Wassergehalt muß die Gerste vor dem Mahlen vorgetrocknet werden.

1. Wasser.

Die Ermittlung des Wassergehaltes ist eine der wichtigsten Arbeiten für die Bewertung der Gerste, da sie nach Gewicht gekauft wird und nur die Trockensubstanz der Gerste Wert hat. Außerdem ist die Lagerung einer Gerste mit einem zu hohen Wassergehalt infolge der intensiven Atmung mit bedeutenden Substanzverlusten verbunden, und solche Gerste ist der Gefahr ausgesetzt, muffig und stockig zu werden und dadurch an Keimfähigkeit einzubüßen. Die Wasserbestimmung ist ferner notwendig bei Bewertung der übrigen chemischen Eigenschaften der Gerste, wie 1000-Korngewicht, Eiweiß, Stärke usw., da es erforderlich ist, um vergleichbare Werte zu erhalten, das Gewicht bzw. den Prozentgehalt immer auf Trockensubstanz umzurechnen. Der Wassergehalt der Gerste kann schwanken zwischen 10 und 20% und noch darüber hinaus, nach der Lagerung soll er bei guter Braugerste 12—15% betragen.

Abb. 15.

Die Ermittlung des Wassergehaltes in der Gerste kann erfolgen entweder durch Trocknung (Trocknungsmethode), durch Abdestillieren des Wassers (Destillationsmethode), auf elektrischem Wege oder durch das Hyrometer[1]).

a) Trocknungsmethode.

Bei dieser Methode wird die gemahlene Gerste eine Zeitlang in einem Apparat (Trockenschrank) einer hohen Temperatur ausgesetzt, um das Wasser aus der Substanz auszutreiben. Man stellt nun den Gewichtsverlust fest und rechnet denselben auf 100 g Gerste um. Die erhaltene Zahl gibt an, wieviel Prozent Wasser die Gerste enthielt.

Zur Aufnahme der gemahlenen Gerste dient ein geeignetes Trockengefäß (Trockenglas, Metallbüchse, Nickelschale oder Schiffchen), dessen Gewicht man zunächst feststellt. Hierauf gibt man die gemahlene Gerste (5—10 g) hinein und wägt wieder. Die gemahlene Gerste wird am besten der in obiger Weise vorbereiteten größeren Probe Mehl entnommen. Bei größeren Trockenschalen und Anwendung von ca. 10 g genügt zum Abwägen auch eine gute Tarierwaage mit einer Empfindlichkeit von etwa 2 cg pro Skalenteil. Das Trockengefäß mit gemahlener Gerste stellt man nach dem Abwägen, natürlich ohne Deckel, in den Trockenschrank, in dem eine Temperatur von 104—105° herrschen muß.

---

[1]) Eine sehr eingehende Studie über die Wasserbestimmung in Gerste. Malz und Hopfen von G. Nowak und C. Enders s. Tageszeitung für Brauerei 1936, Nr. 108.

Abb. 16.

Nach Verlauf von 3½ Stunden nimmt man das Trockengefäß heraus, verschließt es sofort mit dem Deckel und stellt es in einen Exsikkator (Abb. 16), ein mit luftdicht schließendem Deckel versehenes Glasgefäß, das am Boden eine hygroskopische Substanz, Chlorkalzium oder besser konzentrierte Schwefelsäure enthält. Nach dem Erkalten im Exsikkator, etwa ½ Stunde, wägt man abermals und kann nun den Wassergehalt berechnen. Die Bestimmung ist unter allen Umständen doppelt auszuführen.

Beispiel:

Trockengefäß mit Gerstenschrot vor dem Trocknen . 37,830 g	Trockengefäß mit Gerstenschrot vor dem Trocknen . 37,830 g
Trockengefäß leer . . 31,710 g	nach dem Trocknen . 36,960 g
angewandte Gerste = 6,120 g	Wasserverlust = 0,870 g

6,12 g Gerste . . 0,87 g Wasser,
100 g » . . x g »

$x = \frac{0,87 \times 100}{6,12}$ (R-St) = 14,22 g oder, auf die 1. Dezimalstelle abgerundet, 14,2 g; folglich enthält die Gerste **14,2%** Wasser und 100 — 14,2 = 85,8% Trockensubstanz.

Wesentlich vereinfachen läßt sich die Bestimmung, wenn man untereinander gleich schwere Trockengefäße anwendet, was bei Metallgefäßen leicht durchführbar ist, so daß man für alle ein bestimmtes, aus einem Messingstab gefertigtes Taragewicht, dessen g-Wert gar nicht bekannt zu sein braucht, anwenden kann. Die auf der Waage stehenden g-Gewichte geben dann ohne weiteres das Gewicht der Gerste an.

Beispiel: Vor dem Trocknen . . . . . 5,737 g
Nach dem Trocknen . . . . 5,014 g
Differenz 0,723 g.

Daher Wassergehalt = 0,723 : 0,05737 (R-St) = 12,6%.

Bei zwei parallelen Bestimmungen des Wassergehaltes in der gleichen Probe soll die Differenz nicht mehr als 0,2 betragen. Für gewöhnlich ergibt sich jedoch eine viel geringere Abweichung, vorausgesetzt, daß man einen guten Trockenapparat zur Verfügung hat.

An erprobten Trockenschränken seien die von Ulsch (Abb. 17), Scholvien (Abb. 18) und der Trockenschrank der VLB erwähnt. Alle drei sind von den Vereinbarungen zugelassen. Zu Massenbestimmungen eignet sich vortrefflich der Trockenschrank von Ulsch. Vorteilhaft ist eine Verbindung desselben mit dem Barthschen Manometer.

Der Ulsche Trockenschrank (Abb. 17) ist aus Kupferblech gefertigt und stellt einen Röhrenkessel dar, welcher 19 dünnwandige Kupferröhren von 25 mm Durchmesser enthält, in die je ein Schiffchen aus Nickel mit der zu trocknenden Substanz gestellt werden kann. Vorne ist der Kessel mit Türchen versehen. Oben ist ein Dunstkamin angebracht, in welchem zur Verstärkung des Luftstromes ein kleines Gasflämmchen angezündet werden kann. Die hinteren Röhrenenden sind mit Einsätzen verschlossen, um die Luftzirkulation zu regulieren.

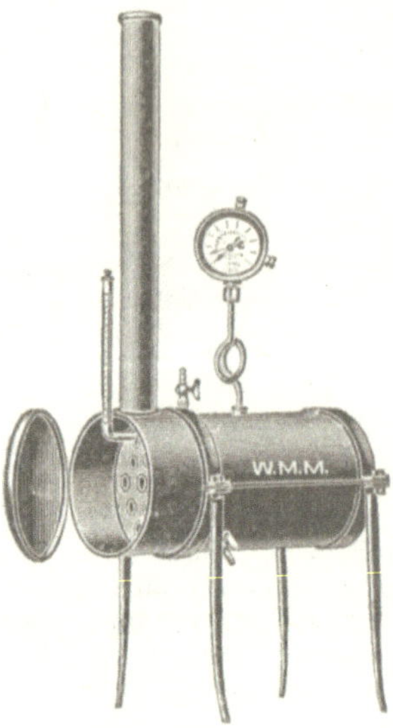

Abb. 17.

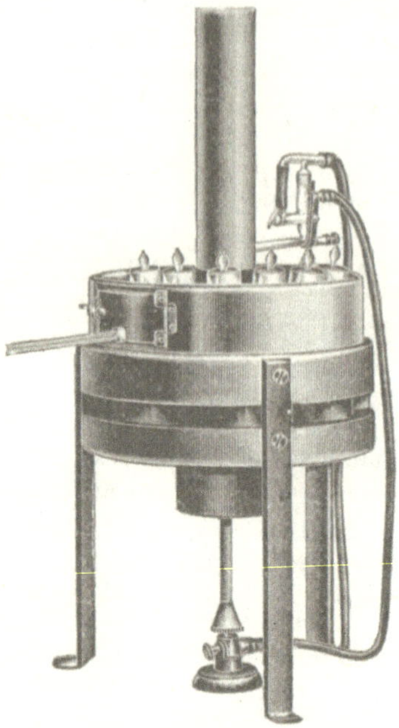

Abb. 18.

Der Kessel wird mit ca. 1—1½ l destilliertem Wasser gefüllt und erhitzt. Wenn das Wasser im Kessel kocht und bereits einige Minuten kräftig ausströmender Dampf entweicht, wird der obere Hahn geschlossen, wodurch Druck und Temperatur im Kessel steigen. Die Regulierung derselben mit dem Barthschen Manometer bewährt sich sehr gut und bietet zudem den Vorteil, daß die Trockentemperatur durch Einstellen eines beliebigen Druckes leicht geändert werden kann. Maßgebend für die Trocknungstemperatur im Innern des Kessels ist jedoch die Angabe des Winkelthermometers, welches am Dunstkamin befestigt ist und in eine der Trockenröhren ragt.

Der Scholviensche Trockenschrank (Abb. 18) besteht aus einem Kessel, der bis zur Hälfte mit Wasser gefüllt ist und durch welchen ein Heizrohr zieht zur Erhitzung der Trocknungsluft. Zur

Regulierung der Temperatur ist der Apparat mit einem Manometer versehen. Die erhitzte Luft steigt in einem Zentralrohr in die Höhe und wird dann auf 12 Trockenkammern verteilt. Die einzelnen Trockenkammern, in welchen sich die zu trocknende Substanz befindet, sind durch einen verschiebbaren Ring mit 2 Klappen verschlossen. Eine Drehung des Ringes genügt, um eine der Klappen vor den gewünschten Trockenraum zu bringen, um die Probe in den Trockenschrank zu stellen oder herauszunehmen.

Der Trockenschrank nach Soxhlet, der ebenfalls richtige Resultate ergibt, ist ein aus Kupfer gefertigter, doppelwandiger Kasten, mit Glyzerin-Wassermischung gefüllt, die bei ca. 107—108° in der Flüssigkeit gemessen, siedet, so daß der innere Luftraum eine konstante Temperatur von 104—105° besitzt. Der entweichende Wasserdampf wird durch einen Rücklaufkühler wieder verflüssigt. Die durch 8 Röhren streichende Luft geht über die in flachen Nickelschalen befindliche Substanz und entweicht mit dem Wasser der Gerste durch einen Kamin.

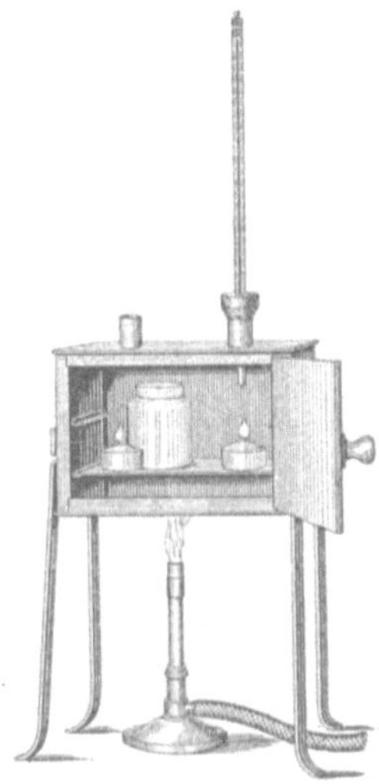

Abb. 19.

Falls kein sehr großer Wert auf ganz genaue Bestimmung gelegt wird, kann man auch einen Trockenschrank von ganz einfacher Konstruktion, wie er für mancherlei Zwecke in jedem Laboratorium vorhanden ist, benützen (Abb. 19). Derselbe ist ein rechteckiger Kasten, gewöhnlich aus Kupferblech gefertigt; dieser ist mit einer Türe, innen mit Fächern und oben mit einem Tubus mit Thermometer versehen, dessen Quecksilbergefäß in den Innenraum des Kastens hineinragt. Durch einen Bunsenbrenner wird die Luft im Innern des Kastens bis zu 105° erhitzt. Zur konstanten Einhaltung dieser Temperatur werden auch Thermoregulatoren gebraucht, die die Gaszufuhr selbsttätig regeln.

Zu einer schnellen beiläufigen Bestimmung des Wassergehaltes eignet sich der selbsttätige Apparat System Korant. Bei diesem werden 10 g Gerstenschrot auf die Waagschale einer wie eine Briefwaage eingerichteten Waage gebracht. Die Waagschale hängt in dem Trockenraum, dient also zugleich als Trockenschale. Während des Trocknens spielt die Waage fortwährend, so daß man sich jederzeit überzeugen kann, ob noch Wasser weggeht. Die Skala der Waage gibt direkt den Wassergehalt in Prozenten an. Die Trocknung erfolgt bei 120° und ist in 40—60 Minuten beendigt. Nach Willing[1]) weichen die mit dem Apparat gewonnenen Resul-

[1]) Wochenschrift f. Brauerei 1916, Nr. 15.

tate nur wenig von den nach der obigen exakten Methode erhaltenen ab.

Schnelltrocknungsmethode.

Steht ein Uhlscher Trockenschrank zur Verfügung, so kann man nach Wieninger[1]) die ganze Arbeit der Wasserbestimmung in etwa einer Stunde durchführen in folgender Weise. Der Uhlsche Trockenschrank wird auf 110° angeheizt und dann das Waageschiffchen mit 2—3 g Gerstenmehl (in der gleichen Weise können andere Getreidearten und Malz untersucht werden) hineingestellt. Nach 35—40 Minuten stellt man in den Exsikkator und wiegt nach dem Abkühlen (ungefähr 20 Minuten). Die Resultate stimmen mit den bei 3½stündigen Trocknen bei 105° gut überein. Da die vorgeschriebene Trocknungszeit nicht wesentlich überschritten werden darf, bedient man sich zweckmäßig eines Weckers mit Einstundenzifferblatt.

Mit Vortrocknen.

Gerste mit mehr als etwa 16—17% Wasser, also auch geweichte Gerste und Grünmalz, muß vor dem Schroten vorgetrocknet werden, indem man zunächst 100 g Gerste abwägt und dann auf Filtrierpapier in einem einfachen Trockenschrank bei 40—50° so lange trocknet, bis sie sich gut mahlen läßt, also bis auf 14—15% Wassergehalt. Eine Gerste mit etwa 20% Wasser soll also getrocknet werden, bis das Gewicht um rd. 5%, von 100 auf 95 g, zurückgegangen ist. Hierauf läßt man im Exsikkator erkalten und wägt. Betrüge der Gewichtsverlust etwa 4,2 g, so entsprechen nun 95,8 g vorgetrockneter Gerste 100 g ursprünglicher Gerste. Hierauf wird wie oben in einem kleinen Quantum Gerste nach dem Mahlen der Wassergehalt bestimmt. Ergeben sich z. B. 15%, so rechnet man:

100 g vorgetr. Gerste . . . . 15 g Wasser
95,8 g » » (= 100 g urspr. Gerste) x g »

$$x = \frac{15 \times 95{,}8}{100} \text{ (R-St) } 6{,}39 \text{ g.}$$

Daher Gesamtwassergehalt der Gerste 15 + 6,39 = **21,39** %.

Man kann auch die stark wasserhaltige Gerste zur Bestimmung des Wassergehaltes auf einer Kaffeemühle schroten. Zur Gewinnung von Feinmehl für anderweitige Bestimmungen kann man ein beliebiges Quantum Gerste über einer warmen Ofenplatte oder einem Heizkörper vortrocknen. Der Wassergehalt der vorgetrockneten Gerste ist dann im Mehl eigens zu bestimmen.

b) Destillationsmethode.

Bei Anwendung dieser Methode wird das Wasser mit einer hochsiedenden Flüssigkeit aus der Gerste durch Erhitzen angetrieben, durch Abkühlen verflüssigt und die Menge des abdestillierten Wassers durch Abmessen bestimmt.

[1]) Wochenschrift f. Brauerei 1936, Nr. 32.

Bei dem früher vielfach in Gebrauch befindlich gewesenen Apparat von J. H. Hoffmann[1]) wurde als Übertreibflüssigkeit hochsiedendes Mineralöl (Schmieröl) benutzt. Neuerdings verwendet man statt Öl nichtschmierende, hochsiedende, flüssige, organische Körper, z. B. Toluol (S. P. 110°) bei dem Apparat von H. Lundin[2]), zu beziehen von Greiner und Friedrichs, Stützerbach in Thür. Bestimmungen hat sich der Apparat von Pritzker und Jungkunz Besonders zweckmäßig für den Gebrauch in der Praxis für einzelne (Abb. 20) in Basel, zu beziehen durch D. Bender und D. Hobein, München, erwiesen. Die Handhabung ist sehr einfach:

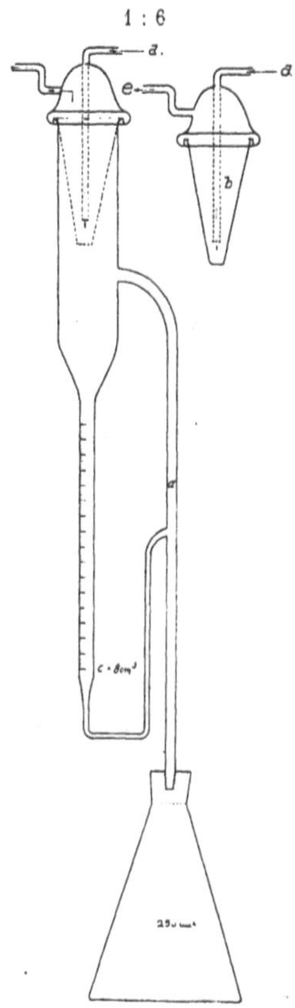

Abb. 20.

Man wägt auf einer genauen Handwaage rd. 20 g Gerste, schrotet (evtl. auf einer gewöhnlichen Kaffeemühle), gibt in die Handwaage zurück und wägt genau. Hierauf gibt man das Schrot in den Destillationskolben (unten in der Abbildung). Von geweichter Gerste, Grünmalz u. dgl. genügen 10 g Substanz, die man in einer Reibschale zerquetscht und dann sofort, ohne nochmals nachzuwägen, in den Kolben gibt. Als Übertreibflüssigkeit benutzt man Perchloräthylen, C_2Cl_4, D 1,62, S. P. 119,2°. Nach Einbringen der Substanz in den Destillierkolben gießt man 60—80 cm³ C_2Cl_4 dazu und verbindet den Kolben fest mit dem Glasstopfen des Apparates (Normalschliffstopfen). Dann gießt man noch vor Aufsetzen des Kühlers (*b*) weiter C_2Cl_4 in das Hauptrohr, bis in dem Meßrohr *c* die Flüssigkeit durch das enge Seitenrohr und Rohr *a* in den Destillierkolben überläuft. Hierauf erhitzt man nach Aufsetzen des Kühlers, durch den von jetzt ab immer reichlich Kühlwasser laufen muß, über dem Drahtnetz schnell zum Kochen. Die Dämpfe gehen nun durch Rohr *a* in das Hauptrohr, verdichten sich am Kühler und tropfen in das Meßrohr zurück. Die Flamme muß so reguliert werden, daß die abfallenden Tropfen (etwa 150 in der Minute) eben nicht mehr zu zählen sind. Zur Beheizung genügt im Notfalle eine einfache Spirituslampe. Nach 20 Minuten langem Destillieren löscht man die Flamme aus und liest nach 10—15 Minuten die Menge des in dem Skalenrohr *c* über dem C_2Cl_4 stehenden Wassers ab, und zwar vom oberen Rande des un-

[1]) S. Pawlowski 4. Aufl. S. 28.
[2]) Chemiker Zeit. 1932, 236.

teren Meniskus bis zum oberen Rande des oberen Meniskus. Die abgelesenen cm^3 Wasser können = g gesetzt werden und sind auf 100 g Gerste umzurechnen.

Beispiel: Angewandt 19,8 g Gerstenschrot, obere Ablesung 6,2, untere Ablesung 3,4. Daher Wasser = 6,2 — 3,4 = 2,8 g, daher

$$\frac{2{,}8 \times 100}{19{,}8} = 14{,}14\%.$$

Nach etwa 4—5 Bestimmungen muß das Meßrohr mittels einer feinen Bürste und Schmierseife gründlich gereinigt werden. Nach jedem Gebrauch ist der ganze Apparat mit Wasser zu reinigen und vor der Wiederverwendung gründlich zu trocknen.

Die erforderlichen Kochzeiten betragen für

1. Gerste: Mehl und Schrot 20 Minuten,
2. Malz: Mehl 10 Minuten, Schrot 15—20 Minuten,
3. Karamelmalz und Farbmalz: Mehl 20 Minuten, Schrot 25 bis 30 Minuten,
4. Geweichte Gerste, Grünmalz, Naßtreber: 20—25 Minuten.

c) Schnelle Wasserbestimmung auf elektrischem Wege.

Von der Heilan-G.m.b.H. Nachf. in Frankfurt a. M. wird seit einigen Jahren ein elektrisches Meßgerät in den Handel gebracht, mit dem es möglich ist, den Wassergehalt von Gerste und Malz innerhalb einer Minute genau zu bestimmen. Das Verfahren beruht darauf, daß die meisten Stoffe eine niedrige Dielektrizitätskonstante (DK) von etwa 2—4 Einheiten besitzen, während Wasser eine DK von 81 hat. Der Wassergehalt eines Stoffes beeinflußt infolgedessen die Dielektrizitätskonstante ganz außerordentlich, so daß durch Messung der DK der Wassergehalt ermittelt werden kann. Die Messung der DK wird in einfachster Weise dadurch erreicht, daß man die zu untersuchende Substanz, z. B. die Gerste in ganzen Körnern zwischen die Platten eines Kondensators füllt und dann dessen Kapazität mißt. Da die Leerkapazität des Gefäßes bekannt ist, ergibt sich die DK sofort als derjenige Faktor, mit dem diese Leerkapazität zu multiplizieren ist, um die Gesamtkapazität zu erhalten.

Durch diese Messung würde man jedoch zunächst nur den Gesamtwassergehalt finden. Es ist deshalb noch das Gewicht der eingefüllten Substanz zu ermitteln und durch Umrechnung auf 100 Teile der prozentuale Wassergehalt zu errechnen. Bei dem DK-Apparat wird ein der Dielektrizitätskonstanten entsprechender Skalenteil bei jeder Messung abgelesen und dieser Wert durch einfache Korrekturtabellen entsprechend dem Mehr- oder Mindergewicht der Kondensatorfüllung korrigiert. Der Wassergehalt findet sich dann in einem Diagramm, das durch zahlreiche Kontrollproben mit der Trockenschrankbestimmung auf empirischem Wege ermittelt worden ist. Wegen der schon oben erwähnten kleinen Schwankung zwischen den DK-Werten trockener Stoffe ist es erforderlich, für jeden Stoff besondere Eichkurven aufzunehmen, und man muß weiterhin für jede vorliegende Form eines Stoffes wegen der Packungsdichte im Kondensator ebenfalls eine besondere Eichkurve haben, z. B. eine Eichkurve für Körner und eine Eichkurve für Mehl.

Es ist natürlich auch möglich auf einen DK-Apparat, der nur für einen Stoff verwendet werden soll, die Diagrammwerte direkt auf eine Skala des Apparates zu übertragen, so daß dort die Wassergehalte unmittelbar abgelesen werden können. Die Zeitdauer einer Feuchtigkeitsmessung einschließlich der Einfüllung und der Ent-

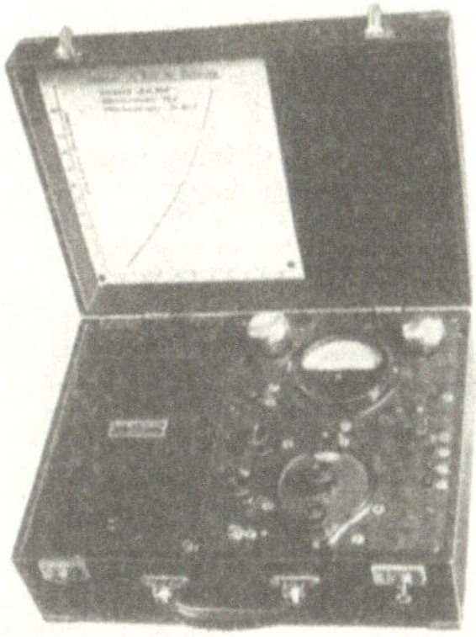

Abb. 21.

Abb. 22.

leerung des Kondensators beträgt nur eine Minute, gleichgültig ob die Ablesung auf dem Apparat oder auf einem Diagrammblatt erfolgt.

Das Gerät wird sowohl in einer Laboratoriumsausführung Modell A (Abb. 21) als auch in schwerer eiserner Ausführung für rauhe Betriebe Modell C (Abb. 22) geliefert. Das Modell C hat sich auch in vielen körnerverarbeitenden Betrieben wegen seiner stabilen laiensicheren Bauart (Gewicht rd. 50 kg) eingeführt.

d) Wasserbestimmung durch Hygrometer

(s. Allgemeine Brauer- und Hopfenzeitung 1937, Nr. 177).

In einem abgeschlossenen Raume stellt sich der Wassergehalt der in einem Gersten-(Getreide-)Haufen befindlichen Luft in kurzer Zeit dem Wassergehalt der Gerste entsprechend ein. Die Angabe eines in den Gerstenhaufen eingeführten Hygrometers steigt und fällt daher mit dem Wassergehalt der Gerste. Die Fabrik wissenschaftlicher Instrumente von Wilh. Lambrecht A.-G., Göttingen, bringt ein sehr empfindliches Haarhygrometer in etwa 60 cm langer Stabform (Stechhygrometer) (Abb. 23) in den Handel, welches man in die in einem engen Glas- oder Metallzylinder (oder auch im Sack) befindliche Gerste einführt. Nach einer halben Stunde liest man den relativen Feuchtigkeitsgehalt der die Gerstenkörner umgebenden Luft am Hygrometer ab und entnimmt einer beigegebenen Tabelle den Wassergehalt der Gerste. Die Resultate stimmen gut mit der Trocknungsmethode überein. Bedingung ist, daß das Instrument in der Zwischenzeit immer in einer Standardgerste von gleichbleibendem mittlerem Wassergehalt steht. Zeigt das Instrument in dieser eine abweichende Angabe, so ist es durch eine einfache Stellschraube leicht zu korrigieren.

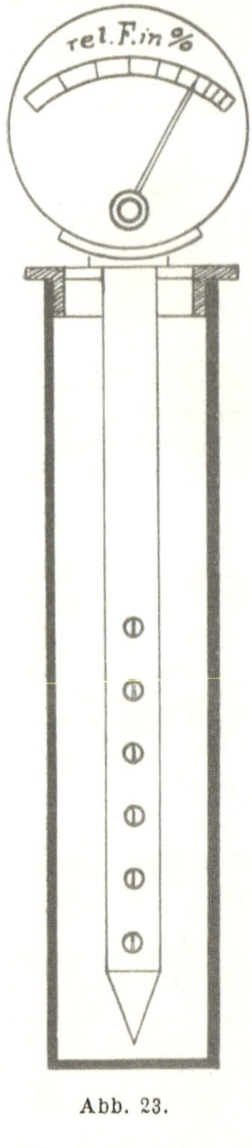

Abb. 23.

2. Stickstoff (Eiweiß oder Protein).

Der Stickstoff in der Braugerste spielt bei der Bierfabrikation eine ganz außerordentliche Rolle und ist infolgedessen der wichtigste und interessanteste Bestandteil des Gerstenkornes. Es ist eine bekannte Tatsache, daß eiweißreiche Gersten sich in den Mälzereien schwieriger und mit höherem Mälzungsschwand verarbeiten als eiweißarme. Zu eiweißreiche Gersten liefern vielfach Malze von mangelhafter Beschaffenheit. Eiweißarme Gersten sind besonders für helle Biere erwünscht. Bei normalen Braugersten schwankt der Eiweißgehalt zwischen 9 und 13% in der Trockensubstanz.

Man bestimmt den Stickstoffgehalt (Stickstoff ist der charakteristische Bestandteil von Eiweiß oder Protein) nach der Kjeldahlschen Methode, welche darauf beruht, daß konzentrierte Schwefelsäure die organischen Bestandteile der Gerste in Kohlensäure, Wasser und Ammoniak verwandelt. Das Ammoniak wird von der Schwefelsäure zurückgehalten; später wird es quantitativ bestimmt und auf Eiweiß umgerechnet.

Im wesentlichen umfaßt diese Bestimmung folgende Operationen:

a) Die Zerstörung (Oxydation) der Substanz (Aufschließungsprozeß),
b) das Überdestillieren des Ammoniaks in N/5- oder N/10-Schwefelsäure,
c) Ermittlung der nach der Destillation noch vorhandenen freien Schwefelsäure (Titration).

Die Bestimmung wird auf folgende Weise ausgeführt:

a) Aufschließungsprozeß.

Von dem gut durchgemischten Gerstenmehl werden auf einem tarierten Wägeschiffchen 3 g genau abgewogen.

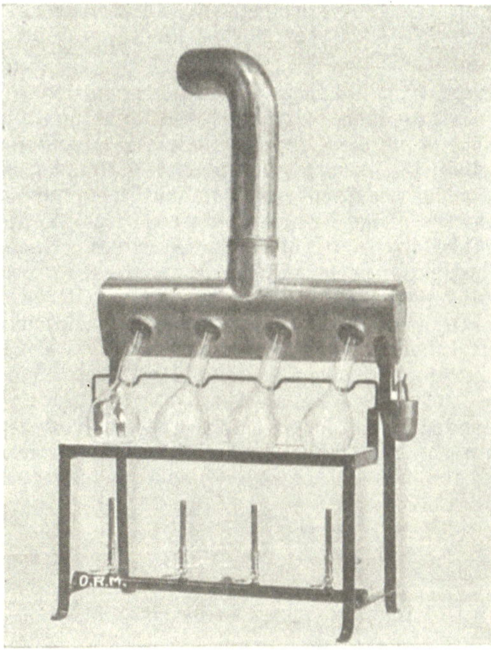

Abb. 24.

Für Massenanalysen benützt man zum Abwägen vielfach die Schnellwaage von Spörhase in Gießen. Dieselbe bildet eine Dezimalwaage, bei welcher umgekehrt wie bei der gewöhnlichen Dezimalwaage die Gewichtsstücke zehnmal so schwer sind als der zu wägende Gegenstand. Auch kann man durch Anwendung von 1,75 statt 3 g Gerstenmehl die Ausrechnung sehr vereinfachen.

Die für die Stickstoffbestimmung abgewogene Probe bringt man in einen Aufschließungskolben aus Kaliglas von Schott in Jena

(Abb. 24). Am besten eignen sich birnförmige Kolben von ca. 500 cm³ Inhalt (Kjeldahl-Kolben).

Die minimalen Mehlreste im Schiffchen werden mittels eines Haarpinsels in den Kolben gebracht. Unter Drehen des Kolbens setzt man nun dem Gerstenmehle 25 cm³ konzentrierte Schwefelsäure zu, welche man längs der Wandung herablaufen läßt. Hierauf fügt man noch eine kleine Messerspitze voll Kupferoxyd (0,02 bis 0,03 g) und 6—7 g pulverisiertes Kaliumsulfat (oder auch Natriumsulfat, das billiger kommt) hinzu. Das erstere wirkt als Katalysator, das letztere bezweckt die Erhöhung der Siedetemperatur; also sind beide geeignet, den Aufschließungsprozeß zu beschleunigen.

Durch schwaches Schütteln wird der Inhalt des Kolbens gemischt und im Abzuge der Kolben in schiefer Lage auf dem Verbrennungstische (Abb. 24) mit starker Flamme erhitzt.

Man trage Sorge, daß die lästigen Gase von schwefliger Säure, die sich beim Kochen entwickeln, vollständig in den Abzugskamin gelangen. Dies kann man dadurch erreichen, daß man die Mündung des Kolbenhalses in die Öffnung eines waagerechten Bleirohres steckt. Letzteres ist mit dem Abzugskamin verbunden (s. Abb. 24).

Der Inhalt des Kolbens wird anfangs schäumen, die Gerste färbt sich schwarz infolge des ausgeschiedenen Kohlenstoffes, welcher bei weiterem Erhitzen zu Kohlensäure oxydiert. Nach und nach wird die Flüssigkeit heller und am Ende des Prozesses — nach etwa 1—1½ Stunden — hell und grün. Nach weiteren 10 Minuten langem Kochen wird die Flamme ausgelöscht, und man läßt den Kolben samt Inhalt erkalten.

Das Schütteln des Kolbens während des Aufschließungsprozesses erscheint in den meisten Fällen überflüssig, da die an den Wandungen haftenden Partikel durch kondensierende und abfließende Schwefelsäure von selbst abgespült werden, besonders wenn man den Kolben beim Kochen auf dem Gestell von Zeit zu Zeit dreht.

b) Destillation.

Nach dem Erkalten des Kolbens setzt man ca. 150 cm³ Wasser zu.

Inzwischen hat man den Destillationsapparat (Abb. 25) in Bereitschaft gestellt.

In einen ca. 300 cm³ fassenden Erlenmeyer-Kolben bringt man mit der Pipette 25 cm³ N/5-Schwefelsäure (Lös. 30) oder auch 50 cm³ N/10-Schwefelsäure und stellt den Kolben so unter den Kühlkasten, daß das Ablaufrohr in die Schwefelsäure taucht. Statt des Kühlkastens kann bei Einzelbestimmung auch ein einfacher senkrecht stehender Liebigscher Kühler verwendet werden. In der Regel stellt man mehrere (6—12) Destillationsvorrichtungen nebeneinander unter Benutzung eines entsprechend verlängerten Kühlkastens. Der Kühlwasserwechsel ist vor Beginn der Destillation zu öffnen und darf während der Destillation nicht weiter geöffnet werden, ebenso wie der Brenner unter dem Destillationskolben nicht kleiner gestellt werden darf. In beiden Fällen würde sonst im Destillationsraum ein Unterdruck entstehen und die vorgelegte N/5-Schwefelsäure könnte unter Umständen in den Destillationskolben zurücksteigen. Wäre dies wirklich einmal passiert oder geringe Mengen der stark alkalischen Flüssigkeit im Destillationskolben übergerissen worden und die Bestimmung dadurch verunglückt, so vergesse man nicht das Destillationsrohr vor der Wiederverwendung gründlich auszuwaschen.

Nun läßt man am Rande des abgekühlten schief gehaltenen Aufschließkolbens mit einem Meßzylinder 130 bis 140 cm³ einer etwa 30proz. Natronlauge (Lös. 10) vorsichtig hineinlaufen, so daß die Natronlauge sich unter die saure Flüssigkeit lagert, wirft einige Stückchen geraspeltes Zink hinein, um das Stoßen beim Kochen zu vermeiden, und verbindet den Kolben sofort fest mit dem Gummipfropfen des Destillationsapparates.

Hierauf erst schüttelt man den Kolben und erhitzt sofort mit scharfer Flamme zum Kochen. Das durch die Natronlauge in Freiheit gesetzte Ammoniak wird beim Kochen in die Vorlage getrieben und von der N/5-Schwefelsäure absorbiert.

Wenn ungefähr 150 cm³ überdestilliert sind, wird der Kolben mit dem Destillat etwas tiefer gestellt, so daß das Destillationsrohr nicht mehr eintaucht und noch einige Minuten weiter destilliert. Dann wird die Destillation beendigt.

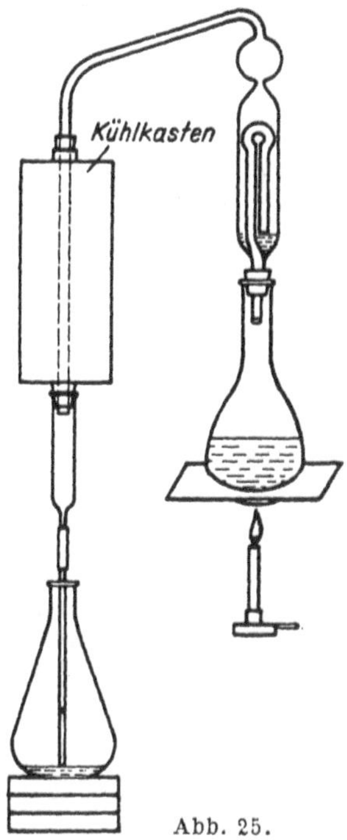

Abb. 25.

c) Titration.

Diese wird vorgenommen, um die in der Vorlage noch vorhandene Menge freier N/5-Schwefelsäure festzustellen. Zur Titration derselben benützt man mit Vorteil N/5-Ammoniak (Lös. 36)[1]) unter Verwendung von 2 Tropfen alizarinsulfosaurem Natron (Lös. 20), Methylrot (Lös. 21a) oder Kongorot (Lös. 18) als Indikator. Man setzt aus der Bürette so lange N/5-Ammoniak zu, bis die Farbe in Rot bzw. gelb umschlägt. Die Zahl der zugesetzten Kubikzentimeter N/5-Ammoniak entspricht dann der Menge freier, nicht gebundener N/5-Schwefelsäure. Die Differenz zwischen der vorgelegten

[1]) In manchen Laboratorien wird auch Natronlauge (Lös. 32) benutzt.

und der noch vorhandenen freien Schwefelsäure ist die Menge Säure, welche durch das überdestillierte Ammoniak zu Ammoniumsulfat neutralisiert wurde. Aus dieser Differenz läßt sich der Stickstoff bzw. das Eiweiß berechnen.

Die Titerstellung des Ammoniaks gegen die Schwefelsäure hat möglichst zu gleicher Zeit und unter gleichen Bedingungen unter Anwendung von 25 cm³ N/5-Schwefelsäure zu erfolgen. Bei Aufbewahrung in einer gewöhnlichen Flasche nimmt der Gehalt an Ammoniak fortwährend ein wenig ab. Sehr empfehlenswert ist die unter Lös. 36 abgebildete Aufbewahrungsflasche, verbunden mit Bürette. In dieser erfährt die Lösung auch bei längerer Aufbewahrung kaum eine Änderung. Auch empfiehlt es sich, zur Prüfung der verwendeten Lösungen auf vollkommene Abwesenheit von Stickstoff einen blinden Versuch in der gleichen Weise, nur unter Weglassung der Gerste durchzuführen. Wird beim blinden Versuch am Schlusse weniger Ammoniak verbraucht als bei der Titerstellung, so ist die Differenz dem bei der Ausführung verbrauchten Ammoniak zuzuzählen.

Beispiel 1: Angewandt 3 g Gerstenschrot, vorgelegt 25 cm³ N/5-Schwefelsäure. Bei der Titration der Vorlage nach beendigter Destillation wurden verbraucht 8,1 cm³ Ammoniak, genau N/5. Beim blinden Versuch wurden nach der Destillation verbraucht 24,9 statt 25 cm³, Differenz 0,1 cm³. Daher wären, wenn alle Lösungen vollkommen stickstofffrei gewesen wären, bei der Ausführung verbraucht worden 8,1 + 0,1 = 8,2 cm³ Ammoniak. Daher sind 25 — 8,2 = 16,8 cm³ N/5-Schwefelsäure von dem überdestillierten, aus der Gerste stammenden Ammoniak neutralisiert worden. 1 cm³ N/5-Schwefelsäure entspricht aber 3,4 mg Ammoniak (NH_3) und daher 2,8 mg Stickstoff (N), somit binden 16,8 cm³ N/5-Schwefelsäure 2,8 × 16,8 = 47,04 mg Stickstoff:

3 g Gerste . . . . 0,04704 g Stickstoff
100 g » . . . . *x* g »

$$x = \frac{0{,}04704 \times 100}{3} \text{ (R-St)} = 1{,}568 \text{ g} = 1{,}568\% \text{ Stickstoff}$$

in der lufttrockenen Gerste.

Allgemein:

$$\% \text{ N lfttr} = \frac{\text{N/5 } H_2SO_4 \times 0{,}0028 \times 100}{3}$$
$$= \text{N/5 } H_2SO_0 \times 0{,}0933 \text{ (R-St)}.$$

Ist die verwendete Ammoniaklösung nicht genau N/5, so ist die verbrauchte Menge auf die entsprechende Menge N/5-Lösung umzurechnen.

Beipiel 2: Bei der Titerstellung wären auf 25 cm³ N/5-Schwefelsäure 24 cm³ Ammoniak (also 1 cm³ Ammoniak = 25/24 (R-St) = 1,042 cm³ N/5) und beim Zurücktitrieren des Destillates 7,8 cm³ verbraucht worden. So ist soviel Ammoniak überdestilliert, als 24 — 7,8

= 16,2 cm³ dieser Ammoniaklösung entspricht, dies sind aber 16,2 × 1,042 (R-St) = 16,88 cm³ N/5.

Aus dem Stickstoff berechnet sich der Eiweiß-(Protein-)Gehalt unter der Annahme, daß alle Eiweißkörper 16% Stickstoff enthalten[1]), durch Multiplikation mit dem konstanten Faktor 6,25 (oder durch Division durch 0,16). Daher in Beipiel 1

$$\text{Eiweiß} = 1{,}568 \times 6{,}25 \text{ (R-St)} = 9{,}80\%.$$

Bei Anwendung der Tabelle VII, aus der ohne weiteres die Prozentgehalte an Stickstoff und Eiweiß entnommen werden können, ist natürlich die beim Zurücktitrieren verbrauchte Menge Ammoniak auf N/5 umzurechnen. Also in obigem Beispiel 2

$$7{,}8 \times 1{,}042 \text{ (R-St)} = 8{,}13 \text{ cm}^3$$

entsprechend nach der Tabelle VII $1{,}57_5\%$ Stickstoff und 9,84% Eiweiß.

Bei Anwendung von nur 1,75 g statt 3 g Gerste stellt sich die Umrechnung auf Eiweiß bei Anwendung von N/5-Ammoniak und N/5-Schwefelsäure wie folgt. 1 cm³ vom überdestillierten Ammoniak gesättigter N/5-Schwefelsäure entspricht

$$\frac{0{,}0028 \times 6{,}25 \times 100}{1{,}75} = 1\% \text{ Eiweiß}.$$

Beispiel: Vorgelegt 25 cm³ N/5-Schwefelsäure, nach der Destillation verbraucht 15,6 cm³ N/5-Ammoniak.

$$\text{Eiweiß} = 25 - 15{,}6 = 9{,}4\%.$$

Umrechnung auf Trockensubstanz: Angenommen als Wassergehalt habe sich bei obiger Gerste 14,2% ergeben, so enthält sie in 100 g 100 — 14,2 g Trockensubstanz.

100 — 14,2 g Trockensubstanz . 9,4 g Eiweiß,
100 g Trockensubstanz . . . x g »

$$x = \frac{9{,}4 \times 100}{100 - 14{,}2} \text{ (R-St)} = 10{,}96\% \text{ Eiweiß in der Gerstentrockensubstanz.}$$

Die Eiweißbestimmung ist immer doppelt auszuführen, wobei sich keine größere Differenz als 0,2 ergeben darf.

Vielfach wird der Stickstoff- bzw. Eiweißgehalt auf das einzelne Korn umgerechnet (Kornstickstoff).

Beispiel: Stickstoffgehalt lufttrocken 1,6%, Korngewicht lufttrocken 43.

100 mg Gerste enthalten 1,6 mg Stickstoff,

43 » » » $\frac{1{,}6 \times 43}{100}$ (R-St) = 0,688 mg Stickstoff.

Kornstickstoff = **0,688** mg.

---

[1]) Die Richtigkeit dieser Annahme ist nach Schmorl (Zeitschrift für das gesamte Brauwesen 1936, Nr. 23) nur für das Eiweiß in den Braumaterialien und für das tierische Eiweiß allgemein angenommen. Für Milcheiweiß gilt 15,7, für Getreideschrote und Mehle 17,54, für Keimlingseiweiß 17,24, für übriges Pflanzeneiweiß 17,12 %.

Schnellmethoden zur Stickstoffbestimmung.

Die oben ausführlich beschriebene allgemein übliche Methode der Stickstoffbestimmung erfordert mindestens 1 ½—2 Stunden Zeit, hauptsächlich infolge des langwierigen Aufschließungsprozesses.

Da es aber für den Betrieb oft sehr erwünscht wäre, viel schneller das Resultat in die Hand zu bekommen, so wurden in neuerer Zeit Methoden ausgearbeitet, nach denen besonders der Aufschließungsprozeß bedeutend schneller durchgeführt werden kann. Zur Beschleunigung der Oxydation wurden die verschiedensten Zusätze verwendet: Quecksilberverbindungen, Kupferverbindungen, Phosphorpentoxyd, Wasserstoffsuperoxyd, Selen usw.[1]. Aus allen diesen Versuchen hat Wieninger[2]) eine Schnellmethode entwickelt, welche für den allgemeinen Gebrauch bestens geeignet erscheint.

Wieningers Schnellstickstoffbestimmungsmethode.

Zur Beschleunigung der Oxydation beim Aufschließungsprozeß dient ein »Reaktionsgemisch« von folgender Zusammensetzung:

500 g Natriumsulfat, wasserfrei,
3 g Kupfersulfat, wasserfrei,
8 g Selen, metallisch.

Das Reaktionsgemisch kann von der Chemischen Fabrik E. Merck in Darmstadt bezogen werden. 1,75 g (zur Vereinfachung der Berechnung) werden im Kjeldahl-Kolben mit 6 g Reaktionsgemisch und mit 20 cm³ konzentrierter Schwefelsäure versetzt. Hierauf kocht man zunächst 5—6 Minuten mit kleiner, etwa 5 cm langer Flamme, dann etwa 6 Minuten mit starker Flamme, schließlich noch 5—6 Minuten mit kleiner Flamme, wie zu Beginn. Die Aufschließung dauert somit nur 16—18 Minuten. Nach genügendem Erkalten versetzt man mit 150 cm³ Wasser, 80 cm³ 30prozentiger Natronlauge etwas Zink und destilliert in 30 cm³ N/5-Schwefelsäure. Destillationsdauer ca. 30 Minuten. Die beim Zurücktitrieren verbrauchte Menge N/5-Natronlauge in cm³ gibt von 25 abgezogen den Eiweißgehalt in Prozent der lufttrockenen Gerste an.

Einen weiteren großen Vorteil bietet die von Schulz und Kunisch[3]) beschriebene zweckmäßige Apparatur zur Stickstoffbestimmung.

Formolstickstoff s. unter 10.

3. Stärke.

Die Stärke ist der Bestandteil der Gerste, der hauptsächlich das Malzextrakt liefert und daher von großer Bedeutung bei Be-

[1]) Wieninger-Lindemann, Wochenschrift für Brauerei 1929, Nr. 40.
Lundin-Ellburg, Wochenschrift für Brauerei 1929, Nr. 14 u. 15.
Kühl und Gottschalk, Zeitschrift für das gesamte Getreidewesen 1929, Nr. 5.

[2]) Wochenschrift für Brauerei 1936, Nr. 32.

[3]) Wochenschrift für Brauerei 1935, Nr. 37 u. 41.

wertung der Braugerste. Die empfehlenswerteste Methode zur Bestimmung des Stärkegehaltes ist die Polarisationsmethode nach Lintner-Schwarcz, welche darin besteht, die Stärke des Gerstenmehles durch Einwirkung starker Schwefelsäure, in die lösliche Form überzuführen und hierauf von der Lösung den Drehungswinkel im Polarisationsapparat zu bestimmen[1]). Braugersten ergeben nach dieser Methode Stärkewerte von 58—65% in der Trockensubstanz[2]). Im allgemeinen steigt der Stärkegehalt mit fallendem Proteingehalt[3]).

Zur Polarisation benützt man zweckmäßig einen Halbschattenapparat Nr. 2 nach F. Lippich für Natriumlicht (Abb. 26), der eine

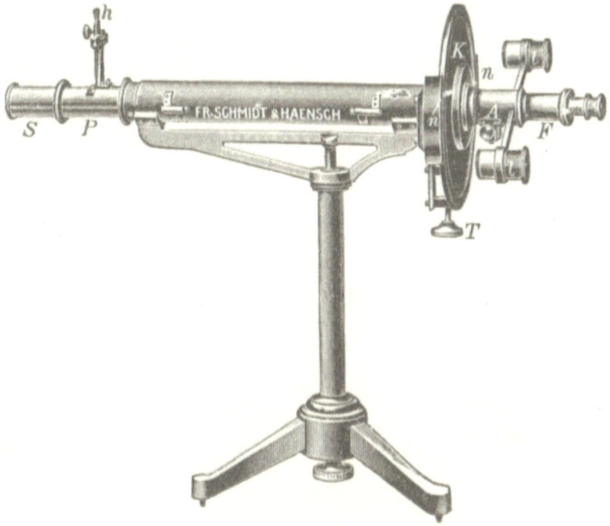

Abb. 26.

Genauigkeit in der Bestimmung des Drehungswinkels von 0,01 bis 0,02° gestattet. Das der Lichtquelle zugekehrte Ende *S* des Apparates ist mit einem Rohr versehen zur Aufnahme einer ca. 6proz. wässerigen Lösung von Kaliumbichromat, welche nur gelbe Lichtstrahlen durchläßt, daher auch ein Arbeiten mit Sonnenlicht gestattet. Bei *P* befindet sich der Polarisator, ein zwei- oder auch dreiteiliger nach Lippich. Das größere Nicolsche Prisma ist mittels

[1]) Zeitschrift für das gesamte Brauwesen 1913, Nr. 7 u. 8.
[2]) Frisch geerntete Gersten geben meist etwas zu niedere Werte.
[3]) Bei der Behandlung mit Säure lösen sich auch noch andere optisch aktive Kohlehydrate, so daß der Stärkegehalt immer etwas zu hoch gefunden wird. Nach einer Methode von Ling und Nanji, verbessert von Lüers und Wieninger (Zeitschrift f. d. gesamte Brauwesen 1925, Nr. 6), wird die Stärke durch Diastase und Hefeauszug vollständig in Maltose übergeführt und als solche bestimmt.

des Hebels *h* drehbar; dadurch kann man den Halbschatten von 0° bis etwa 20° verändern; an einer kleinen Teilung wird der Wert desselben abgelesen. Das Analysatornicol befindet sich in dem Rohrstück *A* (dem Auge zugekehrtes Ende des Apparates) und ist mit dem kleinen Fernrohr *F* sowie dem Teilkreis *K*, welcher einen Durchmesser von 175 mm besitzt und in ganze und viertel Grade (0,25°) geteilt ist, fest verbunden.

Die Drehung dieser ganzen Vorrichtung um die Längsachse geschieht durch Bewegung des Triebes *T* und wird mit den beiden feststehenden Nonien *n* gemessen, deren Einteilung eine Ablesung des Winkels mittels der Lupen *L* bis auf 0,01° gestattet. Das Okular des Fernrohres *F* ist zur scharfen Einstellung verschiebbar eingerichtet. Die Mitte des Apparates dient zur Aufnahme des Beobachtungsrohres.

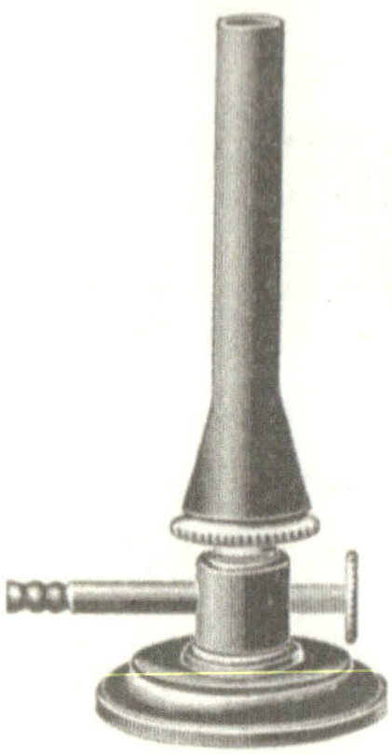

Abb. 27.

Die Apparate werden in verschiedenen Längen angefertigt und zwar für Beobachtungsröhren bis zu 400 mm Länge, am meisten in Verwendung 200 mm.

Als Natriumlampe verwendet man am zweckmäßigsten einen Teklubrenner (Abb. 27) mit Platinring zur Aufnahme von Chlornatrium. Die Natriumlampe ist stets so aufzustellen, daß die Beleuchtungslinse ein scharfes Flammenbild auf die Analysatorblende wirft. Die Entfernung der Lichtquelle vom Ende des Apparates beträgt bei Apparaten für Röhren von 2 dm Länge ca. 30 cm. Die Flamme soll intensiv weißgelb gefärbt sein.

Die Ausführung der Stärkebestimmung in der Gerste unter Anwendung von Schwefelsäure als Aufschließungsmittel geschieht folgendermaßen:

Von dem gut durchgemischten Gerstenmehl (Feinmehlgehalt ca. 96%)[1]) werden in einem Wägeschiffchen auf der analytischen Waage 5 g abgewogen. Diese 5 g werden in ein 200-cm³-Meßkölbchen gegeben, dessen Hals über der Marke etwas erweitert ist, und mit 10 cm³ 96volumproz. Alkohol versetzt. Nach innigem Durchmischen gibt man 100 cm³ Schwefelsäure vom spezifischen Gewicht 1,40 (= 50 Gew.-%) (Lös. 5^b) unter Umschütteln zu und läßt eine Stunde bei 18—22° stehen, evtl. im Temperierbad. Hierauf versetzt man zur Ausfällung der Eiweißkörper mit 20 cm³ frisch bereiteter 2proz. Phosphorwolframsäure (Lösung 9^a) und füllt mit Schwefelsäure vom spezifischen Gewicht 1,30 (= 40 Gew.-%) (Lös. 5^c) bis zur Marke auf. Nach gründlichem Schütteln wird durch ein Faltenfilter (Schleicher und Schüll Nr. 588) filtriert. Das Filtrat wird so

[1]) Unter »Feinmehl« versteht man das durch das Vogelsche Sortiersieb oder durch das 3. Sieb von oben des Pfungstädter Plansichters gehende Mehl. Die lichte Maschenweite dieser Siebe beträgt 0,5—0,6 mm.

lange zurückgegossen, bis es vollkommen (!) blank läuft, dann in das (2 dm lange) Polarisationsrohr gefüllt und der Polarisationswinkel α bei Natriumlicht bestimmt.

Das klare Filtrat ist sehr haltbar, d. h. man kann es mehrere Stunden stehen lassen, ohne daß sich der Drehungswinkel desselben ändert.

Abb. 28.

Eine besonders praktische Form des Beobachtungsrohres zeigt Abb. 28. Bei demselben schadet eine kleine eingeschlossene Luftblase nichts, da sie bei horizontaler Lage des Rohres in die Erweiterung *a* eintritt.

Die Polarisation des Filtrats geschieht bei ca. 20° wie folgt:

Nachdem das Zimmer ganz oder teilweise verdunkelt (nicht unbedingt erforderlich) und die Lichtquelle richtig aufgestellt ist, stellt man zuerst beim leeren Apparat das Fernrohr scharf auf die Trennungslinie der Vergleichsfelder ein. Man geht zunächst von dem einen der beiden Nullpunkte des Apparates aus, macht mehrere Einstellungen hintereinander, jedesmal den Nonius (rechts!) ablesend. Wenn die Einstellung richtig gemacht ist, so wird der Gesichtskreis vollkommen gleichmäßig schwach beleuchtet sein. Von etwa 6—10 Ablesungen nimmt man das Mittel, dies bildet mit verändertem Vorzeichen die Nullpunktkorrektur. Würde z. B. sich als Ablesungsmittel ergeben + 0,05°, so beträgt die Korrektur für den bei der Ausführung gefundenen Winkel — 0,05°.

Sodann legt man das Beobachtungsrohr mit der Lösung ein, stellt das Fernrohr scharf ein, dreht den Analysator um etwa 5 bis 6° nach rechts, macht wieder 6—10 Einstellungen wie vorher, d. i. auf gleiche Helligkeit des Kreises, und liest jedesmal am gleichen Nonius ab. Nach Beendigung der Bestimmung liest man nochmals den Nullpunkt ab und nimmt von den beiden zu Anfang und zum Schluß gefundenen Werten das Mittel.

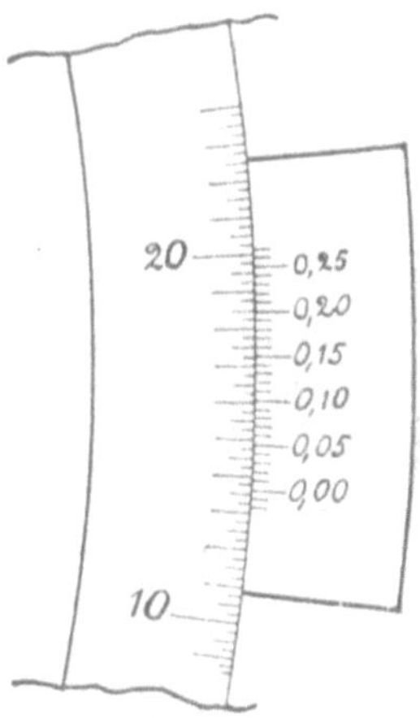

Abb. 29.

Das Polarisieren erfordert besondere Übung und ein gutes Auge; wie man aber einen Nonius abliest, darüber gibt die Abb. 29 Aufschluß.

Diese zeigt den innen liegenden drehbaren Kreis und den rechten Nonius eines Polarisarionsappaartes. Der Nullstrich des Nonius liegt zwischen den Teilstrichen 13,50 und 13,75 der Kreisteilung; der Noniusstrich 0,16 fällt mit einem Striche des Kreises zusammen, also ist abzulesen:

$$13{,}50 + 0{,}16 = 13{,}66^0.$$

Das spezifische Drehungsvermögen der Gerstenstärke beträgt unter obigen Bedingungen $+ 198^0 = [\alpha]_D^{20}$. Eine 10proz. (10 g in 100 cm^3) Stärkelösung würde also in einem 1 m langen Rohr 198^0 nach rechts drehen, demnach im 2-dm-Rohr $198 \times 0{,}2^0$.

$198 \times 0{,}2^0$ . . . . . . 10% Stärke,

α^0 . . . . $\frac{10 \times \alpha}{198 \times 0{,}2}$ % Stärke,

2,5 g Gerste . . . . . $\frac{10 \times \alpha}{198 \times 0{,}2}$ g Stärke,

100 g Gerste . . . . . $\frac{15 \times \alpha \times 100}{198 \times 0{,}2 \times 2{,}5} = 10{,}1 \times \alpha$ g Stärke.

Man hat also zur Umrechnung auf den Prozentgehalt an Stärke in der lufttrockenen Gerste nur den im 2-dm-Rohr gefundenen Winkel α mit 10,1 zu multiplizieren. Wäre z. B. gefunden bei einer Gerste von 14,2% Wassergehalt Winkel $\alpha = 5{,}37$, für den unrichtigen Nullpunkt korrigiert $5{,}37 - 0{,}05 = 5{,}32^0$, so beträgt der Stärkegehalt in der lufttrockenen Gerste $5{,}32 \times 10{,}1 = 53{,}73$%

und in der Trockensubstanz $\frac{53{,}73 \times 100}{100 - 14{,}2}$ (R-St) = 62,6%.

Stärkebestimmung mit Ventzke-Apparat.

Das Polarisationssaccharimeter nach Ventzke mit Quarzkeilkompensation, welches zur Zuckerbestimmung allgemein verwendet wird, kann auch zur Polarisation der nach obiger Vorschrift gewonnenen Stärkelösung angewandt werden und hat den großen Vorteil, daß als Lichtquelle jede gute Glühlampe dienen kann. Der störende Einfluß des mehrfarbigen Lichtes ist durch die Quarzkeilkompensation beseitigt. Die Ventzke-Skala gibt den Zuckergehalt der Substanz an, von der 26 g in Wasser auf 100 cm^3 gelöst wurden. Reine Zuckerlösung von 26 Vol.-% ergibt daher 100 Ventzke-Grade. Man erhält daher den Stärkegehalt der lufttrockenen Gerste, wenn man die Ventzke-Grade mit 3,5 multipliziert.

4. Extrakt.

Unter Gerstenextrakt versteht man die bei Gegenwart von Diastase unter gewissen Bedingungen sich lösenden festen Bestandteile der Gerste. Da diese Bedingungen, unter welchen die Lösung erfolgt, sehr verschieden sein können, so ist auch der Extraktgehalt einer Gerste nichts Bestimmtes, sondern je nach Lösungsbedingungen wechselnd. Immerhin besteht zwischen dem immer nach ein und derselben Methode gefundenen Extraktgehalt der Gerste und des aus dieser Gerste gewonnenen Malzes eine gewisse Beziehung, insbesondere wird man in einem Betrieb in ein und demselben Jahre ziemlich die gleichen Differenzen zwischen diesen beiden Zahlen finden; bei hellen Malzen wird sich dabei allerdings eine andere Differenz ergeben als bei dunklen Malzen. Vielfach kommt der Extraktgehalt der Gerste dem des Malzes ziemlich nahe. Natürlich handelt es sich immer um die auf Trockensubstanz umgerechneten Extraktgehalte. Zur Bestimmung des Gerstenextraktgehaltes sind im Laufe der Jahre zahlreiche Methoden empfohlen worden, die untereinander in den Resultaten mehr oder weniger differieren. Bei normalen Braugersten schwankt der Extraktgehalt zwischen 75 bis 82%.

a) Methode Pawlowski[1]).

50 g Gerstenschrot von ca. 90% Mehlgehalt werden in einem Maischbecher mit 200 cm³ Malzauszug eingeteigt, die an den Wandungen des Maischbechers haftenden Maischepartikelchen mit wenig destilliertem Wasser abgespült und das Ganze etwa 15 Stunden lang (über Nacht) stehengelassen zwischen 14 und 18°.

Nun wird die Maische unter Umrühren 1 Stunde lang in einem Wasserbade (im Maischapparat)[2]) bei 70° gehalten, dann abgekühlt, mit destilliertem Wasser auf 500 g aufgefüllt, filtriert, das spezifische Gewicht im Filtrate pyknometrisch bestimmt und der Platotabelle (Tabelle 2) der Gew.-Prozentgehalt entnommen. In manchen Laboratorien verwendet man auch hier wie bei Malz statt des Pyknometers den Schwebekörper. Der Malzauszug wird bereitet, indem man 125 g mäßig fein geschrotenes (wie bei der Malzanalyse) helles Malz mit 500 cm³ Wasser eine Stunde am Maischapparat rührt und dann blank filtriert. Man erhält ungefähr 300 cm³ Filtrat. Das in den verwendeten 200 cm³ Filtrat enthaltene Extrakt muß natürlich von dem aus der Gerste in Lösung gegangenen Extrakt in Abzug gebracht werden. Da aber bei 70° sich schon Eiweiß ausscheidet, so ist die Bestimmung des spezifischen Gewichtes zwecks Feststellung des Extraktgehaltes im Malzauszug erst vorzunehmen, nachdem man den Malzauszug auch 1 Stunde bei 70° gehalten und nach dem Abkühlen auf das ursprüngliche Gewicht aufgefüllt und filtriert hat. Man kann aber auch von dem nicht erhitzten Auszug das spezifische Gewicht bestimmen und für das bei 70° sich ausscheidende Eiweiß von dem der Tabelle 2 entnommenen Vol.-Prozentgehalt die konstante Zahl »0,09« in Abzug bringen.

Beispiel: Angewandt wurden:
50 g Gerste von 12,4% Wassergehalt und
200 cm³ Malzauszug vom spez. Gewicht 1,01712 — 4,43
— 0,09
4,34 g Vol.-%.

[1]) Jahresbericht der Lehr- und Versuchsanstalt für Brauer in München 1910/11, S. 22.
[2]) Siehe unter Malz.

Das Abmaischquantum betrug 500 g.

spez. Gewicht der gewonnenen Würze = 1,0351 — 8,8 Gew.-%.

1. $\left(50 - \frac{12,4}{2}\right) + 2 \times 4,43 = 52,66$ = Gesamttrockensubstanz der Abmaischung.

2. 500 — 52,66 = 447,34 g = Gesamtwassergehalt der Abmaisch.

3. 100 — 8,80 = 91,2 g Wasser treffen auf 8,8 g Extrakt.

4. $\frac{447,34 \times 8,8}{91,2}$ (R-St) = 43,16 g = Gesamtextrakt der Abmaischg.

5. 43,16 — 2 × 4,34 = 34,48 g = Extrakt in 50 g lufttrockener Gerste.

6. 34,48 × 2 = 68,96 g = Extrakt in 100 g lufttrockener Gerste.

7. $\frac{68,96 \times 100}{100 - 12,4}$ (R-St) = **78,72** g = Extrakt in 100 g Gerstentrockensubstanz.

Werden die in der Anleitung vorgeschriebenen Mengenverhältnisse eingehalten, so kann man auch nach folgender allgemeinen Formel rechnen:

Wenn G = Gew.-% der Würze,
V = Vol.-% des nicht erhitzten Malzauszuges,
W = Wassergehalt der Gerste, so ist

Extrakt in der lufttrockenen Gerste

$$= \frac{G\,(899,64 + W) - 400\,V + 36)}{100 - G} =$$

$$= \frac{8,8\,(899,64 + 12,4) - 400 \times 4,43 + 36}{100 - 8,8} = 68,96\,\%.$$

Unter Anwendung von Diastase statt Malzauszug.

Die Verwendung von Malzauszug für analytische Methoden bedingt immer eine Unsicherheit infolge der Verschiedenheit der Malze. Man verwendet daher besser reine Diastase, die von Merck in Darmstadt unter dem Namen »Diastase purissimum« bezogen werden kann. Dieselbe besitzt eine diastatische Kraft von über 3000, so daß 2,6 g genügen, um die Verzuckerung der 50 g Gerste durchzuführen. Mit Anwendung von Diastase kann die Extraktbestimmung in der Gerste höchst einfach in folgender Weise durchgeführt werden.

50 g Gerstenmehl werden abends mit 2,6 g Diastase, auf dem Wägeschiffchen abgewogen, in einem Maischbecher mit dem Glasstab gut verrührt und dann mit 200 cm³ Wasser eingemaischt. Nach dem Stehen über Nacht bei 14—18° wird bei 70° gemaischt und wie oben weiter verfahren. Bei der Berechnung sind für die Diastase 90%, also 2,6 — 0,26 = 2,34 g Extrakt in Abzug zu bringen, dagegen sind die gesamten 2,6 g zur Trockensubstanz zu rechnen.

Beispiel: Wassergehalt der Gerste 13,9%, spez. Gewicht des Filtrates 1,02901 — 7,31 Gew.-%.

Gesamtwassergehalt der Abmaischung

$$= 500 - 50 + \frac{13,9}{2} - 2,6 = 454,35 \text{ g.}$$

Daher Gesamtextrakt

$$\frac{7,31 \times 454,35}{100 - 7,31} = 35,83 \text{ g.}$$

Davon gehen ab für die gelöste Diastase 2,34 g daher bleiben 35,83 — 2,34 = 33,49 g Extrakt aus 50 g Gerste oder 2 × 33,49 = 66,98%.

b) Methode Graf, Wissenschaftliche Station für Brauerei in München.

25 g sehr fein geschrotene Gerste (ca. 95% Mehlgehalt) werden mit 25 cm³ Malzauszug und 50 cm³ Wasser 15 Stunden lang (über Nacht) eingeteigt. Andern Tags bringt man die Maische langsam unter Umrühren und Ersatz des verdampfenden Wassers auf dem Sandbad zum Kochen und erhält sie 5—10 Minuten im Siedezustand. Nach Eintreten der Verkleisterung werden einige cm³ heißen Wassers zugesetzt. Nachdem man wieder auf 50° abgekühlt hat, fügt man weitere 75 cm³ Malzauszug hinzu, steigert die Temperatur im Maischbad in 25 Minuten auf 75° C und behält diese Temperatur bei bis zur Verzuckerung und noch eine halbe Stunde. Nach dem Abkühlen füllt man die Maische auf 225 g und filtriert. Im Filtrate bestimmt man das spez. Gewicht pyknometrisch und berechnet den Extraktgehalt der Gerste wie oben unter a).

Zur Gewinnung des Malzauszugs wird helles Malz als Grobschrot mit Wasser im Verhältnis von 1 : 5 angesetzt, während 2 Stunden unter zeitweisem Umrühren stehengelassen und dann blank filtriert. Nach dem Ablaufen wird der Rückstand nochmals mit Wasser übergossen, um möglichst die Menge der anfänglich zugegebenen Flüssigkeit wieder zu gewinnen.

Zur Bestimmung des Extraktgehaltes des Malzauszuges werden etwa 80 g desselben aufgekocht und nach dem Abkühlen mit Wasser auf das ursprüngliche Gewicht gebracht. Vom Filtrat bestimmt man das spez. Gewicht mittels Pyknometers. Die gefundenen Vol.-% kann man gleich dem Trockensubstanzgehalt setzen.

Berechnung wie unter a).

c) Methode Seibriger, V.L.B. in Berlin.

Nach dieser Methode wird die Maische nach der Digestion in einem eigenen Druckgefäß, dem »Gerstenaufschließer«, eine halbe Stunde auf 110° erhitzt. Man verfährt in folgender Weise:

25 g Gerstenmehl (mit ca. 98% Feinmehlgehalt) werden mit 80 cm³ Wasser und 40 cm³ Malzauszug eingeteigt und 15 Stunden über Nacht stehengelassen. Am nächsten Morgen wird eine Viertel-

stunde bei 50° gemaischt, dann in den Gerstenaufschließer gebracht und eine halbe Stunde bei 110° gehalten. Hierauf läßt man auf 100° abkühlen, öffnet vorsichtig den Dampfhahn, nimmt den Becher mit der Maische heraus, kühlt auf 60° ab, setzt weitere 60 cm³ Malzauszug zu, maischt eine Viertelstunde bei 60° und dann noch eine halbe Stunde bei 70—75°. Hierauf wird abgekühlt, auf 225 g aufgefüllt und im Filtrat das spez. Gewicht bestimmt. Der Malzauszug wird hergestellt aus einem bei niedriger Temperatur abgedarrten Malz, indem man einen Teil Malzschrot mit 4—4,5 Teilen Wasser unter öfterem Umrühren 3 Stunden stehenläßt und dann möglichst klar filtriert. Die Wassermenge ist so zu bemessen, daß das Filtrat 4,4—4,6 Gew.-% zeigt. Von dem Auszug wird dann das spez. Gewicht bestimmt. Hierauf werden zur Bestimmung des koagulierbaren Eiweißes ca. 100 cm³ in ein Becherglas gebracht, eine Viertelstunde gekocht und nach dem Abkühlen auf das ursprüngliche Gewicht aufgefüllt. Im Filtrat wird das spez. Gewicht ebenfalls bestimmt.

Berechnung wie unter a).

d) Methode von Rothenbach und Schultze[1]).

Statt Malzauszug wird, wie zuerst von Duchacek-Zila[2]) vorgeschlagen, eine Malzextraktlösung verwendet. Die Firma Patermann-Teltow bei Berlin liefert besonders geeignetes diastasereiches Malzextrakt. Der Extrakt muß 75—80% Trockenextrakt enthalten, die diastische Kraft muß nach Windisch-Kolbach 900—1400 betragen. Außerdem muß es eine hohe Verflüssigungswirkung besitzen und darf nicht denaturiert sein. Von diesem Extrakt bereite man sich zunächst eine Lösung vom ungefähren spezifischen Gewicht 1,0174. Die erforderliche Menge Extrakt wird in ein Becherglas möglichst genau eingewogen und in Wasser bei Zimmertemperatur gelöst. Die Lösung wird quantitativ mit Wasser in einen Meßzylinder übergespült, auf das berechnete Volumen aufgefüllt und gut durchgemischt. Filtriert wird nicht. Die Lösung muß jeden Tag frisch bereitet werden. Dann werden 25 g Gerstenmehl in einem Maischbecher abgewogen und mit einer Vollpipette 40 cm³ Malzextraktlösung hinzugefügt. Unter allmählicher Zugabe von 125 cm³ Wasser von 50° wird mit einem Glasstab gut eingemaischt und die Wandung des Maischbechers sowie der Glasstab sorgfältig abgespült. Man bringt nun den Maischbecher in das auf 50° vorgewärmte Maichbad, steigert in 25 Minuten auf 75° und kühlt nach 5 Minuten auf Zimmertemperatur ab. Dann nimmt man den Maischbecher aus dem Maischbad heraus, spritzt mit etwa 25 cm³ Wasser den Rührer ab und bringt den Maischbecher mit einem Uhrglas oder Messingdeckel zugedeckt in den Gerstenaufschließer, der vorher auf Siedetemperatur gebracht wurde. Nach dem Schließen des Aufschließers wird auf 127° (1,5 atü) erhitzt und 60 Minuten

---

[1]) Wochenschrift für Brauerei 1934, Nr. 42—44.
[2]) Wochenschrift für Brauerei 1931, Nr. 11.

gehalten. Dann wird der Maischbecher noch heiß in das Maischbad von 50° zurückgebracht, 5 Minuten bei 50° gemaischt und dann mittels Vollpipette 60 cm³ der Malzextraktlösung zugesetzt. Hierauf wird in 25 Minuten auf 75° gesteigert, 20 Minuten gehalten und schnell auf Zimmertemperatur abgekühlt. Nach dem Abspritzen des Rührers wird die Maische mit Wasser auf 300 g aufgewogen und filtriert. Die ersten 100 cm³ werden aufs Filter zurückgegeben. Nach dem Ablaufen (20 Min.) wird das spez. Gewicht des Filtrates bestimmt. Fehlergrenze: 0,6 Extrakt in der Trockensubstanz.

Der Extraktgehalt der Malzextraktlösung ist eigens pyknometrisch genau zu ermitteln. Fehlergrenze: 0,01.

Um festzustellen, wieviel Eiweiß sich aus der Malzextraktlösung durch das Erhitzen ausscheidet, wägt man genau 80 g Malzextraktlösung in einen Maischbecher, bringt wie beim Hauptversuch in ein Maischbad von 50°, steigert in 25 Minuten auf 75° und kühlt nach 5 Minuten wieder ab, erhitzt wieder wie oben 60 Minuten im Aufschließer auf 127° und kühlt auf Zimmertemperatur ab. Hierauf werden abermals 120 g Malzextraktlösung zugesetzt und 5 Minuten bei 50° gemaischt. Dann in 25 Min. auf 75° steigern, 20 Min. halten und auf Zimmertemperatur abkühlen. Nach dem Auffüllen auf 200 g filtrieren und nach Ablauf des gesamten Filtrats das spez. Gew. bestimmen. Fehlergrenze: 0,01.

Die Differenz zwischen dem Volumprozentgehalt der ursprünglichen Malzextraktlösung und der wie vorstehend behandelten ist die Eiweißkorrektur für 100 cm³ Malzextraktlösung (etwa 0,06). Diese Korrekturbestimmung hat etwa alle 3 Monate zu erfolgen.

Berechnung:

Bezeichnet H_2O . . . Wassergehalt der Gerste in %
$e\,M_a$ . . Vol.-% der Malzextraktlösung.
$e\,M_e$ . . Gew.-% des Filtrates des Hauptversuches,
K . . . . die Eiweißkorrektur,
Eg l. tr. . Gerstenextrakt in % der lufttrockenen Gerste,
Eg Tr. S. . Gerstenextrakt in % der Gerstentrockensubstanz,

so ist

$$Eg\,\text{l. tr.} = \left[\frac{\left(275 + \frac{H_2O}{4} - e\,M_a\right) \times e\,M_e}{100 - e\,M_e} - (e\,M_a - K)\right] \times 4$$

Beispiel: $H_2O = 13{,}3\%$, $e\,M_a = 4{,}72$ Vol. $e\,M_e = 7{,}38\%$, Gew.-%, $K = 0{,}06$.

$$Eg\,\text{l. tr.} = \left[\frac{\left(275 + \frac{13{,}3}{4} - 4{,}72\right) \times 7{,}38}{100 - 7{,}38} - (4{,}72 - 0{,}06)\right] \times 4 = \mathbf{68{,}6\%}.$$

e) Methode Lüers und von Miller[1]).

Die vorstehenden Methoden haben alle den Nachteil, daß sie dadurch, daß die Maische über Nacht stehen bleiben muß, zu lange Zeit in Anspruch nehmen. Lüers und von Miller verwenden daher neuerdings noch ein weiteres Enzym, die »Superclastase« der Société anonyme Rapidase in Seclin, Nordfrankreich, welches die Fähigkeit besitzt, Stärke außerordentlich schnell zu verflüssigen. Man verfährt in folgender Weise:

Man löst sich zunächst in einer Reibschale 0,2 g Superclastase in 25 g Wasser. Dann werden 25 g Gerstenmehl im Maischbecher mit 75 cm³ Wasser gründlich eingeteigt und unter weiterem Durchrühren die 25 cm³ Superclastaselösung zugegeben. Dann bringt man in ein Maischbad und steigert unter fortwährendem Maischen auf 85°, in der Minute um 1° steigend, und hält 10 Minuten bei 85°. Hierauf bringt man auf ein vorgeheiztes Sandbad[2]) und steigert langsam (5—8 Minuten) zum Sieden. Während des Steigerns rühre man häufiger um und verhindere, daß sich ein Rand bilde. Nach 10 Minuten langem lebhaftem Sieden bringt man den Becher wieder ins Maischbad von 45° und setzt nach Temperaturausgleich 0,3 g Diastase zu, die man vorher mit 25 cm³ Wasser in der Reibschale verrieben hat. Dem Becher setze man hierauf noch soviel Wasser zu, bis der dunkle Rand im Becher völlig bedeckt ist. Hierauf steigert man die Temperatur auf 48—50°, hält 10 Minuten, steigert in 25 Min- auf 75° und hält 30 Minuten. Dann wird abgekühlt, auf 225 g aufgefüllt und filtriert. Schließlich wird noch ein blinder Versuch wie oben, jedoch ohne Gerste, durchgeführt und der Extraktgehalt des Blindfiltrates von dem des Hauptfiltrates in Abzug gebracht.

Berechnung wie unter a).

5. Pentosane.

Unter Pentosanen versteht man Kohlehydrate, welche bei der Hydrolyse nur Pentosen liefern. Sie sind am Aufbau der Gerüstsubstanz der Gerste maßgeblich beteiligt und ihr enzymatischer Abbau während des Mälzens durch das Enzym »Zytase« deckt sich weitgehend mit dem durch den Mälzer auf Grund der Zerreiblichkeit des Kornes feststellbaren Auflösungsgrad. Man hat daher die Bestimmung des Pentosangehaltes zur Ermittlung der Auflösung im Darrmalz herangezogen. Insbesondere wurde die Zunahme der löslichen Pentosane, welche während des Mälzens nicht unerheblich ist, zur Bestimmung des Lösungsgrades verwendet[3]).

Die analytische Bestimmung der Pentosane beruht auf der Bildung von Furfurol bei Einwirkung von 12proz. Salzsäure auf

---

[1]) Wochenschrift für Brauerei, 1935, Nr. 20.
[2]) Janke und Herzog empfehlen den ganzen Maisch- und Kochprozeß in dem mit 33,3 prozentiger Chlormagnesiumlösung gefüllten Maischapparat durchzuführen. S. Wochenschrift für Brauerei, 1937, Nr. 30.
[3]) Fink, Wochenschrift für Brauerei, 1935, Nr. 34.

dieselben. Das gebildete Furfurol wurde früher durch Fällen mit Phloroglucin als Phloroglucid bestimmt (Pawlowsky, 4. Aufl.). Neuerdings verwendet man die von Peter, Thaler und Täufel ausgearbeitete Barbitursäuremethode[1]). Wegen der schwierigen Konstanthaltung der Temperatur ist das bisher benutzte Metallbad aus Rosemetall durch ein Kalziumchloridbad ersetzt worden (100 Teile Wasser + 140 Teile wasserfreies Kalziumchlorid; als Schutz gegen Verdunstung Zugabe von etwas Paraffin). Es kann aber auch ein Ölbad oder ein Lufterhitzer verwendet werden. Die Destillation ist so zu leiten, daß innerhalb 10—12 Min. 30 cm³ Destillat übergehen; dies ist beim Erhitzen im Ölbad bei 160° C der Fall. Zur Bestimmung des Gesamtpentosangehaltes der Gerste werden 2 g Gerstenfeinmehl verwendet, zur Bestimmung der löslichen Pentosane werden 40 g geschrotete Gerste mit 220 cm³ dest. Wasser eingeteigt und 1 Std. bei 20° C gemaischt, auf 300 g aufgewogen und filtriert. Das spezifische Gewicht wird mittels Pyknometer festgestellt, 100 cm³ des Filtrates werden auf 50 cm³ eingedickt, mit 50 cm³ 24proz. Salzsäure versetzt und mit der Destillation begonnen. Eine Abtötung der Enzyme mit Alkohol ist nicht nötig. Der mit 2 g Gerste und 100 cm³ 12proz. Salzsäure vom spez. Gewicht 1,06 (Lös. 4d) bzw. mit dem wie oben angegebenen bereiteten Kaltmaischauszug beschickte Destillationskolben wird nun so erhitzt, daß in 10—12 Min. 30 cm³ überdestillieren; dieselbe Menge an 12proz. Salzsäure wird jeweils nachfließen gelassen. Das Abdestillieren und Zugeben von Salzsäure wird so lange wiederholt bis die Menge des Destillates 210 cm³ beträgt. Wegen des Fettgehaltes ist es zweckmäßig bei Gerstenbestimmungen das Destillat durch ein kleines Papierfilter zur Entfernung der Fettsäuren zu filtrieren. Der Auffangzylinder wird zweimal mit je 10 cm³ 12proz. Salzsäure nachgespült.

Mittlerweile hat man 0,5 g Barbitursäure durch Erwärmen in 25 cm³ 12proz. Salzsäure gelöst. Diese Lösung muß, falls sie nicht völlig klar ist, filtriert werden. Nachdem sie abgekühlt ist, wird sie unter gutem Umrühren zu dem in einem Becherglas befindlichen Destillat gegeben. Die Flüssigkeit, die stets gelb gefärbt ist, bleibt über Nacht (mindestens 18 Std.) bedeckt stehen. Dann filtriert man durch einen bei 130° C konstant getrockneten Berliner Porzellan- (A 2) oder Jenaer Glasfiltertiegel (1 AG 3/5—7). Der im Becherglas hinterbliebene Niederschlagsrest wird mit dem Filtrat selbst (Gummifahne) in den Filtertiegel übergespült. Nach Beendigung dieser Operation füllt man den Tiegel zum Auswaschen zweimal hintereinander mit dest. Wasser und saugt die Flüssigkeit scharf ab. Bei 130° wird bis zur Gewichtskonstanz getrocknet. Um Störungen durch die Hygroskopizität des Niederschlages zu vermeiden, ist es vorteilhaft, die Tiegel in verschließbaren Schutzgläsern und verschraubten Aluminiumbechern zu wägen.

---

[1]) Zeitsch. für Untersuchung der Lebensmittel, 1933, 66.

Die Berechnung des gewogenen Furfurols aus der Menge des gewogenen Niederschlages erfolgt nach der von W. Giersch angegebenen Formel:

$$\text{g Furfurol} = (N + L \cdot 0{,}0000122) \cdot 0{,}4659.$$

In dieser Formel bedeuten: N = Menge des Niederschlages in g; L = Gesamtvolumen der Fällungsflüssigkeit in cm^3 (210 cm^3 Destillat + 20 cm^3 12proz. Salzsäure als Spülflüssigkeit + 25 cm^3 Barbitursäurelösung = 225 cm^3); der Faktor 0,0000122 bedeutet die Löslichkeit der Furalbarbitursäure in 1 cm^3 12proz. Salzsäure; der Faktor 0,4659 ist der Quotient aus dem Molekulargewicht des Furfurols (96,03) und demjenigen der Furalbarbitursäure (206,13). Die Versuchswerte sind mit einer Genauigkeit von ± 0,3% reproduzierbar.

Die Umrechnung des gefundenen Furfurols auf Pentosan mit Hilfe der Beziehung 1 g Furfurol = 1,88 g Pentosan wird wegen der Unsicherheit dieses Faktors zweckmäßig nicht durchgeführt, sondern lediglich der »Furfurolwert« angegeben. Dieser stellt jene Menge an Furfurol dar, die bei vorgeschriebener Destillation aus 100 g Substanz durch Fällung des Destillates mit Barbitursäure erhalten wird. Der »Furfurolwert« der Gersten schwankt zwischen 4—7, der Gehalt an löslichem »Furfurol« zwischen 0,2—0,5 g Furfurol in 100 g Gerstentrockensubstanz.

Bestimmung der löslichen Pentosane.

20 g Gerstenmehl werden wie bei der Bestimmung der ursprünglichen Azidität (s. unter 10) zunächst zur Abtötung der Enzyme mit 60 cm^3 neutralisiertem 90proz. Alkohol in der Hitze behandelt. hierauf nach dem vollständigen Verdunsten des Alkohols mit 180 cm^3 Wasser bei 20^0 eine Stunde gemaischt, nach dem Abkühlen auf 200 g aufgefüllt, von dem Filtrat 100 cm^3 auf ca. 50 cm^3 eingedampft und mit 50 cm^3 24proz. Salzsäure versetzt, so daß die Lösung nun 12% Salzsäure enthält. Hierauf wird in den Destillationskolben gebracht und weiter wie oben verfahren.

6. Schwefelung.

Ist die Gerste von sehr heller Farbe, so liegt der Verdacht der Schwefelung vor. Die Gerste wird auch geschwefelt, um den evtl. muffigen Geruch zu verdecken.

Um die Schwefelung nachzuweisen verfährt man nach Brand[1]) in folgender Weise:

In einem ca. 500 cm^3 fassenden Kochkolben werden 100 g Gerste mit 200 cm^3 Wasser übergossen, 5 cm^3 Phosphorsäure vom spez. Gewicht 1,12 (etwa 20proz.) zugesetzt und unter Anwendung von einem Liebigkühler in ein Reagenzglas abdestilliert, das in der Höhe von 5 und 10 cm^3 Fassungsraum graduiert ist und durch

[1]) Zeitschrift f. d. ges. Brauwesen 1910. S. 345.

Eis gut gekühlt wird. Vor der Destillation füllt man 5 cm³ Wasser in dieses Reagenzglas und stellt es unter den Liebigkühler so, daß das Rohrende des letzteren vom Wasser umspült wird.

Nach dem Überdestillieren bis zum zweiten Teilstrich (10 cm³) wird ein neues Reagenzglas ebenfalls mit 5 cm³ Wasser vorgelegt und nochmals 5 cm³ überdestilliert.

Die beiden Vorlagen (mit je 10 cm³ Inhalt) werden mit N/100 Jodlösung (Lös. 38c) titriert, bis ein herausgenommener Tropfen sich mit Stärkelösung bläulich färbt. Auf diese Weise findet man, daß fast sämtliche schweflige Säure (SO_2) sich im ersten Reagenzglas vorfindet.

Der Verbrauch des ersten Destillats an N/100 Jodlösung bei geschwefelter Gerste bewegt sich zwischen 1,2—3 cm³, entsprechend 0,4—1 mg schwefliger Säure (1 cm³ N/100 Jodlösung = 0,32 mg SO_2), bei ungeschwefelter Gerste hingegen beträgt er nicht mehr als 0,3—0,4 cm³.

Wird das mit Jodlösung titrierte Destillat nach Zugabe von Salzsäure gekocht und Chlorbarium (Lös. 46) zugesetzt, so tritt bei geschwefelter Gerste ein deutlicher weißer Niederschlag von Bariumsulfat auf, bei ungeschwefelter dagegen nicht.

7. Fett.

Die Bestimmung des Fettgehaltes in der Gerste (1,5—3% in der Trockensubstanz) hat für die Beurteilung als Braugerste wenig Wert, dagegen ist diese Bestimmung für die Futterbewertung von Getreide, Treber usw. von Wichtigkeit.

Die Bestimmung erfolgt unter Anwendung des Soxhletschen Extraktionsapparates (Abb. 30).

Derselbe besteht aus drei Teilen:

1. Dem etwa 150 cm³ fassenden Fettkölbchen, in dem sich das extrahierte Fett sammelt.
2. Dem eigentlichen Extraktionsapparat, von dem seitlich ein weites Steigrohr und ein enges Heberrohr ausgehen. In diesem Apparat wird die wasserfreie Substanz mit Äther entfettet und die Ätherfettlösung durch das Heberrohr in das Fettkölbchen automatisch zurückgeleitet.
3. Schließlich gehört zum Apparat ein Rücklaufkühler (Kugelkühler nach Soxhlet) zur Verdichtung des Ätherdampfes.

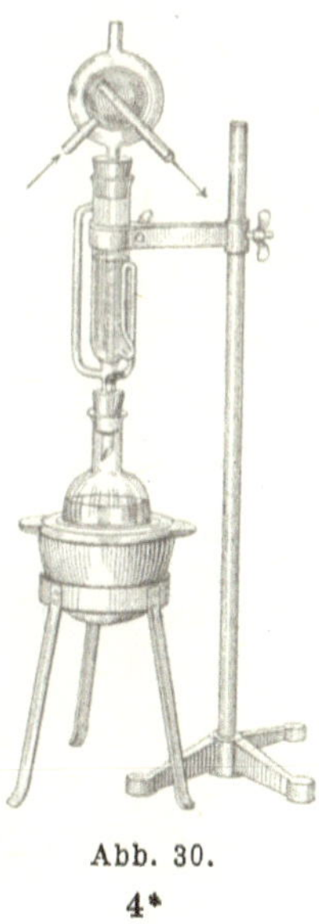

Abb. 30.

Statt auf dem Wasserbad kann auch auf einer Ton- oder Asbestplatte mit untergestelltem kleinen Brenner erhitzt werden. Die Ausführung der Untersuchung erfolgt in der Weise, daß man dasbei der Bestimmung des Wassergehaltes getrocknete Gerstenschrot (etwa 5—6 g) quantitativ in eine entfettete Papierhülse (von Schleicher und Schüll) gibt, sie oben mit einem lockeren, entfetteten Wattebausch (Verbandwatte) verschließt und so in den Extraktionsapparat steckt, daß das Heberrohr desselben nicht über die Hülse hinausragt. Das Ganze wird an einem Gestell befestigt und durch Korkstopfen oben mit dem Kühler, unten mit dem trockenen, tarierten Fettkölbchen fest verbunden.

Nun füllt man in den offenen Teil des Kühlers mit einem Trichter so viel wasserfreien Äther (Vorsicht! Feuergefährlich!), daß sich die Hülse etwa 2 mal abhebert. Hierauf läßt man die Wasserkühlung laufen und hält den Äther im Fettkölbchen in schwachem Sieden.

Der Extraktionsprozeß ist folgender:

Der Äther im Fettkölbchen verdampft und geht durch das weite Steigrohr in den Extraktionsapparat bis zum Kühler, wo er sich kondensiert und auf das Gerstenschrot in die Hülse tropft. Wenn das Niveau des engen Heberrohres erreicht ist (in etwa 5 Minuten), hebert sich der Äther mit dem Fett in das Fettkölbchen ab, um dann wieder aufs neue zu verdampfen.

Nachdem die Gerste so 6 Stunden lang (ca. 70 mal) extrahiert worden ist, wird die Flamme ausgelöscht und man wartet, bis der Extraktionsapparat fast voll ist; hierauf nimmt man das Fettkölbchen weg. Der in ihm befindliche Äther wird vollständig auf dem Wasserbade verdampft, das Kölbchen mit dem Fett im Trockenschranke ½ Stunde bei 105° C getrocknet und nach dem Erkalten im Exsikkator gewogen.

Beispiel:

Angewandte Gerstentrockensubstanz = 5,611 g,

Kölbchen mit Fett	=	26,509 g
Kölbchen leer . .	=	25,356 g
Fett.	=	0,153 g

5,611 g	Gerstentrockensubstanz	enthalten 0,153 g	Fett
100 g	»	» x g	»

$$x = \frac{0{,}153 \times 100}{5{,}611} \text{ (R-St)} = 2{,}73\,\text{g} = \mathbf{2{,}73\%}.$$

Man kann den Fettgehalt auf lufttrockene Gerste umrechnen, wenn man den Wassergehalt der Gerste kennt. Betrug z. B. der Wassergehalt der Gerste 14,2%, so bestanden 100 g lufttrockener Gerste aus 14,2 g Wasser und 85,8 g Trockensubstanz.

Auf 100 g	Gerstentrockensubstanz	treffen 2,73 g	Fett,
» 85,8 g	»	» x g	»

$$x = \frac{2{,}73 \times 85{,}8}{100} \text{ (R-St)} = \mathbf{2{,}34\,g}.$$

Folglich beträgt der Fettgehalt der lufttrockenen Gerste **2,34%**.

Der gesamte Fettgehalt wird nach obiger Methode sicher nicht gefunden, indem namentlich der Fettgehalt der Aleuronzellen der Extraktion zum Teil entgeht. Bedeutend höhere Werte erhält man, wenn man nach Großfeld[1]) die Gerste in folgender Weise vorbehandelt. 10 g Gerstenmehl werden mit 100 cm³ 25proz. Salzsäure (Lös. 4c) 10—15 Minuten gekocht, dann mit Natronlauge auf ganz schwachsaure Reaktion gebracht, zur Erleichterung der Filtration mit einer entsprechenden Menge Papierschnitzel versetzt, auf das 2—3fache Volumen mit Wasser aufgefüllt und filtriert. Nach kurzem Auswaschen mit Wasser wird bei 100° getrocknet und dann Filter mit Inhalt wie oben mit Äther extrahiert. Filter und Filtrierpapierschnitzel werden am besten vorher, um sie vollkommen zu entfetten, im Soxhletapparat mit Äther extrahiert. In einem Falle wurde nach dieser Vorbehandlung der Fettgehalt um ca. 12% höher gefunden.

Ölung.

Nach G. Jakob kann die Fettbestimmung niemals zum Nachweis einer eventuellen Ölung der Gerste dienen, welche bekanntlich den Glanz der Hülse in betrügerischer Absicht verbessern soll. Nach ihm soll schon durch Zugabe von 0,1% Fett oder Öl zur Gerste die Spelze einen wesentlichen Glanz erhalten, und mehr wie 0,3% Fett wird ein vorsichtiger Spekulant überhaupt nicht anwenden.

Um geölte Gersten sicher zu erkennen, schlägt Jakob unter anderem folgendes Hilfsmittel vor: Man bringt die Gerste zwischen zwei Petrischalen und schüttelt sie, unter Zugabe von Bronzepulver, kräftig. Geölte Gerste nimmt, da das Öl nur in den Hülsen sitzt, das Bronzepulver an, dagegen bleibt dasselbe an ungeölter Gerste nur in sehr geringer Menge hängen.

8. Spelzen.

Zwischen Spelzenanteil (7—12% in der Trockensubstanz) und Eiweißgehalt bestehen keine direkten Beziehungen, dagegen entspricht dem höheren Spelzenanteil in der Regel niedrigerer Extraktgehalt. Die Bestimmung erfolgt am besten nach Luff in folgender Weise:

50 Gerstenkörner werden auf der analytischen Waage abgewogen, in eine dickwantige ca. 150 cm³ fassende Medizinflasche gebracht, mit 10 cm³ 5proz. Ammoniak (Lös. 12d) übergossen, fest verkorkt, zugebunden und in einem Wasserbade eine Stunde lang auf 80° gehalten. Hierauf lassen sich die Spelzen leicht vom Korne loslösen; sie werden in einem tarierten Wägeschiffchen gesammelt, bei 105° im Trockenschrank vollständig getrocknet, zum Erkalten in den Exsikkator gebracht und dann gewogen.

---

[1]) Zeitschrift für Untersuchung der Nahrungs- und Genußmittel 1917, S. 490.

Durch Versuche wurde festgestellt, daß durch Behandlung mit Ammoniak die Spelzen $^1/_{12}$ ihres Gewichtes verlieren, daher hat man zu dem Resultat $^1/_{12}$ des gefundenen Spelzengewichtes zu addieren.

Beispiel:

Der Wassergehalt der angewandten Gerste = 14,2%, demnach die Trockensubstanz der Gerste (100 — 14,2) = 85,8%.

50 angewandte Körner wiegen lufttrocken 2,080 g,
50 » » geben getrocknete Spelzen 0,180 g.

Wirkliches Spelzengewicht $= 0{,}180 + \frac{0{,}180}{12} = 0{,}195$ g, oder in % ausgedrückt:

2,08 g Gerste . . 0,195 g Spelzen
100 g » . . x g »

$$x = \frac{0{,}195 \times 100}{2{,}080} \text{ (RSt)} = \mathbf{9{,}37}\% \text{ in lufttrockener Gerste.}$$

In der Trockensubstanz $\frac{9{,}37 \times 100}{150 - 14{,}2}$ (R-St) = 10,92% Spelzen.

9. Asche und Phosphorsäure.

a) Asche.

Zur Bestimmung des Aschegehaltes der Gerste (2,3—3,5% in der Trockensubstanz) wird eine gereinigte Platinschale mit Deckel geglüht und nach dem Abkühlen im Exsikkator auf der analytischen Waage gewogen. Dann wägt man in derselben 5—6 g geschrotene Gerste genau ab, erhitzt sie über einem Pilzbrenner (Bunsenbrenner mit pilzförmigem Aufsatz, Abb. 31) auf einem Tondreieck anfänglich im Abzug, da übelriechende Gase entstehen.

Abb. 31.

Nach 1—2 Stunden, wenn die Gasentwicklung vorüber ist, stellt man die erkaltete Platinschale auf einen Bogen weißes Papier und zerdrückt die verkohlte Masse mit einem sauberen Reagenzglas. Hierauf bringt man die Schale wieder auf den Pilzbrenner, deckt sie zu und erhitzt weitere 4—6 Stunden, bis die Asche fast rein weiß geworden ist. Ein wiederholtes Zerdrücken ist in der Regel nicht erforderlich.

Nun läßt man im Exsikkator erkalten und wägt rasch ab, da trockene Asche bekanntlich leicht Wasser anzieht. Es ist infolgedessen ratsam, die Wägung nachzukontrollieren. Dies geschieht in der Weise, daß die Schale nach nochmaligem leichtem Glühen im Exsikkator abgekühlt und ein zweites Mal gewogen wird, was jetzt um so rascher geschehen kann, da sich die erforderlichen Gewichte bereits auf der Waagschale befinden.

Beispiel:

Platinschale mit Gerstenschrot . . .	26,138 g
» leer	20,295 g
angewandtes Gerstenschrot	5,843 g
Platinschale mit Asche	20,435 g
» leer	20,295 g
gewonnene Asche	0,140 g

5,843 g lufttrockene Gerste . . . . 0,14 g Asche
100 g » » . . . . . x g »

$$x = \frac{0{,}14 \times 100}{5{,}843} \text{ (R-St)} = 2{,}4\% \text{ in der lufttrockenen Gerste.}$$

Betrug der Wassergehalt 14,2%, so beträgt der Aschegehalt in der Gerstentrockensubstanz $\frac{2{,}4 \times 100}{100 - 14{,}2}$ (R-St) = 2,8%.

b) Phosphorsäure.

Die Bestimmung der Phosphorsäure erfolgt am besten in der Asche. Die Gerstenasche besteht zu 26—46% aus Phosphorsäure (P_2O_5).

α) Molybdänmethode nach Lorenz.

Die nach obigem gewonnene Asche wird mit 1—2 cm³ Salpetersäure übergossen und auf dem Wasserbade unter Zerreiben mit einem Glasstab 1—2 Stunden erhitzt, um Pyrophosphate in Orthophosphate überzuführen, hierauf in ein 100-cm³-Meßkölbchen gespült, mit Wasser bis zur Marke aufgefüllt, geschüttelt und filtriert. Vom Filtrat gebe man 30 cm³ in ein Becherglas von 200—250 cm³ Inhalt, dazu ca. 20 cm³ schwefelsäurehaltige Salpetersäure (Lös. 6d). Dann erhitze man auf einem Asbestdrahtnetz ohne Glasstabbenutzung, bis die ersten Dampfblasen erscheinen (Vorsicht! Siedeverzug!), dreht das Gas ab, schwenkt einige Sekunden um und läßt, während das Becherglas auf dem Drahtnetz stehenbleibt, aus einer Bürette in dünnem Strahle 50 cm³ Sulfat-Molybdänlösung (Lös. 57) in die Mitte des Becherglases fließen und bedeckt es hierauf mit einem Uhrglas. Nachdem sich die Hauptmenge des Niederschlages gesetzt hat, längstens nach 5 Minuten, rührt man mit einem Glasstab um, und zwar mindestens ½ Minute. Nach 2—18 Stunden (wenn nicht mehr als 3 mg P_2O_5 vorhanden sind, nach 12—18 Stunden) filtriert man durch einen Goochtiegel (Porzellantiegel mit Siebboden). In diesen hat man ein trockenes, kreisrundes Scheibchen Filtrierpapier (quantitatives) gelegt und sein Gewicht mit Tiegel festgestellt. Zur Filtration setzt man den Tiegel mit Hilfe eines Stückchens weiten Gummischlauches, das man über den Tiegel schiebt, auf die Saugflasche der Wasserstrahlsaugpumpe und filtriert vorsichtig ab. Dann wäscht man viermal mit Ammoniumnitratlösung (Lös. 58) nach, füllt den Tiegel mit Alkohol einmal ganz und zweimal halbvoll, indem man jedesmal fast ganz absaugen läßt. Die gleiche Prozedur wiederhole man mit Äther. Der verwendete Äther soll beim Verdunsten keinen Rückstand hinterlassen, nicht alkalisch reagieren, alkoholfrei und nicht zu wasserhaltig sein; es sollen vielmehr 150 cm³ Äther imstande sein, 1 cm³ Wasser bei 15° vollständig und klar zu lösen. Beim Auswaschen des Niederschlages ist darauf zu achten, daß nicht länger abgesaugt wird, als unbedingt notwendig ist, weil sonst infolge der aufgehobenen Adhäsion etwas Niederschlag mit durchgeht. Schließlich bringt man den Tiegel in einen leeren tubulierten Exsikkator und vermindert in diesem durch die Wasserstrahlsaugpumpe den Druck, bis ein angeschlossenes Manometer 100—200 mm Quecksilbersäule anzeigt. Nach 30 Minuten langem Verweilen in diesem luftverdünnten Raum wird der Tiegel sofort gewogen. Das so gewogene Ammoniummolybdänphosphat enthält 3,295% P_2O_5, das gefundene Gewicht ist also zur Umrechnung auf Phosphorsäure (P_2O_5) nur mit 0,03295 zu multiplizieren.

Beispiel: Angewandte Gerste 5,843 g, in dieser Asche 0,140 g, Wassergehalt der Gerste 14,2%, Gewicht des leeren Goochtiegels 30,171 g, mit Niederschlag 30,631 g.

1. 30,631 — 30,171 = 0,460 g Ammoniummolybdänphosphat.
2. 0,460 × 0,03295 = 0,01516 g Phosphorsäure (P_2O_5).
3. 30 cm³ Filtrat enthalten 0,01516 g Phosphorsäure.
4. 100 cm³ Filtrat enthalten $\frac{0{,}01516 \times 100}{30}$ (R-St) = 0,0505 g Phosphorsäure.
5. 5,845 g Gerste enthalten 0,0505 g Phosphorsäure.
6. 100 g Gerste enthalten $\frac{0{,}0505 \times 100}{5{,}845}$ (R-St) = 0,864 g Phosphors.
7. 100 g Gerstentrockensubstanz enthalten $\frac{0{,}864 \times 100}{100 - 14{,}2}$ (R-St) = 1,007 g Phosphorsäure.
8. 0,14 g Asche enthalten 0,0505 g Phosphorsäure.
9. 100 g Asche enthalten $\frac{0{,}0505 \times 100}{0{,}14}$ (R-St) = 36,1 g Phosphorsäure.

γ) Titrimetrische Methode nach Pfyl[1]).

Die Methode beruht darauf, daß in einer Phosphorsäurelösung bei der Titration mit Alkali der Umschlag des Methylorange in Gelb dann eintritt, wenn die Phosphorsäure vollständig in primäres Phosphat übergeführt ist. Setzt man hierauf überschüssige Chlorkalziumlösung zu und Phenolphthalein, so tritt bei Zusatz von Natronlauge der Umschlag in Rot erst ein, wenn alle Phosphorsäure unter Bildung von tertiärem Kalziumphosphat ausgefällt ist, nach der Gleichung

$$2\,NaH_2PO_4 + 3\,CaCl_2 + 4\,NaOH = Ca(PO_4)_2 + 6\,NaCl + 4\,H_2O.$$

Die Ausführung der Methode ist in der IV. Auflage S. 52 genau beschrieben.

[1]) Zeitschrift für das gesamte Brauwesen 1918, Nr. 20.

10. Säure.

Ein wässeriger Auszug aus Gerstenschrot reagiert sauer gegen Lackmus und andere Indikatoren. Die saure Reaktion wird bedingt durch etwas freie organische Säure, hauptsächlich aber durch primäre Phosphate (NaH_2PO_4). Man hat früher den Säuregehalt bestimmt, indem man die Gerste mit Wasser oder mit 20proz. Alkohol extrahierte und zum Filtrat so lange N/10-Natronlauge zusetzte, bis ein herausgenommener Tropfen neutrales Lackmuspapier nicht mehr rot färbte. Die Methode war nicht empfehlenswert, einmal wegen der Ungenauigkeit des Indikators und anderseits, weil sich während der Extraktion noch weitere Säure bilden kann, nicht nur durch die Tätigkeit von Säurebakterien, sondern hauptsächlich durch Enzyme, besonders durch die Einwirkung der Phytase auf das Phytin, wobei aus dem Phytin Phosphorsäure abgespalten wird.

In Rücksicht auf den großen Einfluß, den die Azidität der Braumaterialien auf den Werdegang des Bieres, sowie auf Geschmack und Haltbarkeit desselben ausübt, haben die Methoden zur Feststellung der Aziditätsverhältnisse in Gerste, Malz, Würze und Bier in den letzten Jahren eine sehr eingehende Bearbeitung gefunden. Es ist schon lange bekannt, daß alle Braumaterialien — Gerste, Malz, Hopfen, Würze, Bier, Hefe — sauer reagieren. Nur das Brauwasser zeigt meistens schwach alkalische Reaktion. Aber über die Begriffe »sauer« und »alkalisch«, den Einfluß der Reaktion der Flüssigkeit auf die Wirkung der Enzyme, über die Bedeutung der einzelnen die saure Reaktion von Würze und Bier bedingenden Körpergruppen usw. haben erst die neueren Forschungen Klarheit gebracht bzw. Methoden entwickelt, welche die Aussicht bieten in absehbarer Zeit zu klaren Vorstellungen zu gelangen.

Die von Svante Arrhenius im Jahre 1887 aufgestellte Theorie über die elektrolytische Dissoziation der in Wasser gelösten Stoffe und der sich aus dieser ergebenden Existenz von freien Wasserstoffionen in Wasser und wässeriger Lösung bildete den Anstoß und den Ausgangspunkt aller dieser neueren Forschungen.

a) Allgemeines über Azidität und Wasserstoffionen.

Unter Azidität[1]) einer Flüssigkeit versteht man ihren Gesamtgehalt an Säuren bzw. sauren Salzen. Jedoch wird der Säuregehalt gewöhnlich nicht in Prozent angegeben, sondern in cm^3 Normalität.

Unter einer Normalsäure versteht man eine Lösung, die in 1 l genau das Äquivalentgewicht der betreffenden Säure in g (= 1 Val) oder in 1 cm^3 1-mg-Äquivalent (= 1 Millival) enthält. Unter dem Äquivalentgewicht einer Säure versteht man das Molekulargewicht dividiert durch die Wertigkeit. Daher enthält 1 l Normalsäure genau 1 g sauren Wasserstoff. Enthält aber 1 l nur $^1/_{10}$ oder $^1/_{100}$ oder einen anderen Bruchteil von 1 g saurem Wasserstoff, so spricht man von $^1/_{10}$-, $^1/_{100}$- oder auch $^1/_{20}$-, 0,5-, 0,2-Normalsäure,

[1]) Vom lateinischen acidus = sauer.

erstere auch N/10-, N/100-, N/20-Säure geschrieben. Die vor Normal stehende Zahl gibt also immer an, wie viel g saurer Wasserstoff in 1 l enthalten sind.

Bringt man eine Säure mit einer Basis zusammen, so bildet sich bekanntlich neutrales Salz, indem das saure Wasserstoffatom der Säure mit der alkalischen Hydroxylgruppe der Basis als Wasser austritt.

$$Cl\boxed{H + HO}Na = ClNa + H_2O.$$

Die Lösung wird dabei vollkommen neutral, wenn die Anzahl der sauren H-Atome und die der basischen OH-Gruppen genau gleich sind, wenn Säuren und Basen in äquivalenter Menge aufeinander einwirken.

	HCl	H_2SO_4	H_3PO_4	NaOH	$Ca(OH)_2$	$Al(OH)_3$
Mol.-Gew.	36,5	98	98	40	74	78
Äquival. Mengen	36,5 g	$\frac{98}{2} = 49\,g$	$\frac{98}{3} = 32^2/_3\,g$	40 g	$\frac{74}{2} = 37\,g$	$\frac{78}{3} = 26\,g$

Das heißt: 36,5 g HCl sind ebenso sauer wie 49 g H_2SO_4 und wie $32^2/_3$ g H_3PO_4. Ferner sind 36,5 g HCl oder 49 g H_2SO_4 oder $32^2/_3$ g H_3PO_4 ebenso sauer wie 40 g NaOH oder 37 g $Ca(OH)_2$ oder 26 g $Al(OH)_3$ alkalisch, d. h. diese Mengen Säure vermögen die angegebenen Mengen Basis vollkommen zu neutralisieren.

Den Normalsäuren entsprechend stellt man sich auch Normallaugen her, die in 1 l ein Äquivalentgewicht in g Basis oder 1 g basischen Wasserstoff enthalten. 1 l Norm.-Natronlauge enthält also 40 g NaOH, 1 l Norm.-Kalkwasser würde, wenn der Kalk so weitgehend löslich wäre, 37 g $Ca(OH)_2$ enthalten. Natürlich wird daher jedes Volumen Norm.-Säure genau die gleiche Menge Norm.-Lauge zur vollkommenen Neutralisation erfordern.

Azidität sowohl wie Alkalität einer Flüssigkeit drückt man daher aus in der Zahl, welche angibt, wie viele cm^3 Norm.- oder $^1/_{10}$-Norm.-Säure bzw. -Lauge zur vollkommenen Neutralisation erforderlich waren. So sagt man z. B.: Die Azidität eines Bieres beträgt 20 cm^3 $^1/_{10}$-Norm. auf 100 cm^3 Bier. Das heißt: Es waren 20 cm^3 $^1/_{10}$-Norm.-Lauge auf 100 cm^3 Bier erforderlich zur vollkommenen Neutralisation, oder 100 cm^3 Bier enthalten so viel saure Wasserstoffatome wie in 20 cm^3 $^1/_{10}$-Norm.-Säure enthalten sind, also $20 \times 0{,}1 = 2$ mg. 1 cm^3 Bier enthält also $2:100 = 0{,}02$ mg H, daher ist das Bier 0,02- oder $^1/_{50}$-Normal. Würden 100 cm^3 Bier 100 cm^3 $^1/_{10}$-Norm.-Lauge erfordern, so wäre das Bier natürlich $^1/_{10}$ Normal, da aber $\frac{100}{5} = 20\,cm^3$ erforderlich waren, so ist die Normalität des Bieres $\frac{1}{10 \cdot 5} = \frac{1}{50}$.

Will man in einer wässerigen Lösung einer bestimmten Säure die Azidität bzw. den Gehalt an der betreffenden Säure bestimmen, so geschieht dies einfach in der Weise, daß man zu der in einem Becherglas oder Erlenmeyerkölbchen befindlichen Säurelösung aus einer Bürette vorsichtig Normal-Natronlauge zufließen läßt, bis die Flüssigkeit vollkommen neutral geworden ist. Dies erkennt man an dem Farbenumschlag, der eintritt, wenn man zuvor ein paar Tropfen Indikatorlösung (Lös. 15—22) zugesetzt und die zugesetzte Lauge die Flüssigkeit eben neutralisiert bzw. ganz schwach alkalisch gemacht hat. Bei einer reinen wässerigen Lösung einer bestimmten Säure kann man die verbrauchte Lauge natürlich auch auf Prozent Säure umrechnen.

Umgekehrt bestimmt man die Alkalität einer Basislösung nach Zusatz von Indikator durch Normal-Säure.

Die auf vorstehende Art gefundene Azidität bezeichnet man als Gesamtsäure oder Titrationsazidität. Nach neueren Anschauungen teilt man diese aber ein in »aktuelle Säure« und »potentielle Säure«. Unter aktueller Säure versteht man den Gehalt an Wasserstoffionen.

Unter Ionen[1]) versteht man elektrisch geladene freie Atome oder Atomgruppen. Löst man Säuren, Basen oder Salze in Wasser, so ist in der Lösung immer ein mehr oder weniger großer Teil der Moleküle in Ionen gespalten, elektrolytisch dissoziiert. Man bezeichnet diese Körpergruppen daher mit dem Namen »Elektrolyte«. Bei dieser elektrolytischen Dissoziation, die in einer Lösung der Valenzbindungen besteht, wird immer für die eine der zwei sich voneinander lösenden Valenzen eine +Ladung, für die andere eine —Ladung auftreten, die +Ladung bezeichnet man mit einem $^{\cdot}$, die —Ladung mit einem $'$. +Ladung zeigen die Wasserstoff- und Metallionen, —Ladung die Ionen mit nicht metallischem Charakter. Die +Ionen nennt man auch Kationen, die —Ionen Anionen. Zum Beispiel: Das Molekül HCl zerfällt in wässeriger Lösung in $H^{\cdot}$ und Cl', d. h. in das positiv geladene Wasserstoffion und das negativ geladene Chlorion. Mehrwertige Säuren können dissoziieren unter Abscheidung von einem oder mehr Wasserstoffionen aus einem Molekül unter gleichzeitiger Bildung eines ein- oder mehrwertigen Anions. So können aus Phosphorsäure neben Wasserstoffionen die drei Ionen H_2PO_4', HPO_4'' und PO_4''' entstehen. Bei der Dissoziation von Basen entstehen Metallionen und Hydroxylionen, z. B. $NaOH = Na^{\cdot} + OH'$. Die moderne Chemie definiert heute: »Eine Säure ist ein Stoff, welcher in wässeriger Lösung Wasserstoffionen bildet. Eine Basis ist ein Stoff, welcher in wässeriger Lösung Hydroxylionen bildet. Einen Stoff, der sowohl Wasserstoff- wie Hydroxylionen bildet, nennt man amphoter.«

Auch in reinem Wasser ist ein Teil der H_2O-Moleküle dissoziiert in $H^{\cdot}$ und OH', und zwar sind bei 22° in $10^7 =$ 10 Millionen Liter Wasser 1 g Wasserstoff- und 17 g (O = 16 und H = 1) Hydroxylionen.

Die Wasserstoffionenkonzentration drückt man aus in Normalität durch die Potenz von 10, welche angibt, wieviel g Wasserstoff-

[1]) Griechisch Ion = sich in Bewegung setzend. Die Ionen bewegen sich im galvanischen Strom nach den Elektroden zu.

ionen in einem l Lösung enthalten sind und durch das Zeichen [H˙]. Für Wasser bei 22° gilt also:

Wasserstoffionenkonzentration = [H˙] = 10^{-7},
Hydroxylionenkonzentration = [OH′] = 10^{-7}.

Der Einfachheit halber gibt man zur Bezeichnung der Wasserstoffionenkonzentration meistens nur den Exponenten dieses Ausdruckes unter Weglassung des Vorzeichens an und bezeichnet diesen mit p_H. Also ist für Wasser bei 22° $p_H = 7$. Dieser Wert ist nicht ganz unabhängig von der Temperatur, Wasser von 18° zeigt das p_H 7,07.

$p_H = 4{,}0$ bedeutet also: in 1 l Lösung sind $10^{-4} = \frac{1}{10^4} = 0{,}0001$ g Wasserstoff in Form von Ionen enthalten. Bei $p_H = 4{,}0$ ist aber die Wasserstoffionenkonzentration, [H˙] = 10^{-4}.

Die ganze Zahlen bildenden p_H-Werte sind also leicht in gewöhnliche Zahlen umzuwandeln. Besteht aber die p_H-Zahl aus einem Dezimalbruch, so erfolgt die Umwandlung logarithmisch (s. unten).

Nun gilt für Wasser (selbstverständlich), aber auch für alle Elektrolytlösungen bei 22° die Gleichung:

$$[H^{\cdot}] \times [OH'] = 10^{-14}.$$

Wird ein neutrales Salz in Wasser gelöst, so findet keine Änderung des [H˙]- und des [OH′]-Wertes statt, denn bei der Hydrolyse des neutralen Salzes entstehen weder H˙ noch OH′. Löst man aber eine Säure in Wasser, so entstehen weitere freie H˙, die Wasserstoffionenkonzentration wird größer oder stärker als 10^{-7}, also etwa 10^{-6}; aus $p_H = 7$ wird $p_H = 6$. Zu gleicher Zeit muß aber nach obiger Gleichung die Hydroxylionenkonzentration zurückgehen, aus $p_{OH} = 7$ wird $p_{OH} = 8$. Umgekehrt nehmen, wenn man eine Basis in Wasser löst, die Hydroxylionen zu und die Wasserstoffionen gehen entsprechend zurück. Es genügt also zum Ausdruck der Reaktion einer wässerigen Elektrolytlösung die Angabe der [H˙] oder des p_H. Und zwar ist vorhanden bei 22°:

1. Neutrale Reaktion bei $p_H = 7$
   oder [H˙] = 10^{-7}
2. Saure Reaktion bei $p_H = 6, 5, 4 \ldots$
   oder [H˙] = $10^{-6}, 10^{-5}, 10^{-4} \ldots$
3. Alkalische Reaktion bei $p_H = 8, 9, 10 \ldots$
   oder [H˙] = $10^{-8}, 10^{-9}, 10^{-10} \ldots$

Nach obigem wäre also bei einer gewöhnlichen Normalsäure, die 1 g Säurewasserstoff in 1 l enthält, wenn alle Säuremoleküle vollkommen dissoziiert wären, was aber nie der Fall ist, $p_H = 0$, denn $10^0 = 1$, und [H˙] = 10^0. Bei einer vollkommen dissoziierten N/10-Säure wäre $p_H = 1$ und [H˙] = 10^{-1}. Betrüge aber der p_H-Wert einer Lösung etwa 5,47, so ist [H˙] = $10^{-5{,}47}$, d. h. in $10^{5{,}47}$ l Lösung ist 1 g Wasserstoff in Form von Ionen enthalten. Da der Wert $10^{5{,}47}$ schwer vorstellbar ist, so wandelt man ihn besser wie folgt um:

$$10^{-5,47} = 10^{6-5,47-6} = \frac{10^{6-5,47}}{10^6} = \frac{10^{0,53}}{10^6} = \text{(logarithmisch berechnet)}$$

$\frac{3,39}{10^6} = 3,39 \times 10^{-6}$, d. h. die Lösung ist $\frac{3,39}{1\,000\,000}$ Normal, sie enthält in 1 l $\frac{3,39}{1\,000\,000}$ g Wasserstoffionen.

Ergäbe die gleiche Lösung einen Titrationssäuregehalt von 5 cm³ $^1/_{10}$-Norm auf 100 cm³, also Normalität $= \frac{1}{200}$, so ist der Gehalt an potentieller Säure

$$\frac{1}{200} - \frac{3,39}{1\,000\,000} = \frac{5000 - 3,39}{1\,000\,000} = \frac{4996,61}{1\,000\,000}\ \text{Norm.}$$

Von 100 g Wasserstoffatomen treffen also $\frac{3,39 \times 100 \times 200}{1\,000\,000} = 0,0678$ g auf aktuelle und $100 - 0,0678 = 99,9322$ g potentielle Säure.

b) Beschreibung und Anwendung des Azidimeters.

Die Säuretitration in Gersten- und Malzauszügen sowie in Würzen und Bier wird dadurch sehr erschwert, daß die Eigenfarbe dieser Flüssigkeiten den Umschlag der Indikatorfarbe undeutlich macht. Auch die Anwendung der Tüpfelmethode mit Reagenzpapier gibt keine genauen Resultate. Sehr zweckmäßig hat sich dagegen das Azidimeter von Lüers[1]) erwiesen (Abb. 32). Bei diesem werden in zwei getrennten Gläsern die zu untersuchende Lösung und eine Flüssigkeit, welche eine der Umschlagfarbe des Indikators genau gleichkommende Farbe besitzt, hintereinander gestellt. Die Gesamtfarbe dieser beiden Gläser läßt sich dann gut mit der Mischfarbe vergleichen, die entsteht, wenn man die Lösung titriert — ein Kunstgriff, der zuerst von Walpole verwendet wurde. Die zum Vergleich dienende Standardlösung, welche die Indikatorfarbe nach dem Umschlag besitzt, kann mit dem Apparat von der Firma F. Hellige in Freiburg i. Br. bezogen werden; besser stellt man sie sich jedoch nach der unter d) gegebenen Vorschrift selbst her.

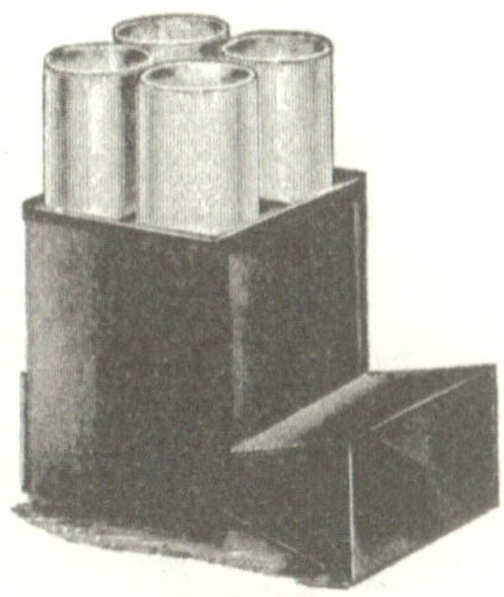

Abb. 32.

Der Apparat besteht aus einem viereckigen Blechkästchen in welchem vier Zylindergläser so angeordnet sind, daß man beim Durchblicken (Abb. 33) links durch die Lösung, die titriert wird, mit Indikator (III) und Wasser (I), rechts durch die gleiche Lösung, ohne Indikator (IV) und Standardlösung (II) sieht. Beim Durchblicken hält man den Apparat, der an der hinteren Wand mit einer Milchglasplatte versehen ist, gegen das helle Tageslicht

[1]) Zeitschrift für das gesamte Brauwesen 1914, Nr. 26.

oder gegen eine Reinlichtlampe von der Firma F. & M. Lautenschläger, Berlin und München, evtl. genügt auch eine gute Glühlampe.

Bei der Ausführung der Bestimmung gibt man in die Gläser III und IV je 20 cm³ Flüssigkeit, dazu in III 2 cm³ (10%) Indikatorlösung, in IV ebensoviel Wasser. In Glas I gibt man Wasser, in II befindet sich die Standardlösung. Hierauf läßt man zu III aus der Bürette N/10-Natronlauge (Lös. 32) zufließen unter gutem Umschütteln, bis der Farbton links und rechts fast gleich geworden ist. Hierauf liest man den Stand der Bürette ab und gibt auch in IV die gleiche Menge N/10-Natronlauge oder besser 0,2—0,3 cm³ mehr und schüttelt um. Nach neuerlichem Ablesen der Bürette titriert man nun links bis zur völligen Farbengleichheit. Näheres s. unten.

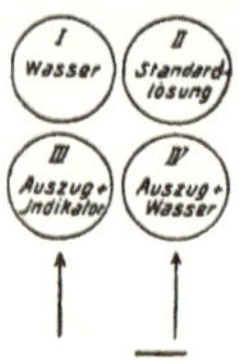

Abb. 33.

c) Bestimmung der Wasserstoffionenkonzentration.

α) Elektrometrische Methoden.

Schon im Jahre 1913 wurde von E. Emslander eine Apparatur angegeben, die auf elektrometrischem Wege die Wasserstoffionen-

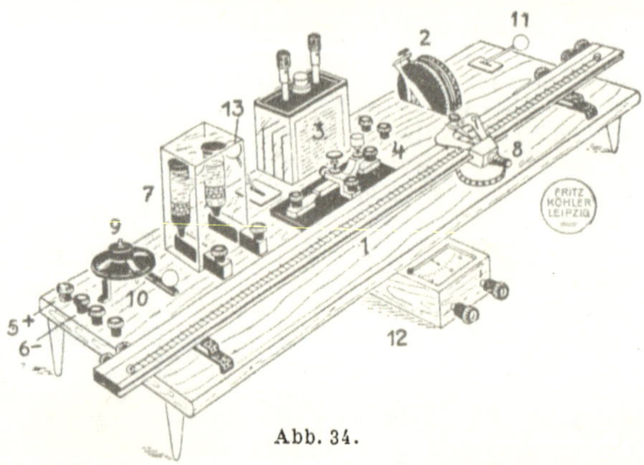

Abb. 34.

1 = Meßdraht-Brücke	9 = Stromwechsler zum Einschalten des Gaskette
2 = Hilfs-Abgleichs-Widerstand	10 = Stromwechsler zum Einschalten des Normalelements
3 = Meß-Akkumulator	11 = Schalter für die Nullstellung des Instrumentariums
4 = Kurzschluß-Taster	12 = Hochempfindlich. Galvanometer
5, 6 = Anschluß für die Gaskette	13 = Schalter für den Akkumulator
7 = Kadmium-Normalelement	
8 = Meßdraht-Kontakt-Schlitten	

konzentration zu bestimmen gestattet. Ein derartiger Apparat wird von der Firma Fr. Köhler, Leipzig S 3 in den Handel gebracht (Abb. 34).

Sehr verbreitet ist ferner der nach Angaben von Professor Lüers von F. & M. Lautenschläger G. m. b. H., Berlin und München, hergestellte Apparat (Ionometer). Die Messung der Wasserstoffionenkonzentration geschieht bei diesen Apparaten derart, daß ein Element gebildet wird, bestehend aus einer mit Wasserstoff gesättigten Platinelektrode als Minuspol, einer Kalomelelektrode als Pluspol und der zu messenden Flüssigkeit als Elektrolyt[1]). Die elektromotorische Kraft (E.M.K.) eines solchen Elementes ist sehr klein und wird daher durch ein noch so feines Millivoltmeter so viel Strom verbraucht, daß eine richtige Spannungsmessung unmöglich wäre. Man verwendet daher zur Messung solch kleiner Potentiale die sog. Kompensationsschaltung von Poggendorf-Du Bois-Reymond. Hierbei wird der zu messenden E. M. K. die Spannung eines Normalelementes von 1,0187 V entgegengeschaltet und diese Normalspannung durch die Wheatstonsche Brücke so lange abgedrosselt, bis ein Ausgleich der Spannungen erfolgt ist, das Meßinstrument (Galvanometer) auf Null steht.

Bei dem neuerdings von der Firma Lautenschläger in den Handel gebrachten »Mikro-Ionometer« (Abb. 35) wird als Nullinstrument ein Galvanometer mit Bandaufhängung, automatischer Arretierung, Mikroskopablesung und Innenbeleuchtung von sehr hoher Empfindlichkeit verwendet. Der Gebrauch ist so einfach, daß die beigegebene

Abb. 35.

kurze Gebrauchsanweisung vollständig ausreicht, um die richtige Handhabung des Apparates zu ermöglichen. Die Ablesung des Meßresultates erfolgt an einer Walzenmeßbrücke direkt in Millivolt. Die beigegebenen Tabellen ermöglichen ohne jede Rechnung die Verwandlung in den p_H-Wert, wobei die Genauigkeit 0,01 p_H beträgt. Die zum Apparat gehörige Elektrodenkette ist mit einer transportfähigen, gebrauchsfertig gefüllten Kalomel-Bezugselektrode ausgerüstet und kann mit den dazugehörigen neuartigen Stift-

[1]) Statt der Wasserstoff- und der Kalomelelektrode werden neuerdings die viel einfacheren Chinhydronelektroden verwendet.

elektroden sowohl für Platinwasserstoff- als auch für Chinhydron-Messungen verwendet werden.

β) Kolorimetrische Methoden.

Für annähernde Bestimmungen des p_H in der Praxis sind verschiedene Apparate konstruiert worden, bei denen die mit Indikator versetzte Flüssigkeit mit konstanten Farben (Farbegläsern oder Lösungen), die den verschiedenen p_H-Werten entsprechen, verglichen werden. Bei Beurteilung der Genauigkeit derartiger Methoden darf nicht außer acht gelassen werden, daß eine Differenz von 0,1 im p_H-Wert einem Unterschied im Wasserstoffionengehalt von rd. 20% entspricht, denn bei $p_H = 4$ enthält 1 l $10^{-4} = 0{,}0001$ g Wasserstoffionen, bei $p_H = 4{,}1$ dagegen $10^{-4{,}1} = 0{,}000079$ g. Eine Genauigkeit von 0,1 im p_H-Wert kann daher nur als eine sehr geringe bezeichnet werden.

Zunächst ist hier zu erwähnen der Komparator nach Michaelis von der Firma E. Leitz, Berlin. Der Apparat ist ähnlich dem Lüersschen Azidimeter (S. 61). Auf III und IV des S. 62 abgebildeten Schemas kommen Reagenzgläser mit je 6 cm³ der zu untersuchenden Flüssigkeit, dazu bei III 1 cm³ der mitgelieferten Indikatorlösung (Stammlösung), bei IV 1 cm³ Wasser. Auf I kommt ein Reagenzglas mit Wasser. Dann probiert man aus, am besten vor einer Reinlichtlampe von Lautenschläger, welches von den beigegebenen zugeschmolzenen Reagenzgläsern in II gegeben werden muß, um links und rechts die gleiche Farbe zu haben. Die zugeschmolzenen Reagenzgläser (Indikator-Dauerreihen) enthalten Flüssigkeiten, deren Farbe der Farbe des Indikators bei dem aufgedruckten p_H-Wert entspricht. Die Indikatorreihen werden in vier Serien (p_H 2,8—4,4, 4,0—5,4, 5,4—7,0 und 6,8—8,4) mit den entsprechenden Stammlösungen geliefert.

Mittels des Komparators nach Michaelis und einiger Lösungen kann auch die Bestimmung des p_H in Würze und Bier nach Kolbach[1]) sehr genau erfolgen.

Bei dem Komparator von F. Hellige & Co., Freiburg i. Br., benutzt man statt der Vergleichsflüssigkeiten in den zugeschmolzenen Reagenzgläsern farbige Gläser, wodurch die Unveränderlichkeit der Vergleichsfarbe gesichert erscheint. Der Helligekomparator findet auch Verwendung zur Bestimmung der Farbentiefe in Würze und Bier.

Für ganz oberflächliche Bestimmung (bis auf eine Einheit) des p_H zwischen 0 bis 10 kann das Universal-Indikatorpapier von Merck in Darmstadt dienen.

d) Stufentitration und Bestimmung des Pufferungsvermögens.

Der Farbenumschlag der Indikatoren, die bei den Methoden der Alkali- und Azidimetrie verwendet werden, wird bedingt durch

[1]) Wochenschrift für Brauerei 1932, Nr. 11.

die vorhandenen Wasserstoffionen. Der Farbenumschlag ist daher abhängig von der Wasserstoffionenkonzentration. So schlägt Phenolphthalein um bei $p_H = 8,3 — 10$, Neutralrot bei $p_H = 7,07$, Lackmus bei $p_H = 6,8$, Methylorange bei $p_H = 3,3 — 4,4$. Wenn alle Säuremoleküle dissoziiert wären, so wäre bei der Titration einer Säure mit Normal- oder N/10-Lauge das Stadium von etwa $p_H = 8$ bis $p_H = 10$ sehr schnell durchlaufen, denn eine $N/10^8$-Säure kann mit der geringsten Menge Lauge in eine $N/10^{10}$-Säure verwandelt werden. Bei starken Säuren und Basen ist dies nun auch annähernd der Fall und daher liegt der Umschlag für alle vier obigen Indikatoren nicht weit auseinander, mit anderen Worten, man wird bei Titration einer verdünnten Schwefelsäure mit N/10-Natronlauge ziemlich die gleichen Werte finden, welchen Indikator man auch verwendet. Sind aber Salze schwacher Säuren oder primäre und sekundäre Phosphate oder Eiweißstoffe und deren Abbauprodukte Polypeptide und Aminosäuren vorhanden, wie es bei Gersten- und Malzauszügen der Fall ist, so wirken diese Körper als sog. Puffer, sie stellen bei Abschwächung der $[H^{\cdot}]$ durch Natronlauge immer wieder die ursprüngliche Konzentration her, indem sie immer wieder neue $H^{\cdot}$ zur Abspaltung bringen. Daher kommt es, daß man bei Gegenwart solcher »Puffer« eine weit größere Menge Lauge verbraucht, um den p_H-Wert etwa von 8 auf 10 zu bringen, als der berechneten Menge entspricht. Somit wird auch, wenn man eine Würze gegen Lackmus (oder Neutralrot) neutralisiert hat, eine größere Menge Lauge nötig sein, um den Farbenumschlag des Phenolphthaleins in Rot hervorzurufen. Die Differenz zwischen der bei Anwendung von Lackmus und der bei Anwendung von Phenolphthalein verbrauchten Lauge läßt daher einen Schluß zu auf die Menge der vorhandenen als »Puffer« wirkenden Substanzen. Dies ist das Prinzip der einfachen Stufentitration, die zuerst von A. Reichard für die Untersuchung von Würze und Bier angewandt wurde. Reichard titrierte die Würze zunächst, bis Lackmuspapier nicht mehr rot gefärbt wird; das ist der Fall, wenn die stärkeren freien Säuren ganz neutralisiert und die primären Phosphate zur Hälfte in sekundäre Phosphate verwandelt sind. Hierauf wird weiter mit N/10-Natronlauge titriert, bis ein herausgenommener Tropfen Phenolphthaleinlösung, die durch eine Spur Ätznatron rot gefärbt ist, nicht mehr entfärbt; die dabei noch verbrauchte N/10-Natronlauge trifft auf den Rest des primären Phosphats, Eiweiß, Polypeptide und Aminosäuren.

Die genaue Ausführung der Stufentitration erfolgt bei Gersten- und Malzauszügen, Bier usw., wie von der Analysenkommission nach den Salzburger Vereinbarungen vom Jahre 1929 für die Malzuntersuchung festgesetzt worden ist, in folgender Weise:

In die Gläser III und IV des Azidimeters (S. 62) gibt man je 20 cm³ Würze, dann zu III 2 cm³ Neutralrotindikator (Lös. 19), zu IV ebensoviel kohlensäurefreies Wasser (Lös. 1a). In I befindet sich Wasser, in II die Neutralrotvergleichslösung (Lös. 19a, Standardlösung). Dann läßt man aus der Bürette zu III N/10-Natronlauge zufließen, bis der anfänglich stark rote Farbton sich der Mischfarbe rechts (aus II und IV) einigermaßen genähert hat. Dann notiert man den Stand der Bürette und gibt nun auch zu IV die gleiche Menge N/10-Lauge, wie zu III zugesetzt wurde. Dieser Zusatz zu IV ist nötig, weil durch den Laugezusatz die Farbe der Würze eine geringe Änderung erfahren kann. Nachdem man hierauf wieder den Stand der Flüssigkeit in der Bürette abgelesen hat, gibt man weiter N/10-Lauge zu III, bis Farbengleichheit erreicht ist. Die zuletzt zugegebene Menge N/10-Lauge setzt man nun auch noch zu IV zu. Die im ganzen zu III zugesetzte Menge N/10-Lauge war nötig, um das p_H auf 7,07 zu bringen und entspricht der I. Stufe oder der Neutralrotsäure.

Hierauf gibt man zu III 2 cm^3 Phenolphthaleinindikator (Lös. 17b), ersetzt die Neutralrotvergleichslösung durch die Phenolphthaleinvergleichslösung (Lös. 17c) und gibt dann zu IV 2 cm^3 Neutralrot (Lös. 19) und so viel N/10-Natronlauge, bis der rote Farbton in dem aus dem Blechkästchen herausgenommenen Glas deutlich in Gelb umgeschlagen hat, wozu meist 2 cm^3 N/10-Lauge ausreichen. Dann setzt man zu III so lange N/10-Lauge, bis fast Farbengleichheit erzielt ist. Zu IV gibt man die gleiche Menge N/10-Lauge minus der bereits anfangs zugesetzten 2 cm^3. Nun titriert man in III mit der N/10-Lauge auf Farbengleichheit. Zu IV setzt man ebenfalls noch die zuletzt zu III gegebene Menge N/10-Lauge zu und prüft nochmals die Farbengleichheit. Die im ganzen zu III gegebene N/10-Lauge war erforderlich, um p_H von 7,07 auf 9 zu bringen = II. Stufe oder Phenolphthaleinsäure, Stufe I + II = Gesamtsäure.

Natürlich kann man in der gleichen Weise die Gesamtsäure allein bestimmen, in welchem Falle zu III nur 2 cm^3 Phenolphthaleinvergleichslösung, zu IV 2 cm^3 Wasser kommen.

Die Stufentitration bildet einen Maßstab für die Widerstandsfähigkeit der Flüssigkeit gegen Änderung des p_H, für ihren Gehalt an Puffersubstanzen. Da aber die Pufferung von Bieren sowie Gersten- und Malzauszügen in den verschiedenen p_H-Bereichen eine verschiedene ist, so ist es erforderlich, um genauen Aufschluß über die Pufferungsverhältnisse zu erhalten, nach Zusatz wechselnder Mengen N/10-Lauge bzw. Säure jedesmal das p_H, am besten elektrometrisch, zu bestimmen und alsdann die verbrauchten cm^3 Normallösung als Abszisse und die gefundenen p_H als Ordinate in ein Koordinatensystem einzutragen. Die so erhaltene Kurve gestattet ohne weiteres, für jeden p_H-Bereich die betreffende Pufferung in cm^3 N/10 abzulesen. Die elektrometrischen Apparate zur Bestimmung des p_H werden auch mit einer eigenen Titriervorrichtung geliefert, bei welcher N/10-Natronlauge direkt der Flüssigkeit im Elektrodengefäß zugesetzt wird. Näheres s. unter Malzuntersuchung.

Bestimmung der Titrationsalkalität mittels N/10-Salzsäure s. ebenfalls unter Malzuntersuchung.

Schema der Säuretitration (Beispiel).

I. Stufe

links	rechts
auf I Wasser	auf II Neutr.-Rot-Vergl.-Lös.
» III 20 cm^3 Würze + 2 cm^3 Neutr.-Rot-Indikat.-Lös.	» IV 20 cm^3 Würze + 2 cm^3 CO_2-freies Wasser
» III 1 cm^3 N/10-Lauge (fast Farbengleichheit)	» IV 1 cm^3 N/10-Lauge
» III weitere 0,15 cm^3 N/10-Lauge (Farbengleicheit)	» IV 0,15 » » »
I. Stufe = 1,15 cm^3 N/10.	1,15 cm^3 N/10.

II. Stufe

links	rechts
auf I Wasser	auf II Phenolphth.-Vergl.-Lös.
» III 2 cm^3 Phenolphth.-Indikat.-Lös.	» IV 2 cm^3 Neutr.-Rot-Indikat.-Lös. + ca. 2 cm^3 N/10-Lauge bis zur Gelbfärbung
» III 2,3 cm^3 N/10-Lauge (fast Farbengleichheit)	» IV 2,3 — 2 = 0,3 cm^3 N/10-Lauge
» III weitere 0,1 cm^3 N/10-Lauge (Farbengleichheit)	» IV 0,1 cm^3 N/10-Lauge
II. Stufe = 2,4 cm^3 N/10	2,4 cm^3 N/10.

Gesamtsäure = 1,15 + 2,4 = 3,55 cm^3 N/10.

e) Formoltitration.

Eine weitere dritte Aziditätsstufe ergibt sich durch die Formoltitration, die zuerst von Sörensen angegeben worden ist. Setzt man einer bis zur zweiten Stufe, also bis zur Rotfärbung des Phenolphthaléins, neutralisierten Würze vollkommen neutralen Formaldehyd (Formol) zu, so tritt aufs neue saure Reaktion ein, und es ist wieder eine beträchtliche Menge N/10-Natronlauge erforderlich bis zur Rotfärbung von Phenolphthalein. Diese Erscheinung erklärt sich wie folgt. Die Abbauprodukte der Eiweißkörper, die Polypeptide und besonders die letzten Zerfallprodukte, die Aminosäuren, zeigen gar keinen oder nur ganz schwach sauren Charakter, trotzdem sie eine Carboxylgruppe, eine Säuregruppe, —COOH, enthalten. Dies rührt davon her, daß die Säureeigenschaft infolge der COOH-Gruppe durch eine an einem anderen Kohlenstoffatom sitzende Aminogruppe, —NH_2, paralysiert wird, so daß sich ein amphoterer

Charakter ergibt. Versetzt man nun die Lösung eines solchen Körpers mit Formaldehyd, so wird die NH_2-Gruppe gebunden, und die Wirkung der COOH-Gruppe macht sich voll geltend, der Körper bekommt ausgesprochenen Säurecharakter. Bei der Aminoessigsäure (Glykokoll oder Glycin), der einfachsten Aminosäure, verläuft der Prozeß nach folgender Gleichung:

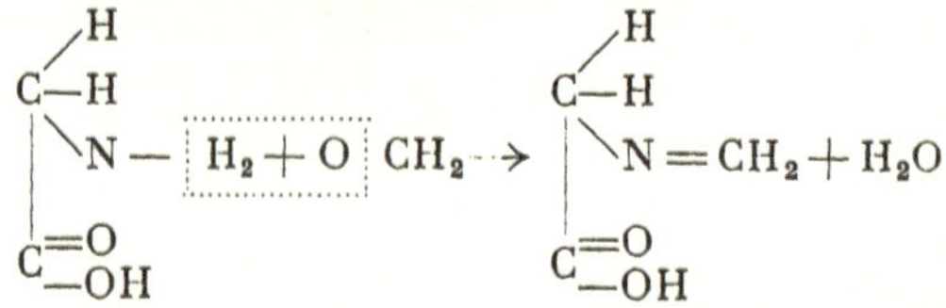

Das entstandene Methylenglycin $H_2CN \; \underset{H_2}{C} - C\genfrac{}{}{0pt}{}{O}{OH}$ besitzt genau die gleiche Azidität wie ein Molekül Essigsäure, bindet also ein Molekül NaOH. Titriert man also die auf Formolzusatz entstandene Säure, so entspricht jedes gefundene Äquivalentgewicht Säure einem Äquivalentgewicht Stickstoff in der Aminogruppe, den man als Aminosäurenstickstoff, Formolstickstoff oder formoltitrierbaren Stickstoff bezeichnet. 1 cm^3 Normal entspricht daher 14 mg N.

Vereinbarte Methode der Formoltitration: Außer den zur Stufentitration benötigten Lösungen braucht man noch 35proz. Formol (Formoldehyd) D. A. B. 6[1]) und N/2-Natronlauge (Lös. 31). 120 cm^3 Gerstenauszug oder Laboratoriumswürze gibt man in ein 150-cm^3-Meßkölbchen, verschließt es mit einem Wattebausch und stellt den Kolben in ein Wasserbad, erhitzt zum Kochen und läßt 20 Minuten im kochenden Wasserbad stehen zwecks Ausscheidung der Eiweißstoffe. Bei gehopfter Betriebswürze und Bier ist dieses Erhitzen nicht nötig. Nach dem Erkalten verschließt man das Kölbchen mit einem Korkstopfen. Die so vorbereitete Würze kann man über Nacht stehen lassen, wenn die Zeit zur Filtration nicht ausreicht.

Nun gibt man zur Ausscheidung der störend wirkenden Phosphate und Karbonate 3 g chemisch reines pulverisiertes Bariumchlorid und so viel gesättigtes Barytwasser (Lös. 14), daß die Flüssigkeit stark alkalisch reagiert, rotes Lackmuspapier stark blau färbt. Bei Laboratoriumswürzen sind dazu 9 cm^3 Barytwasser erforderlich. Hierauf füllt man mit Wasser bis zur Marke auf und schüttelt. Nach 20—30 Minuten langem Stehen filtriert man durch ein Faltenfilter von 18½ cm Durchmesser und deckt den Glastrichter mit Glasplatte zu, um die Kohlensäure der Luft fernzuhalten. Die so vorbereitete alkalische Würze muß sogleich nach der Filtration weiter behandelt werden und darf auf keinen Fall über Nacht stehenbleiben.

Inzwischen hat man sich die Formollösung vorbereitet. Für einen Versuch, der stets doppelt ausgeführt wird, braucht man 2 × 10 cm^3 Formol, für den Blindversuch ebenfalls 2 × 10 cm^3 und

[1]) Deutsches Arzneibuch, 6. Ausgabe.

für einen evtl. fehlgeschlagenen Versuch weitere 10 cm³ Formollösung. Also zusammen 50 cm³. Hat man mehr als eine Formolbestimmung auszuführen, so braucht man für jeden weiteren Versuch nur 30 cm³ Formol, da der Blindversuch nur einmal (doppelt) gemacht wird. Hierauf gibt man in ein kleines Erlenmeyer-Kölbchen die 50 cm³ Formol, dazu 5 cm³ (10%-)Phenolphthaleinindikator (Lös. 17b) und so lange aus der Bürette N/2-Natronlauge, bis die Flüssigkeit ganz schwach rosa gefärbt ist, und verschließt das Kölbchen sofort.

In die Gläser III und IV des Azidimeters gibt man nun je 20 cm³ der filtrierten alkalischen Würze, dann zu III 2 cm³ Neutralrotindikator (Lös. 19) und zu IV 2 cm³ kohlensäurefreies Wasser (Lös. 1a). In I befindet sich destilliertes Wasser, in II die Neutralrotvergleichslösung (Lös. 19a). Dann läßt man aus der Bürette zu III so lange N/10-Salzsäure zufließen, bis der gelbe Farbton sich der Mischfarbe rechts (aus II und IV) einigermaßen nähert. Dann gibt man zu IV die gleiche Menge N/10-Salzsäure, wie zu III zugesetzt wurde. Hierauf gibt man weiter zu III tropfenweise N/10-Salzsäure, bis Farbengleichheit erreicht ist. Diese zuletzt zugesetzte Menge N/10-Salzsäure setzt man nun auch zu IV. Damit sind beide Würzen neutralisiert. Die verbrauchte Menge N/10-Salzsäure soll mindestens 1 cm³ betragen und ist für die Berechnung weiter nicht nötig.

Nun wird die Neutralrotvergleichslösung in II mit der Phenolphthaleinvergleichslösung vertauscht. In III 2 cm³ Phenolphthaleinindikator (Lös. 17b) und 10 cm³ der neutralisierten Formollösung, zu IV 2 cm³ Neutralrotindikator, 10 cm³ kohlensäurefreies Wasser und so viel N/10-Natronlauge, bis die Flüssigkeit rein gelb ist, wozu meist ca. 2 cm³ nötig sind.

Dann setzt man zu III so lange N/10-Natronlauge zu, bis links und rechts fast Farbengleichheit erreicht ist. In IV die gleiche Menge N/10-Natronlauge minus der bereits anfangs zugesetzten 2 cm³. Nun titriert man in III mit N/10-Natronlauge auf Farbengleichheit. Auf IV setzt man auch die zuletzt auf III zugesetzte Menge N/10-Natronlauge und prüft nochmals die Farbengleichheit.

Blindversuch.

Da die verwendete Formollösung nur schwach rot gefärbt war, so ist durch den Blindversuch festzustellen, wieviel N/10-Natronlauge sie erfordert, um die Farbe der dunkelroten Phenolphthaleinvergleichslösung anzunehmen.

Auf I gibt man 20 cm³ kohlensäurefreies Wasser (Lös. 1a), 2 cm³ Phenolphthaleinindikator und 10 cm³ der neutralisierten Formollösung, auf II die Phenolphthaleinvergleichslösung. III und IV bleiben unbesetzt. Nun gibt man zu I so lange N/10-Natronlauge, bis der Farbton von II erreicht ist. Die verbrauchten cm³ sind von der bei der Formoltitration benötigten N/10-Natronlauge abzuziehen.

Schema der Formoltitration (Beispiel).

Neutralisation.

links	rechts
auf I Wasser	auf II Neutr.-Rot-Vergl.-Lös.
» III 20 cm^3 Würze + 2 cm^3 Neutr.-Rot-Indikat.-Lös.	» IV 20 cm^3 Würze + 2 cm^3 CO_2-freies Wasser
» III 1,0 cm^3 N/10-Salzs. (fast Farbengleichheit)	» IV 1 cm^3 N/10-Salzsäure
	» IV 0,2 » » »
	1,2 cm^3 N/10-Salzsäure.
» III weitere 0,2 cm^3 N/10-Salzs. (Farbengleichheit)	
für Neutralis. 1,2 cm^3 N/10-Salzs.	

Ausführung.

auf I Wasser	auf II Phenolphth.-Vergl.-Lös.
» III 2 cm^3 Phenolphth.-Indikat. + 10 cm^3 Formol	» IV 2 cm^3 Neutr.-Rot-Indikat. + 10 cm^3 Wasser + 2 cm^3 Lauge (gelb)
» III 2,8 cm^3 N/10-Lauge (fast Farbengleichheit)	» IV 0,8 » » »
	» IV 0,1 » » »
	2,9 cm^3
» III weitere 0,1 cm^3 N/10-Lauge (Farbengleichheit)	
für Formol-N 2,9 cm^3 N/10-Lauge	

Blindversuch.

auf I 20 cm^3 Wasser + 10 cm^3 Formol + 2 cm^3 Phenolphthal.-Indik.	auf II Phenolphth.-Vergl.-Lös.

Die Fächer III und IV bleiben unbesetzt.

Auf I bei 0,45 cm^3 N/10-Natronlauge zur Farbengleichheit.

Diese 0,45 cm^3 sind von den obigen 2,9 cm^3 abzuziehen. Auf den Formolstickstoff in 20 cm^3 Würze treffen also 2,90 — 0,45 = 2,45 cm^3 N/10-Natronlauge. Diese entsprechen 2,45 × 1,4 = 3,43 mg Formolstickstoff.

f) Die Aziditätsverhältnisse in der Gerste.

In der Gerste ist schon eine gewisse Menge Säure fertig gebildet enthalten. Man bezeichnet sie als ursprüngliche oder praeexistierende

Säure. Die säurebildenden Enzyme der Gerste sind hauptsächlich wirksam bei einer Temperatur von 53⁰. Die nach dreistündigem Maischen der Gerste bei 53⁰ in der Maische enthaltene Säure bezeichnet man als Gesamtsäure oder Digestionssäure.

α) Ursprüngliche Säure.

40 g der feingemahlenen Gerste werden zur Abtötung der vorhandenen Enzyme in einem Maischbecher mit 60 cm^3 96proz. säurefreiem Alkohol (Lös. 2^b) vermischt. Es soll noch eine dünne Flüssigkeitsschicht über dem Mehl wahrzunehmen sein, andernfalls gebe man noch einige cm^3 Alkohol zu. Dann bringt man den Becher mit einem Uhrglas bedeckt in ein Wasserbad von 80—85⁰ und läßt den Alkohol gelinde sieden unter öfterem Umrühren. Nach etwa 10—15 Minuten, wenn der Alkohol oberflächlich verdunstet, steigert man die Wasserbadtemperatur auf 90⁰ und vertreibt unter kräftigem Rühren, um Spritzen zu vermeiden, den noch vorhandenen Alkohol, bis die Masse trocken und krümelig wird. Schließlich läßt man noch weiter im Wasserbad stehen, bis kein Alkoholgeruch mehr wahrnehmbar ist, im ganzen 30—45 Minuten. Nach dem Abkühlen setzt man 150 cm^3 Wasser und 10 Tropfen Toluol zu und läßt unter häufigem Umrühren bei Zimmertemperatur mindestens 3 Stunden stehen. Auch Stehenlassen über Nacht hat keinen Einfluß. Dann spritzt man das am Glasstab und an den Becherwandungen hängende Extrakt gut ab, füllt das Gewicht des Becherinhaltes mit Wasser auf 240 g auf, rührt gut durch und filtriert möglichst klar ab.

In dem so gewonnenen Filtrat kann nun die Säure in zwei Stufen (oder nur die gesamte Phenolphthaleinsäure) nach obiger Anleitung S. 64 bestimmt werden.

Beispiel: Verbrauchte N/10-Natronlauge: I. Stufe 0,70, II. Stufe 0,74 cm N/10-Natronlauge. Wassergehalt der Gerste 13%.

1. $\frac{13 \times 40}{100} = 5{,}2$ g = Wassergehalt der angewandten Gerste.
2. $240 - 40 + 5{,}2 = 205{,}2$ cm^3 Gesamtwassergehalt der aufgewogenen Flüssigkeit (kann ohne weiteres gleich Gesamtvolumen der Flüssigkeit vor dem Filtrieren gesetzt werden).
3. $\frac{0{,}70 \times 205{,}2}{20}$ (R-St) = 7,182 cm^3 N/10 oder 0,7182 cm^3 Norm auf 40 g Gerste.
4. $\frac{0{,}7182 \times 100}{40}$ (R-St) = 1,7955 cm^3 Norm auf 100 g Gerste.
5. $\frac{1{,}7955 \times 100}{100 - 13}$ (R-St) = 2,06 cm^3 Norm auf 100 g Gersten-Trockesubstanz oder: Azidität

I. Stufe	= 0,7 × 2,948	= 2,06 cm^3 Norm
II. »	= 0,74 × 2,948	= 2,18 » »
I. + II. Stufe ursprüngl. Säure		= 4,24 cm^3 Norm auf 100 g Gersten-Trockensubstanz.

Allgemein:
Azidität auf 100 g Gersten-Tr-S

$$= \frac{\text{Verbr. cm}^3\ \text{N/10-Lauge}\left(250 + \frac{1}{2}\ \text{Wa}\,\%\right)}{100 - \text{Wa}\,\%}\ \text{cm}^3\ \text{Normal}$$

$$= \frac{0{,}7 \times \left(250 + \frac{1}{2} \times 13\right)}{100 - 13}\ (\text{R-St}) = 2{,}06\ \text{cm}^3\ \text{Normal usw.}$$

Vielfach rechnet man auch die Neutralrotsäure (I. St.) auf Prozent der gesamten Säure um.

In obigem Beispiel: Neutralrotsäure $= \frac{2{,}06 \times 100}{4{,}24}$ (R-St) = 48,6% der gesamten urspr. Säure. Die Neutralrotsäure schwankt zwischen 0,5 und 2, die Phenolphthaleinsäure zwischen 2 und 3 cm³ Normal auf 100 g Gersten-Trockensubstanz.

β) Gesamtsäure.

40 g feingemahlene Gerste werden mit 150 cm³ Wasser von 53° eingemaischt, mit 0,5 cm³ Toluol versetzt und in einem Maischbad (s. unter Malz), das genau auf 53° eingestellt ist, unter ständigem Rühren genau 3 Stunden extrahiert. Dann wird sofort auf Zimmertemperatur abgekühlt, mit Wasser auf 240 g aufgefüllt und weiter wie oben S. 64 verfahren.

Beispiel: Bei der gleichen Gerste wie unter α) wurden auf 20 cm³ Filtrat verbraucht:

I. Stufe 1,5 cm³ N/10-Lauge
II. » 1,9 » » »

Gesamtazidität auf 100 g Gersten-Trockensubstanz:

$$\text{I. St.} = \frac{1{,}5\left(250 + \frac{1}{2} \times 13{,}0\right)}{100 - 13{,}0}\ (\text{R-St}) = 4{,}42\ \text{cm}^3\ \text{Normal}$$

$$\text{II. St.} = \frac{1{,}9\left(250 + \frac{1}{2} \times 13{,}0\right)}{100 - 13{,}0}\ (\text{R-St}) = 5{,}60\ \text{cm}^3\ \text{Normal}$$

$$\text{I.} + \text{II. St.} = 10{,}02\ \text{cm}^3\ \text{Normal.}$$

Die Gesamtazidität beträgt gewöhnlich:

I. Stufe 4—5, II. Stufe 5—6 cm³ Normal.

γ) Formolstickstoff.

In der Regel wird nur der ursprüngliche Formolstickstoff bestimmt, und zwar in dem nach der Vorschrift unter α bereiteten wässerigen Auszug nach der vereinbarten Methode der Formoltitration auf S. 68.

Beispiel: In 20 cm³ Filtrat von dem mit Bariumchlorid und Barytwasser behandelten Auszug wurden gefunden 0,82 mg Formolstickstoff. Wassergehalt der Gerste 13%.

In 20 cm^3 Filtrat sind enthalten 0,82 mg Formolstickstoff, dann sind in der ganzen Lösung vor dem Filtrieren (= 150 cm^3) enthalten $\frac{0,82 \times 150}{20}$ mg, diese sind auch enthalten in 120 cm^3 des ursprünglichen Gerstenauszuges. Demnach sind im gesamten Gerstenauszug (= 205,2 cm^3, s. S. 71), entsprechend 40 g Gerste, $\frac{0,82 \times 150 \times 205,2}{20 \times 120}$ (R-St) = 10,52 mg. Also in 100 g Gerste $\frac{10,52 \times 100}{40}$ (R-St) = 26,3 mg, und in 100 Gersten-Tr-S $\frac{26,3 \times 100}{87}$ (R-St) = 30,2 mg Formolstickstoff.

Bei Einhaltung der vorgeschriebenen Mengenverhältnisse können die in 20 cm^3 Filtrat gefundenen mg Formolstickstoff auf Gersten-Tr-S umgerechnet werden nach der allgemeinen Formel:

$$\text{Form-N in 100 g Gersten-Tr-S} = \text{Form-N in 20 cm}^3\text{ Filtrat} \times \frac{3125 + 6,25\,\text{Wa}\,\%}{100 - \text{Wa}\,\%}\quad \text{hier: } 0,82 \times \frac{3125 + 6,25 \times 13}{100 - 13} = 30,2\text{ mg.}$$

Der Formolstickstoffgehalt schwankt etwa zwischen 18—32 mg in 100 g Gersten-Tr-S.

δ) Wasserstoffionenkonzentration.

Das p_H in der nach der Vorschrift unter α hergestellten Lösung liegt etwa zwischen 6 und 6,3 und kann nach einer der obigen (S. 62) Methoden bestimmt werden.

11. Lösliche Stoffe.

Es kann manchmal von Interesse sein, die Gesamtmenge der in Wasser löslichen Bestandteile der Gerste festzustellen. Absolut richtige Zahlen sind dabei kaum zu erreichen, da keine Möglichkeit vorliegt bei der Extraktion die Tätigkeit der lösend wirkenden Enzyme vollkommen auszuschließen bzw. die Enzyme ohne jede Veränderung der übrigen Gerstenbestandteile unwirksam zu machen. Will man jedoch nur mehrere Gerstenproben in bezug auf Gehalt an löslichen Stoffen untereinander vergleichen, so kann man die Extraktion in der Weise vornehmen, daß man 100 g Gerstenmehl mit 500 g Wasser 2 Stunden bei 18—20° im Maischapparat (s. unter Malz) unter stetem Laufen des Rührwerkes hält und hierauf sofort filtriert. Im Filtrat wird der Extraktgehalt mittels Pyknometer (s. unter Malz) bestimmt und auf Gersten-Tr-S umgerechnet. Der Gehalt an löslichen Stoffen (Extrakt), auf diese Weise bestimmt, beträgt ca. 10% der Gersten-Tr-S. In dem Gerstenauszug kann ferner der Stickstoffgehalt bestimmt werden. Zur Stickstoffbestimmung werden 50 cm^3 Auszug nach Zusatz von 2—3 cm^3 verdünnter Schwefelsäure im Kjeldahlkolben über kleiner Flamme bis zur Sirupdicke eingedampft und dann weiter verfahren wie oben unter

Nr. 2 angegeben. Der Gehalt an löslichem Stickstoff beträgt ungefähr 14—16% des Gesamtstickstoffs, davon ungefähr $^1/_3$ koagulierbarer Stickstoff (s. unter Malz).

Sowohl Titrationssäure wie Wasserstoffionenkonzentration und Formolstickstoff sind in dem so bereiteten Auszug infolge der Enzymwirkung wesentlich höher als in dem nach Abtötung der Enzyme (s. unter f, α) bereiteten Auszug.

12. Diastatische Kraft.

Die diastatische Kraft kann in der gleichen Weise bestimmt werden, wie unten bei Malz ausführlich beschrieben ist. Sie schwankt in sehr weiten Grenzen, gefunden wurde 50—200, auf Trockensubstanz berechnet. Jedoch ist zu bemerken, daß das Optimum der diastatischen Kraft des Gerstenkornes nach Lüers, Fink und Riedel[1]) bei p_H 4,6 liegt.

C. Probemälzung.

Die Probemälzung der Gerste kann für die Praxis recht nützliche Anhaltspunkte liefern.

Sie wird im Laboratorium etwa in nachstehender Weise ausgeführt. Jedweder Verlust auch nur eines einzigen Kornes ist während des ganzen Mälzungsprozesses sorgfältigst zu vermeiden.

1. Weichprozeß.

Etwa 1 l geputzter Gerste von bekanntem Wassergehalt und Korngewicht wird in einem vorher tarierten Gefäße gewogen, mit Brunnenwasser eingeweicht und gut durchgemischt. Das erste Schmutzwasser wird abgelassen und durch frisches Wasser ersetzt. Der Einfachheit halber wird dabei die Schwimmgerste nicht abgehoben. Bei muffiger Gerste erscheint es zweckmäßig, etwas Kalkwasser zuzusetzen, da es in der Praxis auch üblich ist.

Nun wird die Weiche in einem Raume von ca. 10—12° aufgestellt und von Zeit zu Zeit der Weichgrad der Gerste beobachtet. Die Quellreife gilt als erreicht, wenn die Gerste einen Wassergehalt von ca. 43% (für helles Malz) bis 47% (für dunkles Malz) aufweist.

Die Quellreife der Weichgerste kann entweder aus der Wasseraufnahme berechnet oder durch direkte Bestimmung des Wassergehaltes der geweichten Gerste ermittelt werden.

a) Wasseraufnahme.

Darunter versteht man die Zahl, welche angibt, wieviel Gramm Wasser 100 g lufttrockener Gerste durch den Weichprozeß aufgenommen haben. Sie schwankt etwa zwischen 50 und 60% und läßt sich auf verschiedene Weise feststellen:

---

[1]) Wochenschrift für Brauerei 1930 Nr. 35 und 36.

α) Aus dem Gesamtgewicht der geweichten Gerste.

Beispiel:

Gewicht der Gerste nach dem Weichen . .	1240 g
Gewicht der Gerste vor dem Weichen . . .	783 g
Gewichtszunahme.	457 g.

Also haben 783 g Gerste 457 g Wasser aufgenommen und

$$100\,\text{g Gerste}\ \frac{457 \times 100}{783}\ (\text{R-St}) = 58{,}4\,\text{g}.$$

Die Wasseraufnahme beträgt demnach 58,4%.

β) Mit dem Bernreuther-Apparat.

Die Bestimmung mit diesem Apparat (Abb. 36), der auch im Betrieb anwendbar ist, geschieht wie folgt: Nachdem das Laufgewicht oben am Apparat auf 0 gestellt, wird mit Hilfe der Stellschraube der Zeiger auf 0 der Skala eingerichtet. Hierauf verschiebt

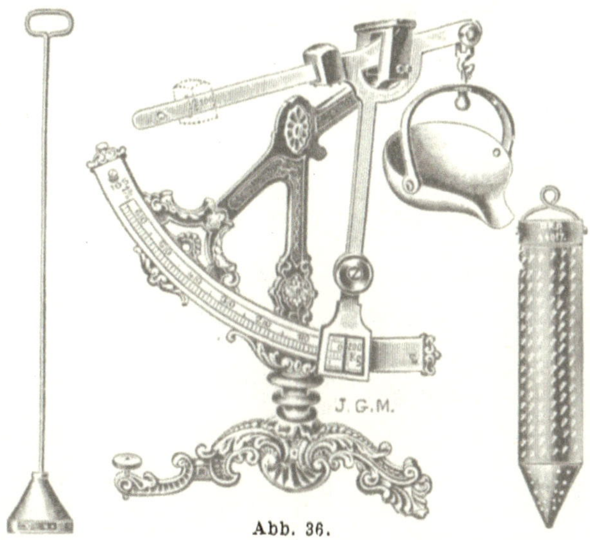

Abb. 36.

man das Laufgewicht auf die Zahl 200 und gibt nun so viel von der gereinigten Gerste in die Schale, bis der Zeiger wieder auf 0 steht. Alsdann schüttet man die Gerste in den durchlöcherten Weichzylinder, welcher dasselbe Gewicht wie die Schale hat, verschließt ihn mit dem gestielten Deckel und steckt ihn gleichzeitig mit der Hauptmenge der Gerste in das Weichgefäß.

Zur Kontrolle der Wasseraufnahme nimmt man den Zylinder aus dem Weichwasser, läßt ihn einige Zeit abtropfen, trocknet von außen mit einem Tuche ab und hängt denselben nach Entfernung des Deckels an Stelle der Schale an die Waage. An der Skala kann man nun die Wasseraufnahme in Prozenten direkt ablesen.

Im übrigen kann man zur Kontrolle der Wasseraufnahme ein durchlöchertes, verschließbares Gefäß benützen (Abb. 37), am besten aus verzinntem Kupfer, dessen Tara auf der Tarierwaage vorher festgestellt wurde.

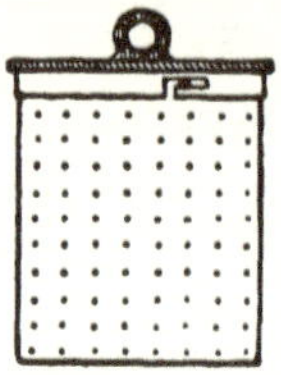

Abb. 37.

Das etwa bis zur Hälfte mit 100 g Gerste gefüllte Gefäß wird mit dem Deckel verschlossen und in das Weichgut hineingestellt. Die Gewichtszunahme der gut abgetropften Gerste ergibt ohne weiteres die Wasseraufnahme.

Beispiel:

Gewicht des Kontrollgefäßes mit der Gerste	195,2 g
» » » ohne Gerste	95,2 g
» der angewandten Gerste	100,0 g
Gewicht des Kontrollgefäßes mit der Gerste nach dem Weichen	249,6 g
Gewicht des Kontrollgefäßes mit der Gerste vor dem Weichen	195,2 g
Gewichtszunahme	54,4 g

Folglich beträgt die Wasseraufnahme **54,4%**.

γ) Aus dem Korngewicht vor und nach der Weiche.

Von der geweichten Gerste wägt man 100 g ab und zählt die Körner. Beim Laboratoriumsversuch gibt man darauf die Probe wieder in das Weichgefäß zurück.

Beispiel: 100 g geweichter Gerste enthielten 1300 Körner.

Korngewicht der geweichten Gerste ist demnach $\frac{100}{1{,}3} = \mathbf{76{,}9}$.

Betrug nun das Korngewicht vor dem Weichen 48,4, so ist die Wasseraufnahme $\frac{(76{,}9 - 48{,}4) \times 100}{48{,}4}$ (R-St) $= 58{,}9\%$.

δ) Aus dem Wassergehalt.

Zur Bestimmung des Wassergehaltes nach dem Weichprozeß kann man die Probe aus dem Bernreuther-Apparat benutzen, die zunächst vorgetrocknet wird, wie auf S. 28 angegeben. Bezeichnet:

a den Wassergehalt der Gerste nach dem Weichen,
b » » » » vor » »

so ist Wasseraufnahme $= \frac{(a - b) \times 100}{100 - a}$.

Beispiel: Wassergehalt vor dem Weichen 12%,
» nach » » 44,8%.

Wasseraufnahme $= \frac{(44{,}8 - 12) \times 100}{100 - 44{,}8}$ (R-St) $= 59{,}4\%$.

b) Quellreife oder Weichgrad der Gerste.

Unter dieser Bezeichnung versteht man den Wassergehalt der geweichten Gerste in Prozenten. Dieser kann auch berechnet werden aus der Wasseraufnahme.

Hatten z. B. 100 g Gerste vor dem Weichen 14,1 g Wasser und nehmen in der Weiche noch 54,7 g auf, so entsprechen 100 g ungeweichter Gerste 154,7 geweichter Gerste und auf letztere treffen 14,1 + 54,7 = 68,8 g Wasser.

Die Berechnung geschieht demnach wie folgt:

154,7 g geweichte Gerste . . . . 68,8 Wasser
100 g » » . . . . x g »

$$x = \frac{68,8 \times 100}{154,7} \text{ (R-St)} = 44,5 \text{ g.}$$

Quellreife oder Weichgrad = **44,5%**.

2. Keimprozeß.

Hat die Gerste die genügende Quellreife (43—47% Wassergehalt), so bringt man sie in einen Keimapparat, z. B. in die Grubersche Keimtrommel (Abb. 38), welche dann am besten in einen Raum gestellt wird, dessen Temperatur etwa zwischen 12—15° liegt.

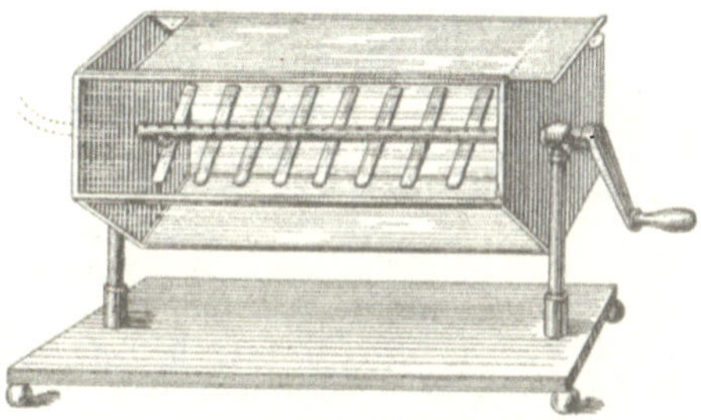

Abb. 38.

Durch Drehung der Kurbel wird morgens und abends gewendet; an den zwei letzten Tagen nur einmal. Am dritten, vierten und fünften Tag wird gelüftet, indem man die Achse, die eine Anzahl Löcher enthält, mit einem Saugapparat verbindet und frische Luft hineinströmen läßt. Nach 7—9 Tagen wird das Grünmalz in der Regel die richtige Auflösung haben.

Zur Beurteilung derselben kann man sich mit der Beobachtung der Blatt- und Wurzelkeimentwicklung begnügen.

Nun stellt man das Gewicht des Grünmalzes fest und bringt es entweder direkt auf die Horde einer Laboratoriumsdarre oder läßt es etwa 24 Stunden auf einem Brett in dünner Schicht in einem gut gelüfteten Raume unter zeitweisem Wenden zum Abschwelken liegen.

Erscheint es von Interesse, auch den Verlust durch den Atmungsprozeß zu ermitteln, so muß man den Wassergehalt des Grünmalzes mit den Keimen bestimmen. Dies geschieht genau wie bei der geweichten Gerste durch Trocknen bei 104—105°. Für die weggenommene Probe sind aber die später ermittelten Gesamtgewichte entsprechend zu erhöhen.

3. Darrprozeß.

Zum Darren des Grünmalzes benützt man mit Vorteil die nach Angaben von Professor Vogel von der Firma Steinecker-Freising konstruierte Laboratoriumsdarre (Abb. 39).

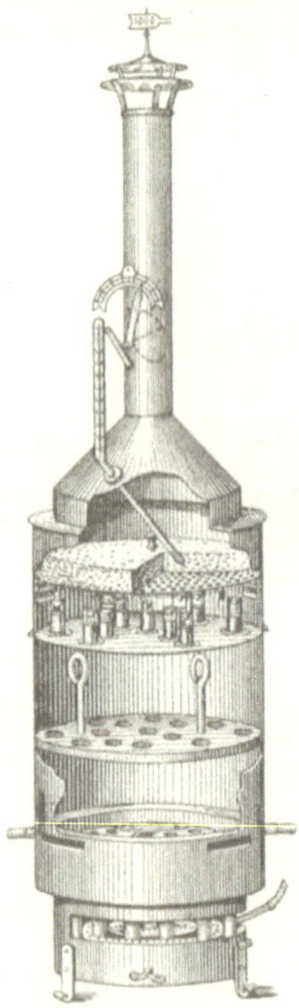

Abb. 39.

Dieselbe besteht aus:

a) einem Dunstkamin mit Klappe, Haube und Thermometer,
b) einer Horde, auf welche das Malz geschichtet wird,
c) einer Metallplatte zur gleichmäßigen Verteilung der Wärme,
d) zwei Metallschiebern zur Regelung der Luftzirkulation,
e) einem spiralförmigen Gasleitungsrohr.

Will man ein typisches Malz erzeugen, z. B. ein Münchner Malz, so wird das Grünmalz auf der Darre ungefähr wie folgt behandelt:

Es wird 10—12 Stunden bei etwa 30—40° (im Malz gemessen) bei geringer Luftzirkulation gehalten, wobei alle 2 Stunden mit der Hand gewendet wird. Am nächsten Tage wird die Temperatur bei halbgeschlossenen Zügen allmählich in der Zeit von ca. 6 Stunden auf 90—95° gebracht und 2 Stunden auf dieser Höhe erhalten. Dabei wird das Malz alle halbe Stunden gewendet.

Nun nimmt man es von der Darre, reibt in noch heißem Zustand die Keime sorgfältig ab und siebt sie durch. Die abgetrennten Malzkeime sowie die durch die Darrhorde durchgefallenen Keime werden nach gründlichem Durchmischen in ein verschließbares Gefäß gebracht. Das Malz wird extra aufbewahrt. Nach einiger Lagerung (1—2 Tage) wird das Gewicht des Malzes und der Keime festgestellt, der Wassergehalt auf übliche Weise (s. unter B, 1) bestimmt und hierauf der Mälzungsschwand berechnet. Das Malz wird außerdem einer Analyse unterworfen.

4. Mälzungsschwand.

Die in Prozenten angegebenen Verluste, welche bei Überführung der Gerste in Malz entstehen, bezeichnet man als Mälzungsschwand.

Wurden beispielsweise aus 100 kg lufttrockener Gerste 79,6 kg lufttrockenes Malz gewonnen, so beträgt der Mälzungsschwand 100 — 79,6 = **20,4%**.

Da aber die Höhe des Mälzungsschwandes sehr vom Wassergehalt der angewandten Gerste und dem des fertigen Malzes abhängig ist und daher die obige Berechnung kein sicheres Urteil über den wirklichen Schwand liefert, so erscheint es notwendig, bei Beurteilung des Mälzungsprozesses den Verlust an Trockensubstanz, den sog. Trockenschwand, eigens festzustellen.

Derselbe setzt sich aus verschiedenen Faktoren zusammen, und zwar:

Verlust durch die Weiche,
» » » Atmung,
» » » Keime,
» » das Darren.

Nachstehend ein Beispiel der Berechnung des Schwandes bei einer Probemälzung im Laboratorium. Die Berechnungen beziehen sich auf 100 g lufttrockener Gerste.

Beispiel:

Angewandte Gerste . .	(lufttrocken)	783 g	mit	12% Wasser
Korngewicht derselben .	»	48,4		
Gewonnenes Malz . . .	»	612,3 g	»	2,1% »
Korngewicht desselben .	»	37,8		
Gewonnene Keime . .	»	38,5 g	»	2,2% »
Weichgerste.	»	1240 g	»	44,8% »
Korngewicht derselben .	»	76,9		
Grünmalz mit Keimen .	»	1192 g	»	45,8% »
Korngewicht desselben .	»	74,13		

Umgerechnet auf Trockensubstanz:

Gerste	(100 — 12) × 7,83	= 689,0 g
Korngewicht derselben . . .	(100 — 12) × 0,484	= 42,6
Malz	(100 — 2,1) × 6,123	= 599,5 g
Korngewicht desselben . . .	(100 — 2,1) × 0,378	= 37,0
Keime	(100 — 2,2) × 0,385	= 37,65 g
Weichgerste.	(100 — 44,8) × 12,4	= 684,4 g
Korngewicht derselben . . .	(100 — 44,8) × 0,769	= 42,45
Grünmalz mit Keimen . .	(100 — 45,8) × 11,92	= 646,0 g
Korngewicht desselben . . .	(100 — 45,8) × 0,7413	= 40,18

Einzelverluste, berechnet auf 100 g lufttrockene Gerste.

a) Verlust durch den Weichprozeß:

α) Aus dem Gesamtgewicht: $\frac{689 - 684,4}{7,83}$ (R-St) = **0,59%**.

β) aus dem Korngewicht: $\frac{42,6 - 42,45}{0,484}$ (R-St) = 0,31%.

b) Verlust durch die Atmung:

α) Aus dem Gesamtgewicht: $\frac{684,4 - 646}{7,83}$ (R-St) = **4,9%**.

β) aus dem Korngewicht: $\frac{42,45 - 40,18}{0,484}$ (R-St) = 4,7%.

c) Verlust durch die Keime:

37,65 : 7,83 (R-St) = **4,81%**.

d) Verlust durch das Darren:

Trockensubstanz des Grünmalzes 646 g — (Trockensubstanz des Malzes 599,5 g + Trockensubstanz der Keime 37,65 g) = 8,85 g.

8,85 : 7,83 (R-St) = **1,13%**.

e) Verlust an Wasser:

α) Aus dem Gesamtgewicht:

Gesamtwassergewicht der Gerste	783 g — 689,0 g	=	94,0 g
» des Malzes	612,3 g — 599,5 g	=	12,8 g
	Wasserverlust	=	81,2 g

demnach 81,2 : 7,83 (R-St) = **10,37%**.

β) Aus dem Korngewicht:

Wasser in 1000 Gerstenkörnern	48,4 — 42,6	=	5,8 g
» in 1000 Malzkörnern	37,8 — 37,0	=	0,8 g
	Wasserverlust	=	5,0 g

demnach 5,0 : 0,484 (R-St) = 10,33%.

Summa der Verluste:

An Trockensubstanz:

1. durch die Weiche	=	0,59%
2. » » Atmung	=	4,90%
3. » » Keime	=	4,81%
4. » das Darren	=	1,13%
Summa		**11,43%**
An Wasser		10,37%
Gesamtverlust		**21,80%**

Gesamtverlust.

a) Aus dem Gesamtgewicht:

612,3 g : 7,83 (R-St) = 78,2% fertiges Darrmalz aus 100 g Gerste,

100 — 78,2 = **21,8%** Gesamtverlust.

b) Aus dem Korngewicht:

48,4 — 37,8 = 10,6 g Verlust von 48,4 g Gerste,

$\frac{10{,}06 \times 100}{48{,}4}$ (R-St) = 21,9% Gesamtverlust.

Nach Wiegmann[1]) kann man auch den Gesamtverlust einfach berechnen, indem man 50 g Gerste sowie 50 g Malz abwägt und jedesmal die Anzahl der Körner feststellt. Wären etwa gefunden bei Gerste 980, bei Malz 1348 Körner, so ist der Gesamtschwand

$$\frac{100\,(1348 - 980)}{1348} \text{ (R-St)} = 27{,}3\%.$$

[1]) Allgemeine Brauer- und Hopfenzeitung 1918, Nr. 282, 283 und 290.

Abgesehen von der Schwimmgerste, welche in der Praxis nach dem Einweichen abgeschöpft wird (Abschöpfgerste), bewegt sich der Mälzungsschwand der lufttrockenen Gerste etwa in folgenden Grenzzahlen:

Verlust an Trockensubstanz:

durch die Weiche . . .	0,5 — 1,2%
» » Atmung . .	6 — 8 %
» » Keime . . .	3 — 5 %
» das Darren . . .	0,5 — 1,5%
Verlust an Wasser	8 — 14%

Der Gesamtverlust bewegt sich gewöhnlich zwischen 20—25%.

D. Reis und Mais.

Reis kommt in geschältem Zustande in ganzen Körnern oder als Bruchreis, Mais dagegen meistens als Maisgrieß (entölt) in der Brauerei manchmal als Malzsurrogat zur Verwendung. Die Untersuchung erstreckt sich hauptsächlich auf Wasser- und Extraktgehalt. Bei Mais ist auch der Fettgehalt zu bestimmen. Im gewöhnlichen Mais kann der Gehalt an fettem Öl 7% und noch mehr betragen, ein zu Brauzwecken verwendbarer Maisgrieß darf dagegen nicht mehr als 1, höchstens 1,5% Fett in der Trockensubstanz enthalten. Guter Braureis enthält in der Regel noch weniger als 1% Fett. Der Wassergehalt soll bei Mais nicht über 13% betragen, bei Reis geht er bis 15—16% und höher. An Extrakt fand Wiegmann nach seiner unten beschriebenen Methode bei Reis 91—97, bei Mais 81—90% in der Trockensubstanz. Der Eiweißgehalt soll bei gutem Braumais nicht über 7—8%, bei Reis nicht über 6% in der Trockensubstanz hinausgehen. Der Gehalt an Mineralstoffen liegt bei Mais und Reis meist unter 0,5%.

Wasser, Fett, Eiweiß und Asche werden bestimmt wie bei der Gerste.

Zur Bestimmung des Extraktgehaltes kann man zunächst die oben bei Gerste beschriebenen Methoden anwenden. Besser eignen sich die beiden nachstehenden Methoden. Bei beiden kann man jedoch statt des Malzauszuges auch Diastaselösung nehmen (s. S. 44).

Extraktbestimmung.

1. Methode Wiegmann[1]). 25 g feingemahlener Reis oder Mais werden mit ca. 200 cm³ Wasser und genau 25 cm³ Malzauszug (s. S. 43) von ca. 4% Extrakt unter ständigem Umrühren in einem Maischbrecher langsam zum Kochen erhitzt und ½ Stunde gekocht. Sodann wird auf 45° abgekühlt, weitere 100 cm³ desselben Malzauszuges zugegeben und weiter gemaischt wie bei der Malzuntersuchung (s. unter Malz). Die Berechnung erfolgt wie bei Methode Pawlowski (S. 43).

[1]) Zeitschrift für das gesamte Brauwesen 1921, Nr. 6.

Beispiel: Angewandt: 25 g Reis mit 14% Wassergehalt, 125 cm³ Malzauszug vom spez. Gewicht 1,01650 — 4,271 Vol.-% entsprechen nach dem Maischen (4,271 — 0,09) × 1,25 = 5,226 g Gesamtextrakt.

Das Abmaischquantum betrug 450 g.

Spez. Gewicht der gewonnenen Würze 1,02210 — 5,602 Gew.-%.

1. $25 - \frac{14}{4} + 4{,}271 \times 1{,}25 = 26{,}84$ g = Gesamttrockensubstanz der Abmaischung,
2. $450 - 26{,}84 - 423{,}16$ g = Gesamtwasser der Abmaischung,
3. $\frac{5{,}602 \times 423{,}16}{100 - 5{,}602} = 25{,}11$ g = Gesamtextrakt der Abmaischung,
4. $25{,}11 - 5{,}226 = 19{,}884$ g Extrakt in 25 g Reis,
5. $19{,}884 \times 4 = 79{,}536$ g Extrakt in 100 g Reis,
6. $\frac{79{,}536 \times 100}{100 - 14} = 92{,}49$ g Extrakt in 100 g Reis-Trockensubstanz.

2. Methode Dietsche-Caspary[1]). Bei dieser Methode wird die Rohfruchtmaische durch Erhitzen unter Druck aufgeschlossen, sie empfiehlt sich daher hauptsächlich in den Fällen, wo auch im Betrieb mit Druck gearbeitet wird. Zunächst bereitet man sich einen Malzauszug, wie S. 45 unter Methode Seibriger angegeben ist. Hierauf werden 25 g feingemahlener Reis oder Mais mit 100 cm³ Wasser und 50 cm³ Malzauszug in einem Maischbecher eingemaischt und 12 Stunden digeriert. Am anderen Morgen wird das Ganze im Maischbad (s. unter Malz) auf 75° gebracht und ¾ Stunden verzuckert. Hierauf wird die Maische eine Stunde bei 110° = 0,5 atü (in einem Autoklaven) aufgeschlossen, dann auf 50° abgekühlt und weitere 50 cm³ Malzauszug zugegeben. Die Maische kommt hierauf von neuem ins Maischbad und bleibt darin ¾ Stunden bei 60° und hierauf ebensolange bei 75°. Nach dem Abkühlen wird die Maische mit Wasser auf 225 g aufgefüllt, filtriert und im Filtrat das spez. Gewicht mit dem Pyknometer bestimmt. Neben der Reismaische werden in einem zweiten Becher 100 cm³ des Malzauszuges gemaischt, unter Druck erhitzt und wieder gemaischt wie die Reismaische; nach dem Abkühlen wird auf das ursprüngliche Gewicht aufgefüllt und das spez. Gewicht mit dem Pyknometer bestimmt.

Beispiel: Angewandt: 25 g Mais mit 12,4% Wassergehalt, 100 cm³ Malzauszug vom spez. Gewicht 1,01615 — 4,180 Vol.-% enthalten 4,18 g Extrakt.

Gewicht der Abmaischung = 225 g.

Spez. Gewicht der gewonnenen Würze 1,0407 — 10,156 Gew.-%.

1. $25 - \frac{12{,}4}{4} + 4{,}18 = 26{,}08$ g = Gesamttrockensubstanz der Abmaischung,
2. $225 - 26{,}08 = 198{,}92$ g = Gesamtwassergehalt der Abmaisch.,
3. $\frac{10{,}156 \times 198{,}92}{100 - 10{,}156} = 22{,}49$ g = Gesamtextrakt der Abmaischung,

[1]) Wochenschrift für Brauerei 1921, Nr. 17 u. 18.

4. 22,49 — 4,18 = 18,31 g Extrakt in 25 g Mais,
5. 18,31 × 4 = 73,24 g Extrakt in 100 g Mais,
6. $\frac{73,24 \times 100}{100 - 12,4}$ = 83,61 g Extrakt in 100 g Maistrockensubstanz.

III. Malz und Würze.

Bezüglich der Malzuntersuchung wurden auf dem Kongreß der Vertreter für angewandte Chemie in Bonn im Jahre 1914 genaue Vorschriften vereinbart. Nachstehend sind dieselben wörtlich angeführt mit Berücksichtigung der später (Salzburg 1919, Pilsen 1930, München 1932 und München 1935) durch die Malzanalysen-Kommission des Vereins Deutscher Chemiker vereinbarten Abänderungen.

Vereinbarungen über die Ausführung der Malzanalyse[1]).

(Die genauen Anleitungen folgen unten anschließend an die Vereinbarungen S. 93.)

A. Vorschriften für die Probeentnahme von Malz im Betrieb.

Die zur Untersuchung bestimmten Malzproben müssen dem wirklichen Durchschnitt entsprechen.

Die Probeentnahme hat durch Probestecher oder mit Hilfe eines zuverlässigen automatischen Probenehmers zu erfolgen.

Zur Probeentnahme vom Haufen, aus Silos und aus Säcken, bei der es darauf ankommt, aus verschiedenen Tiefen Teilproben zu erhalten, ist der Barth-Eckhardtsche Probestecher mit verschließbaren Kammern sehr geeignet.

Auf Haufen liegendes Malz ist gründlich um- und überzuschaufeln. Die Probe ist an verschiedenen Teilen des Haufens mittels Probestecher zu entnehmen.

Befindet sich das Malz in Säcken, so sind die Stichproben aus 10% der Säcke zu entnehmen. Bei Waggonlieferungen sind die Probesäcke an verschiedenen Stellen des Waggons auszuwählen.

Zur automatischen Probenahme haben sich die automatischen Probenehmer von Gräfe-Pfungstadt und Wlokka bewährt.

Die durch Proebestecher oder automatisch entnommenen Proben sind sofort in einem entsprechend großen trockenen Gefäß gründlich durchzumischen. Von diesem Durchschnitt ist das erforderliche Quantum in eine saubere und trockene Glasflasche mit eingeschliffenem Stöpsel (Pulverglas) zu füllen. An Stelle einer solchen Glasflasche können auch andere Gefäße zur Verpackung bzw. Aufbewahrung Verwendung finden, soweit sie Gewähr dafür bieten, daß eine Veränderung des Malzes, besonders des Wassergehaltes, ausgeschlossen ist. So sind verwendbar Bierflaschen mit Patent- oder Korkverschluß, Konservengläser oder auch gut schließende Muster-

[1]) Die Fußnoten sind entnommen den Erläuterungen zu den Salzburger Vereinbarungen von O. Meindl.

blechdosen, deren Deckelverschluß am besten noch mit Isolierband dicht verklebt wird. Steinkrüge, Kartons, Säcke oder Holzschachteln sind nicht zu verwenden.

Die Menge des zur Analyse einzusendenden Malzes muß mindestens 400 g betragen.

Die Restprobe ist zwei Monate aufzubewahren und vor Wasseranziehung sicher zu schützen. Bei etwaigen Differenzen wird die Restprobe geteilt:

a) zur eigenen Kontrolle,

b) zur Absendung an eine von beiden Parteien zu vereinbarende Versuchsstation zum Obergutachten, sofern der Auftraggeber einen solchen Antrag stellt.

B. Analyse.

Die Analyse ist nach folgenden Vorschriften auszuführen:

1. Probenahme zur Analyse.

Die zur Ausführung der Analyse erforderlichen Malzmengen sind vom Analytiker aus der mindestens 400 g betragenden Probe, nachdem sie Zimmertemperatur angenommen hat und gut durchgemischt worden ist, zu entnehmen[1]).

Grobe Fremdkörper (Steine, Holzstückchen, Bindfadenreste usw.) sind aus dem Analysenmaterial zu entfernen. Nur bei stärkerem Vorhandensein solcher Verunreinigungen ist eine nicht zahlenmäßige Angabe im Analysenbefund zu machen.

Eine Entfernung kleinerer Unkrautsamen oder eine Entstaubung der Probe darf nicht vorgenommen werden.

2. Feststellung des Feinheitsgrades des zerkleinerten Malzes.

Zur Feststellung des Feinheitsgrades vom Grob- und Feinschrot der Laboratoriumsmühlen sowie vom Betriebsschrot wird ein im Auftrag der Analysenkommission von F. M. Wieninger vorgeschlagener und ausprobierter Siebsatz[2]), der unten noch näher beschrieben wird, verwendet. Die neuen Siebrahmen haben den gleichen Durchmesser wie der alte Pfungstädter Plansichter[3]) so daß die neuen Siebrahmen ohne weiteres in den Gußrahmen der Schüttelmaschine des Pfungstädter Plansichters passen. Die Siebrahmen und die Schüttelmaschine können durch die wissenschaftliche Station für Brauerei in München bezogen werden.

---

[1]) Beim Mischen der kalten Probe im offenen Gefäß ist ein Beschlagen des Malzes durch den Wasserdampf in der warmen Zimmerluft zu befürchten. Nach Wlokka braucht eine auf 0,5° abgekühlte Malzprobe etwa 1¼ Stunde, um Zimmertemperatur anzunehmen.

Das Durchmischen der Probe wird am zweckmäßigsten in der Weise vorgenommen, daß die ganze Malzmenge in ein geräumiges, trockenes, gut verschließbares Pulverglas gebracht und darin durch eine drehende und gleichzeitig Auf- und Niederbewegung des Pulverglases gemischt wird.

[2]) Wochenschrift für Brauerei 1935, Nr. 47.

[3]) Zeitschrift für das gesamte Brauwesen 1937, S. 123.

Vom Grob- und Feinschrot sind 100 g, vom Betriebsschrot sind ca. 100—200 g auszusieben und auf 100 Teile umzurechnen. Der Unterschied bei 2 Parallelsichtungen soll $\pm 1\%$ nicht überschreiten.

Die Schütteldauer beträgt 5 Minuten bei 300 Umdrehungen in der Minute (zulässige Schwankungen ± 10 Umdrehungen). Auf die unteren 3 feinsten Siebe kommen je 2 Gummikugeln von 2 cm Durchmesser und 2 Gummiwürfel von 1,5 cm Seitenlänge. Nach Beendigung der Sichtung klopft man mit beiden Händen 2mal auf die Außenseite der Siebtrommel, dreht die Siebtrommel um 90°, d. h. ¼-Umdrehung im Sinne der Bewegung der Siebtrommel und klopft noch zweimal auf die Siebtrommel. Hierauf schüttelt man das losgemachte Mehl 30 Sekunden lang mit der Hand ebenfalls im Sinne der Bewegung im Plansichter aus den einzelnen Schrotanteilen heraus.

Beim Arbeiten mit dem Plansichter ist das Auspinseln und das Abwägen der Sortieranteile mit Sorgfalt und tunlichster Beschleunigung auszuführen, ohne daß dabei nennenswerte Verstaubungen eintreten.

Beim neuen Plansichter wurden, soweit es ging, Dingewebe wegen ihrer präzisen Ausführung und Gleichmäßigkeit verwendet. Diese Gewebe haben annähernd die gleichen lichten Maschenweiten wie die bisher im Betriebe wie im Laboratorium verwendeten Canevas-Bühler- und teilweise auch Pfungstädter-Siebe. Da es für die beiden gröbsten Siebe (Sieb 1 und 2) keine passenden Dingewebe gibt, so haben wir hierfür das Canevasgewebe, wie es auch bei den Betriebsmühlen Verwendung findet, beibehalten und mit Recht, da diese beiden Siebe nur für die Betriebsschrotsortierung dienen.

Für die Untersuchung des Schrotes für die Laboratoriumsmühlen ist das Dingewebe Nr. 11 als Mehlsieb wichtig. Zur besseren Verteilung des Schrotes wird auch in diesem Falle der ganze Siebsatz verwendet. Zur Bestimmung des Mehlgehaltes werden die Schrotanteile, welche auf den Sieben 1, 2, 3 und 4 liegen, addiert

	Lichte Maschenweite in mm	Drahtstärke in mm	Auf den Sieben liegende Anteile	
1 verzinntes Canevasgewebe Nr. 10	2,33	0,37	Hülsen	
2 verzinntes Canevasgewebe Nr. 16	1,41	0,28	Grobgrieß I	
3 Dingewebe Nr. 6 Bronzegewebe	1,02	0,65	Grobgrieß II	
4 Dingewebe Nr. 11 Bronzegewebe	0,54	0,37	Feingrieß I + II	
5 Dingewebe Nr. 40 Bronzegewebe	0,154	0,10	gröberes Mehl	Gesamtmehl
6 Siebboden			Pudermehl	

und auf 100 Teile umgerechnet und vom Gesamtgewicht des Laboratoriumsschrotes auf 100 Teile berechnet, abgezogen.

3. Zerkleinerung des Malzes.

Zur Herstellung des Schrotes für die Extraktbestimmung dient eine Walzenschrotmühle von Seck, Dresden, zur Herstellung des Mehles für die Extraktbestimmung eine Feinmühle derselben Firma[1]).

Zur Prüfung und Einstellung der Mühlen mittels des Plansichters ist ein gut gelöstes Malz (Farbe 0,2—0,26 Brand) von 4% Wassergehalt (zulässige Schwankung ± 0,2%), dessen Extraktgehalt im Schrot mindestens 0,6%, höchstens 1% weniger beträgt als im Mehl, zu verwenden.

Die Schrotmühle ist so einzustellen, daß beim Aussieben dieses zerkleinerten Malzes die drei untersten Siebteile zusammen 40% betragen (zulässige Schwankung ± 1%). Es entspricht dies etwa 1 mm Walzenabstand bei der Seckschen Schrotmühle.

Die Feinmühle ist so einzustellen, daß das oben charakterisierte zerkleinerte Malz als Summe der drei untersten Siebanteile des Plansichters 90% ergibt (zulässige Schwankung ± 1%).

4. Wasserbestimmung.

Der Wassergehalt eines Malzes wird stets im Mehl bestimmt, gleichgültig, ob nur eine Wasserbestimmung, eine »Handels-Analyse«, eine »Schrot-Analyse« oder eine »ganze Analyse« (in Schrot und Mehl) ausgeführt wird.

Wird neben der Wasserbestimmung auch eine Extraktbestimmung im Mehl ausgeführt, so wird die für beide Untersuchungen nötige Malzmenge (etwa 55 g) auf einmal vermahlen. Es ist dabei zu beachten, daß die Mühle nicht warm läuft.

Die Trocknung soll in einem, wie unter 5 angegebenen, genau geprüften Trockenschrank bei einer Trockendauer von drei Stunden vom Einsetzen in den vorher über 100° C erwärmten Trockenschrank an gerechnet, ausgeführt werden.

---

[1]) Die vorhandenen Schrotmühlen befriedigen bei gleicher Einstellung (Stellung 25) hinsichtlich der Gleichmäßigkeit des Mahlproduktes nicht, weshalb jede Mühle durch die Schrotsortierung auf die richtige Einstellung hin zu prüfen ist.

Auch die Feinmühle von Seck bedarf, da sie im Gebrauch an Schärfe verliert, einer zeitweiligen Kontrolle durch Feststellung des Feinheitsgrades des Mehles durch den Siebversuch.

Die hier und da gebräuchlichen Ausdrücke: Grobschrot, Feinschrot, Feinmehl usw. können leicht irreführend werden. Zur Handelsanalyse dient ein Mehl von genau festgelegtem Feinheitsgrad. Daneben kann auf Wunsch der Praxis noch ein Schrot in der Zerkleinerung, wie sie in den meisten Brauereien angewandt wird, zur Analyse kommen, das ebenfalls durch den Feinheitsgrad der Anteile charakterisiert ist. Die Vereinbarungen sprechen daher nur von »Schrot« und »Mehl«, von »Schrotanalyse« und »Mehlanalyse«.

Es ist darauf zu achten, daß sich alle Trockengläschen oder Trockenschiffchen in einer Zone gleicher Temperatur befinden[1]).

Der Wassergehalt des Malzes wird im Attest nur auf eine Dezimalstelle angegeben.

5. Trockenschrank.

Jeder Trockenschrank ist vor Inbetriebnahme und in jährlichen Wiederholungen folgendermaßen einzustellen:

a) Von vier in Wassergehalt und Mürbigkeit möglichst verschiedenen Malzen sind zweimal etwa 5 g Mehl herzustellen und schnell genau abzuwiegen.

b) Die Trockendauer soll in dem auf über 100° C vor dem Einsetzen erwärmten Trockenschrank drei Stunden betragen (vom Einsetzen an gerechnet).

c) Die Temperatur des Schrankes ist während des Trocknens auf 104—105° C einzustellen. Die Temperatur ist nur durch frei in der Luft schwebende Thermometer, deren Quecksilberkugel nicht in eine Flüssigkeit eintaucht, zu bestimmen.

d) Trockengläser sollen zylindrische Form haben und eine lichte Weite von 40 mm (Schwankungen von $\pm$ 3 mm sind zulässig) bei einer Höhe von 25—30 mm aufweisen.

Um festzustellen, ob die Trocknung nach drei Stunden beendet ist, sind die von den in a) bezeichneten Malzen ausgeführten Doppelbestimmungen sofort nach der Wägung nochmals eine Stunde bei 104—105° zu trocknen. Die nach drei- und vierstündiger Trockendauer erhaltenen Mittelwerte dürfen nach vier Stunden Trockendauer keine stärkere Zunahme des Wassergehaltes als 0,1% aufweisen. Selbstverständlich müssen die von einem Malz ausgeführten Doppelbestimmungen auch innerhalb 0,1% übereinstimmen. — Ist die Differenz nach drei- bis vierstündiger Trocknung größer als 0,1%, so ist der Trockenschrank unter jedesmaliger Wiederholung des Versuches auf eine um je 1° C höhere Temperatur einzustellen. Auf jeden Fall ist aber das Überschreiten einer Temperatur von 108° C unzulässig.

Folgende Trockenschranksysteme sind zulässig: Scholvien, Ulsch, V. L. B.; andere Systeme sollen nicht verwandt werden; neue Systeme müssen durch die Analysenkommission geprüft werden.

6. Extraktbestimmung.

a) Apparatur (Maischbad).

Das Maischen hat unter Verwendung von mechanischen Propellerrührwerken zu erfolgen. Die Rührer müssen so konstruiert

[1]) Eine Überprüfung der drei zulässigen Trockenschranksysteme hat ergeben, daß bei allen Systemen an verschiedenen Stellen Temperaturunterschiede auftreten, weshalb jeder einzelne Trockenschrank stets mit mehreren übereinstimmenden Thermometern daraufhin nachzuprüfen ist, ob in den jeweils örtlich gleichen Zonen auch gleiche Temperatur herrscht.

sein, daß für jeden einzelnen Rührer die gleiche Tourenzahl gewährleistet wird, und daß einerseits ein Anschlagen derselben an den Seitenwänden und ein Schleifen auf dem Becherboden (Nachzerkleinerung), andererseits eine Klumpenbildung auf dem Becherboden ausgeschlossen sind. Die Unterkante des Propellerflügels muß, um obige Bedingungen zu erfüllen, 1—2 mm über dem Becherboden laufen. Der Propeller muß fast die gesamte Fläche des Becherbodens bestreichen.

Die Becher und Rührer sollen aus dem gleichen Metall bestehen. Sie dürfen nicht vernickelt sein. Die Umdrehungszahl der Propeller muß 80—100 Touren in der Minute betragen.

Das Wasser des Maischebades ist während des Maischens durch einen mechanischen Rührer dauernd in Bewegung zu halten.

b) Maischen.

α) Die Handelsanalyse ist in zu Mehl (s. unter 3) zerkleinertem Malz auszuführen.

Die Ausführung der Extraktbestimmung hat folgendermaßen zu geschehen:

Von der in einem Pulverglas gut gemischten Malzprobe werden zweimal etwa 55 g entnommen, auf der Feinmühle in den untergestellten Analysenbecher durchgemahlen, die Mühle ausgepinselt, der Becherinhalt vorsichtig mit einem Löffel gemischt und nach Entnahme der für die Wasserbestimmung nötigen Mehlmenge sofort auf genau 50 g ausgewogen.

Eingemaischt wird außerhalb des Maischbades mit je 200 cm³ destilliertem Wasser von 45—46° C. Der Becherinhalt ist mit einem Glasstab zur Vermeidung von Klumpenbildung gut durchzurühren. Der verwendete Glasstab ist mit einer kleinen Menge Wasser sauber abzuspülen.

Die Becher werden nun sofort in das rechtzeitig auf 45° C erwärmte Maischbad gebracht und das Rührwerk in Bewegung gesetzt. Bei der Temperatur von 45° C wird genau 30 Minuten lang gehalten. Dann wird die Temperatur von Minute zu Minute um je 1° gesteigert, bis 70° erreicht sind. Nach Erreichen dieser Temperatur sind 100 cm³ destilliertes Wasser von 70° C zuzufügen. Die Temperatur von 70° C wird eine Stunde gehalten, dann sofort innerhalb 10—15 Minuten auf Zimmertemperatur abgekühlt. Nachdem die Rührer abgespült und die Becher außen gut abgetrocknet sind, wird der Becherinhalt auf genau 450 g aufgewogen.

Nach dem Aufwiegen sämtlicher Becher ist jeder einzelne kräftig und lange genug mittels Glasstabes durchzurühren. Der gesamte Becherinhalt ist sofort nach beendetem Rühren auf das Filter, das den gesamten Becherinhalt aufnehmen kann, zu gießen. Es sind Faltenfilter von 32 cm Durchmesser zu verwenden, entweder:

Nr. 560 von Schleicher & Schüll, Düren,
oder Nr. 314¾ von »Delta«, Düren,

oder Nr. 616 ¼ von Macherey, Nagel & Co., Düren,
oder von Geßner & Krentzig, Niederschlag, Nieder-Lausitz.

Außerdeutschen Versuchsstationen ist es gestattet, ein den obengenannten Filtersorten gleichwertiges Filter eigenstaatlicher Erzeugung zu wählen. Das Filter darf nicht über den Trichterrand hinausragen.

Die zuerst durchgelaufenen 100 cm³ Würze sind einmal auf das Filter zurückzugeben.

30 Minuten nach Rückguß der 100 cm³ Würze wird der Filterkuchen zur Beschleunigung des Ablaufes der Würze mit einem Glasstab vorsichtig aufgelockert[1]).

Dann ist die gesamte Würze ablaufen zu lassen. Bei langsam laufenden Würzen ist die Filtration nach zwei Stunden zu unterbrechen. Der Zylinderinhalt ist vor dem sofort vorzunehmenden Füllen der Pyknometer durch einmaliges Auf- und Abschwenken zu mischen.

β) Schrotanalyse.

Die nur auf besonderen Auftrag hin auszuführende Schrotanalyse ist mit einem zu Schrot verkleinerten Malz (s. unter 3) vorzunehmen. Die Ausführung hat in allen Teilen genau so wie unter Handelsanalyse (6, b, α) beschrieben, zu erfolgen, mit dem Unterschied, daß von der gut gemischten Malzprobe zweimal 50 g abzuwägen und zu schroten sind, und daß der Becherinhalt nach dem Schroten jedesmal durch Nachwiegen auf quantitatives Arbeiten der Mühle zu kontrollieren ist. Verlustkörner dürfen nicht zugegeben werden.

c) Bestimmung der Dichte der Würze.
(Spezifisches Gewicht.)

Zur Dichtebestimmung der Malzwürze sind sehr exakt geeichte Pyknometer in folgenden Abmessungen zu verwenden:

Inhalt der Pyknometer.	etwa 50 cm³
Gesamthöhe der Pyknometer . . .	140,0 bis 160 mm
Länge des Halses	65,0 » 85 »
Lichte Weite des Halses	2,5 » 4 »

Marke 25—35 mm vom oberen Rand entfernt.

Die Dichte ist bei 20° C festzustellen. (Die bayerischen Versuchsstationen halten gemäß gemeinsamer Übereinkunft an der Bestimmung der Dichte bei 17,5° C fest.)

Die gut gereinigten Pyknometer sind vor dem Füllen zweimal mit etwa 10 cm³ Würze zu spülen.

Die gefüllten Pyknometer sind zur Einstellung in einem gut konstante Temperatur haltenden Wasserbad eine halbe Stunde bei 20 bzw. 17,5° C stehenzulassen.

[1]) Es soll damit eine Verkürzung der Läuterzeit erreicht werden, was besonders bei hellen Malzen wegen der Nachdunkelung der Würzen erwünscht ist.

Nach 25 Minuten ist der über der Marke stehende Teil der Würze bis auf etwa 1 mm über der Marke abzusaugen und nach weiteren 5 Minuten genau auf die Marke einzustellen.

Das Bad muß so eingerichtet sein, daß während des Einstellens nur der über der Marke liegende Teil des Pyknometerhalses aus dem Wasser herausragt.

Vor dem Wägen müssen die Pyknometer Wägezimmer-Temperatur angenommen haben.

d) Extraktermittlung aus der Dichte.

Die Ermittlung des Extraktes auf Grund der Dichtebestimmung hat nach der amtlichen Zuckertabelle (Platotabelle) bei 20° C zu erfolgen.

(Die bayerischen Versuchsstationen benutzen die auf der Grundlage der amtlichen Zuckertabelle errechnete Doemens-Tabelle.)

Die Dichte ist auf 5 Stellen zu errechnen und auf 0,00005 oder 0,00010 abzurunden.

Eine Umrechnung der Dichte auf den luftleeren Raum findet nicht statt. Wenn die in zwei Bechern vom gleichen Analytiker ermittelten Werte der Dichte um mehr als zwei Einheiten in der vierten Dezimale abweichen, ist die Analyse zu wiederholen.

Der Extraktgehalt eines Malzes wird im Attest nur auf 1 Dezimalstelle angegeben.

7. Verzuckerung.

Auf Eintritt der Verzuckerung wird zehn Minuten nach Erreichen der Temperatur von 70° C in der Weise geprüft, daß man einen Tropfen der aufgerührten Maische auf eine Gipslamelle bringt und dazu einen Tropfen einer $^1/_{50}$-Normal-Jodlösung (2,54 Jod + 5 g Jodkalium zu 1000 cm³ Wasser) gibt. Die Prüfung wird bis zum Eintritt der Verzuckerung, d. h. bis der Maischetropfen mit der Jodlösung auf der Gipslamelle einen rein gelben Fleck zeigt, von fünf zu fünf Minuten wiederholt.

Die Angabe der Verzuckerungszeit hat im Attest in Perioden zu erfolgen (1. Per. »unter 10 Minuten«, 2. Per. »10—15 Minuten« usw.).

Tritt nach einer Stunde die Verzuckerung nicht ein, so wird die Prüfung auf Verzuckerung wiederholt, indem in einem neuen Versuch die Temperatur auf 75° C gesteigert wird. Dieser Versuch dient einzig der Prüfung auf Verzuckerung, niemals zur Extraktbestimmung.

8. Bestimmung der Farbentiefe.

Zur Bestimmung der Farbentiefe in der Würze dient die Brandsche Farbstofflösung, die von der wissenschaftlichen Station in München auf Grund der $^1/_{10}$-Normal-Jodlösung eingestellt wird und halbjährlich (Oktober und April) neu von dort zu beziehen ist.

Die vollständige Farbskala umfaßt folgende Farbfläschchen:

0,14; 0,16; 0,18; 0,20; 0,22; 0,24; 0,26; 0,30; 0,35; 0,40; 0,45; 0,50; 0,60; 0,70; 0,80; 0,90; 1,00; 1,20; 1,40; 1,60; 2,00; 2,5; 3,0; 3,5; 4,0; 4,5; 5,0; 6,0.

Die Farbentiefe der Würze wird in folgenden Intervallen angegeben:

0,14—0,16; 0,15—0,17; 0,16—0,18; 0,17—0,19; 0,18—0,20; 0,19 bis 0,21 usw.

Wird in einer Würze genau (oder annähernd genau) die Farbe 0,16 gefunden, so gilt als Intervall 0,15—0,17; wird 0,26 gefunden, so gilt als Intervall 0,25—0,28; 0,30, so gilt 0,28—0,33; 0,35, so gilt 0,33—0,38 usw.

Eine Verdünnung dunkler Würzen zur Farbenbestimmung ist nicht statthaft, ebenso nicht eine Umrechnung der Farbentiefe auf 10- oder 12proz. Würze.

9. Mechanische Untersuchung.

Die mechanische Analyse wird nur auf besonderen Wunsch des Einsenders vorgenommen und hat im gegebenen Falle gleichfalls doppelt zu erfolgen.

a) Das Hektolitergewicht ist mit der von der deutschen Normal-Eichungskommission eingeführten Getreidewaage festzustellen, und zwar ohne Korrektur. Das mit dem Viertelliter-gerät gefundene Gewicht ist nur mit 400 zu multiplizieren. Die Füllung des Füllrohres hat direkt mit dem Schüttzylinder (Glaszylinder), ohne Verwendung eines Trichters, zu erfolgen.

b) Das Tausendkorngewicht ist mindestens mit je 500 Körnern zu ermitteln, das erhaltene Gewicht auf Malztrockensubstanz zu berechnen.

c) Die Beschaffenheit des Mehlkörpers ist durch die Schnittprobe mittels Farinatom von Pohl, Printz oder Grobecker zu prüfen, wozu wenigstens 200 Körner zu verwenden sind.

d) Die Blattkeimentwicklung wird in folgenden Intervallen angegeben: 0, bis $\frac{1}{2}$, bis $\frac{2}{3}$, bis $\frac{3}{4}$, bis 1, über 1. Dabei werden alle Körner, die keinen Blattkeim entwickelt haben, zu »Null« gezählt.
Zum Intervall »bis $\frac{1}{2}$« zählen alle Körner mit einem Blattkeim bis einschließlich halber Kornlänge.
Zum Intervall »bis $\frac{2}{3}$« zählen alle Körner, deren Blattkeim etwas länger als halbe Kornlänge bis einschließlich $\frac{2}{3}$ Kornlänge entwickelt ist, usw.

In bezug auf die »Auflösung« wird nur der Prozentgehalt an »mehligen« Körnern angegeben; in bezug auf die Farbe wird zwischen »weißen«, »schwach gebräunten« und »stark gebräunten« Körnern unterschieden und in Prozenten zum Ausdruck gebracht.

10. Analysenformular.

Als Attest für die Handelsanalyse dient folgendes Formular:

Firma..

Telephon-Nummer...................., den............ 19....

Telegramm-Adresse............................

An............................. ....

Handels-Malzanalyse nach den Vereinbarungen in Salzburg 1929.

Eingelaufen am............... Art der Verpackung......

Bezeichnung der Malzprobe...................................

Chemische Untersuchung:	**Mechanische Untersuchung:**
(90% Mehl, Pfungstädter Plansichter.)	Hektolitergew. (Reichswaage) kg 1000 Körner wiegen lufttr. ...g 1000 Körner wiegen wasserfrei g
Wassergehalt ....% Extrakt aus lufttr. Malze ...% Extrakt aus wasserfr. Malze.% Verzuckerungszeit in Minuten.. Geruch der Maische.......... Würze läuft ab .... Würze-Farbe in cm³ N/10-Jodlösung .... (nach Brand bestimmt)	**Beschaffenheit des Mehlkörpers:** Mehlige Körner ....% weiß ....% schwach gebräunt ....% stark gebräunt.............% **Allgemeine Bemerkung über Verunreinigung usw.** ....

Anmerkung: Weitere Bestimmungen, ebenso die Begutachtung des Untersuchungsergebnisses werden nur auf Wunsch des Einsenders vorgenommen.

11. Fehlergrenzen bei der Malzuntersuchung.

Die Fehlergrenze ist bei der Bestimmung des Wassergehaltes in Malz an zwei verschiedenen Stationen auf 0,3% festgelegt.

Bei der Extraktbestimmung in der Trockensubstanz (also mit Einschluß der Fehler in der Wasserbestimmung) ist die Fehlergrenze auf 0,6% festgelegt, wobei Voraussetzung ist, daß genau nach den Vorschriften gearbeitet wird, daß die Apparatur den aufgestellten Bedingungen entspricht, und daß nur exakt gearbeitete und empfindliche Tarierwaagen (unter Glaskasten) sowie ganz exakte, geprüfte Gewichtssätze benutzt werden.

Bei der Farbentiefe-Bestimmung sind bei hellen Malzen die von zwei verschiedenen Stationen ermittelten Werte, wenn sie um 0,04 cm³ N/10-Jodlösung differieren, noch als innerhalb der Fehlergrenzen liegend zu betrachten[1]).

[1]) Diese Fehlergrenze ist so zu verstehen, daß die Farbentiefe der Würze als richtig bestimmt zu betrachten ist, wenn an verschiedenen Stationen z. B.

12. Sonstiges.

Der Geruch der Maische wird immer als »normal« bezeichnet, wenn er dem Malztypus entspricht. Es entfällt somit z. B. bei Münchener Malzen die Bezeichnung »aromatisch«, weil für ein dunkles Malz der aromatische Geruch normal ist. Falls die Maische eines dunklen Malzes nicht aromatisch riecht, so wird dies im Attest durch die Bezeichnung »nicht aromatisch« zum Ausdruck gebracht. Fremde Gerüche werden so bezeichnet, wie sie gefunden erden.

Der Ablauf der Würze wird als »normal« bezeichnet, wenn er innerhalb einer Stunde erfolgt. Bei Würzen, die länger läutern, wird der Ausdruck »langsam« benützt. Andere Bezeichnungen sind zu vermeiden.

Um den Grad der Klarheit der Würzen auszudrücken, sind folgende Abstufungen zu wählen: »klar«, »schwach opalisierend«, »opalisierend« und »trüb«.

Bezeichnungen wie »blank«, »glänzend«, »schleierig« sind zu unterlassen.

Falls eine »ganze Analyse« (Schrot und Mehl) durchgeführt wird, beziehen sich die Angaben über Verzuckerung, Abläuterung und Farbentiefe stets auf die im Mehl festgestellten Daten.

Die Bestimmung der Rohmaltose hat nach der im Pawlowsky beschriebenen Methode von Kjeldahl-Bertrand (s. unten), die Bestimmung der diastatischen Kraft nach Windisch-Kolbach ebenfalls nach der Vorschrift im Pawlowsky (s. unten) zu erfolgen.

Anleitung zur Untersuchung von Malz und Würze[2]).

A. Mechanisch-physiologische Prüfung.

1. Äußere Merkmale.

a) Geruch.

Der Geruch des Malzes soll je nach seinem Charakter mehr oder weniger aromatisch sein. Er soll rein und frisch, nicht dumpfig oder schimmlig, auch nicht säuerlich, ranzig oder rauchig sein.

---

die Werte 0,16—0,18; 0,17—0,19 oder 0,18—0,20 cm^3 N/10-Jodlösung gefunden wurden.

Werden bei der Untersuchung eines Malzes in zwei Laboratorien größere Unterschiede als zulässig gefunden, so wäre zweckmäßig folgendermaßen zu verfahren: Die Analyse wird in beiden Laboratorien wiederholt und falls die Ergebnisse erneut abweichen, werden von beiden Analytikern die Restproben einer Versuchsanstalt oder einem Betriebslaboratorium zur Analyse zwecks endgültiger Entscheidung eingesandt. Über die Wahl der Versuchsanstalt ist zwischen den Analytikern eine Vereinbarung zu treffen.

[2]) Die eingeklammerten Ziffern bedeuten Hinweise auf die entsprechenden Absätze der obigen Vereinbarungen.

Malz mit hohem Wassergehalt verliert bei langer und schlechter Lagerung sein Aroma und statt dessen tritt ein muffiger oder ranziger Geruch auf.

Auch beurteile man den Geruch in einer Mischung von etwa 20 g geschrotenen Malzes mit 100 cm³ Wasser von 50⁰ oder in der Einmaischung bei der Extraktbestimmung.

b) Beißprobe.

Ein gutes Malz soll beim Zerbeißen, je nach dem Charakter, einen mehr oder weniger aromatischen, süßlichen Geschmack aufweisen, nie aber unangenehm säuerlich oder brenzlich bitter schmekken. Durch schlechte Lagerung wird das Malz des öfteren einen muffigen und säuerlichen Geschmack annehmen. Die Beißprobe gibt bei einiger Übung auch sehr guten Aufschluß über den Wassergehalt des Malzes. Feuchtes Malz mit zu hohem Wassergehalt beißt sich zäh, während frisches, gut gelöstes Malz beim Zerbeißen in Mehl zerfällt. Schlecht gelöste Körner beißen sich hart.

c) Farbe.

Die Farbe hängt vor allem von der Farbe der vermälzten Gerste ab, anderseits auch von der Abdarrtemperatur und der Darrdauer. Unreines, besonders eisenhaltiges Weichwasser liefert graufarbiges Malz. Stark schimmliges Malz weist graugrüne Stockflecken auf. Den schwarzen Malzschimmel (Mucor) sieht man am besten unter einer Lupe in der Falte auf der Bauchseite des Kornes.

Auffallend helle Farbe des Malzes läßt den Verdacht aufkommen, daß das Malz geschwefelt wurde.

d) Gestalt und Größe der Körner.

Näheres hierüber s. bei der Gerste, S. 9 unter d).

e) Grad der Verunreinigung.

Die Reinheit des Malzes wird wie bei der Gerste (S. 9 unter e) bestimmt und kann in Prozenten ausgedrückt werden.

Das Malz soll frei von halben, zerdrückten und schimmligen Körnern, Unkraut und fremden Getreidesamen (Weizen, Hafer usw.), Staub, Schmutz, Keimen usw. sein. Außerdem soll ein gutes Braumalz keine bzw. sehr wenige »Krummschnäbel« (s. »Sortenreinheit der Gerste« S. 11 unter h) aufweisen.

2. Sortierung (Gleichmäßigkeit der Körner).

Siehe unter Gerste, S. 19.

Gleichmäßigkeit der Malzkörner ist für die Sudhausausbeute von großer Bedeutung, da ungleichmäßiges Malz bei einfachen Schrotmühlen ungleichmäßiges Schrot liefert.

3. Ermittlung der Schwere des Malzes.

a) Korngewicht (9b).

Ein volles rundes Malzkorn mit verhältnismäßig geringem Korngewicht spricht für gute Auflösung; ein hohes Korngewicht eines flachen und kleinkörnigen Malzes dagegen deutet auf geringe Lösung auf der Tenne und geringe Mürbe hin.

Das Korngewicht wird auf gleiche Weise wie bei der Gerste (S. 15) bestimmt und auf Malztrockensubstanz umgerechnet.

Das Korngewicht liegt bei Braumalzen:

lufttrocken . . . . . . zwischen 28 und 38
in der Trockensubstanz » 25 » 35

und ist durchschnittlich bei dunklen Malzen niedriger als bei hellen.

b) Hektolitergewicht (9a).

Dasselbe wird genau so wie bei der Gerste (S. 16) ermittelt. Jedoch ist bei Anwendung des Reichsgetreideprobers das gefundene Gewicht von ¼ l Malz einfach mit 400 zu multiplizieren.

Beispiel: Gewicht von ¼ l Malz = 136 g.
Hektolitergewicht = 136 × 400 g = 54,4 kg.

Das Hektolitergewicht hat für die Beurteilung des Malzes nur relativen Wert. Wenn das Hektolitergewicht der Gerste, aus welchem das Malz hergestellt wurde, bekannt ist, gewinnt es an Bedeutung, denn die Differenz zwischen dem Hektolitergewicht der Gerste und dem des Malzes wird durch den Mälzungsschwand bewirkt. Dieser soll bei gut gelösten Malzen eine gewisse Höhe erreichen.

Das Hektolitergewicht des Malzes liegt zwischen 48 und 60 kg, und zwar werden Malze mit einem Hektolitergewicht

von 48—50 kg als sehr leicht,
» 50—53 » » leicht,
» 53—56 » » normal
und » 56 kg aufwärts als schwer bezeichnet.

Schwere Gersten mit hohem Hektolitergewicht liefern meist auch Malze von hohem Hektolitergewicht. Letzteres wird auch durch den Wassergehalt, den Grad des Putzens, Polierens, die Beschaffenheit der Hülse usw. beeinflußt.

c) Schwimmprobe (Sinkerprobe).

Der Umstand, daß gut gelöste Malzkörner im allgemeinen in Wasser schwimmen, während normale Gerstenkörner untersinken, rührt zum Teil davon her, daß dem Malzkorn von außen Luftbläschen anhaften, welche als Schwimmblasen wirken, aber durch starkes Aufquirlen beseitigt werden können. Nach Dr. Eckhardt, welcher über die Schwimmprobe einen sehr lehrreichen Artikel mit ausführlicher Literaturübersicht geschrieben hat[1]), erhalten die Malz-

[1]) Zeitschrift für das gesamte Brauwesen 1935, Nr. 14—16.

körner in Wasser ihre Hauptauftriebkraft hauptsächlich durch den Luftsack, der sich durch die Schrumpfung des Blattkeims beim Trocken- und Darrprozeß auf der Rückseite des Kornes bildet. Starke Blattkeimentwicklung und damit meist verbunden gute Auflösung, bedingt daher auch hohen Gehalt an Schwimmern. Entfernt man diese Innenluft etwa durch Evakuieren der Malz-Wasser-Mischung oder wird die Hülle des Luftsackes verletzt (etwa durch scharfes Polieren), so sinkt jedes Malzkorn in Wasser zu Boden.

Bei stets gleichbleibender Ausführung kann die Sinkerprobe zweifellos zum Vergleich der Auflösung verschiedener Malze gute Dienste leisten. Man verfahre etwa in folgender Weise:

100 Körner werden mit Wasser in einem geräumigen Becherglas eingequirlt und nach 3 Minuten die Sinker gezählt. Nach 10 Minuten wird wieder gezählt und aus beiden Zahlen das Mittel genommen. Gut gelöste helle Malze ergeben bei dieser Probe gewöhnlich höchstens 30—35%, dunkle Malze 25—30% Sinker. Man kann auch noch unterscheiden zwischen am Boden stehenden (spitzen glasigen) und liegenden Sinkern, sowie zwischen Körner, die sofort und solchen, die erst nach 3—10 Minuten untergehen.

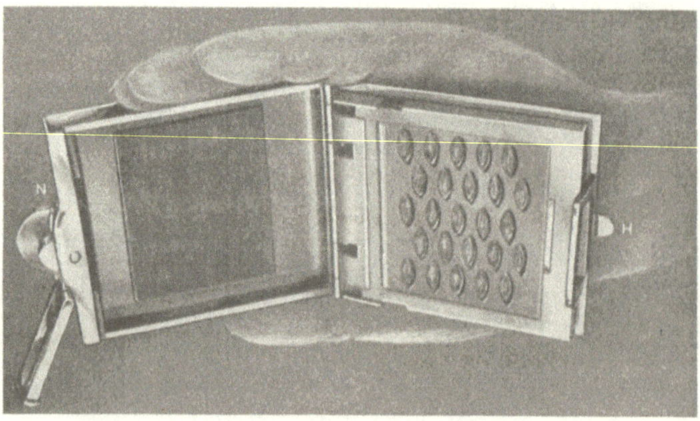

Abb. 40.

Neuerdings ist vorgeschlagen worden, statt in Wasser die Sinkerprobe in einer Benzol-Tetrachlor-Kohlenstoff-Mischung vorzunehmen[1]).

---

[1]) Ambrosius u. Schwieger, Wochenschrift für Brauerei 1932, Nr. 39. Silbereisen, Wochenschrift für Brauerei 1933, Nr. 10.

4. Beschaffenheit des Mehlkörpers.

a) Schnittprobe (9c).

Bei dieser Probe werden einige 100 Malzkörner mit einem der bekannten Farinatome (S. 21) durchschnitten und die Zahl der vorhandenen mehligen und evtl. der ganzglasigen und halbglasigen Körner in Prozenten ermittelt.

Hierauf wird an der gleichen Schnittprobe festgestellt, wieviel Prozent das Malz weiße, schwach gebräunte und stark gebräunte Körner aufweist.

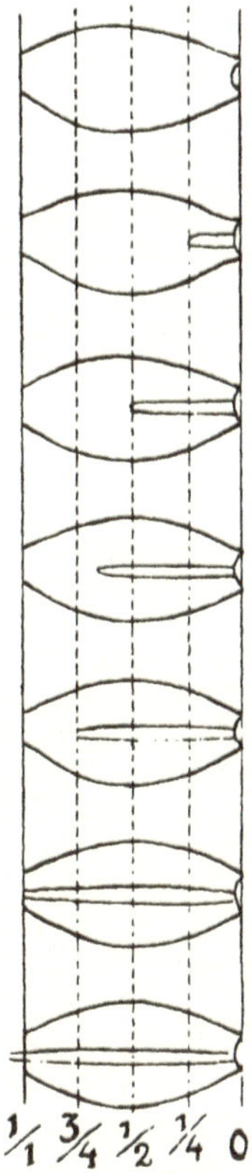

1. nicht gekeimte Körner,
2. Blattkeim unter ½ Kornlänge,
3. » von ½ »
4. » » ⅔ »
5. » » ¾ »
6. » » 1/1 »
7. » über 1/1 » (Husaren).

Abb. 41.

Ein gutes helles Malz soll nicht unter 94%, dunkles nicht unter 90% mehlige Körner aufweisen. Der Gehalt an ganzglasigen Körnern soll auf keinen Fall 2—3% übersteigen. Stark gebräunte Körner dürfen bei hellen Malzen nicht, bei dunklen nur vereinzelt vorkommen. Verbrannte Körner soll auch dunkles Malz nicht enthalten.

Zur Feststellung der Spitzenglasigkeit müssen die Körner der Länge nach durchschnitten werden. Dazu dienen die Längsschnittapparate von Kickelhayn und von der Glasbläserei der VLB. (Abb. 40).

b) Durchleuchtungsprobe.

Die Durchleuchtungsprobe führt man mit einem der optischen Apparate durch, über die bei der Gerste (S. 22) Näheres berichtet wurde.

5. Blattkeimentwicklung.

Den Blattkeim kann man auf der Rückenseite des Kornes leicht erkennen an der Erhöhung der Hülse (Wulst). Größere Sicherheit hierüber erlangt man, wenn man den Keimling durch vorsichtige Entfernung der Spelze freilegt. Eventuell kann man den Blattkeim deutlich sichtbar machen durch Kochen in Wasser, wie bei Gerste unter Auswuchs (S. 11) angegeben ist. Auf der Tenne normal geführte Malze zeigen bei guter Auflösung auch eine normale Blattkeimentwicklung.

Bei der Bestimmung der Blattkeimentwicklung wird in Prozenten die Länge des Blattkeimes im Verhältnis zur Kornlänge angegeben, wie in Abb. 41 dargestellt.

Da jedoch bei manchen Körnern die Blattkeimlänge nicht mit einem der obigen einfachen Bruchteile der Kornlänge zusammenfällt, sondern z. B. zwischen $^2/_3$ und $^3/_4$ liegen wird, so teilt man besser ein: nicht gekeimt, bis zu $^1/_2$, bis zu $^2/_3$, bis zu $^3/_4$, bis zu $^4/_4$ und über $^4/_4$ Kornlänge (9d). Noch besser wäre es, das Blattkeimmittel zu berechnen etwa nach folgendem Schema: Ein Malz enthielt 12 Körner von 0—$^1/_2$ Kornlänge, 40 Körner über $^1/_2$—$^3/_4$ Kornlänge, 44 Körner über $^3/_4$—$^4/_4$ Kornlänge und 4 Körner über $^4/_4$ Kornlänge, so ist das Blattkeimmittel

$$\begin{aligned} 12 \times \tfrac{1}{2} &= 6 \\ 40 \times \tfrac{3}{4} &= 30 \\ 44 \times 1 &= 44 \\ 4 \times 1\tfrac{1}{2} &= 6 \\ \hline 86:100 &= 0{,}86 \end{aligned}$$

der Kornlänge.

Die obige Bestimmung kann entweder auf einfache Weise durch Schätzung erfolgen, oder man benützt dazu einen von Eckhardt konstruierten Apparat (Abb. 42), welcher eine exakte und einwandfreie Bestimmung der Blattkeimlänge ermöglicht.

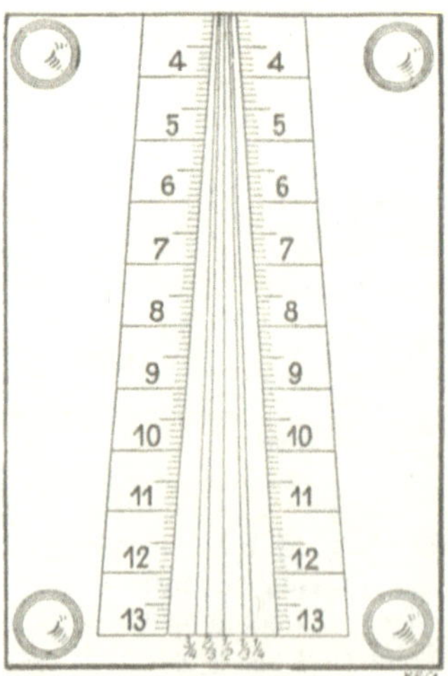

Abb. 42.

Das Blattkeimgewächs soll gleichmäßig sein. Bei dunklen Münchner Malzen sieht man es gerne, wenn die Zahl der Körner von $^3/_4$—$^1/_1$ Blattkeimlänge zusammen wenigstens 50% beträgt. Ungekeimte Körner sollen 2—4% nicht übersteigen. Auch ein Münchner Malz soll nicht mehr als 6% »Husaren« aufweisen.

B. Chemische Prüfung.

1. Wasser (4).

Der Wassergehalt des Malzes ist von großer Bedeutung schon mit Rücksicht auf die Verminderung der Extraktausbeute durch erhöhten Wassergehalt. Auch leidet die Qualität des Malzes beim Lagern ganz bedeutend, wenn der Wassergehalt 7% übersteigt. Bei frisch gedarrtem Malz liegt der Wassergehalt zwischen 0,5 und 4%, bei hellen Malzen etwas höher als bei dunklen. Bei der Lagerung soll der Wassergehalt für gewöhnlich nicht über 5—6% steigen. Bei Transport auf dem Wasserwege kann der Wassergehalt auf 11—12% steigen, derartige Malze sollen bald zur Verarbeitung kommen.

Die Bestimmung des Wassergehaltes erfolgt wie bei der Gerste (S. 24) unter Berücksichtigung der in den Vereinbarungen gegebenen Vorschriften (4. u. 5.). Die auf S. 28 beschriebenen besonderen Methoden können auch bei Malz in Anwendung gebracht werden.

Die Berechnung des Wassergehaltes erfolgt wie bei Gerste (S. 25).

Methode Fries[1]). Für annähernde Bestimmung des Wassergehaltes des Malzes empfiehlt Fries nachstehende, auch bei einfachster Laboratoriumseinrichtung ausführbare Methode. Reichlich 100 g Malz werden fein gemahlen (es genügt eine gute Kaffeemühle) und in einem Maischbecher auf einer Tarierwaage genau auf 100 g eingestellt. Der Maischbecher wird mit einem auf der Innenseite mit Gummiplatte versehenen Deckel zugedeckt und mit einem Gewicht von 1—2 kg beschwert. In ein weithalsiges Pulverglas, das bei 160 cm^3 eine Marke hat, gibt man destilliertes Wasser bis zur Marke und stellt es mit dem Maischbecher zum Ausgleich der Temperatur in ein Gefäß mit Wasser von Zimmertemperatur. Das Ganze läßt man hierauf 3—4 Stunden an einem vor Sonnenlicht geschützten und in der Temperatur gleichmäßig bleibenden Ort stehen. Hierauf wird mit einem genauen, in Zehntel Grade geteiltem Thermometer die Temperatur des Wassers festgestellt, der Maischbecher aus dem Wasser herausgenommen, äußerlich schnell abgetrocknet und in eine Wellkartonhülse, die in ein kleines, offenes Kistchen eingepaßt ist, gestellt und dann sofort das Wasser auf einmal zu dem Malzmehl gegeben. Nach sorgfältigem Mischen mit einem Holzspatel (nach ca. 1 Minute) stellt man die genaue Temperatur der Maische

---

[1]) Schweizer Brauerei-Rundschau 1925, Nr. 8.

fest. Aus der eingetretenen Temperaturerhöhung ergibt sich der Wassergehalt aus nachstehender Zahlentafel.

Temp.-Erh. in C°	Wassergeh. in %	Temp.-Erh. in C°	Wassergeh. in %	Temp.-Erh. in C°	Wassergeh. in %
2,0	8,6	4,0	5,0	6,0	2,4
2,1	8,4	4,1	4,8	6,1	2,3
2,2	8,1	4,2	4,7	6,2	2,2
2,3	7,9	4,3	4,5	6,3	2,1
2,4	7,7	4,4	4,4	6,4	2,0
2,5	7,5	4,5	4,3	6,5	1,9
2,6	7,3	4,6	4,1	6,6	1,8
2,7	7,1	4,7	4,0	6,7	1,7
2,8	6,9	4,8	3,8	6,8	1,6
2,9	6,7	4,9	3,7	6,9	1,5
3,0	6,5	5,0	3,6	7,0	1,4
3,1	6,3	5,1	3,4	7,1	1,3
3,2	6,2	5,2	3,3	7,2	1,2
3,3	6,0	5,3	3,2	7,3	1,1
3,4	5,8	5,4	3,1	7,4	1,0
3,5	5,7	5,5	3,0	7,5	0,9
3,6	5,5	5,6	2,8	7,6	0,8
3,7	5,4	5,7	2,7	7,7	0,7
3,8	5,3	5,8	2,6	7,8	0,6
3,9	5,1	5,9	2,5		

2. Maischversuch (6).

Der Maischversuch bezweckt vor allem die Ermittlung des Extraktgehaltes des Malzes. Unter Malzextrakt versteht man die beim Maischprozeß in Lösung gehenden festen Bestandteile des Malzes. Die Art des Maischens und der Feinheitsgrad des verwendeten Schrotes hat auf die Menge der beim Maischprozeß sich lösenden Stoffe, also auf den Extraktgehalt, großen Einfluß. Im allgemeinen wird sich am wenigsten lösen bei Infusionsverfahren, mehr bei Dekoktionsverfahren, noch mehr bei Dekoktion mit vorausgegangener Digestion und am meisten beim Kochen unter Druck. Der Unterschied wird um so kleiner, je feiner das Malz gemahlen wird. Die vereinbarte Infusionsmethode liefert daher gut brauchbare, mit der in der Praxis zu erwartenden Extraktausbeute gut vergleichbare Resultate, wenn das Malz zu feinem Mehl gemahlen wird. Manchmal ist es aber auch von Interesse, den Extraktgehalt im Malzschrot festzustellen. Je besser ein Malz gelöst ist, desto geringer wird im allgemeinen die Differenz zwischen dem Extraktgehalt im Mehl und dem im Schrot sein. Jedoch ist diese Zahl zur Beurteilung der Auflösung des Malzes nicht gut verwendbar, weil sie von den unvermeidlichen Versuchsfehlern zu sehr beeinflußt wird. Der Extraktgehalt in der Trockensubstanz beträgt, im Mehl bestimmt, normalerweise:

bei hellem Malz 77—81%,
» dunklem » 75—78%.

a) Schrotung.

Zur Herstellung des Mehles benützt man die S. 24, Abb. 15 abgebildete Feinmehlmühle von Gebrüder Seck in Dresden. Für Schrot hat die Firma Seck eine Zweiwalzenmühle für Laboratoriums-

Abb. 43.

Abb. 44.

gebrauch (Abb. 43) mit verstellbarem Walzenabstand konstruiert. Im übrigen richte man sich nach den unter 2 und 3 gegebenen Vorschriften der Vereinbarungen. Der Pfungstädter Plansichter ist in Abb. 44 dargestellt.

b) Maischung.

Als Maischgefäß dient ein zylinderförmiger Becher aus Messing oder Kupfer, der in ein Wasserbad eingehängt wird. Im einfachsten Falle kann die in Abb. 45 dargestellte Vorrichtung benutzt werden. Das zur Kontrolle der Temperatur erforderliche dünne Zylinderthermometer dient in diesem Falle zugleich zum Umrühren der Maische.

Abb. 45.

Zur Erzielung sicher einwandfreier Resultate ist jedoch unbedingt ein eigener Maischapparat, der den Vorschriften der Vereinbarungen (6a) entspricht, erforderlich. Die Apparate werden mit vier bis zwölf und mehr Maischbecher gebaut, so daß immer mehrere Maischen nebeneinander laufen können. Von jedem Malz sind stets zwei Maischen durchzuführen. Elektrische Beheizung ist vorzuziehen, verwendbar sind auch Bunsenbrenner für Gas oder Propan und Bartelbrenner für Spiritus oder Benzin. Der beste Antrieb für das Rührwerk ist ein Elektromotor. Das Thermometer befindet sich entweder in einem Maischbecher an der Achse des Rührers befestigt oder auch außen im Wasserbad. Im letzteren Falle ist es aber erforderlich, die Differenz zwischen der Angabe des Thermometers im Wasserbade und der wirklichen Temperatur der Maische durch ein an der Achse des Rührwerkes befestigtes geprüftes Thermometer (mit Korrekturtabelle) in einem Maischbecher, während des ganzen Maischprozesses ein für allemal festzustellen. Die vorgeschriebenen Maischtemperaturen sind in der Maische gemessen zu verstehen.

Abb. 46 stellt den von Dr. Doemens konstruierten, von der Firma O. Reinig, München, angefertigten Maischapparat dar, welcher seit vielen Jahren an der Versuchsstation von Dr. Doemens

Abb. 46.

und Dr. Heller in Gebrauch ist. Das für sechs Maischbecher eingerichtete Wasserbad ist elektrisch beheizt. Der Strom passiert ein Wattmeter, verbunden mit regulierbarem Widerstand (Marmortafel rechts in der Abbildung). Der Widerstand kann auf jede Wattzahl zwischen 200 und 1200 W eingestellt werden. Gleiche Wattzahl bedeutet gleichen Wärme-Effekt, 1 Watt = 0,24 g-Kalorien pro Sekunde. Durch starke Isolierung des Wasserbades sowohl an den Seiten wie am Boden ist der Einfluß der Lufttemperatur auf die Beheizung ausgeschaltet und damit auch ermöglicht, mit der gleichen Wattzahl immer vollkommen gleichmäßige Steigerung der Maischetemperatur von 45 auf 70° zu erzielen. Der Apparat besitzt ferner noch eine Zusatzheizung, die nicht durch den Wattmeter geht. Die Heizkörper liegen im Boden des Wasserbades unter dem inneren Bodenblech (wie der ganze Apparat aus Kupfer) über der Bodenisolierung. Das Rührwerk wird angetrieben durch den Elektromotor, oben links an der Wand befestigt. Von den drei Schaltern auf der Marmortafel links ist der eine für den Elektromotor, der mittlere mit zugehöriger Lampe für die Zusatzheizung und der dritte rechts für die Wattmeterleitung. Links unten steht in der Abbildung eine Maischuhr mit einem Zeiger, der wie der Stundenzeiger einer gewöhnlichen Uhr, in einer Stunde einen ganzen Kreis beschreibt. Die Uhr ist mit einem Läutwerk versehen, das alle fünf Minuten ein Glockenzeichen zur Verzuckerungsprobe gibt. Dasselbe kann aber durch einen oben angebrachten Hebel abgestellt werden.

Der ganze Maischvorgang stellt sich bei Anwendung dieses Maischapparates wie folgt.

Zunächst Anheizen durch Einschaltung der Zusatzheizung (Licht!) und der Hauptheizung auf 1200 W. In zehn Minuten ist die Temperatur von 45° erreicht. Unterdessen wurde das Einmaischwasser, 6 × 200 cm³, in einem eigenen Gefäß über der Gasflamme auf 45° gebracht. Einmaischen der sechs vorher, nach der Anleitung in den Vereinbarungen 6b S. 88 hergerichteten Maischbecher mit je 50 g Malzmehl. Einhängen ins Wasserbad, Anschrauben und Ingangsetzen der Rührer, Zusatzheizung abgestellt, Wattmeter auf 300 W. Zugleich Einstellen der Maischuhr auf 12 (= 0). Nach Ablauf einer halben Stunde, wenn also der Zeiger der Maischuhr auf 6 steht, Wattmeter auf 1000 W stellen. Dann steigt die Temperatur ganz gleichmäßig in jeder Minute um 1°. Steht die Uhr fast auf 11, werden jedem Maischbecher 100 cm³ 70grädiges Wasser zugesetzt. Dann bei 70° in den Maischbechern Wattmeter auf 600 zurückgestellt und Läutwerk eingeschaltet. Bei jedem Glockenzeichen (nach dem ersten) Verzuckerung prüfen. Sind alle Malze verzuckert, Läutwerk abstellen. Wenn Zeiger wieder auf 11, Strom ausschalten, sofort das Kühlwasser ganz aufdrehen. In zwei Minuten sind die Maischen auf Zimmertemperatur (20°) abgekühlt. Soll noch einmal gemaischt werden, so kühlt man nur auf 45° ab, nimmt die Becher heraus, stellt sie in ein anderes Kühlgefäß, spritzt die Rührer ab und maischt sofort neu ein. So ist es möglich, alle zwei Stunden neu einzumaischen und an einem Tag können leicht 24—30 Maischen, also 12—15 Malze erledigt werden ohne wesentlich mehr Arbeit als bei einem großen Maischapparat mit 12 oder noch mehr Becher.

Abb. 47 zeigt den Maischapparat der Wissenschaftlichen Station für Brauerei in München. Das langgestreckte Wasserbad besteht aus fünf gegeneinander isolierten Kammern zu je vier Maischbechern. Jede Kammer bildet ein eigenes, für sich heizbares Wasserbad.

Bezüglich Herrichtung der Maischbecher mit Malz und Durchführung des Maischprozesses sind noch folgende Einzelheiten zu beachten:

Zunächst stelle man auf einer guten Tarierwaage, welche vielfach in einem Glaskasten steht, genau das Gewicht des leeren

Abb. 47.

Maischbechers fest und notiere dasselbe. Viel besser ist es, für jeden Maischbecher ein feines Bleischrot enthaltendes Blechbüchschen als Tara zu benutzen. Noch besser bringt man sämtliche in Gebrauch befindliche Maischbecher durch Auflöten von etwas Lötmetall auf die Außenseite des Bodens auf das gleiche Gewicht, so daß für alle ein und dasselbe Taragewicht benutzt werden kann. Die Richtigkeit der Tara ist aber jedesmal bei jedem Becher zu kontrollieren, für kleine Abweichungen merkt man sich bei jedem Becher die Einstellung der Waage (ein oder mehrere Teilstriche nach rechts oder links). Werden mit der Zeit die Abweichungen zu groß, so stellt man die Becher neu gegen die Tara ein, evtl. kann von dem Lötmetall am Boden etwas weggefeilt werden. In den austarierten Becher wäge man reichlich die für Extrakt- und Wasserbestimmung erforderliche Malzmenge (55 g), schütte diese in die

Feinmühle und mahle sofort in den untergestellten Becher. Nach dem Mahlen pinselt man die Staubreste der aufgeklappten Mühle sorgfältig in den Becher, ebenso pinselt man den Rand und die Wandung des Bechers ab, mischt mit einem Hornlöffel das Mehl gründlich durch, stellt sofort wieder auf die Waage und wägt genau auf 50 g auf. Das überschüssige Mehl gibt man in das Trockengefäß, das sofort auf der analytischen Waage zu wägen ist. Bei Verwendung von Malzschrot darf von dem Schrot nichts weggenommen werden (6b, β), es sind genau 50 g Malz abzuwägen und diese ohne jeden Verlust (sorgfältig auspinseln!) zu mahlen. Hierauf wird eingemaischt und weiter nach den Vereinbarungen (6b, α) gearbeitet. Beim Einmaischen notiere man sich die Zeit (am besten unter Verwendung einer eigenen Maischuhr), ebenso bei Beginn der Temperatursteigerung und bei Erreichung von 70°. Beim Einmaischen stelle man ferner den Geruch der Maische fest. Helle Malze zeigen meist noch einen grünen Geruch wie Grünmalz, gut ausgedarrte helle und goldfarbige Malze zeigen einen malzaromatischen Geruch und Münchener Malze sollen ein kräftiges Röstaroma, aber keinen brenzlichen, an Farbmalz erinnernden Geruch aufweisen. Während des ganzen Maischprozesses, 1 Stunde und 55 Minuten, bleibt das Rührwerk in Bewegung.

Verzuckerungszeit. Während des Maischprozesses bestimmt man auch die Verzuckerungszeit (7).

Man versteht darunter die Zeit, welche vergeht von Erreichung der Verzuckerungstemperatur (70°) bis zum vollständigen Abbau der Stärke, die sich mit Jod blau färbt, in mit Jod sich nicht färbende Stoffe (Zucker und Dextrin). Die herausgenommenen Maischetröpfchen sollen auf der Gipsplatte nur 1—2 mm Durchmesser zeigen. Am besten entnimmt man jedesmal zwei Tröpfchen, von denen zunächst nur das eine mit Jodlösung betupft wird. Am Schluß betupft man zur Kontrolle die sämtlichen zweiten Tröpfchen. Die erforderliche Jodlösung ist Lös. 38d. Besser eignet sich aber die N/100-Jodlösung (38c). Wäre z. B. nach 15 Minuten langem Verweilen der Maische bei 70° noch schwache Blaufärbung oder Violettfärbung zu bemerken, nach 20 Minuten dagegen reine Gelbfärbung, so betrüge die Verzuckerungszeit 15—20 Minuten.

Zur Bereitung der Gipsplatte gebe man in eine Reibschale 100 cm³ Wasser und verrühre in demselben 135 g gemahlenen Gips. Die noch gut flüssige Masse gieße man in eine flache Form (Zigarettenschachtel).

Bei normaler guter Auflösung erfolgt die Verzuckerung in längstens

10—15	Minuten bei	Pilsener	Malz
20—25	» »	Wiener	»
30—35	» »	Münchener	»

Nach Ablauf der vorgeschriebenen Zeit (1 Stunde bei 70°) wird die Maische durch Einstellen in kaltes Wasser abgekühlt und hierauf mit Wasser auf 450 g aufgefüllt. Man lege also auf die linke Waagschale das Gewicht des leeren Bechers und dazu noch 450 g, am besten ein 450-g-Stück, während sich auf der rechten Waagschale der von außen gut abgetrocknete Becher mit der Maische befindet. Damit beim Auffüllen nicht zuviel Wasser hineinfällt, nehme man zunächst links 20 g weg, gebe aus der Spritzflasche Wasser zu, bis die Waage ungefähr im Gleichgewicht, lege dann das 20-g-Stück wieder auf und lasse nun vorsichtig aus einer fast waagerecht gehaltenen Pipette weiter Wasser zufließen. Man kann auch zweckmäßig das Wasser aus einer erhöht stehenden Flasche durch einen mit Quetschhahn verschlossenen Gummischlauch mit ausgezogenem Stückchen Glasrohr zulaufen lassen.

Nach gründlichem Durchmischen bringe man auf das Filter. Am besten bedient man sich zum Filtrieren eines Filterstativs nach Omeis und fängt das Filtrat auf in einem starkwandigen Erlenmeyer-Kolben.

Die Vereinbarungen erwähnen nicht, daß der Trichter während des Filtrierens bedeckt zu halten sei, es ist dies jedoch wohl selbstverständlich, da sonst nennenswerte Verdunstung stattfinden kann.

Bei hellen Malzen soll die Würze blank ablaufen, bei dunkeln ist eine geringe Opaleszenz nicht zu beanstanden.

3. Extraktbestimmung in der Würze.

a) Durch das Pyknometer (6c u. d).

Die Extraktbestimmung in der Würze erfolgt auf indirektem Wege, wie zuerst von Balling vorgeschlagen, unter der Annahme, daß eine Würze (wässerige Lösung von Malzextrakt) das gleiche spez. Gewicht besitze wie eine Rohrzuckerlösung von gleichem Gehalt. Diese Annahme ist sicher nicht immer zutreffend, da das Extrakt sehr verschiedener Zusammensetzung sein kann. Aus diesem Grunde ist es auch nicht möglich, eine allgemein gültige Extrakttabelle, die das spez. Gewicht der verschiedenen Würzekonzentrationen angibt, aufzustellen. Dagegen ist dies vielfach geschehen für die Lösungen der einzelnen chemischen Körper, auch des Rohrzuckers. Die zuverlässigste Rohrzuckertabelle ist die nach Plato[1]) (Platotabelle), die jetzt für brautechnische Untersuchungen vorgeschrieben ist und auch die Grundlage für die Saccharometer bildet, während früher die Tabelle von Balling benutzt wurde.

Auszüge aus der Platotabelle bilden die Tabellen von Goldiner und Klemann[2]) und die von Doemens (Tabelle 2)[3]). Die erstere enthält in der ersten Spalte den sog. Laboratoriumsquotienten, das rohe spez. Gewicht, welches man erhält, wenn man das in Luft

[1]) Wissenschaftliche Abhandlungen der Normal-Eichungskommission. Die Dichte, Ausdehnung und Kapillarität von Lösungen reinen Rohrzuckers in Wasser. Von Dr. F. Plato, Berlin 1900.

[2]) Tafel zur Umrechnung der spezifischen Gewichte 20°/4° von Zuckerlösungen auf Zuckerprozente. Nach der Tafel der Normal-Eichungskommission. Berlin 1919.

[3]) Tabellen zur Malz- und Bieranalyse. IV. Auflage. München 1933.

gegen Messinggewichte gefundene Gewicht der Würze von 20° durch das ebenfalls in Luft gefundene Gewicht des Wassers von 20° dividiert. Die zweite Spalte enthält die reinen Gewichtsprozente (g in 100 g). Die dritte Spalte das wahre spez. Gewicht bei 20°, also 20°/4°, wobei sowohl Würze wie Wassergewicht vor der Division auf Vakuum umgerechnet sind, wie bei der Platotabelle.

Die Doemens-Tabelle dagegen enthält das spez. Gewicht $\frac{17{,}5^0}{17{,}5^0}$, ebenfalls aus den Gewichten im Vakuum errechnet, und die Gewichtsprozente sowie die sog. Volumprozente (g in 100 cm³).

Da beide Tabellen aus den Platotafeln errechnet sind, erhält man nach beiden den gleichen Extraktgehalt. Die dabei vorausgesetzte Annahme, daß die Ausdehnung von Würzen und von Zuckerlösungen beim Erwärmen gleich ist, trifft zu.

Zufällig heben sich die beiden Abweichungen bei der Bestimmung des Laboratoriumsquotienten (Nichtumrechnung auf Vakuum) und des spez. Gewichtes nach Doemens $\left(\frac{17{,}5^0}{17{,}5^0} \text{ statt } \frac{20^0}{20^0}\right)$ gegenseitig auf, wie von Doemens nachgewiesen ist[1]). Man kann also mit dem Laboratoriumsquotienten $\frac{20^0}{20^0}$ aus der Doemens-Tabelle die Gewichtsprozente entnehmen. Bei der Malzanalyse macht man dabei keinen größeren Fehler als 0,005 in der Gewichtsprozentzahl.

Die Dichte der Würze ist nach den Vereinbarungen mittels eines Pyknometers nach Reischauer (Abb. 48) zu bestimmen. Dasselbe soll bis zur Marke im Halse möglichst genau 50 g Wasser von 17,5° (bzw. 20°) fassen. Es empfiehlt sich, über der Marke in einer Höhe, die der normalen Meniskushöhe bei Wasser entspricht (bei 4 mm Halsweite 1,5—1,6 mm), noch eine zweite Marke anbringen zu lassen, um die Höhe des Meniskus jedesmal kontrollieren zu können[2]). Zur Erzielung einer immer gleichmäßigen Meniskusausbildung ist der Pyknometerhals möglichst sauber zu halten. Zunächst ist das Gewicht des saubern und trockenen leeren Pyknometers festzustellen. Zur Reinigung kann man konz. Schwefelsäure mit Kaliumpermanganat oder Kaliumbichromat benützen, evtl. nach vorausgegangener Behandlung mit Lauge. Hat sich nach der Kaliumpermanganatanwendung etwas Braunstein angesetzt, so entfernt man diesen durch starke Salzsäure.

Nachdem man mit Wasser gründlich ausgespült hat, trocknet man das Pyknometer äußerlich mit einem Tuche, schwankt es mit Alkohol und dann mit Äther je einmal aus und bewirkt zuletzt eine vollkommene Trocknung durch einen mit dem Blasbalg oder der Wasserstrahlpumpe erzeugten Luftstrom.

Nun wird auf einer analytischen Waage das Gewicht des leeren Pyknometers ermittelt und notiert; alsdann füllt man es mit Wasser. Am besten wird das käufliche destillierte Wasser noch

---

[1]) Allgemeine Brauer- und Hopfenzeitung 1929, Nr. 73.
[2]) Pyknometer in tadelloser Ausführung liefert u. a. Joh. Greiner, München.

einmal umdestilliert und dann sofort eingefüllt. Zum Füllen benützt man einen kleinen Trichter (Abb. 48) mit fein ausgezogenem Rohr. Hierauf wird das gefüllte Pyknometer 20 Minuten in ein größeres Wasserbad von genau 17,5° (20°) gestellt, welche Temperatur während dieser Zeit genau eingehalten werden muß.

Abb. 48.

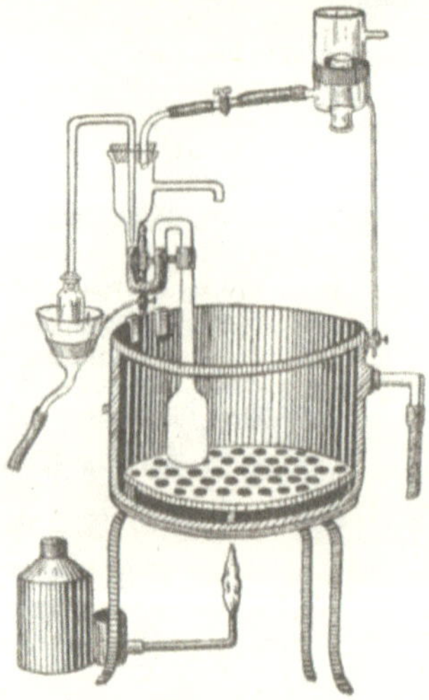

Abb. 49.

Vorteilhaft verwendet man zu diesem Zwecke, wenn genügend kaltes (unter 12—14°) laufendes Wasser vorhanden ist, den automatischen Thermoregulator nach Soxhlet (Abbildung 49).

Für denselben hat Doemens[1]) noch eine kleine, sehr wirkungsvolle Verbesserung vorgeschlagen, welche darin besteht, daß mit der Wasserstrahldruckpumpe fortwährend ein schwacher Luftstrom durch ein am Boden liegendes Rohr mit feinen Öffnungen eingeführt und so durch das Wasser getrieben wird. Mit diesem gelingt es, die Temperatur praktisch absolut konstant und gleichmäßig zu erhalten. Auch erfolgt der Temperaturausgleich zwischen Pyknometer und Wasserbad bedeutend schneller, in 7—8 Minuten. Sollte im Sommer das oben einlaufende Kühlwasser mehr als 14° zeigen, so ist ein Eiskühlkasten in die Wasserleitung einzuschalten. Es ist übrigens weniger wichtig, daß die Temperatur genau bei 17,5° gehalten wird, für kleine Abweichungen kann man eine Korrektur (s. unten) anbringen, die Hauptsache ist, daß die Temperatur längere Zeit konstant bleibt und genau abgelesen wird.

Während das Pyknometer sich im Wasserbad befindet, kontrolliert man, ob sich keine Luftblasen aus dem Wasser abgeschieden und innen an der Pyknometerwandung angesetzt haben. Haben sich Luftbläschen angesetzt, so sucht man sie durch leichtes Klopfen, evtl. durch Abfangen mit einer größeren Luftblase oder ruckweises Drehen um die Längsachse zu entfernen.

Nach Ablauf von 20, mit Lüftung des Wasserbades 10 Minuten[2]), wird der größte Teil des über der Marke stehenden Wassers mittels einer feinen, zu einer Spitze ausgezogenen Quetschpipette oder mit

[1]) Zeitschrift für das gesamte Brauwesen 1920, Nr. 14 und 15.
[2]) Bei Lüftung des Temparierbades genügen 10 Minuten vollauf.

einem Fließpapierröllchen abgesaugt. Die genaue Einstellung aber erfolgt in der Weise, daß man mit einem schmalen Streifen Fließpapier noch so viel Wasser herauszieht, daß der untere Teil des Meniskus gerade auf der Marke aufsitzt (Abb. 50 *a*). Sind zwei Marken vorhanden, so stellt man ein wie bei *b*, *c* und *d* in der Abbildung angedeutet. Alsdann wird die im Innern des leeren Halses haftende Flüssigkeit mit Fließpapierröllchen vorsichtig entfernt, die richtige Einstellung des Meniskus nochmals kontrolliert und dann erst (!) das Pyknometer aus dem Wasserbad herausgenommen. Nach sorgfältigem Abtrocknen mit einem weichen Tuch und mehr oder weniger (je nach Lufttemperatur) langem Verweilen im Waagekasten wird es gewogen. Zugleich wird die Lufttemperatur im Waagekasten und der Barometerstand abgelesen. Zieht man von dem gefundenen Gewicht das Gewicht des leeren Pyknometers ab, so erhält man das Gewicht des Wassers.

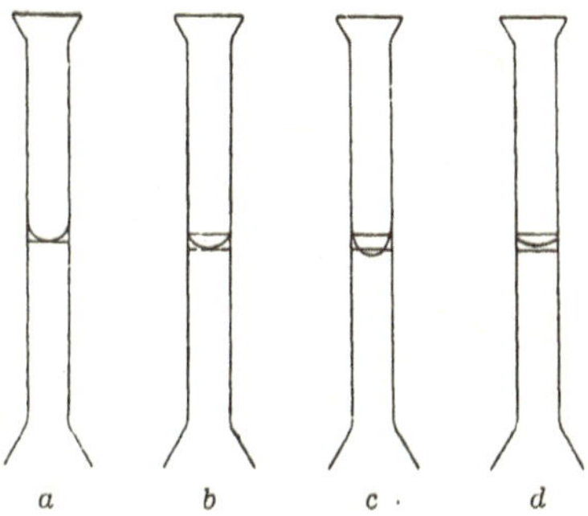

Abb. 50.

Sollte die Temperatur des Temperierbades nicht genau 17,5° betragen haben, so ist für je 0,01° unter 17,5° 0,08 mg abzuziehen, für je 0,01° über 17,5° 0,08 mg zuzuzählen.

Beispiel: Pyknometer	mit Wasser von 17,50° .	72,1500 g
»	leer	22,1650 g
	Gewicht des Wassers . .	49,9850 g.

Nach Ausleeren des Wassers wird das Pyknometer ein- bis zweimal mit Würze ausgespült (nicht heftig schütteln!), gefüllt und in der gleichen Weise wie oben mit Wasser verfahren. Bei geringer Abweichung von 17,5° kann bei Würzen und Bieren für je 0,01° zu hohe oder zu niedere Temperatur ± 0,09 mg korrigiert werden.

Zum Reinigen des Pyknometers, was immer sofort (wenigstens nach erfolgter Ausrechnung) nach dem Gebrauch zu geschehen hat, eignet sich bestens der Ausspritzapparat Abb. 51.

Beispiel: Pyknometer mit Würze von 17,55° .	73,9810 g
daher von 17,50° (+ 5 × 0,09 mg)	73,98145 g
Pyknometer, leer	22,1650 g
Gewicht der Würze	51,81645 g.

$$\text{Daher spez. Gew.} = \frac{\text{Würze}}{\text{Wasser}} = \frac{51,81645}{49,9850} = 1,03664.$$

Die so gewonnene Zahl bildet aber nur das rohe spez. Gewicht. Zunächst ist zu berücksichtigen, daß die für Würze und Wasser angenommenen Gewichte nicht die wahren, auf Vakuum umge-

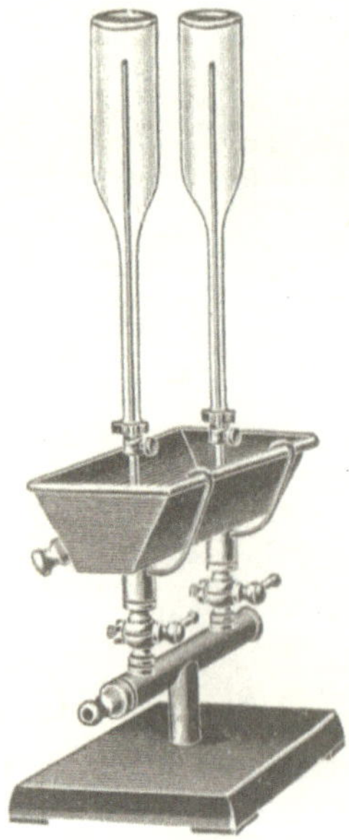

Abb. 51

rechnete Gewichte bilden. Um diese Umrechnung vornehmen zu können, müssen Temperatur im Waagekasten und Barometerstand bekannt sein, um aus Tabelle I[1]) das Gewicht von 1 cm^3 Luft in g ($= \lambda$) entnehmen zu können. Das spez. Gewicht des Wassers kann zu 1 ($= s$), das der Messinggewichte zu 8,4 oder bei Gewichtstücken mit aufgeschraubtem Knopf zu 8,0 ($= \sigma$) angenommen werden. Die Umrechnung auf Vakuum erfolgt bekanntlich nach der Formel

$$P_v = P_l + P_l \times \lambda \times \left(\frac{1}{s} - \frac{1}{\sigma}\right), \qquad \text{(I)}$$

wobei P_v das Gewicht im Vakuum, P_l das Gewicht in der Luft bedeutet.

Betrüge in obigem Falle die Temperatur im Waagekasten 19°, der Barometerstand 750 mm, so ist nach Tabelle I $\lambda = 0{,}001193$. Als spez. Gewicht der Würze ($= s$) kann obige Zahl 1,03664 genommen werden, σ sei gleich 8,0. So ist

1. bei Wasser

$$P_v = 49{,}9850 + 49{,}9850 \times 0{,}001193 \left(\frac{1}{1} - \frac{1}{8}\right) = 50{,}0372 \text{ g},$$

2. bei Würze

$$P_v = 51{,}81645 + 51{,}81645 \times 0{,}001193 \left(\frac{1}{1{,}03664} - \frac{1}{8}\right) = 51{,}86835 \text{ g}.$$

Daher ist das genaue spez. Gewicht

$$\frac{51{,}86835}{50{,}0372} = 1{,}03660.$$

Das genaue spez. Gewicht ist also in diesem Falle um 4 in der 5. Dezimalstelle kleiner, als das aus den Gewichten in Luft berechnete. Die Schwankungen des Luftgewichtes (λ) haben auf diese Differenz keinen großen Einfluß und kann man mit hinreichender Genauigkeit von dem gefundenen rohen spezifischen Gewicht immer in der 5. Dezimalstelle so viel abziehen, wie die 2. Dezimalstelle Einheiten enthält. In obigem Falle wäre also von 1,03664 3,664 oder rd. 4 in der 5. Dezimalstelle abzuziehen, also

$$\begin{array}{r} 1{,}03664 \\ -4 \\ \hline 1{,}03660 \end{array}$$

Bei den bei der Malzanalyse gewonnenen Würzen wäre immer 4 in der 5. Dezimalstelle abzuziehen, wenn nicht die Ver-

[1] Tabellen zur Malz- und Bieranalyse, IV. Auflage, München 1933.

einbarungen (6, d) neuerdings bestimmt hätten, daß die Umrechnung auf Vakuum unterbleiben soll. Diese Bestimmung ist um so unbegreiflicher, als die verwendeten Tabellen alle das spez. Gewicht, berechnet aus den Vakuumgewichten, enthalten. Auch der Umstand, daß der Fehler nur ein geringfügiger ist, läßt die Bestimmung nicht berechtigter erscheinen, denn es ist bei allen physikalischen Messungen ein wohlbegründeter Brauch, auch die kleinsten Korrekturen zu berücksichtigen, besonders wenn dies, wie hier, ohne jede Mühe geschehen kann. Da aber die Vereinbarungen einmal diese Bestimmung enthalten, so muß im Interesse der Einheitlichkeit die Umrechnung auf das Vakuum bei der Malzanalyse unterbleiben, obgleich dadurch die Extraktprozentzahl der Würze um 0,01 und die Extraktzahl des Malzes um rund 0,1 erhöht wird.

Bei allen Bestimmungen außerhalb der Malzanalyse soll aber ordnungsgemäß das spez. Gewicht aus den Gewichten im Vakuum berechnet werden bzw. das aus den Gewichten in Luft berechnete rohe spez. Gewicht in obiger einfacher Weise oder besser nach folgender Tabelle korrigiert werden.

Rohes spez. Gew.	Korrektur
1,01	— 0,000010
1,02	— 0,000020
1,03	— 0,000035
1,04	— 0,000050
1,05	— 0,000060
1,06	— 0,000070
1,07	— 0,000080
1,08	— 0,000095

Die Umrechnung auf den luftleeren Raum kann also erspart werden, wenn man obige Korrektur anbringt. Aber diese Rechnung ist nur dann einwandfrei, wenn Wasser und Würze am gleichen Tage oder wenigstens bei gleichem Luftgewicht gewogen werden. Da man aber in der Regel den Wasserwert des Pyknometers ein für allemal feststellt, so kann es leicht vorkommen, daß die durch die Waage ermittelten Würze- und Wassergewichte ganz verschiedenen Luftgewichten entsprechen, mit anderen Worten: das Wasser (und auch das leere Pyknometer) kann je nach Luftgewicht jeden Tag ein anderes Gewicht zeigen.

Für den praktischen Gebrauch genügt es bei Verwendung eines 50-cm^3-Pyknometers für jede Einheit in der 6. Dezimalstelle des Luftgewichtes den Wasserwert um 0,045 mg zu korrigieren. Diese Korrektur ist natürlich bei erhöhtem Luftgewicht abzuziehen, bei vermindertem Luftgewicht zuzuzählen. Hätte z. B. bei der Wägung des Wassers 1 cm^3 Luft nach Tabelle I 0,001271 ($= \lambda$) gewogen und das Gewicht des Wassers 49,8764 g betragen, die Würze wöge dagegen bei $\lambda = 0{,}001177$ (0,001271 — 0,001177 = 0,000094) 51,5436 g, so ist das Würzegewicht durch das korrigierte Wassergewicht 49,8764 g + 94 × 0,045 mg = 49,8806 g zu dividieren. Das spez. Gewicht beträgt also nicht 51,5436 : 49,8764 = 1,03343, sondern 51,5436 : 49,8806 = 1,03334.

Die ganze pyknometrische Berechnung kann außerordentlich vereinfacht werden, wie nachstehend ausgeführt, was besonders auch bei Berechnung der Bieranalyse sehr angenehm ist, wenn man sich für jedes Pyknometer nach unten stehendem Muster eine Tabelle (s. unten) anlegt, der man die Gewichte des leeren Pyknometers und des Wassers bei der Wägung in Luft von verschiedener Dichte, wie sie an dem betreffenden Orte vorkommt, ohne weiteres entnehmen kann.

Aus obiger Formel I für P_v ergibt sich durch einfache Umstellung die Formel II

$$P_l = \frac{P_v}{1 + \lambda \times \left(\frac{1}{s} - \frac{1}{\sigma}\right)}. \tag{II}$$

Man rechne also zunächst das an der Waage gefundene Gewicht des leeren Pyknometers und des Wassers nach Formel I auf Vakuum um. Angenommen an dem betreffenden Orte (bei etwa 0—100 m Meereshöhe) schwanke das Luftgewicht (λ) zwischen 1,00115 und 1,00130 g pro cm³. So rechnet man nach Formel II die Gewichte in Luft für $\lambda = 1{,}15$ und für $\lambda = 1{,}30$ und interpoliere die zwischenliegenden Stellen.

In obigem Beispiel beträgt bei $\lambda = 0{,}001193$ (1,193 mg das cm³), das Gewicht des leeren Pyknometers 22,1650 g. Das spez. Gewicht des Glases kann durchschnittlich zu 2,5 angenommen werden. Daher

$$P_v = 22{,}1650 + 22{,}1650 \times 0{,}0011193\left(\frac{1}{2{,}5} - \frac{1}{8}\right) = 22{,}1723\ \text{g}.$$

Daher nach Formel (II) das P_l des Pyknometers für Luftgewicht 1,15 =

$$P_{l\,1,15} = \frac{22{,}1723}{1 + 0{,}0015\left(\frac{1}{2{,}5} - \frac{1}{8}\right)} = 22{,}1653\ \text{g}$$

für Luftgewicht 1,30

$$P_{l\,1,30} = \frac{22{,}1723}{1 + 0{,}0013\left(\frac{1}{2{,}5} - \frac{1}{8}\right)} = 22{,}1644\ \text{g}.$$

Die beiden Zahlen trage man in die Tabelle unter Luftgewicht 1,15 und 1,30 ein und interpoliere die Zwischenstellen in folgender Weise. Die Differenz zwischen den beiden obigen Zahlen beträgt 9 in der letzten Stelle. Man vermindere daher die Zahl 22,1653 für jede Stelle nach rechts (15 Spalten) neunmal um 1 und sechsmal um 0.

Das Wasser wiegt nach S. 110 im Vakuum 50,0372 g (= P_v). Daher

$$P_{l\,1,15} = \frac{50{,}0372}{1 + 0{,}00115\left(\frac{1}{1} - \frac{1}{8}\right)} = 49{,}9869\ \mathrm{g}$$

und

$$P_{l\,1,30} = \frac{50{,}0372}{1 + 0{,}0013\left(\frac{1}{1} - \frac{1}{8}\right)} = 49{,}9803\ \mathrm{g}$$

Differenz 49,9869 — 49,9803 = 66, daher Verminderung neunmal um 4 und sechsmal um 5. Schließlich addiert man noch in jeder Spalte Pyknometer- und Wassergewicht.

Pyknometertabelle.

Vakuum 0,00 =	Gewicht von 1 cm³ Luft in mg: 1,15	1,16	1,17	1,18	1,19	1,20
22,1723 50,0372	22,1653 49,9869	22,1652 49,9865	22,1652 49,9860	22,1651 49,9856	22,1650 49,9851	22,1650 49,9847
	72,1522	72,1517	72,1512	72,1507	72,1501	72,1497

1,21	1,22	1,23	1,24	1,25	1,26
22,1649 49,9842	22,1649 49,9838	22,1648 49,9834	22,1647 49,9829	22,1647 49,9825	22,1646 49,9820
72,1491	72,1487	72,1482	72,1476	72,1472	72,1466

1,27	1,28	1,29	1,30
22,1646 49,9816	22,1645 49,9811	22,1645 49,9807	22,1644 49,9803
72,1462	72,1456	72,1452	72,1447

Korrekturen in der 5. Dezimalstelle für Abweichung des Pyknometers von 50 und für Vakuum.

Spez. Gew.	0,96	0,97	0,98	0,99	1,00	1,01	1,02	1,03	1,04	1,05	1,06	1,07	1,08
Korrektur	+ 3	+ 2	+ 1	+ 1	0	— 1	— 1	— 2	— 3	— 4	— 5	— 5	— 6

Diese Korrekturen berechnen sich in folgender Weise. Angenommen, das Gewicht einer Würze mit Pyknometer beträgt bei Luftgewicht 1,22 72,6487 g, so wiegen 50 cm³ Würze 72,6487—72,1487 (Wassergewicht laut Tabelle) = 0,5 g mehr als 50 cm³ Wasser oder 1 cm³ 0,5 : 50 = 0,01 g mehr, daher wiegt 1 cm³ Würze 1 + 0,01 = 1,01 g, daher rohes spez. Gewicht = 1,010000. Das Pyknometer faßt aber nicht genau 50 cm³, sondern nach der Tabelle nur rund 49,98 g, daher sind auf je 5000 (4998) 2 und auf die 10000 in der 6. Dezimale des rohen spez. Gewichtes 4 in der 6. Dezimale zu addieren.

Dazu kommt für die Umrechnung auf Vakuum nach der Tabelle auf S. 111 eine Korrektur von —10, also Gesamtkorrektur = + 4 — 10 = — 6 in der 6. oder — 1 in der 5. Dezimalstelle. In der gleichen Weise ergeben sich für das spez. Gewicht 1,02 die Korrekturen + 8 — 20 = — 12 in der 6. oder — 1 in der 5. Dezimalstelle usw. Die Korrekturen für die spez. Gewichte unter 1 sind die gleichen mit verändertem Vorzeichen.

Beispiel: Pyknometer mit Würze 73,8509 g, $\lambda = 1{,}24$.

Spez. Gewicht: 73,8509
72,1476 (Wassergew. nach Tabelle)
1,7033 × 2
3,4066 : 100 + 1
1,034066
Korrektur: — 24 [1])
$1{,}034042 = D\,\frac{17{,}5^0}{17{,}5^0}$.

Um den Einfluß des Luftauftriebes auszuschalten, hängt Jakob[2]) zum Pyknometer auf der linken Waagschale ein Kompensationsgewicht, dessen Volumen gleich ist dem der Gewichtsstücke, die dem gefüllten Pyknometer das Gleichgewicht halten; zu den Gewichtsstücken auf der rechten Waagschale dagegen ein Kompensationspyknometer (luftgefüllt und zugeschmolzen). Man hat so immer links und rechts das gleiche Volumen und findet daher immer in der Luft das wahre Gewicht wie im Vakuum. Den gleichen Zweck erreicht Block[3]) einfacher, ähnlich wie Riiber schon im Jahre 1897, indem er auf die Gewichtsseite immer als Hauptgewicht ein mit Schrot beschwertes zugeschmolzenes Pyknometer verwendet, welches in Gewicht und Volumen dem mit Wasser gefüllten Gebrauchspyknometer ungefähr gleich ist.

Das gefundene spez. Gewicht $\frac{17{,}5^0}{17{,}5^0}$ 1,03404 wird nun in der Platotabelle (Tabelle II) aufgeschlagen. In dieser findet man aber nur 1,0340 und 1,03410, ersteres entspricht 8,532 letzteres 8,556 Gew.-%. Die Differenz zwischen diesen beiden Extraktzahlen beträgt 24 in der letzten Stelle, die Differenz zwischen den beiden spez. Gewichten aber 10 in der 5. Dezimalstelle, während das gefundene spez. Gewicht 1,03404 um 4 in der 5. Dezimalstelle höher ist als 1,03400

10 in der 5. Dezimalstelle . . 24 in der 3. Dezimalstelle der %-Zahl,
4 » » 5. » . . 9,6 » » 3. » » » .

Daher 8,532
+ 96
8,5416 oder rund 8,542 Gew.-%.

[1]) Durch Interpelation aus obiger Korrekturentabelle gefunden.
[2]) Spezialmonatsschrift für die gesamte Brauerei- und Mälzereibetriebskontrolle 1920, Nr. 1.
[3]) Wochenschrift für Brauerei 1920, Nr. 40.

Bei der Malzanalyse ist zu dieser richtig ermittelten Zahl 0,01 zu addieren, weil nach den Vereinbarungen die Berechnung des spez. Gewichtes aus den in Luft gefundenen Zahlen ohne Umrechnung auf Vakuum zu erfolgen hat (also nicht richtig).

Natürlich kann man den Prozentgehalt der Würze auch direkt mit dem Saccharometer erheben. Für genaue Untersuchungen ist dies jedoch nicht zulässig, da das Saccharometer leicht 0,1 und noch mehr Fehler ergibt. Etwas genauere Resultate geben bei richtiger Handhabung die von der Glasbläserei des VLB in den Handel gebrachten Spezialsaccharometer.

b) Durch den Schwebekörper.

Eine außerordentliche Vereinfachung gegenüber der Anwendung des Pyknometers bei mindestens gleicher Genauigkeit bildet die von Doemens ausgearbeitete titrimetrische Methode, das Schwebekörperverfahren[1]). Der »Schwebekörper« (Abb. 52) ist ein kleiner, hohler, innen mit etwas Quecksilber beschwerter Glaskörper aus Normalglas 16 III, dessen spez. Gewicht etwas geringer ist als das einer nor-

[1]) Wochenschrift für Brauerei 1923, Nr. 17 und 18 und Zeitschrift für das gesamte Brauwesen 1923, Nr. 5.

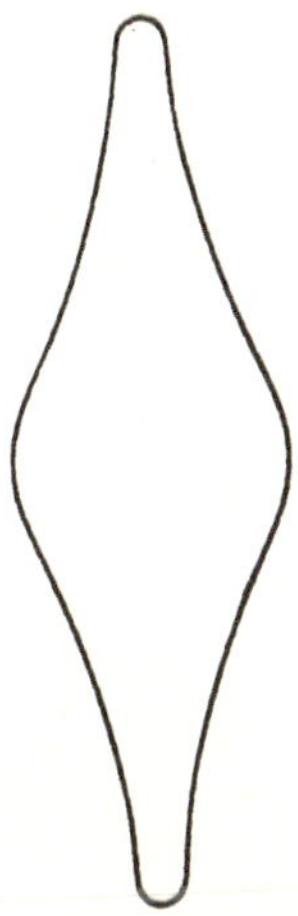

Abb. 52. Natürliche Größe.

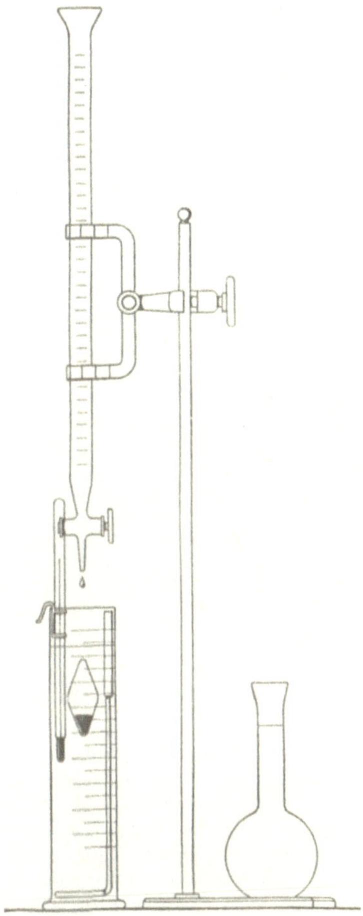

Abb. 53.

malen Laboratoriumswürze und bis auf 2 Einheiten in der 5. Dezimalstelle genau bekannt ist. Gibt man diesen Schwebekörper in ein abgemessenes Quantum Würze und setzt hierauf aus einer Bürette Wasser zu, bis der Schwebekörper in der Flüssigkeit schwebt bzw. eben untersinkt, so besitzt nun die verdünnte Würze das gleiche spez. Gewicht wie der Schwebekörper; die demselben entsprechende, der Platotabelle entnommene Extraktzahl ist leicht auf unverdünnte Würze umzurechnen. Da die Ausdehnung beim Erwärmen sowohl von der Würze als vom Normalglas 16III genau bekannt ist, wenigstens zwischen 12—30°, so kann die Bestimmung bei jeder in Betracht kommenden Temperatur ausgeführt werden.

Man verfahre nach folgender Anleitung. Außer dem Schwebekörper benötigt man (s. Abb. 53) einen Glaszylinder zu ca. 350 cm³ Inhalt bei etwa 4,7 cm lichtem Durchmesser, der, um die Auf- und Abbewegungen des Schwebekörpers besser beobachten zu können, mit einer Skala versehen ist, ferner einen Hartgummirührer, ein in Fünftel- oder Zehntelgrade eingeteiltes Thermometer mit Korrekturentabelle, einen Meßkolben (oder Pipette) zu 200 cm³ und eine Bürette, am besten verbunden mit einem Wasservorratsgefäß und automatischer Nullpunkteinstellung. Jedem Schwebekörper ist, um alle Rechnung unnötig zu machen, eine eigene Tabelle beigegeben, aus welcher man nach Temperatur und Wasserverbrauch ohne weiteres den Extraktgehalt der ursprünglichen Würze ablesen kann. Beistehende Darstellung bildet einen Ausschnitt aus einer solchen Tabelle.

cm³ Wasser	— — — — —	18	19	20	— — —
Temperatur					
—					
—					
—					
—					
—					
16°		8,249	8,287	8,324	
17°		8,296	8,334	8,371	
18°		8,346	8,384	8,421	

Zunächst ist zu beachten, daß die Temperatur der Würze während des Arbeitens ziemlich konstant bleiben soll, die Würze muß also ungefähr die gleiche Temperatur wie die Zimmerluft besitzen, bei der Malzanalyse ist dies ohne weiteres gegeben, wenn man die Untersuchung der Würze im gleichen Raum vornimmt, in dem die Würze vom Filter läuft. Die Lufttemperatur soll auch eine einigermaßen konstante sein. Allzu ängstlich braucht man in dieser Beziehung nicht zu sein, da der Schwebekörper wegen seiner Kleinheit (ca. 5 cm³) sehr schnell eintretenden Änderungen der Flüssigkeitstemperatur folgt.

Nachdem man mit dem beigegebenen Meßkolben 200 cm³ Würze abgemessen, gieße man diese in den Glaszylinder, den Mischzylinder. Der im Meßkolben verbleibende Benetzungsrest gehört nicht dazu. Dann gebe man Schwebekörper, Hartgummirührer und Thermometer in die Würze, letzteres ist mit einem Haken zum Aufhängen am Zylinderrand versehen, und lasse nun aus der Bürette (vorher auf 0 eingestellt) Wasser zufließen. Wieviel Wasser man das erstemal zusetzen muß, kommt auf die Stärke der Würze und Temperatur an. Um einigermaßen einen Anhaltspunkt zu bekommen, schiebe man den Schwebekörper mit Hilfe des Thermometers bis an den Boden des Zylinders, hält ihn dort einige Sekunden, bis sich die in der Flüssigkeit entstandenen Wellen wieder beruhigt haben und läßt ihn dann los; aus Schnelligkeit der Aufwärtsbewegung wird man nach einiger Übung leicht schließen können, ob 10, 15 oder 20 cm³ Wasser sicher nicht zuviel sind. Nach jedesmaligem Wasserzusatz bewegt man zur Durchmischung den Rührer etwa zweimal auf und ab, wobei man das Thermometer nach der Mitte der Flüssigkeit zuneigt, und beobachtet wie oben die Schnelligkeit der Aufwärtsbewegung des Schwebekörpers, nachdem man ihn kurze Zeit am Boden festgehalten hat. Je nach der beobachteten Schnelligkeit setzt man nun weiter noch einige cm³, zuletzt aber immer nur noch 8 Tropfen (= ca. 0,4 cm³) zu, bis der Schwebekörper eben, ganz langsam, untersinkt. Dann liest man sofort das Thermometer (die Zehntel-Skalenteile sind zu schätzen) und hierauf auch die Bürette ab. Hätte man so z. B. festgestellt, daß bei 16,36° (am Thermometer abgelesen) der Schwebekörper nach Zusatz von 19,4 cm³ Wasser untersank, er also bei 19,0 cm³ noch schwamm, so kann man annehmen, daß er bei 19,2 cm³ Wasser in der Flüssigkeit schwebend geblieben wäre. Man hat zunächst nun die Thermometerangabe nach der beigegebenen Korrekturentabelle zu korrigieren, diese zeigt z. B. für 16° die Korrektur + 0,12, so betrug die richtige Temperatur in der Flüssigkeit 16,36 + 0,12 = 16,48°. Nun kann man der Tabelle die 16,48° und 19,2 cm³ entsprechende Extraktprozentzahl entnehmen. In obigem Tabellenausschnitt entsprechen 16° und 19 cm³ 8,287%, 17° dagegen 8,334% — Steigerung 8,334 — 8,287 = 47 in der letzten Dezimalstelle. Wenn 1° einer Steigerung von 47 entspricht, so entsprechen 0,48° einer Steigerung von 0,48 × 47 = rund +23 (= 1. Korrektur). 20 cm³ Wasser entsprechen bei 16° 8,324%, also 8,324 — 8,287 = 37 mehr als 19 cm³. 0,2 cm³ entsprechen daher einer Steigerung von 0,2 × 37 = rund + 7 (= 2. Korrektur). Daher beträgt der genaue Extraktgehalt der unverdünnten Würze

	8,287
1. Korrektur	+ 23
2. »	+ 7
	8,317 Gew.-%.

Auch hier ist für die vereinbarte Nichtumrechnung auf Vakuum 0,01 zu addieren. Also: 8,317 + 0,01 = 8,327.

Es kann nun natürlich leicht vorkommen, daß auf Zusatz von 1 oder 2 oder mehr cm³ (statt von 8 Tropfen) Wasser der Schwebekörper untersinkt, würde man nun etwa das Mittel von 22 und 24 cm³ Wasser nehmen, so wird der mögliche Fehler zu groß. Man kann in einem solchen Falle leicht dadurch abhelfen, daß man eine Schwefelsäurelösung in einem Tropfglas bereit hält, deren spez. Gewicht das des Wassers um den doppelten Wert wie der Schwebekörper übertrifft. Hat also der Schwebekörper das ungefähre spez. Gewicht 1,03, so muß die Schwefelsäure 1,06 haben. Sinkt nun der Schwebekörper vorzeitig unter, so setzt man von der Schwefelsäure 1—2 cm³ (oder die entsprechende Anzahl Tropfen) zu, bis der Schwebekörper wieder steigt, und titriert dann vorsichtig mit Wasser weiter bis zum Untersinken. Die zugesetzte Schwefelsäure ist von der verbrauchten Wassermenge in Abzug zu bringen. Hat man z. B. 23 cm³ Wasser verbraucht und 2 cm³ Schwefelsäure zugesetzt, so waren in Wirklichkeit nur 23 — 2 = 21 cm³ Wasser erforderlich. Kommt es einmal vor, daß der Schwebekörper in der Würze ohne weiteres untersinkt, so kann man sich meistens damit helfen, daß man einige cm³ (höchstens 4—5) Schwefelsäure zusetzt, bis der Schwebekörper steigt, und dann mit Wasser fertigtitriert. Der Tabellenwert ist dann durch Extrapolation zu suchen.

Z. B.: Verbraucht 1,2 cm³ Wasser und 2 cm³ Schwefelsäure. Wirklich erforderliche Wassermenge = 1,2 — 2 = — 0,8 cm³. Nach der zugehörigen Tabelle entspricht 1 cm³ Wasserzusatz 7,765%, 0 cm³ 7,727%. Differenz = 7,765 — 7,727 = 38. Dann würde — 0,8 cm³ Wasser 7,727 — 0,8 × 38 = 7,727 — 30 = 7,697% entsprechen.

Zu bemerken ist noch, daß man nach Beendigung der Titration die Flüssigkeit ausleert und gleich ohne auszuspülen eine weitere zu untersuchende Würze einfüllen kann. Am besten benützt man zwei Schwebekörper und doppelte Einrichtung nebeneinander. Die Untersuchung von zwei Würzen nebeneinander erfordert nur 5 bis 7 Minuten Zeit bei mindestens gleicher Genauigkeit wie bei der gewöhnlichen pyknometrischen Bestimmung.

Die für die Malzanalyse bestimmten Schwebekörper umfassen bei mittlerer Temperatur einen Bereich von ca. 7,5—9,0%. Es können jedoch auch Schwebekörper für jede andere Würzekonzentration geliefert werden. Schwebekörper und Zubehör sind zu beziehen von Joh. Greiner, München.

c) Durch das Zeißsche Refraktometer.

Nach Geys[1]) ist das unter Bieranalyse beschriebene Zeißsche Eintauchrefraktometer auch gut verwendbar für die Bestimmung des Extraktgehaltes der bei der Malzuntersuchung gewonnenen

[1]) Zeitschrift für das gesamte Brauwesen 1921, Nr. 9.

Würze. Mohr hat schon darauf hingewiesen, daß man den annähernden Extraktgehalt der Würze findet, wenn man die bei 17,5° ermittelte und um den Wasserwert bei 17,5° (= ca. 15 Skalenteile) verminderte Refraktion durch 4 dividiert. Der Faktor 4 stimmt aber genau nur bei Refraktion 43.[1]) Für jede andere Refraktion kann man sich nach Geys den Faktor nach folgendem Beispiel berechnen: Refraktion = 34, Faktor = $4 - \frac{43 - 34}{200} = 3{,}955$. Daher entspricht die Refraktion 34 einem Extraktgehalt von 34 : 3,955 = 8,596%. Die Methode gibt genügend genaue Resultate, wenn die Temperatur der Würze genau 17,5° beträgt. Auch das Prisma darf nicht wesentlich von dieser Temperatur abweichen, weshalb die Zimmertemperatur auf 1° genau bei 17,5° gehalten werden muß.

Bestimmung des Extraktgehaltes (der Saccharometeranzeige) von Betriebswürzen.

Zur Ausbeuteberechnung sind bekanntlich drei Zahlen zu erheben: die Malzmenge, die Würzemenge und der Extraktgehalt der Würze. Jeder Fehler bei einer der drei Zahlen erscheint, prozentisch ausgedrückt, gleich groß in der Ausbeutezahl. Würde z. B. die Malzwaage 0,5% zuviel, also etwa statt 2500 kg 2500 + 0,5 × 25 = 2512,5 kg anzeigen, so erniedrigt sich entsprechend die Ausbeutezahl, man würde also statt 75% nur 75 — 0,5 × 0,75 = 74,625% finden. Die auf Prozent berechneten unvermeidlichen Fehler betragen nun aber bei Erhebung der Malz- und Würzemenge je nur einige Zehntel, während bei Erhebung des Extraktgehaltes der Würze durch das Saccharometer Fehler über 1, sogar bis 2% leicht vorkommen können, besonders da ja schon bei der amtlichen Prüfung des Saccharometers eine Abweichung von einem Skalenteil (0,1) zugelassen ist, das macht bei der Angabe 10 1%. Würde also im Betriebe bei Erhebung der Saccharometeranzeige ein weiterer Fehler von 0,1 gemacht, also statt 10 fälschlich 10,2 gefunden, so beträgt der Fehler 2%, und die Ausbeutezahl berechnet sich statt zu 75% zu 75 + 2 × 0,75 = 76,5%. Für eine genaue Ausbeuteberechnung, und nur eine solche hat einen Zweck, ist demnach die Saccharometeranzeige ungenügend. Der absolute Fehler wird natürlich um so größer, je niederer der Extraktgehalt der Würze ist. Die obigen 0,2 am Saccharometer geben in der Ausbeutezahl bei 5proz. Würze den Fehler 3, bei 10proz. 1,5 und bei 15proz. 1. Der Extraktgehalt der Würze ist daher für eine genaue Ausbeuteberechnung immer auf andere Art zu bestimmen. Pyknometer und Schwebekörper gestatten leicht eine Genauigkeit von 0,02 in der Extraktzahl der Würze. Während aber für die pyknometrische Untersuchung eine kostspielige Einrichtung und Erfah-

[1]) Auch ist er in jedem Jahrgang verschieden und muß daher für jeden Betrieb in jedem Jahre neu bestimmt werden.

rung in analytischen Arbeiten erforderlich ist, ist die Anwendung des Schwebekörpers eine höchst einfache. Es sei hier noch erläutert, wie man verfahren kann, wenn man eine stärkere Würze durch einen für leichtere Würze bestimmten Schwebekörper untersuchen will. Zunächst im Falle eine einfache Tarierwaage vorhanden ist: Die Extrakttabelle des zur Verfügung stehenden Schwebekörpers gehe z. B. bei der gegebenen Zimmertemperatur von 7,6—9,1% und die zu untersuchende Betriebswürze zeige beiläufig (mit dem Saccharometer bestimmt) 13%. So ist die Würze auf der Waage mit destilliertem Wasser so zu verdünnen, daß ihr Extrakt-Prozentgehalt zwischen 7,6—9,1% liegt, also etwa 8,5% beträgt. Man wägt in ein geeignetes tariertes Gefäß (Glaskolben oder Becherglas) 200 g Würze genau ab, das sind $2 \times 13 = 26$ g Gesamtextrakt. Diese 26 g Extrakt geben $\frac{26 \cdot 100}{8{,}5}$ = ungefähr 306 g Würze von 8,5%, daher sind ca. 306 — 200 = 106 g Wasser zuzusetzen. Oder: Verdünnungsfaktor $= \frac{13}{8{,}5} = 1{,}53$. Daher sind die 200 g Würze auf $200 \times 1{,}53 = 306$ g zu verdünnen oder 306 — 200 = 106 g Wasser zuzusetzen. Man lege also weitere 106 g Gewichte auf die Waage, setze ungefähr ebensoviel Wasser zu und wäge dann genau ab (z. B. 106,7 g, zusammen 306,7 g). Nach dem Durchmischen bestimmt man nun mit dem Schwebekörper genau den Extraktgehalt der so verdünnten Würze. Ergäbe sich dabei z. B. 8,584%, so beträgt der Gesamtextraktgehalt der 306,7 g verdünnter Würze $8{,}584 \times 3{,}067 = 26{,}327$ g, diese aber waren enthalten in 200 g ursprünglicher Würze, daher in 100 g 26,327 : 2 = 13,1635 g = Extrakt Gew.-% der ursprünglichen Würze.

Für Fälle, in welchen keine Waage zur Verfügung steht, wird zu der gewöhnlichen Schwebekörpereinrichtung noch ein 300-cm³-Kolben mit einer besonderen Pipette geliefert. In den 300-cm³-Kolben gibt man die Pipette voll Würze, füllt mit destilliertem Wasser bis zur Marke auf und stellt den Extraktgehalt dieser verdünnten Würze auf obige Weise fest. Die gefundene Zahl mit dem beigegebenen Faktor multipliziert, ergibt den Prozentgehalt der unverdünnten Würze.

4. Berechnung des Extraktes auf 100 g Malz.

Hat man nach einer der vorstehenden Methode den Extraktgehalt der im Laboratorium aus dem Malz gewonnenen Würze im Gewichtsprozent ermittelt, so ist nun diese Zahl auf 100 g Malz, auf den Extraktgehalt des Malzes in Prozent umzurechnen[1]).

[1]) Der Ausdruck „Laboratoriumsausbeute" wirkt irreführend. Im Laboratorium sucht man zu ermitteln, wieviel Extrakt im Malz überhaupt enthalten ist; im Betrieb sucht man das Malz möglichst auszubeuten, d. h. das verwertbare Extrakt möglichst vollständig von den wertlosen (bzw. geringwertigen) Trebern zu trennen.

a) Auf lufttrockene Substanz.

Die Umrechnung des Extraktes auf Malz erfolgt nach der Proportionalitätsmethode oder Verhältnismethode, bei welcher zunächst der Gesamtextraktgehalt der Abmaischung aus dem Verhältnis von Wasser zu Extrakt in einer abfiltrierten Würzeprobe und dem Gesamtwassergehalt der Abmaischung berechnet wird. Das Verhältnis von Wasser zu Extrakt ergibt sich ganz einfach aus der Extrakt-Prozentzahl der Würze, wenn man diese von 100 abzieht. Der Gesamtwassergehalt der Abmaischung ist gleich dem Gewicht der Abmaischung minus Malz plus Wassergehalt des Malzes oder auch Abmaischung minus Trockensubstanz des Malzes.

Beispiel: Wassergehalt des Malzes 6,4%. Extraktgehalt der Würze 8,15 Gew.-%. Gewicht der Abmaischung und des Malzes wie vorgeschrieben, 450 bzw. 50 g.

1. $(450 - 50) + \frac{6,4}{2}$ oder $450 - \frac{100 - 6,4}{2} = 403,2$ g = Gesamtwassergehalt der Abmaischung.

2. $100 - 8,15 = 91,85$ g Wasser entsprechen 8,15 g Extrakt.

3. 403,2 g Wasser entsprechen $\frac{8,15 \times 403,2}{91,85} = 35,78$ g = Gesamtextrakt aus 50 g Malz.

4. 100 g Malz enthalten $2 \times 35,78 =$ **71,56** g Extrakt.

Allgemein: Wenn W = Wassergehalt des Malzes und G = Gew.-%-Gehalt der Würze, so ist

Extraktgehalt des lufttrockenen Malzes:

$$\frac{G\,(W + 800)}{100 - G} = \frac{8,15\,(6,4 + 800)}{100 - 8,15} = \mathbf{71,56\,\%}.$$

Wäre versehentlich die Maische statt auf 450 g auf etwas höheres Gewicht, etwa 453,4 g, aufgefüllt worden, so sind die 3,4 g Wasserüberschuß bei der Ausrechnung zu berücksichtigen, also einfach zum Gesamtwasser zuzuzählen.

Beispiel: Wassergehalt des Malzes 5,2%, Extraktgehalt der Würze 8,3 Gew.-%, Abmaischung 453,4 g.

Gesamtwassergehalt $= 453,4 - \frac{100 - 5,2}{2} = 406$ g.

Verhältnis von Wasser zu Extrakt = (100 — 8,3) : 8,3.

Gesamtextraktgehalt $= \frac{8,3 \times 406}{100 - 8,3} = 36,74$ g.

In 100 g Malz $2 \times 36,74 =$ **73,48** g Extrakt.

Bei geringerem Wasserüberschuß (bis etwa 1 g) kann man auch für je 0,1 g zuviel zugesetztes Wasser die Extraktprozentzahl der Würze um + 0,002 korrigieren.

Kritik an der Proportionalitätsmethode.

Es gibt verschiedene Methoden, um den Extraktgehalt des Malzes zu bestimmen bzw. zu berechnen. So kann man nach dem Maischen die Treber durch Auswaschen mit heißem Wasser vollständig vom Extrakt trennen (Auswasch- oder Anschwänzmethode), und dann entweder die Trockensubstanz der Treber (absolute Treber) oder die Gesamtmenge des von den Trebern getrennten Extraktes nach irgendeiner Methode bestimmen. Bei Anwendung dieser Methode wäre der Ausdruck »Laboratoriumsausbeute« berechtigt.

Eine weitere sehr interessante Methode ist die sog. Zweifiltrationsmethode. Diese beruht auf der Tatsache, daß man nur eine ganz bestimmte und daher auch errechenbare Menge Würze mit einer gegebenen Menge Wasser von einem gegebenen Prozentgehalt auf einen anderen gegebenen Prozentgehalt verdünnen kann. So kann man z. B. mit 375 g Wasser nur $\frac{375 \times 3{,}96}{8{,}75 - 3{,}96} = 310$ g Würze von 8,75 auf 3,96 Gew.-% verdünnen.

Beweis: Gesamtextrakt vor der Verdünnung = Gesamtextrakt nach der Verdünnung: $3{,}1 \times 8{,}75 = 6{,}85 \times 3{,}96 = 27{,}1$ g.

Allgemein: Mit x g Wasser kann man $\frac{x \times y}{z - y}$ g Würze von z auf y Gew.-% verdünnen.

Nach der Zweifiltrationsmethode wird von der abgekühlten Abmaischung ein gewisses Quantum abfiltriert und genau gewogen und, um zu erfahren, wieviel von der Würze in den Trebern zurückgeblieben ist, werden die Treber mit einem bestimmten Quantum Wasser gemischt und hierauf wird wieder filtriert (2. Filtrat). Aus der obigen Formel läßt sich dann leicht berechnen, wieviel g Würze von den Trebern zurückgehalten wurden, und somit hat man die Menge der Gesamtwürze.

Für den allgemeinen Gebrauch erwiesen sich die beiden vorstehend beschriebenen Methoden als zu umständlich und zeitraubend, auch ist ihre Genauigkeit zweifelhaft. Man einigte sich daher auf die Proportionalitätsmethode. Diese ist zwar einfach in der Ausführung, jedoch ist die Berechnung mit einem schweren Fehler behaftet. Die Berechnung der Gesamtwassermenge in der Abmaischung ist falsch, ergibt zu hohe Zahlen. Von dem zugesetzten Wasser wird nämlich ein Teil beim Stärkeabbauprozeß chemisch gebunden, sozusagen in Trockensubstanz verwandelt, da die Stärke bei der Umwandlung in Dextrin und hauptsächlich in Maltose Wasser in ihr Molekül aufnimmt. Die prozentische Zusammensetzung der Stärke kann ausgedrückt werden durch die Formel $C_6H_{10}O_5$ oder $C_{12}H_{20}O_{10}$, während der Maltose die Formel $C_{12}H_{22}O_{11}$ zukommt. Das Wasser, das von der Stärke gebunden wird, wäre also von der Gesamtwassermenge der Abmaischung in Abzug zu bringen. Viel größer ist aber noch die Menge Wasser, welche von den Trebern physikalisch gebunden wird (Imbibitionswasser oder Quellungswasser). Alle organisierten Körper (dazu gehören auch die Treber) nehmen aus wässerigen Lösungen verhältnismäßig mehr Wasser als Lösung auf und veranlassen dadurch natürlich eine Erhöhung der Konzentration der Lösung. Preßt man die einer Abmaischung entnommenen Treber unter sehr hohem Druck aus, so zeigt der Preßsaft immer eine wesentlich geringere Konzentration als die Würze, auch wenn jede Wasserverdunstung vermieden wird.

Da der Gesamtfehler, um welchen die Gesamtwassermenge der Abmaischung bei der Proportionalitätsmethode zu hoch angenommen wird, immer gleich bleibt, auch bei verschiedenen Maischwassermengen, so folgt daraus, daß er beim Auffüllen der Maische auf 450 g prozentisch mehr ausmacht als beim Auffüllen auf etwa 650 g, denn etwa 6 g Fehler bedeutet bei 400 g Wasser mehr als bei 600 g. So kommt es, daß bei der Proportionalitätsmethode sich der Extraktgehalt um so niedriger errechnet, je mehr Wasser man der Maische zusetzt, auf je höheres Gesamtgewicht man die Maische vor dem Filtrieren auffüllt[1]). Die Gesamtmenge des Wassers, welche beim Maischprozeß chemisch und physikalisch gebunden wird, berechnete Satava[2]) zu 13,2 g je 100 g wasserfreien Malzes, und zwar 3,3 g chemisch und 9,3 g physikalisch durch die Treber und ferner noch 0,6 g physikalisch durch das Filtrierpapier. Die Berechnung würde sich demnach wie folgt stellen:

Beispiel: Malz = 50 g. Wassergehalt des Malzes = 6%. Abmaischung = 450 g. Extraktgehalt der Würze = 8,532 Gew.-%.

1. Nach der alten Methode. Gesamtwasser $= 450 - \left(50 - \frac{6}{2}\right)$ $= 403$ g. Daher Extrakt $= \frac{8{,}532 \times 403 \times 2}{100 - 8{,}532} = 75{,}18\,\%$.

2. Nach Satava. Gesamtwasser $= 450 - \left(50 - \frac{6}{2}\right) - \frac{13{,}2 \times 94}{100 \times 2}$ $= 396{,}8$ g. Daher Extrakt $= \frac{8{,}532 \times 396{,}8 \times 2}{100 - 8{,}532} = 74{,}02\,\%$.

Ducháček und Beníšek[3]) empfehlen für das zuviel in Rechnung gestellte Wasser die nach der alten Methode gefundene Extraktzahl mit 0,9774 zu multiplizieren, wobei sich in obigem Beispiel 75,18 × 0,9774 = 73,48% ergibt. Nach der alten gegenwärtig noch von den Vereinbarungen vorgeschriebene Berechnungsweise, dürfte der Extraktgehalt des Malzes immerhin um mindestens 1 zu hoch gefunden werden.

---

[1]) Windisch, Wochenschrift für Brauerei 1914, Nr. 1.
Doemens und Pawlowski, Allgemeine Brauer- und Hopfenzeitung 1914, Nr. 237.

[2]) Der böhmische Bierbrauer 1932, Nr. 43 und 44.

[3]) Der böhmische Bierbrauer 1932, Nr. 15.

b) Berechnung des Extraktes auf Malz-Trockensubstanz.

Der Extraktgehalt des lufttrockenen Malzes wird um so niederer, je höher der Wassergehalt steigt. Es ist daher, um bei demselben Malz immer die gleiche Extraktzahl zu erhalten, auch wenn der Wassergehalt sich geändert hat, nötig, den Extraktgehalt auf 100 g Malz-Trockensubstanz umzurechnen.

Beispiel 1: Wassergehalt des Malzes 6,4%. Extraktgehalt des lufttrockenen Malzes 71,56%. Wieviel Extrakt ist enthalten in 100 g Malz-Trockensubstanz?

1. 100 g Malz enthalten 100 — 6,4 = 93,6 g Trockensubstanz.
2. 93,6 g Malztrockensubstanz enthalten 71,56 g Extrakt.
3. 100 g » » $\frac{71,56 \times 100}{93,6} = \mathbf{76,45}$ **g** Extrakt.

Allgemein:

$$\text{Extr. i. d. Tr.-S.} = \frac{\text{Extr. lufttr.} \times 100}{100 - W} = \frac{71,56 \times 100}{100 - 6,4} \text{ (R-St)} = \mathbf{76,45\ \%}.$$

Beispiel 2: Wassergehalt des Malzes 5%. Extraktgehalt in der Malz-Trockensubstanz 78,5%. Wieviel Extrakt ist enthalten in 100 g lufttrockenem Malz?

1. 100 — 5 = 95 g Trockensubstanz in 100 g Malz.
2. 100 g Trockensubstanz enthalten 78,5 g Extrakt.
3. 95 g Tr.-S. (= 100 g lufttr. Malz) enthalten $\frac{78,5 \times 95}{100} = \mathbf{74,58}$ **g** Extrakt.

Allgemein:

$$\text{Extr. lufttr.} = \frac{\text{Extr. Tr. S.} \times (100 - W)}{100} = \frac{78,5 \times (100 - 5)}{100} \text{ (R-St)} = \mathbf{74,58\%}.$$

Beispiel 3: Wieviel Extrakt lufttr. wird das Malz von Beispiel 1 enthalten, wenn der Wassergehalt auf 7,8% gestiegen sein wird? Zunächst berechnet man nach Beispiel 1 den Extraktgehalt auf Trockensubstanz = 76,45%, hierauf nach Beispiel 2 den Extraktgehalt bei 7,8% Wasser:

$$\text{Extr. lufttr.} = \frac{76,45 \times (100 - 7,8)}{100} \text{ (R-St)} = \mathbf{70,49\ \%}.$$

Allgemein: E_1 = Extrakt bei Wassergehalt W_1, E_2 = Extrakt bei Wassergehalt W_2.

$$E_2 = \frac{E_1 (100 - W_2)}{100 - W_1} = \frac{71,56 (100 - 7,8)}{100 - 6,4} \text{ (R-St)} = \mathbf{70,49\ \%}.$$

Meindltabelle.

Um die Berechnung des Extraktgehaltes auf 100 g Malz und 100 g Malz-Trockensubstanz zu ersparen, hat Professor Meindl eine Tabelle zusammengestellt (Tafeln für die Malzanalyse von Professor Dr. O. Meindl, Nürnberg 1921), aus welcher man ohne weiteres nach dem gefundenen spez. Gewicht oder Extraktgehalt der Würze und dem gefundenen Wassergehalt des Malzes den Extraktgehalt des Malzes (lufttrocken und Trockensubstanz) ablesen kann.

Eckhardts Leitertafeln.

Die Tafel für die Malzanalyse aus den »Leitertafeln für die Bier- und Malzanalyse und Berechnung der Ausbeute« von Dr. F. Eckhardt, erschienen bei Carl in Nürnberg, besteht aus fünf gegeneinander geneigten Skalen (Leitern) — Wassergehalt, spez. Gewicht der Würze, Gewichtsprozent der Würze, Extraktgehalt lufttrocken und Extraktgehalt in der Trockensubstanz —. Legt man nun einen beigegebenen Zelluloidstab durch die gefundenen Zahlen für Wassergehalt und spez. Gewicht der Würze oder Gew.-%, so kann man an der 4. und 5. Skala den Extraktgehalt des lufttrockenen Malzes und Malz-Trockensubstanz ablesen.

Ebenso kann man aus den Ausbeutetafeln, wenn man die Gew.-% der Würze und die aus 1 Zentner Malz erhaltenen Liter Würze kennt, die Sudhausausbeute und die Gärkellerausbeute ohne weiteres ablesen.

5. Farbe der Würze (8).

Die Farbentiefe der Würze drückt man aus in der Zahl, welche angibt, wieviele cm³ N/10-Jodlösung (Lös. 38b) erforderlich sind, um 100 cm³ Wasser auf die Farbe der zu untersuchenden Würze zu bringen.

Da manche blank abgelaufene Würzen nach einigem Stehen mehr oder weniger schleierig werden, so soll man mit der Farbenbestimmung nicht zu lange zögern. Auch kann die Farbe heller Würzen bei längerem Stehen etwas zunehmen.

Die Bestimmung kann entweder direkt mit N/10-Jodlösung oder, wie vereinbart, mit dem Brandschen Kolorimeter erfolgen.

a) Mit N/10-Jodlösung.

Zwei gleich große (ca. 150 cm³) und gleich weite Bechergläser stellt man nebeneinander auf einer weißen Unterlage (Papier usw.) so auf, daß genügend Licht einfällt und gibt in das eine der Gläser 100 cm³ Wasser, in das andere so viel Würze, daß die Flüssigkeiten in beiden Gläsern gleich hoch stehen.

Hierauf läßt man aus einer Bürette in das Wasser unter ständigem Umrühren N/10-Jodlösung tropfenweise zulaufen, bis das Wasser gleiche Farbentiefe wie die Würze aufweist.

Die verbrauchten Kubikzentimeter N/10-Jodlösung entsprechen der Farbentiefe der Würze.

Beispiel:

Stand in der Bürette vor Beginn der Probe	27,3 cm³
» » » » am Ende » »	27,9 »
Die Farbentiefe der Würze ist demnach . .	**0,6** cm³.

Erscheint es notwendig, was aber nach den Vereinbarungen nicht zulässig ist, die Farbentiefe der Laboratoriumswürze etwa einer 8,45proz., auf eine andere Konzentration, z. B. auf eine 10proz. umzurechnen, so geschieht dies durch nachstehende Gleichung:

$$8{,}45 : 0{,}6 = 10 : x$$

$$x = \frac{0{,}6 \times 10}{8{,}45} \text{ (R-St)} = \mathbf{0{,}71} \text{ cm}^3 \text{ N/10-Jodlösung.}$$

b) Mit dem Brandschen Kolorimeter.

Bei dieser Bestimmung wird die Jodlösung durch die Brandsche Farbstofflösung (Lös. 63) ersetzt, welche sich viel haltbarer als die erstgenannte Lösung erwiesen hat und aus einer Anzahl Anilinfarbstoffen zusammengesetzt ist.

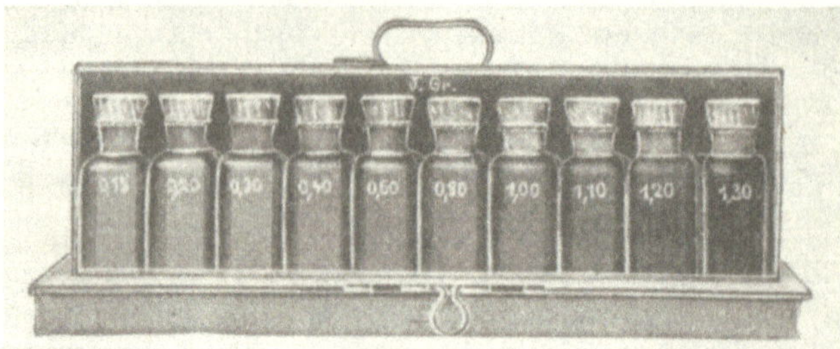

Abb. 54.

Die parallelwandigen Flaschen des Kolorimeters (Abb. 54) sind mit je 100 cm³ Chloroformwasser, dem die entsprechenden Mengen (s. Vereinbar. 8) Farbstofflösung zugesetzt wurden, gefüllt.

Der Einheitlichkeit halber sollen nur die von der Wissenschaftlichen Station für Brauerei in München gefüllten, durch Joh. Greiner in München zu beziehenden Farbeflaschen verwendet werden. Die Flaschen sind im Dunkeln aufzubewahren.

Abb. 55.

Der Farbenvergleich mit der Würze wird nach Brand in dem stereoskopartigen Blechkasten, dem Koloriskop (Abb. 55), in der Weise ausgeführt, daß man ein Glas von gleicher Form und Größe mit der zu untersuchenden Würze füllt und es zwischen die in Farbentiefe am ähnlichsten Gläser des Kolorimeters stellt. Nun wird der geschlossene Kasten gegen das Licht gehalten.

Da nun auf jedem Glas des Kolorimeters die Farbentiefe der darin enthaltenen Lösung verzeichnet ist, kann man die Farbentiefe der zu untersuchenden Flüssigkeit direkt ablesen.

Eine sehr zweckmäßig verbesserte Form des Koloriskops ist von der Glasbläserei des Instituts für Gärungsgewerbe in Berlin zu beziehen.

Für opalisierende Würzen empfiehlt Roeder[1]), hinter die Farbstofflösung eine Kolorimeterflasche mit Wasser, dem man zur Hervorbringung der gleichen Trübung wie in der Würze etwas fein verteilte Kieselsäure zugesetzt hat, zu stellen und zugleich hinter die Würze eine gleiche Flasche mit reinem Wasser. Am besten eignet sich nach den Angaben der Wissenschaftlichen Station für Brauerei in München kolloides Kieselsäuregel, welches von der Station bezogen werden kann.

Um nicht jedesmal die Kieselsäureaufschlämmung neu herstellen zu müssen, kann man vier Aufschlämmungen nachstehender Zusammensetzung vorrätig halten. Am besten verwendet man zu diesem Zweck mit etwas Chloroform (zur Haltbarmachung) versetztes Wasser. Für gewöhnlich werden folgende Aufschlämmungen genügen:

Glas	I:	0,02 g	Kieselsäure	für schwach opalisierende Würzen
»	II:	0,035 g	+ 125 cm³	» opalisierende »
»	III:	0,05 g	Wasser	» verschleierte »
»	IV:	0,075 g		» trübe »

Exakte Methoden zur Trübungsmessung siehe bei »Biertrübungen«.

Die Farbentiefe der bei der Extraktbestimmung anfallenden Würze soll betragen:

für Pilsner Malz			bis	0,25 cm³	N/10-Jodlösung	
» Wiener Malz	von	0,3	»	0,45	»	» »
» Münchner Malz	»	0,6	»	1,1	»	» »

Farbe im kalten Malzauszug.

Will man schnell sich über die Farbentiefe der Würze eines Malzes, z. B. bei der Kontrolle des Darrens, orientieren, ohne daß man das Malz nach dem Kongreßverfahren vermaischen will, so wird zu diesem Zwecke ein kalter Malzauszug hergestellt.

Die Herstellung geschieht auf folgende Weise:

40 g Malz werden wie bei der Malzanalyse fein geschroten, in einem Becherglas oder Maischbecher mit 200 cm³ Wasser eingemaischt und unter öfterem Umrühren 30 Minuten stehengelassen. Hierauf wird die Maische blank filtriert.

Nun bestimmt man vom Filtrate die Farbe nach einer der oben angegebenen Methoden.

Die auf diese Weise erhaltene Farbentiefe entspricht ungefähr der Farbe einer 12proz. Würze, welche man aus dem gleichen Malze nach dem Kongreßverfahren gewonnen hätte.

---

[1]) Zeitschrift für das gesamte Brauwesen 1920, Nr. 21 und 22.

Farbe nach Lovibond.

In England und Nordamerika ist es allgemein üblich, die Farbe der Würze mittels des Lovibond-Tintometers zu bestimmen. Zwischen den Angaben nach Lovibond und nach Brand besteht[1]) folgende Beziehung:

Farbe nach Lovibond = Farbe nach Brand × 15. Genauer gibt nachstehende von Meindl veröffentlichte[2]) Tabelle das Verhältnis der beiden Farbenausdrücke an.

Würzefarbe nach Lovibond	Würzefarbe nach Brand
14	0,95
13	0,86
12	0,78
11	0,71
10	0,65
9	0,58
8	0,52
7	0,46
6	0,39
5	0,32
4	0,26
3	0,19
2	0,13

Eine eingehende Zusammenstellung der verschiedensten Methoden zur Farbenbestimmung in Würze (Bier), in welcher auch die Fehler, die bei der Farbenbestimmung nach Brand auftreten, erörtert sind, siehe bei C. Enders, Fortschritte in der Farbenbestimmung in Würze und Bier, Wochenschrift für Brauerei 1936, Nr. 12 und C. Enders, Objektive Farbebestimmung durch Adsorptionsmessung, Wochenschrift für Brauerei 1936, Nr. 16.

6. Zucker (Rohmaltose) in der Würze.

Die meisten Zuckerarten scheiden aus einer alkalischen Lösung von Seignettesalz (weinsaures Kalinatron) und Kupfersulfat (Fehlingsche Lösung, F. L.) beim Kochen unlösliches rotes Kupferoxydul aus infolge ihrer reduzierenden Wirkung auf das in der F. L. enthaltene gelöste Kupferoxyd. Der Zucker der Würze (rund ⅔ des Extraktes) besteht hauptsächlich aus Maltose, jedoch sind auch geringe Mengen Dextrose, Lävulose und Rohrzucker nachgewiesen. Alle diese Zuckerarten wirken auf F. L. reduzierend, mit Ausnahme des Rohrzuckers, dagegen wirken aber auch die zu 18—26% im Würzeextrakt enthaltenen Dextrine auf F. L. reduzierend, wenn auch nur sehr schwach. Trotzdem wird der Zuckergehalt der Würze meistens auf Grund des Reduktionsvermögens der Maltose gegen

[1]) Die Brau- und Malzindustrie, Wien, 1936. Nr. 1.
[2]) Allgemeine Brauerei- und Hopfenzeitung 1927, Nr. 231.

F. L. bestimmt, die errechnete Zahl kann offenbar nicht den wahren Zuckergehalt darstellen; man nennt sie deswegen den Rohmaltosegehalt.

Zuckerbestimmungsmethoden.

a) Maßanalytische Methode nach Reischauer.

Zunächst ist die Würze so zu verdünnen, daß der Zuckergehalt 0,15—0,30% beträgt. Da der Extraktprozentgehalt der bei der Extraktbestimmung gewonnenen Laboratoriumswürze meistens zwischen 8—8,8 Gew.-% liegt und das Extrakt zu ungefähr ⅔ aus Zucker besteht, so enthalten die Laboratoriumswürzen 5,5—6 g Zucker in 100 cm³ und sind daher, um auf 0,22% zu kommen, $\frac{5,5}{0,22} = 25$- bis $\frac{6}{0,22} = 27$fach oder rund 25fach (oder auch 30fach) zu verdünnen. Zu diesem Zwecke pipettiere man 10 cm³ Würze in einen 250-cm³-Meßkolben, fülle mit Wasser bis zur Marke auf und schüttele gut durch. Die Würze ist dann $\frac{250}{10} = 25$fach verdünnt.

Zur Bestimmung benützt man einen Apparat (Reischauerscher Stern, welcher aus 10—12 in einem Gestell sternförmig angeordneten Reagenzgläsern und einem dazu passenden Wasserbade (Abb. 56) besteht.

Vorerst bereitet man F. L., indem man mit einer Pipette 50 cm³ Kupferlösung (Lös. 54a) und 50 cm³ Seignettesalzlösung (Lös. 54b α) in ein Kölbchen oder ein Becherglas gibt und gut durchmischt. Von dieser Lösung gibt man dann der Reihe nach mit einer in 0,02 cm³ geteilten, etwa 2 cm³ fassenden Meßpipette (Abb. 57) in die Reagenzgläser, und zwar:

in das 1. Glas 1,0 cm³
» » 2. » 1,1 »
» » 3. » 1,2 »
» » 4. » 1,3 »

in jedes folgende Glas 0,1 mehr, bis alle Gläser beschickt sind.

Hierauf setzt man mit einer Pipette jedem Reagenzglas 5 cm³ der verdünnten Würze zu, mischt gut durch und stellt den

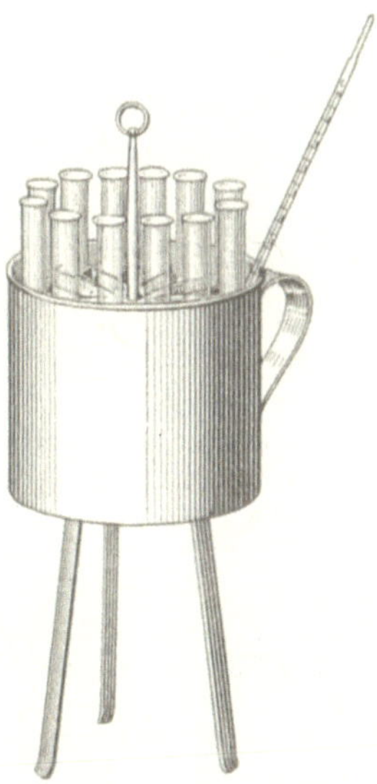

Abb. 56.

Abb. 57.

Stern 15 Minuten in ein vorher bereitgestelltes kochendes Wasserbad.

Nach dieser Zeit nimmt man den Stern heraus und läßt das ausgeschiedene Kupferoxydul gut absetzen. War die Verdünnung der Würze richtig gewählt, so wird die überstehende klare Flüssigkeit in dem Reagenzglas, das am wenigsten F. L. enthält, gelb (kein Kupfer mehr in Lösung!) und in dem, welches am meisten enthält, grünblau (noch Kupfer in Lösung!) gefärbt erscheinen.

Man schreitet nun zur Ermittelung der zwei Gläser, zwischen welchen die Grenze liegt, d. h. zur Auswahl zweier nebeneinander stehenden Gläser, von denen das eine kein Kupfer, das andere dagegen noch Kupfer gelöst aufweist.

Die Prüfung auf Kupfer erfolgt in der Weise, daß man von den ausgewählten Gläsern, die beispielsweise 1,5 und 1,6 cm^3 F. L. enthalten, etwa die Hälfte der klaren überstehenden Flüssigkeit in zwei reine Reagenzgläser vorsichtig abgießt, ohne den Niederschlag aufzurühren. Noch besser filtriert man die Proben. Man säuert hiernach die abgegossene Flüssigkeit mit Essigsäure (Lös. 7c) an und fügt je 1—2 Tropfen frisch bereiteter Ferrozyankaliumlösung (Lös. 48) hinzu[1]).

Enthält das Glas mit 1,6 cm^3 noch gelöstes Kupfer (Rotfärbung mit Ferrozyankalium!), das mit 1,5 cm^3 dagegen nicht, so liegt die Grenze zwischen 1,5 und 1,6 cm^3 F. L.

Wird dabei auf sehr genaues Resultat kein besonderer Wert gelegt, so nimmt man die Durchschnittszahl, und zwar

$$\frac{1{,}5 + 1{,}6}{2} = 1{,}55 \text{ cm}^3,$$

andernfalls stellt man wie folgt einen neuen Versuch an.

In 6 sauber gereinigte Gläser gibt man der Reihe nach:

in	das	1.	Glas	1,50 cm^3	F. L.
»	»	2.	»	1,52 »	»
»	»	3.	»	1,54 »	»
»	»	4.	»	1,56 »	»
»	»	5.	»	1,58 »	»
»	»	6.	»	1,60 »	»

und verfährt weiter in derselben Weise wie beim ersten Versuch.

Zum Schluß prüft man den Inhalt der Gläser wie oben auf Kupfer. Ergibt z. B. der Inhalt des 4. Glases keine Kupferreaktion, der des 5. Glases dagegen Reaktion, so wurden durch 5 cm^3 verdünnter Würze 1,57 cm^3 (Mittel von 1,56 und 1,58) F. L. reduziert. Aus Tabelle VIII entnimmt man alsdann den entsprechenden Maltosewert 11,35 mg = 0,01135 g.

---

[1]) Ein noch viel schärferes Reagens auf gelöstes Kupferoxyd ist die Diamidoanthrachinonsulfosäure (Stellung 1, 2, 3), die in stark verdünnter wässeriger Lösung noch mit 10 000fach verdünnter F. L. auf Zusatz von Natronlauge Blaufärbung gibt.

Beispiel: Die Würze enthalte 8,15 Gew.-% Extrakt. Spez. Gewicht nach Tabelle II 1,03244 und Vol.-% 8,415.

1. 0,01135 g = Maltose in 5 cm³ 25fach verd. Würze.
2. 0,01135 × 20 = 0,227 g = Maltose in 100 cm³ 25fach verd. Würze
3. 0,227 × 25 = 5,675 g = Maltose in 100 cm³ unverd. Würze.
4. 5,675 : 1,03244 = 5,497 g = Maltose in 100 g unverd. Würze.

Also in 100 g Würze **5,497** g Maltose oder besser Rohmaltose.

Gewöhnlich rechnet man bei der Malzanalyse den Zuckergehalt auf 100 g Extrakt um. Die nach 3. in 100 cm³ Würze gefundenen 5,657 g Maltose sind offenbar enthalten in 8,415 (Vol.-%) g Extrakt. Dann sind in 100 g Extrakt $\frac{5,675 \times 100}{8,415}$ = **67,4** g Rohmaltose.

Bei 25facher Verdünnung, die bei der Malzanalyse immer eingehalten werden kann, kann man rechnen nach der allgemeinen Formel:

$$\text{Rohmaltose im Extrakt} = \frac{\text{mg Zucker} \times 50}{\text{Vol.-}\%}$$

$$= \frac{11,35 \times 50}{8,415} \text{ (R-St)} = \mathbf{67,4}\,\%.$$

b) Gewichtsanalytische Methode nach Kjeldahl.

Nach dieser wird die zuckerhaltige Flüssigkeit (verd. Würze) mit überschüssiger F. L. erhitzt, das abgeschiedene Kupferoxydul auf einem gewogenen Asbestfilterröhrchen, Allihnschen Zuckerröhrchen gesammelt, das Kupferoxydul durch Erhitzen im Wasserstoffstrom zu metallischem Kupfer reduziert und als solches gewogen.

Zur Herrichtung des Filterröhrchens wird zunächst guter Asbest durch Schlämmen von den steinigen Bestandteilen befreit. Dann wird aufs neue die überstehende Flüssigkeit mit dem feineren Asbest in ein Becherglas abgegossen, der zurückbleibende gröbere kommt zu unterst in das Filterröhrchen. In letzteres gibt man zunächst etwas Glaswolle, setzt das Röhrchen dann auf die Saugflasche einer Wasserstrahlsaugpumpe (Abb. 58) und bringt dann den in Wasser aufgeschwemmten Asbest, zuerst den gröberen und obenauf den feineren, hinein und drückt schließlich mit einem abgeschnittenen (nicht abgeschmolzenen) Glasstab fest an, so daß die Oberfläche schön glatt wird und der Asbest an der Wandung fest anliegt. Am Schluß muß das Wasser bei voll geöffneter Saugpumpe noch in einem schwachen Strahl abfließen. Die Asbestschicht soll ca. 6 bis 8 mm stark sein. Hierauf wird das Röhrchen bei schwachem Saugen 3—4mal mit kochender Natronlauge, 2—3mal mit heißem

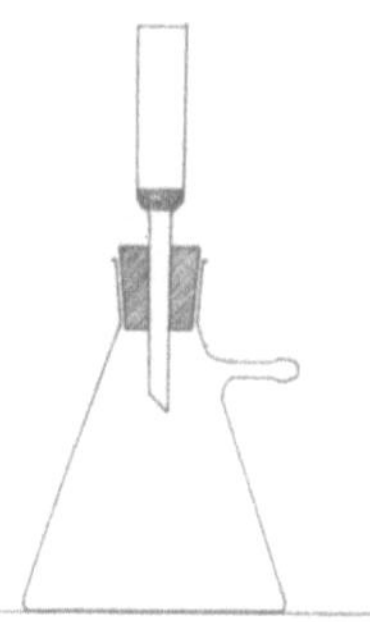

Abb. 58.

Wasser, 3—4 mal mit Salpetersäure, wieder 8—10 mal mit Wasser, 2 mal mit Alkohol und 2 mal mit Äther ausgewaschen. Dann läßt man den Äther gehörig absaugen, steckt das Röhrchen, nachdem man zur Entfernung der Luft den Wasserstoff hat einige Zeit ausströmen lassen, an den Kippschen Wasserstoffentwicklungsapparat

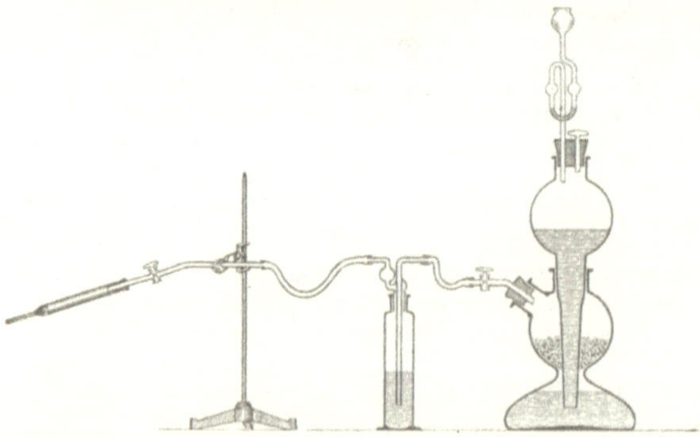

Abb. 59.

(Abb. 59), läßt Wasserstoff durchstreichen, erhitzt schließlich das Röhrchen mit bewegter Gasflamme besonders an der Stelle, wo der Asbest sitzt und läßt hierauf, während man den Wasserstoffstrom schwach durchgehen läßt, erkalten. In dem Kippschen Apparat wird der Wasserstoff aus Zink und 10—15 proz. reiner Salzsäure entwickelt, zur Reinigung läßt man ihn der Reihe nach durch Natronlauge, 1 proz. Kaliumpermanganatlösung und konzentrierte Schwefelsäure, die sich in drei Gaswaschflaschen (1 Waschflasche s. Abb. 59) befinden, gehen. Nach dem Erkalten im Wasserstoffstrom bringt man das Asbestfilterröhrchen in den Exsikkator und wägt es frühestens nach 20 Minuten.

Zur Ausführung der Bestimmung wird die Würze zunächst so verdünnt, daß in 100 cm³ etwa 0,4—0,8 g Maltose enthalten sind. Bei der Laboratoriumswürze kann man also immer 10 fach verdünnen. Hierauf gibt man in ein Erlenmeyer-Kölbchen von ca. 150 cm³ Inhalt 30 cm³ F. L. (frisch bereitet aus je 15 cm³ Lös. 54 a und 54 b, β) 25 cm³ verd. Würze und 45 cm³ Wasser (zusammen 100 cm³), deckt das Kölbchen mit einem lose schließenden Glasstopfen zu und stellt es 20 Minuten in ein kochendes Wasserbad, so daß das kochende Wasser über die Flüssigkeit reicht. Unterdessen hat man das Filterröhrchen wieder auf die Saugflasche gebracht, dann saugt man schwach an, gießt etwas heißes Wasser auf und hierauf bei vollem Druck die über dem ausgeschiedenen Kupferoxydul stehende blaue Flüssigkeit. Schließlich bringt man auch das Kupferoxydul auf das Filter (um Verluste zu vermeiden, kann man ein kleines Glastrichterchen mit abgeschnittenem Rohr auf das Filterröhrchen setzen), indem man mit einem Gummiwischer die letzten Reste von den Kölbchenwandungen losreibt. Wenn so das Kupferoxydul bis auf die letzte Spur sich auf dem Asbestfilter befindet, wäscht man wieder 8—10 mal mit heißem Wasser, 2 mal mit Alkohol und 2 mal mit Äther nach wie oben, steckt dann das Röhrchen direkt auf den Schlauch der Saugpumpe und erhitzt bei gleichzeitigem Durchsaugen von Luft. Dabei geht das rote Kupferoxydul in schwarzes Kupferoxyd über. Der untere Teil des Röhrchens, wo der Asbest sitzt, darf erst mit der Flamme erhitzt werden, wenn er sich durch Durchsaugen von vorgewärmter Luft schon stark erwärmt hat. Dann steckt man das heiße Röhrchen schnell an den Kippschen Apparat und läßt Wasserstoff durchströmen, indem man zugleich weiter erhitzt. Das Kupferoxyd wird dabei zu rotem metallischem Kupfer reduziert, während der Sauerstoff sich mit dem Wasserstoff verbindet und als Wasser entweicht. In dem engen Teil des Filterröhrchens sieht man Wassertröpfchen auftreten. Diese werden schließlich noch durch vorsichtiges Erhitzen ausgetrieben, und dann läßt man das Röhrchen wieder im Wasserstoffstrom erkalten. Es sei noch bemerkt, daß man das Kupferoxyd nicht zu stark erhitzen darf, da sonst das Glas schmilzt und sich ausbeult. Bei richtig vorbereiteten Röhrchen und reinem Wasserstoffgas genügt ganz schwaches Erhitzen. Nach dem Erkalten wird das Röhrchen wieder 20 Minuten in den Exsikkator gestellt und dann gewogen.

Beispiel: Leeres Röhrchen 35,673 g, Röhrchen mit Kupfer 35,849 g. Würze zeigt das spez. Gewicht 1,03300, daher Gew.-% 8,288 und Vol.-% 8,561.

Röhrchen mit Kupfer	35,849 g	
» leer	35,673 g	
Kupfer =	0,176 g	= 0,145 g Maltose lt. Tabelle IX.

1. 0,145 g = Maltose in 25 cm³ 10fach verd. Würze.
2. 0,145 × 4 = 0,58 g = Maltose in 100 cm³ 10fach verd. Würze.
3. 0,58 × 10 = 5,8 g = Maltose in 100 cm³ unverd. Würze.
4. 5,8 : 1,033 = 5,615 g = Maltose in 100 g unverd. Würze.
5. $\frac{5,8 \times 100}{8,561}$ = **67,8** g = Maltose in 100 g Extrakt.

Also in 100 g Extrakt sind 67,8 g Zucker oder Rohmaltose.

Allgemein bei 10facher Verdünnung:

$$\text{Rohmaltose im Extrakt} = \frac{\text{mg Zucker nach Tab. IX} \times 4}{\text{Vol.-\%}}$$

$$= \frac{145 \times 4}{8,561} \text{ (R-St)} = \mathbf{67,8}\text{ g \%}.$$

Blinder Versuch. Es ist immer empfehlenswert, auch einen blinden Versuch in der gleichen Weise unter Anwendung von Wasser statt verdünnter Würze durchzuführen. Die dabei gefundene Kupfermenge ist von der im Hauptversuch gefundenen abzuziehen.

Anmerkung. In manchen Laboratorien wird das Kupferoxydul nach dem Auswaschen mit Alkohol und Äther im Trockenschrank bei 90° 1 Stunde getrocknet und nach dem Erkalten im Exsikkator als Kupferoxydul (Cu_2O) gewogen. Das gefundene Cu_2O wird durch Multiplikation mit 0,8883 auf Cu umgerechnet.

Reinigung der Filterröhrchen.

Nach dem Gebrauch gibt man in das unter dem Abzug in einem Becherglas stehende Röhrchen etwas Salpetersäure (1—2 cm³), in welcher sich das Kupfer unter lebhafter Entwicklung rotbrauner, giftiger Dämpfe von Stickstoffdioxyd löst. Nach vollständiger Beendigung der Gasentwicklung, etwa ½ Stunde, bringt man das Filterröhrchen (die außen anhaftende Salpetersäure mit Wasser abspülen!) wieder auf die Saugpumpe, wäscht 8—10mal mit heißem Wasser, ferner wie oben mit Alkohol und Äther, erhitzt wieder im Wasserstoffstrom und wiegt nach dem Erkalten. Bei guten Röhrchen nimmt das Gewicht beim Gebrauch nur unbedeutend, jedesmal höchstens um 1 mg, ab.

Anmerkung. Das gleiche Verfahren nach Kjeldahl dient auch zur Bestimmung anderer Zuckerarten. Die dem gefundenen Kupferwert entsprechenden Zahlen für Dextrose und für Invertzucker sind ebenfalls in Tabelle IX enthalten.

c) Maßanalytische Methode nach Kjeldahl-Bertrand[1]).

Die Methode beruht darauf, daß man zunächst genau wie unter b) das Kupferoxydul zur Ausscheidung bringt, dann dasselbe in einer konzentrierten Lösung von Ferrisulfat in Schwefelsäure löst, wobei sich Cuprisulfat und Ferrosulfat bildet nach der Gleichung:

I) $Cu_2O + Fe_2(SO_4)_3 + H_2SO_4 = 2\,CuSO_4 + 2\,FeSO_4 + H_2O.$

Das entstandene Ferrosulfat wird dann mittels Kaliumpermanganatlösung titriert nach der Gleichung:

II) $10\,FeSO_4 + 2\,KMnO_4 + 8\,H_2SO_4 = 5\,Fe_2(SO_4)_3 + K_2SO_4 + 2\,MnSO_4 + 8\,H_2O.$

Zur Ausführung der Bestimmung bedient man sich am besten der an der wissenschaftlichen Station für Brauerei in München üblichen Arbeitsweise:

Titerstellung der $KMnO_4$-Lösung (Lös. 43a).

0,1340 g Natriumoxalat nach Sörensen werden auf einem Uhrglas genau abgewogen, mittels eines Trichters mit Wasser in ein 250-cm³-Erlenmeyer-Kölbchen gespült und unter Erwärmen gelöst. Dann versetzt man die ca. 150 cm³ betragende Flüssigkeit mit 5 cm³ verd. Schwefelsäure (Lös. 5d), erwärme auf ca. 80° und lasse aus der Bürette (Glashahnbürette) mindestens 14 Tage alte Kaliumpermanganatlösung (Lös. 43a) unter kräftigem Umschwenken zu-

[1]) P. Beyersdorfer, Beiträge zur Analyse der Kohlenhydrate des Bierextraktes. Doktordissertation, München 1912. Zeitschrift für das gesamte Brauwesen 1912, Nr. 49—51.

fließen (Anfangs nur wenige Trophen), bis eben schwache Rotfärbung eingetreten ist.

Die Reaktion zwischen Natriumoxalat und Kaliumpermanganat erfolgt nach der Gleichung:

$$\text{III)}\quad 5\,Na_2C_2O_4 + 2\,KMnO_4 + 8\,H_2SO_4 = 5\,Na_2SO_4 + K_2SO_4 + 2\,MnSO_4 + 10\,CO_2 + 8\,H_2O.$$

Da aber nach Gleichung II 2 Mol $KMnO_4$ (entsprechend 5 Mol $Na_2C_2O_4$), 10 Mol $FeSO_4$ und diese nach I 5 Mol Cu_2O oder 10 At Cu entsprechen, so entsprechen auch 5 Mol $Na_2C_2O_4$ (Mol.-Gew. 134) 10 At Cu (Atom-Gew. 63,5). Also entsprechen 134 mg Natriumoxalat 127,2 mg Kupfer. Wurden bei der Titerstellung 19,75 cm³ Kaliumpermanganatlösung verbraucht, so ist der Titer der Kaliumpermanganatlösung: $\frac{127,2}{19,75} = 6,44$, d. h. 1 cm³ $KMnO_4$-Lösung entspricht **6,44** mg Kupfer.

Ausführung.

Die Würze ist zunächst so zu verdünnen, daß der Maltosegehalt in 100 cm³ etwa 0,4—0,8 g beträgt, wie unter b.

Laboratoriumswürzen werden 10fach, also 20 cm³ auf 200 cm³ verdünnt,

Betriebswürzen von ca. 12% werden 15fach, also 20 cm³ auf 300 cm³ verdünnt,

Betriebswürzen von ca. 16% werden 20fach, also 25 cm³ auf 500 cm³ verdünnt.

Dann gebe man in ein Erlenmeyer-Kölbchen 30 cm³ F. L. (je 15 cm³ der Lösungen 54a und 54bβ), 50 cm³ Wasser und 20 cm³ der verdünnten Würze und stellt genau 20 Minuten lang in ein vorher zum Kochen gebrachtes Wasserbad. Das Wasser soll etwas über die Flüssigkeit im Kölbchen reichen. Das Kölbchen wird während des Kochens mit einem Glasstopfen lose verschlossen. Es ist darauf zu achten, daß das Wasser nicht aus dem Kochen kommt: Zum Abfiltrieren der über dem ausgeschiedenen Kupferoxydul (s. unter b) stehenden Flüssigkeit bedient man sich eines ziemlich weiten etwa 23-mm-Filterröhrchens, das mit Glaswolle und mit vorher mit Lauge ausgekochtem Asbest nicht zu fest gestopft ist. Statt der Glaswolle kann auch unten eine Porzellansiebscheibe eingelegt werden. Statt der Asbestfilterröhrchen werden auch vielfach Filtertiegel von Schott und Gen. in Jena (Tiegel 1G3/<7) verwendet.

Zunächst gießt man etwas warmes Wasser unter gelindem Saugen in das Filterröhrchen. Hierauf filtriert man, wenn die 20 Minuten abgelaufen sind, unter mäßigem Saugen die über dem ausgeschiedenen Kupferoxydul stehende Flüssigkeit ab, stellt die Saugpumpe ab und füllt das Filterröhrchen mit etwas Wasser. Den Niederschlag im Kölbchen versetzt man ebenfalls mit etwas lauwarmem Wasser, schüttelt um, läßt gut absetzen und dekantiert wie zuvor. Man achte darauf, daß das Kupferoxydul immer unter

Flüssigkeit steht, um die Oxydation durch Luftsauerstoff zu vermeiden. Der Niederschlag im Kölbchen wird mit etwa 15 cm^3 Ferrisulfatlösung (Lös. 60) von Zimmertemperatur zur Lösung gebracht. Nach Absaugung des Wassers aus dem Filterröhrchen setzt man letzteres auf eine tadellos saubere Saugflasche von ca. 300 cm^3 Inhalt und bringt das auf dem Asbest befindliche Kupferoxydul durch weitere ca. 5 cm^3 kalter Ferrisulfatlösung in Lösung, evtl. unter gelindem Umrühren mit einem Glasstab. Der Gesamtverbrauch an Ferrisulfatlösung soll je nach der Kupferoxydulmenge 15—20 cm^3 betragen. Nun gießt man unter gelindem Saugen die gesamte Menge des in Ferrisulfat gelösten Kupferoxyduls aus dem Kölbchen in das Filterröhrchen, saugt ab und spült Kölbchen und Filterröhrchen etwa 4—5 mal mit lauwarmem Wasser nach. Sofort anschließend wird nun der Inhalt der Saugflasche mit mindestens 14 Tage alter N/10-Kaliumpermanganat (Lös. 43a) titriert, indem man 5 cm^3 verdünnte Schwefelsäure (Lös. 5d) zusetzt und Kaliumpermanganatlösung aus der Bürette zufließen läßt. Die Titration soll möglichst schnell geschehen. Der Endpunkt ist erreicht, wenn der grüne Farbton in eine rötlichgraue Mischfarbe übergeht. Die Zuckerbestimmung wird immer doppelt ausgeführt. Die Differenz darf 0,2 cm^3 N/10-Kaliumpermanganatlösung nicht übersteigen. Andernfalls ist der Versuch zu wiederholen.

Blinder Versuch.

Je 30 cm^3 Kupferlösung und Seignettesalzlösung (= 60 cm^3 F. L.) werden mit 140 cm^3 Wasser in einem 300-cm^3-Erlenmeyer-Kölbchen während 20 Minuten in ein kochendes Wasserbad gestellt und die abgeschiedene Kupfermenge in der gleichen Weise wie bei der Ausführung bestimmt. Die verbrauchten cm^3 Permanganatlösung dividiert durch 2 werden von den bei der Ausführung gefundenen cm^3 Permangantlösung in Abzug gebracht.

Wären nun bei der Ausführung 23,2 cm^3, beim Blindversuch 0,4 cm^3 Permanganatlösung verbraucht worden, so treffen auf die in den 20 cm^3 verdünnter Würze enthaltene Maltose 23,2 — 0,4 = 23 cm^3 Permanganatlösung. Nach der Titerstellung entsprechen diese 23 × 6,44 = 148,1 mg Cu und diese nach Tabelle IX 120,3 mg Maltose. Die weitere Berechnung erfolgt wie unter b.

d) Maßanalytische Methode nach Willstätter und Schudel.

S. unter 19.

7. Verhältnis von Zucker zu Nichtzucker.

Es ist vielfach noch üblich, aus dem ermittelten Zuckergehalt des Extraktes das Verhältnis von Zucker (= 1) zu Nichtzucker zu berechnen oder mit anderen Worten zu berechnen, wieviel Nichtzucker auf 1 g Zucker trifft. Dabei versteht man unter Nichtzucker die Summe der außer Zucker im Extrakt enthaltenen Stoffe.

Beispiel 1: In 100 g Extrakt sind 67,8 g Zucker. Wie ist das Verhältnis von Zucker zu Nichtzucker?

Wenn 100 g Extrakt 67,8 g Zucker enthalten, so enthalten sie offenbar 100 — 67,8 = 32,2 g Nichtzucker.

67,8 g Zucker . . . 32,2 g Nichtzucker

1 g » . . . $\frac{32,2}{67,8}$ (R-St) = 0,475 g Nichtzucker.

Z : N.Z. = 1 : 0,475.

Beispiel 2: Das Verhältnis von Zucker zu Nichtzucker beträgt 1 : 0,50. Wieviel g Zucker sind in 100 g Extrakt?

Wenn auf 1 g Zucker 0,50 g Nichtzucker treffen, so bilden 1 g Zucker und 0,5 g Nichtzucker miteinander 1 + 0,5 = 1,50 g Extrakt, und diese enthalten 1 g Zucker.

1,5 Extrakt . . . 1 g Zucker

100 g » . . . x g »

$x = \frac{1 \times 100}{1,5}$ (R-St) = 66,67 g = % Zucker im Extrakt.

Normalzahlen:

	Rohmaltose im Extrakt	Z : N-Z
Pilsener Malz	65—72%	1 : 0,538—0,388
Wiener Malz	63—68%	1 : 0,588—0,471
Münchener Malz . . .	59—65%	1 : 0,695—0,538

8. Rohrzucker in der Würze.

(Zollinversion.)

Der Würzeextrakt enthält etwa 5—8% Rohrzucker.

Bei der Bestimmung des Zuckergehaltes mittels F. L. entgeht der Rohrzucker vollständig der Bestimmung, da er F. L. gar nicht angreift. Um ihn mitbestimmen zu können, muß man ihn zunächst durch Behandeln mit verdünnter Säure in Invertzucker verwandeln. Die Invertierung muß aber so durchgeführt werden, daß weder Maltose noch sonstige Kohlenhydrate angegriffen werden. 75 cm³ Würze werden in einem 100-cm³-Meßkölbchen mit genau 5 cm³ 38proz. Salzsäure (spez. Gewicht 1,19) versetzt, in 2½—5 Minuten auf 67—70° (in der Würze gemessen) gebracht und 5 Minuten bei dieser Temperatur (am besten 69°) gehalten, dann wird möglichst schnell abgekühlt, das Thermometer mit Wasser abgespritzt, mit Natronlauge neutralisiert und auf 100 cm³ aufgefüllt. Der Zuckergehalt wird vor und nach der Inversion nach einer der beiden unter 6b) u. c) angegebenen Methoden bestimmt und wie folgt der Rohrzucker berechnet[1]).

Beispiel: 25 cm³ 10fach verdünnter Würze ergaben vor der Inversion 150 mg Kupfer, d. s. nach Tabelle IX 121,9 mg Maltose,

[1]) Nach Lasles Wochenschrift für Brauerei 1933, Nr. 2 und 3.

oder $4 \times 0{,}1219 \times 10 = 4{,}876$ g Maltose im 100 cm³ Würze. Die auf 100 cm³ aufgefüllte invertierte Würze wurde ebenfalls 10fach verdünnt und von 25 cm³ erhalten 125 mg Kupfer.

Diese 25 cm³ invertierter 10fach verdünnter Würze entsprechen $25 \times \frac{3}{4} = 18{,}75$ cm³ 10fach verdünnte Würze vor der Inversion, d. s. $\frac{4{,}876 \times 18{,}75}{100 \times 10}$ g $= 91{,}4$ mg Maltose vor der Inversion. Bei der Inversion ist dazu noch die aus der ebenfalls in 18,75 cm³ Würze enthalten gewesenen Menge ($= y$) Rohrzucker entstandene Menge $= y \times 1{,}053$ mg Invertzucker) gekommen. Die nach der Inversion gefundenen 125 mg Kupfer entsprechen nach Tabelle IX 100,4 mg Maltose oder aber 62,5 mg Invertzucker.

Nach dem Ansatz

100,4 mg Maltose 125 mg Kupfer (nach Tabelle IX)

91,4 » » $\frac{125 \times 91{,}4}{100{,}4}$ mg Kupfer

und

62,5 mg Invertzucker 125 mg Kupfer

$1{,}053 \times y$ mg Invertzucker $\frac{125 \times 1{,}053 \times y}{62{,}5}$ mg Kupfer

ergibt sich die Gleichung:

$$125 = \frac{125 \times 91{,}4}{100{,}4} + \frac{125 \times 1{,}053 \times y}{62{,}5}$$

oder:

$$1 = \frac{91{,}4}{100{,}4} + \frac{1{,}053 \times y}{62{,}5}$$

und daher:

$$y = 5{,}32$$

18,75 cm³ 10fach verdünnter Würze enthalten 5,32 mg, 100 cm³ unverdünnter Würze $\frac{5{,}32 \times 100}{18{,}75}$ mg $= 0{,}2836$ g Rohrzucker.

Ist u = mg Maltose in 18,75 cm³ 10fach verdünnte Würze vor der Inversion,

u_1 = mg Maltose, welche der nach der Inversion gewogenen Kupfermenge nach Tabelle IX entsprechen

J = mg Invertzucker, welche der nach der Inversion gewogenen Kupfermenge nach Tabelle IX entsprechen,

so ist die Menge des Rohrzuckers in 100 cm³ ursprünglicher Würze =

$$RJ = \frac{u_1 - u}{u_1} 0{,}05065 \times J = \frac{100{,}4 - 91{,}4}{100{,}4} \times 0{,}05065 \times 62{,}5 = 0{,}2836 \text{ g}$$

9. Präexistierender Zucker im Malz.

Im Malz selbst ist immer schon eine gewisse Menge Zucker vorgebildet (präexistierend), in 100 g Malz-Trockensubstanz sind etwa 6—9 g Zucker enthalten. Dieser Zucker besteht hauptsächlich aus Traubenzucker, Fruchtzucker und Rohrzucker. Außerdem ist nach Mason[1]) noch eine F. L. reduzierende, aber nicht vergärende Substanz vorhanden. Zur Bestimmung des präexistierenden Zuckers verfährt man nach Mason in folgender Weise:

20 g feingeschrotenes Malz werden in einem mit einem Uhrglas bedeckten Becherglas eine halbe Stunde mit so viel 90proz. Alkohol gekocht, daß er eine Schicht oberhalb des Malzes bildet. Dann nimmt man das Uhrglas weg und läßt den Alkohol vollständig verdampfen, um Spritzen zu vermeiden, zuletzt unter Umrühren. Schließlich wird das Malzschrot eine halbe Stunde im Trockenschrank bei 100° getrocknet. Das trockene Malzschrot, in dem nunmehr die Diastase vollkommen vernichtet ist, wird in einem 250-cm³-Meßkolben mit 150 cm³ Wasser eine halbe Stunde lang geschüttelt. Hierauf wird, nachdem man ein wenig gefälltes Tonerdehydrat zugesetzt hat, zur Marke aufgefüllt, geschüttelt und klar filtriert. In 25 cm³ des Filtrates wird der Zucker bestimmt nach einer der beiden unter 6b) u. c) angegebenen Methoden. Die der gefundenen Menge Kupfer entsprechende Menge Dextrose entnehme man der Tabelle IX und rechne die Dextrose durch Multiplikation mit dem konstanten Faktor 9,44 auf die Gesamtmaische (250 cm³) um. Schließlich bringt man die wie unten angegeben bestimmte unvergärbare Substanz in Abzug.

Ferner werden 75 cm³ des Auszuges genau wie unter Nr. 8 angegeben invertiert und in 25 cm³ des auf 200 (statt auf 100) cm³ aufgefüllten Auszuges wieder die Zuckerbestimmung durchgeführt.

Schließlich werden 75 cm³ des Filtrates bis auf etwa 15 cm³ eingedampft und mit ½ g gut gewässerter, abgepreßter Hefe 42 Stunden bei 28° der Gärung überlassen. Die vergorene Lösung wird mit Wasser auf 50 cm³ gebracht, filtriert und wieder die Dextrose bestimmt.

Beispiel: Analyse eines dunklen Münchener Malzes (nach Mason).

Wassergehalt 3,96%.

1. Vor der Inversion:

Reduktion von 25 cm³

= 0,0994 g Kupfer
= 0,0461 g Dextrose in 25 cm³ (Tabelle IX)
= 9,44 × 0,0461 = 4,352 g Dextrose in 250 cm³, d. i. in 20 g Malz
= 2,18 g in 100 g Malz
2,27% der Malz-Trockensubstanz.

---

[1]) Über die Bestimmung des präexistierenden Zuckers im Malze und seine Entstehung bei der Keimung. Doktor-Dissertation München 1902. Zeitschrift für das gesamte Brauwesen 1903, Nr. 28.

2. Nach der Inversion:

75 cm³ invertiert, auf 100 cm³ aufgefüllt.
Reduktion von 25 cm³
= 0,1441 g Kupfer
= 0,06925 g Dextrose in 25 cm³ (Tabelle IX)
= 0,06925 × 8 = 0,5540 g in 200 cm³, d. i. in 75 cm³ der ursprünglichen Lösung
= 0,554 : 3 = 0,1847 g Dextrose in 25 cm³ ursprünglicher Lösung
= 9,44 × 0,1847 = 1,744 g in 250 cm³, d. i. in 20 g Malz
= 8,72 g Dextrose in 100 g Malz
= **9,08%** der Malz-Trockensubstanz.

Davon waren 2,27% schon vor der Inversion vorhanden.
Daher aus Saccharose entstanden
9,08 — 2,27 = 6,81% der Malz-Trockensubstanz
Saccharose = 0,95 × 6,81%
= 6,47% der Malz-Trockensubstanz.

3. Nach der Gärung:

75 cm³ eingedampft, vergoren und auf 50 cm³ gebracht.
Reduktion von 25 cm³
= 0,0478 g Kupfer
= 0,0214 g Dextrose in 25 cm³ (Tabelle IX)
= 0,0428 g Dextrose in 50 cm³, d. i. in 75 cm³ der ursprünglichen Lösung
= 0,0143 g Dextrose in 25 cm³ der ursprünglichen Lösung
= 9,44 × 0,0143 = 0,134 g in 250 cm³, d. i. in 20 g Malz
= 0,67 g Dextrose in 100 g Malz
= 0,70% der Malz-Trockensubstanz.

Die Analyse lieferte also folgende Zahlen:

Reduzierende Zucker 2,27 — 0,7 . . = 1,57%
Saccharose. . . . . = 6,47%
Unvergärbare reduzierende Substanz = 0,70%.

10. Gesamtdextrosewert in der Würze. (Dextrin.) (Inversion Sachse.)

Durch Erhitzen von Würze mit verdünnter Säure können alle höheren Kohlenhydrate des Würzeextraktes in Monosaccharide verwandelt werden. Dabei entstehen aus der Maltose Dextrose, aus dem Rohrzucker Invertzucker (Dextrose und Lävulose), aus den Pentosanen Pentosen. Das Reduktionsvermögen dieser invertierten Würze gegen F. L. auf Dextrose umgerechnet bildet den Gesamtdextrosewert. Früher hat man aus dieser Zahl nach Abzug des auf die vorhandene Maltose treffenden Dextroseanteiles den Dextringehalt berechnet, was natürlich nur sehr ungenaue Resultate ergeben kann. Immerhin mag es hier und da von Interesse sein, den sog. Gesamtdextrosewert der Würze kennenzulernen.

In einen 500-cm³-Meßkolben bringt man so viel Würze, wie ungefähr 2 g Extrakt entspricht, füllt mit Wasser auf ein Gesamtvolumen von ca. 200 cm³ auf, gibt 20 cm³ Salzsäure vom spez. Gewicht 1,125 (= 25% HCl) (Lös. 4c) zu und erhitzt 3 Stunden lang im kochenden Wasserbad. Nach dem Erkalten wird der Kolbeninhalt mit Natronlauge neutralisiert und auf 500 cm³ mit Wasser aufgefüllt. Hierauf bestimmt man den Dextrosegehalt nach 6b) oder c). Die der gefundenen Kupferzahl entsprechende Dextrosemenge entnimmt man der Tabelle IX und rechnet auf 100 g Würze bzw. 100 g Extrakt um. Will man aus der gefundenen Zahl das Dextrin berechnen, so zieht man von der Dextrose die durch Multiplikation mit 1,053 auf Dextrose umgerechnete Maltosemenge, die vor der Invertierung in der Würze bestimmt wurde, ab und rechnet den verbleibenden Dextroserest durch Multiplikation mit 0,9 auf Dextrin um (sehr ungenau!).

11. Pentosane.

Die Bestimmung erfolgt nach der unter 5. bei Gerste angegebenen Methode. 100 m³ Würze werden in den Destillationskolben gebracht und auf 50 cm³ eingedampft; dann setzt man 16,6 cm³ Wasser und 33,3 cm³ einer Salzsäure vom spez. Gewicht 1,18)= 36% HCl) zu, so daß die Flüssigkeit die erforderlichen 12% Salzsäure enthält und verfährt weiter wie oben. Der Pentosangehalt im Würzeextrakt beträgt 2—4%.

12. Endvergärungsgrad.

Eine Würze wird im Betrieb fast niemals vollkommen vergären. Das fertige Bier enthält immer noch eine größere oder geringere Menge von Stoffen, die selbst durch die verwendete Betriebshefe vergärbar sind, wie man daran erkennt, daß auf Zusatz von frischer Hefe zum fertigen Bier erneut Gärung eintritt. Vollkommene Vergärung (Endvergärung) kann man dagegen erreichen, wenn man die Würze mit viel Hefe anstellt und im warmen Zimmer vergären läßt. Nach wenigen Tagen wird das Bier so weit vergoren sein, daß auch durch erneute Hefegabe bzw. durch Aufschütteln der abgesetzten Hefe keine weitere Vergärung mehr zu erzielen ist, das Bier ist dann endvergoren. Die gleiche Endsaccharometeranzeige wird man auch erreichen, wenn man statt der Würze das aus derselben hergestellte vergorene Bottichbier oder Ausstoßbier mit neuer Hefe angestellt in der Wärme ausgären läßt. Entnimmt man die Würze aus dem Hopfenkessel, so ist natürlich die Endsaccharometeranzeige auf die Stärke der Würze beim Anstellen umzurechnen. Hätte z. B. die Würze beim Ausschlagen 11,2 Gew.-% und würde beim Endvergärungsversuch auf 2,9 Gew.-% vergären, so würde die Bottichwürze vom gleichen Sud mit 12 Gew.-% vergären auf

$\frac{2,9 \times 12}{11,2} = 3,11$ Gew.-%. Berechnet man dagegen den Endvergärungsgrad in der Zahl, welche angibt, wieviel Gramm Extrakt von 100 g ursprünglichem Extrakt vergoren sind, so ist diese von dem Gew.-%-Gehalt vor der Gärung unabhängig, und es muß in obigem Beispiel bei gleicher Vergärung sich bei Kesselwürze und Bottichwürze die gleiche Zahl ergeben.

1. Von 11,2 g Extrakt sind vergoren 11,2 — 2,9 = 8,3 g Extrakt
   » 100 g » » » $\frac{8,3 \times 100}{11,2}$ (R-St) = **74,1 g** Extrakt.
2. » 12 g » » » 12 — 3,11 = 8,89 g »
   » 100 g » » » $\frac{8,89 \times 100}{12}$ (R-St) = **71,1 g** Extrakt.

Selbstverständlich kann man nicht erwarten, daß die Laboratoriumswürze den gleichen Endvergärungsgrad zeigt wie die aus dem gleichen Malz nach einem ganz andern Maischverfahren hergestellte gehopfte Betriebswürze. Immerhin kann die Bestimmung des Endvergärungsgrades in der Laboratoriumswürze mit zur Beurteilung des Malzes dienen.

Die Durchführung des Gärversuches erfolgt in verschiedener Art, wodurch auch etwas verschiedene Resultate erzielt werden. Was zunächst die verwendete Hefe anbetrifft, so wird in Betriebslaboratorien immer am besten die Hefe direkt aus dem Bottich genommen, und zwar von einem Bier mit ungefähr dem gleichen Stammwürzegehalt wie die zu untersuchende Würze. Bei Verwendung einer gewässerten Hefe wird durch den Wassergehalt der Hefe, auch wenn letztere noch so stark gepreßt oder zwischen Fließpapier abgetupft wird, ein beträchtlicher Fehler verursacht. Laboratorien, denen eine größere Menge Hefe nicht immer zur Verfügung steht, tun gut, die Würze zu sterilisieren und dann mit einer »Spur« (soviel an einem Messingdrahtende hängen bleibt) Hefe (Reinhefe) anzustellen. Man kann auch die gesamte in einem Freudenreich-Kölbchen entwickelte Hefe verwenden. Im Betriebe nimmt man großen Überschuß an Hefe (bis zu 10%), daher ist das Sterilisieren der Würze für gewöhnlich überflüssig. Natürlich sind die gefundenen Differenzen im Endvergärungsgrad nur dann auf die Verschiedenheit in der Zusammensetzung des Würzeextraktes zurückzuführen, wenn alle Versuchsbedingungen gleich sind und namentlich die gleiche Hefe verwendet wird. Geringe Abweichungen in den Versuchsbedingungen, selbst Verschiedenheit der Gärflaschenverschlüsse können Differenzen verursachen. Am einfachsten verschließt man das Gärkölbchen mit einem Wattebausch, der aber je nach seiner Festigkeit das Entweichen der Kohlensäure mehr oder weniger hemmt und so eine kleine Verschiedenheit bedingt. Man verwendet daher vielfach eigene Gärverschlüsse (Abb. 60),

Abb. 60.

die mit Wasser gefüllt sind und durch welche die sich entwickelnde Kohlensäure zwar entweichen, Luft aber nicht eindringen kann. Um die Würze einigermaßen zu sterilisieren, kocht man sie in einem Maischbecher auf, füllt nach dem Erkalten mit gekochtem Wasser auf das ursprüngliche Gewicht auf und bestimmt das spez. Gewicht. Nach Koudelka und Zikes[1]) erzielt man die höchsten Zahlen für den Endvergärungsgrad, wenn man auf 200 cm^3 Würze nur 0,5 g frisch gepreßte, möglichst kräftige Hefe gibt und bei 25—30° unter Gärverschluß hält. Nach 4—5 Tagen ist die Gärung beendigt. Bei stark gehopften Würzen dauert es etwa länger. Nimmt man statt 0,5 g 4 g Hefe, so verläuft die Gärung noch schneller und ist meistens in 3 Tagen beendigt. Wenn keinerlei Gärungserscheinungen (Entweichen von Kohlensäure beim Umschütteln) mehr wahrnehmbar sind, kühlt man auf Zimmertemperatur ab, gießt das Bier von der Hefe ab und bestimmt den Extraktgehalt (scheinbaren) pyknometrisch. Eventuell genügt auch die Erhebung der Sacchrometeranzeige; für ein gewöhnliches Saccharometer muß man natürlich ein entsprechend größeres Quantum Würze zur Vergärung bringen.

Zu bemerken ist noch, daß zur Berechnung des Endvergärungsgrades allgemein der sog. scheinbare Extraktgehalt des Bieres dient. Den wahren, richtigen Extraktgehalt kann das Saccharometer in einem vergorenen Bier nicht angeben und derselbe kann auch, dem spez. Gewicht entsprechend, nicht aus der Platotabelle entnommen werden, weil das Bier keine reine wässerige Lösung von Extrakt bildet, sondern auch noch Alkohol enthält.

Beispiel:

Extraktgehalt der Würze vor der Gärung	8,5 Gew.-%
Scheinbarer Extraktgehalt des Bieres nach der Gärung	2,2 »
Vergorene Extrakt .	6,3 Gew.-%

$$\text{Endvergärungsgrad (scheinbarer)} = \frac{6{,}3 \times 100}{8{,}5} \text{ (R-St)} = 74{,}1\%.$$

Ist jedoch der Extraktgehalt der Würze bekannt, so kann man aus diesem und dem scheinbaren Extraktgehalt des vergorenen Bieres nach einer unter »Attenuationslehre« bei der Bieruntersuchung angegebenen Formel den wirklichen Extraktgehalt und somit auch den wirklichen Vergärungsgrad berechnen.

Im Betriebe wird man sich vielfach mit der Bestimmung der Endvergärungssaccharometeranzeige begnügen. Findet man z. B., daß eine Bottichwürze von 8 Gew.-% im Laboratorium auf 2,1%

[1]) Allgemeine Zeitschrift für Bierbrauerei und Malzfabrikation 1916, Nr. 17.

vergärt, so weiß man, daß das Bier im Betriebe unter keinen Umständen höher vergären kann, und daß es, wenn es mit 3% zum Ausstoß kommt, um 0,9 am Saccharometer vom Endvergärungsgrad entfernt ist.

Zur Abkürzung der Gärdauer werden vielfach Biospäne zugesetzt[1]). Schild und Geiger empfehlen nur Würzen zwischen 10 und 4 Gew.-% zur Vergärung zu bringen. Stärkere Würzen sind entsprechend zu verdünnen, schwächere (unter 4%) einzukochen. Selbstverständlich ist nach dem Verdünnen bzw. Einkochen das spez. Gewicht zu bestimmen. Nach Zugabe von 0,5% abgepreßter Hefe und 0,35% Biospänen ist die Gärung nach Schild und Geiger nach 72 Stunden bei 25^0 sicher beendigt.

13. Oberflächenspannung und Viskosität.

Ausführliche Abhandlung s. S. 135—137 der 4. Auflage. Bestimmung von Oberflächenspannung und Viskosität haben für die praktische Betriebskontrolle bisher nicht die erwartete Bedeutung erlangt und muß daher auf eine genauere Beschreibung der einschlägigen Apparate und Methoden verzichtet werden. Es sei nur auf das neue von der Firma Gebr. Haake, Medingen bei Dresden, in den Handel gebrachte Höppler-Viskosimeter, welches infolge seiner großen Genauigkeit sich besonders zu wissenschaftlichen Arbeiten eignet, aufmerksam gemacht. Genaue Beschreibung s. Wochenschrift 1934, Nr. 21 und 22.

14. Stickstoff (Eiweiß oder Protein).

a) Im Malz.

α) Gesamtstickstoff.

Die Malztrockensubstanz enthält gewöhnlich höchstens ein paar Zehntel Prozent weniger Eiweiß als die Trockensubstanz der Gerste, aus welcher es hergestellt wurde. Ein garantierter Maximaleiweißgehalt der Gerste kann also auch noch im fertigen Malz kontrolliert werden.

Ausführung der Bestimmung wie bei der Gerste S. 32.

β) Löslicher und koagulierbarer Stickstoff.

Bei einem normalen Gesamtstickstoffgehalt von 1,44—1,76% Stickstoff (= 9—11% Protein) in der Malztrockensubstanz enthalten nach Dinklage[2]):

	Prozent der Malztrockensubstanz	
	Löslicher Stickstoff	Koagulierb. lösl. Stickstoff
Helle bis goldfarbige Malze .	0,48—0,54%	0,11—0,13%
Dunkel Malze } . . .	0,39—0,48%	0,08—0,11%
Sehr dunkle Malze } . . .		0,07—0,08%

[1]) S. Bengtsson, Elmfeldt und Andersson, Wochenschrift für Brauerei 1934, Nr. 15, sowie Schild und Geiger, Wochenschrift für Brauerei 1936, Nr. 31.
[2]) Zeitschrift für das gesamte Brauwesen 1904, Nr. 15.

Wo die Zahlen nicht zutreffen, kann man mit einiger Wahrscheinlichkeit auf einen dem betreffenden Malztypus nicht entsprechenden Darrverlauf oder auf eine abnorme Zusammensetzung des Malzes bzw. der Gerste schließen.

Die Bestimmung des löslichen und koagulierbaren Stickstoffs erfolgt nach Dinklage wie folgt.

100 g Malzfeinmehl werden in einem Maischbecher mit 500 g Wasser 2 Stunden am Rührwerk bei Zimmertemperatur (18—20°) extrahiert. Dann wird, nachdem evtl. verdunstetes Wasser wieder ersetzt ist, durch ein großes Faltenfilter klar filtriert und in 25 cm³ des Filtrats der Stickstoff bestimmt, wie unten unter b) angegeben (lösl. Stickstoff).

B e i s p i e l: Wassergehalt des Malzes 5%, spez. Gewicht des Filtrates 1,0131 entsprechend 3,35 Gew.-%, Stickstoff in 25 cm³ Filtrat 0,024 g.

1. $500 + 5 = 505$ g = Gesamtwasser der Maische.

2. $\frac{100 \times 505}{100 - 3{,}35} = 522{,}5 \text{ g} = \frac{522{,}5}{1{,}0131}$ (R-St) = 515,8 cm³ Gesamtwürze.

3. $\frac{0{,}024 \times 515{,}8}{25}$ (R-St) = 0,495 g = Stickstoff in 100 g lufttr. Malz.

4. $\frac{0{,}495 \times 100}{100 - 5}$ R-St) = 0,521 g = Stickstoff in 100 g Malztrockensubstanz = **0,521%**.

Zur Bestimmung des koagulierbaren löslichen Stickstoffes werden 100 cm³ des Filtrates im Becherglas bis zur Hälfte ihres Volumens eingekocht. Nach Windisch, Kolbach und Bauholzer wird statt einzukochen 3 Stunden am Rücklaufkühler gekocht[1]). Das koagulierte Eiweiß wird noch heiß quantitativ auf ein stickstofffreies Filter gebracht, mit heißem Wasser gut ausgewaschen und samt dem Filter zur Stickstoffbestimmung verwendet.

Die Berechnung erfolgt wie oben, jedoch empfiehlt es sich, auch zu berechnen, wieviel koagulierbarer Stickstoff auf 100 Teile Gesamtstickstoff und auf 100 Teile gesamten löslichen Stickstoff trifft. Auch den löslichen Stickstoff kann man auf 100 G.-T. Gesamtstickstoff umrechnen. Es enthalten ungefähr:

	Helle Malze	Dunkle Malze
Lösl. N in Proz. d. Gesamt-N	29—35%	24—30%
Koagulierb. N in Proz. d. lösl. N . . .	21—26%	16—25%
» » » » » Gesamt-N . .	7— 9%	4— 7%

b) In der Würze.

Das Würzeextrakt enthält 3—5% Protein. Man pipettiere so viel Würze, wie etwa 4—6 g Extrakt entspricht, in den Kjeldahl-Kolben, gebe 1—2 cm³ verdünnte Schwefelsäure zu und dampfe vorsichtig über kleiner Flamme, damit kein Verkohlen eintreten kann, zur Sirupdicke ein. Darauf gebe man die konzentrierte

[1]) Wochenschrift für Brauerei 1929, Nr. 23.

Schwefelsäure zu und verfahre weiter wie unter Gerste (S. 32) angegeben. Der Stickstoff bzw. das Protein wird auf 100 g Würze oder auch auf 100 g Extrakt umgerechnet.

Formolstickstoff

(s. unter 16 γ).

Fraktionierung der Eiweißverbindungen in Würze.

Nach Dr. Lundin.

Um auf einfache Art einen tieferen Einblick in die Zusammensetzung der Eiweißverbindungen in der Würze zu bekommen, als die Bestimmung des Formol- und Gesamtstickstoffs geben kann, ist es zweckmäßig, die stickstoffhaltigen Substanzen mit Hilfe von zwei Fällungsmitteln, Tannin und Phosphormolybdänsäure, zu fraktionieren.

Tannineiweißfällung.

In ein 200 cm³-Kölbchen mit einer Erweiterung des Halses oberhalb der Marke gebe man so viel Würze wie etwa 80 mg Stickstoff entspricht (125—130 cm³ Laboratoriumswürze) und so viel Wasser, daß sich das Flüssigkeitsvolumen im Kolben auf 190 bis 195 cm³ beläuft. Nach Zusatz von 4 cm³ 50proz. Schwefelsäure (Lös. 5b) wird der Kolben mit einem Gummistopfen verschlossen, geschüttelt und in ein Wasserbad von 20° gesenkt. Nach ca. 15 bis 20 Minuten wird mit Wasser zur Marke (200 cm³) aufgefüllt. Nach Zusatz von 10 cm³ 16proz. Tanninlösung (16 g Tannin + Wasser = 100 cm³) wird nochmals geschüttelt. Dann wird sofort durch ein 24-cm-Faltenfilter (Schleicher & Schüll, Nr. 572½) filtriert. Die Zimmertemperatur darf dabei wegen der Temperaturempfindlichkeit der Tannineiweißfällung nicht viel von 20° abweichen. Läuft das Filtrat nicht sofort klar, so wird es auf das Filter zurückgegossen bis es vollständig klar wird. In 50 cm desselben wird dann der Gehalt an nicht ausgefälltem Stickstoff (wie oben unter b) bestimmt. Steht das Filtrat einige Zeit bei einer niedrigeren Temperatur als 20°, so tritt eine Trübung ein. Diese darf natürlich nicht vor der Stickstoffbestimmung abfiltriert werden. Hat sich Bodensatz gebildet, so wird das Filtrat auf 20—25° erwärmt, so daß der Bodensatz wieder in Lösung geht.

Das Filtrieren kann auch längere Zeit nach der Fällung vorgenommen werden, etwa nach 24 Stunden. Dabei ist es gleichgültig, welche Temperatur in der Zwischenzeit geherrscht hat (innerhalb 0—25°). Unmittelbar vor dem Filtrieren ist es dann aber notwendig, daß der Inhalt des Kolbens während einer Zeit von 15 Minuten bei einer Temperatur von 20° gehalten wird.

Für die Herstellung der Tanninlösung kann jedes chemisch reine Tanninpräparat verwendet werden. Dasselbe muß aber auf einen evtl. Gehalt an Stickstoff untersucht werden. Ist Stickstoff vorhanden, so müssen die Resultate der Analysen entsprechend korrigiert werden.

Der tanninfällbare Stickstoff, der kurz Fraktion A genannt wird, repräsentiert hauptsächlich die hoch molekularen Eiweißverbindungen und umfaßt den gesamten hitzekoagulierbaren Stickstoff der Würze.

Phosphormolybdänsäurefällung.

Die Fällung wird in einer schwefelsauren Lösung mittels Natriummolybdat (Na_2MoO_4, 2 H_2O) vorgenommen. Die Schwefelsäure macht Molybdänsäure und aus den vorhandenen Phosphaten auch Phosphorsäure frei und so entsteht die zur Fällung erforderliche Phosphormolybdänsäure. Die käufliche Phosphormolybdänsäure zu verwenden, empfiehlt sich nicht wegen des höheren Preises und der geringeren Reinheit.

Man gibt wieder, wie oben, in den 200-cm³-Kolben 125 oder 130 cm³ Würze und so viel Wasser, daß das Flüssigkeitsvolumen im Kolben höchstens 185 cm³ beträgt. Nach Zusatz von 10 cm³ 50proz. Natriummolybdatlösung (50 g Na_2MoO_4, 2 H_2O + Wasser = 100 cm³) wird geschüttelt und in einem Wasserbad von 20° temperiert. Sodann wird mit Wasser bis Marke aufgefüllt. Nach Zusatz von 10 cm³ 50proz. Schwefelsäure (Lös. 5b) wird wieder geschüttelt und auf 20° temperiert. Filtrieren wie oben.

In 60 cm³ Filtrat wird dann der Stickstoffgehalt bestimmt.

Auch das Natriummolybdat soll auf evtl. Gehalt an Stickstoff untersucht werden.

Der Unterschied zwischen den mit Phosphormolybdänsäure fällbaren Stickstoff und Fraktion A wird Fraktion B genannt und repräsentiert in der Hauptsache die Eiweißverbindungen von mittlerer Molekulargröße (»Peptone« und »Peptide«). Der mit Phosphormolybdänsäure nicht fällbare Stickstoff bildet die Fraktion C und repräsentiert in der Hauptsache die Aminosäuren und niederen Polypeptide. Fraktion C ist bedeutend größer als der formoltitrierbare Stickstoff, aber ändert sich in verschiedenen Würzen parallel demselben. Eine Bestimmung der Fraktion C gibt denselben Einblick in die Zusammensetzung der stickstoffhaltigen Substanzen, wie eine Formolititration, ist aber bedeutend genauer und unabhängiger von subjektiven Einflüssen als diese.

Beispiel: Ein Malz wurde von Lundin nach der Kongreßmethode untersucht.

Wassergehalt des Malzes . . .	4,2%
Extraktgehalt der Würze . . .	8,780 Gew.-% = 9,087 Vol.-%
Extraktgehalt der Malz-Trockensubstanz	80,8%
Gesamt-Stickstoffgehalt der Malz-Trockensubstanz	1,49%
Gesamt-Stickstoffgehalt in 100 cm³ Würze.	0,0687%.

Der in 50 cm³ Filtrat von der Tanninfällung bestimmte Stickstoffgehalt betrug auf 210 cm³ umgerechnet 58,2 mg. Angewandte

Würze 120 cm³. Daher durch Tannin nicht fällbarer Stickstoff in 100 cm³ Würze $\frac{58{,}2 \times 100}{120}$ (R-St) = 48,5 mg. Daher tanninfällbarer Stickstoff = 68,7 — 48,5 = 20,2 mg pro 100 cm³ Würze oder $\frac{20{,}2 \times 100}{68{,}7}$ (R-St) = 29,3% des Gesamt-Stickstoffs der Würze. Auf 100 g Malz-Trockensubstanz treffen $\frac{68{,}7 \times 80{,}8}{9{,}087}$ (R-St) = 611 mg Gesamt-Würzestickstoff oder $\frac{611 \times 100}{1490}$ (R-St) = 41% des Gesamt-Stickstoffes des Malzes. Ferner treffen auf 100 g Malz-Trockensubstanz $\frac{20{,}2 \times 80{,}8}{9{,}087}$ (R-St) = 180 mg tanninfällbarer Stickstoff, das sind $\frac{180 \times 100}{1490}$ = 12,1% des Gesamt-Malzstickstoffs (= Fraktion A). In 60 cm³ des Filtrates von der Phosphormolybdänsäurefällung wurden, auf 210 cm³ Filtrat (aus 120 cm³ Würze) umgerechnet, 45,7 mg Stickstoff gefunden, daher in 100 cm³ Würze 38,1 mg, daher durch Phosphormolybdänsäure fällbarer Stickstoff = 68,7 — 38 = 30,7 mg und, auf 100 g Malz Trockensubstanz umgerechnet, 272 mg oder 18,2% des Gesamt-Malzstickstoffs. Daher Fraktion B = 272 — 180 = 92 mg auf 100 g Malz-Trockensubstanz. Der nicht fällbare Stickstoff in 100 cm³ Würze = 68,7 — 30,7 = 38,0 mg oder auf 100 g Malz-Trockensubstanz berechnet, = 339 mg oder 22,8% des gesamten Malzstickstoffs (= Fraktion C). Der Formolstickstoff der Würze wurde zu 244 mg pro 100 g Malz-Trockensubstanz oder 16,3% des Gesamtstickstoffs des Malzes bestimmt.

Zusammenstellung.

	mg pro 100 g Malz-Tr.S.		% vom Gesamtstickstoff des Malzes	
Fraktion A	180	272	12,1	18,3
» B	92		6,2	
» C	339		22,8	
Formolstickstoff	244		16,3	

15. In kaltem Wasser lösliche Bestandteile des Malzes.

100 g Malzmehl werden mit 500 g Wasser extrahiert, wie unter 14. S. 145 angegeben, im Filtrat das spezifische Gewicht bestimmt und der entsprechende Extraktgehalt auf 100 g Malz-Trockensubstanz umgerechnet.

Beispiel: Wassergehalt des Malzes 5%, spez. Gewicht des Filtrates 1,0131, entsprechend 3,35 Gew.-% nach Tabelle II.

Gesamt-Wassergehalt der Abmaischung = 500 + 5 = 505 g.

100—3,35 g Wasser 3,35 g Extrakt

505........ $\frac{3{,}35 \times 503}{100-3{,}35}$ (R-St) = 17,5 g Extrakt.

Daher in der Malz-Trockensubstanz $\frac{17,5 \times 100}{100-5}$ (R-St) = 18,4 % Extrakt oder lösliche Stoffe.

Der Gehalt an löslichen Stoffen in der Trockensubstanz schwankt ungefähr bei hellen Malzen zwischen 19 und 23, bei dunklen Malzen zwischen 18 und 20 %.

16. Die Aziditätsverhältnisse in Malz und Würze.

a) Im Malz.

Titrationsazidität, Wasserstoffionenkonzentration und Formolstickstoff, wie sie ursprünglich im Malz enthalten sind, werden genau so bestimmt wie bei der Gerste eingehend beschrieben, und zwar in einem wässerigen Auszug des vorher zur Abtötung der Enzyme mit Alkohol behandelten Malzmehles (s. S. 71 unter α). Es beträgt

das p_H ungefähr 5,8—6,0,

die Titrationsazidität, auf 100 g Malz-Trockensubstanz berechnet, I. Stufe 1,8—3,0 cm³ Norm,
II. Stufe 3,6—4,6 cm³ Norm,

der Formolstickstoff, auf 100 g Malz-Trockensubstanz berechnet, bei hellem Malz 100—150 mg,
bei dunklem Malz 75—100 mg.

b) In der Würze.

α) *Titrationsazidität.*

In 20 cm³ Würze wird die Säure (I. × II. Stufe) bestimmt, wie auf S. 64 angegeben, unter Beachtung der Fußnote unter Lös. 17. Nach den Salzburger Vereinbarungen ist die Säure auf 100 cm³ Würze und auf 100 g Malz-Trockensubstanz berechnet anzugeben.

Beispiel: Wassergehalt des Malzes 5,6 %, Vol.-% der Würze 8,861 %, Extrakt in der Malz-Tr.-S. 80 %. Auf 20 cm³ Würze verbraucht I. Stufe 1,15, II. Stufe 2,40 cm³ N/10-Lauge.

Auf 100 cm³ Würze

I. Stufe $\frac{1,15 \times 5}{10}$ = 0,575 cm³ Normal,

II. Stufe $\frac{2,4 \times 5}{10}$ = 1,200 » »

Gesamtsäure 1,775 cm³ Normal.

Die Umrechnung auf 100 g Malz-Trockensubstanz geschieht in folgender Weise. Auf 100 cm³ Würze = (8,861 g Extrakt) treffen

I. Stufe 1,15 × 5
II. Stufe 2,40 × 5 cm³ N/10-Lauge,

dann treffen auf 80 g Extrakt (= 100 g Malz-Tr.-S.)

$$\text{I. Stufe } \frac{1{,}15 \times 5 \times 80}{8{,}861 \times 10} \text{ (R-St)} = 5{,}19 \text{ cm}^3 \text{ Normal,}$$

$$\text{II. Stufe } \frac{2{,}4 \times 5 \times 80}{8{,}861 \times 10} \text{ (R-St)} = 10{,}83 \text{ » »}$$

Gesamtsäure . . . . 16,02 cm³ Normal.

Die Titrationsazidität schwankt, auf 100 g Malz-Trockensubstanz berechnet in cm³ Normal.

	nieder	normal	hoch	sehr hoch
I. Stufe	unter 3,8	3,8—4,2	4,2—4,7	über 4,7
II. »	» 10,5	10,5—13	13—15	» 15

β) *Titrationsalkalität.*

Die Menge N/10-Säure, welche erforderlich ist, um das p_H einer Würze auf einen gewissen, weit im sauren Gebiet liegenden niedrigen Wert zu bringen, bezeichnet man als die Titrationsalkalität. Sie ist wie bei der Bestimmung der Titrationsazidität, bedeutend größer, als es bei reinen Lösungen von starken Säuren der Fall ist, und so bildet die Titrationsalkalität einen Maßstab für die Pufferung der Würze gegen Verschiebung der p_H nach der sauren Seite.

Man verfährt am besten nach der Methode von Kolbach[1]), bei welcher titriert wird bis zum p_H 4,27. Zunächst bereite man sich die Pufferlösung: 200 cm³ Norm Essigsäure (Lös. 30 a) und 57 cm³ Norm Natronlauge (Lös. 32, letzter Absatz) werden mit Wasser auf 1 l aufgefüllt. Das p_H der auf das Dreifache verdünnten Pufferlösung beträgt 4,27. Als Indikator dient Bromchlorphenolblau (Lös. 23 a).

V o r v e r s u c h: Zwei Gläser eines Azidimeters (III und IV in Schema S. 62) werden wie folgt beschickt:

III	IV
20 cm³ Würze,	20 cm³ Würze
10 cm³ Wasser,	10 cm³ Pufferlösung,
2 cm³ Indikator,	2 cm³ Indikator.

Hierauf läßt man aus einer in $^1/_{100}$ cm³ geteilten Bürette so lange N/10-HCl (Lös. 29) zu III zufließen, bis Farbengleichheit herrscht, und gibt dieselbe um 10% vermehrte Menge HCl auch zu IV. Nun wird im linken Glas weitertitriert, bis wieder Farbengleichheit eingetreten ist.

H a u p t v e r s u c h. Die Gläser werden genau so beschickt wie beim Vorversuch, nur daß von vornherein in IV so viel N/10-HCl gegeben wird, wie beim Vorversuch insgesamt bei III verbraucht wurde. Hierauf wird in III auf Farbengleichheit titriert.

B e i s p i e l. Beim Vorversuch wurden zum erstmaligen Erreichen der Farbengleichheit 1,1 cm³ N/10-HCl verbraucht. Daher wurden

[1]) Wochenschrift für Brauerei 1929, Nr. 31.

zu IV gegeben 1,1 + 0,11 = 1,21 cm³ N/10-HCl. Bis zur nochmaligen Erreichung der Farbengleichheit waren bei III 0,13 cm³ N/10-HCl erforderlich. Insgesamt wurden somit bei III verbraucht 1,1 + 0,13 = 1,23 cm³ N/10-HCl.

Beim Hauptversuch kamen zu IV 1,23 cm³ N/10-HCl und bei III wurden verbraucht 1,22 cm³ N/10-HCl. Die Titrationsalkalität betrug demnach 1,22 × 5 = 6,10 cm³ N/10 auf 100 cm³ Würze.

Die Titrationsalkalität beträgt bei 12proz. Würze ungefähr 5 cm³ N/10 auf 100 cm³ Würze.

γ) *Formolstickstoff.*

Bei der großen Bedeutung der Aminosäuren für die Aromabildung im Malze auf der Darre, auch für die Ernährung der Hefe, erscheint die Formoltitration für brautechnische Zwecke von großer Wichtigkeit, namentlich da sie die Möglichkeit bietet, in der Aufklärung des verwickelten Prozesses des Eiweißabbaues bei der Malz- und Bierbereitung um einen Schritt vorwärts zu kommen. Nach den Untersuchungen von Langkammerer und Leberle[1]) besteht kein großer Unterschied zwischen dem in der bei der Extraktbestimmung gewonnenen Würze und dem in einem bei der Optimumtemperatur von 46° aus dem Malz hergestellten Auszug gefundenen Formolstickstoffgehalt. Sie fanden in der Würze 170—270 mg Formolstickstoff auf 100 g Malz-Trockensubstanz berechnet, gegen 90 bis 150 mg ursprünglich im Malz vorhandenen[2]). Unter diesen Zahlen liegende Werte deuten auf außergewöhnlich hohe Abdarrung, darüber liegende auf außergewöhnliche Mälzungsverfahren (Kohlensäurerast). Bei normalen Malzen geht der Formolwert mit steigender Farbe zurück. Schwache Blattkeimentwicklung wirkt auf den Eiweißabbau ungünstig, vermindert also den Formolstickstoffgehalt. Gärtätigkeit und Wachstum der Hefe sind unabhängig von dem Gehalt der Würze an Formolstickstoff, solange nicht abnorm niedere Mengen vorhanden sind.

Die Bestimmung des Formolstickstoffs erfolgt nach der S. 67 und 72 gegebenen Anleitung, die Berechnung auf 100 g Malz-Trockensubstanz nach folgendem Beispiel:

Auf 20 cm³ des Filtrates wurden verbraucht 2,45 cm³ N/10-Lauge. Die übrigen Zahlen wie bei obigem Beispiel unter α.

Auf 100 cm³ Würze treffen, da 1 cm³ Normallänge 14 mg Form-N entspricht, $2{,}45 \times \frac{150 \times 100 \times 14}{20 \times 120 \times 10} = 2{,}45 \times 8{,}75$ (R-St) = 21,44 mg Form-N. Man findet also allgemein den Form-N in 100 cm³ Würze, wenn man die verbrauchten cm³ N/10-Lauge mit dem Faktor 8,75 multipliziert. Beim gleichen Malz, wie unter α,

[1]) Zeitschrift für das gesamte Brauwesen 1919, Nr. 37—41.

[2]) Doemens fand bei Malzen aus Münchener Brauereien (Allgemeine Brauer- und Hopfenzeitung 1929, Nr. 228) in der Würze aus hellen Malzen 188—203, aus dunkeln Malzen 131—160 mg Formolstickstoff, berechnet auf 100 g Malz-Tr.-S.

ergeben sich weiter durch Multiplikation mit $\frac{80}{8{,}861}$ die mg Form-N auf 100 g Malz-Trockensubstanz berechnet, nämlich 21,44 $\times \frac{80}{8{,}861}$ (R-St) = 193,5 mg.

Vielfach rechnet man den Form-N noch auf Prozent des Gesamtstickstoff um. Betrüge in obigem Beispiel der Gesamtstickstoff in der Malz-Trockensubstanz 1,66% oder 1660 mg, so beträgt der Form-N $\frac{193{,}5 \times 100}{1660}$ (R-St) = 11,7% des Gesamt-N (schwankt zwischen 10,5—12,5).

δ) *Wasserstoffionenkonzentration.*

Das p_H wird bestimmt nach einer der auf S. 62 angeführten Methoden. Schwankt ungefähr zwischen 5,6 und 5,9.

ε) *Elektrometrische Titration.*

(Pufferungskurve.)

Versetzt man eine Würze mehrmals mit je etwa 0,4 cm³ N/10-Natronlauge und bestimmt nach jedesmaligem Zusatz das p_H, so wird man finden, daß das p_H nicht jedesmal um den gleichen Wert steigt, sondern einmal mehr und einmal weniger. Diese auffallende Erscheinung rührt davon her, daß das Pufferungsvermögen, d. i. der Widerstand, den die Flüssigkeit einer Änderung des p_H entgegensetzt, nicht überall, in allen p_H-Regionen, gleich stark ist. Konstruiert man nun aus der zugesetzten cm³ N/10-Natronlauge bzw. N/10-Salzsäure und den jeweils ermittelten p_H-Werten eine Kurve (siehe Abb. 61), so kann man aus dieser die Pufferung für jedes p_H-Intervall ablesen. So zeigt die dunkle Ausschlagwürze für das p_H-Intervall 5,3—6,9 nach der Kurve *C* eine Pufferung von 0,8 cm³ N/10-NaOH/ für p_H 6,9 bis 8,5 dagegen 1,0 cm³. Abb. 62 zeigt, daß das Pufferungsvermögen nicht nur von der Menge der zugesetzten N/10-Säure, sondern auch von der Art der Säure abhängig ist, was bei der Bestimmung der zur Änderung der p_H einer Würze erforderlichen Säurezusatzes zu beachten ist.

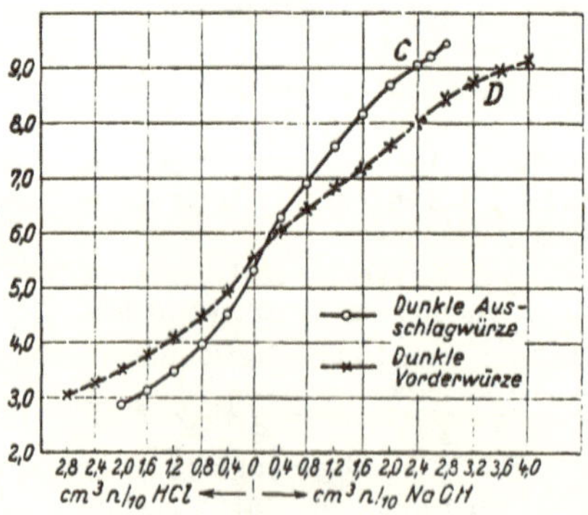

Abb. 61.

Die Arbeit wird am einfachsten und sichersten nach H. Fink und H. Reidt[1]) in folgender Weise ausgeführt.

[1]) Wochenschrift für Brauerei 1932.

Außer dem komplett ausgestatteten Lüers-Ionometer, Modell 1927, oder dem Mikro-Ionometer von Lautenschläger werden benötigt:

1. 2 Büretten, 10 cm³ fassend, geteilt in $^1/_{20}$ cm³.

2. Ein Vorrat von gewöhnlichen gereinigten Reagenzgläsern.

3. Ein Vorrat von gereinigten Elektrodenreagenzgläsern, 10 cm lang und 1,5 cm Durchmesser, die mit den Klammern des Ionometers an die Kaliumchloridwanne angeschlossen werden können.

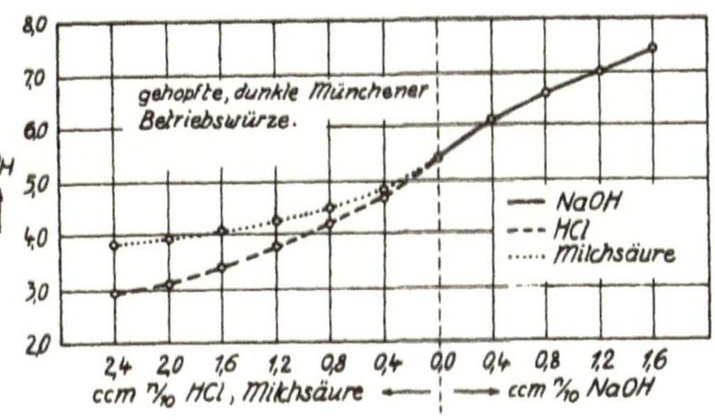

Abb. 62.

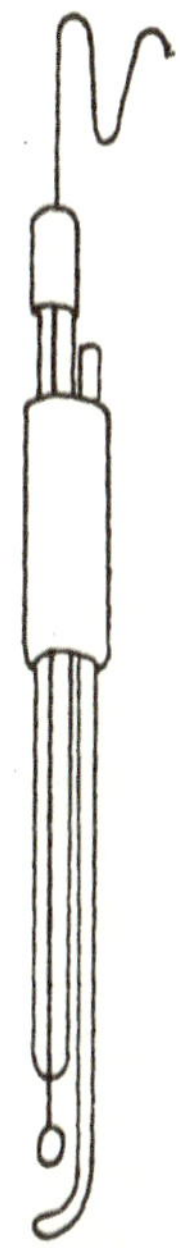

Abb. 63.

4. Die geschützte blanke Platinelektrode, die man sich aus der gewöhnlichen Platinelektrode leicht herstellen kann, indem man an dem Glasrohr der Platinelektrode ein unten gekrümmtes Glasstäbchen mit Hilfe eines Gummischlauches befestigt, wie aus Abb. 63 ersichtlich. Sie wird unter Wasser aufbewahrt und gelegentlich in einer Flamme von reinem Alkohol ausgeglüht.

5. Ein Vorrat von Agarhebern, das sind einfache U-förmige Glasheber, gefüllt mit Kaliumchlorid-Agarmasse. Dieselben werden in einen paraffinierten Präparatenzylinder mit Schliffdeckel in gesättigter KCl-Lösung mit überschüssigem KCl am Boden aufbewahrt. Die benützten Agarheber kommen nach dem Abspritzen mit Wasser in den zweiten, ebenso beschaffenen und gefüllten Präparatenzylinder; sie können immer wieder benutzt werden.

Zur Ausführung werden 7—12 der gründlich gereinigten Reagenzgläser in einem Reagenzglasgestell mit je 10 cm³ Würze gefüllt und dann mit steigenden Mengen N/10-HCl (0, 0,4, 0,8, 1,2 usw. cm³) bzw. N/10-NaOH (0,4, 0,8, 1,2, 1,6, 2,0 usw. cm³) versetzt[1]). Nachdem man gut durchgemischt hat, schreitet man zur p_H-Messung mit Chinhydron am Ionometer. Zu diesem Zwecke werden 6—8 der sauber gereinigten Elektroden-Reagenzgläser mit je einer Messerspitze

[1]) Zur Erzielung größerer Genauigkeiten können die Differenzen natürlich auch kleiner, etwa je 0,2, genommen werden.

Chinhydron und dann der Reihe nach mit ungefähr 2—3 cm^3 der titrierten Würze beschickt, durch Klopfen gegen die Hand gemischt (Temperaturerhöhung vermeiden!) und nebeneinander in die Klammern des p_H-Apparates gesteckt. Nun wird mit Hilfe von Agarhebern, die man zuvor mit Wasser abspült, die Leitung zur KCl-Wanne hergestellt, und zwar so, daß je zwei Agarheber in ein Loch des Wannendeckels zu stecken kommen. Wenn das wegen der Dicke der Heber auf Schwierigkeiten stoßen sollte, kann natürlich ebensogut der Deckel der Wanne abgenommen werden.

In der Nähe der KCl-Wanne wird außerdem noch ein kleiner Stutzen mit Wasser aufgestellt, in dem die geschützte Platinelektrode Aufnahme findet. Nachdem man die Platinelektrode an die Meßanordnung genau so wie bei jeder einfachen p_H-Messung mit Chinhydron angeschlossen hat, kann mit der Serien-p_H-Messung begonnen werden. Man schleudert von der Elektrode, ohne die Verbindung zu lösen, anhaftendes Wasser ab und gibt sie in das erste Elektrodenreagenzglas, rührt mit der Elektrode nochmals das Chinhydron auf und liest die Millivolt an der Meßbrücke ab. Einstellung und Ablesung werden wiederholt. Darauf reinigt man die geschützte Elektrode, ohne sie vom Draht zu lösen, in dem kleinen Stutzen mit Wasser, schleudert das anhaftende Wasser ab und taucht sie in das zweite Reagenzglas. Nach kurzem Umrühren schreitet man zur Messung. So fährt man fort, bis alle 6—8 Röhrchen durchgemessen sind, was nur wenige Minuten in Anspruch nimmt. Zur Kontrolle wird die ganze Serie nochmals in umgekehrter Reihenfolge nachgemessen.

Nach der Messung werden die Heber herausgenommen, mit Wasser abgespült und in den zweiten Präparatenzylinder gestellt. Auch die Elektrodenreagenzgläser reinigt man und stellt sie zum Trocknen auf.

In ganz analoger Weise wird nun die nächste Serie von Röhrchen gemessen, bis eben die ganze Titration bis etwa $p_H = 7$ beendet ist.

Lediglich die über $p_H = 7$ liegenden Ansätze müssen mit der Platinwasserstoffelektrode (und Kalomelektrode als Bezugselektrode) gemessen werden. Da aber für manche Konstruktionen von Platinwasserstoffelektroden die obigen Flüssigkeitsmengen nicht ausreichen, wird hier zweckmäßig der doppelte Ansatz mit 20 cm^3 Würze und der doppelten Menge N/10-NaOH gemacht.

Für den Bereich $p_H = 3$ bis $p_H = 9{,}2$ sind ungefähr nachstehende Maximalmengen N/10-HCl und N/10-NaOH auf 10 cm^3 Flüssigkeit erforderlich.

	N/10-HCl	N/10-NaOH
A. Helle, 8proz. Labor.-Würze . . .	1,6	1,6—2,0
B. Helles, 13proz. Bier	1,6	2,4—2,8
C. Dunkle, 12proz. Ausschlagwürze	2,0	2,6—2,8
D. Dunkle, 20proz. Vorderwürze . .	2,8—3,0	4,0—4,4

17. Asche und Phosphorsäure.

a) Im Malz.

Genau wie bei der Gerste S. 54. In der Malz-Trockensubstanz ist der Aschegehalt meist um 0,2—0,4, der Phosphorsäuregehalt um 0,1—0,3 geringer als in der Trockensubstanz der Gerste, aus welcher das Malz gewonnen wurde.

b) In der Würze.

In 100 g Würzeextrakt sind enthalten 1,5—2 g Asche. Die Asche besteht ungefähr zu einem Drittel aus Phosphorsäure (P_2O_5). Man gibt so viel Würze, wie ungefähr 5—6 g Extrakt entspricht (50 cm³), in eine gewogene Platinschale, verdampft vorsichtig, anfangs auf dem Wasserbad, später auf Asbestplatte, zur Trockne und erhitzt dann weiter auf dem Pilzbrenner, wie unter Gerste S. 54 angegeben. Auch die Phosphorsäurebestimmung in der Asche erfolgt in der gleichen Weise wie bei der Gerste.

18. Diastatische Kraft.

Unter diastatischer Kraft oder Fermentativvermögen eines Malzes versteht man die durch den Diastasegehalt bedingte Fähigkeit seines wässerigen Auszuges, gelöste Stärke in Zucker und Dextrin zu verwandeln. Sie wird ausgedrückt durch die Zuckermenge, die unter bestimmten Bedingungen in einer bestimmten Zeit gebildet wird, auf 100 g Malz umgerechnet.

Nach den Erfahrungen verschiedener Versuchsstationen erfolgt zunächst bei Malzen eine Zunahme der diastatischen Kraft in den ersten drei Tagen, vom Abräumen von der Darre an gerechnet, dann bleibt die diastatische Kraft etwa 14 Tage konstant, um später wieder langsam abzunehmen. Die Differenz ist jedoch in der ersten Zeit nicht erheblich; sie beträgt etwa 30—40. Erheblichen Einfluß auf die Abnahme der diastatischen Kraft bei der Lagerung hat ein höherer Wassergehalt des Malzes, sowie die Temperatur, bei welcher das Malz lagert.

Das geeignetste Verfahren zur Bestimmung der diastatischen Kraft ist das von Lintner-Wirth, welches von Windisch und Kolbach[1]) sowie von der Wissenschaftlichen Station für Brauerei in München und durch die Vereinbarungen weiter ausgearbeitet wurde.

Zunächst bereitet man sich den Malzauszug, indem man 20 g feingemahlenes helles oder 40 g dunkles Malz in einem tarierten Becherglas aus Jenaer Geräteglas (Schott) oder einem gleichwertigen Glas mit 480 cm³ kaltem Wasser einmaischt und dann im Maischbad 1 Stunde bei 40° maischt (Glasrührer!). Nach dem Abkühlen und Aufwiegen auf 520 bzw. 540 g wird der gesamte Becherinhalt auf das Filter (Nr. 560, 32 cm, Schleicher & Schull oder ein gleichwertiges Filter) gegeben. Man läßt 200 cm³ durchlaufen, welche fortgegossen werden, die danach ablaufenden 50 cm³ Filtrat werden sofort zur

[1]) Wochenschrift für Brauerei 1925, Nr. 24.

Analyse verwendet. Die so gewonnene Lösung Diastaselösung läßt man nun auf eine 2proz. Stärkelösung einwirken. Man verwendet lösliche Stärke von Kahlbaum. Von dieser wiege man zunächst so viel ab, als 10 g Trockensubstanz entspricht, bringe in einem Becherglas 400 cm^3 Wasser zum Kochen, gieße die in etwas kaltem Wasser aufgeschlämmte (in einer Reibschale) Stärke unter Umrühren hinzu, so daß die Flüssigkeit nicht aus dem Sieden kommt, spült die Reibschale noch mit ein wenig Wasser nach, kocht noch 5 Minuten und kühlt dann durch Einstellen in kaltes Wasser ab wobei, um die Bildung eines Häutchens zu vermeiden, ständig umzurühren ist. Hierauf spült man in einen 500 cm^3 Meßkolben und füllt mit Wasser bis zur Marke auf.

Da die diastatische Wirkung sehr wesentlich vom p_H abhängig ist, so benötigt man noch eine Pufferlösung. Zunächst bereite man sich eine N/2-Essigsäure, indem man 30 g chemisch reinen Eisessig (99—100proz.) mit Wasser zu 1 l verdünnt. Hierauf löse man 34 g krist. Natriumazetat pro analysi (CH_3—$COONa + 3\,H_2O$) in Wasser zu ½ l auf (= N/2-Lösung). Durch Vermischen der beiden Lösungen erhält man 1½ l Azetatpufferlösung von p_H 4,3 ± 0,1.

Die Einwirkung des Malzauszuges auf die lösliche Stärke und die Bestimmung des gebildeten Zuckers soll doppelt erfolgen, außerdem sind auch die verwendete Stärkelösung und der Malzauszug für sich auf Zuckergehalt bzw. Jodverbrauch zu untersuchen. Man gebe daher in vier 200-cm^3-Meßkölbchen je 100 cm^3 der 2proz. Stärkelösung. Den beiden ersten Kölbchen (Nr. *1* und *2*) für den Hauptversuch setzt man noch je 5 cm^3 Azetatpufferlösung zu. Dann stellt man alle vier Kölbchen etwa 20 Minuten lang in ein Temperierbad von 20°. Nach Ablauf dieser Zeit gibt man in die Kölbchen *1* und *2* mit einer genau geeichten Pipette im Abstand von 1 Minute je 5 cm^3 obigen Malzauszuges, schüttelt gut um und hält genau 30 Minuten im Temperierbad bei 20°. Man rechnet diese Zeit, die am besten unter Verwendung einer Stoppuhr genau einzuhalten ist, von Beginn des Zufließens des Malzauszuges ab. Sofort nach Ablauf der 30 Minuten versetzt man jedes Kölbchen (*1* und *2*) mit 4 cm^3 Norm-Natronlauge (Lös. 27) zwecks Inaktivierung der Diastase. Zu den Kölbchen *3* und *4* setzt man, da sie keine saure Pufferlösung enthalten, nur je 0,65 cm^3 Norm-Natronlauge und erst nach dem Umschütteln 5 cm^3 Malzauszug zu, so daß die Diastasewirkung schon bei Zusatz des Malzauszuges aufgehoben ist. Nun werden sämtliche Kölbchen mit Wasser zur Marke aufgefüllt und gut umgeschüttelt. Die Flüssigkeiten müssen mit einer 0,5proz. alkoholischen Thymolphthaleinlösung blau werden.

Zur Zuckerbestimmung gibt man je 50 cm^3 aus den vier Kölbchen in je ein Erlenmeyer-Kölbchen von ca. 150 cm^3 Inhalt. dazu 25 cm^3 N/10-Jodlösung (Lös. 38b) und 3 cm^3 Norm-Natronlauge und läßt nach dem Umschwenken 15 Minuten einwirken. Die Kölbchen sind, um Verflüchtigen von Jod zu vermieden, mit lose aufgesetzten Glasstopfen zu verschließen. In der alkalischen Lösung wird dabei Jod durch den vorhandenen Zucker in Jodid verwandelt, reduziert. 1 cm³ N/10-Jodlösung entspricht 17,1 mg Maltose oder 9 mg Dextrose oder 18 mg Invertzucker. Nach Ablauf der 15 Minuten säuert man mit 4,5 cm³ Norm-Schwefelsäure (Lös. 26) an und läßt dann aus der Bürette N/10-Thiosulfatlösung (Lös. 39), bis die Blaufärbung eben verschwunden ist. Die dabei verbrauchten cm³ Thiosulfatlösung geben, von 25 abgezogen, die auf die vorhandene Zuckermenge treffenden cm³ N/10-Jodlösung. Die verbrauchte Jodlösung soll zwischen 6—12 cm³ liegen, andernfalls ist der Versuch unter Anwendung von mehr oder weniger Malz, wobei entsprechend aufzuwiegen ist, zu wiederholen.

In der gleichen Weise verfährt man mit je 50 cm³ aus den Kölbchen *1* und *2*.

Der Titer der Thiosulfatlösung ist genau festzustellen in der unter Lös. 39 angegebenen Weise. Gegen die genau titrierte Thiosulfatlösung kann man dann wieder die Jodlösung einstellen.

Berechnung.

Titer der N/10-Jodlösung . . . . . . = 1,00
» » N/10-Thiosulfatlösung . . = 0,99.

Bei Kölbchen *1* und *2* (Hauptversuch) wurden verbraucht 15,7 und 15,8, im Mittel 15,75 cm³ (= 15,75 × 0,99 = 15,59 cm³ N/10) Thiosulfat. Somit wurden auf den Zucker verbraucht 25 — 15,59 = 9,41 cm³ N/10-Jodlösung.

Bei Kölbchen *3* und *4* (Blindversuch) wurden verbraucht 22,9 und 23,1, im Mittel 23,0 cm³ = 23 × 0,99 = 22,77 cm³ N/10-Thiosulfat. Jodverbrauch = 25 — 22,77 = 2,23 cm³ N/10. Der Jodverbrauch der durch die Diastasewirkung erzeugten Maltose beträgt demnach 9,41 — 2,23 = 7,18 cm³ N/10, entsprechend 7,18 × 0,0171 g Maltose. Dann treffen auf 200 cm³ Lösung (= 5 cm³ Malzauszug = 0,2 g helles Malz) 4 × 7,18 × 0,0171 und auf 100 g Malz 500 × 4 × 7,18 × 0,0171 = **245,56** g Maltose (= Diastatische Kraft). Auf 100 g Malz-Trockensubstanz berechnet $\frac{245{,}56 \times 100}{96}$ (R-St) = **255,8.**

Bezeichnet man die verbrauchte Menge (nach Abzug der beim Blindversuch verbrauchten cm³) N/10-Jodlösung mit *J*, so ist demnach die diastatische Kraft auf 100 g lufttrockenes Malz berechnet

bei Anwendung von 10 g Malz = N/10-Jod × 68,4
» » » 20 g » = » » × 34,2
» » » 40 g » = » » × 17,1.

In obigem Beispiel also:

Diastatische Kraft = 7,18 × 34,2 = **245,56.**

Die diastatische Kraft beträgt, auf Trockensubstanz berechnet,

bei hellen Malzen . . . . 160—340,
bei dunklen Malzen . . . 70—120.

Bestimmung der diastatischen Kraft von diastasehaltigen Extrakten und Backmalzen. (Methode Pollak-Egloffstein.)

Die ersteren werden hauptsächlich aus Gerstenmalzen gewonnen, die Backmalze dagegen sind meist Weizenmalze. Beide werden in der Bäckerei zur Förderung des Backprozesses allgemein verwendet. Bei den Backmalzen wird die diastatische Kraft meistens nach der oben beschriebenen Methode von Windisch-Kolbach bestimmt, bei den Extrakten dagegen bedient man sich mehr der nachstehend beschriebenen Methode von Pollak-Egloffstein[1]). Man bereitet sich zunächst eine 2proz. Lösung des zu untersuchenden Extraktes und 300 cm³ eines 3proz. Arrowroot-Stärkekleisters. Der Wassergehalt der Arrowroot-Stärke soll möglichst konstant zwischen 10 und 15% liegen. Man reibt sich in einer Reibschale 9 g Stärke mit wenig Wasser zu einer fein verteilten Stärkemilch an. Inzwischen bringt man 250 cm³ Wasser zum Kochen und schüttet die Stärkemilch unter gutem Umrühren in das kochende Wasser. Man hält die Temperatur noch ½ Stunde bei 100°, sodann gibt man den Kleister in einen 300-cm³-Kolben, spült mit Wasser nach und füllt dann auf 300 cm³ auf.

Die Vorprüfung: Man gibt in ein 100-cm³-Meßkölbchen 50 cm³ Kleister und erwärmt im Wasserbad auf ca. 40°, sodann fügt man 10 cm³ der 2proz. Extraktlösung hinzu und notiert genau den Zeitpunkt. Die Temperatur des Kolbeninhaltes wird konstant bei 37,6° gehalten, was durch ein ins Kölbchen gestecktes Thermometer kontrolliert werden kann. Durch Einfluß der in der Extraktlösung enthaltenen Diastase verflüssigt sich bald der Kleister im Kölbchen, worauf man die Verzuckerung mit Jodlösung zu prüfen beginnt, wie bei der Malzuntersuchung S. 105. Wenn die Färbung mit Jod nur mehr braun erscheint, notiert man die Zeit, welche seit der Zufügung der Extraktlösung verflossen ist. Diese Zeit, in Minuten ausgedrückt, gibt, wie rein empirisch festgestellt wurde, die Anzahl Kubikzentimeter der 2proz. Extraktlösung an, welche man beim Hauptversuch zu 250 cm³ Kleister zufügen muß, um richtige Resultate zu erhalten. Hat die Diastase abnormale Einbuße erlitten, so z. B. durch hohe Temperaturen (über 60°) oder Säuren bei höherer Temperatur (Milchsäure), so liefert diese Vorprüfung ungenaue bzw. unrichtige Angaben. Diese abnormalen Angriffe sind bei der Extrakterzeugung durchaus möglich und kommen auch nicht selten vor. Bei verhältnismäßig schwacher diastatischer Kraft oder aber bei ungewöhnlich hoher diastatischer Kraft liefert diese Methode ungenaue Werte.

Die Verzuckerung.

Zum Hauptversuch gibt man in einen 300-cm³-Kolben die übriggebliebenen 250 cm³ Stärkekleister und erwärmt im Wasserbade auf 39—40°. Die durch die Vorprüfung gefundene Anzahl cm³ (die Minutenzahl) der 2proz. Extraktlösung wird zum Kleister zu-

[1]) Nach »Die Malzextrakte« von Dipl.-Ing. Jos. Weichherz. Berlin 1928.

gefügt und die Temperatur 30 Minuten lang bei 37,6° im Wasserbad gehalten. Man beobachtet inzwischen das Fortschreiten der Verflüssigung. Nach genau 30 Minuten unterbricht man die Einwirkung der Diastase durch Zugabe von 3 cm³ einer 10proz. Kalilauge. Nach dem Abkühlen füllt man auf 300 cm³ auf. Sollte die durch die Vorprüfung gefundene Anzahl der zuzufügenden cm³ mehr als 50 betragen (schwache diastatische Kraft), so muß man weniger als 250 cm³ Kleister zur Verzuckerung verwenden, oder aber man verwendet besser eine konzentriertere Extraktlösung.

In der verzuckerten Flüssigkeit ist nun die Maltose zu bestimmen, am besten nach der Methode von Willstätter und Schudel (S. 156). Der Gehalt an Malthose wird bei Einhaltung der obigen Versuchsbedingungen immer ungefähr zwischen 1,0 und 1,1% schwanken, also in 50 cm³ 0,5—0,55 g Maltose. Da nun 1 cm³ N/10-Jodlösung 0,0171 g Maltose entspricht und bei Ausführung der Bestimmung 6—12, im Mittel 9 cm³ Jodlösung verbraucht werden sollen, so sollen in den 50 cm³, die angewandt werden, ca. 9 × 0,0171 = 0,1539 g Maltose enthalten sein, daher ist die Lösung 0,5:0,1539 = 3,25 bis 0,55:0,1539 = 4,1fach zu verdünnen, oder 30 cm³ Lösung werden in einem 100-cm³-Kölbchen mit Wasser auf 100 cm³ verdünnt. Nun ist auch noch zu bestimmen, wieviel Maltose in der Extraktlösung selbst enthalten ist. Dieselbe wird meistens ungefähr dieselbe Maltosemenge in Prozent enthalten, wie die obige verzuckerte Lösung und kann also auch in der gleichen Weise wie diese (30 auf 100 cm³) verdünnt werden.

Beispiel: Es wären 25 cm³ der 2proz. Extraktlösung zugesetzt worden und auf 50 cm³ der verzuckerten Lösung verbraucht worden 9,8 cm³ N/10-Jodlösung, diese entsprechen 9,8 × 0,0171 = 0,1676 g Maltose, dann sind in 100 cm³ der verdünnten Lösung und daher auch in 30 cm³ der unverdünnten Lösung 0,1676 × 2 = 0,3352 g Maltose, daher in 300 cm³ unverdünnter Lösung 3,352 g Maltose. Bei der Untersuchung der Extraktlösung allein wurden verbraucht 8,5 cm³ N/10-Jodlösung, entsprechend 8,5 × 0,0171 = 0,1453 g Maltose. Diese sind enthalten in 15 cm³ der 2proz. Lösung. Die in 300 cm³ der verzuckerten Lösung enthaltenen 25 cm³ Extraktlösung enthalten demnach $\frac{0,1453 \times 25}{15}$ (R-St) = 0,2432 g Maltose. Diese sind von den oben ermittelten 3,352 g Gesamtmaltose in Abzug zu bringen, bleiben 3,1088 g durch die Diastasewirkung der 25 cm³ 2proz. Extraktlösung (= 0,5 g Extrakt) gebildeter Maltose. Da nun aber nach dieser Methode die diastatische Kraft ausgedrückt wird in der Menge Maltose, die von 1000 g Extrakt gebildet wird, so ist 3,1088 × 2 × 1000 = 6218 = diastatische Kraft. Pollak = ca. 24 × Lintner-Wirth, Ducháček = 2,7 × Pollak.

Soll ein Malz nach dieser Methode untersucht werden, so bereite man sich zunächst einen Malzauszug, wie auf S. 155 angegeben und untersuche diesen genau, wie oben die Extraktlösung. Dabei ist bei der Verdünnung zu berücksichtigen, daß infolge der höheren

Verzuckerungstemperatur die Pollak-Egloffstein-Methode 2,5- bis 3,0fach höhere Zuckerwerte gibt als die Windisch-Kolbach-Methode.

19. Stärkeverflüssigungsvermögen.

Die Einwirkung der Diastase auf Stärkekörner ist bekanntlich eine doppelte, die Stärke wird zunächst verflüssigt, gelöst und dann abgebaut, in Zucker und Dextrin verwandelt, verzuckert. In besonderen Fällen kann es notwendig werden, auch das Stärkeverflüssigungsvermögen, das nicht immer dem Verzuckerungsvermögen parallel geht, zu bestimmen. Es geschieht dies am besten nach der Methode von Lintner und Sollied[1]) verbessert von Doesel[2]). Den erforderlichen Malzauszug bereitet man sich nach der ursprünglichen Vorschrift durch 6stündige Digestion von 25 g Malzmehl mit 500 cm³ Wasser, man kann jedoch auch wie unter 18. verfahren bzw. den für die Bestimmung der diastatischen Kraft verwendeten Auszug auch hier verwenden. Dann werden 10 g prima Kartoffelstärke in Wasser aufgeschwemmt, in einem Meßkölbchen mit Wasser auf 100 cm³ aufgefüllt und nach jedesmaligem Umschütteln mit einer 10-cm³-Pipette auf 10 Reagenzgläser aus Jenaer Geräteglas von 18 cm Länge und 2 cm lichter Weite, die sich in einem Reischauerschen Stern (s. S. 129) befinden, gleichmäßig verteilt, so daß jedes Glas 1 g Stärke enthält. Hierauf gibt man in die Reagenzgläser steigende Mengen, 0,1, 0,2, 0,3—1,0 cm³, Malzauszug und so viel Wasser, daß in jedem Röhrchen sich 11 cm³ befinden, schüttelt gut um und verschließt jedes Röhrchen, damit sich keine Haut an der Oberfläche bildet, mit einem Kork, in welchem ein zu einer feinen Spitze ausgezogenes Glasrohr sitzt. Dann wird jedes Röhrchen für sich im kochenden Wasserbad unter Umschütteln so schnell und so vorsichtig wie möglich, um die Diastase nicht zu schwächen, verkleistert. Die Verkleisterung findet momentan bei 65° statt. Wenn sämtliche Proben verkleistert sind, was bei zehn Proben ca. 4 Minuten dauert, wird der Halter mit den 10 Gläsern in ein Wasserbad von 65° gebracht. Nach 15 Minuten stellt man zur Abtötung der Diastase 10 Minuten in kochendes Wasser, kühlt auf 20° ab und gibt in jedes Röhrchen 1 cm³ 0,02proz. Fuchsinlösung. Bei 20° wird das Verflüssigungsvermögen ermittelt, indem man ein Röhrchen nach dem anderen umkehrt. Der Verflüssigungspunkt wird bei jenem Röhrchen angenommen, welches nach doppeltem vorsichtigem Kippen gleichmäßig gefärbt und schlierenfrei erscheint.

Das Verflüssigungsvermögen kann man schließlich berechnen auf die Zahl, die angibt, wieviel g Stärke von 1 g Malz in den flüssigen Zustand übergeführt wurden.

Beispiel: Röhrchen Nr. 3 mit 0,3 cm³ Malzauszug (20:500) war noch nicht verflüssigt, Nr. 4 mit 0,4 cm³ dagegen wohl.

$$0{,}4\ \text{cm}^3\ \text{Malzauszug entsprechen}\ \frac{20 \times 0{,}4}{500} = 0{,}016\ \text{g Malz,}$$

[1]) Zeitschrift für das gesamte Brauwesen 1903, Nr. 21.
[2]) Doktordissertation.

0,016 g Malz 1 g Stärke,
1 g Malz 1 : 0,016 = 62,5 g Stärke (= Verflüssigungsvermögen).

Bei normalen Darrmalzen ergibt sich ein Verflüssigungsvermögen zwischen 80 und 150.

20. Fett im Malz.

Genau wie bei der Gerste unter 7. angegeben. In der Malz-Trockensubstanz ist der Fettgehalt um etwa 0,4—0,5 niedriger als in der Gersten-Trockensubstanz.

21. Schweflung des Malzes.

Genau wie bei der Gerste unter 6. angegeben.

22. Keimfähigkeit.

1. Methode nach Kolbach, Schulz und Kunisch[1]: 400 g Hohenbockaer Glassand werden mit 78 cm^3 dest. Wasser oder reinem Leitungswasser in einer nicht zu flachen Glasschale von ungefähr 225 cm^2 Bodenfläche gut miteinander vermischt, gleichmäßig verteilt und durch leichtes Überrollen mit einem zylindrischen Gegenstand geebnet. 2 mal 200 unbeschädigte Körner des zu untersuchenden Malzes werden mit je etwa 0,045 g Uspulun-Naßbeize (nicht Uspulun-Universal) in einer verschlossenen 50 cm^3 Flasche 5—10 Minuten unter Drehen der Flasche kräftig geschüttelt, bis die Körner gleichmäßig bestäubt sind. Dann werden die Körner nach Bedarf auf ein flaches Schälchen mit etwas rauhem Boden geschüttet und mit einer Pinzette so in kleinen Abständen gleichmäßig auf das geebnete Sandbett gelegt, daß die Bauchfurche der Körner möglichst nach oben zu liegen kommt. Durch Schütteln des Schälchens sind verkehrt liegende Körner vor dem Einkeimen umzudrehen und gleichzeitig ist das überschüssige den Körnern anhaftende Uspulun abzuschütteln. Sind die Körner in gleichmäßigen Reihen eingelegt, so werden sie mit einem glatten Gegenstand einzeln leicht an den Sand gedrückt. Das Keimgefäß wird mit einer Glasscheibe bedeckt und in einem Raum, dessen Temperatur möglichst gleichbleibend 18—20° C beträgt, aufbewahrt. Nach einer Keimdauer von 7 Tagen werden die gekeimten Körner ausgezählt und auf 100 bezogen. Bei ausreichender Übereinstimmung der Parallelproben gibt der Mittelwert dann die volle Keimfähigkeit des Malzes an. Als gekeimt gelten alle Körner, deren Blattkeim im Verlauf des Versuches die Länge des Kornes überschreitet oder die eine deutliche Wurzelbildung oder Blatt- und Wurzelkeimentwicklung zeigen.

2. Schnellmethode nach Enders, Pfahler, Schneebauer[2]: 100 Körner werden in gleicher Weise, wie bei Gerste angegeben, mit Dinitrobenzol behandelt, nur mit dem Unterschied, daß die Temperatur des Wasserbades 45° C nicht übersteigen darf. Das Ein-

[1]) Wochenschrift für Brauerei 1937, Nr. 7.
[2]) Wochenschrift für Brauerei 1937, Nr. 38.

legen in die Ammoniaklösung geschieht bei Malz nur so lange, bis an den Körnern oder Blattkeimen eine deutliche Rotfärbung entsteht, was in den meisten Fällen in 2—3 Minuten eintritt. Länger als 10 Minuten zu warten ist bei hellen Malzen nicht, bei dunklen Malzen manchmal nötig. Noch keimfähige Körner sind entweder über den ganzen Blattkeim oder nur von der Spitze desselben aus

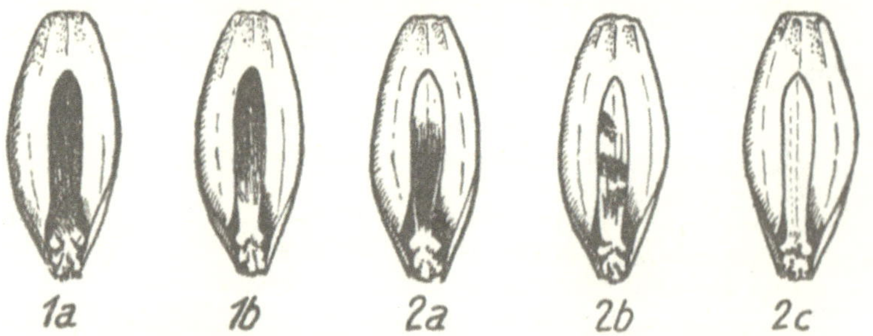

Abb. 64.

bis zu etwa $^2/_3$ des Keimes purpurrot gefärbt (Abb. 64, 1a, b). Die Keimanlage braucht nicht gefärbt sein. Bei einiger Übung kann die Färbung schon von außen beurteilt werden, in Zweifelsfällen muß der sich leicht lösende Spelz über dem Blattkeim abgezogen werden. Die nicht mehr keimfähigen Körner zeigt die Abb. 2a, b, c. Die Methode ist nicht so genau, wie die oben angeführte, aber bedeutend einfacher und schneller durchzuführen.

23. Feinheitsgrad des Malzschrotes.

Die Feststellung des Feinheitsgrades von Malzschrot mittels des Kongreßplansichters s. Abbildung, S. 101) ist schon bei den Vereinbarungen zur Malzanalyse beschrieben worden. Der neue Kongreßplansichter ist so gebaut, daß er auch für die Betriebsschrotanalyse geeignet ist und große Vorteile gegenüber den alten Sieben besitzt. Wie aus der Tabelle, S. 163, ersichtlich ist, erhält man bei der Sichtung mit dem neuen Siebsatz 6 Anteile: Hülsen, Grobgrieß I, Grobgrieß II, Feingrieß I und II, Mehl und Pudermehl.

Vom Betriebsschrot werden 100—200 g Schrot auf das oberste Sieb des Plansichters gebracht und 5 Minuten lang bei 300 Umdrehungen pro Minute, wie bereits auf S. 85 angegeben, unter Beigabe der Gummikugeln und Würfel geschüttelt. Nach Beendigung des Schüttelprozesses muß, wie bereits angegeben, das noch am Siebrahmen haftende Mehl durch Klopfen auf die Siebtrommel abgeklopft und durch 30 Sekunden langes Schütteln mit der Hand abgesiebt werden.

Beispiel: Die einer Betriebsmühle entnommene Schrotmenge von 178 g wird auf einmal der Sortierung unterzogen, wobei folgende Zahlen erhalten wurden:

Sieb 1	Spelzen	16,5 g =	9,3%
2	Grobgrieß I	13,7 g =	7,7%
3	Grobgrieß II	12,5 g =	7,0%
4	Feingrieß I und II . .	74,8 g =	42,0%
5	gröberes Mehl | Gesamt-	45,4 g =	25,5%
Siebboden	Pudermehl | mehl	14,6 g =	8,5%
	Summa . .	177,5 g =	100,0%

Da zum Sortieren 178 g Schrot angewandt wurden und sich nach der Sortierung und der Addierung der einzelnen Posten nur 177,5 g ergaben, so ist anzunehmen, daß 178 g — 177,5 g = 0,5 g durch Verstaubung verlustig gingen. Dieser Verlust wird dem Pudermehl zugerechnet, somit ist der Mehlgehalt 14,6 g + 0,5 g = 15,1 g.

Das hier vorliegende Betriebsschrot stellt ein sehr gutes Läuterbottichschrot einer modernen Hochleistungsmühle dar. Die auf Sieb 1 liegenden Spelzen müssen von anhaftenden Grießen frei sein. Unter den Spelzen dürfen keine ganzen oder mangelhaft gebrochene Körner sein.

Die auf Sieb 2 und 3 liegenden Anteile dürfen keine oder nur wenige Grobgrieße enthalten. Diese Anteile bestehen aus mehr oder minder zerkleinerten Hülsen. Die Feingrieße und das Mehl werden beim Maischprozeß fast vollkommen aufgeschlossen. Der Gehalt an Pudermehl soll 8—10% nicht übersteigen, da sonst Läuterschwierigkeiten auftreten. Genaue Angaben lassen sich hierüber wie über die gesamte Schrotzusammensetzung nicht machen, da es viel auf das Malz und die Abläutervorrichtung, Höhe der Treberschicht usw. ankommt.

Hat man trotzdem ein beträchtlich höheres Quantum, so sortiert man das Schrot nicht auf einmal, sondern in zwei oder drei Partien und nach Addieren der erhaltenen Werte rechnet man die einzelnen Sorten auf Prozente um.

IV. Farb- und Karamelmalz.

Bei der Untersuchung von Farb- und Karamelmalz kommen in erster Linie folgende Bestimmungen in Betracht:

1. Wassergehalt,
2. Extraktgehalt[1]) und
3. Färbekraft.

Von Interesse sind ferner: Geschmack des Farbmalzauszuges, Beschaffenheit des Mehlkörpers und äußere Merkmale; wogegen Hektolitergewicht und Tausendkorngewicht nur selten bestimmt werden.

[1]) Unter Extrakt des Farbmalzes versteht man die wasserlöslichen Bestandteile desselben. Dem »Farbmalzextrakt« fehlt die Vergärbarkeit, während der eigentliche Malzextrakt zu etwa $^2/_3$ vergärbar ist.

1. Wassergehalt.

Die Bestimmung des Wassergehaltes erfolgt genau wie die des Malzes, S. 99, d. h. durch 3stündiges Trocknen des Schrotes im Trockenschrank bei einer Temperatur von 104—105°.

Der normale Wassergehalt der Farb- und Karamelmalze darf 6% nicht übersteigen.

2. Extrakt.

25 g feinst geschrotenes Farb- bzw. Karamelmalz werden mit 25 g fein gemahlenem hellem Malz mit kurzer Verzuckerungszeit[1]) und von bekanntem Wasser- und Extraktgehalt vermaischt. Man verfährt dabei wie bei der vereinbarten Malzanalyse. Schließlich wird der Extraktgehalt der gewonnenen Würze pyknometrisch ermittelt und der Extraktgehalt des Farbmalzes nach der Proportionalitätsmethode berechnet.

Beispiel:

Abmaischquantum	. . . . =	450 g
Wassergehalt des hellen Malzes	. . . . . =	4,2%
» » Farbmalzes	. . . . . . =	3,2%
Extraktgehalt der gewonnenen Würze	. . . =	7,8%
» des hellen Malzes (lufttrocken)	=	74,8%

1. $(450 - 50) + \frac{4,2}{4} + \frac{3,2}{4} = 401,85$ g Gesamtwassergehalt der Abmaischung.

2. 100 — 7,8 = 92,2 g Wasser treffen auf 100 g Würze,

92,2 g Wasser . 7,8 g Extrakt
401,85 g » . x g »

$$x = \frac{401,85 \times 7,8}{92,2} \text{ (R-St)} = 34 \text{ g},$$

d. h. soviel Extrakt geben 25 g helles Malz und 25 g Farbmalz.

3. 74,8 : 4 = 18,7 g Extrakt treffen auf 25 g helles Malz.

4. 34 — 18,7 = 15,3 g Extrakt sind in 25 g lufttrockenem Farbmalz enthalten.

5. 15,3 × 4 = 61,2 g Extrakt sind in 100 g lufttrockenem Farbmalz enthalten.

6. $\frac{61,2 \times 100}{100-3,2}$ (R-St) = **63,22** g Extrakt sind in 100 g Farbmalz-Trockensubstanz enthalten.

Der Extraktgehalt des Farb- und Karamelmalzes hängt hauptsächlich von der Qualität des Malzes, welches verwendet wurde, ab.

Der Extraktgehalt in der Trockensubstanz beträgt:

bei Farbmalz . . . . . 60—65%
bei Karamelmalz . . . . 70—75%.

[1]) Statt dessen kann man auch 50 g Farbmalz oder Karamelmalz mit 2,6 g Diastase verarbeiten, wie unter Gerste (4. Extrakt) näher beschrieben ist.

Der Verzuckerungsgrad.

Der Vorgang der Karamelmalzbereitung besteht bekanntlich darin, daß man Malz in ganzen Körnern bei geeigneter Temperatur verzuckern läßt und dann erst röstet. Um nun über den Grad der Verzuckerung Aufschluß zu erhalten, vermaischt man nach Jakob 50 g Karamelmalz für sich und bestimmt in der gewöhnlichen Weise den Extraktgehalt, das Verhältnis dieses an und für sich löslichen Extraktes zu dem bei Gegenwart von Malzdiastase nach obiger Methode sich lösenden Gesamtextrakt bildet den Ausdruck für den Verzuckerungsgrad.

Beispiel: Beim Vermaischen eines Karamelmalzes mit einem hellen Malz wäre gefunden 70,5% Extrakt im lufttrockenen Karamelmalz, beim Vermaischen für sich dagegen 38%.

Verzuckerungsgrad =

$$\frac{38 \times 100}{70,5} \text{ (R-St)} = 53,9\%.$$

3. Färbekraft.

Die Färbekraft von Farbmalz und Karamelmalz wird nach Lintner mit dem Verdünnungskolorimeter[1]) unter Anwendung der Normallösungen I und II (Lös. 64) ausgeführt.

Das Verdünnungskolorimeter (Abb. 65) besteht aus zwei gleichen Glaskästchen mit parallelen Wandungen, von denen das eine zur Aufnahme der Normallösung, das andere für die zu untersuchende Flüssigkeit bestimmt ist. Die Gläser sind einem Blechgehäuse angepaßt, das mit zwei Ausschnitten versehen ist, denen eine Milchglasplatte gegenübersteht. Dem Apparat ist noch eine in 1/10 cm^3 geteilte Bürette (50 cm^3 fassend) und eine Meßpipette beigegeben.

Mit obigem Kolorimeter[2]) bestimmt man das Färbevermögen

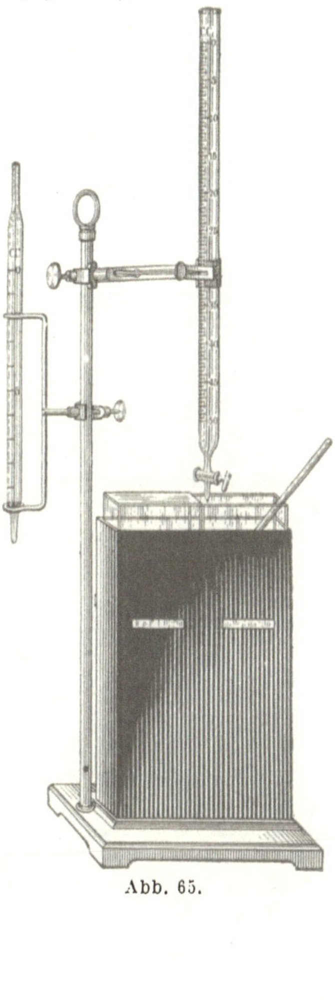

Abb. 65.

[1]) Zu beziehen von Joh. Greiner, München, Mathildenstraße.

[2]) Wo ein Azidimeter nach Lüers im Laboratorium vorhanden ist, kann auch dieses statt des Kolorimeters verwendet werden.

a) bei Farbmalz.

25 g fein gemahlenes Farbmalz werden in einem 600 cm³ Becherglas auf einem Asbestdrahtnetz zum Sieden erhitzt. Es wird genau 10 Minuten, vom Augenblick des Aufwallens an gerechnet, gekocht. Der Kochvorgang soll in einem gleichmäßigen, nicht zu starken Aufwallen bestehen. Ein Anlegen ist durch öfteres Umrühren zu verhindern. Dann wird durch Einstellen in kaltes Wasser abgekühlt und in einen 500 cm³ Meßkolben übergespült. Nach dem Auffüllen bis zur Marke und gründlichen Umschütteln wird durch ein Filter wie beim Malzmaischprozeß (s. S. 88) filtriert. 10 cm³ des Filtrates werden auf 100 cm³ verdünnt.

Nun wird der Apparat an einem Fenster aufgestellt und die Bürette mit destilliertem Wasser gefüllt. In das eine Glasgefäß des Apparates gibt man so viel Normallösung II (Lös. 64b), daß der Spalt bedeckt ist, in das andere 5 cm³ 10fach verdünnten Malzauszug (Filtrat). Hierauf läßt man aus der Bürette unter ständigem Umrühren mit einem Glasstab so viel Wasser zum Farbmalzauszug zulaufen, bis dieser die gleiche Farbentiefe wie die Normallösung erreicht hat.

Um in der Beurteilung der Farbengleichheit sicher zu gehen, setzt man am Schluß noch etwa 0,5 cm³ Wasser zu, mit diesem muß der erforderliche Wasserzusatz deutlich überschritten sein; diese 0,5 cm³ Wasser werden natürlich nicht in Anrechnung gebracht. Die Färbekraft wird angegeben in der Zahl, welche angibt, wievielmal der wässerige Auszug von 1 g Farbmalz auf 5 cm³ dunkler ist als die Normallösung (= Lintner-Grade). Die Berechnung geschieht wie folgt:

Beispiel: Angewandt 25 g Farbmalz, vor dem Filtrieren aufgefüllt auf 500 cm³, von dem 10fach verdünnten Filtrat erforderten 5 cm³ 14,5 cm³ Wasser, um die gleiche Farbe wie die Normallösung zu erkalten.

Auf 5 cm³ unverdünnten Filtrates treffen offenbar 25 : 100 = 0,25 g Farbmalz, also auf 5 cm³ 10fach verdünnten Filtrates 0,025 g. Diese 5 cm³ mußten verdünnt werden mit 14,5 cm³ Wasser, also $\frac{5 + 14,5}{5}$ fach.

$$0,025 \text{ g Farbmalz} \ldots . \frac{5 + 14,5}{5} \text{ facher Verdünnung}$$

$$1 \text{ g Farbmalz} \ldots . \frac{5 + 14,5}{5 \times 0,025} = 156 \text{ facher Verdünnung}$$

$$= 156 \text{ Lintner-Grade.}$$

b) Bei dunklem Karamelmalz.

Die Herstellung des wässerigen Auszuges (25 : 500) erfolgt genau wie bei Farbmalz. Von dem Filtrat werden je nach der Farbe des Karamelmalzes 5 oder 10 cm³ (unverdünnt) zum Farbenvergleich verwendet. Als Vergleichsflüssigkeit dient aber nun die Lösung 64a, Lösung I.

Beispiel: Verbraucht 22 cm³ Wasser auf 5 cm³ Filtrat (= 0,25 g Karamelmalz). Verdünnungsfaktor = $\frac{22+5}{5}$, daher Färbekraft = $\frac{22+5}{5} \times 4 = 21{,}6$ Lintner-Grad.

Mittlere Färbekraft 15—20°.

Da aber die aus Karamelmalzen gewonnene Würze auch ein niedrigere Farbe aufweisen kann als die Normallösung selbst, so verfährt man in diesem Falle bei deren Farbebestimmung auf folgende Weise:

In ein Glas des Kolorimeters gibt man so viel von der Würze, daß der Spalt bedeckt ist, in das andere Glas hingegen bringt man genau 10 cm³ Normallösung I.

Nun setzt man der letzteren aus der Bürette unter Umrühren so viel Wasser zu, bis die Farbentiefe der beiden Flüssigkeiten gleich ist.

Wurden hierbei beispielsweise 1 cm³ Wasser verbraucht, so ist:

$$\text{Färbekraft} = \frac{10}{10+1} \times 4 = 3{,}64.$$

c) Bei hellem Karamelmalz, Cara-Pils.

50 g Feinmehl werden mit 200 cm³ Wasser von 45° eingemaischt und weiter nach dem gleichen Maischverfahren gearbeitet wie bei Darrmalz. Die Farbe wird ebenso wie dort nach Brand bestimmt.

In Anbetracht des außerordentlich schwierigen Filtrierens der natürlich nicht verzuckerten Karamelmalzmaischen und der geringen Bedeutung geringer Farbeschwankungen des Karamelmalzes für die Farbe des Bieres schlägt Th. Hajek[1]) vor, auf die Bestimmung einer genauen Farbezahl überhaupt zu verzichten und helles Karamelmalz mit einem gewöhnlichen Malz von etwa 0,2, dunkles Karamelmalz mit einem Malz von 0,4—0,5 Farbentiefe im Verhältnis 25 : 25 in der gewöhnlichen Weise zu vermaischen und in der Würze die Farbe nach Brand zu bestimmen.

4. Geschmack.

Weder kalt noch durch Auskochen gewonnene konzentrierte Auszüge eines guten Farbmalzes dürfen brenzlich, bitter und kratzig schmecken.

Die Auszüge von Farbmalz sollen einen reinen kaffeeartigen Geschmack aufweisen.

5. Beschaffenheit des Mehlkörpers.

Der Mehlkörper eines guten Farbmalzes soll dunkelbraun und nicht schwarz sein, denn der schwarze und glänzende Mehlkörper ist ein sicheres Anzeichen, daß das Korn verbrannt wurde. Farbmalz, welches viele verbrannte Körper aufweist, abgesehen von

---

[1]) Zeitschrift für das gesamte Brauwesen 1936, Nr. 24.

unbefriedigender Geschmacksprobe, enthält wenig Extrakt und Färbekraft. Zerdrückt man ein verbranntes Korn in einem kleinen Porzellanschälchen oder in der Vertiefung einer Porzellanplatte und gibt ein paar Tropfen Wasser zu, so wird letzteres nur wenig gefärbt. Bei hellen Karamelmalzen sind gewöhnlich die meisten Körner glasig.

Um die Beschaffenheit des Mehlkörpers zu beurteilen, wird mit einem Farinatom, wie bei der Gerste (S. 21), die Schnittprobe gemacht und die Schnittfläche am besten mit einer Lupe betrachtet.

6. Äußere Merkmale.

Ein gutes Farb- oder Karamelmalz soll aus gutem Malz hergestellt sein. Die Verwendung von Malz aus 4- bzw. 6zeiliger Gerste, welches man an den »Krummschnäbeln« (Abb. 2, S. 10) erkennt, ist zu verwerfen.

Findet man, daß vielen oder allen Körnern der Blattkeim fehlt, so liegt die Vermutung nahe, daß bei der Fabrikation teilweise bzw. nur Gerste verwendet wurde. Um nähere Untersuchungen über die Blattkeimentwicklung anzustellen, werden die Körner einige Stunden im Wasser geweicht und dann mit einem scharfen Messer die Hülsen von den einzelnen Körnern abgelöst.

7. Hektoliter- und Korngewicht.

Die Bestimmungen von Hektoliter- und Korngewicht bei Farb- und Karamelmalzen werden in derselben Weise wie bei Gerste (S. 15 und 16) ausgeführt.

Normalerweise beträgt:

das Hektolitergewicht nicht über 45 kg,
» Korngewicht » » 30 in der Trockensubstanz.

V. Farbebier.

a) Extrakt.

50 g Farbebier werden mit Wasser auf 250 g aufgewogen. Der Extrakt der verdünnten Lösung wird pyknometrisch ermittelt.

Beispiel: 50 g Farbebier, aufgewogen auf 250,6 g Extraktgehalt nach dem verdünnen 6,40 Gew.-% (D 1,0253).

In 100 g Lösung 6,40 g Extrakt,
» 250,6 g Lösung $6,4 \times 2,506 = 16,04$ g Extrakt,

daher $16,04 \times 2 = 32,08$ Gew.-% Extrakt im Farbebier.

Glanzfeinheit. In der 5fach verdünnten Lösung wird die Glanzfeinheit festgestellt.

b) Färbekraft.

a) Nach Lintner.

5 cm³ des 5fach verdünnten Bieres von a werden in einem Meßkolben mit Wasser auf 200 cm³ verdünnt. Von dieser Lösung

bringt man 10 cm³ in das Verdünnungskolorimeter (Abb. 65) und bestimmt die Farbe, wie bei Farbmalz unter Anwendung der Vergleichslösung II (Lös. 64b).

Angenommen es wären verbraucht 10,5 cm³ Wasser, so stellt sich die Berechnung wie folgt.

Ein Farbebier mit 32,1 Gew.-% Extrakt hat nach der Imkertabelle von K. Windisch ein spezifisches Gewicht von 1,1398 oder rd. 1,14 (kann auch durch Extrapolation aus Tabelle II ermittelt werden). Die angewandten 50 g Farbebier sind demnach 50 : 1,14 = 43,9 cm³. Das Volumen des 5fach verdünnten Bieres (D = 1,0253 entsprechend den 6,40 Gew.-%) = 250,6 : 1,0253 = 244,4 cm³. Daher wurden die 50 g Farbebier nach Volumen 244,4 : 43,9 = 5,56fach verdünnt. Da von dieser Verdünnung 5 cm³ auf 200 cm³, also 40fach, verdünnt wurden, so ist der Gesamtverdünnungsfaktor 5,56 × 40 = 222,4. Bei dem Farbenvergleich wurden verbraucht 10,5 cm³ Wasser, Verdünnungsfaktor = $\frac{10 + 10,5}{10}$ = 2,05. Daher Färbekraft = 2,05 × 222,4 = 455,9 Lintner-Grade.

b) Methode mittels Auffärben.

Diese Methode wurde von der Züricher Versuchsstation ausgearbeitet und ist nach den Vereinbarungen auch zugelassen. Zunächst verdünne man 50 g Farbebier mit 200 g Wasser wie oben bei der Extraktbestimmung und fülle in ein Brandsches Farbeglas 100 cm³ eines hellen Bieres von Farbe 0,7, das man sich auch durch Verdünnen eines etwas dunkleren Bieres mit Wasser herstellen kann. Hierauf gibt man so lange tropfenweise von dem verdünnten Farbebier zu dem Bier im Farbeglas unter Benützung des Brandschen Kolorimeters, bis die Farbe 3,0 erreicht ist.

Beispiel: 100 cm³ Bier erforderten 0,9 cm³ des verdünnten Farbebieres oder 1 hl Bier 900 cm³ = 900 × 1,0253 g, da das verdünnte Farbebier das spez. Gewicht 1,0253 (s. unter a) besitzt. Daher braucht 1 hl Bier $\frac{900 \times 1,0253}{5}$ = **184,6** g unverdünntes Farbebier oder, da das spez. Gewicht des Farbebieres 1,14 (s. unter a)) beträgt $\frac{184,6}{1,14}$ cm³.

Allgemein: Bezeichnet man die beim Farbenvergleich verbrauchten cm³ verdünnten Farbebieres mit n, das spez. Gewicht des 5fach verdünnten Farbebieres mit D_v, des unverdünnten Farbebieres mit D, so ist

$$\text{Färbekraft} = \frac{n \times 1000 \times D_v}{5} \text{ g pro hl}$$

$$\text{Färbekraft} = 200 \times n \times D_v \text{ g pro hl (R-St)}$$

$$\text{oder} = \frac{200 \times n \times D_v}{D} \text{ cm}^3 \text{ pro hl (R-St)}$$

Die Färbekraft guter Farbebiere beträgt 170—200 g pro hl.

VI. Malzkaffee.

Vielfach hat das Brauereilaboratorium zu untersuchen, ob der in Mälzereien hergestellte Malzkaffee den Anforderungen des Handels und der Konsumenten entspricht. Dabei ist außer dem Aussehen des Produktes vor allem sein Geschmack zu prüfen, indem man Geruch, Geschmack und Aussehen des aus ihm bereiteten Getränkes mit einem renommierten Malzkaffee vergleicht. Nach den gesetzlichen Bestimmungen über Kaffee-Ersatzstoffe, erschienen im Reichsgesetzblatt I, 1930, Nr. 17, ist die Bezeichnung »Malzkaffee« nur dann erlaubt, wenn bei mindestens 70% der Körner der Blattkeim wenigstens zur Hälfte oder stärker entwickelt ist und das Produkt aus Gerstenmalz hergestellt ist. Die Bestimmung der Blattkeimlänge geschieht nach dem Erlaß des Verbandes Deutscher Getreidekaffee-Fabrikanten, Berlin W 57, vom 13. Januar 1932 in Zweifelsfällen, indem man 100 Körner in lauwarmem Wasser über Nacht einweicht, am Morgen auf einem Sieb abtropfen läßt und dann mit einem scharfen Messer der Länge nach von der Rückseite her gegen die Nabenseite aufschneidet. Man sieht dann den Hohlraum, wie auch die Reste des Keimlings infolge der Quellung sehr deutlich und kann die Länge des Hohlraumes gegenüber der des Gerstenkornes mit einem Millimetermaßstab oder mittels Zirkel ohne weiteres (eventuell mit Lupe) feststellen.

Es empfiehlt sich, auch die Schnittprobe sowie den Wassergehalt und den Extraktgehalt, beide wie oben bei Farbmalz bestimmt zur Beurteilung des Malzkaffees heranzuziehen.

VII. Treber.

Ein viel besseres Bild über den Grad der Ausbeutung des Malzes im Betriebe als die gewöhnliche Art der Sudhausausbeuteberechnung aus der Menge und dem Prozentgehalt der Ausschlagwürze bietet die Untersuchung der Treber.

Probenahme.

Die Kontrolle der Sudhausausbeute durch die Treberuntersuchung setzt allerdings eine richtige Probenahme voraus. Dieselbe hat mit der größten Sorgfalt zu erfolgen, so daß die Probe wirklich als ein richtiger Durchschnitt des ganzen Treberquantums betrachtet werden kann. Man entnehme an verschiedenen Stellen und in verschiedenen Tiefen der Treberschicht zunächst je nach Größe des Sudwerks 15—30 Einzelproben; am besten entnimmt man über die ganze Zeit des Austreberns verteilt in gleichen Zeitabständen mittels einer Schaufel an der Austreberrinne gleich große Proben, bei kleinen Sudwerken kann man auch direkt aus dem Bottich die Proben (je mehr desto besser) mit einer Schaufel entnehmen. F. Bauer[1])

[1]) Zeitschrift für das gesamte Brauwesen 1910, Nr. 31.

hat einen eigenen Treberprobenehmer konstruiert. Die Einzelproben werden hierauf gründlichst durchgemischt und dann mindestens 1 kg für die Untersuchung entnommen. In der kalten Jahreszeit und wenn die Fracht nicht länger als 12 Stunden dauert, kann die nasse Probe direkt an das Laboratorium gesandt werden; andernfalls aber ist es nötig, die Probe vor dem Versand zu trocknen, am besten geschieht dies durch Ausbreiten in dünner Schicht auf der Darre, auf dem Dampfkessel oder auch einer warmen Ofenplatte, wobei aber die Temperatur in den Trebern möglichst nicht über 60—65° steigen soll.

1. Wassergehalt.

Von der gut durchgemischten nassen Treberprobe gibt man je 8—10 g in drei tarierte Trockenschiffchen und führt die Wasserbestimmung in gleicher Weise, wie sie bei der Gerste S. 24 beschrieben ist, durch. Es ist dabei zu beachten, daß die Treber zuerst etwa 2 Stunden bei ca. 60° und dann noch 3 Stunden bei 105° getrocknet werden müssen.

Der Wassergehalt der nassen Treber liegt zwischen 77 und 80%.

Die Wasserbestimmung der trockenen Treber wird ebenfalls ausgeführt wie bei der Gerste S. 24, jedoch sind die trockenen Treber zunächst fein zu mahlen. Nach gründlichem Mischen des Mehles entnimmt man die Probe für die Wasserbestimmung. Die Trockendauer beträgt 3 Stunden bei 105°.

2. Gelöstes Extrakt.

Unter gelöstem Extrakt versteht man das in der Würze, die infolge ungenügender Auslaugung in den Trebern zurückgeblieben ist.

Die Bestimmung desselben geschieht:

a) Durch Auspressen der Treber.

Zum Auspressen der Treber benützt man mit Vorteil eine Handpresse, wie sie in der Küche zum Durchpressen gekochter Kartoffeln Verwendung findet, oder eine Fruchtpresse. Der auf solche Weise gewonnene Saft wird in einem zugedeckten Gefäße zum Absetzen der groben Bestandteile stehen gelassen. Hierauf wird die überstehende Flüssigkeit vorsichtig abgegossen und ihr spez. Gewicht bestimmt.

Ist z. B. das spez. Gewicht zu 1,00233 ermittelt worden, so entspricht es laut Tabelle II einem Extraktgehalt von **0,6%**, welcher auch direkt die durch Glattwasser verursachte Verminderung der Extraktausbeute ziemlich genau angibt.

Der Extraktgehalt des ausgepreßten Glattwassers soll auf keinen Fall 1% übersteigen.

Die Ermittlung des Extraktgehaltes in 100 g nassen Trebern erfolgt nach nachstehendem Beispiel.

Beispiel:

Wassergehalt der Treber . . . . = 77%
Extraktgehalt des Preßsaftes (Glattwasser). = 0,6%
99,4 g (100 — 0,6) g Wasser . . . 0,6 g Extrakt
77 g » . . . x g »

$$x = \frac{77 \times 0{,}6}{99{,}4} \text{ (R-St)} = 0{,}46 \text{ g} = \mathbf{0{,}46\%} \text{ Extrakt in den nassen Trebern}$$

$$\text{und } \frac{0{,}46 \times 100}{100-77} \text{ (R-St)} = \mathbf{2\%} \text{ in der Trebertrockensubstanz.}$$

Zu beachten ist, daß bei sehr starkem Pressen mit einer größeren Presse der Extraktgehalt des Preßsaftes infolge Freiwerden des sog. Quellungswassers abnimmt.

b) Durch Auswaschen der Treber.

Das gelöste Extrakt kann man nach dieser Methode entweder in den nassen oder den getrockneten Trebern bestimmen.

α) In den nassen Trebern.

Man gibt 100 g nasse Treber in einen tarierten Maischbecher mit Thermometer und setzt hierauf knapp 200 cm³ Wasser von 70° zu. Man läßt nun das Ganze 1 Stunde stehen und rührt des öftern durch. Sollte nach Verlauf 1 Stunde die Temperatur von 17—18° nicht erreicht sein, so kühlt man auf künstlichem Wege ab, rührt das Ganze gut durch und füllt den Inhalt auf 300 g auf, filtriert und bestimmt im Filtrate das spez. Gewicht.

Beispiel: Wassergehalt der Treber = 78,2%.
Spez. Gewicht des Filtrats = 1,00097 = 0,25%.

1. 100 — 78,2 = 21,8 g Trockensubstanz in 100 g nassen Trebern.
2. 300 — 21,8 = 278,2 g Wasser im ganzen Abmaischquantum.
3. 100 — 0,25 = 99,75 g Wasser treffen auf 100 g Filtrat.
4. $\frac{0{,}25 \times 278{,}2}{99{,}75}$ (R-St) = 0,7 g = **0,7%** auswaschbares Extrakt in den nassen Trebern.
5. $\frac{0{,}7 \times 100}{100-78{,}2}$ (R-St) = 3,31 = **3,21%** auswaschbares Extrakt in der Trebertrockensubstanz.

β) In den trockenen Trebern.

Zum Trocknen der nassen Treber benutzt man am besten eine Laboratoriumsdarre (Abb. 39, S. 78). Ist eine solche nicht vorhanden, so kann man die nassen Treber, auf Blech ausgebreitet, in der Sonne oder auf einer warmen Ofenplatte oder einem gewöhnlichen Trockenschrank trocknen. Die Trockentemperatur soll 50 bis 60° nicht überschreiten.

Da die trockenen, nicht gemahlenen Treber sich leicht entmischen, ist die gesamte Trockentrebermenge zunächst fein zu mahlen und zu mischen.

Zur Bestimmung des Extraktgehaltes werden 25 g der gemahlenen und gemischten Trockentreber mit 250 cm³ Wasser von 70° eingemaischt und weiter behandelt wie die Naßtreber (s. α).

Beispiel: Wassergehalt der Treber . = 5,6%.

Spez. Gewicht des Filtrats . . . = 1,00116 = 0,3%.

1. $25 - \frac{5,6}{4} = 23,6$ g Trockensubstanz in 25 angewandten Trebern.
2. 300 — 23,6 = 276,4 g Wasser im ganzen Abmaischquantum.
3. 100 — 0,3 = 99,7 g Wasser treffen auf 100 g Filtrat.
4. $\frac{0,3 \times 276,4}{99,7}$ (R-St) = 0,83 g auswaschbares Extrakt in 25 g lufttrockenen Trebern.
5. 0,83 × 4 = 3,32 g auswaschbares Extrakt in 100 g lufttrockenen Trebern.
6. $\frac{3,32 \times 100}{100-5,6}$ (R-St) = 3,52 g = **3,52%** auswaschbares Extrakt in der Trebertrockensubstanz.

Betrug beispielsweise der ursprüngliche Wassergehalt der Treber (Naßtreber) 78,2%, so berechnet sich der Gehalt an auswaschbarem Extrakt in 100 g Naßtreber nach folgender Gleichung zu 0,77 g = **0,77%**.

$$100 : 3,52 = (100 - 78,2) : x$$

$$x = \frac{3,52 \times 21,8}{100} \text{ (R-St)} = 0,77.$$

Der Gehalt an auswaschbarem Extrakt soll 0,7—0,8% der Naßtreber oder 4% der Trockensubstanz nicht übersteigen.

3. Gesamtextrakt.

Unter dieser Bezeichnung versteht man jene Substanzen, die sich bei Gegenwart von Diastase in Wasser lösen.

Zur Bestimmung des Gesamtextraktes werden die nassen Treber, zunächst wie oben angegeben, getrocknet und gemahlen. 25 g der trockenen, gemahlenen Treber werden mit 200 cm³ Wasser in einem gewogenen Maischbecher eingemaischt, auf dem Drahtnetz unter Umrühren mit einem Thermometer zum Kochen gebracht und 20 Minuten lang gekocht. Nun kühlt man die Maische auf 75—80° ab, setzt 100 cm³ Malzauszug zu, den man sich in der auf S. 43 beschriebenen Weise hergestellt hat und maischt am Maischapparat bei 70° 1 Stunde lang. Statt 100 cm³ Malzauszug kann man auch 1,3 g Diastase zusetzen (s. S. 44).

Nach dem Abkühlen wird der Inhalt auf 300 g mit Wasser aufgefüllt, gut durchgerührt, filtriert, in dem Filtrat das spez. Gewicht bestimmt und hierauf der Gesamtextraktgehalt der Treber berechnet.

Der angewandte Malzauszug wird nicht extra gemaischt, denn es genügt, wenn man seinen Extraktgehalt direkt ermittelt und von diesem wie bei der Extraktbestimmung der Gerste (S. 43) 0,09 in Abzug bringt.

Beispiel: Wassergehalt der nassen Treber = 78,2%

Wassergehalt der getrockneten Treber = 5,6%

Spez. Gewicht des Filtrats der Abmaischung = 1,00858 = 2,2 Gew.-%
Spez. Gewicht des verwendeten Malzauszuges = 1,01592 = 4,12 V.-%
ab 0,09

Extrakt in 100 cm³ Malzauszug . . . . 4,03 g.

1. $\left(25 - \frac{5,6}{4}\right) + 4,12 = 27,72$ g Trockensubstanz im ganzen Abmaischquantum.
2. 300 — 27,72 = 272,28 g Wasser im ganzen Abmaischquantum.
3. 100 — 2,2 = 97,8 g Wasser treffen auf 2,2 g Extrakt.
4. $\frac{2,2 \times 272,28}{97,8} = 6,13$ g Gesamtextraktgehalt der Abmaischung.
5. 6,13 — 4,03 = 2,1 g Extrakt in 25 g Treber von 5,6% Wassergehalt.
6. 2,1 × 4 = 8,4 g Extrakt in 100 g Treber von 5,6% Wassergehalt.
7. $\frac{8,4 \times 100}{100-5,6}$ (R-St) = **8,9** g Extrakt in 100 g Trebertrockensubstanz.
8. $\frac{8,9 \times (100-78,2)}{100}$ (R-St) = **1,94** g Extrakt in 100 g Naßtrebern.

In sehr günstigen Fällen beträgt der Gesamtextraktgehalt der nassen Treber nur 0,8—1%.

Die Ermittelung des ungelösten Extraktes (hauptsächlich Stärke) geschieht durch Berechnung.

Beispiel:

1. Gesamtextraktgehalt der Treber:
   in Trebertrockensubstanz 8,9%, in Naßtrebern 1,94%.
2. Gelöster Extraktgehalt der Treber:
   (ermittelt durch Auswaschen)
   in Trebertrockensubstanz 3,52%, in Naßtrebern 0,77%.

Folglich ist der ungelöste Extrakt **5,38**%, in Naßtrebern **1,17**%.

Der Gehalt der Naßtreber an unaufgeschlossenem (ungelöstem) Extrakt soll 1% nicht übersteigen.

Nach Wiegmann soll der Gehalt der Naßtreber an löslichem Extrakt 0,3% (= 1,3—1,5% in der Tr-S), an aufschließbarem Extrakt 0,7% (= 3—3,5% in der Tr-S), an Ges.-Extr. 1% (= 5% in der Tr-S) nicht übersteigen.

4. Umrechnung des Extraktgehaltes der Treber auf Malz.

Die genaue Umrechnung kann nur dann erfolgen, wenn der Extraktgehalt und der Wassergehalt des verwendeten Malzes bekannt sind.

Beispiel: Extraktgehalt des lufttrockenen Malzes = E = 76%, Wassergehalt = W = 4%, Extraktgehalt der Trebertrockensubstanz = e = 8,9%. Der aus 100 kg Malz in den Trebern zurückgebliebene Extrakt = E_v.

Allgemeine Formel:

$$E_v = \frac{e\,(100 - E - W)}{100 - e} = \frac{8{,}9\,(100 - 76 - 4)}{100 - 8{,}9}\ (\text{R-St}) = \mathbf{1{,}95\%},$$

d. h. pro 100 kg Malz sind 1,95 kg Extrakt in den Trebern zurückgeblieben. Daher muß im Betriebe eine Ausbeute von 76 — 1,95 = 74,05% erzielt worden sein. Wie man sieht, stimmt die Zahl 1,95 ziemlich genau mit der oben unter 2a) auf 100 g Naßtreber berechneten Zahl (1,94) überein, was daher rührt, daß 1 q Malz rund 1 q Naßtreber gibt. Es genügt daher auch für gewöhnlich, um den Extraktverlust im Sudhaus zu ermitteln, den Extraktgehalt der Treber auf Naßtreber umzurechnen, wie oben geschehen. Werden aber trockene Treber aus dem Betriebe eingesandt, so nimmt man für die Betriebstreber einen Wassergehalt von rund 80% an, bzw. man rechnet den in 100 g Trebertrockensubstanz gefundenen Extraktgehalt durch Division mit 5 auf 20 g Trockensubstanz (= 100 g Naßtreber) um.

VIII. Hopfen.

Probenahme.

Die Art der Probenahme ist für das Ergebnis der Untersuchung von ausschlaggebender Bedeutung und hat nach den Vereinbarungen in folgender Weise zu erfolgen.

a) Bei unverpacktem Hopfen.

Es sind je nach der Hopfenmenge an 5—10 verschiedenen Stellen des Haufens, sowohl von der Oberfläche, als auch aus verschiedenen Tiefen, gleich große Proben zu entnehmen, dieselben vorsichtig zu mischen und dann in einen überall gleich hohen Haufen von quadratischem Grundriß zu bringen. Der Haufen wird diagonal in vier Dreiecke zerlegt, der Hopfen von zwei gegenüberliegenden Dreiecken entfernt und der restliche Hopfen nach gründlicher Mischung wieder zu einem quadratischen Haufen vereinigt. Dieser Vorgang wird so lange wiederholt, bis schließlich für die Untersuchung eine Probe von mindestens 100 g übrigbleibt. Dieselbe ist, möglichst luftdicht verpackt, zur Untersuchung einzusenden.

b) Bei verpacktem Hopfen (Ballen oder Büchsen).

Je nach der Größe der Lieferung sind 5—10 Ballen oder Büchsen zur Probenahme zu verwenden. Aus jedem Ballen oder jeder Büchse ist an mindestens drei Stellen je eine Probe zu entnehmen und bei Ballenhopfen die Mischung, wie unter a) beschrieben, durchzuführen.

Bei Büchsenhopfen entnimmt man entsprechend kleinere Proben und überläßt die Herstellung der Durchschnittsprobe dem Analytiker. Die Mischung des Hopfens hat mit großer Vorsicht zu geschehen, damit kein Lupulin verlorengeht und trockene Hopfen nicht zerblättern. Einzelne Dolden oder Verunreinigungen (Stengel, Blätter usw.) dürfen nicht entfernt werden.

Die Durchführung einer Analyse in kleineren Proben als 100 g ist abzulehnen oder nur unter Vorbehalt auszuführen.

A. Äußere Merkmale.

Bei Beurteilung des Hopfens nach äußeren Merkmalen sind zu berücksichtigen:

1. Pflücke.

Der Hopfen soll frei von Holzteilen, Laubblättern und fremden Körpern sein. Ebenso sollen keine schimmligen Dolden vorhanden sein. Die Größe der Dolden soll möglichst gleichmäßig sein; besonders große Dolden (Belgien, Amerika) machen einen Hopfen minderwertig. Die Dolden sollen ganz sein, die Blätter übereinander greifen. Zerpflückter Hopfen, ohne Spindel, oder mit zu langen Stielen, ist zu verwerfen. Dünne Doldenblätter mit feinen Nerven charakterisieren in der Regel feine Qualitäten.

2. Farbe.

Der Hopfen soll von grüngelber Farbe und glänzend sein. Grüne Farbe kennzeichnet eine ungenügende Ausreife, dagegen rote bis rotbraune Farbe verrät überreifen Hopfen; in beiden Fällen enthält der Hopfen meist wenig Lupulin. Dunkelbraune Farbe läßt auf Erhitzen des Hopfens im Ballen oder auf Erkrankung im Verlauf der Vegetation schließen; solcher Hopfen ist zu verwerfen.

Einzelne scharf begrenzte rote Flecken, welche auf atmosphärische Einflüsse, wie Windschlag, Hagelschlag usw. hindeuten, beeinträchtigen den Wert des Hopfens nicht.

Gleichmäßig hellgelbe Farbe und grüne Stiele können durch starke Schweflung verursacht sein.

3. Spindel.

Bei einem guten Hopfen soll die Spindel regelmäßig gebildet, dicht behaart und fein sein. Die Spindelabsätze seien möglichst kurz. Es ist aber nicht zu übersehen, daß auch wilder Hopfen oft sehr feine Spindel hat, wogegen die feinen Saazer Sorten meist sehr dicke Spindel aufweisen.

4. Lupulin.

Auf Lupulingehalt (Hopfenmehl) prüft man, indem man die Dolde der Länge nach zerreißt und mit der Lupe betrachtet. Die Lupulinkörnchen sollen zahlreich, von heller, rein gelber Farbe sein, was man auch durch Streichen einer halbierten Hopfendolde auf einem Blatt weißen Papiers oder auf dem Handrücken konstatieren kann. Samen (Kugeln) setzen den Wert des Hopfens herab, da ein solcher Hopfen bei Verwendung den Geschmack und das Aussehen des Bieres ungünstig beeinflußt.

5. Aroma.

Das Aroma wird nach dem Feinheitsgrad, nach der Intensität und nach der Art beurteilt. Saazer und Spalter Hopfen zeichnen sich z. B. durch ein mildes Aroma aus, während andere Sorten wie Württemberger, Elsässer usw. einen aufdringlichen scharfen Geruch haben. Mildes Aroma verdient bei lupulinreichem Hopfen den Vorzug.

Alter minderwertiger Hopfen ist durch käsigen oder knoblauchartigen Geruch gekennzeichnet. Dumpfer Geruch rührt von Schimmelpilzbildung her und Geruch nach Baldriansäure kommt bei altem Hopfen mit schlechten Lagerverhältnissen vor; solcher Hopfen ist als verdorben zu bezeichnen und zur Bierbereitung nicht geeignet.

B. Chemische Analyse.

1. Schweflung.

Der geschwefelte Hopfen enthält schweflige Säure, SO_2; diese geht beim Extrahieren des Hopfens mit Wasser in den wässerigen Auszug über und kann in diesem durch naszierenden Wasserstoff, Zink und Salzsäure, in Schwefelwasserstoff, H_2S, übergeführt werden, welcher mit Bleiessig Schwarzfärbung (PbS) gibt.

Zunächst bereitet man sich den wässerigen Hopfenauszug, indem man 10 g Hopfen in einem starkwandigen Zylinderglas mit 200 cm³ Wasser übergießt und unter öfterem Drücken mit einem Pistill ½ Stunde stehen läßt und dann abfiltriert. In den wässerigen Auszug geht immer nur ein Teil des im Hopfen vorhandenen SO_2 über, nach Reidt und Heißinger gewöhnlich 72—80%. Der Nachweis des SO_2 im Auszug ist, besonders wenn man aus der Stärke der Reaktion Schlüsse auf den Grad der Schwefelung ziehen will, sehr vom Arbeitsverfahren beeinflußt. Am besten verfährt man nach Reidt und Heißinger in folgender Weise[1]).

Zunächst ist das Zink vorzubereiten. Verwendet wird reinstes Zink, pro Analyse, in Stangen von 3 mm Stärke. Von diesem werden Stücke von genau 1 cm abgekniffen und von diesen ca. 100 g mit verdünnter Salzsäure, die 0,5% Zinnchlorür enthält (man löst ca. 0,5 g $SnCl_2 + 2\,H_2O$ in einigen cm³ konz. Salzsäure und gibt die Lösung zu etwa 100 cm³ 1 : 3 verdünnter Salzsäure) in einer Porzellanschale übergossen. Nach etwa 3 Minuten wird die Säure abgegossen und das Zink ohne Schütteln zweimal mit Leitungswasser und dreimal mit destilliertem Wasser gewaschen, worauf auf Filtrierpapier an der Luft getrocknet wird. Das so präparierte Zink kann zum jeweiligen Gebrauch beliebig lange aufbewahrt werden.. Zur Reduktion des SO_2 im Hopfenauszug verwendet man ein Erlenmeyer-Kölbchen zu 300 cm³, paßt zunächst einen Wattepropfen auf dieses, taucht ihn ganz kurz in Bleiessig (Lös. 69) und verteilt diesen durch Auftippen in ein leeres Porzellanschälchen gleichmäßig auf der Un-

[1]) Allgem. Anzeiger für Brauereien etc., Mannheim 1934, Nr. 16.

terseite des Wattebausches. Nun gibt man in ein Reagenzglas zwei für einen Versuch erforderliche Zinkstückchen, beschickt das Erlenmeyer-Kölbchen mit 10 cm³ 25 proz. Salzsäure (Lös. 4c) sowie 50 cm³ Hopfenauszug, schüttet rasch das Zink dazu und verschließt mit dem Wattepfropfen. Je nach der Menge des SO_2 tritt die Schwärzung des Bleiessigs am Wattepfropfen in ungefähr 3—20 Minuten ein, wenn der Hopfen geschwefelt war, bei länger als 22 Minuten ist der Hopfen als nicht geschwefelt zu bezeichnen.

Zur quantitativen Bestimmung des SO_2 versetzt man den Hopfenauszug oder eine Aufschwemmung von 10 g gemahlenen Hopfen in Wasser mit etwas Phosphorsäure, destilliert im Kohlensäurestrom in vorgelegte wässerige Jodlösung ab, versetzt mit $BaCl_2$ und rechnet das gewogene $BaSO_4$ auf SO_2 um. Bei der Lagerung geht das SO_2 im Hopfen allmählich in SO_3 über, welches in der Asche bestimmt werden kann. 5 g gemahlener Hopfen werden mit 4 cm³ starker Wasserstoffsuperoxydlösung, deren SO_3-Gehalt bekannt ist, befeuchtet und durchknetet, getrocknet und langsam verkohlt. Die Kohle wird mit Salpetersäure heiß erschöpfend ausgezogen und in der Lösung der Gesamtschwefelsäuregehalts als $BaSO_4$ ermittelt und auf SO_2 umgerechnet. Reidt und Heißinger fanden nach dieser Methode bei geschwefeltem Hopfen in der Asche 1—1,25 g SO_2 in 100 g wasserfreiem Hopfen. Bei frischem Hopfen trafen von diesem auf wirklich im Hopfen vorhandenem SO_2 0,2—0,3 g, in mehrere Jahre gelagertem Hopfen 0,08—0,12 g.

Beim qualitativen wie beim quantitativen Nachweis des SO_2 empfiehlt sich immer ein Blindversuch zur Kontrolle der Reinheit der verwendeten Reagenzien.

2. Wasser.

Ca. 3 g des am besten auf einer »Excelsiormühle« (s. unter 5a) zerkleinerten Hopfens werden wie bei Gerste (S. 24) 3 Stunden lang bei 104—105° in einem vorgeschriebenen Trockenschrank getrocknet und der Wassergehalt wie bei Gerste berechnet (Vereinbarte Methode). Der normale Wassergehalt beträgt 10—13%.

Bekanntlich gehen bei der Wassergehaltsbestimmung im Hopfen durch Trocknung neben Wasser verschiedene organische Stoffe flüchtig, wie z. B. ätherische Öle usw., so daß der Gewichtsverlust nicht den eigentlichen Wassergehalt anzeigt. Der wirkliche Wassergehalt ergibt sich nach Nowak-Enders[1]) durch Division der durch Trocknung gefundenen Werte durch den Faktor: 1,45.

3. Asche.

Die Bestimmung der Asche wird genau so ausgeführt wie bei der Gerste S. 54. Der Aschegehalt beträgt 6—10%, bei mehr ist der Hopfen versandet (meist durch Flugsand).

[1]) Tageszeitung für Brauerei 1936, Nr. 108.

4. Gerbstoff.

(Nach Chapman.)

In einen 500-cm^3-Meßkolben bringt man 10 g Hopfenmehl (s. unter 5) und 400 cm^3 heißes Wasser. Das Ganze stellt man auf ein kochendes Wasserbad. Nach 2 Stunden wird auf Zimmertemperatur abgekühlt und auf 500 cm^3 aufgefüllt. Dann gibt man noch 5 cm^3 Wasser dazu für das Hopfenvolumen und filtriert. 50 cm^3 Filtrat werden in einem Becherglas von 100 cm^3 auf 10 bis 15 cm^3 eingedampft. Dann gibt man 50 cm^3 frisch bereitete 1 proz. Cinchoninsulfatlösung zu und läßt in der Wärme 2 Stunden oder besser in der Kälte über Nacht stehen. Die klare Flüssigkeit wird durch einen gewogenen Asbestgoochtiegel filtriert, ohne den Niederschlag aufzuwirbeln. Erst am Schluß bringt man den Niederschlag auf das Filter, wäscht mit 0,5 proz. Cinchinonsulfatlösung nach und trocknet im Trockenschrank bei 102—105° 3 Stunden lang.

Multipliziert man das Gewicht des getrockneten Niederschlages mit dem Faktor 0,55, so bekommt man den Gerbstoffgehalt von 1 g lufttrockenem Hopfen.

Früh gepflückter Hopfen ist gerbstoffreicher als spät gepflückter.

Guter Hopfen enthält 3—5%, minderwertiger 2—2,5% Gerbstoff.

5. Hopfenbitterstoffe.

Die Hopfenbitterstoffe bilden den wichtigsten Bestandteil des Hopfens. Hopfenbitterstoffe und Hopfenharze stehen in engem Zusammenhang. Man unterscheidet α-Bittersäure oder Humulon und α-Harz, β-Bittersäure oder Lupulon und β-Harz sowie γ-Harz. Humulon und α-Harz bilden den α-Anteil, welcher hauptsächlich den bittern Geschmack und die antiseptische Wirkung des Hopfens bedingt. Der β-Anteil (β-Säure und β-Harz) dagegen gibt zwar weniger Bitterstoffe, aber ein feineres Bitter an das Bier ab und findet sich mehr in den feinen Hopfensorten, wie sie für feine helle Biere bevorzugt werden. α- und β-Anteile bilden die Weichharze, die eigentlichen Bitterstoffe des Hopfens. Das Hartharz, γ-Harz, welches bei zu langer und ungeeigneter Lagerung aus den Weichharzen entsteht, hat gar keinen oder nur ganz untergeordneten Brauwert.

Die Untersuchung des Hopfens auf Hopfenbitterstoffe kann erfolgen entweder nach der Methode von Lintner-Adler[1]) oder nach der Methode von Wöllmer[2]). Beide Methoden sind von der Analysenkommission der Versuchsstationen als gleichberechtigt anerkannt.

a) Bestimmung der Bitterstoffe[3]) nach Lintner-Adler.

Die Zerkleinerung des Hopfens für die Analyse hat auf einer »Excelsiormühle«, wie sie von der Wissenschaftlichen Station für

[1]) Zeitschrift für das gesamte Brauwesen 1898, Nr. 31 und 1912, Nr. 35.
[2]) Allgemeine Brauerei- und Hopfenzeitung 1930, Nr. 269.
[3]) Statt »Bitterstoffe« sagt man besser »Bittersäuren und Weichharze« oder »Hexanlösliches«.

Brauerei in München zu beziehen ist, zu erfolgen. Die Mühle ist möglichst eng zu stellen, jedoch soll sie sich während der Vermahlung von 100 g Hopfen nicht merklich erwärmen. Zur Ausführung einer Doppelanalyse sind mindestens 50 g Hopfen zu vermahlen. Hopfen mit mehr als 15% Wasser müssen zuerst vorgetrocknet werden. Dies geschieht entweder durch Liegenlassen an der Luft an geschützter Stelle (nicht an der Sonne!) oder durch Trocknen in einem Trockenschrank (Wilma-Trockenschrank) bei maximal 40° mit bewegter Luft. Die Berechnung des Gesamtwassergehaltes erfolgt in diesem Falle natürlich unter Berücksichtigung des Wasserverlustes bei der Vortrocknung. Das Mahlgut ist bis zur Ausführung der Analyse, die möglichst bald erfolgen muß, in einer gut schließenden Pulverflasche kühl und vor Licht geschützt aufzubewahren (Eisschrank). Die Mühle wird nach der Benutzung mit einer Stahlbürste von etwa festanhaftenden Hopfenteilen gereinigt, wobei auch geeignete Lösungsmittel zu Hilfe genommen werden können.

Genau 10 g des gut gemischten Hopfenmahlgutes werden mit 200 cm³ Hexan (aus Petroleum)[1]) 7 Stunden lang in einem Kochkolben, der bei 255 cm³ eine Marke im Halse besitzt, auf dem Wasserbade in schwachem Sieden erhalten. Der Kolben soll nur 2—3 cm tief in Wasser von ca. 75° eintauchen. Der Kolbenhals ist oben erweitert zur leichteren Verbindung mit einem kräftig wirkenden Rücklaufkühler, durch den man während der ganzen Extraktionszeit reichlich Kühlwasser laufen läßt. Nach beendigter Extraktion kühlt man rasch auf 17,5° ab, füllt mit Hexan zur Marke (255 cm³) auf und filtriert sofort.

Zu 50 cm³ Filtrat gibt man hierauf 15 Tropfen Phenolphthaleinlösung (Lös. 17a) sowie 5 cm³ neutralisierten Alkohol (Lös. 2b) und titriert mit alkoholischer N/10-Kalilauge (Lös. 35). Kalilauge und Hexan mischen sich nicht, man muß daher so lange Kalilauge zusetzen, bis nach kräftigem Umschütteln die sich absetzende Alkoholschicht eine nicht mehr braune, sondern deutlich rotbraune, schon stark ins Karminrot spielende Färbung angenommen hat. Zur Umrechnung auf Gramm Bittersäure multipliziert man die verbrauchten Kubikzentimeter Normalalkali mit 0,4.

Beispiel: Wassergehalt des Hopfens 11,3%. Bei der Titration wurden verbraucht 6,2 cm³ N/10-Kalilauge = 0,62 cm³ Normal.

1. $0{,}62 \times 0{,}4 = 0{,}248$ g = Bittersäure in 50 cm³ Auszug.
2. $0{,}248 \times 5 = 1{,}24$ g = » im Gesamtauszug.
3. $1{,}24 \times 10 = \mathbf{12{,}4}$ **g** = » in 100 g Hopfen.
4. $\dfrac{12{,}4 \times 100}{100 - 11{,}3} = \mathbf{14{,}0}$ **g** = » in 100 g Hopfentrockensubstanz.

Allgemein:

Bitterstoffe in 100 g lufttrockenem Hopfen = cm³ N/10-Kalilauge $\times\ 2 = 6{,}2 \times 2 = 12{,}4\%$.

[1]) Ursprünglich wurde bei dieser Methode Petroläther benutzt.

b) Hopfenanalyse nach Wöllmer.

Zerkleinerung wie unter a).

Herstellung des Ätherextraktes.

Genau 10 g des gut gemischten Hopfenmahlgutes werden in ein 160—200 cm³ fassendes, starkwandiges Fläschchen gebracht, genau 100 cm³ reiner, über Chlorkalzium getrockneter, umdestillierter Äther einpipettiert, das Fläschchen sofort verschlossen und in einer Schüttelvorrichtung (evtl. Gerstensortiersieb S. 20) 2 Stunden lang kräftig geschüttelt. Der Verschluß des Schüttelfläschchens kann durch einen Gummistopfen, der aber nicht mehr als 15 mm Durchmesser haben soll, oder durch Patentverschluß erfolgen.

Während der Schütteldauer muß das ganze Mahlgut ständig in der Flüssigkeit in Bewegung sein. Es ist darauf zu sehen, daß sich im Hals des Fläschchens keine Anteile des Mahlgutes festsetzen. Nach Ablauf der Schüttelzeit läßt man die Flasche etwa 30 Minuten ruhig stehen, dies wird zum vollkommenen Absetzen für gewöhnlich genügen. Schwierigkeiten können aber entstehen bei altem oder sehr trockenem oder stark geschwefeltem Hopfen.

Man erkennt dies schon nach 15 Minuten langem Stehen. Während die Flüssigkeit normalerweise schon einigermaßen durchsichtig und in der Farbe dunkelgrün geworden ist, bleibt sie im obenerwähnten Falle opal undurchsichtig und in der Farbe heller. Wenn man von dieser Lösung ohne weiteres 50 cm³ herauspipettiert und weiterverarbeitet, so ist die Folge, daß das Gesamtharz (und damit auch das β-Harz) erhöht wird, weil die suspendierten Hopfenbestandteile bei der nachfolgenden Behandlung mit Methylalkohol lösliche Stoffe an diesen abgeben.

In solchen Fällen kann die Dauer des Absetzens auf 1 evtl. auch 2 Stunden erhöht werden. Man kann aber die Klärung auch nach kurzem Absetzen mittels der Zentrifuge vornehmen. Man läßt sich zu diesem Zweck Zentrifugengläschen von Fläschchenform (mit Ausgußrand) mit reichlich 50 cm³ Fassungsvermögen herstellen, pipettiert in diese die 50 cm³ ätherische Lösung ein und schleudert 1—2 Minuten bei etwa 3000 Umdrehungen pro Minute aus. Nach dem Abgießen der geklärten Lösung in ein 200-cm³-Erlenmeyer-Kölbchen wäscht man das Gläschen und das aufgeschüttelte Sediment 2—3 mal mit etwas Äther nach und vereinigt die gesamte Lösung im Kölbchen. Wird keine Zentrifuge benutzt, so bringt man nach dem Absetzen von der überstehenden Flüssigkeit mittels einer Pipette 50 cm³ in ein 200 cm³ fassendes Erlenmeyer-Kölbchen. Am sichersten verfährt man dabei in der Weise, daß man an die Pipette einen Gummischlauch ansetzt, so daß die Spitze der Pipette in Augenhöhe gehalten werden kann. Ferner ist es zweckmäßig, die Pipette nicht in einem Atemzuge, sondern in kurzen Zügen, wobei die Zunge als Ventil dient, zu füllen. Man kann so beliebig lange saugen, ohne daß Flüssigkeit zurücktritt und den Bodensatz aufwirbelt. In das Erlenmeyer-Kölbchen mit den 50 cm³ abgehobener

Flüssigkeit gibt man einige stecknadelkopfgroße Stückchen Bimsstein zur Vermeidung des Siedeverzuges und destilliert den Äther aus dem Wasserbad ab. Dabei ist zu starke Erhitzung zu vermeiden. Nach der Destillation nimmt man sofort (!) den Kolben vom Kühler ab, läßt ihn im Wasserbad, verschließt sofort mit einem nicht ganz festsitzenden Kork und leitet einen kräftigen Strom von reiner, trockener Kohlensäure durch ein bis zur Kolbenmitte reichendes Glasrohr ein, so lange, bis die letzten Reste des Äthers vertrieben sind. Man kann die Verflüchtigung des Äthers beschleunigen, wenn man das Harz nicht an einer Stelle des Kolbens zusammenfließen läßt, sondern durch Drehen des Kolbens an der Innenfläche in dünner Schicht verteilt. Vor allem ist der Zutritt von Luft statt Kohlensäure zum heißen Hopfenharz streng zu vermeiden.

Danach kühlt man das Kölbchen durch Eintauchen in kaltes Wasser in einigen Sekunden ab und saugt dann die Kohlensäure mit einem Glasrohr heraus.

Die Kohlensäure entnimmt man einer Stahlflasche, deren Reduzierventil auf 2,0 ata eingestellt ist und trocknet sie, indem man sie durch eine Waschflasche mit konzentrierter Schwefelsäure leitet. Vor Gebrauch der Kohlensäure ist darauf zu achten, daß die Luft aus der Waschflasche vollständig durch Kohlensäure verdrängt ist.

Herstellung des Methylalkohol-Extraktes.

Der im Kolben zurückgebliebene Ätherextrakt wird zunächst mit 2—3 cm³ Methylalkohol versetzt, durch Rühren mit einem Glasstab möglichst von der Wandung losgelöst und unter Umschütteln des Kolbens bis auf das zurückbleibende Hopfenwachs rasch in Lösung gebracht. Dann erst gibt man noch 20 cm³ kalten Methylalkohol zu, mischt durch und filtriert durch ein kleines Filter von nicht über 8 cm Durchmesser in ein 50-cm³-Meßkölbchen. Das Filter wird nach den Regeln des quantitativen Auswaschens, also immer erst, nachdem alle Flüssigkeit abgelaufen ist, vom oberen Rand her vollständig ausgewaschen, am besten, indem man aus einer Meßpipette Methyl-

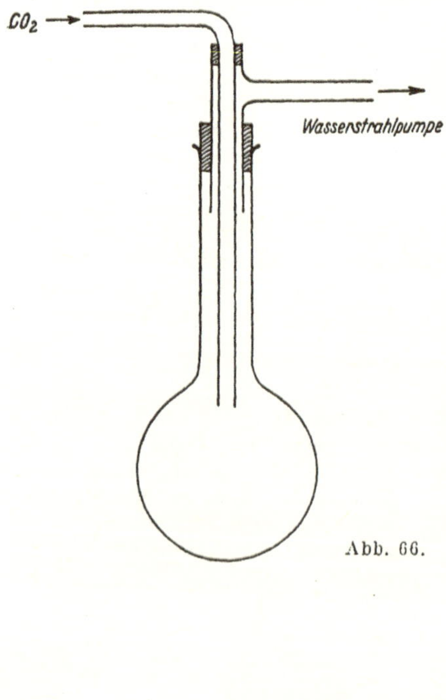

Abb. 66.

alkohol zufließen läßt, alsdann wird das Filtrat mit Methylalkohol auf 50 cm³ aufgefüllt und gut durchgemischt.

Bestimmung des Gesamtharzes.

10 cm³ methylalkoholischer Harzlösung werden in ein etwa 150 cm³ fassendes, auf der analytischen Waage genau gewogenes (ohne Aufsatz), langhalsiges, rundes Kölbchen (s. Abb. 66) aus Jenaer Glas mit Aufhängedraht pipettiert, und der Methylalkohol im kochenden Wasserbad möglichst vollkommen abdestilliert. Danach nimmt man das Kölbchen vom Kühler ab und trocknet den Harzrückstand im Vakuum unter Durchleiten von etwas Kohlensäure bei 100° bis zur Gewichtskonstanz. Dies geschieht in folgender Weise. Man bringt das Kölbchen bis zum Hals in ein lebhaft kochendes Wasserbad und leitet durch das eine Glasrohr, vor dem sich ein Quetschhahn befindet, zur Verflüchtigung der letzten Methylalkoholanteile einen kräftigen CO_2-Strom durch das Kölbchen. Nach Verjagung der letzten Reste Methylalkohols verringert man die Kohlensäurezufuhr und schließt durch das zweite Glasrohr eine Wasserstrahlsaugpumpe an. Zwischen Kölbchen und Saugpumpe befinden sich Quetschhahn und Vakuummeter. Nachdem ein gutes Vakuum (etwa noch 20 mm Innendruck) erreicht ist, läßt man das Kölbchen mindestens 5 Minuten lang bis zum Hals im kochenden Wasserbad unter Durchleiten eines langsamen Stromes von Kohlensäure (zwei Blasen pro Sekunde). Hierauf nimmt man das Kölbchen vom Wasserbad und läßt langsam Luft einströmen. Nachdem das Kölbchen von außen gereinigt, getrocknet und durch Aussaugen von den letzten Resten Kohlensäure befreit ist, läßt man an der Waage erkalten und wägt nach 30 Minuten.

Gefundener Wert in g $\times$ 102 (R-St) = % Gesamtharz in 100 g lufttrockenem Hopfen.

Die gebrauchten Kölbchen werden durch Erwärmen mit alkoholischer Lauge (Brennspiritus mit ½ Volumen konz. Lauge) und danach mit Sägespänen gereinigt.

Bestimmung des Hexanlöslichen (Bitterstoffe).

In einen Standzylinder von 120—150 cm³ Inhalt (strichvoll) pipettiert man 15 cm³ der methylalkoholischen Harzlösung und 50 cm³ Hexan (Kahlbaum). Man läßt letzteres so einfließen, daß Durchwirbelung und Mischung mit dem Methylalkohol stattfindet. Hierauf werden aus einem Meßzylinder 25 cm³ Wasser zugegeben, sofort mit einem Gummi- oder mit einem sehr gut eingeschliffenen Glasstopfen verschlossen und sofort kräftig durchgeschüttelt, entweder mindestens 5 Minuten mit der Hand oder bei Reihenanalysen 10 Minuten auf der Schüttelmaschine. Hierauf läßt man ½ Stunde ruhig stehen und pipettiert, wie oben unter Herstellung des Ätherextraktes angegeben, 40 cm³ heraus und bringt sie in ein wie bei der Gesamtharzbestimmung verwendetes, gewogenes, rundes Kölbchen aus Jenaer Glas. Das Abdestillieren des Hexans sowie das

Trocknen des Harzrückstands geschieht in gleicher Weise, wie bei der Gesamtharzbestimmung beschrieben.

Gefundener Wert in g × 85 (R-St) = % hexanlösliches Harz (Bitterstoffe) in 100 g lufttrockenem Hopfen.

Bestimmung des Humulons (α-Anteil).

Das Humulon wird als Bleisalz (Bleihumulat) ausgeschieden und gewogen. Zunächst bereitet man sich eine Bleiazetatlösung, indem man 1,07 g reines kristallisiertes Bleiazetat (= Bleizucker, $Pb(C_2H_3O_2)_2 \cdot 3\,H_2O$) mit reinem Methylalkohol in ein 100 cm³-Meßkölbchen spült, dazu 0,05 cm³ reine Essigsäure (Lös. 7a) gibt und, nachdem Lösung eingetreten ist, mit Methylalkohol bis zur Marke auffüllt. In einem gut schließenden Gefäß aufbewahrt ist die Lösung lange haltbar. 1 cm³ entspricht bei der nachstehend geschilderten Fällung 1% Humulon im Hopfen.

Zur Ausfällung des Humulons pipettiert man 10 cm³ der methylalkoholischen Harzlösung in ein 50-cm³-Erlenmeyer-Kölbchen, erwärmt im Wasserbad rasch auf 50—60° und setzt unter Umschütteln bei frischem Hopfen 4 cm³ (wenn ein hoher Humulongehalt zu erwarten ist, 5 cm³) und dann in Abständen ½ cm³-weise weitere Bleiazetatlösung hinzu, bis die für die Fällung richtige Menge erreicht ist. Um dies zu erkennen, nimmt man jedesmal, nachdem sich der Niederschlag etwas abgesetzt hat, von der überstehenden klaren Flüssigkeit ein Tropfen auf Filtrierpapier, dreht das Papier herum und läßt vom Rand her einen Tropfen einer 5proz. wässerigen Natriumsulfidlösung zufließen. Eine schwachbraune Färbung zeigt den erforderlichen geringen Bleiüberschuß an. Nach dem Abkühlen läßt man etwa 10 Minuten stehen, filtriert durch einen gewogenen Schott-Glasfiltertiegel (Bestell-Nr. 1 G 4, 20—25 Sekunden Durchlaufzeit für 50 cm³ Wasser bei 1 at Unterdruck), wäscht mit 20 cm³ Methylalkohol, danach einmal mit etwas Äther aus und trocknet bei 105° ½ Stunde lang. Nach dem Erkalten im Exsikkator wird gewogen. Der Niederschlag ist nicht hygroskopisch.

Obige Vorschrift gilt nur für frischen Hopfen. Ob frischer oder gealteter Hopfen vorliegt, erkennt man, abgesehen von den äußeren Merkmalen, bei der Zugabe der Bleiazetatlösung. Im ersteren Falle beginnt die Fällung auch in der Wärme bereits bei etwa 1 cm³ Zusatz. Bei weiterer Zugabe fällt das Bleihumulat rasch und vollkommen aus. Bei mäßig gealtertem Hopfen setzt die Fällung in der Wärme erst nach 2—3 cm³ langsam und verzögert ein. Bei stärker gealtertem Hopfen fällt in der Wärme auch mit 3 cm³ Bleiazetat nichts aus. Erst nach dem Erkalten und längerem Stehen bildet sich langsam ein Niederschlag. Ist der Hopfen sehr alt und oxydiert, so entsteht überhaupt kein Bleihumulat mehr. Wenn diese Anzeichen eines nicht mehr frischen Hopfens bei der Bleifällung zu beobachten sind, läßt man nach Zugabe der erforderlichen Menge Bleiazetat vor der Filtration einige Stunden, am besten über Nacht, auf Eis stehen. Ferner wählt man den Bleiüberschuß etwas größer als bei frischem

Hopfen, prüft mit Natriumsulfid nicht in der Wärme, sondern in der gekühlten Lösung und ebenso noch kurz vor der Filtration.

Bekanntlich löst sich Bleihumulat im Überschuß des Fällungsmittels wieder auf, und es ist wesentlich, daß der Überschuß an Bleiazetat nicht zu groß bemessen wird. Dies läßt sich sicherer und rascher als in der oben bezeichneten Weise unter Zuhilfenahme der Zentrifuge erreichen. Die Fällung wird in etwa 25 cm³ fassenden Zentrifugengläschen ausgeführt, die bei Reihenanalysen in einem Reischauer-Stern 1 Minute in einem Wasserbad von 50° erwärmt werden. Nach Zugabe der ersten Bleiazetatmenge (4—5 cm³) zentrifugiert man 1 Minute bei etwa 3000 Umdrehungen und gibt zwei Tropfen der klaren Lösung mittels einer kleinen Pipette (Verschluß mit Gummischlauch und Glasstab) zu einem Tropfen der Natriumsulfitlösung auf die Vertiefung einer Porzellantüpfelplatte. Der Endpunkt der Fällung zeigt sich durch eine sehr deutliche Braunfärbung. Ist derselbe noch nicht erreicht, so läßt man zur klaren Lösung im Zentrifugengläschen noch ½ cm³ Bleiazetatlösung zufließen. Aus der Schnelligkeit, mit der eine Nachfällung eintritt, läßt sich die Menge des noch nötigen Fällungsmittels ungefähr erkennen. Entsteht eine Trübung sofort oder innerhalb einiger Sekunden, so können noch 1½—2 cm³, bei 1 Minute 1—1½ cm³ und bei 5 Minuten nur mehr weitere 0,5 cm³ zugegeben werden. Mit einem möglichst dünnen Glasstab wird dann der Niederschlag im Zentrifugenglas vollkommen aufgerührt, die Flüssigkeit durchgemischt und das Zentrifugieren und die Prüfung auf Bleiüberschuß bis zum Endpunkt wiederholt. Die Gesamtmenge des zugesetzten Bleiazetats wird notiert, um nach beendeter Analyse kontrollieren zu können, ob die Menge richtig getroffen worden war. Es sollen normal 0,3—0,5 cm³ Überschuß zugegeben werden. Zum Filtrat vom Bleihumulat wird noch ½ cm³ Bleiazetat zugegeben und einige Stunden stehengelassen zur Prüfung, ob kein Niederschlag mehr entsteht.

Gefundener Wert in g × 65,2 (R-St) = % Humulon im lufttrockenen Hopfen.

Zur Reinigung der Glasfilter genügt es, wenn sie nur zur Humulonbestimmung verwendet werden, das gelbe Bleisalz mit einem Spatel vorsichtig herauszukratzen, den Tiegel mit einem harten Pinsel auszubürsten, mit einem Tuch sauber zu reinigen und im Trockenschrank kurz zu trocknen. Will man die Tiegel vollkommen reinigen, so werden sie, nachdem das gelbe Bleisalz nach Möglichkeit herausgekratzt ist, in eine Schale gesetzt und in die Tiegel etwas reine alkoholische Lauge eingegossen. Nach ½ stündiger Einwirkung entfernt man die Tiegel aus der Lauge, wäscht sie an der Wasserstrahlpumpe zweimal mit klarer 10proz. wässeriger Natronlauge, danach mit etwas verdünnter Salzsäure und mit Wasser vollkommen aus. Nach ½ stündigem Trocknen bei 105° und nach dem Erkalten können sie gewogen werden.

Die wässerige 5proz. Natriumsulfidlösung ist mindestens alle Vierteljahr frisch herzustellen.

Die ganze Hopfenanalyse muß rasch, ohne langes Stehen der Harzlösungen durchgeführt werden. Nur die mit Bleilösung gefällte Humulonlösung kann vor der Filtration über Nacht stehenbleiben. Die anderen Bestimmungen müssen an einem Tage beendet werden.

Es ist zu beachten, daß der Ausdehnungskoeffizient der angewendeten Lösungsmittel 7—10mal so groß ist wie der des Wassers. Das Abmessen und Auffüllen muß also immer bei ungefähr der gleichen Temperatur geschehen, da sonst wesentliche Fehler entstehen können.

Berechnung der einzelnen Harzanteile.

Beispiel: Wassergehalt des Hopfens 10,5%. Im lufttrockenen Hopfen wurden gefunden: 14,7% Gesamtharz, 11,9% hexanlösliches Harz, 3,9% Humulon.

Daher β-Anteil 11,9—3,9 = 8% und γ-Harz 14,7 — 11,9 = 2,8%

In der Trockensubstanz:

Gesamtharz	14,7 : 0,895 (R-St)	= 16,4%
hexanlöslich: α-Anteil, Humulon	3,9 : 0,895	= 4,4%
hexanlöslich: β-Anteil	8 : 0,895	= 8,9%
γ-Harz	2,8 : 0,895	= 3,1%

Das Gesamtharz enthält:

α-Anteil	4,4 : 0,164 (R-St)	= 26,8%
β-Anteil	8,9 : 0,164	= 54,3%
γ-Harz	3,1 : 0,164	= 18,9%

Der Gehalt des Hopfens an Bitterstoffen, nach Lintner-Adler bestimmt, schwankt zwischen 7 und 18% in der Trockensubstanz. Wöllmer fand bei frischem Hopfen in 100 Teilen Gesamtharz 30 bis 43 Teile Humulon, 45—58 Teile β-Anteil und ca. 12 Teile γ-Harz. Lüers fand in Prozent der Trockensubstanz:

Hopfen der Ernte 1926	Gesamtharz	Humulon	β-Anteil	γ-Harz
Kalifornier . . .	20,20	6,51	12,22	1,47
Kenter	16,61	3,30	12,48	0,83
Tettnanger . . .	20,57	6,67	11,48	2,48
Hallertauer . . .	17,59	6,27	10,46	0,86
Saazer	16,42	4,66	10,34	1,42

Bestimmung der Hopfenbitterstoffe in Würze und Bier nach Wöllmer[1]). 400 cm³ Würze werden mit Schwefelsäure angesäuert und mit 50 cm³ Chloroform 30 Minuten maschinell geschüttelt. Nach mehrstündigem Stehen wird die emulsionsartige

[1]) Zeitschrift für das gesamte Brauwesen 1918, Nr. 1 und Wochenschrift für Brauerei 1937, Nr. 33.

Chloroformschicht zentrifugiert, der sich klar absetzende Teil abpipettiert, der Rest wiederholt mit Wasser gewaschen und wieder zentrifugiert, bis die koagulierten Eiweißhäutchen fast vollkommen in Lösung gegangen sind. Die beiden Chloroformfraktionen werden quantitativ durch eine Asbestfilterplatte gesaugt, in einer Scheidebürette von der wässerigen Schicht getrennt, quantitativ durch ein kleines Filter in ein 75-cm^3-Kölbchen mit langem Hals filtriert und im Vakuum aus einem heißen Wasserbad abdestilliert. Der Rest des Chloroforms und des Wassers wird durch 2 Minuten langes Trocknen des Rückstandes im Vakuum bei 100^0 unter Durchleiten eines CO_2-Stromes entfernt und dann der Rückstand gewogen.

IX. Hopfentreber.

Die chemische Analyse der Hopfentreber erstreckt sich auf die Bestimmung des Wassers, gelösten Extraktes und der Bitterstoffe.

1. Wasser.

Dasselbe wird durch Trocknung, wie bei den Malztrebern unter Nr. 1 S. 171 angegeben wurde, ermittelt.

2. Der Gehalt an gelöstem Extrakt.

Der gelöste Extrakt, welcher infolge des Würzeaufsaugevermögens des Hopfens in den Trebern zurückgeblieben ist, kann ebenfalls in gleicher Weise wie bei Malztrebern bestimmt werden, und zwar sowohl durch *Auspressen* der Treber als auch durch *Auswaschen* derselben (s. »Treber«, 2a u. b).

Normalerweise enthält der Hopfentreberpreßsaft durchschnittlich 2,5—3% Extrakt, was einem Sudhausausbeuteverlust von etwa 0,2—0,4 gleichkommt.

Da durch ungenügende Auslaugung des Hopfens in der Praxis oft große Verluste entstehen können, so empfiehlt es sich, von Zeit zu Zeit den Grad der Hopfenauslaugung im Betriebe einer Kontrolle zu unterziehen.

3. Hopfenbitterstoffe.

Die Bestimmung der Bitterstoffe in den Hopfentrebern ist insofern von Bedeutung, als dadurch die Ausnutzung des Hopfens im Sudhause in bezug auf die Bitterstoffe kontrolliert werden kann.

Die Untersuchung wird in gleicher Weise wie beim Hopfen selbst (S. 179, Nr. 5a), ausgeführt, jedoch ist es erforderlich, zu diesem Zwecke die Hopfentreber zuerst von dem gelösten Extrakt der Würze durch gehöriges Auswaschen mit heißem Wasser zu befreien und dann bei etwa 60—70^0 zu trocknen. Bei der Titration des Hexanauszuges sind vor Zusatz der Kalilauge 5 cm^3 säurefreien 95proz. Alkohol (Lös. 2b) zuzusetzen.

Beispiel: Der Bittersäuregehalt der ausgewaschenen und hierauf getrockneten Hopfentreber betrug 3,88 g in 100 g Trockensubstanz.

Da aber 100 g Hopfen (lufttrocken) durchschnittlich 60 g Hopfentreber-Trockensubstanz liefern, so entspricht der Bittersäuregehalt von 3,88 g, auf 100 g ursprünglichen Hopfens umgerechnet, **2,33** g Bittersäure, was aus der nachstehenden Gleichung ersichtlich ist:

$$100 : 3{,}88 = 60 : x$$

$$x = \frac{3{,}88 \times 60}{100} \text{ (R-St)} = 2{,}33.$$

Das gleiche Resultat bekommt man, wenn man den Bittersäuregehalt in 100 g Hopfentreber (Tr.-S.) mit 0,6 multipliziert, also

$$3{,}88 \times 0{,}6 = \mathbf{2{,}33}.$$

Betrug beispielsweise der ursprüngliche Bittersäuregehalt des lufttrockenen Hopfens 14%, so sind **16,6%** der Bitterstoffe nicht ausgenutzt worden, was sich aus nachstehender Berechnung ergibt:

$$14 : 2{,}33 = 100 : x$$

$$x = \frac{100 \times 2{,}33}{14} \text{ (R-St)} = 16{,}6.$$

Man kann einen Verlust an Hopfenbittersäure von etwa 5—6% als normal bezeichnen.

X. Prüfung der Hefe auf Gärkraft.[1])

Um einen Anhaltspunkt für den Gebrauchswert einer Hefe (besonders Bäckerhefe) zu gewinnen, bestimmt man deren Gär- oder Triebkraft, d. h. ihre Kraft, die Zuckerarten zu zersetzen. Als Maßstab benutzt man die Menge Kohlensäure, welche aus einer bestimmten Menge Zucker gebildet wird.

Im nachfolgenden sei hier die Methode von Hayduck erwähnt, nach welcher die Kohlensäure volumetrisch bestimmt wird.

Zuerst werden 40 g Rohrzucker in 400 cm³ Wasser gelöst, sodann 10 g der zu untersuchenden abgepreßten Hefe abgewogen, in eine Schale gegeben und mittels eines Pistills mit einer kleinen Menge der obigen Zuckerlösung zerrieben, bis keine Klümpchen mehr wahrnehmbar sind. Diese Aufschlämmung gibt man in eine Flasche von 1 l Inhalt, spült die Schale noch ein paarmal mit der Zuckerlösung nach und gießt zuletzt die ganze Zuckerlösung in die Flasche. Der Inhalt wird durchgeschüttelt und die Flasche offen in ein Wasserbad von 30° gestellt, in welchem sie 1 Stunde lang stehenbleibt. Erst nach Verlauf dieser Zeit verbindet man die Gärflasche mittels Gummischlauches mit dem inzwischen mit Wasser bis zum Nullstrich gefüllten Meßapparat (Abb. 67). Zur Verhinderung der Absorption der Kohlensäure durch Wasser gibt man in den

---

[1]) Für feinere Messungen und vergleichende Bestimmungen sei verwiesen auf die Arbeit von Fink und Weinfurtner, Wochenschr. f. Brauerei 1930, Nr. 41.

Meßschenkel des Apparates etwas Petroleum, welches sodann bei der Füllung mit Wasser in niedriger Schicht auf diesem schwimmt. Genau nach ½ Stunde wird der Hahn der Meßröhre geschlossen, das Wasser in der engen Röhre durch den Hahn so weit abgelassen, daß es mit der Höhe des Wassers bzw. der Petroleumschicht gleichsteht, und nun die Anzahl Kubikzentimeter, welche die entwickelte

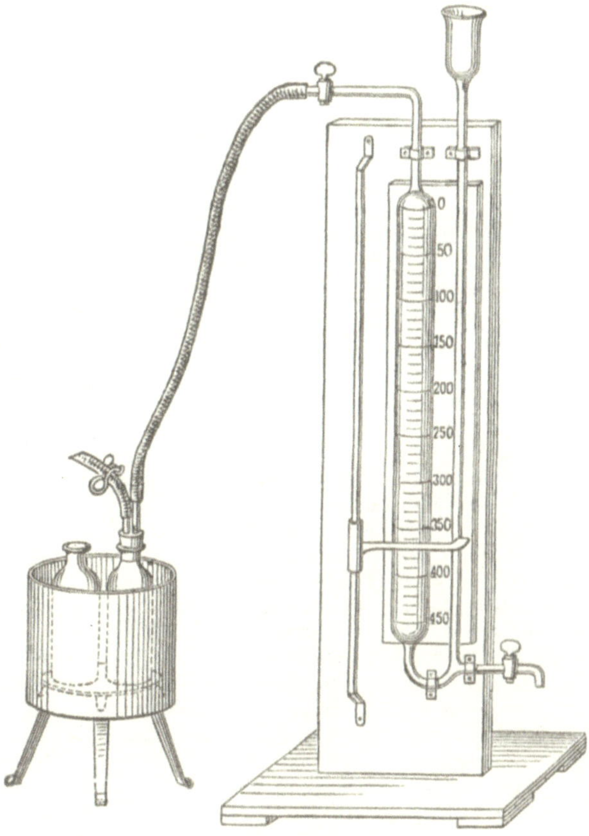

Abb. 67.

Kohlensäure ausfüllt, abgelesen. Diese Zahl kann direkt zum Vergleich der Gärkraft verschiedener Hefen dienen. Es empfiehlt sich aber, sie auf 0° und 760 mm Barometerstand und Hefe-Trockensubstanz umzurechnen.

Beispiel: Bei 18° und 720 mm Barometerstand 230 cm³ Kohlensäure, Wassergehalt der Hefe 73%.

Die 230 cm³ Kohlensäure entsprechen bei 0° und 760 mm Barometerstand: $\frac{230 \times 273 \times 720}{(273 + 18)\ 760}$ (R-St) = 204,5 cm³ und auf 100 g Hefe-Trockensubstanz $\frac{204{,}5 \times 100}{100 - 73}$ = 757,4 cm³

Anmerkung. Wasser, Stickstoff, Asche und Phosphorsäure werden in der Hefe wie oben bei Malz und Gerste bestimmt.

XI. Bier.

Ballings Attenuationslehre.

Zwischen dem spez. Gewicht (scheinbarer Extraktgehalt), dem wirklichen Extraktgehalt und dem Alkoholgehalt des Bieres sowie zwischen diesen Zahlen und dem Extraktgehalt des Bieres vor der Gärung bestehen gewisse Beziehungen, welche Balling näher erforscht und in seiner Attenuationslehre mitgeteilt hat, auf deren Hauptpunkte nachstehend etwas näher eingegangen werden soll.

Das fertige Bier (mit 10—14% eingebraut) besteht, wenn man von dem in ihm enthaltenen flüchtigen Kohlensäuregas absieht, aus durchschnittlich

88—92% Wasser, 2,5—4% Alkohol, 5—8% Extrakt.

Von diesen drei Bestandteilen sind Wasser und Alkohol (auch Spiritus vini, Spiritus, Sprit oder Weingeist genannt) beim Kochen flüchtig, während der Extrakt beim Eindampfen des Bieres als fester Körper zurückbleibt. Der Bierextrakt unterscheidet sich von Würze- oder Malzextrakt hauptsächlich durch einen bedeutend niederen Zuckergehalt. Das Saccharometer gibt in einem Bier den wahren Extraktgehalt nicht an, da es eingerichtet ist für reine wässerige Lösungen von Rohrzucker bzw. Extrakt, während das Bier eine schwach alkoholische Extraktlösung bildet. Da der Alkohol das spez. Gewicht vermindert, so zeigt das Saccharometer im Bier immer weniger als den wahren Extraktgehalt an. Zeigt es z. B. 5%, so bedeutet dies nur, daß das Bier das gleiche spez. Gewicht besitzt wie eine 5proz. Würze. Man nennt daher die Saccharometeranzeige eines Bieres (bei deren Erhebung die Kohlensäure vorher durch Schütteln möglichst zu verjagen ist) den scheinbaren Extraktgehalt und bezeichnet diesen nach Balling mit dem Buchstaben m.

Will man den wirklichen Extraktgehalt (= n) eines Bieres feststellen, so muß man den Alkohol durch Eindampfen entfernen, das Bier entgeisten, den Alkohol sowie das mit verdampfte Wasser durch Wasser wieder ersetzen und hierauf die Saccharometeranzeige erheben.

Den Alkoholgehalt (= A) eines Bieres kann man ermitteln durch Bestimmung des spez. Gewichtes eines aus dem Biere gewonnenen Destillates (Alkohol und Wasser).

Bei der Gärung wird das Bier spezifisch leichter, dünner, es attenuiert (attenuare = verdünnen), weil erstens Extrakt verbraucht wird zur Kohlensäure-, Alkohol- und auch Hefebildung und zweitens Alkohol entsteht.

Das Mengenverhältnis zwischen dem bei der Gärung verschwindenden Extrakt einerseits und seinen Umwandlungsprodukten, Kohlensäure, Alkohol und Hefe, anderseits ist ein ziemlich konstantes und wurde von Balling, wie aus nachstehender Zusammenstellung ersichtlich, ermittelt.

$$\overbrace{\text{1 g Alkohol, } \underbrace{\text{0,9565 g Kohlensäure, 0,11 g Hefe}}_{\text{1,0665 g}}}^{\text{2,0665 g Extrakt}}$$

Die 0,11 g[1]) Hefe bilden die unlösliche Hefetrockensubstanz, welche sich aus dem Bier ausscheidet. Die Kohlensäure geht zum größten Teil in die Luft und kann im Laboratorium durch Schütteln des Bieres fast vollständig entfernt werden. Der Alkohol verbleibt nahezu vollständig, besonders bei Untergärungstemperaturen, im Bier.

Den Extraktgehalt (Gew.-%) des Bieres vor der Gärung (Extraktgehalt der Stammwürze) bezeichnet man nach Balling mit dem Buchstaben p.[2]) Ist die Anstellhefe nicht gewässert und stammt von einem ungefähr gleich starken Bier, so ist der p-Wert bei direkter Ermittlung vor dem Anstellen mit Hefe festzustellen, da die Verdünnung, welche der in der Hefe enthaltene Bierrest verursacht, nur eine scheinbare ist. Ist die Hefe aber stark gewässert, so tritt durch das in ihr enthaltene Wasser eine tatsächliche Verdünnung ein, welche allerdings für gewöhnlich nicht mehr als 0,1 am Saccharometer ausmacht, und die Stärke der Stammwürze ist nach dem Anstellen festzustellen.

Aus den in einem fertigen vergorenen Bier ermittelten Gewichtsprozentzahlen für den Gehalt an Alkohol (A) und den wirklichem Extrakt (n) läßt sich der Wert für p in nachstehender Weise berechnen. Aus dem Alkoholgehalt des Bieres ergibt sich nach den oben angeführten Verhältniszahlen die auf 100 g Bier treffende Menge vergorenen Extraktes nach der Formel:

$$A \times 2{,}0665 \text{ g.}$$

Demnach treffen auf 100 g Bier Gesamtextrakt vor der Gärung

$$(A \times 2{,}0665 + n) \text{ g.}$$

100 g Bier entsprechen aber nicht 100 g Würze. Um die entsprechende Menge Würze zu finden, ist für jedes Gramm Alkohol das Gewicht von Kohlensäure und Hefe (zusammen 1,0665 g) zu den 100 g Bier zu addieren, da Kohlensäure und Hefe sich aus dem Bier ausscheiden und um ihr Gewicht sich demnach das Gewicht des Bieres vermindert. 100 g Bier entsprechen demnach $100 + A \times 1{,}0665$ g

---

[1]) Die Zahl ist nach Untersuchungen von Schönfeld und auch von Doemens etwas zu hoch.

[2]) Für die Buchstaben p, m, n sind auch vielfach in Gebrauch e, E_s, E_w.

Würze. Daraus ergibt sich für den Gesamtextraktgehalt vor der Gärung, bezogen auf 100 g Stammwürze, folgende Ansatzrechnung:

$$100 + A \times 1{,}0665\,\text{g Würze} - (A \times 2{,}0665 + n)\,\text{g Extrakt}$$

$$100 \quad \text{»} \quad \text{»} \quad - \frac{(A \times 2{,}0665 + n) \times 100}{100 + A \times 1{,}0665}\,\text{g} \quad \text{»}$$

Also allgemein:

Ia. $$p = \frac{(A \times 2{,}0665 + n) \times 100}{100 + A \times 1{,}0665}.$$

Die Differenz $p - n$ ist zwar nicht gleich der von je 100 g Würze vergorenen Menge Extrakt, da n die Menge des unvergorenen Extraktes von 100 g Bier, p dagegen den Extrakt von 100 g Würze angibt, jedoch wird sie lediglich durch vergorenes Extrakt bedingt und muß daher auch um so größer sein, je mehr Alkohol im Bier vorhanden ist. Das Verhältnis zwischen Alkoholgehalt und der Differenz $p - n$ wird ausgedrückt durch die Formel $\frac{A}{p-n}$, welche angibt, wieviel Alkohol vorhanden ist, so oft die Differenz $p - n$ 1 beträgt. Aus der obigen Formel Ia für p ergibt sich aber durch geeignete Umstellung

$$\frac{A}{p-n} = \frac{100}{2{,}0665 \times 100 - p \times 1{,}0665}.$$

Der Wert für $\frac{A}{p-n}$ steigt demnach mit dem p-Wert. Balling hat die Werte $\frac{A}{p-n}$ für die verschiedenen p-Werte nach vorstehender Formel berechnet und mit dem allgemeinen Buchstaben b bezeichnet. Es ist also

$$b = \frac{A}{p-n}.$$

Dann ist aber auch

1. $$A = b(p - n)$$

Die Werte für den Alkoholfaktor b sind aus Tabelle X ersichtlich. Wenn demnach p und n bekannt sind, so läßt sich der Alkoholgehalt eines Bieres nach obiger Formel berechnen.

Aus der Formel 1 ergibt sich aber weiter

Ib. $$p = \frac{A}{b} + n.$$

Da b aus der Formel Ia errechnet ist, so muß Formel Ib den gleichen Wert für p ergeben wie Formel Ia. Die Werte für $\frac{A}{b}$ finden sich in Tabelle IV.

Die Differenz $n - m$ (die Attenuationsdifferenz) ist offenbar bedingt durch den Alkoholgehalt des Bieres. Untersuchungen von Doemens und Pawlowski[1]) haben allerdings ergeben, daß das in der üblichen Weise entkohlensäuerte Bier nicht genau die Saccharometer-

[1]) Zeitschrift f. d. gesamte Brauwesen 1910, Nr. 35 und 36.

anzeige aufweist, welche einer einfachen Mischung der betreffenden Mengen Wasser, Alkohol und Extrakt entspricht, da der geringe verbleibende Kohlensäurerest noch einen geringen Einfluß auf die Saccharometeranzeige ausübt. Jedenfalls aber steigt und fällt die Differenz $n - m$ mit dem Alkoholgehalt und der Ausdruck $\frac{A}{n - m}$ gibt an, wieviel Alkohol vorhanden ist, so oft die Differenz $n - m$ 1 beträgt. Diese Zahl steigt ebenfalls mit dem Stammwürzegehalt und wurde von Balling für die verschiedenen p-Werte experimentell ermittelt und mit c bezeichnet.

$$c = \frac{A}{n - m}.$$

Daher ist

2. $$A = c\,(n - m)$$

Nach dieser Formel kann man daher auch den Alkoholgehalt eines Bieres berechnen, wenn n und m, die sich im Laboratorium leicht bestimmen lassen, bekannt sind. Die Werte für den Alkoholfaktor c findet man ebenfalls in der Tabelle X.

Da nun aber $(p - n) + (n - m) = p - m$, so muß sich auch aus der Differenz $p - m$ der Alkoholgehalt berechnen lassen. Aus den obigen Formeln für b und c ergibt sich durch geeignete Umwandlungen

$$\frac{A}{p - m} = \frac{cb}{c + b}.$$

Da die Werte für c und b bekannt sind, so lassen sich auch die Werte $\frac{A}{p - m}$ für die verschiedenen p-Werte berechnen.

Setzt man $\frac{A}{p - m} = a$, so ist

3. $$A = a\,(p - m).$$

So hat man eine dritte Formel zur Berechnung des Alkoholgehaltes, die anwendbar ist, wenn p und m, die in der Praxis leicht erhoben werden können, bekannt sind. Die Tabelle X enthält auch die Werte für den Alkoholfaktor a.

Aus der Formel Ia ergibt sich ferner durch geeignete Umstellung:

$$p = 2A + n + \left(A \frac{6{,}65 - 1{,}0665\,p}{100}\right).$$

Die Werte der Klammern sind für die verschiedenen p- (bzw. $2A + n$) und A-Werte zusammengestellt in Tabelle XIII. Man findet daher auch die Stammwürze, wenn man zum doppelten Alkoholgehalt den Extraktgehalt und die aus Tabelle XIII zu entnehmende Korrektur addiert, es ist also auch

Ic. $$p = 2A + n + \text{Korrektur}^{1)}.$$

[1]) Es sei ausdrücklich darauf aufmerksam gemacht, daß die beiden einfachen Formeln Ib und Ic nur algebraische Umwandlungen der großen Formel Ia darstellen und daher genau die gleichen Werte für p ergeben wie Ia, also nicht etwa nur Nährungswerte.

Da $n - m$ vom Alkoholgehalt und letzterer vom vergorenen Extrakt $p - n$ abhängig ist, so muß sich aus der Differenz $n - m$ auch ein Schluß auf die Menge des vergorenen Extraktes ziehen lassen. Der Ausdruck $\frac{n - m}{p - n}$[1] gibt an, um wieviel die Differenz $n - m$ sich vergrößert, so oft 1% Extrakt vergärt oder besser, so oft $p - n$ 1 beträgt, man bezeichnet ihn mit dem Buchstaben q. Aus den obigen Formeln $A = c(n - m)$ und $A = b(p - n)$ ergibt sich

$$c(n - m) = b(p - n)$$

und durch einfache Umstellung

$$\frac{n - m}{p - n} = \frac{b}{c} = q$$

$$\text{und } c = \frac{b}{q}.$$

Die Werte für $q = \frac{b}{c}$ sind ebenfalls in Tabelle X angegeben, man kann sich auch leicht auswendig merken nach der Formel

$$q = 0{,}220 + \frac{p}{1000}.$$

Aus der Formel

$$q = \frac{n - m}{p - n}$$

ergibt sich durch geeignete Umwandlungen

II. $$p = \frac{n - m}{q} + n.$$

In dieser Formel bedeutet $\frac{n - m}{q}$ das vergorene, n dagegen das noch vorhandene Extrakt. Man kann daher auch aus dem scheinbaren und wirklichen Extraktgehalt eines Bieres die Konzentration seiner Stammwürze berechnen[2]).

Den Vergärungsgrad eines Bieres drückt man am besten aus in der Zahl, welche angibt, wieviel Gramm Extrakt von je 100 g

---

[1]) Der Ballingsche Attenuationsquotient $\frac{p-m}{p-n} = \frac{n-m}{p-n} + 1$.

[2]) Diese Berechnung ist jedoch, da die Entkohlensäuerung des Bieres und damit die Bestimmung des m-Wertes ungleich ausfällt, nicht so genau wie die Berechnung der Stammwürze aus Alkohol- und Extraktgehalt des Bieres. Trotzdem ist sie im Biersteuergesetz für die Steuerbeamten vorgeschrieben, da m und n leicht zu bestimmen sind, besonders wenn keine große Genauigkeit gefordert wird. In der amtlichen Formel $e = (E_w - E_s) \times 4{,}3 + E_w$ ist die Differenz nicht durch q zu dividieren, sondern mit dem reziproken Wert von q (4,3) zu multiplizieren, was natürlich dasselbe ist. 4.3 entspricht dem q-Wert einer 12,5 proz. Stammwürze $\left(\frac{1}{4{,}3} = 0{,}2325\right)$. Immer denselben q-Wert anzuwenden, ist aber nicht statthaft und kann zu beträchtlichen Fehlern führen. Wäre z. B. $n = 9$, $m = 6{,}8$, so ist p mit dem q-Wert für eine 12,5 proz. Würze (0,2325) = 18,46 (Salvator), mit dem richtigen q-Wert (0,23846) dagegen 18,23. Schon aus diesem Grunde, namentlich aber auch wegen der Unsicherheit des m-Wertes, kann die amtliche Methode zur Bestimmung des Stammwürzegehaltes für nach wissenschaftlichen Grundsätzen arbeitende Laboratorium nicht in Betracht kommen.

Würzeextrakt vergoren sind. Bei der Bestimmung des noch im Bier vorhandenen, also nicht vergorenen Extraktrestes unterscheidet man, wie oben angegeben, zwischen einem scheinbaren (m) und einem wirklichen (n) Extraktgehalt, daher unterscheidet man auch zwischen einem scheinbaren (V) und einem wirklichen (V_1) Vergärungsgrad. Gewöhnlich wird der Vergärungsgrad nach folgendem Ansatz berechnet.

Von p g Extrakt sind vergoren $p - m$ g

» 100 g » » » $\frac{p-m}{p} \times 100$ g.

Allgemeine Formeln:

$$V = \frac{p-m}{p} \times 100 \text{ oder } 100 - \frac{100\,m}{p} \text{ oder } \left(1 - \frac{m}{p}\right) \times 100$$

$$V_1 = \frac{p-n}{p} \times 100 \text{ oder } 100 - \frac{100\,n}{p} \text{ oder } \left(1 - \frac{n}{p}\right) \times 100.$$

Da nun aber p der Extraktgehalt der Stammwürze und m bzw. n derjenige des Bieres ist und ferner 100 g Bier nicht gleich 100 g Würze sind, so gibt die Differenz $p - m$ bzw. $p - n$ nicht genau an, wieviel Gramm von p g Extrakt vergoren sind. Zur genauen Berechnung des Vergärungsgrades (wieviel von 100 g Extrakt vergoren ist) müßten also eigentlich m und n auf 100 g Würze umgerechnet werden. Nach obigen Ausführungen entsprechen 100 g Bier $100 + A \times 1{,}0665$ g Würze.

Daher Ansatz:

In $100 + A \times 1{,}0665$ g Würze sind m g Extrakt.

In 100 g Würze sind $\frac{m \times 100}{100 + A \times 1{,}0665}$ g Extrakt.

Daraus würde sich für den Vergärungsgrad die Formel ergeben:

$$V = \frac{p - \frac{m \times 100}{100 + A \times 1{,}0665}}{p} \times 100.$$

Oder:

$$V = 100 - \frac{100\,m}{p + 0{,}010665\,A\,p}.$$

Der Einfachheit halber wendet man jedoch allgemein die obigen einfachen Formeln, welche durchschnittlich einen um ca. 1 zu niederen Wert ergeben, zur Berechnung des Vergärungsgrades an.

Aus den beiden Formeln (Vergärungsgradformeln)

$$V = \frac{p-m}{p} \times 100$$

und

$$V_1 = \frac{p-n}{p} \times 100$$

ergibt sich durch geeignete Umwandlungen und Einführung von q statt $\frac{n-m}{p-n}$.

$$V = V_1 (q + 1)$$

und

$$V_1 = \frac{V}{q+1}.$$[1]

Mit Hilfe dieser beiden Formeln läßt sich also ohne weiteres aus dem wirklichen der scheinbare und aus dem scheinbaren der wirkliche Vergärungsgrad berechnen.

Ferner lassen sich auf algebraischem Wege aus obigen Formeln die nachstehenden Formeln ableiten zur Berechnung von

1. n aus p, q und m,
2. m » p, q » n,
3. m » p » V,
4. n aus p und V_1.
5. p » V » m,
6. p » V_1 » n.

1. $n = \frac{pq + m}{1 + q}$

2. $m = n - q(p - n)$

3. $m = \frac{p(100 - V)}{100}$

4. $n = \frac{p(100 - V_1)}{100}$

5. $p = \frac{100\,m}{100 - V}$

6. $p = \frac{100\,n}{100 - V_1}$.

Aus dem vorstehenden Überblick ergibt sich, daß die ganze Ballingsche Attenuationslehre sich aufbaut auf nur zwei experimentell ermitteltelte Zahlen: die Zahl 2,0665 und den Alkoholfaktor c. Alle übrigen Werte und Formeln sind durch Berechnung gefunden.

Probenahme.

Die Probe des zu untersuchenden Bieres wird dem Lagerfaß entnommen entweder durch die Spundöffnung mittels eines gründlichst gereinigten und mit etwas Bier ausgewaschenen Schlauches oder auch aus einer Zwickelöffnung oder vom Abfüllapparat. Die zur Aufnahme der Probe bestimmte Flasche muß natürlich tadellos sauber sein und wird zweimal mit Bier ausgespült und dann gefüllt bis 3—5 cm unter den Verschluß. Für die gewöhnliche einfache Analyse sind zwei Flaschen zu je ½ l erforderlich. Man kann auch zwei Betriebsflaschen einsenden, wenn man sicher ist, daß der Inhalt vollkommen dem Bier im Lagerfaß entspricht. Bei warmer Witterung und auf weitere Entfernung empfiehlt es sich, die Proben in Sägmehl und Eis zu verpacken. Nach Ankunft im Laboratorium stelle man die Proben bis zur Untersuchung in einen dunklen, kühlen Keller oder in den Eisschrank.

1. Scheinbarer Extraktgehalt (m).

Der scheinbare Extraktgehalt, also die Saccharometeranzeige des fertigen Bieres, beträgt beiläufig $^1/_5$—$^2/_5$ der Saccharometer-

[1] Auf diese Formeln für V und V_1 wurde schon von Holzner in der Zeitschrift für das ges. Brauwesen 1877, S. 104, hingewiesen.

anzeige vor der Gärung, z. B. bei 12proz. Bier und sehr hohem Vergärungsgrad ca. $12 \times {}^1/_5 = 2{,}4$, bei nieder vergorenen Münchener Bieren ca. $12 \times {}^2/_5 = 4{,}8\%$.

Zur Bestimmung des scheinbaren Extraktgehaltes (m) ist das Bier zunächst möglichst von Kohlensäure zu befreien, zu entkohlensäuren. Dies geschieht in der Weise, daß man einen Kolben (am besten starkwandigen Erlenmeyer-Kolben) zur Hälfte mit Bier füllt und dann so lange kräftig schüttelt (zuerst ganz schwach!), bis zuletzt beim Schütteln des mit der Hand verschlossenen Kolbens kein Druck mehr zu verspüren ist. Nun wird das Bier vom Schaum befreit, indem man es durch ein trockenes Filter filtriert.

Die exakte Ermittlung des scheinbaren und des wirklichen Extraktgehaltes, ebenso wie des Alkoholgehaltes, kann nur erfolgen durch Bestimmung des spez. Gewichtes mittels Pyknometer nach den S. 106 gegebenen Vorschriften. Das Pyknometertemperierbad soll möglichst genau 17,5°[1]) zeigen, jedoch kann auch hier für wenige Hundertstel Grad höher oder niedriger das Gewicht des Pyknometerinhaltes bei normalen Bieren um + 0,09 mg für je 0,01° korrigiert werden.

Die Verwendung von Saccharometer und Alkoholometer kann nur für ganz rohe Bieranalysen in Betracht kommen.

a) Mit dem Pyknometer.

Man verfährt genau wie auf S. 106 angegeben. Man achte sehr darauf, daß sich keine Kohlensäurebläschen unter dem Pyknometerhals ansetzen, besonders wenn das Bier etwas kälter als 17,5° eingefüllt wird, kommt dies leicht vor; man erwärme das Bier daher vor dem Einfüllen lieber auf 18—18,5°.

Beispiel: Leeres Pyknometer 20,017 g, Pyknometer mit Bier 70,750 g. Temperatur im Waagkasten 16°, Barometerstand 758 mm, daher $\lambda = 0{,}001218$ (nach Tabelle I). Früher bei $\lambda = 0{,}01246$ ermittelter Wasserwert des Pyknometers 50,013 g.

Daher auf $\lambda = 0{,}001218$ korrigierter Wasserwert (s. S. 110)

$$= 50{,}013\text{ g} + 28 \times 0{,}045\text{ mg} = 50{,}01426\text{ g}.$$

$$\text{Spez. Gewicht des Bieres in Luft } \frac{70{,}750 - 20{,}017}{50{,}01426} = 1{,}01437.$$

Zur Umrechnung auf Vakuum genügt es, von der 5. Dezimalstelle so viel abzuziehen, wie die 2. Dezimalstelle Einheiten enthält, also hier 1,437 oder rund 1.

Daher spez. Gewicht des Bieres im Vakuum:

$$\begin{array}{r} 1{,}01437 \\ -1 \\ \hline \mathbf{1{,}01436} \end{array}$$

---

[1]) Das spez. Gewicht $\frac{20^\circ}{20^\circ}$ ist unter Benutzung der Tabellen von Goldiner und Klemann auch bei der Bieranalyse anwendbar.

Diesem entspricht nach Tabelle II ein Extraktgehalt von 3,665% = scheinbarer Extraktgehalt = *m*.

Hat man für das verwendete Pyknometer eine Tabelle wie S. 113 zur Verfügung, so stellt sich die Berechnung des spez. Gewichtes wie folgt:

Beispiel: Gewicht des Pyknometers mit Bier bei λ = 0,001218 g oder abgerundet und in mg 1,22. 70,750 g

Pyknometer mit Wasser für das betreffende Pyknometer bei λ 1,22 laut Tabelle . . . . 70,034 g

	716
	× 2
	1432
Rohes spez. Gewicht	1,01432
Korrektur laut Tabelle	+ 4
Genaues spez. Gewicht	**1,01436**

b) Mit dem Saccharometer.

Die Erhebung der Saccharometeranzeige muß möglichst genau bei der vorgeschriebenen Temperatur (20°) mit aller Sorgfalt erfolgen. Für 1° über oder unter der vorgeschriebenen Temperatur kann eventuell die Saccharometeranzeige um 0,05 korrigiert werden. Fehler der Saccharometerskala, die man durch wiederholten Vergleich mit der pyknometrischen Untersuchung feststellen kann, sollten eigentlich korrigiert werden. Die geprüften amtlichen Saccharometer können Fehler bis 0,1 zeigen.

2. Wirklicher Extraktgehalt (*n*).

Der wirkliche Extraktgehalt ist bei mittelstarken Bieren um 1½—2 höher als der scheinbare Extraktgehalt; genauer läßt er sich aus *m* und *p* berechnen nach der Formel S. 196.

Die Bestimmung des wirklichen Extraktgehaltes erfolgt:

a) Mit dem Pyknometer.

Etwa 75—80 cm³ Bier werden in ein kleines, weites Becherglas von annähernd bekanntem Gewicht gebracht, das Gewicht des Ganzen auf einer Tarierwaage genau festgestellt und hierauf auf der Asbestplatte bei etwa 80° oder auf dem Wasserbade auf ca. 25 cm³, ein Drittel des ursprünglichen Volumens, eingedampft.

Für Ausführung zahlreicher Bieranalysen nebeneinander empfiehlt es sich, eine Reihe Bechergläser von ca. 150 cm³ Inhalt und ungefähr gleichem Gewicht (etwa 50 g) auszuwählen und jedes Becherglas gleichmäßig mit den verschiedenen Bieren genau auf je 130 (50 + 80) g oder ein ungefähr ebenso schweres Taragewicht (für alle Becher dasselbe) aufzufüllen, ein paar Tropfen zuviel hineingefallenes Bier kann man leicht mit einem Stückchen Fließpapier herausnehmen.

Das eingedampfte Bier wird abgekühlt und auf das ursprüngliche Gewicht mit Wasser aufgefüllt. Nun wird die Flüssigkeit sorgfältig durchgemischt und genau wie bei 1. das spez. Gewicht derselben ermittelt und aus der Extrakttabelle (Tabelle II) der entsprechende Extraktgehalt entnommen. Manche Biere scheiden beim Eindampfen etwas Eiweiß in Flocken ab; doch übt dies auf die Bestimmungen keinen Einfluß aus, da das Bier dabei nicht filtriert wird.

Beispiel: Das spez. Gewicht im Vakuum = 1,01910.
Der entsprechende Extraktgehalt nach der Tabelle II = 4,855% = n.

Sollte beim Wiederauffüllen nach dem Eindampfen ein wenig Wasser zuviel zugesetzt, etwa statt auf 80,0 auf 80,4 g aufgefüllt worden sein, so ist der gefundene n-Wert entsprechend zu erhöhen: 804 ist rd. um den 200. Teil größer als 800, daher ist auch 4,855 um 4,855:200 = 0,0243 zu erhöhen, daher richtiger n-Wert 4,855 + 0,024 = 4,879%. Oder auch $n = \frac{4,855 \times 805}{800} = 4,879\%$.

Zur Bestimmung des wirklichen Extraktgehaltes kann man auch den Rückstand von der Alkoholdestillation (s. unter 3.) benutzen.

b) Mit dem Saccharometer.

Man gibt die ganze Menge des für die Bestimmung des scheinbaren Extraktgehaltes (Nr. 1b) verwendeten Bieres in einen trokkenen Maischbecher und bestimmt das Gewicht des Ganzen auf der Tarierwaage. Hierauf dampft man den Inhalt des Bechers auf ca. ein Drittel seines Volumens auf dem Drahtnetze unter Vermeidung von starkem Kochen ein.

Das auf diese Weise entgeistete (von Alkohol befreite) Bier wird auf ca. 20° abgekühlt und genau auf das ursprüngliche Gewicht (Maischbecher und Bier) mit Wasser aufgefüllt.

Nachdem man gut durchgerührt hat, gibt man den Inhalt des Bechers in den Saccharometerzylinder zurück und erhebt wie vorher die Saccharometeranzeige bei 20° (= n).

3. Alkohol (A).

Der Alkoholgehalt beträgt je nach Vergärungsgrad rund $\frac{1}{4}$—$\frac{1}{3}$ der Stammwürze. Bei normalen, dunklen, nieder vergorenen Bieren beträgt der Alkoholgehalt rund $\frac{1}{4}$ der Stammwürze. Ein 12proz. Münchener Bier hat demnach ungefähr 12 : 4 = 3%, ein 14proz. 14 : 4 = 3,5% Alkohol. Um den annähernden Alkoholgehalt eines normal vergorenen hellen Bieres zu finden, muß man zu dem Viertel der Stammwürze noch den fünften Teil addieren. Ein 10proz. helles Bier hat demnach ungefähr 10 : 4 = 2,5, also $2,5 + \frac{2,5}{5} = 3\%$ Alkohol.

Der Alkohol wird bestimmt:

a) Mit dem Pyknometer.

Die Bestimmung des Alkohols geschieht in der Weise, daß man einen trockenen Kochkolben von etwa 400—500 cm³ Inhalt genau tariert und ihn mit 75 g Bier beschickt.

Empfehlenswerter ist die Verwendung von sog. Kjeldahl-Kolben, die durch ein um den Hals gelegtes Messingband leicht auf das gleiche Gewicht gebracht werden können, so daß sie auch mit einem gemeinsamen Untersatzring aus Metall das gleiche Gewicht bilden. Für sämtliche in Gebrauch befindliche Destillationskolben kann alsdann dasselbe Taragewicht benutzt werden. Zum Abwägen des Bieres benutzt man am besten ein 75-g-Gewichtstück.

Der Kolben wird an einen Destillationsapparat angeschlossen (Abb. 68) und das Destillat mittels eines Fülltrichters oder besser eines dünn ausgezogenen Rohres in einem Reischauerschen Pyknometer (50 cm³ Inhalt) aufgefangen. Das Ende des Fülltrichters oder Rohres soll ca. 1 cm unter den Hals des Pyknometers reichen, da dadurch auf natürlichem Wege eine Mischung erzielt wird.

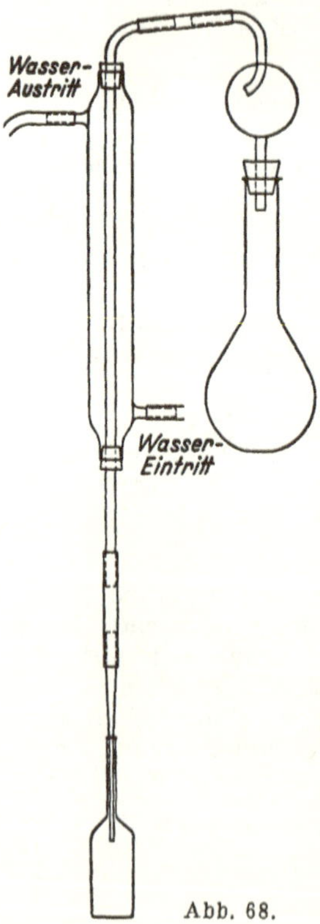

Abb. 68.

Die gründliche Durchmischung des Destillates ist notwendig, weil beim Vermischen von Alkohol mit Wasser bzw. von Alkohollösungen verschiedener Stärke eine Volumenveränderung (Kontraktion) eintritt. Hätte man etwa die erst überdestillierten 45 cm³ gründlich gemischt und würden die dann noch überdestillierten 5 cm³ Wasser sich gänzlich unvermischt unter die Alkohollösung lagern, so würde bei mittelstarken Bieren am Schluß das Gewicht des Destillates um etwa 1,5 mg zu hoch gefunden werden, wie sich aus der bekannten Kontraktion von Alkohol-Wassermischungen berechnen läßt. Es würde dies allerdings im Alkoholgehalt des Bieres nur einen Fehler von etwa 0,02 bedeuten, aber es soll jeder Fehler vermieden werden, der zu vermeiden ist. Es ist daher notwendig, bei Beendigung der Destillation, wenn die Flüssigkeit fast bis zum Pyknometer gestiegen ist, den Pyknometerinhalt durch Umschwenken zu mischen. Am Schluß kann man mittels einer dünn ausgezogenen Quetschpipette die fehlenden 2—3 cm³ mit Wasser auffüllen, am besten bis nicht ganz zur Marke, damit nicht die Flüssigkeit beim Temperieren über die Marke hinaus steigt.

Hierauf stellt man 20, mit Lüftung des Temperierbades genügen 10 Minuten, in das Temperierbad (Abb. 49, S. 108) von 17,5° und füllt dann genau zur Marke auf. Wenn die Temperatur nicht genau 17,5° beträgt, so beträgt die Korrektur für je 0,01° ± 0,09 mg. Würde etwas Flüssigkeit über die Marke hinausgehen und daher wieder herausgenommen werden müssen, so bedingt dies natürlich auch einen Fehler, da man ja Alkohollösung herausnimmt. Allerdings würde 1 mm über der Marke bei einem Pyknometer mit 4 mm lichter Halsweite nur einen Fehler von etwa $^1/_8$ mg bedeuten, denn der Querschnitt des Pyknometerhalses beträgt $2^2 \times 3{,}14 = 12{,}6\,\text{mm}^2$, 1 mm Höhe entspricht also 12,6 mm^3 und diese sind beim Destillat ca. $\frac{12{,}6}{100} = 0{,}126$ mg leichter als bei Wasser. Das Pyknometer nebst Inhalt wird hierauf gewogen und das spez. Gewicht wie unter 1a berechnet. Den Alkoholgehalt entnimmt man der Tabelle III und rechnet auf 100 g Bier um.

Beispiel: Spez. Gewicht des Destillats = 0,99040.

Diesem entsprechen nach der Tabelle III 5,51 Gew.-%, d. h. 100 g des obigen Destillats enthalten 5,51 g wasserfreien Alkohol.

Wog z. B. das Destillat 49,585 g, so enthält es laut folgendem Ansatz 2,73 g Alkohol.

$$100 : 5{,}51 = 49{,}585 : x$$

$$x = \frac{5{,}51 \times 49{,}585}{100} = 2{,}73 \text{ (= Gesamt-Alkohol).}$$

Diese 2,73 g Alkohol stammen aus 75 g Bier.
100 g Bier enthalten somit

$$75 : 2{,}73 = 100 : x$$

$$x = \frac{2{,}73 \times 100}{75} = 2{,}73 + \frac{2{,}73}{3} = 3{,}64 = \mathbf{3{,}64\,\%} \text{ Alkohol} = A.$$

Hat man für das verwendete Pyknometer eine Tabelle (S. 113) zur Verfügung, so stellt sich die Berechnung wie folgt.

Beispiel: Pyknometer mit Destillat 72,3915, $\lambda = 1{,}18$ mg, Pyknometer mit Wasser (laut Tabelle) 72,8520 g, Wasser allein 49,9099 g oder rund 49,91 g.

```
                         72,8520
                       — 72,3915
                       ─────────
                          0,4605  (daher Gew. d. Dest. 49,91—0,46
                            × 2                         = 49,45 g)
                       ─────────
                       —  0,9210
                       + 100
                       ─────────
Rohes spez. Gew. . .      0,99079
Korrektur laut Tabelle    —1
                       ─────────
Genaues spez. Gew. .      0,99078
```

Dieses entspricht nach Tabelle III 5,267% Alkohol, die Hälfte dieser Zahl wäre gleich dem Ges.-Alkohol, wenn das Destillat genau 50 g wöge. Da es aber nur 49,45 g wiegt, so sind zunächst pro 5000 Gew.-Teilen 5000 — 4945 = 55 Gew.Teile oder von 5267 rund 58 Gew.-Teile in Abzug zu bringen, also bleiben 5,267 — 0,058 = 5,209 g, daher Ges.-Alkohol 5,209 : 2 = 2,604 g. Diese treffen auf 75 g Bier, daher aus 100 g Bier der dritte Teil mehr:

$$\begin{array}{r} 2{,}604 \\ +\ 868 \\ \hline 3{,}472\% = A. \end{array}$$

Noch einfacher stellt sich die Berechnung mit Hilfe der 3. Spalte in Tabelle III. Man hat nur das spez. Gew. des Destillates zu berechnen, oben 0,99078 und kann den diesem entsprechenden Wert 3,479 (= A) der Spalte 3 entnehmen. Nur für die in der Regel nur sehr kleine Abweichung des Wasserwertes des Pyknometers von 50,00 g ist noch eine Korrektur anzubringen: Obiges Pyknometer faßt 49,91 g Wasser statt 50,00 g, dann gehen von 50,00 g 0,09 g ab, daher von 3,479 g 0,007, das macht 3,472 = A. Sollte man beim Abwiegen des Bieres etwa zu viel Bier in den Destillationskolben gebracht haben, etwa 75,4 g statt 75,0 g, so ist die Schlußzahl entsprechend zu korrigieren: Von 754 gehen ab 4, von 347 rund 2, also Alkohol = 3,452 oder 3,45%.

Will man den Rückstand (von 75 g Bier) nach Beendigung der Destillation zur Bestimmung des wirklichen Extraktgehaltes benützen, so kühlt man ihn ab und füllt mit Wasser auf das ursprüngliche Gewicht von 75 g + Kolben auf und schüttelt gründlich durch.

Da saure Biere vor der Alkoholdestillation neutralisiert werden müssen, so ist es selbstverständlich, daß man diesen Rückstand zu obigem Zwecke nicht benützen darf.

b) Mit einem Meßkolben von 200 cm³ Inhalt.

Benützt man bei der Alkoholdestillation zu Übungszwecken als Pyknometer einen 200-cm³-Kolben mit Marke und eine Tarierwaage, so wird auf folgende Weise verfahren:

In einen vorher gewogenen Kochkolben von ca. 500 cm³ Inhalt werden etwa 200 cm³ Bier gebracht und das Gewicht des Ganzen festgestellt. Hierauf schreitet man zur Alkoholdestillation, nachdem das Gewicht des leeren, absolut trockenen 200-cm³-Kolbens ermittelt wurde.

Man verbindet den Kochkolben durch einen Gummipfropfen fest mit einem Destillationsaufsatz des Liebigkühlers (Abb. 68, S. 200), läßt reichlich kaltes Wasser durch den Kühler laufen und bringt das Bier langsam zum Kochen. Die beim Kochen (Destillieren) entweichenden Alkohol- und Wasserdämpfe kondensieren sich im Kühlrohr und werden in dem 200-cm³-Kolben gesammelt, bis dieser etwa zu zwei Drittel gefüllt ist. Damit ist die Destillation beendet.

Dem 200-cm³-Kolben mit dem Destillat setzt man nun Wasser fast bis zur Marke zu und stellt den Kolben dann ca. ½ Stunde in ein Wasserbad mit konstanter Temperatur von genau 17,5°.

Hierauf füllt man den Kolben vorsichtig mit Wasser genau auf die Marke auf, stellt ihn noch 10 Minuten zur Kontrolle in das Wasserbad, entfernt das an den Wandungen oberhalb der Marke haftende Wasser, trocknet ihn mit dem Tuch äußerlich gut ab und bestimmt sein Gewicht. Nach dem Wägen leert man das Destillat aus, spült den Kolben mit Wasser nach, füllt ihn mit Wasser auf die Marke auf, stellt ihn in ein Wasserbad von 17,5° und verfährt weiter wie mit dem obigen Destillat.

Beispiel:

Gewicht des Kochkolbens mit Bier	= 267,50 g
» » » allein	= 62,20 g
Angewandtes Bier . .	= 205,30 g
Gewicht des 200-cm³-Kolbens mit Destillat . .	= 252,21 g
» » 200- » » leer	= 53,35 g
Gewicht des Destillates .	= 198,86 g
Gewicht des 200-cm³-Kolbens mit dest. Wasser	= 253,55 g
» » 200- » » leer	= 53,35 g
Gewicht des Wassers . .	= 200,20 g

Spezifisches Gewicht des Destillats $= \frac{198,86}{200,20} = 0,9933.$

Diesem spez. Gewicht entspricht nach der Tabelle III 3,735 g Alkohol in 100 g Destillat.

$\frac{3,735 \times 198,86}{100} = 7,43$ g Alkohol in 198,86 g Destillat, das aus 205,3 g angewandten Bier stammt (Gesamt-Alkohol).

In 100 g Bier sind demnach $\frac{7,43 \times 100}{205,3} = 3,62$ g = **3,62** g Alkohol enthalten.

Allgemeine Formel:

$$\frac{\text{Alk.-\%} \times \text{Gewicht des Destillats}}{\text{Gewicht des angewandten Bieres}}$$

$$\frac{3,735 \times 198,86}{205,3} = 3,62\%.$$

c) Mit dem Alkoholometer.

Nachdem man das alkoholische Destillat auf die gleiche Weise wie oben unter »*b*« angegeben wurde, gewonnen hat, stellt man dessen Gewicht fest und erhebt hierauf nach dem bekannten Verfahren (wie beim Saccharometer) mit einem entsprechenden Alkoholometer die Gewichtsprozente, worauf man den Alkoholgehalt in 100 g Bier, wie oben, berechnet.

Beispiel:

Gewicht des angewandten Bieres . . . . . . 210,5 g
» » Alkoholdestillats . . . . 160,4 g
Alkoholometeranzeige 4,5%.

So berechnet sich der Alkohol in 100 g Bier wie folgt:

$$\frac{4,5 \times 160,4}{210,5} = 3,43 = 3,43\,\%.$$

Werden dagegen zur Alkoholdestillation genau 200 g Bier verwendet, so gibt das Alkoholometer in Gewichtsprozenten den Alkoholgehalt im Biere an, wenn man die ca. 150 cm³ Alkoholdestillat, die sich in der Vorlage befinden, mit Wasser auf 200 g auffüllt, das Ganze gut durchschüttelt und die Alkoholometeranzeige erhebt.

d) Indirekte Bestimmung durch Berechnung.

Sind die Werte für p und m oder p und n oder n und m bekannt, so läßt sich der Alkoholgehalt in 100 g Bier nach folgenden von Balling entworfenen Formeln mit den Alkoholfaktoren a, b und c (s. Tabelle X) berechnen:

1. $A =)p - m) \times a$
2. $A = (p - n) \times b$
3. $A = (n - m) \times c$

Beispiel: $p = 14\%$, $m = 5,3\%$, $n = 6,95\%$.

Der entsprechende Alkoholgehalt ist laut obigen Formeln:

1. (14 — 5,3) × 0,4226 = 3,67%,
2. (14 — 6,95) × 0,5215 = 3,67%,
3. (6,95 — 5,3) × 2,2290 = 3,67%.

Die Ermittlung des Alkohols auf rechnerischem Wege kann wohl zur Kontrolle der Alkoholbestimmung durch Destillation gute Dienste leisten, doch darf sie niemals als Ersatz für die letztere dienen.

Die Formel 1 gestattet, besonders im Betrieb, den Alkoholgehalt auf einfache Weise annähernd zu ermitteln.

4. Refraktometrische Extrakt- und Alkoholbestimmung.

Wirklicher Extrakt- und Alkoholgehalt eines Bieres lassen sich außer nach den in Nr. 2 und 3 beschriebenen Methoden auch auf optischem Wege genau ermitteln, vorausgesetzt, daß das spez. Gewicht des Bieres bekannt ist. Die diesem Zwecke dienenden Instrumente heißen Refraktometer, denen folgendes Prinzip zugrunde liegt: Tritt ein Lichtstrahl durch zwei verschiedene durchsichtige Stoffe, wie z. B. Glas und Flüssigkeit, so wird er beim Übertritt von einem Stoff zum andern aus seiner Bahn abgelenkt — er wird gebrochen. Die Brechung ändert sich aber bei ein- und derselben Lösung je nach ihrer Konzentration. Kennt man dann die Beziehungen zwischen Konzentration der Lösung und Stärke der

Brechung, so kann man umgekehrt aus der Stärke der Brechung (Ablenkung) den Gehalt des betreffenden Stoffes in der Lösung ermitteln.

Am meisten in Gebrauch ist das Eintauchrefraktometer von Zeiß in Jena. Dasselbe ist sehr bequem zu handhaben und eignet sich vorzüglich zur Ausführung von Massenanalysen. Jedoch soll auch noch das ältere Instrument nach Tornoe hier kurz erwähnt werden. Beiden Instrumenten wird von der Fabrik genaue Gebrauchsanweisung beigegeben.

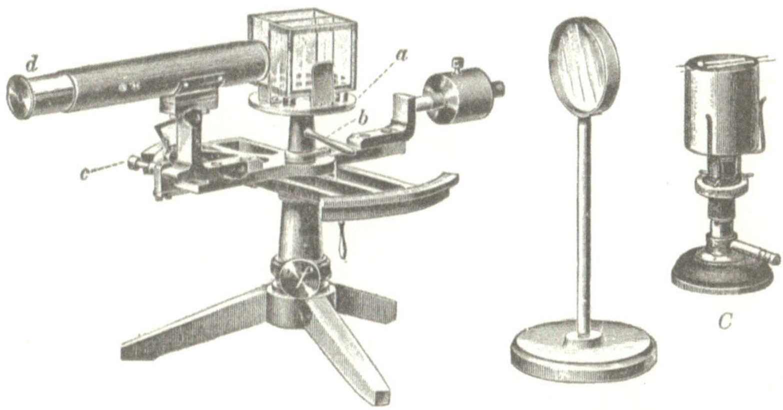

Abb. 69.

a) Das Refraktometer nach Tornoe (Abb. 69).

Das Instrument wird geliefert von den Optisch-Mechanischen Werkstätten Franz Schmidt & Haensch in Berlin S. Der wichtigste Bestandteil ist der in der Mitte obenauf sitzende zweikammerige Glastrog, ein Differentialprisma nach Hallwachs, dessen eine Kammer mit Wasser, die andere mit Bier gefüllt wird. Das von der Natriumflamme (*C*) ausgehende Licht durchdringt Wasser und Bier. Der dadurch verursachte Brechungswinkel kann mit Hilfe des Fernrohres *d* und einer über *e* angebrachten Kreisleitung bestimmt werden. Die dem Brechungswinkel und dem eigens bestimmten spez. Gewicht entsprechenden Alkohol- und Extraktzahlen sind der dem Apparate beigegebenen Tabelle zu entnehmen. Die Extraktzahlen entsprechen einer von Riiber aufgestellten Tabelle, zur Umrechnung auf Windisch (= Plato) ist noch eine kleine Korrektur anzubringen, die einer ebenfalls beigegebenen Korrektionstabelle zu entnehmen ist.

Es sei noch bemerkt, daß die Tabellen nur für reine Malzbiere berechnet sind, und zwar nur für solche mit mehr als ca. 6% Stammwürze.

b) Das Eintauch-Refraktometer von Zeiß (Abb. 70).

Dieses Instrument beruht auf der Ablenkung, die ein Lichtstrahl erfährt, wenn er aus einer Flüssigkeit in ein Glasprisma übertritt. Das Glasprisma, das bei der Bestimmung in die zu untersuchende Flüssigkeit eintaucht, ist mit einem Fernrohr verbunden. Das Licht wird durch einen unter dem als Temperierbad dienenden Trog befindlichen Spiegel durch die Flüssigkeit in das Prisma bzw. das Fernrohr geworfen. Im Okular des Fernrohres ist eine Skala mit einfacher Gradteilung sichtbar. Der Gang der Lichtstrahlen ist ein solcher, daß das Gesichtsfeld halb hell und halb dunkel erscheint, die Grenze zwischen hell und dunkel geht, wenn Wasser vorgelegt ist, durch den Skalenstrich 15. Nimmt man nun statt Wasser eine Lösung eines Salzes oder von Alkohol oder Extrakt, so verschiebt sich die Schattengrenze auf einen höheren Skalenstrich. Die Einstellung kann auf Zehntel Skalenstriche genau abgelesen werden. Die Temperatur sowohl der Flüssigkeit wie des Glasprismas soll ebenso wie bei Tornoes Refraktometer ziemlich genau 17,5° betragen.

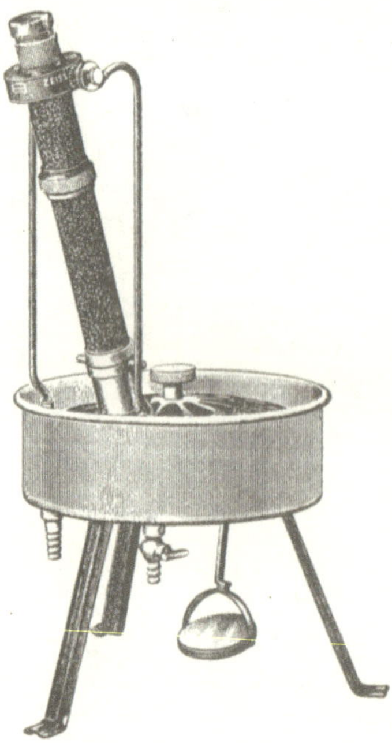

Abb. 70.

Zur Bestimmung von Extrakt- und Alkoholgehalt aus den am Refraktometer abgelesenen Skalenstrichen und dem spez. Gewicht haben Lehmann und Gerum eine höchst einfache Formel zur Berechnung von Alkohol- und Extraktgehalt angegeben, die auch für Dünnbiere sich als anwendbar erwiesen hat. Die nach den Formeln sich errechnenden Prozentzahlen beziehen sich aber auf 100 cm³ Bier. Um auf 100 g Bier zu kommen, ist noch durch das spez. Gewicht des Bieres zu dividieren, wie bei den untenstehenden Formeln angegeben. Das spez. Gewicht soll eigentlich bei 15° $\left(\frac{15^0}{15^0}\right)$ bestimmt werden, es macht jedoch keinen nennenswerten Fehler, wenn man das bei $\frac{17{,}5^0}{17{,}5^0}$ bestimmte einsetzt.

Bedeutet R_0 die abgelesenen Skalenteile —15,
S das spez. Gewicht,
$L = (S - 1) \times 1000$, so ist

$$\text{Alkohol in 100 g Bier} = A = \frac{(R_0 - L)\,2}{7 \times S}$$

$$\text{Extrakt in 100 g Bier} = n = \frac{(R_0 + L)\,0{,}9}{7 \times S} + \text{Korr.}$$

Diese Korrektur richtet sich nach dem Alkoholgehalt des Bieres, sie beträgt bei

1% Alkohol + 0,04,
2% » + 0,05,
3% » + 0,08,
4% » + 0,07,
5% » + 0,04.

Beispiel: Refraktometergrade 27. Spez. Gewicht 1,0082.
Dann ist $R_0 = 27 - 15 = 12$, $L = (1{,}0082 - 1) \times 1000 = 8{,}2$.

$$A = \frac{(12 - 8{,}2)\,2}{7 \times 1{,}0082}\ (\text{R-St}) = 1{,}08\,\%$$

$$n = \frac{(12 + 8{,}2)\,0{,}9}{7 \times 1{,}0082} + 0{,}04 = 2{,}62\,\%.$$

Die hierbei gefundenen n-Werte sind die nach der Platotabelle.

5. Berechnung der Stammwürze (p).

Sind durch die Analyse n, A und m festgestellt worden, so läßt sich p nach den folgenden Formeln ermitteln:

I a. $$p = \frac{(A \times 2{,}0665 + n) \times 100}{100 + A \times 1{,}0665}$$

I b. $$p = \frac{A}{b} + n$$

I c. $$p = 2\,A + n + \text{Korrektur.}$$

II. $$p = \frac{n - m}{q} + n.$$

Beispiel: $m = 5{,}15\%$, $n = 6{,}80\%$ und $A = 3{,}67\%$.

I a. $$p = \frac{(3{,}67 \times 2{,}0665 + 6{,}80) \times 100}{100 + 3{,}67 \times 1{,}0665} = 13{,}84\,\%.$$

I b. Zur Berechnung der Formel I b benötigt man den b-Wert (Tabelle X). Da dieser aber abhängig ist von p, das man doch erst berechnen will, so entnimmt man zunächst der Tabelle X einen einem geschätzten p-Wert entsprechenden b-Wert. Statt durch Schätzung kann man einen beiläufigen p-Wert im Kopfe berechnen, indem man den abgerundeten doppelten Alkoholgehalt (7,4) zum n-Wert addiert (7,4 + 6,8 = 14,2). Dann entnimmt man der Tabelle X den b-Wert für eine 14proz. Stammwürze, d. i. 0,5215. Dann ist

$$p = \frac{3{,}67}{0{,}5215} + 6{,}8 = \mathbf{13{,}84\,\%}.$$

Die Werte für $\frac{A}{b}$ kann man auch der Tabelle IV entnehmen.

In unserem Falle ergibt die Tabelle IV für $p = 14$ und $A = 3{,}6$ den Wert 6,904, für die weiteren 0,07 Alkohol ist 0,14 zu addieren, daher $p = 6{,}904 + 0{,}14 + 6{,}80 = 13{,}84\%$.

Ic. $p = 2 \times 3{,}67 + 6{,}80 +$ Korrektur.

Nach Tabelle XIII entspricht 14% Stammwürze und 3,67% Alkohol einer Korrektur von —0,295, daher ist $p = 2 \times 3{,}67 + 6{,}80 - 0{,}295 = 13{,}84\%$.

II. Zur Formel II benötigt man den q-Wert. Diesen entnimmt man auch der Tabelle X, jedoch kann hier p nicht so geschätzt werden wie unter Ib, weil der Alkoholgehalt nicht bekannt ist. Zur genauen Schätzung kann hier folgende Überlegung dienen: q ist immer etwas kleiner als ¼; die annähernde Differenz $n - m$ ist leicht im Kopf ausgerechnet, hier 1,7. ¼ ist aber in 1,7 rund 7mal enthalten, daher ungefährer p-Wert $7 + 6{,}8 = 13{,}8$ oder rund 14%,

Daher q (s. S. 194) $= 0{,}220 + \frac{14}{1000} = 0{,}234$, wie nach Tabelle X. Demnach ist

$$p = \frac{6{,}8 - 5{,}15}{0{,}234} + 6{,}8 \text{ (R-St)} = \mathbf{13{,}85\,\%}.$$

Die genauesten Werte erhält man bei exaktem Arbeiten nach den drei Formeln I. Natürlich wäre es unsinnig, nach Formel Ia zu rechnen, da Ib und Ic viel einfacher ist und das gleiche Resultat ergibt. Die Resultate nach I stimmen ziemlich genau mit dem vor der Gärung in der Betriebswürze festgestellten p-Wert überein, allerdings liegen sie nach Schönfeld und nach Doemens meist um etwa 0,1 höher. Im gelagerten Bier gibt bei richtigem Arbeiten die Formel II die gleichen Werte wie I, bei Jungbier dagegen etwas mehr.

Über die Berechnung der Stammwürze nach dem deutschen Biersteuergesetz s. Fußnote auf S. 194.

Eckhardts Leitertafel zur Bieranalyse (s. S. 125) enthält vier Skalen, für m, n, p und A; sind zwei dieser Werte bekannt, so können die beiden anderen ohne weiteres abgelesen werden.

6. Vergärungsgrad.

a) Scheinbarer Vergärungsgrad (V).

Beispiel: $p = 13{,}84\%$, $m = 5{,}15\%$, $V = ?$.

Von 13,84 g Extrakt vergoren (13,84 — 5,15 = 8,69 g Extrakt,
» 100 g » » x g »

$$x = \frac{8{,}69 \times 100}{13{,}84} \text{ (R-St)} = 62{,}79 \text{ g} = \mathbf{62{,}79\,\%}.$$

Allgemeine Formel: $V = \frac{(p - m) \times 100}{p}$.

Der scheinbare Vergärungsgrad ist:

	helle Biere	dunkle Biere
nieder bei	60—70%	50—58%
mittel »	73—78%	60—66%
hoch »	über 80%	über 70%.

b) Wirklicher Vergärungsgrad (V_1).

Beispiel: $p = 13{,}84$, $n = 6{,}8\%$, $V_1 = ?$.

Von 13,84 g Extrakt vergoren (13,84 — 6,8) = 7,04 g Extrakt,
» 100 g » » x g »

$$x = \frac{7{,}04 \times 100}{13{,}84} \text{ (R-St)} = 50{,}87 \text{ g} = \mathbf{50{,}87\,\%}.$$

Allgemeine Formel: $V_1 = \frac{(p - n) \times 100}{p}$.

Der wirkliche Vergärungsgrad ist:

	helle Biere	dunkle Biere
nieder bei	48—56,5%	41—47%
mittel »	59—63%	48—53%
hoch »	über 65%	über 56%.

Da in der Praxis gewöhnlich nur p und m bekannt sind, so läßt sich auch nur der scheinbare Vergärungsgrad berechnen.

Jedoch kann man mit Hilfe des Faktors q (Tabelle X) aus dem scheinbaren den wirklichen Vergärungsgrad berechnen nach der Formel:

$$V_1 = \frac{V}{q + 1}.$$

Beispiel:

$$V_1 = \frac{62{,}79}{0{,}234 + 1} = 50{,}88\,\%.$$

Man erhält auch annähernd den wirklichen Vergärungsgrad, wenn man den scheinbaren mit 0,81 multipliziert oder abgerundet denselben um ein Fünftel vermindert.

Beispiel:

1. $V_1 = 62{,}79 \times 0{,}81 = 50{,}86$
2. $V_1 = 62{,}79 - \frac{62{,}79}{5} = 50.23.$

Umgekehrt erhält man den scheinbaren Vergärungsgrad aus den wirklichen nach der Formel:

$$V = V_1\,(q + 1).$$

Beispiel

$$V = 50,(0{,}234 + 1) = 62{,}77.$$

7. Endvergärungsgrad.

Wird ebenso bestimmt, wie unter Würze, S. 141, angegeben. Will man den Endvergärungsgrad auf 100 g Extrakt berechnen, so muß man natürlich den Extraktgehalt des Bieses vor der Gärung im Betriebe (p) zugrunde legen, dieser muß also bekannt sein bzw. bestimmt werden.

Beispiel: $p = 12$, $m = 5$, nach der Gärung im Laboratorium $m = 3{,}8$.

Ausstoßvergärungsgrad $= \frac{12 - 5}{12} \times 100$ (R-St) $=$ **58,3%**;

Endvergärungsgrad (scheinbar) $= \frac{12 - 3{,}8}{12} \times 100$ (R-St) $=$ **68,3%**.

Endvergärungsgrad (wirklich) $= 68{,}3 : 1{,}232 = 55{,}4\%$.

8. Zucker (Rohmaltose).

Die Zuckerbestimmung erfolgt genau wie bei der Würze (S. 128). Wegen der erforderlichen Verdünnung ist zu berücksichtigen, daß bei normalen Bieren der Zuckergehalt ¼—⅓ des wirklichen Extraktgehaltes zu betragen pflegt. Der Zuckergehalt wird in der Regel auf 100 g Bier berechnet.

Wenn auch viele Faktoren vorhanden sind, welche die Zuckerbestimmung ungenau machen, ferner der bei der Gärung verschwindende Extrakt nicht restlos als Zucker angesprochen werden kann, so ist es doch von Interesse, aus dem vergorenen Extrakt (Zucker) und dem noch vorhandenen Zucker den Gesamtzuckergehalt vor der Gärung zu berechnen und auf 100 g Stammwürzeextrakt umzurechnen. Bei reinen Malzbieren wird diese Zahl in der Regel nicht über 75 hinausgehen, außer wenn Diastase bei der Gärung oder Nachgärung wirksam war, wie dies bei mit kaltem Malzauszug versetzten Bieren und bei Nichtkochen der Würze oder eines Teiles derselben der Fall ist.

Beispiel: $p = 11$, $n = 5$, Zucker in 100 g Bier $= 1{,}4$ g.

Vergorener Zucker: $11 - 5 = 6$ g
Noch vorhandener Zucker: 1,4 g
Gesamtzucker 7,4 g.

11 g Extrakt . . . . . 7,4 g Zucker

100 g » . . . . . $\frac{7{,}4 \times 100}{11}$ (R-St) $=$ **67,3** g Zucker.

9. Gesamtdextrosewert (Dextrin).

Für diese Bestimmung gilt bei Bier das gleiche wie S. 140 für Würze gesagt.

10. Pentosane.

Die Bestimmung erfolgt, wie für Würze angegeben (S. 141). In 100 g Bierextrakt sind je nach der Stammwürzekonzentration 2—4 g Furfurol enthalten.

11. Nährwert des Bieres.

Der Nährwert von Nahrungsmitteln wird ausgedrückt in Verbrennungswärme, d. h. in Kalorien, welche bei der Verbrennung der verdaulichen organischen Bestandteile frei werden. Bei der Verbrennung gibt 1 g

Kohlenhydrat	4,1	Kalorien
Fett	9,3	»
Eiweiß	4,0	»
Alkohol	7,1	»
Bierextrakt	3,8	»

Mit Hilfe dieser Zahlen läßt sich der Nährwert eines Nahrungsmittels berechnen, wenn seine Zusammensetzung bekannt ist. Hat also z. B. ein dunkles ca. 12proz. Bier 6% Extrakt und 3,1% Alkohol, so ist der auf 1 l Bier berechnete Nährwert $= 60 \times 3{,}8 + 31 \times 7{,}1 = 448$ Kalorien.

12. Jodprobe.

Mit der Jodprobe kann man feststellen, ob der Stärkeabbau (»Verzuckerung«) im Sudhaus ein vollkommener war, andernfalls wären beim Maischprozeß grobe Fehler gemacht worden.

Das Bier soll mit Jod-Jodkaliumlösung sich weder blau (Amylodextrinreaktion), noch rötlich (Erythrodextrinreaktion) färben.

Da es auch Biere gibt, welche zwar klar sind, d. h. keine sog. Kleistertrübung zeigen und dessenungeachtet unnormale Jodreaktion aufweisen, so ist es zweckmäßig, jedes Bier der Jodprobe zu unterziehen.

1. Zu diesem Zwecke gibt man einige cm³ des Bieres in ein Reagensglas und verdünnt in einem zweiten N/10-Jodlösung (Lös. 38b) so lange mit Wasser, bis sie ungefähr die Farbe des Bieres erreicht hat. Durch Zusammenneigen der beiden Reagenzgläser wird nun die Jodlösung vorsichtig in das Bier gelassen, wobei jodnormales Bier keine Farbenveränderung erleiden soll. Die Färbung ist namentlich deutlich sichtbar an den Berührungsflächen, bevor sich die beiden Flüssigkeiten gemischt haben.

2. Die genauesten Resultate sowohl für helle, als auch für dunkle Biere erhält man nach Wieninger[1]) auf folgende Weise:

Ca. 10 cm³ Bier werden in einem 100 cm³ Erlenmeyer-Kölbchen mit 50 cm³ 96proz. Alkohol vermischt und schüttelt die Mischung nach Zugabe von einigen Tropfen Äthyläther 3 Minuten lang recht heftig durch, so daß das Dextrin sich fest zusammenballt und die Flüssigkeit ziemlich klar wird. Sind nur wenige Dextrine im Brei vorhanden, so tritt keine Zusammenballung und Klärung ein. In diesem Falle läßt man etwa ½ Stunde lang absitzen. Nun wird die überstehende Alkoholbreimischung restlos abgegossen, wobei ruhig etwas Dextrin mitablaufen darf. Jetzt gibt man auf das abgesetzte

[1]) Wochenschrift für Brauerei 1935, S. 327.

Dextrin 10 cm³ Äther, schüttelt nochmals kurz kräftig durch und gießt den Äther gut ab und entfernt die letzten Reste des Äthers durch leichtes Erwärmen des Kölbchens und Absaugen der Ätherdämpfe.

Der Rückstand im Kölbchen wird nach Zugabe von ca. 40 bis 50 cm³ heißen Wassers gelöst. Nach dem Erkalten gibt man die Hälfte der Dextrinlösung in ein kleines Bechergläschen und läßt vorsichtig tropfenweise eine mit Wasser 4fach verdünnte Jodlösung zufließen. Man betrachtet bei gutem Licht, am besten Tageslicht, gegen einen weißen Hintergrund. Beim Einfallen der Jodlösung erkennt man aus der Färbung den Grad des Stärkeabbaues. Je nach dem Grad der Verpackung kann die Farbtönung beim Zufließenlassen der Jodlösung von gelb über rot, rotbraun, graubraun, grauviolett bis blau und tiefblau, schwarz gehen.

Gut verzuckerte Biere geben eine gelbrote bis rein rotbraune Farbe. Geht die Farbe in braun oder graubraun über, so ist die Verzuckerung mangelhaft. Violette oder gar blaue Farbe weisen darauf hin, daß das Bier schlecht, d. h. ungenügend verzuckert war.

13. Farbentiefe.

Diese Bestimmung wird genau wie bei der Farbenbestimmung in der Würze (S. 125) ausgeführt. Dunkle Biere sind entsprechend mit Wasser zu verdünnen. Besser ist es aber, sich entsprechende Brandsche Farbstofflösungen, die bis zu 20 cm³ Farbentiefe verwendbar sind, vorrätig zu halten.

Die Farbentiefe des Bieres, in cm³ N/10-Jodlösung ausgedrückt, beträgt für:

Pilsener Bier	0,4— 0,8
Wiener Bier	1,8— 3,0
Münchener Bier	5—12.

14. Säure (Azidität).

Jedes Bier muß einen schwach säuerlichen Geschmack zeigen. Der Säuregehalt des Bieres bedingt seinen Wohlgeschmack und seine Haltbarkeit. Die Gesamtazidität des Bieres wird bedingt durch

1. primäre Phosphate,
2. nicht flüchtige organische Säure, wie Milchsäure, Bernsteinsäure, Aminosäuren,
3. flüchtige organische Säure, hauptsächlich Essigsäure.

Die Kohlensäure kommt als flüchtiges Gas für die Azidität des Bieres nicht in Betracht. Bezüglich der Bestimmung der Azidität beachte man die Ausführungen unter Gerste, S. 57. Das Bier ist zunächst zur Entfernung der Kohlensäure auf 40° im Wasserbad zu erwärmen, wiederholt kräftig zu schütteln und, wenn es sich etwas abgekühlt hat, zu filtrieren. Für die Titration mit Neutralrot im Azidimeter empfiehlt es sich . das durch Schütteln entkohlensäuerte Bier ½ Stunde am Rückflußkühler unter häufigem Umschütteln bei 60° zu halten.

In dem entkohlensäuerten Bier wird dann die Säure bestimmt, entweder unter Anwendung von Lackmus als Indikator (s. S. 57) oder mit dem Azidimeter (evtl. Stufentitration), genau wie auf S. 149 für Würze angegeben ist. Dunkle Biere werden mit kohlensäurefreiem Wasser (Lös. 1a) etwa vierfach verdünnt. Die verbrauchte Menge N/10-Natronlauge wird auf Norm-Normallauge und 100 cm³ Bier umgerechnet.

Beispiel: Auf 50 cm³ Bier wurden im Azidimeter gegen Phenolphthalein verbraucht 13,6 cm³ N/10-Natronlauge. Gesamtazidität des Bieres $\frac{13{,}6}{10} \times 2 = 2{,}72$ cm³ Normal.

Bei normalen Bieren beträgt die Gesamtazidität oder Titrationsazidität gegen Lackmus 1,2—2,0 cm³ Norm. und ebenso im Azidimeter gegen Neutralrot; mit dem Azidimeter gegen Phenolphthalein findet man dagegen wesentlich höhere Zahlen bis fast zum doppelten Wert. Verdorbene, sauer gewordene Biere zeigen mehr als 3, bis zu 6, cm³ Azidität gegen Lackmus.

Normale ca. 12proz. Biere ergeben bei der Stufentitration ungefähr folgende Resultate:

I. Stufe (Neutralrot) 1,2—2,0 cm³ Norm.
II. Stufe (Phenolphthalein) 1,0—1,6 cm³ Norm.

Gesamtazidität 2,2—3,0 cm³ Norm.

Formolstickstoff s. unten unter Nr. 18 und 222.

Flüchtige Säure.

Die Bestimmung der flüchtigen Säure, hauptsächlich Essigsäure wird nach Windisch, Kolbach und Schild[1]) in nachstehend beschriebener Weise ausgeführt. Vor der Destillation ist das Bier bis zu p_H 3,0 anzusäuern, weil bei dem üblichen p_H des Bieres die als Salz vorhandene flüchtige Säure nur ganz allmählich frei gemacht wird, indem die fixen Säuren des Bieres sich in dem Maße weiter mit dem Salz der flüchtigen Säure umsetzen, wie die ursprünglich vorhandene flüchtige Säure überdestilliert.

Erforderliche Lösungen:

1. Etwa $^1/_{10}$ molare Phosphorsäure. 11,7 g oder 6,9 cm³ Phosphorsäure »zur Analyse«, spez. Gewicht 1,70 (etwa 84%), werden mit Wasser auf 1 l aufgefüllt.

2. Weinsäure-Pufferlösung von p_H 3,0. 75,03 Weinsäure »zur Analyse« werden mit 312,5 cm³ Norm. Natronlauge und Wasser auf 1 l aufgefüllt.

Ausführung: In einem Claisen-Kolben von 1 l Inhalt (s. Abb. 71) werden 100 cm³ durch Hin- und Hergießen entkohlen-

[1]) Wochenschrift für Brauerei 1929, Nr. 25 und 26.

säuertes Bier, soviel cm³ m/10-Phosphorsäure, als dem Stammwürzegehalt × 1,3 entspricht, 30 cm³ Weinsäure-Pufferlösung, und schließlich zur Vermeidung des Schäumens mehrere Tropfen Oktylalkohol und einige Stückchen niedrigschmelzendes (Schmelzpunkt 40—42°) Paraffin gegeben.

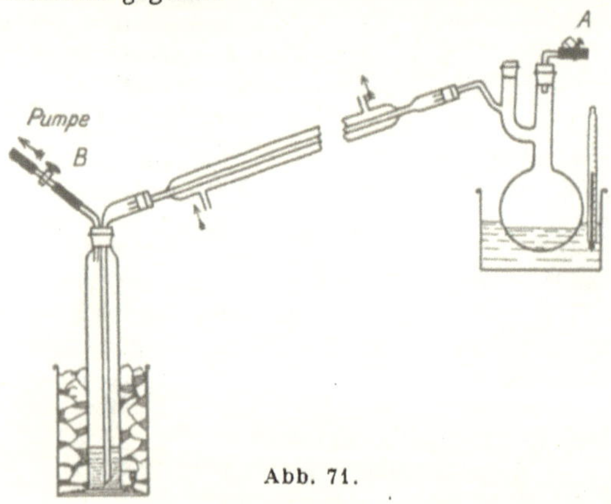

Abb. 71.

Der eine Hals des Kolbens wird mit einem ungelochten und der andere mit einem einmal durchbohrten, mit Glasrohr, Schlauch und Schraubenquetschhahn (*A*) versehenen Gummistopfen verschlossen. Das Glasrohr mündet dicht unterhalb des Stopfens. Der Kolben wird mit einem meterlangen Liebigkühler verbunden, der seinerseits mit einem bis nahe an den Boden der Vorlage reichenden Vorstoß in Verbindung gebracht wird. Als Vorlage dient ein mit etwa 100 cm³ Wasser beschickter 500-cm³-Meßzylinder, der in einem zweifach durchbohrten Gummistopfen den Vorstoß und ein dicht unterhalb des Stopfens mündendes Glasrohr trägt. Das Glasrohr ist durch Druckschlauch mit einem Glashahn (*B*) verbunden, von dem ein Druckschlauch zur Wasserstrahl-Saugpumpe führt. Zwischen Glashahn und Pumpe schaltet man zweckmäßig noch eine Sicherheits-Saugflasche ein. Bei Beginn der Destillation steht der Claisen-Kolben in einem Wasserbad von gewöhnlicher Temperatur, der Schraubenquetschhahn (*A*) ist geschlossen, der Glashahn (*B*) geöffnet und die Vorlage mit einem Eis-Wasser-Gemisch gekühlt. Nach vollem Öffnen der Wasserstrahl-Saugpumpe wird das Wasserbad rasch bis zu beginnendem Sieden des Kolbeninhaltes erhitzt und dann der Brenner so reguliert, daß das Bier lebhaft siedet, ohne aber durch allzu starkes Schäumen den glatten Verlauf der Bestimmung zu gefährden. Bei der Regelung der Destillationsgeschwindigkeit ist noch zu berücksichtigen, daß sich zunächst in der Vorlage nur 100 cm³ Wasser befinden, und daß nur dann alle Dämpfe, die den Kühler passiert haben, sicher kondensiert werden, wenn ihre Menge nicht zu groß ist. Nachdem der Oktylalkohol verdampft ist, bilden sich meist große Blasen, die aber unter dem Einfluß des Paraffins zerplatzen, ehe sie den Kolbenhals erreicht haben. Wenn die Temperatur des Wasserbades allmählich etwa 50° erreicht hat, ist bei richtigem Erhitzen die Sirupdicke erreicht, und um die letzten Reste Wasser überzutreiben, wird jetzt rasch auf 60° (Wasserbadtemperatur) erhitzt und hier so lange gehalten, bis höchstens alle Minuten ein Tropfen den Kühler verläßt. Hier wird der Glashahn *B* geschlossen, der Schraubenquetschhahn *A* vorsichtig geöffnet und der Kolben abgenommen. Nach Zusatz von etwas Oktylalkohol und 50 cm³ Wasser wird der Destillationsrückstand durch kräftiges Schütteln wieder in Lösung gebracht, wenn nötig das Eis-Wasser-Gemisch erneuert und die Destillation genau wie oben durchgeführt. Dann werden wieder 50 cm³ Wasser zugesetzt und zum drittenmal destilliert. Das Destillat, zusammen etwa 350 cm³, wird hieraul in einen 500-cm³-Kolben gebracht und Vorlage nebst Vorstoß mit zusammen etwa 50 cm³ Wasser ausgespült. Dauer der ganzen Destillation 2—3 Stunden.

Zur Entfernung der Kohlensäure, die bei der nachfolgenden Titration störend wirken würde, wird durch das Destillat ¾ Stunden lang in mäßigem Strom Luft geleitet, die vorher ein Wattefilter, ca. zweifach normale Schwefelsäure (zur Ammoniakbindung), 35proz. Natronlauge (zur Kohlensäurebindung) und Wasser passiert hat.

Hierauf wird mit kohlensäurefreier N/10-Natronlauge (Lös. 32) nach Zusatz von 4 Tropfen Phenolphthalein (Lös. 17a) titriert bis zu einer mindestens 5 Minuten bleibenden schwachen Rosafärbung. Nach jedesmaligem Laugenzusatz soll nicht mehr geschüttelt werden, als zur Verteilung der Lauge nötig ist (Luftkohlensäure). Mehrmaliges mäßig rasches Verschwinden einer sich über den ganzen Kolbeninhalt erstreckenden Rosafärbung deutet auf CO_2-Gehalt der Lauge bzw. des Destillats.

Die flüchtige Säure wird in cm³ N/10 pro 100 cm³ Bier angegeben.

Windisch, Kolbach und Schild fanden in normalen Bieren 1,0—5,2 cm³ N/10-flüchtige Säure.

15. Wasserstoffionenkonzentration.

Die Bestimmung der Wasserstoffionenkonzentration im Bier erfolgt genau wie bei der Würze. Man verwendet in der Regel das bei 60° entkohlensäuerte (s. oben) Bier, jedoch ist die Kohlensäure bei p_H-Werten unter 4,5 so wenig dissoziiert, daß ihre Anwesenheit kaum störend wirkt. Normale Biere zeigen ein p_H von 4,0—4,6.

16. Elektrometrische Titration.

Wird ausgeführt genau wie bei Würze, S. 152.

17. Kohlensäure.

Normales Bier enthält 0,3—0,4 Gew.-% Kohlensäure, Bier nach der Hauptgärung ca. 0,2—0,3%. Bei Weißbier, das in der

Flasche die Nachgärung durchmacht, kann der Kohlensäuregehalt über 0,6% steigen.

Der genügende Kohlensäuregehalt eines Bieres ist von großer Wichtigkeit, da die Kohlensäure nicht nur in hohem Grade den Geschmack und die Bekömmlichkeit des Bieres beeinflußt, sondern auch dessen Haltbarkeit erhöht.

Die Bestimmung der Kohlensäure im Biere erscheint wohl nur in seltenen Fällen notwendig, da sich ein kohlensäurearmes Bier schon durch die Kostprobe sicher beurteilen läßt. Wenn notwendig, wird die Kohlensäurebestimmung nach einer der folgenden Methoden ausgeführt.

a) Absorptionsmethode nach Langer und Schultze.

Man nimmt einen nicht zu dünnwandigen Kolben mit doppelt durchbohrtem Gummistopfen, in dessen Öffnungen Glasröhren mit Gummischläuchen stecken, die durch Quetschhähne verschlossen werden können. Nachdem man den Kolben mit einer Saugpumpe luftleer gemacht hat, stellt man sein Gewicht fest. Dieser Kolben dient dann zur Aufnahme des Bieres, dessen Kohlensäuregehalt bestimmt werden soll.

Will man die Kohlensäure eines Bieres bestimmen, das in Flaschen mit Patentverschluß sich befindet, so muß man das Bier vorher stark abkühlen, indem man die Flasche mit Bier eine Zeitlang in eine Kältemischung stellt.

Wird hingegen das Bier vom Faß oder aus einer mit einem Korke verschlossenen Flasche entnommen, so verbindet man den Kolben durch das lange Rohr mit einem am Fasse (Abb. 72) bzw.

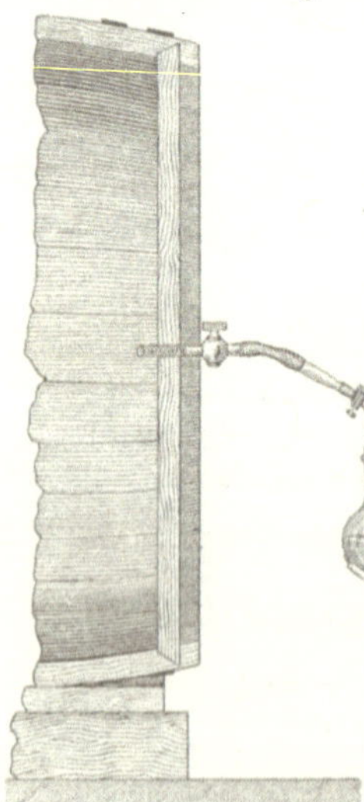

Abb. 72.

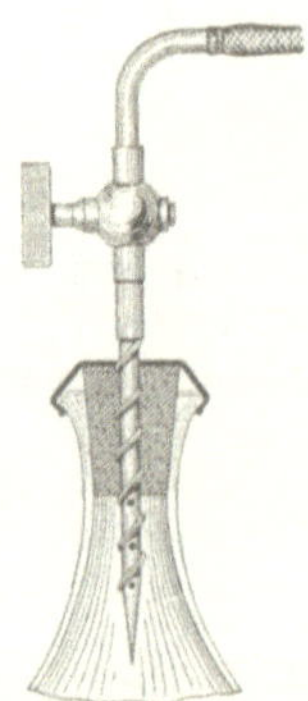

Abb. 73.

an der Flasche befindlichen korkziehartigen Hahn (Abb. 73). Nun öffnet man sowohl diesen Hahn, wie auch den Quetschhahn am Kolben und läßt in den Kolben ca. 200 cm³ Bier einziehen. Dann schließt man den Quetschhahn wieder, nimmt den Kolben weg und stellt das Gewicht fest.

Hierauf verbindet man diesen verschlossenen Kolben mit dem Kohlensäurebestimmungsapparat.

Derselbe (Abb. 74) besteht aus einem sog. Natronkalkturm *A*, dessen Aufgabe es ist, die Luft, die man am Ende des Verfahrens durch den Apparat strömen läßt, von Kohlensäure zu befreien,

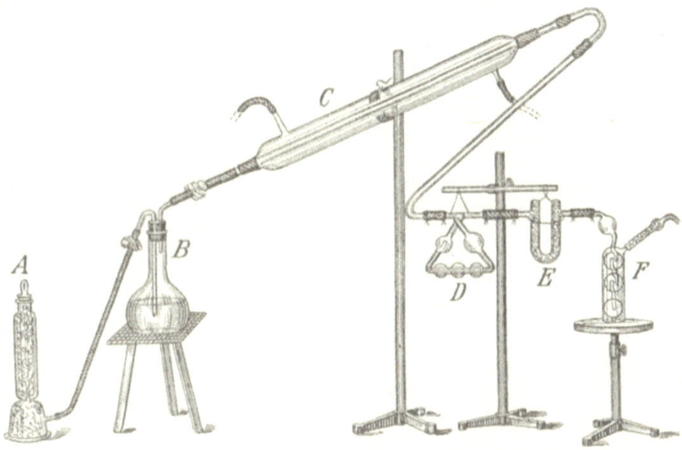

Abb. 74.

dem oben beschriebenen Bierkolben *B*, dem Liebigkühler *C*, einem Kugelapparat *D* mit konzentrierter Schwefelsäure, einem Chlorkalziumrohr *E* und dem Kaliapparat *F*. Der letztere ist mit einem Rohr versehen, welches mit Chlorkalzium und Natronkalk gefüllt ist. Alle Teile des Apparates sind außer Gebrauch mit Gummischlauch und Glasstopfen verschlossen.

Vor Beginn der Analyse wird der Kaliapparat *F* mit ca. 40proz. Kalilauge (Lös. 11a) halb gefüllt und verschlossen auf der analytischen Waage gewogen. Hierauf verbindet man alle Teile in der oben angegebenen Reihenfolge luftdicht mit Gummischläuchen, nachdem man die Glasstöpsel entfernt hat. Die Quetschhähne am Bierkolben *B* bleiben noch verschlossen.

Nun öffnet man vorsichtig (!) den Quetschhahn zwischen *B* und *C* und erwärmt das Bier möglichst langsam bis zum Kochen. Ist aber im Kolben *B* noch Vakuum vorhanden, was man an den platten Gummischläuchen erkennen kann, so muß mit dem Erwärmen vor dem Öffnen begonnen werden, damit die Flüssigkeit im Kaliapparat nicht zurücksteigt. Das Erhitzen des Bieres wird durch die Flamme so reguliert, daß im Kaliapparat die Blasen in noch zu zählender Schnelligkeit in die Höhe steigen.

Die Kohlensäure wird also auf diese Weise mit Alkohol- und Wasserdämpfen aus dem Bier ausgetrieben. Alkohol- und Wasserdämpfe verdichten sich im Kühler und fließen zurück in den Kolben *B*, die Kohlensäure dagegen geht durch den Kühler weiter zu dem Kaliapparat *F*, wo sie durch die Kalilauge absorbiert wird. Der Alkohol- und Wasserrest sammelt sich in dem Kugelapparat *D* bzw. Chlorkalziumrohr *E*.

Steigen im Kaliapparat *F* keine Blasen mehr in die Höhe, so verbindet man ihn mit einem Aspirator (Saugflasche), öffnet den Quetschhahn zwischen *A* und *B*, entfernt den Stöpsel am Natronkalkturm *A* und läßt langsam einige Zeit Luft durch den ganzen Apparat saugen, um auf diese Weise die noch zurückgehaltenen letzten Reste der Kohlensäure dem Kaliapparat zuzuführen.

Sind ca. 3 l Luft durchgesaugt, d. h. ca. 3 l Wasser aus dem Aspirator ausgelaufen, so wird der Kaliapparat abgenommen, verschlossen und abermals gewogen. Die Gewichtszunahme desselben entspricht der Kohlensäuremenge des angewandten Bieres.

Beispiel:

Gewicht des Kolbens mit Bier	= 327,6 g
» » evakuierten Kolbens	= 122,3 g
Angewandtes Bier	= 205,3 g
Gewicht des Kaliapparats nach der Bestimmung	= 54,245 g
» » » vor » »	= 53,507 g
Gewicht der Kohlensäure	= 0,738 g

205,3 g Bier . . . . . . 0,738 g CO_2
100 g Bier . . . . x g CO_2,

$$x = \frac{0{,}738 \times 100}{205{,}3} \text{ (R-St)} = 0{,}36 \text{ g } CO_2 = 0{,}36\%.$$

b) Gewichtsanalytische Methode nach Macheleidt[1]).

Nach dieser Methode wird zunächst die Phosphorsäure durch Magnesiamischung beseitigt, darauf die Kohlensäure durch Chlorkalzium gefällt und nach dem Glühen als CaO gewogen.

Bei Flaschenbier kühlt man zunächst möglichst tief ab und stellt das Gewicht von Flasche mit Inhalt (300—500 cm³) fest. Hierauf setzt man schnell nach vorsichtigem Öffnen pro 1 Bier 30 cm³ 25proz. Ammoniak (Lös. 12a) zu, wodurch die Kohlensäure vollständig zunächst in karbaminsaures Ammon übergeführt wird und allmählich in kohlensaures Ammon übergeht. Sollte der leere Raum über dem Bier zur Aufnahme des Ammoniaks nicht genügen, so gießt man nach dem Abkühlen etwas Bier ab. Sofort nach dem Ammoniakzusatz ist die Flasche mit der Hand zu schließen und

[1]) Zeitschrift für das gesamte Brauwesen 1921, Nr. 12.

durch mehrmaliges Umkippen gut zu mischen. Hierauf gießt man das Bier in einen Glaskolben und wägt die leere Flasche zurück.

Zur Entnahme einer Bierprobe aus einem Faß gibt man 20 cm³ Ammoniak in eine leere Bierflasche, verdünnt mit etwas Wasser, wägt, läßt das Bier langsam vermittels eines Glasröhrchens, welches in das Ammoniak eintaucht, aus dem Faß in die Flasche laufen und wägt wieder. Um aus dem ammoniakalischen Bier die Phosphorsäure vollständig auszuscheiden, versetzt man bei 12proz. Bier, bei schwächerem oder stärkerem entsprechend weniger oder mehr, mit 18 cm³ Magnesiamischung (Lös. 76) pro 1 Bier. Nach dem Absetzen des Niederschlages filtriert man durch ein Faltenfilter von 15 cm Durchmesser, wäscht einmal mit 60 cm³ 2,5proz. Ammoniak aus und setzt dem Filtrat langsam unter Umrühren pro 1 Bier 45 cm³ (bei Lagerfaßproben 60 cm³) einer Chlorkalziumlösung zu, welche 550 g $CaCl_2 + 6\,H_2O$ im Liter enthält. Dabei scheidet sich die Kohlensäure zum größten Teil als kohlensaurer Kalk aus, ein Teil aber bleibt als karbaminsaurer Kalk in Lösung. Um letzteren ebenfalls in kohlensauren Kalk überzuführen, erhitzt man kurze Zeit im kochenden Wasserbad, wobei darauf zu achten ist, daß die Flüssigkeit vom lebhaft siedenden Wasser vollständig umspült ist. Nachdem sich der kohlensaure Kalk als dichtes Pulver zu Boden gesetzt hat, filtriert man kochend heiß durch ein quantitatives Filter und wäscht mit kochendem Wasser aus. Den an der Gefäßwandung haftenbleibenden Niederschlag löst man in etwas verdünnter Salzsäure und fällt in einem kleinen Becherglas oder Kölbchen den Kalk in der Siedehitze durch Ammoniak und Ammoniumoxalat. Der ausgeschiedene oxalsaure Kalk kann schon nach kurzer Zeit auf den Hauptniederschlag filtriert werden. Eventuell ein paarmal zurückgießen, bis das Filtrat blank läuft. Hierauf wäscht man noch zweimal mit kochendem Wasser nach, trocknet Filter mit Niederschlag im Trockenschrank, glüht im Platintiegel schließlich 20 Minuten vor dem Gebläse und wägt als CaO. 1 g CaO entspricht 0,786 g CO_2.

Beispiel:

Angewandtes Bier = 382 g, CaO = 1,93 g
1,93 g CaO . . . 1,93 × 0,786 = 1,517 g CO_2
382 g Bier . . . . 1,517 g CO_2
100 g Bier . . . . x g CO_2

$$x = \frac{1{,}517 \times 100}{382} = 0{,}397 \text{ g } CO_2 = 0{,}397\,\%.$$

c) Gasometrische Bestimmung der Kohlensäure im Bier nach Lundin[1]).

Bei Flaschenbier wird der gesamte Inhalt einer Flasche, bei Faßbier etwa 300 cm³ desselben in einen evakuierten Kolben (zu 750 cm³ oder 1100 cm³, s. 3, Abb. 75), der 3—5 cm³ gesättigte,

[1]) Wochenschrift für Brauerei 1928, Nr. 30 und 31, sowie 1930, Nr. 11 und 12.

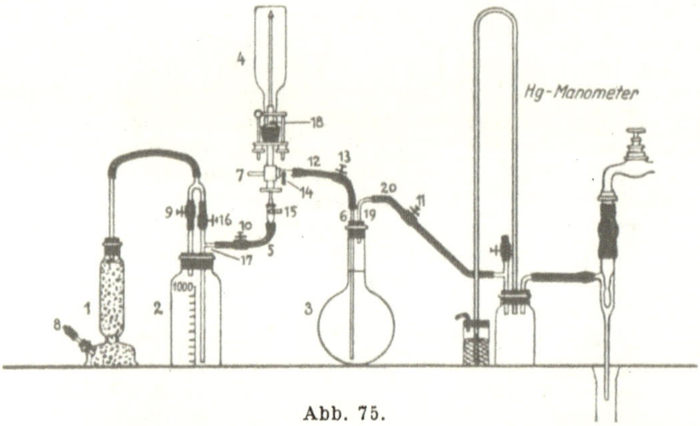

Abb. 75.

karbonatfreie Natronlauge enthält, überführt. Dabei wird die ganze anwesende Kohlensäure als Karbonat gebunden. Abb. 75 zeigt eine solche Überführung von Flaschenbier. Nachdem mit kohlensäurefreiem Wasser bis zur Marke aufgefüllt worden ist, wird ein aliquoter Teil (im allgemeinen 1 cm³) des alkalischen, verdünnten Bieres in einen mit Quecksilber gefüllten Van-Slyke-Apparat (Abb. 76) übergeführt.

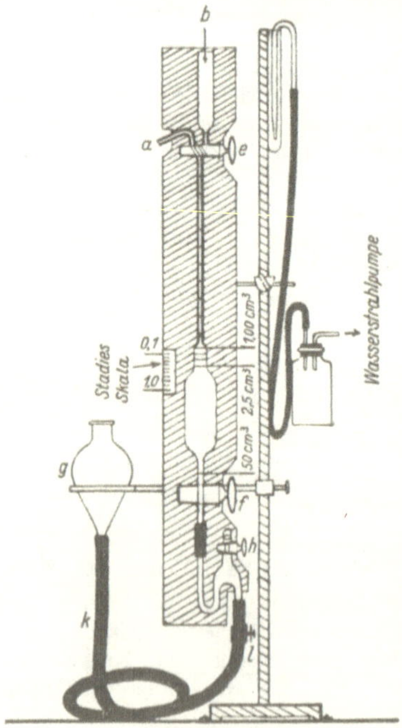

Abb. 76.

Der Apparat wird kurz in folgender Weise gehandhabt. Durch das Heben des Quecksilberbehälters *g* wird der Apparat mit Quecksilber gefüllt. Durch den Zylinder *b* und Hahn *e* wird 1 cm³ des alkalischen, verdünnten Bieres zusammen mit 1 cm³ Wasser und 0,5 cm³ 5 proz. Schwefelsäure eingeführt. Durch den Schwefelsäurezusatz wird die Lösung in dem Apparat sauer. Der Hahn *e* wird geschlossen. Der Behälter *g* wird so weit gesenkt, daß das Quecksilber bis zur 50-cm³-Marke sinkt. Dabei wird der Apparat evakuiert. Der Hahn *f* wird geschlossen und die Kohlensäure wird durch Schütteln von dem Apparat während einer Minute aus der Lösung extrahiert. Quecksilber wird dann wieder in den Apparat hineingelassen und das Volumen des freigewordenen Gases wird in dem oberen gradierten Teil des Apparates bei Atmosphärendruck abgelesen. Aus dem erhaltenen Wert kann der Kohlensäuregehalt des untersuchten Bieres leicht berechnet werden.

Eine Analyse von Faßbier kann bequem in 10 Minuten und eine von Flaschenbier in 15—20 Minuten ausgeführt werden. Dieselbe Genauigkeit wie bei Methode a) kann leicht erreicht werden.

Die für die Bestimmung notwendigen Apparate sowie eine vollständige Arbeitsbeschreibung kann von der Firma Greiner und Friedrichs, Stützerbach i. Thür., bezogen werden.

Luft im Bier. Neuerdings hat im Hinblick auf die Abfüllung der Biere unter Luftabschluß die Bestimmung der Luft (des Sauerstoffs) im Bier erhöhte Bedeutung gewonnen. Die Bestimmung kann erfolgen nach verschiedenen Methoden. Siehe Helm und Richardt, Wochenschrift für Brauerei 1936, Nr. 31 und Schweizer Brauereirundschau 1937, Nr. 1.

18. Stickstoff (Eiweiß oder Protein).

a) Gesamtstickstoff.

Der Stickstoffgehalt normaler Biere schwankt zwischen 1 bis 1½% des wirklichen Extraktgehaltes, das sind 6,25—9,4% Protein. Die Bestimmung erfolgt genau wie in der Würze (S. 145).

b) Tanninstickstoff und Tanninzahl nach Fink und Riedel[1]).

Um einen besseren Einblick in das Verhältnis der einzelnen stickstoffhaltigen Körpergruppen im Bier zu erhalten, empfiehlt sich neben der Formolstickstoffbestimmung auch die Bestimmung der durch Tannin fällbaren Stickstoffverbindungen. Dieselbe kann ausgeführt werden neben der Phosphormolybdänsäurefällung, wie bei Würze (S. 146) unter »Fraktionierung der Eiweißverbindungen« beschrieben ist nach Lundin. Für Bier empfiehlt sich aber mehr die Tanninfällung nach Fink und Riedel in nachstehender Weise.

Zunächst wird der Gesamtstickstoff in 50 cm³ Bier in dreifacher Ausführung bestimmt und der gefundene Durchschnittswert auf mg pro 100 cm³ Bier umgerechnet.

Von dem gut entkohlensäuerten (durch Schütteln und mäßiges Saugen mit der Saugpumpe bei 35°) und filtriertem Bier, welches auch zur Gesamtstickstoffbestimmung verwendet wurde, pipettiert man 180 cm³ in einen Erlenmeyer-Kolben, fügt 20 cm³ einer 2‰igen Tanninlösung auf einmal hinzu, schüttelt gut um und stellt den Kolben in kaltes Wasser von 10—12°.

Die Tanninlösung stellt man her durch Auflösen von 0,10 g Tannin in Wasser und Auffüllen auf 50 cm³. Da verschiedene Tanninsorten etwas verschiedene Resultate ergeben, verwende man,

[1]) Wochenschrift für Brauerei 1930, Nr. 44—46.

um gute Vergleichswerte zu erzielen, immer die gleiche reinste Tanninsorte[1]). Nach Ablauf 1 Stunde nimmt man den Erlenmeyer-Kolben mit der Tanninfällung aus dem kalten Wasser heraus und filtriert bei zugedecktem Trichter durch ein doppeltes Faltenfilter, bis der Ablauf blank erfolgt, was meistens bereits nach der zweiten Filtration erreicht ist. In je 50 cm³ des blanken Filtrates wird nun wieder dreimal der Stickstoff bestimmt. Die in 50 cm³ Filtrat gefundenen mg Stickstoff werden durch Multiplikation mit $\frac{4}{1,8}$ oder $\frac{2}{0,9}$ auf 100 cm³ Bier umgerechnet. Zieht man diese Zahl von dem in 100 cm³ gefundenen Gesamtstickstoff ab, so erhält man die mg Stickstoff, die aus 100 cm³ Bier durch Tanninlösung ausgefällt wurden (= Tanninstickstoff).

Beispiel: 100 cm³ Bier enthielten

vor der Fällung mit Tanninlösung	71,4 mg Stickstoff
nach » » » »	63,8 » »
Tanninstickstoff =	7,6 mg

und Tanninstickstoff = $\frac{7,6 \times 100}{71,4}$ (R-St) = 10,6% des Gesamtstickstoffs (= Tanninzahl). Der so ermittelte Tanninstickstoff kommt seiner Bedeutung nach dem durch Erhitzen ermittelten Gehalt an koagulierbarem Stickstoff am nächsten. Jedoch sind die nach der Tanninmethode gewonnenen Zahlen besser reproduzierbar.

Nach Fink und Riedel ist die Tanninzahl bei dunklen Bieren wesentlich geringer als bei hellen und weisen Biere, die sich besonders zum Pasteurisieren eignen (Überseebiere), im allgemeinen einen niederen Tanninstickstoffgehalt auf. Die Bestimmung des Tanninstickstoffs eignet sich daher gut zur zahlenmäßigen Erfassung der Pasteurisierfähigkeit eines Bieres.

c) Formolstickstoff.

Der Gehalt an Formolstickstoff schwankt bei normalen hellen Bieren zwischen 18 und 30, bei Rohfrucht-Bieren 10 und 14 mg pro 100 cm³ Bier und wird bestimmt genau wie in der Würze (S. 151). Der Formolstickstoff beträgt 28—32% des Gesamtstickstoffs.

19. Asche und Phosphorsäure

werden in 50 cm³ Bier wie bei der Würze, S. 155, bestimmt.

Normale Lagerbiere enthalten durchschnittlich 0,2—0,3% Asche. Mehr als 0,3% kann verursacht werden durch hohen Gipsgehalt des Brauwassers oder auch durch Zusatz von Neutralisationsmitteln (doppeltkohlensaures Natron), wenn das Bier sauer geworden war.

---

[1]) Zu beziehen durch E. Merck, Darmstadt.

Die mittlere Zusammensetzung der Asche eines Münchener Ausschankbieres ist nach Lermer wie folgt:

Kali 34,1%, Phosphorsäure 32,1%, Kieselsäure 9,7%, Natron 8,5%, Magnesia 6,3%, Schwefelsäure 3,1%, Chlor 3,0%, Kalk 2,9%, Eisenoxyd 0,3%.

Es erscheint manchmal zweckmäßig, die Alkalität der gewonnenen Asche zu bestimmen. Man verfährt nach Lüers und Nishimura[1]) in folgender Weise: Der Rückstand des in einer Platinschale veraschten Bieres (100 cm³) wird mit 10 cm³ N/10-Schwefelsäure ¼ Stunde lang im Wasserbad erhitzt, filtriert, mit heißem Wasser ausgewaschen und die noch vorhandene freie Schwefelsäure mit N/10-Natronlauge gegen Phenolphthalein (Lös. 17a) zurücktitriert. Die Alkalität rechnet man um auf N/10 und 1 g Asche.

B e i s p i e l: Gewicht der Asche 0,27 g. Auf 10 cm³ N/10-Schwefelsäure verbraucht 8,3 cm³ N/10-Natronlauge:

0,27 g Asche . . . 10 — 8,3 = 1,7 cm³ N/10-Alkalität
1 g Asche. . . . . x cm³ N/10-Alkalität

$$x = \frac{1,7}{0,27} = 6,3 \quad » \quad » \quad »$$

Lüers und Nishimura fanden in 12 Münchener hellen Bieren eine Alkalität bis zu 15,15 cm³ N/10. Bei sehr weitgehender Enthärtung des Wassers zeigte die Asche keine Alkalität mehr, war sogar schwach sauer, bis 2,06 cm³ N/10.

Bestimmung der organischen und anorganischen Phosphorsäuren.

Manchmal erscheint es erwünscht, den Gehalt eines Bieres an Phosphorsäure in organischer und in anorganischer Bindung getrennt zu bestimmen.

Zur Bestimmung der anorganischen Phosphorsäure werden 50 cm³ Bier mit 10 cm³ Magnesiamixtur (Lös. 75) und 7 cm³ 20proz. Ammoniak versetzt, nach einigen Stunden filtriert und mit 2proz. Ammoniak nachgewaschen. Der Rückstand wird in Salpetersäure gelöst, zur Trockene eingedampft und der Phosphorsäuregehalt nach Lorenz bestimmt, wie unter Gerste (S. 55) angegeben (= anorganische Phosphorsäure).

Organische Phosphorsäure = Gesamt-Phosphorsäure — Anorganische Phosphorsäure. Nach Windisch, Kolbach und Schild[2]) enthalten 100 cm³ 11—14proz. Bieres 25—44 mg Gesamtphosphor (= 57—100 mg P_2O), davon 21—35 mg anorganischer Phosphor (= 62—66 mg P_2O).

20. Glyzerin.

Man versetzt 50 cm³ Bier mit 2—3 g Ätzkalk, dampft vorsichtig zu Sirup ein, setzt alsdann etwa 10 g gepulverten Marmor oder

[1]) Wochenschrift für Brauerei 1925, Nr. 26.
[2]) Wochenschrift für Brauerei 1931, Nr. 39 und 40.

Seesand zu und bringt die Masse unter gleichzeitigem Umrühren zur Trockene. Der trockene Rückstand wird fein zerrieben, in eine Hülse von Filtrierpapier gebracht und diese 6—8 Stunden im Extraktionsapparat (Abb. 30, S. 51) mit 50 cm³ absolutem Alkohol ausgezogen. Der schwach gefärbte alkoholische Auszug wird mit dem 1½fachen Raumteil absoluten Äthers vermischt und nach kurzem Stehenlassen durch ein kleines Filter in ein gewogenes Kölbchen filtriert und mit etwas Alkoholäther nachgewaschen. Nach Verdunstung des Ätheralkohols wird der Rückstand im Trockenschrank bei 105° C im lose bedeckten Kölbchen bis zur Gewichtskonstanz getrocknet und nach dem Erkalten gewogen. Von der ermittelten Zahl, welche das Rohglyzerin angibt, ist der Zucker und Aschengehalt des Glyzerins in Abzug zu bringen. Für gewöhnlich kann man jedoch davon absehen, da die Menge des Zuckers und der Asche stets gering ist.

Der normale Glyzeringehalt eines Lagerbieres übersteigt nie 0,3%.

21. Färbemittel.

Als solche kommen hauptsächlich Zuckercouleur und Farbmalz in Betracht. In Bayern darf auch nach Inkrafttreten des allgemeinen deutschen Biersteuergesetzes nur Farbmalz (auch Karamelmalz) und aus Farbmalz bereitetes Farbebier verwendet werden, während in Norddeutschland für obergärige Biere Zuckercouleur zulässig ist. Zuckercouleur und Farbmalzbier sind ohne weiteres nicht immer sicher voneinander zu unterscheiden, wenn auch der Geschmack besonders der verdünnten Lösungen ziemlich verschieden ist. In der Zusammensetzung unterscheiden sich beide nach den Untersuchungen der Wissenschaftlichen Station für Brauerei in München[1]) durch den Eiweiß- und Phosphorsäuregehalt. Ersterer beträgt in 100 g Trockensubstanz bei Farbebier aus Farbmalz 4—6,2%, bei Zuckercouleur dagegen 0,08—0,9%. Der Phosphorsäuregehalt der Asche beträgt bei Farbebier 32—44%, bei Zuckercouleur 10—16%. Auch die Alkalität der Asche ist bei Couleur bedeutend höher als bei Farbebier.

Die Unterscheidung des in den Handel gebrachten und vielfach verwendeten, aus Rüben hergestellten Farbebieres (Colorator) von Farbmalzbier und Zuckercouleur erfolgt nach Lüers[2]) auf folgende einfache Weise. Zunächst wird das Farbebier so verdünnt, daß es im Reagenzglas gut durchsichtig erscheint. Hierauf versetzt man ca. 10 cm³ der im Reagenzglas befindlichen Farbebierlösung mit 10 Tropfen 10proz. Aluminiumsulfatlösung, dabei verursachen die Pektinkörper der Rüben eine nach kurzer Zeit, höchstens nach 2—3 Stunden, sichtbar werdende Trübung, während bei Farbmalzbier oder Zuckercouleur die Flüssigkeit klar bleibt.

Im Bier handelt es sich hauptsächlich um den Nachweis eines Zuckercouleurzusatzes, da Farbebier aus Farbmalz nicht verboten

[1]) Zeitschrift für das gesamte Brauwesen 1918, Nr. 16.
[2]) Nach freundlicher persönlicher Mitteilung.

ist. Nach den Untersuchungen von Zetzsche eignet sich zum Nachweis von Zuckercouleur im Bier nur die Methode von C. Amthor[1]), nach welcher 10 cm³ Bier in einem Arzneiglas mit 30—50 cm³ (bis zur Entfärbung) Paraldehyd und hierauf mit so viel absolutem Alkohol versetzt werden, bis sich die Flüssigkeiten mischen. Wenn Couleur vorhanden ist, so hat sich nach 24 Stunden ein brauner Niederschlag fest abgesetzt. Nun gießt man die überstehende Flüssigkeit ab und wäscht zur Entfernung des Paraldehyds mit etwas absolutem Alkohol nach. Den Niederschlag löst man in heißem Wasser, filtriert und engt — evtl. über Schwefelsäure mit Hilfe der Luftpumpe — auf 1 cm³ ein. Hierauf gießt man in eine frisch bereitete klare Phenylhydrazinlösung (2 g salzsaures Phenylhydrazin, 3 g essigsaures Natron, 20 g Wasser). Hierbei muß nun ein Niederschlag von amorphem, schmutzig oder rotbraunem Karamel-Phenylhydrazin entstehen. Die Ausscheidung des Niederschlages wird begünstigt durch ganz kurzes Erwärmen auf dem Wasserbad. Bei sehr wenig Couleur setzt sich der Niederschlag nach vorausgegangener Trübung erst nach 24 Stunden vollständig ab. Um die bei längerem Stehen aus dem Phenylhydrazin sich bildenden harzartigen Körper, die die Reaktion verdecken können, zu entfernen, schichtet man vor dem Hinstellen eine etwa 2 cm hohe Ätherschicht, die das Harz leicht auflöst, auf die Flüssigkeit.

Zum Nachweis von Anilinfarbstoffen hängt man einen weißen Wollfaden etwa ½ Stunde in das lauwarm gemachte und mit ein wenig Essigsäure angesäuerte Bier. Spült man hierauf den Faden mit Wasser ab, so bleibt er, wenn Anilinfarbstoffe im Bier waren, stark gefärbt.

22. Malzsurrogate.

Als solche kommen zunächst in Betracht: Reis, Mais und andere Getreidearten oder aus solchen gewonnene Malze, ferner Stärkemehl aus Getreide oder aus Kartoffeln, Stärkesirup, Stärkezucker, Rohrzucker, Invertzucker, auch Alkohol. Während des Weltkrieges sind aber, besonders in Österreich, auch zahlreiche andere Materialien, wie Runkelrüben, Kastanien, Hirse, Quecken usw. usw. an Stelle von Malz zur Bierbereitung verwendet worden.

Der analytische Nachweis aller dieser Malzsurrogate ist meistens gar nicht mit Sicherheit durchführbar, besonders wenn nur ein geringer Prozentsatz des Malzes durch andere stärke- oder zuckerhaltige Materialien ersetzt worden ist. Bei größeren Mengen von Malzsurrogaten werden sich meistens bei der Bieranalyse auffallende anormale Zahlen ergeben. So setzt die Mitverwendung von Rohfrucht, besonders Reis und Mais, den Stickstoffgehalt des Bierextraktes erheblich herunter, so daß bei weniger als 0,9% Stickstoff im Bierextrakt mit Sicherheit auf die Mitverwendung von Rohfrucht oder auch anderer, stickstoffarmer, nicht ganz vergärender Surrogate geschlossen werden kann.

[1]) Zeitschrift für das gesamte Brauwesen 1918, Nr. 15.

Vielfach ist in solchen Fällen auch der Phosphorsäuregehalt des Bieres auffallend nieder. Es empfiehlt sich, Stickstoffgehalt und Phosphorsäuregehalt auf 100 g Stammwürzeextrakt umzurechnen.

Beispiel: Stammwürze (p) = 12%. In 100 g Bier: Stickstoff 0,06 g, Phosphorsäure 0,07 g. In 100 g Stammwürzeextrakt $\frac{0{,}06 \times 100}{12}$ (R-St) = 0,5 g Stickstoff und $\frac{0{,}07 \times 100}{12}$ (R-St) = 0,58 g Phosphorsäure.

Bei reinen Malzbieren wird der auf diese Weise berechnete Gehalt des Stammwürzeextraktes an Stickstoff und auch an Phosphorsäure kaum unter 0,4% heruntergehen.

Wird vor der Gärung Zucker zugesetzt, so findet sich dieser im Bier als Alkohol, der nicht von später zugesetztem Alkohol zu unterscheiden ist. Solche Biere zeigen natürlich einen im Verhältnis zum Extraktrest hohen Alkoholgehalt, und daher hohen Vergärungsgrad. Man hat vielfach das Verhältnis zwischen Extrakt (n) und Alkohol (A), also $\frac{n}{A}$, zur Beurteilung, ob ein Bier unter Mitverwendung von Malzsurrogaten hergestellt sei oder nicht, herangezogen und ein Bier als verdächtig bezeichnet, wenn etwa $\frac{n}{A}$ kleiner als 1 ist, was einem wirklichen Vergärungsgrad von ca. 60% entsprechen würde. Dabei soll aber nicht übersehen werden, daß auch bei reinen Malzbieren sich ein höherer Vergärungsgrad ergeben kann, so daß sogar manchmal die Saccharometeranzeige des Bieres (scheinbarer Extraktgehalt) unter 0 heruntergehen kann, wenn bei der Gärung noch wirksame Diastase vorhanden ist. Zum Nachweis, ob ein Bier noch wirksame Diastase enthält, dürfte es genügen, demselben ein wenig einer Lösung von löslicher Stärke zuzusetzen, nur so viel, daß eben Jodreaktion wahrnehmbar und dann zu beobachten, ob bei ca. 50° nach einiger Zeit die Jodreaktion verschwindet.

Manchmal wird auch dem fertigen, blank filtrierten Biere eine größere Menge Zucker zugesetzt (Süßbiere). Es handelt sich hier meistens um Rohrzucker oder auch um Traubenzucker (Stärkezucker). Rohrzucker wird, wenn nicht etwa das Bier vor dem Zuckerzusatz pasteurisiert worden ist, alsbald durch die im Bier vorhandene Invertase in Invertzucker übergeführt. Wird in einem derartigen, Invertzucker oder Traubenzucker enthaltenden Bier mittels Fehlingscher Lösung die Rohmaltose bestimmt, so wird sich immer eine auffallend hohe Zahl ergeben, weil die aus der Zuckertabelle (Tabelle IX) für Maltose entnommene Zahl für Dextrose und Invertzucker viel zu hoch ist. Es kommt vor, daß sich auf diese Weise ein höherer Zuckergehalt ergibt, als überhaupt Extrakt vorhanden ist. Auch für den Gesamtzuckergehalt des Stammwürzeextraktes wird sich bei solchen Bieren immer eine anormal hohe Zahl ergeben.

Zum Nachweis von Zuckerzusatz bei Weißbier, der in Bayern nicht erlaubt ist, hat Lintner folgendes Verfahren ausgearbeitet[1]:

Das Weißbier wird von der Hefe abgegossen und wie üblich entkohlensäuert.

100 cm³ des entkohlensäuerten Bieres versetzt man mit 1 cm³ Bleiessig und filtriert.

Von dem klaren Filtrat bringt man 20 cm³ in ein weites Reagierrohr und fügt 1 g Phenylhydrazin und 1½ g 50proz. Essigsäure zu. Man erhitzt nun 1½ Stunden im kochenden Wasserbad und filtriert darauf das ausgeschiedene Osazon rasch durch ein getrocknetes und gewogenes Filter von 9 cm Durchmesser. Man wäscht darauf mit heißem Wasser nach, bis das Filtrat etwa 100 cm³ beträgt, faltet darauf das Filter mit dem Niederschlag zusammen und drückt es zur Entfernung des aufgesogenen Wassers vorsichtig zwischen den Fingern aus. Darauf bringt man es in ein Wägegläschen, trocknet 3 Stunden bei 100—105° und wägt.

Beträgt die Menge des Niederschlags mehr als 40 mg (aus 20 cm³ Bier), so war dem Weißbier sicher Zucker zugesetzt worden.

Ist die Osazonmenge geringer als 40 mg, so besteht zwar noch die Möglichkeit eines Zuckerzusatzes, aber mit Sicherheit läßt es sich nicht mehr behaupten, da nach einer Beobachtung von Prior Weißbier mit Würzezusatz bis zu 30 mg Osazon liefern kann. Frisch mit Würze versetztes Weißbier ergab nach Lintners Versuchen 3 bis 8 mg Osazon, frisch mit Zucker versetztes dagegen 203—236 mg. Nach 18tägiger Lagerung ergab mit 0,9% Rohrzucker versetztes Weißbier noch mehr als 40 mg Osazon.

23. Neutralisationsmittel.

Die dem Biere zugesetzten Entsäuerungsmittel, wie Soda und Pottasche, kann man beiläufig aus der verminderten Azidität des Bieres erkennen (s. Nr. 14), während man aus der erhöhten Alkalität der Asche noch sicherer auf die Verwendung von Neutralisationsmitteln schließen kann.

Die Alkalität der Asche wird bestimmt, wie unter Nr. 19, S. 222, angegeben.

In normalen Bieren verbraucht die Asche von 100 g Bier kaum mehr als 2—3 cm³ N/10-Schwefelsäure, bei neutralisiertem Biere dagegen bedeutend mehr; außerdem zeigt sich bei der mikroskopischen Prüfung solcher Biere, daß Säurebakterien vorhanden sind.

Am sichersten erfolgt der Nachweis von Neutralisationsmitteln nach Späth auf folgende Weise:

500 cm³ Bier werden mit 100 cm³ Ammoniak versetzt und 4 bis 5 Stunden stehengelassen, worauf man den entstandenen Niederschlag abfiltriert, der aus Kalk und Magnesia, an Phosphorsäure gebunden, besteht.

---

[1]) Nach einer freundlichen persönlichen Mitteilung.

Zweimal je 60 cm³ des Filtrats (= 50 cm³ Bier) werden eingedampft, verascht und in der Asche die Phosphorsäure nach der Molybdänmethode S. 55 bestimmt.

250 cm³ des ammoniakalischen Filtrats werden, ohne das Ammoniak zu verjagen, zur Ausfällung der Phosphorsäure mit 25 cm³ Bleiessig (Lös. 70) versetzt, tüchtig geschüttelt und nach 5—6stündiger Ruhe filtriert. Vom Filtrat dampft man zur Entfernung des Ammoniaks 200 cm³ auf etwa 30—40 cm³ ein, verdünnt nach dem Erkalten wieder auf 200 cm³, gibt einige Tropfen Essigsäure zu und leitet Schwefelwasserstoff ein. Der überschüssige Schwefelwasserstoff wird durch einen Luftstrom entfernt und das Schwefelblei abfiltriert. Von dem Filtrat werden 150 cm³ in einer Platinschale eingedampft und verascht. Die vollkommen weiße Asche wird in etwas Wasser aufgelöst und der Alkaligehalt titrimetrisch bestimmt.

Unter der Annahme, daß sämtliche an Kali gebundene Phosphorsäure als primäres Phosphat im Bier enthalten ist, läßt sich aus der gefundenen Phosphorsäure und dem Alkaligehalt der Zusatz des Neutralisationsmittels berechnen. Da 0,01 der gefundenen Phosphorsäure (P_2O_5) = 0,0191 KH_2PO_4 = 1,4 cm³ N/10-Säure entsprechen, hat man die gefundene Menge Phosphorsäure mit 1,4 zu multiplizieren, um die für die normale Bierasche erforderliche Menge N/10-Säure zu erhalten.

Der Mehrverbrauch entspricht dem zugesetzten Neutralisationsmittel und wird, da fast ausschließlich Natriumbikarbonat in Betracht kommt, auf dieses berechnet.

1 cm³ N/10-Säure = 0,00837 g $NaHCO_3$.

Die gefundene Menge Neutralisationsmittel entspricht stets der geringsten zugesetzten Quantität, da bei der Ausfällung der Kalk- und Magnesiaphosphate geringe Mengen lösliche Ammoniumphosphate entstehen.

24. Konservierungsmittel.

a) Allgemeiner Nachweis.

Man stellt mit dem Bier einen Gärversuch an, indem man in einem Freudenreich-Kölbchen ca. 1 g Maltose in etwa 10 cm³ des zu prüfenden Bieres löst, mit sehr wenig (Platinoese) Hefe impft und bei 25° C in den Brutschrank stellt. Tritt keine Gärung ein, so kann man mit Sicherheit auf Vorhandensein von Konservierungsmitteln schließen.

Als solche kommen vor allem Salizylsäure und Fluorverbindungen, weniger häufig schweflige Säure und Borsäure, sämtlich unerlaubte, gesundheitsschädliche Mittel, in Betracht.

b) Salizylsäure.

100 cm³ Bier werden in einem Scheidetrichter (Abb. 77) nach Zusatz von 5 cm³ verdünnter Schwefelsäure mit 100 cm³ Äther kräftig durchgeschüttelt. Dann läßt man eine Zeitlang stehen,

wobei sich das Bier absetzt und über demselben sich eine emulsionsartige Mischung des Äthers mit gummiartigen Bestandteilen des Bieres ansammelt. Eventuell vorhandene Salizylsäure ist nunmehr auch in den Äther übergegangen. Dann läßt man das Bier ablaufen und schüttelt die Emulsion kräftig für sich allein. Beim Stehen setzt sich die Mischung auseinander, so daß die trübe gummöse Flüssigkeit abgelassen werden kann. Den klaren Äther bringt man in eine Porzellanschale und läßt ihn auf dem Wasserbade sehr vorsichtig verdampfen (Flamme weg!).

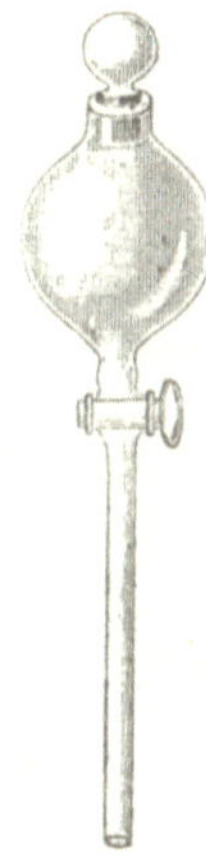

Abb. 77.

Dem noch heißen Rückstand setzt man unter Umschwenken einige cm³ Wasser und hierauf einige Tropfen stark verdünnter Eisenchloridlösung (Lös. 50) zu. Ist Salizylsäure vorhanden, so tritt eine violette Färbung auf.

Bei dieser Probe ist zu beachten, daß nach Brand manche Farb- und Karamelmalze Maltol enthalten, welches mit Eisenchlorid eine ähnliche Reaktion gibt. Salizylsäure und Maltol unterscheiden sich jedoch durch ihr Verhalten gegen Millons Reagens (Lös. 53), und zwar wird Salizylsäure hierbei nach einigen Minuten dunkelrot, Maltol dagegen fast gar nicht gefärbt.

Da Salizylsäure mit Wasserdämpfen flüchtig ist, so kann man auch ca. 100 cm³ Bier mit einigen Tropfen Phosphorsäure versetzen und der Destillation unterwerfen. Die Prüfung au Salizylsäure wird nach der oben erwähnten Methode erst mit den letzten Destillatanteilen vorgenommen.

c) Fluorverbindungen.

Der Nachweis erfolgt am besten nach Brand[1]): 100 cm³ Bier werden mittels Ammoniumkarbonat (Lös. 51 a) schwach alkalisch gemacht, aufgekocht, mit 2—3 cm³ 10proz. Chlorkalziumlösung gefällt und noch ca. 5 Minuten gekocht. Hierauf wird durch ein glattes Filter siedend heiß abfiltriert, der Niederschlag 1—2 mal mit wenig heißem Wasser nachgewaschen und getrocknet. Den trockenen Niederschlag, der sich leicht vom Filter entfernen läßt, gibt man in eine Platinschale und verascht ihn durch schwaches Glühen. Nach dem Erkalten zerreibt man ihn mit ca. 1 cm³ konz. Schwefelsäure, stellt die Schale auf ein mäßig erhitztes Wasserbad und überdeckt ihn mit einem Uhrglas, das auf der Unterseite einen Wachsüberzug trägt, auf dem irgendein Buchstabe eingeritzt ist, und läßt nun die sich evtl. entwickelnde Flußsäure 1—2 Stunden einwirken. Damit die Wachsschicht nicht flüssig wird, gibt man oben auf das Uhrglas ein paar Stückchen Eis. Das Schmelzwasser saugt man mit einer Pipette ab. Selbst bei einem Gehalt von nur 1 g Fluorammonium pro hl Bier wird nach Entfernung der Wachsschicht der geätzte Buchstabe deutlich sichtbar werden.

[1]) Zeitschrift für das gesamte Brauwesen 1895, Nr. 39.

d) Schweflige Säure.

Diese wird in grober Form nachgewiesen, indem man im Bier eine Wasserstoffentwicklung veranlaßt und beobachtet, ob ein mit Bleiessig (Lös. 70) getränktes Fließpapier, welches man darauf legt, sich schwarz färbt.

Genauer und quantitativ verfährt man auf folgende Weise:

200 cm³ Bier werden nach Zusatz von 4 cm³ Phosphorsäure (Lös. 8) im Kohlensäurestrom in eine Vorlage von Jodjodkaliumlösung bis auf ⅓ abdestilliert. Das noch durch Jod gefärbte Destillat wird mit Salzsäure angesäuert, bis zum Verschwinden des Jods erwärmt und die gebildete Schwefelsäure mit Chlorbaryum (Lös. 46) gefällt und die Menge des gebildeten Baryumsulfats quantitativ wie beim Wasser bestimmt.

Das Baryumsulfat wird dann durch Multiplikation mit 0,275 auf schweflige Säure (SO_2) umgerechnet.

Bei dem Nachweis von schwefliger Säure ist zu berücksichtigen, daß es nicht ausgeschlossen ist, daß auch reines Bier Spuren schwefliger Säure enthält, welche von geschwefeltem Hopfen herrühren. 100 cm³ eines normalen Bieres können unter Umständen bis zu 2,5 mg schwefliger Säure enthalten. Nach dem Schweizerischen Lebensmittelbuch enthalten normale Biere nicht über 20 mg SO_2 im l. Matsuyama und Nakamura[1]) fanden in Bier, das aus Würze, die nur 0—2 mg SO_2 im l enthielt, nach der Gärung 4—28 mg im l, besonders viel, wenn Magnesiumsulfat oder Gips dem Maischwasser zugesetzt worden war.

e) Borsäure.

100 cm³ Bier werden mit Kalilauge alkalisch gemacht, auf dem Wasserbade eingedampft, das Extrakt verkohlt und verascht. Die alkalische Asche wird mit wenig heißem Wasser aufgenommen, die Lösung filtriert, mit Salzsäure schwach angesäuert und zur Vertreibung der Kohlensäure einige Minuten am Rückflußkühler gekocht. Nach dem Erkalten setzt man 5—10 Tropfen Phenolphthaleinlösung (Lös. 17a) zu und titriert mit N/10-Barytlauge (Lös. 37) bis zur deutlichen Rotfärbung.

Hierauf gibt man 1—2 g gepulverten Mannit hinzu, wodurch die rote Färbung verschwindet[2]) und setzt wieder etwas N/10-Barytlauge zu, bis eine abermalige, schwache Rotfärbung eintritt. Dieses Verfahren setzt man so lange fort, bis die schwach rote Färbung beständig bleibt.

Jedem cm³ N/10-Barytlauge, der nach dem Mannitzusatz verbraucht wurde, entsprechen 0,0062 g kristallisiertes Borsäurehydrat (BO_3H_3).

Auch hier ist zu beachten, daß nach Brand im Hopfen Borsäure vorhanden ist, die in das Bier übergeht. Spuren von Borsäure sind also normale Bestandteile der Bierasche.

---

[1]) Wochenschrift für Brauerei 1931, Nr. 31.

[2]) Nach Jörgensen (Zeitschr. für angew. Chemie 1897, 1. Heft) wirkt Borsäure in wässeriger Lösung nicht als Säure, wohl dagegen in Mannitlösung.

f) Pasteurisation.

Dieselbe stellt im Gegensatz zu den schon erwähnten gesundheitsschädlichen Konservierungsmitteln des Bieres ein erlaubtes Konservierungsmittel dar und bezweckt durch die Abtötung der Organismen die größere Haltbarkeit des Bieres.

Der chemische Nachweis der Pasteurisation beruht darauf, daß nicht pasteurisiertes Bier im Gegensatz zum pasteurisierten noch wirksame Invertase, die im Bier bei 58° zerstört wird, enthält und wird auf folgende Weise nach A. Bau ausgeführt:

Von 40 cm^3 Bier wird die eine Hälfte aufgekocht, die andere nicht. Beide mit je 20 cm^3 einer 20proz. Rohrzuckerlösung versetzt und während 24 Stunden bei Zimmertemperatur aufbewahrt. Hierauf werden beide Flüssigkeiten mit je 0,5 cm^3 Bleiessig (Lös. 70) versetzt, auf 50 cm^3 mit destilliertem Wasser aufgefüllt, gut durchgeschüttelt, filtriert und polarisiert (s. S. 39). Findet man beim Vergleich beider Proben einen erheblichen Unterschied im Drehungswinkel, so ist das Bier nicht pasteurisiert. Sind die Untersuchungsresultate gleich oder stimmen sie ungefähr überein, so ist das Bier pasteurisiert. Geringe Abweichungen in der Ablesung sind auf Versuchsfehler zurückzuführen.

Sollte kein Polarisationsapparat zur Verfügung stehen, so kann man die Pasteurisation auch durch die Zuckerbestimmung in den beiden Proben nachweisen.

Der biologische Nachweis der Pasteurisation kann durch Anlegen von Gelatineplatten erfolgen, wobei ein genügend hoch pasteurisiertes Bier keine Organismenkolonien auf der Gelatine zur Entwicklung kommen lassen darf.

25. Süßstoffe.

Als Versüßungsmittel, die bisweilen betrügerischerweise Verwendung finden, kommen hauptsächlich in Betracht das Saccharin und das Dulzin. Das Saccharin leitet sich ab von der o-Sulfobenzoesäure und bildet ein Anhydrid des Amids dieser Säure nach der Formel $C_6H_4{<}^{SO_2}_{CO}{>}NH$. Saccharin und Derivate desselben kommen in den Handel unter den Namen: Saccharol, Saccharinol, Saccharinose, Toluolsüß, Süßstoff-Sandoz, Kristallose, Monnets Süßstoff, Sykorin, Sykose, Zuckerin, Sucramin, Sukrose, Extrait de Cannes usw. Das Dulzin leitet sich ab von Phenetol, $C_6H_5OC_2H_5$ und bildet ein *p*-Phenetolcarbamid, $C_6H_4{<}^{OC_2H_5}_{NHCONH_2}$. Dulzin führt im Handel auch die Namen: Dulzit, Sukrol und Valzine. Saccharin ist 450—500mal, Dulzin 200—250mal süßer als Rohrzucker.

Zum sicheren Nachweis dieser Süßstoffe, auch wenn diese nur zu 1 g in 1 hl Bier enthalten sind, dienen folgende Methoden:

a) Saccharin nach Joergensen.

Ca. 500 cm^3 Bier werden in einer Schale auf dem Wasserbade zur Sirupdicke eingeengt und der Rückstand mit 96proz. reinem

Alkohol durch Reiben in der Schale oder besser im Mörser ausgezogen. Der Alkohol wird abgegossen, der Rückstand im heißen Wasser, evtl. unter vorsichtigem Erwärmen, gelöst und der Sirup noch 1—2 mal in gleicher Weise behandelt. Die alkoholischen Lösungen werden vereinigt.

Am nächsten Tage wird die klare Flüssigkeit entweder in einen Kochkolben abgegossen und der Alkohol abdestilliert, oder man gibt den alkoholischen Auszug in eine Porzellanschale, setzt etwas Wasser zu und erhitzt auf dem Wasserbade bis zur vollständigen Vergasung des Alkohols. Die wässerige Lösung (etwa 25—50 cm^3) wird dann abgekühlt, mit einigen Tropfen verdünnter Schwefelsäure versetzt, wenn nötig, filtriert und in einem Scheidetrichter (S. 229) durch Schütteln mit Äther 2—3 mal ausgezogen. Entsteht beim Schütteln des Rückstandes mit Äther eine Emulsion, welche die Trennung der beiden Flüssigkeiten fast unmöglich macht, so kann dieses Übel durch Zusatz von ganz kleinen Mengen Alkohol beseitigt werden.

Die Ätherauszüge, die nahezu die ganze Saccharinmenge enthalten, werden auf ein kleines Volumen in heißem Wasser (ohne Flamme) eingedampft, mit Wasser und einigen cm^3 verdünnter Schwefelsäure sowie mit einer gesättigten Lösung von Kaliumpermanganat bis zur bleibenden Rotfärbung versetzt. Zur Reduktion des ausgeschiedenen Braunsteins tröpfelt man eine gesättigte Lösung von Oxalsäure zu, bei Vermeidung eines Überschusses; wenn nötig, filtriert man die entfärbte Flüssigkeit und zieht sie wie unter 24b mehrere Male mit einem Gemenge von Äther-Petroläther im Scheidetrichter aus. Dieses Gemisch nimmt das reine Saccharin fast vollständig auf.

Nun werden die Äther-Petrolätherauszüge im heißen Wasser vollständig verdampft. Wenn das Bier Saccharin enthielt, verbleibt ein Rückstand, welcher einen außerordentlich süßen Geschmack besitzt.

Da die evtl. auch im Bier enthaltene Salizylsäure durch die Behandlung mit Kaliumpermanganat zersetzt worden ist, kann man das Saccharin nunmehr auch in Salizylsäure verwandeln und auf diese Weise Saccharin selbst dann nachweisen, wenn das zu prüfende Bier auch Salizylsäure enthielt.

Zur Überführung des Saccharins in Salizylsäure wird obiger Rückstand in einigen cm^3 Wasser gelöst und nach Zusatz eines Stückchens Kalihydrat (KOH) eingedampft und dann vorsichtig geschmolzen, hierauf in Wasser gelöst, neutralisiert und mit stark verdünnter Eisenchloridlösung auf Salizylsäure geprüft (s. S. 228, b).

Man kann auch den süßen Rückstand sublimieren und das Sublimat auf den Geschmack prüfen.

b) Dulzin (nach Morpurgo)[1].

Zum Nachweis dieses Stoffes werden ca. 500 cm^3 Bier unter Zusatz von ca. 25 g Bleikarbonat eingedickt. Der mit Sand ver-

---

[1]) Wochenschrift für Brauerei 1893, Nr. 20.

mischte und vollständig trockene Rückstand wird einige Male mit 90proz. Alkohol ausgezogen. Die vereinigten Alkoholauszüge werden verdampft und der verbleibende Rückstand in Äther gelöst und filtriert. Falls Dulzin vorhanden ist, verbleibt nach dem Verdunsten des Äthers ein sehr süß schmeckender Rückstand, der sich fast als reines Dulzin erweist, was noch aus folgender Probe ersichtlich ist:

Man erwärmt den Rückstand kurze Zeit mit zwei Tropfen Phenol und ebensoviel Schwefelsäure, fügt der bräunlichroten Flüssigkeit einige cm³ Wasser zu, läßt erkalten, gießt in ein Reagenzglas und läßt vorsichtig ein wenig Ammoniak oder Natronlauge zufließen. Ist Dulzin vorhanden, so bildet sich an der Berührungsstelle der beiden Flüssigkeiten eine blaue Zone.

c) Saccharin und Dulzin nach Tortelli und Piazza[1]).

Nach dieser Methode gelingt es, die geringsten Mengen der beiden Süßstoffe, auch wenn sie beide zugleich vorhanden sind, nachzuweisen. 1 l Bier wird in einer Porzellanschale unter Zusatz von 8—10 g gelöschtem Kalk und etwa 20 g feinem Sand auf dem Wasserbad eingedampft, bis eine krümlige, aber noch feuchte Masse entstanden ist. Sobald das Gemisch sirupartige Konsistenz angenommen hat, empfiehlt es sich zwecks guter Durchmischung ständig zu rühren. An der Wandung eingetrocknete Anteile sind mit einem Spatel loszulösen. Die erhaltene Masse verrührt man auf dem Wasserbad gründlich mit 40—50 cm³ 95proz. Alkohol und fügt noch 10 cm³ konzentrierte Kochsalzlösung zu. Nach dem Entfernen vom Wasserbad läßt man noch einige Minuten stehen und gießt die Flüssigkeit ab auf ein Faltenfilter. Diese Behandlung wiederholt man noch dreimal und gibt zuletzt auch den Brei auf das Filter. Dann wird mit einem Gemisch von 40 cm³ heißem Alkohol und 10 cm³ Kochsalzlösung nachgewaschen. Durch das Kochsalz wird die Emulsionsbildung beim späteren Ausschütteln des Filtrates, das nun die Süßstoffe enthält, verhindert. Das ungefähr 250 cm³ betragende Filtrat wird nach Zugabe von einigen Stückchen Bimsstein über freier Flamme abdestilliert, bis noch ungefähr $\frac{1}{3}$ des ursprünglichen Volumens vorhanden ist. Den abgekühlten Rückstand gibt man in einen Scheidetrichter, fügt noch 10—15 cm³ Kochsalzlösung hinzu und schüttelt ihn zweimal eine Viertelstunde mit je 100 cm³ Petroläther aus. Die anfänglich entstehende Emulsion verschwindet meistens bei lang anhaltenden kräftigem Schütteln. Sollte sie aber teilweise bestehen bleiben, so läßt man die Flüssigkeit nach beendigtem Schütteln bis zur Emulsion ablaufen und schüttelt dann noch ein paarmal kräftig durch. Die mit Petroläther ausgezogene Flüssigkeit wird auf dem Wasserbad vollständig von zurückgehaltenem Petroläther befreit. Nach dem Abkühlen gibt man sie in einen Scheidetrichter und schüttelt 3—4 mal mit je 100 cm³ Äther aus, wobei das Dulzin sich im Äther löst, das als Kalziumsaccharin vorhandene Saccharin dagegen nicht. Die äthe-

[1]) Baumann, Zeitschrift für das gesamte Brauwesen 1920, Nr. 18.

rischen Auszüge werden vereinigt, durch ein Doppelfilter filtriert und dann wird der Äther im Wasserbad abdestilliert. Meist bleibt dabei das Dulzin in kristallisierter Form (gelb) zurück. Eventuell nimmt man den Rückstand nach vollständiger Verjagung des Äthers mit wenig Alkohol auf und läßt in einer Glasschale auf dem Wasserbad verdunsten. Man erkennt das Dulzin an seinem süßen Geschmack, kann aber auch noch folgende spezifische Reaktion vornehmen. Eine kleine Menge des Rückstandes wird in einem kleinen Schälchen in einigen cm³ Wasser suspendiert, dann fügt man 7 bis 8 Tropfen einer salpetersäurefreien gesättigten Merkurinitratlösung zu und erhitzt ¼ Stunde auf dem kochenden Wasserbad, wobei das Wasser nicht vollständig verdampfen darf. Man bemerkt danach eine schwache Violettfärbung, die sehr stark und deutlich wird, wenn man eine kleine Messerspitze Bleisuperoxyd zusetzt.

Zum Nachweis des Saccharins entfernt man aus der ausgeätherten Flüssigkeit durch Erhitzen über freier Flamme den Alkohol vollständig und gibt die Lösung noch heiß in einen Scheidetrichter, den man an der Wasserleitung abkühlt. Hierauf versetzt man, um das Saccharin in Freiheit zu setzen, mit 10 cm³ einer 10proz. Schwefelsäure an und schüttelt mit je etwa 80 cm³ einer Mischung von gleichen Teilen Äther und Petroläther 3—4mal aus. Die vereinigten Petroläther-Ätherauszüge werden zur Entfernung von Säurespuren mit etwas Wasser ausgeschüttelt, durch ein Doppelfilter filtriert und im Wasserbad vollständig abdestilliert. Der Rückstand wird mit wenig Alkohol aufgenommen und mit einigen Tropfen Kalilauge durch kurzes Einwirkenlassen unter Umschütteln verseift. Dann fügt man einige cm³ Kochsalzlösung und etwa die 2—3fache Menge Wasser hinzu. Dann schüttelt man einmal in einem kleinen Scheidetrichter mit Petroläther aus, befreit die Lösung über freier Flamme vollständig vom Alkohol und gibt sie noch heiß in den Scheidetrichter zurück, den man an der Wasserleitung abkühlt. Dann säuert man mit 3—4 cm³ 10proz. Schwefelsäure an und schüttelt wieder 3—4mal mit Äther-Petroläthergemisch aus. Die vereinigten ätherischen Auszüge werden wieder durch Ausschütteln mit wenig Wasser von Säure befreit und durch Doppelfilter filtriert. Nach dem Verdunsten des Äthers und Petroläthers erhält man das Saccharin in fast weißen Kristallen. Zur Identifizierung (außer durch Geschmack) spült man das Saccharin mit Alkohol in ein Platinschälchen. Nach dem Verdampfen des Alkohols auf dem Wasserbad wird es mit ungefähr der 6fachen Menge eines Gemisches von gleichen Teilen Kaliumnitrat und Natriumkarbonat geschmolzen. Die Schmelze wird in Wasser gelöst, mit Salzsäure angesäuert und die aus dem Saccharin entstandene Schwefelsäure mit Bariumchlorid nachgewiesen. Blinder Versuch nebenbei ist notwendig.

Zum qualitativen Nachweis von Saccharin und Dulzin auch bei Gegenwart von Salizylsäure und Benzoesäure kann man arbeiten nach dem vereinfachten Verfahren von Wuorinen[1]).

[1]) Wochenschrift für Brauerei 1936 Nr. 17.

26. Tannin.

Zur Verhütung der Eiweißausscheidung nach dem Pasteurisieren wird hier und da dem Biere im Lagerfaß etwas Tannin zugesetzt. Der Nachweis des Tannins im fertigen Bier geschieht in folgender Weise[1]). Zunächst bereite man sich eine Bleiazetatlösung, indem man 10 g reines kristallisiertes Bleiazetat in 90 g Wasser löst und filtriert. Zu ½ l des entkohlensäuerten Bieres in einem Erlenmeyer-Kolben gebe man von dieser Bleiazetatlösung so viel, etwa 55—60 cm³, daß gerade ein geringer Bleiüberschuß vorhanden ist. Der Niederschlag ballt sich rasch zusammen. Nach ein paar Stunden wird durch ein Filter mit Leinwandkonus filtriert und später abgesaugt. Nach dem Nachwaschen mit Wasser wird der Rückstand in etwa 150 cm³ Wasser verteilt, in siedendem Wasserbad ½ Stunde stehengelassen und nun Schwefelwasserstoff eingeleitet. Das Schwefelblei setzt sich rasch zu Boden. Hierauf wird abfiltriert und das Filtrat im Scheidetrichter dreimal mit etwa 25 cm³ Essigäther vorsichtig ausgeschüttelt (bei zu starkem Schütteln unangenehme Emulsionsbildung). Der Essigäther wird hierauf im Vakuum abdestilliert bis auf etwa 5 cm³, diese werden in einer kleinen Porzellanschale auf dem Wasserbad verdunstet und sodann in etwa 1 cm³ Wasser aufgenommen. Ein Tropfen von dieser Lösung auf eine Porzellanplatte gegeben, dazu ein Tropfen stark verdünnter Eisenchloridlösung gibt bei Anwesenheit von Tannin eine tiefdunkelgrüne bis schwarze Färbung. Schwache Grünfärbung deutet noch nicht auf Tanninzusatz, wohl aber deutliche Blaugrünfärbung.

27. Biertrübungen.

Wenn auch trübes Bier nicht immer krank oder verdorben sein muß, so macht doch jede Trübung das Bier in den Augen des Konsumenten verdächtig, und daher ist die allgemeine Forderung, daß das Bier beim Ausschank klar sein muß, wohl berechtigt. Da jedoch sehr verschiedene Stoffe Biertrübung bedingen können, so ist es notwendig, die Art der Trübung festzustellen, schon mit Rücksicht auf die zu treffenden Abhilfemaßnahmen.

Zunächst beobachte man den Grad und die Feinheit der Trübung, am besten, indem man das in einem kleinen Becherglas oder Reagenzglas befindliche Bier vor einem Licht betrachtet oder mit einer starken Lupe (ca. 8fache Vergrößerung) bei seitlich auffallendem Tageslicht untersucht. Man wird so leicht erkennen, ob die Trübung durch gröbere Teilchen, die in dem an und für sich klaren Bier herumschwimmen, verursacht ist oder ob die trübenden Substanzen in ganz feiner Verteilung, bis zum kolloiden Zustand vorliegen, in welchem Falle die Flüssigkeit opalisierend, schleierig erscheint. Man versäume auch nicht, das Bier durch ein gewöhnliches Laboratoriumsfilter zu filtrieren. Läuft es dabei blank ab, so liegt meist eine harmlose Trübung vor und wird sich das Bier auch im

[1]) Nach freundlicher persönlicher Mitteilung von Geheimrat Dr. Vogel.

Betrieb leicht blank filtrieren lassen. Eine mikroskopische Prüfung evtl. nach vorhergehendem Abscheiden der trübenden Stoffe durch Zentrifugieren des trüben Bieres ist meistens unerläßlich[1]).

Wünscht man die Trübungsstärken zahlenmäßig wiederzugeben, so bedient man sich sogenannter Trübungsmesser (Nephelometer)[2]).

Im Bier vorkommende Trübungen:

I. Biologische Trübungen.

II. Nichtbiologische Trübungen
- a) Kleistertrübung,
- b) Oxalattrübung,
- c) Hopfenharztrübung,
- d) Eiweißtrübungen,
  1. wärmelöslich: Kältetrübung,
  2. nicht wärmelöslich: Proteintrübung (= Oxydationstrübung + Schütteltrübung).
     Pasteurisiertrübung,
     Metalleiweißtrübung.

I. Biologische Trübungen (Hefe- und Bakterientrübungen).

Dieselben bewirken das Umschlagen der Biere im Haltbarkeitsschrank.

Diese Trübung ist mit Sicherheit nur unter dem Mikroskop zu erkennen, jedoch ist mit der Hefetrübung meist auch eine deutlich erkennbare Nachgärung verbunden, während Bakterientrübung auch schlechten Geschmack (sauer, Sarzinageschmack) verursacht. Auch setzt sich Hefetrübung in der Flasche bald zu Boden, während Bakterientrübung meist sehr hartnäckig ist. Anleitung zur genauen Unterscheidung der einzelnen vorhandenen Mikroorganismen findet man in den entsprechenden Büchern für Mikroskopie und Pilzkunde. Kurz sei hier nur folgendes bemerkt. Man beachte, daß zur Hervorbringung einer bemerkbaren Trübung pro cm^3 Bier mindestens etwa 5—10000 Hefezellen oder 200000 Bakterien erforderlich sind[3]). Trotzdem ist selbst bei einer leichten Bakterientrübung unter starker (7—800facher) Vergrößerung nicht etwa das ganze Gesichtsfeld mit Bakterien erfüllt, sondern man wird bei Bakterientrübung vielleicht nur 2—3 Zellen in jedem Gesichtsfeld oder bei Hefetrübung vielleicht nur in jedem 10.—20. Gesichtsfeld 1 Zelle finden. Es kommt dies daher, weil die Menge Bier, die man bei starker Vergrößerung auf einmal in einem Gesichtsfeld sieht, nur äußerst klein, nämlich ungefähr $^1/_{100000}$ cm^3 ist. Es empfiehlt sich aus diesem Grunde auch, das Tröpfchen Bier auf dem Objektträger zunächst

[1]) Näheres über das mikroskopische Bild bei den verschiedenen Arten von Trübungen siehe Anleitung zur biologischen Untersuchung und Begutachtung von Bierwürze usw. von Will, München 1909.

[2]) Näheres über die Methoden zur Trübungsmessung findet man bei Enders, Wochenschrift für Brauerei 1936, Nr. 26, und Helm, Wochenschrift für Brauerei 1936, Nr. 49.

[3]) 200000 Kugelbakterien wiegen meist weniger als ein Tausendstel mg. Es genügen daher 1 bis wenige mg Bakterien auf 1 l Bier, um das Bier trüb erscheinen zu lassen. Das gleiche gilt für andere in ähnlich feiner Verteilung im Bier vorkommende Stoffe, so auch für feine Eiweißtrübungen.

bei etwa 2—300facher Vergrößerung ohne Deckglas zu durchsuchen und dann erst das Deckglas aufzulegen und die starke Vergrößerung einzuschalten. Auch ist es sehr zu empfehlen, ein Tröpfchen Bier auf dem Objektglas mit einem Tröpfchen 10proz. Natronlauge innig zu verreiben und dann wieder mikroskopisch zu durchsuchen. Durch die Natronlauge werden kleine Eiweißkügelchen (Glutenkügelchen), die man sonst leicht mit Bakterien verwechseln kann, gelöst.

II. Nichtbiologische Trübungen.

a) „Kleistertrübung.“

Diese Trübung entsteht durch ungenügende Verzuckerung im Sudhaus. Sie stellt einen hartnäckigen, milchigen Schleier dar und besteht aus höheren Dextrinen (Amylo- und Erythrodextrin), die zwar in Wasser klar löslich, in verdünntem Alkohol aber unlöslich sind und daher durch den mit der fortschreitenden Vergärung des Zuckers steigenden Alkoholgehalt des Bieres zur Ausscheidung kommen. Man erkennt die Kleistertrübung leicht an der Blau- bezw. Rotfärbung bei der Jodprobe (S. 211). Eine nachträgliche Entfernung der Kleistertrübung kann erfolgen durch Behandlung des Bieres mit Malzauszug.

b) Oxalattrübung = (Kristalltrübung.)

In Würze, Bier, Hefe und besonders im Faßgeläger beobachtet man unter dem Mikroskop vielfach vereinzelte schön ausgebildete Kristalle in Oktaederform. Dieselben bestehen aus oxalsaurem Kalk, sie sind in Essigsäure unlöslich. Setzt man konzentrierte Schwefelsäure zu, so bilden sich plötzlich nadelförmige Gipskristalle. Die Kristalle von oxalsaurem Kalk setzen sich bei der Gärung und Lagerung allmählich ab und bilden den Hauptbestandteil des Biersteins. Es kommt jedoch auch hier und da vor, besonders bei hellen Bieren, daß der oxalsaure Kalk sich nicht genügend absetzt und in äußerst feinen Kristallen eine Biertrübung hervorruft. Die Trübung ist unter dem Mikroskop leicht zu erkennen.

Nach Geys[1]) wird das Auftreten der Oxalattrübung durch geringe Azidität des Bieres begünstigt. Nach Schnegg und Kipphan[2]) ist die hauptsächlichste Ursache des Auftretens der Kristalltrübung eine Zunahme des Kalziumionengehalts des Bieres nach der Filtration, die hervorgerufen wird durch Lösung des in der heißwassersterilisierten Filtermasse niedergeschlagenen Kalks. Wird durch diese Vermehrung an Kalziumionen das Löslichkeitsprodukt des Kalziumoxalats überschritten, dann erfolgt Ausscheidung. Der Oxalsäuregehalt der Biere hängt nach Schnegg und Kipphan[2]) unmittelbar vom Kalkgehalt des Brauwassers ab. Er schwankt nach Bau[3]) zwischen 6—24 mg Oxalsäure im Liter. Zur Bestimmung der Oxalsäure im Bier hat Bau[3]) folgende Methode angegeben.

[1]) Zeitschrift für das gesamte Brauwesen 1922, Nr. 1 und 2, 1928, Nr. 5.
[2]) Zeitschrift für das gesamte Brauwesen 1934, Nr. 12.
[3]) Wochenschrift für Brauerei 1918, Nr. 6–12.

Zunächst bereitet man sich den »Kalkessig«. 330 g kristall. Natriumazetat werden in 300 cm³ Wasser in der Wärme gelöst. Ferner löst man 25 g kristall. Chlorkalzium in 50proz. Essigsäure und füllt mit letzterer auf 500 cm³ auf. Beide Lösungen, je 500 cm³, werden gemischt und 48 Stunden in der Kälte nicht über 7° (Eisschrank) stehengelassen. Vor ihrer Verwendung wird die Lösung durch ein Filter Schleicher & Schüll Nr. 602 »hart« filtriert.

Zum qualitativen Nachweis von Oxalsäure versetzt man eine bestimmte Menge der blanken Flüssigkeit (Bier oder gehopfte Würze) mit dem 5. Teil ihres Volumens Kalkessig und läßt die Mischung 38—44 Stunden im Eisschrank stehen. Sind im Bodensatz selbst bei Verwendung von 400 cm³ Bier oder Würze keine Kristalle von oxalsaurem Kalk auffindbar, so ist die Flüssigkeit als praktisch frei von Oxalsäure zu bezeichnen.

Zur quantitativen Bestimmung fällt man in gleicher Weise aus 400 cm³ des evtl. durch ein Filter Nr. 602 »hart« blank filtrierten Bieres die Oxalsäure durch 80 cm³ Kalkessig aus und filtriert nach 38—44stündigem Stehen im Eisschrank durch ein Filter Schleicher & Schüll Nr. 589 »Blauband« von 9 cm Durchmesser, ohne den Niederschlag aufzurühren. Nach dem Ablaufen wechselt man das Auffanggefäß, spritzt den Niederschlag auf das Filter und wäscht mit kaltem Wasser bis zum Verschwinden der Chlorreaktion (Salpetersäure und Silbernitrat!) aus. Das Volumen dieses zweiten Filtrates, welches wie das erste ganz blank sein muß, wird festgestellt. Das Filter wird getrocknet und im Platintiegel verascht, zur Kontrolle kann man auch den Glührückstand wägen. Hierauf löst man den Tiegelinhalt in ca. 2 cm³ (aus der Bürette, genau gemessen) N/10-Salzsäure (Lös. 29) und titriert nach Zusatz von 1 Tropfen Methylorange (Lös. 16) im Tiegel mit N/10-Natronlauge (Lös. 32).

Beispiel: 2. Filtrat = 450 cm³, zugesetzte N/10-Salzsäure 2,25 cm³, verbrauchte N/10-Natronlauge 1,1 cm³. Daher verbrauchte N/10-Salzsäure 2,25 — 1,1 = 1,15 cm³. 1 cm³ entspricht 4,5 mg wasserfreier Oxalsäure, daher 1,15 cm³ 1,15 × 4,5 = 5,12 mg. Nach den Untersuchungen Baus lösen sich in 1 l Wasser 4,86 mg oxalsaurer Kalk, entsprechend 3,42 mg Oxalsäure. Daher sind im 1. Filtrat (480 cm³) 3,42 × 0,48 = 1,64 mg und im 2. Filtrat (450 cm³) 3,42 × 0,45 = 1,54 mg Oxalsäure in Lösung geblieben. Somit beträgt die Gesamtmenge der Oxalsäure in 400 cm³ Bier 5,12 + 1,64 + 1,54 = 8,30 mg, daher in 1 l Bier 8,3 × 2,5 = **20,75** mg.

c) *Hopfenharztrübung.*

Diese Art von Trübung im Bier ist nur außerordentlich selten zu beobachten, weswegen hier nur auf sie verwiesen sei[1]).

d) *Eiweißtrübungen.*

Nach dem Verhalten beim Anwärmen des Bieres lassen sich im wesentlichen zwei Gruppen von Eiweißtrübungen erkennen.

[1]) Pawlowski 4. Auflage 1932, S. 224.

1. Kältetrübung, Gerbstoffeiweißtrübung (wärmelöslich).

Diese früher als Glutentrübung bezeichnete Trübung tritt besonders bei starkem Abkühlen des Bieres auf. Insbesondere ist sie zu beobachten bei nicht genügend kalt gelagerten Bieren. Auch stark gehopfte Biere neigen zur Kältetrübung. Die Trübung steht in ursächlicher Beziehung zum Kühlwert der Würze und besteht wie diese aus feinsten Partikelchen, die sich kaum absetzen, oft auch ein schleieriges Aussehen bewirken. Die hauptsächlichste Komponente ist eine Eiweißgerbstoffverbindung. Von allen anderen Eiweißtrübungen unterscheidet sich die Kältetrübung charakteristisch dadurch, daß sie in der Wärme löslich ist. Da sie bei normaler Ausschanktemperatur im allgemeinen verschwindet, kann sie als harmlos bezeichnet werden. Will man sich überzeugen, ob ein Bier kältetrüb wird, dann stellt man es 48 Stunden in Eis und vergleicht es dann mit einer bei normaler Temperatur aufbewahrten Parallelflasche. Zur zahlenmäßigen Bestimmung des Trübungsgrades sind verschiedene Methoden ausgearbeitet worden[1]).

2. Die nicht in der Wärme löslichen Eiweißtrübungen.

a) Proteintrübung.

Dieselbe bildet sich teils durch Oxydation, besonders der Eiweißgerbstoffverbindungen (Kältetrübung), durch den im Bier gelösten oder über ihm als Luftpolster (Flasche) vorhandenen Sauerstoff (Oxydationstrübung), teils entsteht sie durch mechanische Koagulation von hochmolekularem Eiweiß (Schütteltrübung). Sie besteht meist aus gröberen Teilchen, die sich am Boden absetzen. Diese Trübung verschwindet auf Zusatz von 10proz. Natronlauge. Die Prüfung der Biere auf ihre Neigung zur Bildung der Schütteltrübung erfolgt im Laboratorium in sogenannten Schüttelschränken, in welchen die Flaschen mit Bier so lange geschüttelt werden, bis sie trüb werden. Die Zeit bis zum Eintritt der Trübung gibt einen Anhaltspunkt über die diesbezügliche Bierstabilität. Man kann aber auch einige Flaschen mehrmals »fahren« und dann die Anwesenheit der Trübung untersuchen. Oftmals kommen die »Proteintrübung« und die »Kältetrübung« zusammen vor.

Für die Untersuchung der Oxydationsvorgänge im Bier, aber auch zum exakten, zahlenmäßigen Studium der mannigfachsten physikalisch-chemischen und biologischen Vorgänge, die auf Reduktions-Oxydationsvorgängen beruhen, wurde in neuester Zeit mit Erfolg das Reduktions-Oxydationspotential (Redoxpotential), welches seine zahlenmäßige Wiedergabe im r_H findet, verwendet.

Unter dem Redoxpotential, einer Lösung, versteht man den zwischen den reduzierenden und oxydierenden Substanzen derselben fließenden Elektronenstrom, ausgedrückt durch das elektrische Potential, das zwischen der Normalwasserstoffelektrode und der von dieser durch eine semipermeable Membran getrennten

---

[1]) Siehe Seite: Methoden zur Trübungsmessung (Anmerkung).

Lösung besteht. Das Redoxpotential ist groß in stark oxydierenden, gering in reduzierenden Lösungen.

Ein Maß für das Redoxpotential ergibt sich aus der Entfärbungszeit bestimmter Farbstoffindikatoren (Methylenblaumethode nach Thunberg) unter Ausschluß von Luftsauerstoff.

Die direkte Messung des Reduktions-Oxydationspotentials erfolgt ähnlich der Bestimmung der Wasserstoffionenkonzentration, nur mit dem Unterschied, daß die Messung mit einer blanken Gold- oder Platinelektrode im Stickstoffstrom durchgeführt wird.

Da das Redoxpotential p_H-abhängig ist, bedient man sich als absoluter Anzahl häufig des r_H, welches den negativen Logarithmus des Wasserstoffdrucks der Wasserstoffelektrode darstellt, der gegen eine Normalwasserstoffelektrode (mit einem Wasserstoffdruck von einer Atmosphäre) gemessen, demjenigen des Redoxpotentials entspricht.

Das r_H läßt sich aus dem gegen die Normalwasserstoffelektrode gemessenen Redoxpotential berechnen. Das r_H ist um so größer je stärker oxydierend die betreffende Lösung wirkt.

van Laer gibt folgende Werte für die Veränderung des Redoxpotentials während der Bierbereitung an:

	r_H
Kochende Würze (Stickstoffatmosphäre)	19,5
Würze in Stickstoff abgekühlt	17,0
„ „ Luft „	21,1
am Anfang der Gärung	24,4
„ Ende „ „	11,8

s. auch Mendlik Wo. 1935 S. 421., de Clerck Wo. 1934 S. 196.

b) Pasteurisiertrübung.

Sie stellt im wesentlichen eine »Proteintrübung« dar, deren Bildung durch die beim Pasteurisieren herrschende Temperatur beschleunigt wird.

c) Metalleiweißtrübung.

Heute ist das Auftreten von Metalleiweißtrübung nur noch selten zu beobachten. Diese Eiweißtrübung entsteht, wenn blanke Metallflächen aus Zinn, Zink oder Eisen mit dem Bier in direkte Berührung kommen, wie das z. B. am Filter der Fall ist. In manchen Fällen ist sie bei Zugabe von einigen Tropfen Salpetersäure löslich und daran als solche zu erkennen. Der direkte Nachweis der Metalle in den Eiweißmetalltrübungen ist nicht möglich. Zur Verhütung der Metalleiweißtrübungen ist eine zu weitgehende Entfernung des Biersteins zu vermeiden.

28. Oberflächenspannung und Viskosität.

Diese können ebenso bestimmt werden wie bei Würze (S. 144). Das Bier ist vorher gründlichst zu entkohlensäuren, wie oben unter Säurebestimmung (S. 213) angegeben. Es ist jedoch zu beachten, daß der Alkoholgehalt des Bieres diese beiden Bestimmungen wesentlich beeinflußt, so ist die Oberflächenspannung bei reinem Alkohol ungefähr viermal kleiner als bei Wasser (2 : 7,7), während die Viskosität durch Alkohol wesentlich erhöht wird. Anderseits wirkt aber der Alkohol durch seine Flüchtigkeit der Schaumbildung stark entgegen. Es geht auch nicht an, den Alkohol durch Einkochen zu entfernen, da das Kochen besonders in bezug auf diejenigen Stoffe, die die Oberflächenspannung beeinflussen, tiefgehende Veränderung und teilweise Verflüchtigung verursachen würde. Es können die gewonnenen Zahlen daher nur bei Bieren mit annähernd gleichem Alkoholgehalt verglichen werden.

Schon vor vielen Jahren hat Reischauer ein Verfahren angegeben, um die Viskosität des Bieres, die er in enger Beziehung zur Vollmundigkeit stehend erachtete, zu bestimmen. Der Reischauersche Apparat, der sich wohl noch in vielen Laboratorien vorfindet, dürfte bei sorgfältiger Handhabung ganz brauchbare Resultate liefern, da er auf dem gleichen Prinzip beruht wie die modernen Apparate.

29. Schaumhaltigkeit.

Die Schaumhaltigkeit eines Bieres ist sehr von äußeren Umständen abhängig, so von der Ausschanktemperatur, der Temperatur der umgebenden Luft, der Art des Einschänkens, der Form und der Sauberkeit des Trinkgefäßes. Klagen des Publikums oder eines einzelnen Wirtes über mangelhafte Schaumhaltigkeit eines Bieres finden oft ihre einfache Erklärung in dem Umstand, daß in der betreffenden Wirtschaft die Trinkgefäße nicht genügend sauber gehalten werden.

Zum objektiven Vergleich der Schaumhaltigkeit verschiedener Biere eignet sich der Apparat nach Professor Lüers[1]). Bei diesem wird Preßluft durch das Bier geleitet, die Höhe des dabei entstehenden Schaumes gemessen und beobachtet, wie lange sich der Schaum hält.

Auch von Dr. Kutter[2]) sowie Fr. Danzer[3]) und von Helm[4]) wurden derartige Apparate konstruiert.

Zur Beurteilung des Bieres.

Bei Beurteilung eines Bieres halte man sich nicht ausschließlich an das Ergebnis der chemischen und biologischen Untersuchung, sondern auch an die äußeren Merkmale, wie Geschmack, Geruch, Aussehen, Schaumhaltigkeit usw.

Von Nutzen dürften bei der Beurteilung des Bieres auch die Vereinbarungen der Vereinigung bayerischer Vertreter der ange-

---

[1]) Zu beziehen von Otto Reinig, München, Kapuzinerstraße.
[2]) Zeitschrift für das gesamte Brauwesen 1928, Nr. 24, 1929, Nr. 1 und 1931, Nr. 11.
[3]) Allgemeine Brauer- und Hopfenzeitung 1927, Nr. 296.
[4]) Wochenschrift für Brauerei 1923, Nr. 31.

wandten Chemie sein, welche im Jahre 1898 aufgestellt wurden und noch heute als maßgebend gelten:

I. Bayerische Biere besitzen in der Regel einen wirklichen Vergärungsgrad von mindestens 44%.

II. Im Verkehr nicht zulässig sind:

a) saure Biere;

b) Bier, welche einen ekelerregenden Geschmack und Geruch besitzen;

c) trübe Biere, gleichgültig von welcher Ursache die Trübung herrührt;

d) durch suspendierte Hefe nicht vollkommen klare, d. h. schleierig oder staubig erscheinende Biere, deren wirklicher Vergärungsgrad unter 48% liegt;

e) Biere, welche durch Bakterien schleierig erscheinen und Anzeichen von Verderbnis haben;

f) Biere, die unter Verwendung von Surrogaten, Süßstoffen oder Konservierungsmitteln hergestellt sind.

III. Im Verkehr noch zulässig sind:

Nicht vollkommen klare, d. h. staubig oder schleierig erscheinende Biere, wenn die staubige Beschaffenheit veranlaßt ist:

a) durch Eiweiß-(Gluten-)Körperchen,
b) durch Dextrine (Amylo- und Erythrodextrin),
c) durch Hopfenharzausscheidungen,
d) durch Hefe, und das hefeschleierige Bier einen wirklichen Vergärungsgrad von 48% oder darüber besitzt.

IV. Die sog. Luxusbiere (Bock und Salvator) unterstehen bezüglich ihres Vergärungsgrades keiner Beurteilung.

XII. Betriebswasser.

Probenahme.

Die Probe für die chemische Untersuchung wird in gut gereinigte Flaschen, am besten Glasstöpselflaschen von etwa 1 l Inhalt gefüllt, die man vorher mit Wasser ausgespült hat. Bei Entnahme der Probe aus einem Brunnen oder einer Leitung läßt man zur Entfernung des in der Rohrleitung stehenden Wassers zunächst ca. 10 Minuten ablaufen.

Statt der Glasstöpselflaschen kann man auch reine gewöhnliche Bierflaschen mit neuen, frisch ausgebrühten, nicht paraffinierten Korken oder Patentverschluß verwenden.

Zur gewöhnlichen Analyse sind erforderlich 3—4 l.

A. Physikalische Eigenschaften und praktische Vorprüfung.

1. Farbe und Klarheit.

Die Farbe erkennt man am besten, wenn man ein Becherglas mit dem zu untersuchenden Wasser und ein zweites mit dest. Wasser füllt, beide nebeneinander auf weißes Papier stellt und nun beide von oben betrachtet. Erscheint das Wasser klar, doch gelb gefärbt, so deutet dies in der Regel auf organische Substanzen. Ist es dagegen trübe, so enthält es meistens Eisenoxyd (das Eisen in Form brauner Flocken), Tonerde u. dgl. in fein verteilter Form, welche sich nach längerem Stehen absetzen. Die Absätze sind stets der mikroskopischen Prüfung zu unterwerfen. Am besten betrachtet man zunächst einen Tropfen Wasser auf dem Objektglas ohne Deckglas bei schwacher Vergrößerung und achtet dabei besonders auf das Vorhandensein von Wassertierchen, die sich oft mit großer Geschwindigkeit durch das Gesichtsfeld bewegen, ihr Auftreten macht ein Wasser immer verdächtig. Bei 2—300facher Vergrößerung sind auch Schimmelsporen und Hefezellen, die sich besonders in Wässern aus mangelhaft zugedeckten Brauereibrunnen vorfinden, schon zu erkennen. Schließlich wird man das Wassertröpfchen mit einem Deckglas bedecken und auch bei starker Vergrößerung durchsuchen.

Streng genommen, soll ein gutes Gebrauchswasser kristallklar sein und keinerlei trübende Bestandteile enthalten. Es ist hierbei zu bemerken, daß Wasser aus Braunkohlen- oder Mooruntergrund bisweilen gelb gefärbt ist, ohne sonst schlechte Eigenschaften zu zeigen. Ein solches Wasser würde unter besonderen Verhältnissen nicht unbedingt zu verwerfen sein.

2. Geruch.

Um denselben festzustellen, erwärmt man das Wasser in einem zugedeckten Gefäße auf 40—50°. Von Gerüchen prägen sich Modergeruch, Ammoniak, Leuchtgas, Teer (Karbolsäure) und Schwefelwasserstoff ziemlich deutlich aus.

Gutes Wasser soll vollkommen geruchlos sein.

3. Geschmack.

Die Kostprobe ist bei etwa 15°, evtl. auch bei 30° vorzunehmen. Das Wasser soll nicht fade und widerlich schmecken, sondern soll eine gewisse Menge Kohlensäure gelöst enthalten, so daß es angenehm und erfrischend schmeckt.

Enthält das Wasser viel mineralische Bestandteile, so kann es den diesen Stoffen eigenen Geschmack aufweisen, wie z. B.

salzigen Geschmack, erzeugt durch Kochsalz (bei mindestens 1 g im l),

bitteren Geschmack, erzeugt durch Magnesiumsulfat (Bittersalz bei mindestens 500 mg im l),

tintenartigen Geschmack, erzeugt durch Eisenverbindungen (bei mindestens 5 mg Fe im l).

4. Reaktion.

Man läßt empfindliches Lackmuspapier (s. unter Lös. 15), und zwar rotes und blaues einige Minuten zur Hälfte eingetaucht im Wasser liegen.

In den meisten Fällen wird das Wasser das rote Papier schwach bläuen, schwach alkalisch reagieren, infolge des Gehaltes an Erdalkalikarbonaten. Saure Reaktion findet sich hier und da in Moorwässern, kann auch von Verunreinigung durch Fabrikwasser herrühren.

Am genauesten prüft man die Reaktion mittels Phenolphthalein (Lös. 17a) und mit Methylorange (Lös. 16). Man versetzt je eine Probe Wasser (ca. 100 cm^3) mit je 2—3 Tropfen des Indikators. Es lassen sich folgende Fälle unterscheiden:

1. Phenolphthalein rot, Methylorange gelb. Das Wasser ist alkalisch durch freie Alkalien (Kalk) oder Alkalikarbonate, freie Kohlensäure ist nicht vorhanden.

2. Phenolphthalein farblos, auch auf Zusatz von ein paar Tropfen N/10-Natronlauge, Methylorange gelb. — Das Wasser enthält freie Kohlensäure und Karbonate.

3. Phenolphthalein farblos, Methylorange rot. — Das Wasser ist sauer, enthält stärkere Säuren und daher keine Karbonate.

5. Spez. Gewicht.

Das spez. Gewicht wird bestimmt mittels Pyknometer nach der Anleitung S. 106 und Division des Betriebswassergewichtes durch das Gewicht des destillierten Wassers, beide bei der gleichen Temperatur in Luft gewogen, ergibt das gleiche Resultat wie die Division der auf Vakuum umgerechneten Zahlen. Das Münchener Leitungswasser zeigt ein spez. Gewicht von 1,00032 bei einem Abdampfrückstand von 270 mg im Liter. Wässer mit sehr hohem Gehalt an gelösten Stoffen, namentlich Gipswässer, können ein spez. Gewicht bis zu 1,00250 aufweisen.

6. Verhalten beim Kochen und gegen Kalkwasser.

Bringt man 100—200 g Wasser in einem Becherglas auf dem Drahtnetz zum Kochen, so tritt gewöhnlich nach längerem oder kürzerem Kochen stärkere oder schwächere Trübung je nach dem Gehalt des Wassers an Erdalkalikarbonaten (Karbonatwasser). Bleibt das Wasser nach halbstündigem Kochen blank oder fast blank, so liegt ein weiches Wasser vor.

Versetzt man das Wasser mit ungefähr $^1/_5$ seines Volumens klarem Kalkwasser, so tritt bei hohem Gehalt an freier Kohlensäure und Karbonaten sofort starke Opaleszenz bzw. Trübung ein.

7. Verhalten gegen Sodalösung.

Versetzt man Wasser in $^1/_2$-l-Glas mit einer klaren etwa 5proz. Sodalösung und tritt dabei sofort starke Trübung auf, so hat man es meistens mit stark gipshaltigem Wasser zu tun.

Diese Reaktion fällt auch im Betrieb bei Bereitung der Sodalösung auf.

8. Verhalten beim Waschen.

Kommt man in eine fremde Gegend, so merkt man schon am Toilettetisch beim Waschen, ob ein weiches oder hartes Wasser vorliegt. Im ersteren Falle kann man sich des Seifenschaumes kaum erwehren, im letzteren Falle dagegen darf man nur wenig Wasser nehmen neben viel Seife, um den zum Waschen erwünschten Schaum zu bekommen.

B. Chemische Untersuchung.

Dieselbe zerfällt in eine qualitative und eine quantitative Analyse. Vielfach kann man aus der Stärke der qualitativen Reaktion schon einen Schluß ziehen auf die vorhandene Menge der betreffenden Substanz, wenn nicht der positive Ausfall der qualitativen Prüfung überhaupt schon das Wasser als genügend verdächtig erscheinen läßt, wie dies z. B. bei Ammoniak und salpetriger Säure der Fall ist.

Die Menge der einzelnen im Wasser gelöst enthaltenen Stoffe (kurz auch Wasserbestandteile genannt) wird meistens angegeben in mg in 1 l. Manche geben auch an Teile in 100000 Teilen oder, was dasselbe ist, g in 100000 g oder g in 1 hl. Selten werden angegeben g in 1 m^3, was mit mg in 1 l übereinstimmend ist.

Beispiel: 350 mg in 1 l
= 350 g in 1 m^3
= 35 Teile in 100000 Teilen
= 35 g in 100000 g oder in 1 hl.

Umrechnung auf Ionen s. unter C 2.

Die einzelnen Stoffe werden in der Regel im klaren, evtl. filtrierten Wasser bestimmt.

1. Abdampfrückstand.

Der Abdampfrückstand schwankt normal zwischen 200 und 500 mg im Liter. Es kommen aber auch Brauwässer vor mit viel weniger, bis zu 20 mg, und auch mit viel mehr, bis zu 2000 mg Abdampfrückstand. Trübes Wasser läßt man in der Regel vor Bestimmung des Abdampfrückstandes nur kurze Zeit absitzen, man kann es aber auch filtrieren.

200—500 cm^3 des Wassers, in einem Meßkölbchen genau abgemessen, werden nach und nach in einer ausgeglühten und gewogenen Schale, am besten in einer Platinschale, auf dem Wasserbade an einem staubfreien Orte vollständig eingedampft. Dann wird die Schale mit dem Rückstand im Trockenschranke (S. 27, Abb. 19) bei 100—105° oder auch 110° 2 Stunden lang getrocknet, im Exsikkator (ca. 30 Minuten lang) erkalten gelassen und hierauf gewogen. Nach dem Wägen stellt man die Schale nochmals auf ca. 1 Stunde in den Trockenschrank, um sie nach abermaligem Erkalten wieder zu wägen. Das Trocknen und Wägen wird bis zur Gewichtskonstanz fortgesetzt. Es ist zu beachten, daß der Abdampfrückstand der meisten Wässer ziemlich hygroskopisch ist. Das Abwägen soll daher schnell erfolgen. Abkühlen läßt man am besten in einem Exsikkator mit konzentrierter Schwefelsäure.

Beispiel: Es wurden 250 cm³ Wasser verdampft.

Gewicht der Schale mit dem Abdampfrückstand . .	= 21,445 g
Gewicht der Schale allein	= 21,297 g
Gewicht des Abdampfrückstandes von 250 cm³ Wasser	= 0,148 g

Demnach von 1 l Wasser $\frac{0{,}148 \times 1000}{250}$ g = 148 × 4 = **592** mg.

2. Glührückstand.

Man erhitzt den Abdampfrückstand (a) gelinde über der freien Flamme. Bei evtl. Vorhandensein von viel organischer Substanz oder Eisen bzw. Mangan färbt er sich hierbei braun bis schwarz. Nun wird das vorsichtige Glühen fortgesetzt, bis der Rückstand weiß geworden ist. Bleibt er braun, so rührt dies in den meisten Fällen vom Eisen her. Nach dem Erkalten im Exsikkator wird die Schale mit dem Rückstand gewogen.

Beispiel:

Gewicht der Schale mit Glührückstand.	= 21,430 g
Gewicht der Schale allein	= 21,297 g
Gewicht des Glührückstandes von 250 cm³ Wasser	= 0,133 g

Demnach von 1 l Wasser 133 × 4 = **532** mg.

Da beim Glühen des Abdampfrückstandes nicht nur organische Substanzen verbrannt werden, sondern auch teilweise Kohlensäure, Salpetersäure, Chlor usw. sich verflüchtigen, so hat die obige Bestimmung nur eine untergeordnete Bedeutung.

3. Bestimmung der organischen Substanz.

Der Glühverlust gibt nach vorstehendem kein richtiges Bild über den Gehalt an organischer Substanz. Wenn man sich erinnert, daß in der Natur die organische Substanz im Wasser allmählich durch Oxydation zerstört, mineralisiert wird (Selbstreinigung des Wassers), so erscheint es ohne weiteres begreiflich, daß die absolute Menge der organischen Substanz auch kein richtiges Bild von dem Grad der Verunreinigung oder besser gesagt von dem Stand des Reinigungsprozesses des Wassers abgeben kann. Man bestimmt daher, wieviel Sauerstoff pro Liter Wasser noch nötig ist, um alle vorhandene organische Substanz vollkommen zu oxydieren, in mineralische Stoffe, in Wasser und Kohlensäure zu verwandeln.

Ein Verbrauch von 3 mg Sauerstoff auf 1 l Wasser ist noch als mäßig zu bezeichnen. Wässer aus Moorböden verbrauchen oft wesentlich mehr, ohne daß sie zu beanstanden wären.

a) *Methode von Kubel-Tiemann.*

Zur Ausführung der Bestimmung wird das Wasser nach der Methode von Kubel-Tiemann mit Kaliumpermanganatlösung (Lös. 43b) in schwefelsaurer Lösung gekocht. Der Titer der Kaliumpermanganatlösung wird vorher gegen N/100-Oxalsäure (Lös. 42) eingestellt.

In schwefelsaurer Lösung geben zwei Moleküle Kaliumpermanganat an organische Stoffe, also auch an Oxalsäure, 5 Atome Sauerstoff ab, wobei die Übermangansäure in Manganoxydul übergeht.

$$2\,KMnO_4 + 3\,H_2SO_4 = K_2SO_4 + 2\,MnSO_4 + 5\,O + 3\,H_2O.$$

Dagegen erfordert 1 Mol. Oxalsäure 1 Atom Sauerstoff zur vollständigen Oxydation.

$$H_2C_2O_4 + O = 2\,CO_2 + H_2O.$$

Die reine kristallisierte Oxalsäure enthält Kristallwasser entsprechend der Formel $H_2C_2O_4 + 2\,H_2O$, daher ist das Molekulargewicht gleich 126, während $KMnO_4 = 158$.

Nach obigen Gleichungen können 2 Mol. $KMnO_5$ 5 Mol. krist. Oxalsäure oxydieren oder $2 \times 158 = 316$ g $KMnO_4$ oxydieren $5 \times 126 = 630$ g krist. Oxalsäure und geben ab $5 \times 16 = 80$ g Sauerstoff. Da die Oxalsäure zweiwertig ist, so ist ihr Äquivalentgewicht $\frac{126}{2} = 63$. Eine N/100-Oxalsäure enthält demnach in 1 l $\frac{63}{100} = 0{,}63$ k krist. Oxalsäure. Daraus ergibt sich ferner: 1 cm³ N/100-Oxalsäure enthält 0,63 mg krist. Oxalsäure und erfordert zur Oxydation 0,316 mg $KMnO_4$ oder 0,08 mg O.

α) Titerstellung der Kaliumpermanganatlösung.

Die verwendete Kaliumpermanganatlösung (Lös. 43b) ist annähernd N/100. Da das käufliche Kaliumpermanganat nie ganz rein ist und auch die Lösung beim Aufbewahren sich etwas verändern kann, ist der Titer jedesmal neu zu bestimmen. Die Lösung ist tief dunkelrot, ebenso wie eine wässerige Lösung von freier Übermangansäure. Nach der Abgabe des Sauerstoffs aber ist die entstandene Manganosulfatlösung farblos. Die Permanganatlösung kann so selbst als Indikator dienen.

In einem tadellos gereinigten Kochkolben (Erlenmeyer-Kolben) gebe man 100 cm³ dest. Wasser, 5 cm³ verdünnter Schwefelsäure (Lös. 5d) und aus einer Glashahnbürette gerade so viel Kaliumpermanganatlösung (Lös. 43b), daß eine Rotfärbung des Wassers eben noch zu erkennen ist, wenn man den Kolben gegen eine weiße Unterlage hält.

Hierauf bringt man den Inhalt des Kolbens auf einem Asbestdrahtnetz zum Sieden. Entfärbt sich die Flüssigkeit, so gibt man wieder einige Tropfen Permanganat so lange zu, bis eine dauernde, aber nur eben sichtbare Rotfärbung nach 3—5 Minuten langem

Kochen bleibt. Folglich ist sowohl der Kolben als auch das Wasser frei von organischen Substanzen.

Ist dies erreicht, so notiert man den Stand der Lösung in der Bürette (1. Ablesung), läßt davon 8—9 cm³ in die schwach rötliche Flüssigkeit in den Kolben fließen und kocht das Ganze einmal auf.

Nun entfernt man den Kolben von der Flamme, gibt genau (mit der Pipette) 10 cm³ N/100-Oxalsäurelösung (Lös. 42) zu und schüttelt um. Hierauf nach Entfärbung der Flüssigkeit läßt man tropfenweise aus der Bürette unter Umschwenken so lange Permanganat zufließen, bis wieder die eben sichtbare Rotfärbung, wie am Anfang der Titration, eingetreten ist, worauf man den Stand der Bürette wiederum abliest (2. Ablesung).

Beispiel: 1. Ablesung der Bürette = 3,8 cm³
2. » » » = 14,2 cm³.

Für 100 cm³ N/100-Oxalsäure wurden demnach 14,2— 3,8 = 10,4 cm³ Kaliumpermanganatlösung verbraucht.

Also entsprechen 10,4 cm³ Permanganatlösung 10 cm³ N/100-Oxalsäurelösung und, da 10 cm³ Oxalsäure 0,8 mg Sauerstoff erfordern, so gibt 1 cm³ Permanganatlösung 0,8 : 10,4 (R-St) = 0,077 mg Sauerstoff ab. Also Titer = **0,077** mg.

Die Titerstellung wird so lange wiederholt, bis die Resultate der beiden letzten Versuche nicht mehr als 0,1 cm³ voneinander abweichen.

β) Ausführung.

Der Kolben, welcher zur Titerstellung benutzt wurde, wird entleert und in denselben werden, ohne ihn auszuspülen, 100 cm³ des zu untersuchenden Wassers, ca. 5 cm³ verdünnte Schwefelsäure und (in der Kälte) tropfenweise so viel Kaliumpermanganatlösung gegeben, daß die schwachrötliche Färbung des Wassers noch eben zu erkennen ist.

Nun wird der Stand der Kaliumpermanganatlösung in der Bürette notiert, die ganze Menge, welche bei der Titerstellung verbraucht wurde, zugesetzt, auf dem Asbestdrahtnetz zum Kochen gebracht und 10 Minuten lang nicht zu stark (!) gekocht. Verschwindet beim Kochen die rote Färbung der Flüssigkeit, so müssen weitere Mengen Permanganatlösung zugegeben werden, bis die rote Färbung standhält.

Nach dem 10 Minuten langen Kochen nimmt man vom Feuer und setzt dem Kolbeninhalt mit einer Pipette 10 cm³ N/100-Oxalsäure zu und schüttelt durch. Der entfärbten heißen Flüssigkeit setzt man hierauf, unter Umschwenken, so lange tropfenweise aus der Bürette Kaliumpermanganatlösung zu, bis eine ganz schwache Rotfärbung, wie zu Anfang eingetreten ist und notiert alsdann den Stand der Flüssigkeit in der Bürette.

Aus der Differenz der insgesamt verbrauchten cm³ Kaliumpermanganatlösung und der bei der Titerstellung ergibt sich die

Menge des Kaliumpermanganats, welche erforderlich war, um die organischen Substanzen in 100 cm^3 Wasser zu oxydieren.

Die Multiplikation dieser verbrauchten cm^3 Lösung mit dem Titer der Permanganatlösung gibt in mg die erforderliche Menge Sauerstoff (O) an.

Beispiel: Der Stand der $KMnO_4$-Lösung in der Bürette zeigte:

am Schlusse der Titration	12,3 cm^3
zu Beginn der Titration	0,5 cm^3
Demnach beträgt der Gesamtverbrauch an $KMnO_4$-Lösung	11,8 cm^3

Also 100 cm^3 Wasser und 10 cm^3 N/100-Oxalsäure verbrauchten 11,8 cm^3 Permanganatlösung, 10 cm^3 N/100-Oxalsäure verbrauchten allein 10,4 cm^3 Permanganatlösung. Folglich waren zur Oxydation der organischen Substanzen in 100 cm^3 Wasser 11,8 — 10,4 = 1,4 cm^3 Permanganatlösung nötig.

Daher Verbrauch auf 100 cm^3 Wasser 1,4 × 0,077 (R-St) = 0,108 mg O. Auf 1 l Wasser 10 × 0,108 = **1,08** mg Sauerstoffverbrauch.

Will man den Sauerstoffverbrauch auf Kaliumpermanganatverbrauch ($KMnO_4$) umrechnen, so multipliziert man die Menge des Sauerstoffs mit 3,95.

Folglich ist in diesem Falle der Verbrauch an $KMnO_4$

1,08 × 3,95 = **4,27** mg auf 1 l Wasser.

Bei hohem Chlorgehalt des Wassers gibt das Verfahren zu hohe Werte, da auch Chlorwasserstoff von Übermangansäure oxydiert wird zu freiem Chlor.

b) Methode von Schulze-Trommsdorff.

Nach dieser Methode, bei welcher die Chloride nicht störend wirken, wird die Oxydation in alkalischer Lösung durchgeführt. Man kocht wie unter α) 100 cm^3 Wasser mit 0,5 cm^3 Natronlauge (Lös. 10) und 10 cm^3, evtl. mehr bis 15 cm^3, Permanganatlösung 10 Minuten lang, nimmt von der Flamme weg, gibt 10 cm^3 verdünnte Schwefelsäure und dann sofort 10 cm^3 N/100-Oxalsäure zu. Nachdem die Flüssigkeit vollständig farblos geworden ist und alle Flocken sich gelöst haben, läßt man noch Permanganatlösung zufließen, bis eben schwache Rotfärbung eintritt.

Titerstellung und Berechnung wie unter α).

4. Ammoniak, NH_3.

a) Qualitativ.

Dasselbe bildet sich in der Natur beim Zerfall (Fäulnis) von Eiweißstoffen und kann im Wasser in folgenden Formen auftreten:

a) als freies Ammoniak,
b) als Ammoniumsalz,
c) als Eiweiß- oder Albuminoid-Ammoniak.

Ein Gehalt an Ammoniak, auch der kleinste, macht daher ein Wasser immer verdächtig. Nur in seltenen Fällen kommt es vor, daß Wasser aus Moorgegenden ziemlich reichlich Ammoniak enthält, das aber nicht Fäulnisprozessen entstammt, sondern aus Nitraten durch reduzierende Wirkung von Humussubstanzen entstanden ist, in diesem Falle ist der Ammoniakgehalt nicht zu beanstanden.

Zum Zwecke der Prüfung versetzt man 100—150 cm³ des Wassers in einem verschließbaren Meßzylinder mit ca. 3 cm³ Natronsodalösung (Lös. 73), schüttelt tüchtig durch und läßt eine Zeitlang stehen. Ein etwa auftretender Niederschlag von Kalzium-, Magnesium- und Eisenkarbonat oder Manganoxydul setzt sich am Boden ab und die Flüssigkeit wird klar. Ist dies erfolgt, so wird die klare Flüssigkeit von dem Niederschlag in ein Becherglas abgegossen oder abpipettiert, mit 3—5 cm³ Neßlers Reagens (Lös. 52) versetzt und mit einem Glasstab umgerührt. Je nach der Menge des evtl. vorhandenen Ammoniaks entsteht sofort oder nach einiger Zeit (1—2 Minuten) eine gelbe bis rötlichgelbe Färbung, hervorgerufen durch einen Niederschlag von Merkuriammoniumjodid.

Genau denselben Versuch macht man zum Vergleich mit ammoniakfreiem destilliertem Wasser, jedoch ist hier ein Zusatz von Natron-Sodalösung ebenso wie bei ganz weichen Wässern überflüssig. Gibt das Wasser direkt mit Neßlers Reagens versetzt nicht die geringste Gelbfärbung, so ist eine weitere Behandlung ebenfalls nicht erforderlich.

Selbst 0,1 mg Ammoniak im Liter lassen sich durch Neßlers Reagens noch nachweisen. Die Reaktion erfolgt nach folgender Formel:

$$NH_3 + 3\ KOH + 2\ (HgJ_2 + 2\ KJ)\ \text{(Neßlers Reagens)}$$

$$= NH_2J \begin{matrix} Hg \\ Hg \end{matrix}\!\!> O\ \text{(Merkuriammoniumjodid)} + 7\ KJ + 2\ H_2O.$$

b) Quantitativ.

Die Bestimmung des Ammoniaks kann nach Frankland und Armstrong kolorimetrisch erfolgen durch Vergleich mit einer Ammoniumchloridlösung (Lös. 74), welche in 1 cm³ 0,1 mg Ammoniak (NH_3) enthält.

Zum Farbenvergleich können zwei 100-cm³-Meßzylinder ohne Stopfen dienen, besser sind sog. Hehnersche Zylinder mit Ablaßhahn. Das Wasser wird zunächst, wie S. 250 unter Ammoniak angegeben, mit Natron-Sodalösung vorbehandelt. Von dem geklärten Wasser gibt man 100 cm³ in den einen Zylinder, setzt 1 cm³ Neßlers Reagens (Lös. 52) zu und mischt mit einem Glasstab. In den zweiten Zylinder gibt man 2 cm³ der Ammoniumchloridlösung (= 0,2 mg NH_3), füllt mit sicher ammoniakfreiem dest. Wasser bis Marke 100 auf, setzt ebenfalls 1 cm³ Neßlers Reagens zu und mischt. Man vergleicht nun an einem Fenster die Farbe in beiden Zylindern, welche dabei auf weißem Papier stehen. Von der dunkleren Flüssigkeit gießt man nun so viel ab, bis die Farben genau gleich sind und liest ab, wieviel sich noch im Zylinder befindet. Jetzt hat man auch in beiden Zylindern die gleiche Menge Ammoniak.

Beispiel: Die Farben waren gleich, als sich im zweiten Zylinder mit dest. Wasser nur noch 70 cm^3 Flüssigkeit befanden.

101 cm^3 . . . 0,2 mg Ammoniak

70 cm^3 . . . $\frac{0,2 \times 70}{101}$ (R-St) = 0,14 mg Ammoniak

100 cm^3 Wasser enthalten 0,14 mg Ammoniak (NH_3).

In 1 l Wasser daher 10 × 0,14 = **1,4** mg Ammoniak.

Bei einem Gehalt von mehr als etwa 2 mg Ammoniak im Liter wird das Wasser am besten mit reinem dest. Wasser entsprechend verdünnt.

5. Salpetrige Säure, N_2O_3.

a) Qualitativ.

Salpetrige Säure entsteht fast immer durch die Tätigkeit von Bakterien entweder aus Ammoniak (Oxydation) oder aus Salpetersäure (Reduktion). Salpetrige Säure findet sich daher fast nur in stark verunreinigten Wässern.

Zum Nachweis füllt man ein Reagenzglas zu $^3/_4$ mit dem Wasser, versetzt mit 3—5 Tropfen Phosphorsäure[1]) (Lös. 8), um die salpetrige Säure aus ihren Salzen, den Nitriten, freizumachen, und gibt darauf 10—12 Tropfen Jodzinkstärkelösung (Lös. 68) zu. Bei Gegenwart von salpetriger Säure tritt Blaufärbung ein. Eventuell läßt man 10—15 Minuten im Dunkeln stehen, da die Blaufärbung bei sehr geringen Mengen salpetriger Säure erst nach einiger Zeit eintritt. Die Reaktion tritt noch ein bei 0,02 mg salpetriger Säure in 1 l Wasser.

Statt der Jodzinkstärkelösung kann man auch frisch bereitete Jodkaliumstärkelösung verwenden. Man verfährt in folgender Weise: Eine kleine Messerspitze lösliche Stärke wird in einem weitern Reagenzglas in 20—25 cm^3 Wasser unter Erhitzen gelöst und nach dem Abkühlen einige kleine Kristalle (0,2—0,3 g) Jodkalium zugesetzt. Von dieser Jodkaliumstärkelösung gibt man zu ca. 30—40 cm^3 Wasser in einem Reagenzglas einige cm^3 und außerdem noch etwas Phosphorsäure.

Die Phosphorsäure macht aus den Nitriten salpetrige Säuren, aus dem Jodzink bzw. Jodkalium Jodwasserstoff frei, und diese wirken dann wie folgt aufeinander ein:

$$HNO_2 + HJ = NO + J + H_2O.$$

Das freiwerdende Jod gibt mit der Stärke Blaufärbung. Zu beachten ist noch, daß stark oxydierend wirkende Stoffe wie Ozon, Wasserstoffsuperoxyd und unterchlorige Säure, die allerdings nur

[1]) Wenn man Phosphorsäure statt Schwefelsäure anwendet, stören nach Winkler eventuell vorhandene Eisenoxydverbindungen die Reaktion nicht.

ausnahmsweise im Wasser vorkommen dürften, auch aus Jodwasserstoff Jod frei machen und so den Nachweis der salpetrigen Säure auf obige Weise unmöglich machen.

b) Quantitativ.

Für praktische Zwecke wird es in der Regel genügen, aus der Stärke der Reaktion bei der qualitativen Prüfung (S. 251) einen Schluß auf die Menge der vorhandenen salpetrigen Säure zu ziehen unter Benutzung nachstehender von Winkler[1]) aufgestellten Tabelle:

Die Flüssigkeit bläut sich	1 l enthält N_2O_3
sofort	0,5 mg oder mehr
nach 10 Sekunden	etwa 0,3 »
» 30 »	» 0,2 »
» 1 Minute	» 0,15 »
» 3 Minuten	» 0,10 »
» 10 »	» 0,05 »

Man kann auch wieder ähnlich wie unter 1. bei Ammoniak verfahren, indem man sich einer Vergleichslösung von reinem Natriumnitrit (Lös. 70) bedient, die in 1 cm³ 0,1 mg salpetrige Säure (N_2O_3) enthält. Man gibt in einen Meßzylinder 100 cm³ des Wassers, dazu 2 cm³ Jodzinkstärkelösung (Lös. 68) und 1 cm³ Phosphorsäure (Lös. 8), mischt gut durch und setzt sofort zu einem zweiten Zylinder, der 100 cm³ dest. Wasser und ebensoviel Jodzinkstärkelösung und Phosphorsäure wie der erstere enthält, von der Natriumnitritlösung aus einer Meßpipette zu, bis nach kurzer Zeit die Farbe dunkler blau erscheint als im ersten Zylinder. Hierauf gießt man von der gut gemischten Flüssigkeit ab, bis die Farbe in beiden Gläsern gleich ist und liest den Stand der Flüssigkeit im zweiten Zylinder ab.

Beispiel: Zugesetzt zum zweiten Zylinder 0,65 cm³ Nitritlösung, entsprechend $0{,}65 \times 0{,}1 = 0{,}065$ mg N_2O_3. Stand der Flüssigkeit im zweiten Zylinder 74 cm³.

$$103{,}65 \text{ cm}^3 \ldots\ldots 0{,}065 \text{ mg } N_2O_3$$

$$74 \text{ cm}^3 \ldots\ldots \frac{0{,}065 \times 74}{103{,}65} \text{ (R-St)} = 0{,}046 \text{ mg } N_2O_3$$

100 cm³ Wasser enthalten 0,046 mg salpetrige Säure (N_2O_3),
1 l Wasser enthält demnach $10 \times 0{,}46 = \mathbf{0{,}46}$ mg salpertrige Säure.

6. Salpetersäure, N_2O_5.

a) Qualitativ.

Sie stellt das Endprodukt der Oxydation stickstoffhaltiger organischer Stoffe dar und ist daher viel weniger bedenklich als die Zwischenprodukte Ammoniak und salpetrige Säure. Der Nachweis erfolgt:

[1]) Zeitschrift für Untersuchung der Nahrungs- und Genußmittel 1915, Bd. 29, Heft 1.

α) Durch Diphenylamin.

Das Reagens Diphenylamin bildet farblose kleine Kristalle, es ist in einem braunen Glasstöpselglas aufzubewahren. Ein auch nur schwach gefärbtes Präparat ist zu verwerfen. Die Anwendung erfolgt am besten nach der von E. Kopp gegebenen Vorschrift. In ein kleines, gründlichst gereinigtes und wiederholt mit dem zu untersuchenden Wasser abgespültes weißes Porzellanschälchen (oder Deckel eines Porzellantiegels) gibt man ca. 1 cm³ des Wassers, setzt einige Kriställchen Diphenylamin zu und darauf mit einer kurzen Zwischenpause zweimal je 0,5 cm³ reinste konzentrierte Schwefelsäure. Bei viel Salpetersäure tritt schon beim ersten Schwefelsäurezusatz sofort starke Blaufärbung ein, bei weniger als 10 mg Salpetersäure im Liter erst beim zweiten Zusatz und evtl. erst nach 2—3 Minuten. Man kann auch in einem Reagenzglas einige Körnchen Diphenylamin in konzentrierter Schwefelsäure lösen und nach Zusatz von ungefähr $^1/_{10}$ des Volumens destillierten Wassers das zu prüfende Wasser aus einem zweiten Reagenzglas (beide Reagenzgläser gegeneinander neigen!) darüber schichten. Wenn man dem Wasser im Reagenzglas vorher einige Tropfen Kochsalzlösung zusetzt, wird die Probe noch schärfer. An der Berührungsstelle der beiden Flüssigkeiten tritt bei Anwensenheit von Salpetersäure ein blauer Ring auf.

Da auch manchmal die Schwefelsäure Salpetersäure enthält, so ist auch immer ein blinder Versuch mit reinem destilliertem Wasser auszuführen. Die Reaktion ist genau bis auf etwa 7 mg Salpetersäure (N_2O_5) im Liter, was für praktische Zwecke aber vollkommen genügt.

Störend wirken auch hier andere, stark oxydierend wirkende Stoffe, besonders aber die salpetrige Säure. Man muß daher letztere, wenn man neben ihr Salpetersäure mit Diphenylamin nachweisen will, vorher durch 10—15 Minuten langes Kochen von 100 cm³ Wasser mit 1—2 cm³ Phosphorsäure (Lös. 8) entfernen.

β) Durch Brucin.

Das Brucin (Vorsicht! sehr giftig!) bildet kleine weiße Kristalle, nicht schneeweißes Präparat ist zu verwerfen, und ist wie das Diphenylamin vor Licht und Luft geschützt aufzubewahren. Die Reaktion ist schärfer wie notwendig, soll jedoch trotzdem hier beschrieben werden, da sie auch bei Gegenwart von salpetriger Säure anwendbar ist und das Brucin auch verwendbar ist zu einer einfachen quantitativen Bestimmung der Salpetersäure (s. unten).

Nach Winkler gebe man gut 3 cm³ reinster konzentrierter Schwefelsäure in ein tadellos gesäubertes Reagenzglas und dazu tropfenweise 1 cm³ des zu untersuchenden Wassers. Die dabei stark sich erhitzende Flüssigkeit wird wieder vollkommen abgekühlt und dann werden einige mg Brucin zugegeben. Bei 100 mg Salpetersäure (N_2O_5) im Liter entsteht kirschrote Färbung, die bald in Gelb übergeht, bei 10 mg tritt schön rosenrote, bei 1 mg blaßrosenrote Färbung ein.

b) Quantitativ.

Reine Wässer enthalten in der Regel nicht mehr als 20—30 mg Salpetersäure (N_2O_5) im Liter, jedoch macht auch ein höherer Gehalt bis zu 100 mg das Wasser noch nicht direkt verwerflich.

Die quantitative Bestimmung der Salpetersäure erfolgt nach einer der drei nachstehend beschriebenen Methoden.

α) *Nach Noll*[1]).

Die Bestimmung erfolgt durch Farbenvergleich mit einer Kaliumnitratlösung (Lös. 71), die in 1 l 100 mg N_2O_5 enthält. Größere Mengen organischer Substanz sollen störend wirken. 10 cm³ Wasser versetzt man mit einer frisch bereiteten Lösung von 0,05 g Brucin (in einer Reibschale verrührt) in 20 cm³ reinster konzentrierter Schwefelsäure und läßt unter Umrühren genau 15 Sekunden einwirken. Dann gießt man sie in einen 100 cm³-Meßzylinder (besser Hehnerscher Zylinder), in dem sich 70 cm³ dest. Wasser befinden, so daß man alsdann 100 cm³ hat. Genau in der gleichen Weise verfährt man mit 10 cm³ der obigen Nitratlösung und vergleicht dann die gelbe Farbe in beiden Zylindern. Der zweite Zylinder muß immer dunkler erscheinen, im andern Falle müßte das Wasser entsprechend verdünnt werden. Hierauf gießt man von dem zweiten Zylinder so viel aus, daß die Farbe in beiden Zylindern gleich ist und liest den zweiten Zylinder ab.

Beispiel: Der zweite Zylinder enthält bei Farbengleichheit 45 cm³.

Bei 100 cm³ müßte das Wasser auch 100 mg N_2O_5 im Liter enthalten, bei 45 cm³ demnach **45** mg Salpetersäure in 1 l Wasser.

β) *Nach Ulsch.*

Die Salpetersäure wird durch naszierenden Wasserstoff zu Ammoniak reduziert und dieses nach Kjeldahl bestimmt. Bei Gegenwart von salpetriger Säure werden zu hohe Werte gefunden, da diese ebenfalls in Ammoniak übergeht. Größere Mengen organischer Substanz sollen ebenfalls störend wirken.

In einem Kjeldahl-Kolben werden 300 cm³ Wasser auf etwa 30—50 cm³ eingedampft. Dann setzt man 10 cm³ verdünnte Schwefelsäure (Lös. 5d) und 5 g sulfidfreies Eisenpulver (Ferrum reductum) zu, kocht ca. 10 Minuten und kühlt ab. Nach Zusatz von 30 cm³ Natronlauge (Lös. 10) bestimmt man das Ammoniak durch Destillation wie bei der Stickstoffbestimmung S. 31 angegeben unter Vorlage von 30 cm³ N/5-Schwefelsäure (Lös. 30). 1 cm³ N/5-Schwefelsäure entspricht 10,8 mg Salpetersäure (N_2O_5).

[1]) Zeitschr. f. angew. Chemie 1901. S. 1317.

Beispiel:

Angewandtes Wasser 300 cm^3.
Verbraucht zum Zurücktitrieren der vorgelegten 30 cm^3 N/5-Schwefelsäure 26,5 cm^3 N/5-Ammoniak.

Daher wurden gesättigt von dem überdestillierten Ammoniak 30—26,5 = 3,5 cm^3 N/5-Schwefelsäure, diese entsprechen 3,5 × 10,8 = 37,8 mg N_2O_5 in 300 cm^3 Wasser.

Daher in 1 l Wasser $\frac{37,8 \times 10}{3} = 126$ mg N_2O_5.

γ) *Nach Landval und Lajoux.*

Die Methode beruht auf der Oxydation von Phenol zu Trinitrophenol und der Bildung von Ammoniumpikrat. Dieselbe wurde von Lampe[1]) geprüft und mit zweckmäßigen Änderungen versehen.

30 cm^3 Wasser werden in ein Erlenmeyer-Kölbchen gegeben und auf einer Tarierwaage das Gesamtgewicht festgestellt. Hierauf setzte man zur Ausfällung der Chloride 0,87 mal soviel gesättigte Silbersulfatlösung (Lös. 76) zu als bei der Chlorbestimmung (s. unter 7 b) Silbernitratlösung (Lös. 55) auf 30 cm^3 Wasser verbraucht wurde, kocht einige Zeit, damit sich das ausgeschiedene Silberchlorid zusammenballt, kühlt ab und füllt mit Wasser auf das ursprüngliche Gewicht auf. Hierauf filtriert man durch ein trockenes, quantitatives Filter, bis das Filtrat blank läuft und dampft von diesem 25 cm^3 in einer Porzellanschale auf dem Wasserbade zur Trockene ein. Den Rückstand versetzt man mit 15—20 Tropfen Phenolschwefelsäure (0,75 g chemisch reines Phenol + 9,25 g chemisch reine konzentrierte Schwefelsäure). Mit Hilfe eines unten abgeplatteten Glasstabes verrührt man die Phenolschwefelsäure quantitativ mit dem Rückstand, spült den Glasstab mit ca. 25 cm^3 Wasser ab, versetzt mit 10 cm^3 10proz. Ammoniak (Lös. 12c) und füllt auf 200 cm^3 auf. Die Lösung wird je nach Salpetersäuregehalt eine mehr oder weniger gelbe Farbe zeigen, infolge der Anwesenheit von Ammoniumpikrat. Die Salpetersäure hat mit dem Phenol Pikrinsäure, $C_6H_2(NO_3)_3OH$, und diese mit dem Ammoniak Ammoniumpikrat, $C_6H_2(NO_3)_3ONH_4$, gebildet. Zur quantitativen Bestimmung der Salpetersäure wird nun die Farbe der Ammoniumpikratlösung verglichen mit einer solchen aus einer Kaliumnitratlösung von bekanntem Gehalt gewonnen. Zunächst löst man 3,844 g chemisch reines Kaliumnitrat in Wasser auf 1 l auf. Von dieser Lösung nimmt man mit einer Meßpipette 1,25 cm^3 und verdampft sie in einer Porzellanschale auf dem Wasserbade zur Trocknung und behandelt weiter mit Phenolschwefelsäure und Ammoniak genau wie oben, schließlich füllt man mit Wasser auf 500 cm^3 auf. 100 cm^3 dieser Lösung entsprechend 0,5 mg N_2O_5 gibt man in eine Brandsche Flasche (S. 126). Am besten stellt man sich durch entsprechende

[1]) Wochenschrift für Brauerei 1922, Nr. 52.

Verdünnung mit Wasser eine ganze Reihe solcher Flaschen her, die etwa 0,5, 0,4, 0,3, 0,2, 0,1 mg N_2O_5 entsprechen. Zum Vergleich der aus dem Brunnenwasser gewonnenen Ammoniumpikratlösung mit diesen Vergleichsflaschen füllt man 100 cm³ dieser Lösung ebenfalls in eine Brandsche Flasche und vergleicht in einem Brandschen Koloriskop (S. 126, Abb. 55), mit welcher Vergleichsflasche die Lösung übereinstimmt. Ergäbe sich z. B. völlige Übereinstimmung mit 0,3 mg N_2O_5, so entsprechen 100 cm³ Lösung 0,3, also 200 cm³ 0,6 mg N_2O_5, und diese waren enthalten in 25 cm³ Wasser, daher in 1 l Wasser $0{,}6 \times 40 = \mathbf{24}$ mg N_2O_5. Stimmt die Lösung mit keiner der Vergleichsflaschen vollkommen überein, so muß man sie entsprechend verdünnen und die gewonnene Zahl noch mit dem Verdünnungsfaktor multiplizieren. Mußten z. B. 40 cm³ Lösung mit 60 cm³ Wasser verdünnt werden, so ist der Verdünnungsfaktor $\frac{100}{40} = 2{,}5$. Im obigen Falle betrüge daher der N_2O_5-Gehalt $24 \times 2{,}5 = \mathbf{60}$ mg im Liter.

7. Chlor, Cl.

a) Qualitativ.

Chlor ist in natürlichen Wässern nur in Verbindung mit Metallen, in Form von Chloriden, enthalten, hauptsächlich in Form von Natriumchlorid, seltener als Kalziumchlorid. Die Chloride sind bekanntlich die Salze der Chlorwasserstoffsäure oder Salzsäure. Etwas Chlor findet sich in jedem Brunnenwasser. Der qualitative Nachweis, der durch Silbernitrat erfolgt, wird daher nur vorgenommen, um aus der Stärke der Reaktion einen Anhaltspunkt für die Menge des vorhandenen Chlors zu gewinnen.

Man versetzt 50—100 cm³ des Wassers in einem Becherglas mit etwas Salpetersäure (Lös. 6c) und einigen Tropfen Silbernitratlösung (Lös. 47). Je nach Chlorgehalt tritt eine schwächere oder stärkere weiße Trübung von ausgeschiedenem Chlorsilber ein:

$$NaCl + AgNO_3 = AgCl + NaNO_3.$$

Der Salpetersäurezusatz ist erforderlich, weil auch Kohlensäure ein unlösliches Silbersalz gibt, das sich aber in Salpetersäure löst.

Zur Prüfung der verwendeten Salpetersäure versetzt man ein paar Tropfen derselben im Reagenzglas mit etwas Silbernitratlösung, wobei nicht die geringste Trübung auftreten darf.

b) Quantitativ.

Normalerweise liegt der Chlorgehalt zwischen 10 und 40 mg im Liter, er kann aber auch bis 1000 mg steigen. Schädliche Wirkung für den Brauprozeß ist kaum zu befürchten, es kann aber hoher Chlorgehalt die Folge starker Verunreinigung des Wassers durch Fäkalien sein. In diesem Falle wird das Wasser aber auch sonstige als Verunreinigungen geltende Stoffe (Ammoniak, salpetrige Säure, größere Mengen organischer Substanz) enthalten.

Die quantitative Bestimmung von Chlor erfolgt am besten titrimetrisch mittels einer Silbernitratlösung (Lös. 55), von der 1 cm³ genau 1 mg Chlor zur Ausfällung des Silbers erfordert, unter Anwendung von Kaliumchromat (Lös. 23) als Indikator. Setzt man nämlich zu einer Lösung von Chlorid und Chromat Silberlösung, so bildet sich zunächst nur weißes Silberchlorid und erst wenn alles vorhandene Chlor an Silber gebunden ist, entsteht rotes Silberchromat. Die vorhandenen Karbonate, die mit Silberlösung auch eine unlösliche Verbindung geben, üben nach Herbig[1]) auf die Bestimmung keinen nennenswerten Einfluß aus, es bildet sich eben der Reihe nach Silberchlorid, Silberchromat und zuletzt erst Silberkarbonat.

Zur Ausführung versetzt man 100 cm³ des Wassers in einem Erlenmeyer-Kölbchen oder einer Porzellanschale mit 1—3 Tropfen (immer die gleiche Menge!) Kaliumchromatlösung (Lös. 23) und läßt aus einer Glashahnbürette unter stetem Umrühren Silberlösung (Lös. 55) zufließen, bis die beim Einfallen der Tropfen Silberlösung entstehende braunrote Färbung beim Umrühren nicht mehr verschwindet. Zum besseren Vergleich stellt man daneben ein Kölbchen mit gleichem Inhalt, welches aber sicher noch keinen Überschuß an Silberlösung enthält. Bei sehr geringem Chlorgehalt empfiehlt es sich, den 100 cm³ Wasser 5 cm³ Chlornatriumlösung (Lös. 56), enthaltend 5 mg Chlor zuzusetzen. Von der verbrauchten Menge Silberlösung ist alsdann die bei der Titerstellung, die man am besten wie unten angegeben jedesmal vornimmt, auf 5 cm³ Chlornatriumlösung allein verbrauchte Silberlösung in Abzug zu bringen.

Zur Titerstellung nimmt man von der Chlornatriumlösung (Lös. 56) genau 5 cm³, dazu 95 cm³ dest. Wasser, 1—3 Tropfen Kaliumchromatlösung und verfährt weiter wie oben.

Beispiel: Bei der Titerstellung verbraucht 5,1 cm³ Silberlösung. Daher entsprechen 5,1 cm³ 5 mg Cl oder 1 cm³ 5 : 5,1 = 0,98 mg. Bei der Ausführung wurden verbraucht auf 100 cm³ Wasser und 5 cm³ Chlornatriumlösung 6,3 cm³, daher auf 100 cm³ Wasser 6,3 — 5,1 = 1,2 cm³ entsprechend 1,2 × 0,98 (R-St) = 1,18 mg Cl. Daher in 1 l 10 × 1,18 = **11,8** mg Chlor.

Größere Mengen organischer Substanz können auf die Chlortitration störend wirken und sind daher vorher zu entfernen, indem man zu den 100 cm³ Wasser eine Kaliumpermanganatlösung (Lös. 43b) gibt, bis eine bleibende Rotfärbung erzielt wird, die auch während des 5 Minuten langen Kochens anhält. Entfärbt sich das Wasser beim Kochen, so ist so lange Kaliumpermanganat zuzusetzen, bis die rote Färbung bleibt. Nun wird das überschüssige Permanganat durch einen Tropfen Alkohol entfernt, was das Verschwinden der Rotfärbung zur Folge hat.

[1]) Zeitschr. f. angew. Chemie 1919, Nr. 54.

8. Schwefelsäure, SO_3.

a) Qualitativ.

Sie kommt im Wasser meistens an Kalk gebunden als Kalziumsulfat (Gips) vor. Um sie nachzuweisen, gibt man in ein Reagenzglas 10—20 cm³ des Wassers, säuert es mit einigen Tropfen Salzsäure an (Lös. 4e), setzt einige Tropfen Chlorbaryumlösung (Lös. 46) zu und bringt es zum Sieden. Bei Vorhandensein einer größeren Menge von Schwefelsäure tritt sofort (auch in der Kälte!), bei Spuren erst nach einiger Zeit ein weißer Niederschlag von Baryumsulfat auf; er ist unlöslich in allen gewöhnlichen Lösungsmitteln.

$$CaSO_4 + BaCl_2 = BaSO_4 + CaCl_2.$$

Der Zusatz von Salzsäure soll evtl. Bildung von kohlensaurem bzw. phosphorsaurem Baryum verhindern.

b) Quantitativ.

10—80 mg Schwefelsäure im Liter ist als normal zu bezeichnen, bis 800 mg kommt vor.

α) Gewichtsanalytisch.

Die Schwefelsäure wird durch Chlorbarium als Bariumsulfat ausgeschieden und als solches gewogen.

100 cm³ Wasser (bei geringem Gehalt wird ½ oder 1 l Wasser nach Zusatz von wenig Salzsäure auf ungefähr 100 cm³ eingedampft) werden mit 2—3 cm³ verdünnte Salzsäure (Lös. 4e) angesäuert und zum Sieden (in einem Becherglas) erhitzt. Zu der ruhig siedenden Flüssigkeit läßt man aus einer Meßpipette tropfenweise Chlorbariumlösung (Lös. 46) zufließen, ohne umzurühren. Nach dem Fällen hält man noch einige Minuten in ruhigem Sieden. Starker Überschuß an Chlorbarium ist zu vermeiden, in der Regel werden 2 cm³ der 10proz. Lösung mehr als genügen.

Frühestens nach einigen Stunden wird der Niederschlag durch ein quantitatives Filter, das man, um seine Durchlässigkeit zu vermindern, zweckmäßig vorher mit etwas Alkohol anfeuchtet, abfiltriert und mit heißem Wasser bis zum Verschwinden der Chlorreaktion ausgewaschen. Hierauf wird das Filter mit dem Niederschlag nach dem Trocknen in einem gewogenen Platintiegel verbrannt und bis zum Weißwerden und zur Gewichtskonstanz geglüht. Nach dem Erkalten im Exsikkator wird der Tiegel mit dem Niederschlag (Bariumsulfat) gewogen, die Menge des letzteren festgestellt und dann durch Multiplikation mit 0,343 auf Schwefelsäureanhydrid (SO_3) umgerechnet.

Beispiel: Es wurden 100 cm³ Wasser angewandt und wie angegeben behandelt.

Platintiegel mit Bariumsulfat . . = 9,389 g
Platintiegel allein . . . . = 9,336 g
Bariumsulfat auf 100 cm³ Wasser = 0,053 g
Bariumsulfat auf 1 l Wasser . . = 0,053 × 10 = 0,530 g = 530 mg.

Diese entsprechen Schwefelsäureanhydrid (SO_3):

530 × 0,343 (R-St) = 182 mg.

β) *Maßanalytisch.*

1. Chromatmethode.

Dieselbe wird am besten ausgeführt nach Rothenbach und Antelmann[1]), ist aber viel umständlicher als die gewichtsanalytische Methode.

2. Benzidinmethode nach Raschig[2]).

9. Kohlensäure, CO_2.

Die im Wasser vorkommende Kohlensäure kann man einteilen in:

1. Gebundene Kohlensäure,
2. Halbgebundene Kohlensäure,
3. Freie Kohlensäure,
   a) Zugehörige Kohlensäure,
   b) Aggressive Kohlensäure.

Die gebundene Kohlensäure ist meist gebunden an Kalk und Magnesia zu Kalziumkarbonat ($CaCO_3$) und Magnesiumkarbonat ($MgCO_3$). In seltenen Fällen ist ein Teil der Kohlensäure gebunden an Natron zu Natriumkarbonat oder Soda (Na_2CO_3). Nun sind aber $CaCO_3$ und $MgCO_3$ in Wasser gar nicht bzw. das $MgCO_3$ nur wenig löslich. Sie werden in Lösung gehalten durch ein weiteres Molekül Kohlensäure, mit dem sie primäre oder sauere Salze bilden, das primäre Kalziumkarbonat $Ca(HCO_3)_2$ und das primäre Magnesiumkarbonat $Mg(HCO_3)_2$. Dieses zweite Molekül Kohlensäure bildet die »halbgebundene« Kohlensäure. Aber auch um die Bikarbonate dauernd in Lösung zu halten, bedarf es noch eines Anteiles der freien Kohlensäure, den man »zugehörige« Kohlensäure nennt. Die über diesen hinaus noch im Wasser befindliche freie Kohlensäure bildet die »aggressive« Kohlensäure, so genannt wegen ihrer zerstörenden Wirkung auf den kohlensauren Kalk der Baumaterialien und ihre lösende Wirkung auf Eisen.

a) Gebundene Kohlensäure.

(Halbgebundene Kohlensäure, Alkalität.)

100 cm³ Wasser (evtl. vorher durch Lüften und Filtrieren von Eisen befreit, s. S. 263) in einem Erlenmeyer-Kölbchen versetze man mit 2—3 Tropfen Methylorangelösung (Lös. 16) und läßt aus der Bürette N/10-Salzsäure (Lös. 29) oder auch N/5-Schwefelsäure (Lös. 30) zufließen, bis die zuerst gelbe Farbe in rot umschlägt.

[1]) Wochenschrift für Brauerei 1931, Nr. 44.

[2]) Siehe 4. Auflage S. 247 und Zeitschrift für das gesamte Brauwesen 1919, Nr. 35.

Kurzes Aufkochen in einem Metallgefäß (Maischbecher) und nochmals Nachtitrieren nach dem Abkühlen ist empfehlenswert.

Am besten gibt man die Alkalität an in cm^3 N/10-Säure, die auf 100 cm^3 Wasser verbraucht wurden. Man kann aber auch durch Multiplikation der cm^3 N/10-Säure mit 22 auf CO_2 und 1 l Wasser umrechnen.

Beispiel: Auf 100 cm^3 Wasser verbraucht 5,5 cm^3 N/10-Salzsäure.

Alkalität von 100 cm^3 Wasser = **5,5** cm^3 N/10.

Gebundene Kohlensäure (CO_2) in 1 l Wasser = 5,5 × 22 (R-St) = 121 mg. Umrechnung der verbrauchten Säure auf Karbonathärte s. unten 14).

Der Gehalt an gebundener CO_2 in 1 l Wasser schwankt normal zwischen 44 und 220 mg, entsprechend einer Alkalität von 2 bis 10 cm^3 N/10 auf 100 Wasser.

Die Menge der halbgebundenen Kohlensäure ist gleich der nach obiger Titration gefundenen gebundenen Kohlensäure.

b) Freie Kohlensäure.

Die Bestimmung erfolgt am besten nach der Methode von Tillmans und Heublein. Ein 200-cm^3-Meßkölbchen, das über der Marke mit einer Erweiterung versehen ist um Schüttelraum zu gewinnen, versehe man mit einem gutschließenden Gummistopfen. In dieses Kölbchen läßt man am besten direkt an der Wasserleitung nach längerem Ablaufen durch einen Schlauch, der fast bis auf den Boden des Kölbchens reicht, das Wasser langsam und ganz ruhig einfließen bis etwas über die Marke und entfernt die über 200 cm^3 betragende Menge durch vorsichtiges Abschwenken. Ist es nicht möglich, das Kölbchen an Ort und Stelle zu füllen, so fülle man in ähnlicher Weise zum Versand 2—3 Flaschen mit gutem Patentverschluß vollständig (ohne Luftblase) an. Aus diesen wird alsdann im Laboratorium das 200-cm^3-Kölbchen angefüllt. Dann setze man mittels Meßpipette 1 cm^3 Phenolphthaleinlösung (Lös. 17d) zu und lasse aus der Bürette N/10-Natronlauge zufließen mit jedesmaligem Verschließen und Umschütteln bis die schwache, aber deutlich (auf weißer Unterlage) sichtbare Rosafärbung 5 Minuten (bei Wasser unter 9° Temperatur 10 Minuten) bestehen bleibt. Der Versuch ist mindestens 2—3mal zu wiederholen.

Die vorhandene freie Kohlensäure reagiert mit der Natronlauge nach der Gleichung:

$$CO_2 + NaOH = NaHCO_3$$

Das entstehende $NaHCO_3$ färbt Phenolphthalein nicht. Kommt aber nach Bindung aller CO_2 noch 1 Tropfen Lauge hinzu, so entsteht Na_2CO_3 und es tritt Rotfärbung ein. Daher entspricht 1 cm^3 N/10-NaOH 4,4 mg CO_2 und die verbrauchte Anzahl cm^3 N/10-Lauge ist zur Umrechnung auf CO_2 und 1 l Wasser mit dem Faktor 22 zu multiplizieren.

B e i s p i e l: Verbraucht 0,8 cm^3 N/10-Natronlauge. Freie Kohlensäure in 1 l Wasser = 0,8 × 22 (R-St) = **17,6** mg.

Beträgt die Alkalität des Wassers mehr als 3,5 cm^3 N/10, so wird die Methode ungenau und ist das Wasser in diesem Falle mit kohlensäurefreiem destilliertem Wasser zu verdünnen. Letzteres stellt man sich durch viertelstündiges Auskochen und schnelles Abkühlen her (mit Gummistopfen verschließen!). Eventuell bestimmt man in obiger Weise auch in dem ausgekochten destillierten Wasser die trotzdem noch vorhandene Kohlensäure.

Der Gehalt an freier Kohlensäure kann bis 100 und mehr mg im Liter steigen.

c) B e r e c h n u n g d e r z u g e h ö r i g e n u n d d e r a g g r e s s i v e n K o h l e n s ä u r e.

Aus gebundener Kohlensäure und freier Kohlensäure berechnet sich die aggressive Kohlensäure nach einer von Tillmans und Heublein entworfenen Kurve[1]). Die Einrichtung und Handhabung ergibt sich aus Abb. 78.

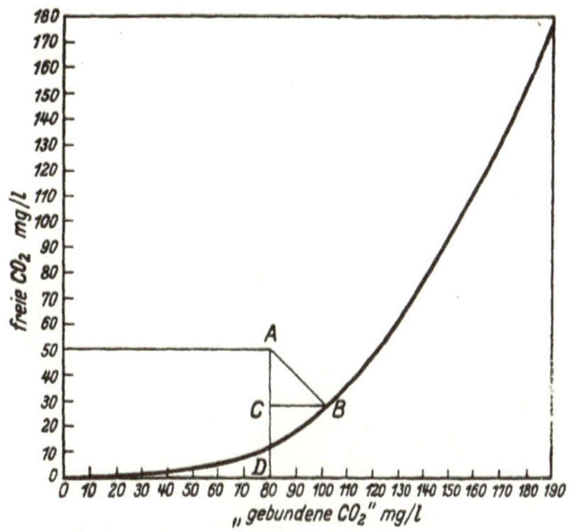

Abb. 78.

B e i s p i e l: Gebundene Kohlensäure = 80 mg im Liter, freie Kohlensäure = 50 mg im Liter.

Man suche zunächst den diesen Zahlen entsprechenden Punkt A, lege an diesen einen Winkel von 45°, ziehe AB und die Waagerechte BC. Dann ist natürlich, weil Winkel $ACB = 90°$, Winkel $CAB = CBA = 45°$ und daher auch $AC = BC$. Die der Strecke AC entsprechende Menge freier Kohlensäuren, 22,5 mg, bildet dann die aggressive und CD die zugehörige Kohlensäure, 27,5 mg im Liter.

[1]) Zu beziehen vom Hygienischen Institut der Universität Frankfurt a. M.

Bei hohem Gehalt an Magnesia bestimmt man die Menge der aggressiven Kohlensäure besser durch folgenden Versuch. Man gibt in eine ½-l-Flasche einige Gramm fein zerriebenes und gut ausgewaschenes Marmorpulver und füllt hierauf unter den erforderlichen Vorsichtsmaßregeln mit dem zu untersuchenden Wasser, verschließt mit Korkstopfen, schüttelt einige Zeit kräftig und läßt 1—3 Tage absitzen. Hierauf zieht man mit der Pipette 100 cm³ des klaren Wassers heraus und bestimmt die gebundene Kohlensäure, wie oben S. 259 angegeben. Von der gefundenen Anzahl cm³ N/10-Säure wird die auf das nicht behandelte Wasser verbrauchte Menge abgezogen und der Rest mit 22 multipliziert, dies gibt die mg gebundener Kohlensäure im Liter.

10. Kieselsäure, SiO_2.

Sie ist gewöhnlich nur in wenigen Milligramm, höchstens 20 bis 25 mg im Liter, im Wasser enthalten; auch kommt ihr keine besondere Bedeutung für die Bewertung eines Wassers als Brauwasser, höchstens für die Kesselspeisung, zu. Zur Bestimmung der Kieselsäure genügt daher folgendes vereinfachte Verfahren.

500 cm³ (besser 1 l) des Wassers gibt man in eine Porzellanschale (besser Platinschale) und dampft nach Zusatz von etwas Salzsäure auf dem Sandbad, am Schluß auf dem Wasserbad zur Trockne ein. Natürlich kann man auch den nach S. 245 erhaltenen Abdampfrückstand verwenden. Zum Zwecke der Überführung der Kieselsäure in unlösliche Form wird der Rückstand hierauf 2—3 mal mit Salzsäure angefeuchtet und jedesmal wie vorher eingedampft. Der auf diese Weise behandelte Rückstand wird nun in Salzsäure gelöst (die Kieselsäure bleibt ungelöst) und nach Zusatz von etwas heißem Wasser durch ein quantitatives Filter filtriert; die Schale und das Filter werden mit heißem Wasser bis zum Verschwinden der Chlorreaktion ausgewaschen. Es ist zweckmäßig, das gesamte Filtrat zur quantitativen Bestimmung von Eisen und Aluminium, Kalk und Magnesia aufzuheben.

Nach dem Trocknen wird das Filter mit der Kieselsäure in einem gewogenen Platintiegel verbrannt, geglüht und nach dem Erkalten im Exsikkator gewogen.

Beispiel: Es wurden zur Bestimmung 500 cm³ Wasser angewandt.

Platintiegel mit der Kieselsäure = 9,342 g
» allein . . . . . . = 9,338 g
Kieselsäure in 500 cm³ Wasser . = 0,004 g
» in 1 l Wasser . . . = 0,004 × 2 = 0,008 g = 8 mg

11. Eisen, Fe.

a) Qualitativ.

Dieses findet sich im Wasser fast nur in Form von saurem, kohlensaurem Eisenoxydul, primärem Ferrokarbonat, $Fe\,(HCO_3)_2$. Ganz geringe Spuren Eisen können fast in jedem Wasser nachgewiesen werden, nennenswerte Mengen geben sich schon beim Stehen des Wassers an der Luft zu erkennen, indem sich das Eisenoxydul in Eisenoxyd verwandelt, das mit Kohlensäure keine Verbindung gibt und sich als Hydrat, $Fe(OH)_3$, in Form eines braunen Schlammes ausscheidet. Vorher beobachtet man gewöhnlich vorübergehend eine weißliche Trübung des Wassers. Die braune Ausscheidung von Eisenhydroxyd macht sich schon im Betrieb in der Wasserreserve bemerkbar, bei nennenswertem Eisengehalt kann man sie auch beobachten, wenn man etwa 1 l Wasser in einem Glasgefäß einige Tage im Zimmer stehenläßt. Noch besser ist es, eine 1- oder 2-l-Flasche halb mit Wasser zu füllen und zwecks Lüftung mehrere Male kräftig zu schütteln, in 1—2 Tagen wird bei Eisengehalt ein brauner Niederschlag zu beobachten sein.

Die besten Reagentien auf Eisen sind Ferrozyankalium und Rhodankalium, beide in salzsaurer Lösung. Ersteres gibt einen blauen Niederschlag von Ferrozyaneisen oder Berlinerblau, letzteres gibt eine blutrote Färbung von Ferrirhodanid.

Zur Ausführung der Reaktion kann man das bei der Lüftung entstandene Eisenhydroxyd abfiltrieren und in etwas heißer Salzsäure lösen oder auch ¼—½ l Wasser unter Zusatz von etwas Salzsäure auf etwa $^1/_{10}$ eindampfen. Hierauf setzt man eines der Reagenzien zu. Die Lösungen von Ferrozyankalium (Lös. 48) und die von Rhodankalium (Lös. 49) sollen möglichst frisch bereitet sein. Die verwendete Salzsäure ist eigens auf evtl. Eisengehalt zu prüfen.

b) Gemeinsame Bestimmung von Eisen und Aluminium, Al.

Das von der Bestimmung der Kieselsäure (10) aufgehobene Filtrat wird, wenn nötig, auf ca. 50 cm³ eingedampft, Ammoniak (Lös. 12a) bis zur stark alkalischen Reaktion und etwas Chlorammonium zugesetzt und hierauf die Flüssigkeit kurze Zeit gekocht. Der sich evtl. bildende Niederschlag ist Eisenhydroxyd bzw. Aluminiumhydroxyd. (Sollte aber kein Niederschlag entstehen, so benutzt man die Flüssigkeit direkt zur Bestimmung von Kalk.) Die noch heiße Flüssigkeit wird, wie unter 10) angegeben, filtriert und ausgewaschen, das Filtrat zur Bestimmung von Kalk und Magnesia aufgehoben und das Filter mit dem Rückstand, nach dem Trocknen, in einem Platintiegel verbrannt, geglüht und als Eisen- und Aluminiumoxyd gewogen.

Beispiel:

Platintiegel mit dem Rückstand	= 9,344 g
» allein	= 9,338 g
Eisen- und Aluminiumoxyd, Fe_2O_3 und Al_2O_3, in 500 cm³ Wasser	= 0,006 g
Eisen- und Aluminiumoxyd, Fe_2O_3 und Al_2O_3, in 1 l Wasser. .	= 0,006 × 2 = 0,012 g = **12** mg.

c) Eisen, quantitativ.

Besitzt der geglühte Niederschlag von Eisen- und Aluminiumoxyd infolge hohen Eisengehaltes eine rotbraune Farbe und gibt das Wasser selbst beim Stehen an der Luft Ausscheidung von Eisenhydroxyd, so ist das Eisen quantitativ zu bestimmen, da nennenswerte Mengen (mehr als 10—15 mg Fe im Liter) Eisen sowohl in Mälzerei als Brauerei störend wirken können.

Es kommt nun darauf an, ob das Wasser bei Inangriffnahme der Analyse einen ersichtlich Eisenhydroxyd enthaltenden Bodensatz aufwies oder nicht. In letzterem Falle kann der nach b erhaltene Glührückstand auf Eisen weiter untersucht werden. Zu diesem Zwecke wird er zunächst mit 6—10 Tropfen konz. Schwefelsäure und 5—6 Tropfen Wasser im Platintiegel unter Erwärmen gelöst. Man spült nun die Lösung mit ca. 10 cm³ verdünnter Schwefelsäure quantitativ in ein Kölbchen, wenn Kalk und Magnesia nicht ausgefällt waren, ist zu filtrieren, gibt 1 g Zink hinzu und verschließt mit einem Bunsenventil (Abb. 79). Der aus dem Zink und der Schwefelsäure sich entwickelnde Wasserstoff reduziert das gelöste Eisenoxyd zu Eisenoxydul. Ist die Wasserstoffentwicklung vorüber, so wird die Lösung vom Zink in ein Becherglas abgegossen und mit ca. 30 cm³ Wasser nachgespült. Zu der Gesamtflüssigkeit setzt man nun noch einige cm³ verdünnte Schwefelsäure (Lös. 5d) und hierauf aus einer Bürette so viel N/100-Kaliumpermanganatlösung (Lös. 43b) zu, bis eine schwach rote Färbung bestehen bleibt. Einen blinden Versuch führe man aus mit ungefähr den gleichen Mengen Wasser, Zink und Schwefelsäure.

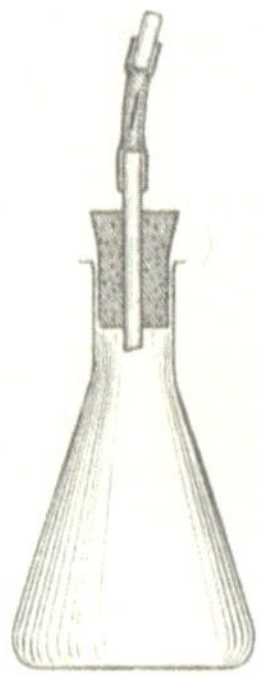

Abb. 79.

1 cm³ N/100-$KMnO_4$-Lösung = 0,8 mg Eisenoxyd (Fe_2O_3)
oder 0,56 mg Fe.

Beispiel: Bei der Titration wurden 3,5 cm³ N/100-$KMnO_4$-Lösung verbraucht, nach Abzug von 0,3 cm³ bei blindem Versuch.

3,5 × 0,8 (R-St) = 2,8 mg Fe_2O_3 in 500 cm³ Wasser
oder 3,5 × 0,56 = 2,0 mg Fe.

Daher in 1 l Wasser 2 × 2,8 = 5,6 mg Eisenoxyd (F_2O_3) oder 2 × 2 = 4 mg Eisen (Fe).

Hat man so den Gehalt an Eisenoxyd in dem gemeinsamen Niederschlag von Eisen- und Aluminiumoxyd ermittelt, so kann man leicht den an und für sich bedeutungslosen Gehalt an Aluminiumoxyd ermitteln, indem man das Eisenoxyd von dem gemeinsamen Gewicht abzieht.

Also in 1 l Wasser 12 — 5,6 = 6 4 mg Aluminiumoxyd (Al_2O_3).

Hat aber die Wasserprobe bereits Eisenhydroxyd ausgeschieden so ist schon für die Kieselsäurebestimmung der ganze

Inhalt einer Flasche mit dem Bodensatz zu verwenden, wodurch aber, wenn sich auch andere Stoffe ausgeschieden haben, die Kieselsäuremenge etwas zu hoch ausfallen kann. Man kann daher auch nach folgender Titrationsmethode den Eisengehalt gesondert bestimmen. Nach dieser wird die durch Kaliumrhodanidlösung (Lös. 49) entstehende Rotfärbung mit der in einer Ammoniakeisenalaunlösung (Lös. 72) von bekanntem Eisengehalt entstehenden Rotfärbung verglichen.

Zunächst versetze man nach Grünhut[1]) eine Flasche Wasser von 1 oder 2 l, wie sie im Laboratorium angekommen ist, mit 10 bzw. 20 cm³ 32proz. Salpetersäure (Lös. 6b), schüttele gut um und lasse mehrere Stunden stehen, damit sich alles ausgeschiedene Eisenhydroxyd löst. Darauf gibt man 100 cm³ des Wassers in einen trockenen Kochkolben und erhitzt, um sicher alles Eisenoxydul in Oxyd überzuführen, schnell bis zum eben beginnenden Kochen und kühlt dann sofort durch Einstellen in kaltes Wasser ab. Hierauf bringt man 1 cm³ + 24 cm³ dest. Wasser in einen Glaszylinder mit Glasstopfen von ca. 250 mm Höhe und 25 mm lichtem Durchmesser, fügt 5 cm³ Kaliumrhodanidlösung (Lös. 49) und 10 cm³ Äther zu und schüttelt gut durch. Bei Eisengehalt färbt sich der Äther dabei rot. In einen zweiten Zylinder von gleicher Form bringt man 25 cm³ dest. Wasser, 0,25 cm³ Salpetersäure (Lös. 6b), 5 cm³ Kaliumrhodanidlösung und 10 cm³ Äther und schüttelt ebenfalls gut durch. Der Äther muß hierbei farblos bleiben. Nun gibt man aus einer Meßpipette oder einer engen Bürette immer je 0,1 cm³ der mit dest. Wasser 100fach verdünnten Ammoniakeisenalaunlösung (Lös. 72) zu, schüttelt jedesmal gut um und vergleicht die Rotfärbung der beiden Ätherschichten. Mit dem Zusatz fährt man so lange fort, bis die Rotfärbung in beiden Zylindern gleich ist, jedoch sollen dazu nicht mehr als 2 cm³ Eisenlösung verbraucht werden, andernfalls ist der Versuch mit weniger Wasser zu wiederholen.

Beispiel: Verbraucht 0,3 cm³ der 100fach verdünnten Ammoniakeisenalaunlösung. 1 cm³ dieser verdünnten Lösung entspricht 0,01 mg Fe. Daher in 1 cm³ Wasser 0,01 × 0,3 = 0,003 und in 1 l Wasser 1000 × 0,003 = 3 mg Fe.

12. Kalk, CaO.

a) Qualitativ.

Man säuert das Wasser im Reagenzglase mit Salzsäure (Lös. 4e) an, fügt einige Tropfen Ammoniumoxalatlösung (Lös. 44) zu und macht das Ganze wieder mit Ammoniak alkalisch. Bei Vorhandensein von Kalk entsteht, evtl. erst beim Erhitzen des Inhaltes bis zum Sieden, ein weißer Niederschlag von Kalziumoxalat, welcher in Salzsäure löslich, in Essigsäure unlöslich ist.

$$CaCl_2 + (NH_4)_2C_2O_4 = CaC_2O_4 + 2\ NH_4Cl.$$

[1]) Untersuchung und Begutachtung von Wasser u. Abwasser. Leipzig 1914

Der Zusatz von Salzsäure und Ammoniak bezweckt, die evtl. vorhandenen Magnesiasalze in Lösung zu erhalten.

b) Quantitativ.

Normalerweise beträgt der Gehalt an Kalk 80—160 mg im Liter, er kann jedoch bis 10 mg heruntergehen und anderseits bis zu 800 mg betragen. Seine Bestimmung kann sowohl gewichtsanalytisch als maßanalytisch erfolgen.

α) Gewichtsanalytisch.

Das Filtrat von der Bestimmung des Eisens und Aluminiums wird abermals auf ca. 100 cm³ eingedampft, mit etwas Ammoniak (Lös. 12b) versetzt und zur Fällung des Kalkes einige cm³ Ammoniumoxalatlösung (Lös. 44) zugegeben. Hierauf erhitzt man das Ganze einige Minuten lang, läßt den Niederschlag (Kalziumoxalat = CaC_2O_4) gut absetzen und filtriert ihn dann durch ein quantitatives Filter. Das Becherglas und zuletzt das Filter werden so lange mit heißem Wasser nachgespült, bis einige cm³ des Waschwassers mit Salpetersäure (im Überschuß!) und Silbernitrat (Lös. 47) versetzt, keine Trübung mehr aufweisen (Chlorreaktion!). Das Filtrat und alle Spülwasser dampft man nochmals auf ca. 100 cm³ und bestimmt darin Magnesia. Das Filter mit dem Niederschlag wird nach dem Trocknen in einem gewogenen Platintiegel verbrannt und dann geglüht zuletzt 10 Minuten vor dem Gebläse, hierauf nach dem Erkalten im Exsikkator gewogen. Die ermittelte Gewichtszunahme des Tiegels wird verursacht durch den Kalk (CaO), der beim Glühen aus dem oxalsauren Kalk (CaC_2O_4) entstanden ist.

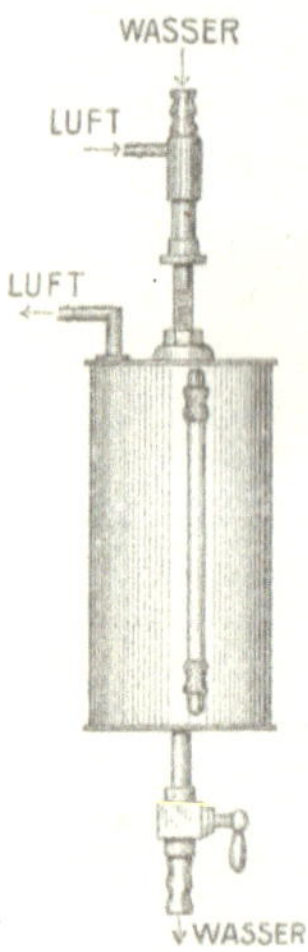

Abb. 80.

Beispiel:

Platintiegel mit Kalk .	=	9,399 g
» allein . .	=	9,337 g
Kalk in 500 cm³ Wasser	=	0,062 g
Kalk in 1 l Wasser .	=	0,062 × 2 = 0,124 g = **124** mg CaO

Als Gebläse benutzt man zweckmäßig eine Wasserstrahldruckpumpe, die zugleich auch als Saugpumpe benutzt werden kann (Abb. 80).

Es sei noch bemerkt, daß man Kalk auch direkt bestimmen kann, indem man 100—200 cm³ des zu untersuchenden Wassers nach Zugabe von einigen Tropfen Salzsäure im Becherglase auf einer Asbestplatte erhitzt, dann Ammoniak im Überschuß zusetzt und hierauf, wenn kein nennenswerter Niederschlag entsteht, den Kalk mit Ammoniumoxalatlösung fällt. Die weitere Behandlung wie oben.

β) Maßanalytisch.

Der Kalk wird mit N/10-Oxalsäure (Lös. 41) ausgefällt und die überschüssige Oxalsäure mit N/10-Permanganatlösung (Lös. 43a) zurücktitriert[1]).

400 cm³ (bei Wässern mit mehr als 300 mg Kalk im Liter entsprechend weniger) werden in einen 500-cm³-Meßkolben eingemessen und unter Einwerfen eines Stückchens Lackmuspapier mit verdünnter Schwefelsäure schwach angesäuert. Dann läßt man aus der Pipette 50 cm³ N/10-Oxalsäure (Lös. 41) zu, macht mit Ammoniak schwach alkalisch, schüttelt gut um und läßt verschlossen einige Stunden stehen. Dann wird zur Marke mit dest. Wasser aufgefüllt, gut umgeschüttelt und durch ein doppeltes Papierfilter von 7 cm Radius filtriert. Die ersten 200 cm³ läßt man fortlaufen, fängt dann 250 cm³ klares Filtrat auf, erwärmt nach stärkerem Ansäuern mit Schwefelsäure und Zusatz von etwa 1 g Manganosulfat (um störende Wirkung von Chlor auszuschalten) auf 60° und titriert den Überschuß an Oxalsäure mit N/10-Kaliumpermanganatlösung (Lös. 43a) zurück. 1 cm³ N/10-Oxalsäure entspricht 2,8 mg Kalk (CaO). In der gleichen Weise stellt man unter Anwendung von 230 cm³ dest. Wasser und 20 cm³ N/10-Oxalsäure den Titer der Kaliumpermanganatlösung.

Beispiel: Zum Zurücktitrieren wurden verbraucht 16,15 cm³ Permanganatlösung, von welcher nach der Titerstellung 20,6 cm³ erforderlich waren auf 20 cm³ N/10-Oxalsäure.

1. 20,6 cm³ $KMnO_4$-Lös . 20 cm³ N/10.
2. 16,15 cm³ $KMnO_4$-Lös.. $\frac{20 \times 16{,}15}{20{,}6}$ (R-St) = 15,68 cm³ N/10.
3. 25 — 15,68 = 9,32 cm³ N/10-Oxalsäure waren erforderlich auf 200 cm³ Wasser.
4. 1,00 cm³ N/10 . . . . 2,8 mg CaO.
5. 9,32 cm³ N/10 . . . . 9,32 × 2,8 = 26,1 mg CaO.
6. 1 l Wasser enthält 5 × 26,1 = **130,5** mg Kalk (CaO).

Allgemeine Formel:

In 1 l Wasser (25 — N/10-$KMnO_4$) × 14 = (25 — 15,68) × 14 = **130,5** mg Kalk.

13. Magnesia, MgO.

a) Qualitativ.

Nachdem sich bei der Prüfung auf Kalk der evtl. entstandene Niederschlag von Kalziumoxalat im Reagenzglas gut abgesetzt hat, wird die überstehende klare Flüssigkeit in ein anderes Reagenzglas gebracht und mit einigen Tropfen Dinatriumphosphatlösung (Lös. 45) und Ammoniak (Lös. 12b) im Überschuß versetzt. Ist Magnesia vorhanden, so bildet sich sofort oder nach einiger Zeit ein weißer Niederschlag von Magnesiumammoniumphosphat, welcher in Salz-

[1]) Nach L. Grünhut, Zeitschrift f. d. ges. Brauwesen 1919, Nr. 36.

säure löslich, in Ammoniak unlöslich ist. Tüchtiges Durchschütteln des Reagenzglasinhaltes beschleunigt die Bildung des Niederschlages.

$$MgCl_2 + Na_2HPO_4 + NH_3 = MgNH_4PO_4 + 2\ NaCl.$$

b) Quantitativ.

α) *Gewichtsanalytisch.*

Der Gehalt an Magnesia beträgt normal 20—40, in äußersten Grenzen 5—300 mg im Liter.

Das eingedampfte Filtrat, welches man bei der Bestimmung des Kalks erhielt, wird nach dem Abkühlen stark ammoniakalisch gemacht, einige cm³ Dinatriumphosphatlösung (Lös. 45) zugesetzt und nach tüchtigem Umrühren mit einem Glasstab mindestens 12 Stunden beiseite gestellt. Der evtl. entstandene Niederschlag von Magnesiumammoniumphosphat wird nun durch ein quantitatives Filter abfiltriert und mit verdünntem Ammoniak (Lös. 12d) bis zum Verschwinden der Chlorreaktion [s. unter 12], α) ausgewaschen. Nach dem Trocknen wird das Filter mit dem Niederschlag in einem gewogenen Porzellantiegel verbrannt und dann durch Glühen evtl. unter Anwendung des Gebläses, in Magnesiumpyrophosphat ($Mg_2P_2O_7$) übergeführt. Eventuell kann man nach dem Erkalten einen Tropfen Salpetersäure zusetzen und wieder erhitzen, bis der Rückstand vollkommen weiß geworden ist. Dann läßt man im Exsikkator erkalten, wägt und rechnet das $Mg_2P_2O_7$ durch Multiplikation mit 0,36 auf Magnesia um.

Beispiel:

Platintiegel mit Glührückstand	= 9,391 g
» allein	= 9,336 g
Magnesiumpyrophosphat auf 500 cm³ Wasser	= 0,055 g
Magnesiumpyrophosphat auf 1 l Wasser	= 0,055 × 2 = 0,110 g = 110 mg
Magnesia in 1 l Wasser . . .	= 110 × 0,36 (R-St) = **39,6** mg.

β) *Maßanalytisch*[1].

Nach Entfernung des Kalkes durch Natriumoxalat wird die Magnesia durch N/10-Natronlauge ausgeschieden, die noch vorhandene Natronlauge durch überschüssige N/10-Salzsäure gesättigt und der Überschuß an Salzsäure jodometrisch bestimmt.

100 cm³ Wasser werden in einem Becherglase durch die gleiche wie bei der Bestimmung der gebundenen Kohlensäure (S. 259) verbrauchte Menge N/10 - Salzsäure vollkommen neutralisiert, zum Sieden erhitzt, in der Siedehitze zur Ausfällung des Kalkes mit 25 cm³ N/10-Natriumoxalatlösung (Lös. 77) und dann mit 20 cm³ N/10-Natronlauge (Lös. 32) zur Ausscheidung der Magnesia versetzt. Dann filtriert man heiß ab, spült das Becherglas dreimal mit

[1]) Windisch u. Lampe, Wochenschrift für Brauerei 1923, Nr. 23.

heißem, ausgekochten Wasser nach, indem man jedesmal das Spülwasser auf das Filter bringt, um am letzteren die Natronlauge vollständig auszuwaschen. Das Filtrat versetzt man mit 20 cm^3 N/10-Salzsäure (Lös. 29) und 5 cm^3 einer gesättigten Lösung von chemisch reinem Kalziumchlorid. Die nun noch vorhandene freie Salzsäure wird jodometrisch in folgender Weise bestimmt.

Versetzt man eine freie Salzsäure enthaltende Flüssigkeit mit einer Lösung von 1 Teil Kaliumjodat und 4 Teilen Kaliumjodid, so entsteht eine der vorhandenen Salzsäure entsprechende Menge freies Jod nach der Gleichung

$$KJO_3 + 5\ KJ + 6\ HCl = 6\ KCl + 6\ J + 3\ H_2O.$$

Es entspricht also ein Atom Jod einem Molekül Salzsäure, daher auch 1 cm^3 N/10-Jod 1 cm^3 N/10-Salzsäure oder Lauge und $^1/_{10}$ Äquivalentgewicht (= 2 mg) Magnesia. Zur Ausführung versetzt man obiges Filtrat nach Zusatz der Salzsäure und des Kalziumchlorids mit je 5 cm^3 einer 1proz. Kaliumjodat- und einer 4proz. Kaliumjodidlösung, und titriert hierauf das ausgeschiedene Jod mit N/10-Natriumthiosulfatlösung

Beispiel: Verbraucht 2,4 cm^3 N/10-Thiosulfatlösung. Dann waren in 100 cm^3 Wasser 2,4 × 2 oder in 1 l 2,4 × 20 = **48** mg MgO.

γ) Durch Berechnung.

Hat man nach einer der unter 14 beschriebenen Methoden von Wartha-Pfeifer oder Blacher die Härte und außerdem nach 12. den Kalk bestimmt, so läßt sich der Gehalt an Magnesia annähernd berechnen. 1 mg CaO = 0,714 mg MgO.

Beispiel: Gesamthärte 15,7°, Kalk 109,2 mg im Liter.

Magnesia (MgO) = (10 × Härte — CaO) × 0,714
= (10 × 15,7 — 109,2) × 0,714 = **34,1** mgMgO im Liter.

14. Härtebestimmung.

Unter Härte eines Wassers versteht man den Gehalt an Kalk und Magnesia.

Die Härte wird in Graden ausgedrückt, und zwar entspricht ein deutscher Härtegrad 1 mg Kalk = CaO oder einer äquivalenten Menge Magnesia = MgO (1 mg MgO = 1,4 mg CaO) in 100 cm^3, bzw. 1 g in 100000 g oder 1 Teil in 100000 Teilen (1 englischer Härtegrad entspricht 1 Teil Kalk in 70000 Teilen Wasser, 1 französischer Härtegrad = 1 Teil kohlensaurer Kalk in 100000 Teilen Wasser. 1° deutsch = 1,25° engl. = 1,79° franz.).

Nach Brand unterscheidet man:

Weiche Wässer	0—5	deutsche Härtegrade
Mäßig harte Wässer	5—10	» »
Harte Wässer	10—20	» »
Sehr harte Wässer	20—40	» »
Ungewöhnlich harte Wässer	über 40	» »

Man unterscheidet:

a) Gesamthärte = Gesamtmenge von Kalk und Magnesia im Wasser. Normal 10—20°, äußerst 2—120°.

b) Bleibende oder permanente Härte = Kalk- und Magnesiaanteil, welcher an Schwefelsäure (Gips) oder auch an Salzsäure oder Salpetersäure gebunden ist und nach halbstündigem Kochen des Wassers gelöst bleibt. Normal 4—15°, äußerst 2—100°.

c) Vorübergehende oder temporäre Härte oder Karbonathärte = Kalk- und Magnesiaanteil, welcher an Kohlensäure (CO_2) zu Kalziumbikarbonat, $Ca(HCO_3)_2$ und Magnesiumbikarbonat, $Mg(HCO_3)_2$, gebunden sich im Wasser vorfindet und beim Kochen des Wassers unter Freiwerden von Kohlensäure als einfaches Karbonat ($CaCO_3$ und $MgCO_3$) ausfällt. Diese Ausfällung ist jedoch keine quantitative (vollständige), da namentlich $MgCO_3$ größtenteils in Lösung bleibt. Besser bestimmt man die Karbonathärte durch Titration mit Säure (s. unten unter d). Normal 5—15°, äußerst 2—30°.

Die exakte Bestimmung der Härte erfolgt entweder durch Berechnung aus den nach 12. und 13. gefundenen Zahlen für Kalk und Magnesia oder aber auf titrimetrischem Wege.

a) Durch Berechnung.

Beispiel: In 1 l Wasser wurden gefunden 124 mg Kalk und 39,6 mg Magnesia oder in 100 cm³ 12,4 bzw. 3,96 mg.

Da das Mol.-Gew. von CaO = 56, von MgO = 40, so entspricht 1 mg MgO $\frac{56}{40}$ = 1,4 mg CaO; die 3,96 mg MgO entsprechen daher 3,96 × 1,4 (R-St) = 5,54 mg CaO. Daher beträgt die Härte 12,4 + 5,54 = **17,94°**. Allgemein berechnet sich aus den mg CaO und MgO in 100 cm³ Wasser die Härte nach der Formel:

$$\text{Härte} = \text{CaO} + \text{MgO} \times 1{,}4 = 12{,}4 + 3{,}96 \times 1{,}4 = 17{,}94^\circ.$$

b) Nach Wartha-Pfeifer[1]).

Aus dem mit Salzsäure, wie unter gebundene Kohlensäure, S. 259, neutralisierten Wasser, welches jetzt sämtlichen Kalk und Magnesia gebunden an Salzsäure bzw. Schwefelsäure enthält, wird der Gesamtgehalt an Kalk und Magnesia durch titrierte Sodalösung gefällt und dann die überschüssige Sodalösung durch Salzsäure zurücktitriert.

Am besten verfährt man nach der von C. Blacher verbesserten Methode[2]).

100 cm³ Wasser werden in einen 200-cm³-Meßkolben gebracht, der über der Marke noch so viel Raum hat, daß man die 200 cm³ bis auf 100° erhitzen kann. Durch N/10-Salzsäure bestimmt man

¹) Zeitschrift f. d. ges. Brauwesen 1919, Nr. 36.

²) C. Blacher, Das Wasser in der Dampf- und Wärme-Technik. Leipzig 1925.

in der auf S. 259 angegebenen Weise die Alkalität bzw. die Karbonathärte. Mit Hilfe eines Luftstromes oder durch Aufkochen und Abkühlen entfernt man die Kohlensäure. Nun fügt man aus der Pipette eine Mischung gleicher Raumteile N/10-Natronlauge (Lös. 32) und N/10-Sodalösung (Lös. 25) zu. Bis zu 10 Härtegraden genügen 20 cm³ der Mischung. Dann füllt man mit dest. Wasser bis zur Marke auf und stellt den Kolben mit lose aufgesetztem Stopfen in ein kochendes Wasserbad, bis der Niederschlag sich hübsch kristallisiert zusammenballt. Darauf filtriert man heiß durch ein glattes Filter (nicht Faltenfilter), bei zugedecktem Trichter, gießt den ersten Anteil weg und nimmt vom abgekühlten Filtrat (ohne bis zum Ende zu warten) 100 cm³ zur Bestimmung der Alkalität. Die verbrauchten cm³ N/10-Säure verdoppelt man, zieht von der zugegebenen Menge N/10-Lauge ab und rechnet durch Multiplikation mit 2,8 auf Gesamthärte um.

c) Nach Blacher.

100 cm³ Wasser werden in einen Erlenmeyer-Kolben durch die gleiche wie bei der Bestimmung der gebundenen Kohlensäure (S. 259) verbrauchte Menge N/10-Salzsäure neutralisiert. Hierauf leitet man zur Entfernung der Kohlensäure einige Minuten einen kräftigen Luftstrom durch oder kocht 5 Minuten, dann versetzt man mit 1 cm³ Phenolphthaleinlösung (Lös. 17a) und hierauf mit N/10-Natronlauge (Lös. 32) bis zur schwachen Rötung, dann mit N/10-Salzsäure (Lös. 29), bis die Rötung eben verschwunden ist. Nunmehr titriert man mit N/10-Kaliumpalmitatlösung (Lös. 79) unter Umschütteln bis zur deutlichen bleibenden Rotfärbung. Die verbrauchten cm³ × dem Titer der Palmitatlösung (s. unter Lös. 78) ergeben die Härte. Das anfänglich zugesetzte Kaliumpalmitat setzt sich mit den Kalzium- und Magnesiumsalzen um zu neutralen Salzen. Überschuß an Kaliumpalmitat färbt wie freies Alkali-Phenolphthalein rot.

d) Berechnung der Karbonathärte und der bleibenden Härte.

Die Karbonathärte läßt sich berechnen, nach den bei der Bestimmung der gebundenen Kohlensäure, S. 259, zur Neutralisation des Wassers verbrauchten cm³ N/10-Säure. 1 cm³ N/10-Säure auf 100 cm³ Wasser = 2,8⁰. Auch durch Multiplikation der in 100 cm³ Wasser enthaltenen mg gebundener Kohlensäure mit 1,27 erhält man die Karbonathärte. Man hat jedoch hier zwei Fälle zu unterscheiden:

1. Das Wasser ist frei von Soda. In diesem Falle ist die sich ergebende Karbonathärte geringer, zum mindesten nicht größer als die Gesamthärte.

Beispiel: Gesamthärte 15,7⁰. Auf 250 cm³ Wasser wurden zur Neutralisation verbraucht 13,83 cm³ N/10-HCl, nach dem Aufkochen noch weitere 0,05 cm³ (s. S. 259), also im ganzen 13,88 cm³ oder auf 100 cm³ Wasser 13,88 : 2,5 = 5,55 cm³, diese entsprechen

5,55 × 2,8 = 15,54°, Karbonathärte. Auf bleibende Härte verbleiben demnach nur 15,7 — 15,54 = 0,16°, d. h. das Wasser ist praktisch frei von bleibender Härte, es ist ein reines Karbonatwasser. Also:

Gesamthärte 15,7°.
Karbonathärte 15,54°.
Bleibende oder permanente Härte 0,16°.

2. Das Wasser ist sodahaltig. Da von der gebundenen Kohlensäure in diesem Falle auch ein Teil an Natron gebunden ist, anderseits neben kohlensaurem Natron schwefelsaurer Kalk nicht bestehen kann und eine Lösung von doppelkohlensaurem Natron und schwefelsaurem Kalk brautechnisch das gleiche ist wie doppelkohlensaurer Kalk und schwefelsaures Natron, so wird sich in diesem Falle bei der Berechnung der Karbonathärte nach 1. eine Zahl ergeben, die höher ist als die gefundene Gesamthärte, was natürlich widersinnig ist. In diesem Falle rechnet man die gefundene Gesamthärte durch Division durch 2,8 auf N/10-Säure zurück und zieht die erhaltene Zahl von den auf 100 cm^3 Wasser zur Neutralisation, zur Bestimmung der gebundenen Kohlensäure, verbrauchten cm^3 N/10-Säure ab und rechnet den Rest durch Multiplikation mit 5,3 auf mg Soda (Na_2CO_3) und dann auf 1 l Wasser um.

Beispiel: Gesamthärte 12°. Auf 100 cm^3 Wasser zur Neutralisation verbraucht 7 cm^3 N/10-Säure. Den 12 Härtegraden entsprechen 12 : 2,8 = 4,28 cm^3 N/10-Säure, daher treffen auf Soda 7 — 4,28 = 2,72 cm^3 N/10-Säure, entsprechend 2,72 × 5,3 = 14,4 mg.

Also: Gesamthärte (nur Karbonathärte) 12°.

In 1 l Wasser: 144 mg Soda (Na_2CO_3).

Direkte Bestimmung der Soda s. unter 15b.

e) Durch Seifenlösung.

Die Bestimmung beruht darauf, daß Seife (fettsaures Alkali) sich in Lösung mit Erdkalisalzen (Kalk- und Magnesiasalzen) umsetzt zu löslichen Alkalisalzen und unlöslichen, nicht schäumenden fettsauren Erdalkalien. Seife ist daher auch nur in destilliertem Wasser klar, in den meisten Brunnenwässern dagegen nur zu einer mehr oder weniger trüben Flüssigkeit löslich. Man verwendet zur Härtebestimmung eine alkoholische Seifenlösung, Clarksche Seifenlösung (Lös. 62), die so eingestellt ist, daß 45 cm^3 genau 12 mg Kalk ausfällen können. 100 cm^3 Wasser würden also, wenn das Wasser genau 12 Härtegrade hat, mit weniger als 45 cm^3 Seifenlösung beim Schütteln noch keinen Schaum geben, sondern erst bei 45 cm^3 oder eine Kleinigkeit mehr. Man stellt daher fest, wieviel Seifenlösung auf 100 cm^3 Wasser erforderlich ist, damit beim Schütteln ein fester Schaum entsteht, und entnimmt der Tabelle XI den entsprechenden Härtegrad. Die Bestimmung ist nur dann einigermaßen zuverlässig, wenn folgende Punkte genau beachtet werden:

1. Das Schüttelglas soll genügend groß sein, am besten 250 cm^3.

2. Die Temperatur der Wasserseifenmischung soll 15—18° betragen.

3. Nach jedesmaligem Zusatz von Seifenlösung ist 8—10mal (immer gleichmäßig) kräftig zu schütteln.

4. Wirklicher Seifenschlamm ist nur dann vorhanden, wenn nach dem Schütteln die Grenze zwischen dem fast den ganzen leeren Raum des Glases anfüllenden Seifenschaum und der Flüssigkeit erst nach einiger Zeit deutlich wird, der kompakte Schaum fest stehen bleibt, ohne daß fortwährend Schaumbläschen platzen, und wenn der Schaum nach 4—5 Minuten bei abermaligem Schütteln in der alten Beschaffenheit wiederkehrt.

5. Es empfiehlt sich, die Bestimmung in mehreren Verdünnungen mit dest. Wasser vorzunehmen, etwa 1 : 1, 1 : 2 und 1 : 3. Bei sehr harten Wässern ist eine noch stärkere Verdünnung, etwa 5fache oder 10fache vorzunehmen, da nicht mehr als 45 cm^3 Seifenlösung verbraucht werden sollen.

α) Gesamthärte.

Als Schüttelglas benutzt man am besten ein Glasstöpselglas zu ca. 250 cm^3 Inhalt, bei 100 cm^3 bringt man eine Marke an. In dieses gibt man 50 cm^3 Wasser oder auch weniger, je nach Vorprüfung, und füllt mit dest. Wasser auf 100 cm^3 auf, dann läßt man aus der Bürette zunächst etwa 10 cm^3, später weniger, bis schließlich immer nur je 1 oder 0,5 cm^3 Seifenlösung (Lös. 62) zufließen, bis nach kräftigem Umschütteln fester Seifenschaum sich gebildet hat. Den Härtegrad des verdünnten Wassers entnimmt man der Tabelle XI und multipliziert ihn mit dem Verdünnungsfaktor.

Beispiel: 20 cm^3 Wasser auf 100 cm^3 aufgefüllt, also $\frac{100}{20} = 5$fach verdünnt, verbraucht 14 cm^3 Seifenlösung. Letztere entsprechen nach Tabelle XI 3,2°. Daher besitzt das unverdünnte Wasser $5 \times 3{,}2 =$ **16** Härtegrade.

β) Bleibende oder permanente Härte.

200 cm^3 Wasser, mit einem Meßkolben abgemessen, werden in einen Kochkolben gebracht, das Niveau der Flüssigkeit (etwa mit einem Fettstift) markiert und ½ Stunde lang gekocht, wobei das verdampfende Wasser von Zeit zu Zeit durch dest. Wasser annähernd ersetzt wird. Nun kühlt man das Wasser gut ab, leert dasselbe samt dem Niederschlag und Spülwasser (dest. Wasser) in den 200-cm^3-Kolben zurück, füllt mit dest. Wasser bis zur Marke auf, schüttelt gut durch und filtriert durch ein kleines anliegendes Filter. In dem vollständig blanken Filtrat bestimmt man hiernach wie oben die Härte. In den meisten Fällen benutzt man hierzu 100 cm^3 des Filtrates, ohne es zu verdünnen.

Die Zahl für die bleibende Härte wird nach dieser Methode immer um einige Grade höher ausfallen als die oben berechnete, hauptsächlich, weil das Magnesiumkarbonat löslich ist.

Die vorübergehende oder temporäre Härte ergibt sich aus der Differenz zwischen Gesamthärte und bleibender Härte; die Zahl ist aber aus obigem Grunde auch ungenau, zu nieder.

15. Soda.

a) Qualitativ nach Brandt[1]).

Etwa 100 cm³ Wasser werden in einer Platinschale auf dem Wasserbade eingedampft; der Rückstand mit 5 cm³ säurefreiem (Lös. 2b), etwa 50proz. Alkohol übergossen und die Reaktion der alkoholischen Lösung nach vollständigem Absetzen des Rückstandes mit empfindlichem Kurkumapapier (s. unter Lös. 22) geprüft. Die Braunfärbung des Kurkumapapiers verrät das Vorhandensein von Soda im Wasser.

Statt eigens 100 cm³ Wasser einzudampfen, kann man auch den bei der quantitativen Untersuchung erhaltenen Abdampfrückstand in obiger Weise auf Soda prüfen.

b) Quantitativ.

Man dampft in einer Platinschale 100 cm³ Wasser unter Zusatz von 10 cm³ N/10-Pottaschelösung (Lös. 40) auf dem Wasserbade vollständig ein. Hierauf wird der Rückstand (ohne ihn aufzurühren) mit heißem, etwa 50proz. säurefreiem (Lös. 2b) Alkohol mehrere Male ausgelaugt. Die gewonnene Flüssigkeit wird jedesmal durch ein kleines Filter in ein Erlenmeyer-Kölbchen filtriert. Das Filtrat dampft man in der Platinschale zur Vertreibung des Alkohols auf etwa $\frac{1}{3}$ seines Volumens ein, füllt mit Wasser wieder auf 80 bis 100 cm³ auf und titriert mit N/10-Säure (Lös. 29), wie oben S. 259 angegeben. Werden dabei mehr als 10 cm³ N/10-Säure verbraucht, d. i. mehr als zur Neutralisation der 10 cm³ N/10-Pottaschelösung erforderlich ist, so ist Soda im Wasser nachgewiesen (Wenigerverbrauch trifft auf Gips).

Der Mehrverbrauch (cm³) mit 53 multipliziert, ergibt die Menge wasserfreier Soda (Na_2CO_3) in 1 l Wasser.

Beispiel: Bei der Titration der gewonnenen Flüssigkeit wurden im ganzen 11,4 cm³ N/10-Säure verbraucht. Die 10 cm³ N/10-Pottaschelösung erfordern zu ihrer Neutralisation 10 cm³ N/10-Säure. Demnach ergibt 11,4 — 10 = 1,4 cm³ den Mehrverbrauch an N/10-Säure, und die ermittelte Zahl 1,4 × 53 = **74** mg gibt die wasserfreie Soda (Na_2CO_3) in 1 l Wasser an.

16. Mangan, Mn.

a) Qualitativ.

Mangan kommt selten, hauptsächlich in eisenhaltigen Wässern, in geringer Menge vor. Es sollen aber für Brauereizwecke auch schon

[1]) Zeitschrift für das gesamte Brauwesen 1905, Nr. 35.

geringe Mengen Mangan nicht unbedenklich sein. Der Nachweis erfolgt am besten nach Marshall. Ca. 100 cm³ des Wassers werden in einem Erlenmeyer-Kölbchen mit ungefähr 10 cm³ Ammoniumpersulfatlösung (Lös. 51) und 1—2 cm³ verdünnter Salpetersäure (Lös. 6c) versetzt, hierauf gibt man einige Tropfen Silbernitratlösung (Lös. 47) zu, so daß alles Chlor ausgefällt und noch ein geringer Silberüberschuß vorhanden ist. Dann erwärmt man langsam zum Sieden. Je nach Menge des vorhandenen Mangans tritt Rosa- bis Rotfärbung infolge der Bildung von Übermangansäure ein.

b) Quantitativ.

Soll das Mangan quantitativ bestimmt werden, was selten der Fall sein wird, so erfolgt die Bestimmung am besten titrimetrisch nach v. Knorre[1]). Die Methode beruht darauf, daß durch Kochen mit Ammoniumpersulfat, $(NH_4)_2S_2O_8$, das Mangan als Dioxyd, MnO_2, ausgeschieden wird. Letzteres wird durch Wasserstoffsuperoxyd in Manganosalz übergeführt nach der Gleichung

$$MnO_2 + H_2O_2 + H_2SO_4 = MnSO_4 + 2\,H_2O + O_2.$$

Das überschüssige, nicht zersetzte H_2O_2 wird schließlich durch Kaliumpermanganat bestimmt, da es mit diesem reagiert nach der Gleichung

$$5\,H_2O_2 + 2\,KMnO_4 + 3\,H_2SO_4 = K_2SO_4 + 2\,MnSO_4 + 8\,H_2O + 10\,O.$$

1 l Wasser, mit ca. 3 cm³ verdünnter Schwefelsäure (Lös. 5d.) angesäuert, wird in einer Porzellanschale auf dem Drahtnetz bis etwa 50 cm³ eingedampft, in einen Erlenmeyer-Kolben gespült, mit 10 bis 20 cm³ Ammoniumpersulfatlösung (Lös. 51) versetzt, 5 Minuten gekocht, heiß durch ein doppeltes quantitatives Filter filtriert und bis zum Verschwinden der sauren Reaktion mit heißem Wasser nachgewaschen. Hierauf bringt man Filter mit Niederschlag in den Erlenmeyer-Kolben zurück, gibt 10 cm³ verdünnter Schwefelsäure (Lös. 5d) und aus der Pipette 5 cm³ Wasserstoffsuperoxydlösung (Lös. 61) hinzu und löst unter kräftigem Umschwenken das MnO_2. Hierauf läßt man in der Kälte aus der Bürette N/100-Permanganatlösung (Lös. 43b) zufließen, bis ganz schwache Rosafärbung bestehen bleibt. In der gleichen Weise titriert man 5 cm³ Wasserstoffsuperoxydlösung und 10 cm³ verdünnter Schwefelsäure, mit Wasser ungefähr auf das frühere Volumen aufgefüllt, mit der Permanganatlösung. Der Titer der letzteren kann genügend genau gegen Oxalsäure (S. 247) eingestellt werden.

Beispiel: Auf 5 cm³ Wasserstoffsuperoxyd mit MnO_2 verbraucht 31,2, ohne MnO_2 42,4 cm³ N/100-Permanganatlösung. Daher treffen auf das MnO_2 42,4 — 31,2 = 11,2 cm³ N/100-Permanganatlösung. 1 cm³ N/100-Permanganatlösung entspricht 0,275 mg Mangan, 11,2 cm³ demnach 11,2 × 0,275 (R-St) = **3,08** mg Mangan (Mn) oder 3,08 × 1,29 = **3,97** mg Manganoxydul (MnO) in 1 l Wasser.

[1]) Zeitschrift für angew. Chemie 1901, S. 1149.

17. Metalle der Schwefelwasserstoffgruppe (Blei, Kupfer, Zinn usw.).

Man dampft etwa 1 l Wasser im Wasserbade auf ca. 100 cm³ ein. Nach dem Erkalten bringt man es in einen Glaszylinder, setzt einige Tropfen Salzsäure (Lös. 4c) zu und sättigt es dann mit Schwefelwasserstoff.

Das Auftreten einer Färbung oder Fällung läßt auf Metalle schließen.

18. Phosphorsäure.

Die Phosphorsäure, welche im Wasser unerwünscht ist, da sie unter Umständen auf organische Verunreinigungen deutet, wird auf folgende Weise nachgewiesen:

Etwa 100 cm³ Wasser werden mit einigen Tropfen Salpetersäure in einer Platinschale vollständig eingedampft, dann gelinde auf einer Asbestplatte geglüht, der Rückstand in einigen cm³ verdünnter Salpetersäure (Lös. 6c) durch Erwärmen gelöst und die Lösung in ein Becherglas filtriert. Hierauf wird das Filtrat mit einer salpetersauren Lösung von molybdänsaurem Ammon (Lös. 65) versetzt und in ein Wasserbad von 80° gestellt. Färbt sich die Flüssigkeit gelb und setzt sich nach einiger Zeit ein gelber Niederschlag ab, so enthält das Wasser Phosphorsäure. Der Niederschlag ist in Ammoniak löslich.

19. Schwefelwasserstoff.

Manche Mineralwässer sind reich an dem übelriechenden Schwefelwasserstoff (Aachen, Sirmione). Für Brauzwecke ist ein Wasser, das auch nur Spuren von Schwefelwasserstoff oder dessen Salzen (Sulfide) enthält, unverwendbar. Man erkennt schon sehr geringe Mengen dieser Verunreinigungen bei der Geruchsprobe (S. 243), namentlich wenn man vorher etwas Phosphorsäure zugesetzt hat, wodurch der Schwefelwasserstoff aus den Sulfiden freigemacht wird.

Mit alkalischer Bleilösung (Lös. 69) färbt sich schwefelwasserstoffhaltiges Wasser bräunlich bis schwarz.

Nitroprussidnatriumlösung färbt das mit wenig Natronlauge versetzte Wasser bei Gegenwart von Schwefelwasserstoff violett.

20. Freier Sauerstoff.

Methode Linossier-Miller. In einem mit Glasstopfen verschlossenen 100-cm³-Meßzylinder, der im ganzen etwa 140 cm³ faßt, lasse man vorsichtig (möglichst wenig Bewegung) bis zur obersten Marke (100 cm³) Wasser einlaufen (möglichst direkt von der Betriebswasserleitung), versetze mit 6 cm³ Seignettesalzlösung (Lös. 54a) und 5—6 Tropfen Phenolsafranin (Lös. 22a). Dann setze man aus der Bürette Eisenammoniumsulfat (Lös. 64a) zu, indem man nach jedem Zusatz den Meßzylinder schließt und stürzt (nicht schütteln!). Der gelöste Sauerstoff oxydiert das Eisen, und wenn aller Sauerstoff verbraucht ist, wirkt das Ferrosalz auf das Phenolsafranin reduzierend, wodurch dieses entfärbt wird. Man wiederhole den Versuch

1—2mal, indem man die zuerst verbrauchte Menge Eisenlösung nun ungefähr auf einmal zusetzt. 1 cm³ Eisenlösung entspricht 0,05 mg Sauerstoff.

Beispiel: Auf 100 cm³ Wasser wurden verbraucht bis zur Entfärbung 24 cm³ Eisenlösung. Daher in 1 l Wasser 24 × 0,05 × 10 = 12 mg O.

21. Öl.

Ölhaltiges Wasser ist für Brauzwecke nicht verwendbar, da die geringste Spur Öl (Fett) die Schaumhaltigkeit des Bieres ungünstig beeinflussen kann. Geringe Mengen Öl sind manchmal im Kondenswasser enthalten, auch von Pumpen usw. kann eine geringe Menge Öl ins Wasser gelangen.

a) Qualitativ.

Größere Mengen Öl sind leicht zu erkennen an der Trübung des Wassers, die beim Schütteln mit Äther verschwindet. Auch bildet sich meist beim Stehen auf derartigen Wässern eine Ölhaut von charakteristischem Aussehen. Spuren Öl erkennt man, indem man einige sehr kleine Kampferstückchen auf das Wasser wirft. Bei ölfreiem Wasser zeigen diese lebhafte, kreisende Bewegung auf der Wasseroberfläche, bei ölhaltigem Wasser bleibt diese Bewegung aus.

b) Quantitativ.

Das Öl wird dem Wasser durch Ausschütteln mit Äther entzogen und im Verdampfungsrückstand des Äthers bestimmt. Zunächst sind alle zu verwendenden Gefäße durch Ausspülen mit Äther sorgfältig zu entfetten, besonders auch der Glashahn des Scheidetrichters. Hierauf wird eine größere Menge Wasser, etwa 1 l, in einem Scheidetrichter mit je 50 cm³ frisch dest. Äther so oft ausgeschüttelt, bis der Äther beim Eindampfen absolut keinen Rückstand mehr hinterläßt. Der gesamte zum Ausziehen verwendete Äther wird hierauf durch ein absolut fettfreies Filter filtriert und nach dem Abdestillieren des größten Teiles des Äthers in einer gewogenen Porzellanschale völlig verdunstet. Die Schale mit dem Fett wird hier auf 5 Minuten bei 105° getrocknet und nach dem Erkalten im Exsikkator gewogen.

Bei sehr geringem Ölgehalt soll man nach Zschimmer das Öl zunächst mit Aluminiumhydroxyd niederschlagen und dann den Niederschlag mit Äther extrahieren in folgender Weise:

5 l Wasser versetzt man mit einer Lösung von 1,5 g Aluminiumsulfat, hierauf mit einer zur völligen Umsetzung des Aluminiumsulfats nicht ganz hinreichenden Menge Sodalösung.

$Al_2(SO_4)_3 + 3\ Na_2CO_3 + 3\ H_2O = 3\ Na_2SO_4 + 2\ Al(OH)_3 + 3\ CO_2$. 342 g $Al_2(SO_4)_3$ setzen sich also um mit 106,0 g Na_2CO_3. Auf 1,5 g $Al_2(SO_4)_3$ gebe man daher etwas weniger als 0,465, also etwa 0,44—0,45 g Na_2CO_3. Der entstehende Niederschlag reißt das vorhandene Öl mit nieder. Nach Durchschütteln, Stehenlassen zur

Klärung, Abhebern des größten Teiles des über dem Niederschlag stehenden klaren Wassers wird der Niederschlag quantitativ in einen Scheidetrichter gebracht und in diesem nach Wiederklärung noch soweit wie möglich von dem überstehenden Wasser getrennt. Dann wird verdünnte Schwefelsäure zugesetzt, bis sich alles wieder gelöst hat, mit frisch dest. Äther extrahiert und weiter verfahren wie oben.

C. Zusammenstellung der Wasseranalyse.

1. Berechnung auf Basen und Säuren.

Für praktische Zwecke am einfachsten und verständlichsten ist es, die bei der Analyse gefundenen Zahlen auf Metalloxyde (Basen) und Säureanhydride umzurechnen, wie das bereits oben bei den einzelnen Bestimmungen geschehen ist, und diese Zahlen im Analysenbericht nebeneinander aufzuführen. Nur das Chlor wird als elementares Chlor angegeben. Bei den Stoffen, auf die nur qualitativ geprüft wurde, gibt man das Resultat der Prüfung an mit Worten, wie »vorhanden«, »viel«, »wenig«, »Spuren« usw. oder »0«.

Die Säuren und Basen zu Salzen zu vereinigen und diese in der Analyse anzugeben, ist nicht empfehlenswert infolge der hydrolytischen Spaltung und Dissoziation, welche die Salze in der Lösung erleiden. Jedoch empfiehlt es sich, immer zu berechnen, in welchem Verhältnis die gebundene Kohlensäure zu Kalk und Magnesia steht, um daraus zu ersehen, ob das Wasser sodahaltig ist oder nicht (s. unten). Auch ziehe man immer die Summe der einzelnen Bestandteile, dieselbe darf natürlich nie größer sein als der Abdampfrückstand.

Nachstehend die Analysen von drei typischen Wässern:

		Münchener[1]) Leitungs-wasser I	Unions-brauerei Dortmund II	Wasser aus Ost-preußen III
Abdampfrückstand .	mg im l:	270	1110	420
Glührückstand . . .	» » »	—	920	350
Kieselsäure (SiO_2) . .	» » »	4,0	—	10
Eisen- u. Aluminiumoxyd (Fe_2O_3 u. Al_2O_3) . .	» » »	Spur	—	16
Kalk (CaO)	» » »	99,3	367	94
Magnesia (MgO) . . .	» » »	30,7	38	27
Schwefelsäure (SO_3) .	» » »	15,3	241	0
Chlor	» » »	2,0	107	7
Geb. Kohlensäure (CO_2)	» » »	102	132	165
	Summe:	253,3	885	319

[1]) Entnommen im Oktober 1929, analysiert von Doemens. Allgemeine Brauer- und Hopfenzeitung 1930, Nr. 97.

Salpetersäure (N_2O_5)	Spur	Spur	0
Salpetrige Säure (N_2O_3)	0	0	0
Ammoniak (NH_3)	0	0	Spur
Organ. Substanz, mg Sauerstoffverbr. auf 1 l:	0,2	0,5	2,2
Gesamthärte	14,2°	41,3°	13,2°
Karbonathärte oder vorübergehende Härte .	13,0°	16,8°	13,2°
Bleibende Härte	1,2°	24,5°	0

Nr. I ist ein reines Karbonatwasser, Kalk und Magnesia sind fast ausschließlich an Kohlensäure gebunden. Die durch Multiplikation mit $\frac{28}{22} = 1{,}27$ auf Kalkwert umgerechnete gebundene Kohlensäure ergibt eine Karbonathärte von $10{,}2 \times 1{,}27 = 13°$, welche die Zahl für Gesamthärte bis auf 1,2° erreicht. Es kann demnach nur wenig Gips und keine Soda vorhanden sein.

Nr. II ist stark gipshaltig. Die gebundene Kohlensäure ergibt $13{,}2 \times 1{,}27 = 16{,}8°$ Karbonathärte, daher bleiben noch $41{,}3 - 16{,}8 = 24{,}5°$ bleibende Härte. Die 241 mg Schwefelsäure entsprechen aber nur $\frac{24{,}1 \times 56}{80} = 16{,}9$ bleibenden Härtegraden. Daher müssen $24{,}5 - 16{,}9 = 7{,}6°$ bleibende Härte durch andere lösliche Kalkverbindungen, und zwar durch Chlorkalzium bedingt sein. Das vorhandene Chlor ist dazu gut ausreichend, da die 7,6 Härtegrade nur $\frac{76 \times 71}{56} = 96{,}4$ mg Cl im Liter entsprechen. Die Summe der Einzelbestandteile ist hier um $1110 - 885 = 225$ mg kleiner als der Abdampfrückstand. Die Differenz wird bedingt durch andere nicht bestimmte Bestandteile, wie Kieselsäure, Eisen- und Aluminiumoxyd, Alkalimetalle, organische Substanzen usw., hauptsächlich aber durch an Gips gebundenes Kristallwasser, da beim Eindampfen des Wassers sich $CaSO_4 + 2\,H_2O$ bildet, das sein Kristallwasser erst beim Glühen vollständig abgibt. Beim Glühen gehen außerdem die organischen Substanzen, auch die an Magnesia sitzende Kohlensäure, $\frac{38 \times 44}{40} = 41{,}8$ mg, und evtl. auch noch Chloride weg. Wenn trotzdem der Glührückstand höher ist als die Summe der Einzelbestandteile, so erklärt sich dies durch die Anwesenheit der obenerwähnten, nicht bestimmten, fixen Substanzen.

Nr. III ist sodahaltig. Auf 13,2 Härtegrade treffen $\frac{132 \times 22}{28} = 132 \times 0{,}786 = 103{,}8$ mg Kohlensäure im Liter. Das Wasser enthält aber 165 mg Kohlensäure. Daher müssen $165 - 103{,}8 = 61{,}2$ mg an Natrium gebunden sein, entsprechend $\frac{61{,}2 \times 106}{44} = 147{,}4$ mg Soda, Na_2CO_3, im Liter.

2. Berechnung auf Ionen.

In neuerer Zeit ist es besonders in den Kreisen der Nahrungsmittelchemiker und Hygieniker üblich geworden, die bei der Wasseranalyse gewonnenen Resultate auf Ionen umzurechnen, um so tunlichst den tatsächlichen Verhältnissen Rechnung zu tragen, da nach den Untersuchungen von E. Hintz und L. Grünhut 75—80% der im Wasser vorhandenen Salze dissoziiert, in Ionen gespalten, sind. Man kann den Gehalt an Ionen wie oben in Milligramm im Liter angeben, statt 56 mg CaO würde man also sagen 40 mg Ca·· befinden sich in 1 l, oder aber man rechnet die mg Ionen in mg-Äquivalente um, d. h. man gibt an, wie oft das Äquivalentgewicht (= Iongewicht: Wertigkeit) in der im Liter enthaltenen Anzahl mg enthalten ist. Man nennt diese mg-Äquivalente auch Millival. Würde also z. B. ein Wasser in 1 l 100 mg Kalk enthalten, so enthält es $\frac{100 \times 40}{56} = 71{,}4$ mg Kalziumionen (Ca··) oder, da das Äquivalentgewicht eines Ca·· $= \frac{40}{2} = 20$ ist, $\frac{71{,}4}{20} = 3{,}57$ mg-Äquivalent oder Millival im Liter. Die Umrechnung auf mg-Äquivalente hat den großen Vorteil, daß sie sofort erkennen läßt, ob das Wasser neutral ist, d. h. ob es ebensoviel Kationen wie Anionen enthält.

Für obiges Wasser Nr. I berechnet sich die Analyse in Ionen wie folgt. Dabei ist aber die Kieselsäure weggelassen, da diese, soweit sie als Silikat vorhanden ist, bei der Bestimmung der gebundenen Kohlensäure mit gefunden wird.

	mg in 1 Liter		Millival
Kalziumion (Ca··)	$\frac{99{,}3 \times 40}{56}$	= 71	$\frac{71}{20} = 3{,}55$
Magnesiumion (Mg··)	$\frac{30{,}7 \times 24}{40}$	= 18,4	$\frac{18{,}4}{12} = 1{,}53$
Sulfation (SO_4'')	$\frac{15{,}3 \times 96}{80}$	= 18,04	$\frac{18{,}04}{48} = 0{,}38$
Chlorion (Cl′)		2	$\frac{2}{35{,}5} = 0{,}06$
Hydrokarbonation (HCO_3') . .	$\frac{102 \times 61}{44}$	= 141,4	$\frac{141{,}4}{30{,}5} = 4{,}64$

Summe der Kationen = 5,08.
Summe der Anionen = 5,08.

Die Summen sind also gleich. Ebenso ist dies der Fall bei Wasser II (15 Millival Kationen und 15,03 Millival Anionen). Bei Wasser III dagegen ergibt sich eine viel zu geringe Kationensumme, da auch noch Natriumionen in größerer Menge vorhanden sind.

D. Enthärtung des Wassers.

1. Brauwasser.

Bei der Enthärtung des Brauwassers handelt es sich immer nur um die Entfernung der Karbonathärte. Dazu kommen hauptsächlich drei Methoden in Betracht: a) durch Erhitzen, b) durch Zusatz von Säuren, c) durch Zusatz von Kalk.

a) Schon durch Abkochen kann die Karbonathärte weitgehend beseitigt werden. Da jedoch durch kurzes Aufkochen nur eines Teiles des zu einem Sud verwendeten Wassers (des Zubrühwassers) wenig erreicht wird, anderseits längeres Kochen des gesamten Wassers in einer gewöhnlichen Braupfanne zu teuer kommen würde, so hat man eigene Apparate konstruiert, in welchen das Wasser unter bester Ausnutzung der aufgewendeten Wärme unter Druck gekocht wird. Näher soll hier nicht darauf eingegangen werden.

b) Setzt man einem Karbonatwasser eine starke Säure, etwa Schwefelsäure zu, so verwandelt sich das Karbonat in Sulfat, es entsteht also hauptsächlich schwefelsaurer Kalk oder Gips. Für jeden vorübergehenden Härtegrad sind 1,75 g H_2SO_4 oder 1,80 g konzentrierte Schwefelsäure pro hl Wasser zuzusetzen. Gegen diesen Zusatz ist vom rein wissenschaftlich-technischen Standpunkte aus nichts einzuwenden, denn die Schwefelsäure, die übrigens in verdünntem Zustande nichts weniger als giftig ist, wird restlos in den harmlosen Gips übergeführt. Dagegen ist, abgesehen von evtl. Schwierigkeiten mit der Steuer- und Nahrungsmittelbehörde, vom Standpunkt des praktischen Brauers aus jeder Zusatz von Stoffen, die im Volksglauben als gefährlich oder giftig gelten, also auch von Schwefelsäure, absolut zu verwerfen.

c) Die Verwendung von Kalk zur Enthärtung des Brauwassers ist unbedenklich, soweit die behördliche Genehmigung erteilt ist und mit größter Vorsicht und Sorgfalt gearbeitet wird, so daß namentlich niemals ein Überschuß an Kalk genommen wird.

Durch den Kalk werden zunächst die Bikarbonate des Kalziums und Magnesiums in Monokarbonate übergeführt nach den Gleichungen:

$$Ca(HCO_3)_2 + CaO = 2\,CaCO_3 + H_2O$$
$$Mg(HCO_3)_2 + CaO = CaCO_3 + MgCO_3 + H_2O.$$

Von den entstandenen Monokarbonaten $CaCO_3$ und $MgCO_3$ ist das erstere als gänzlich unlöslich zu bezeichnen, dagegen ist das $MgCO_3$ ziemlich leicht löslich. Um auch dieses zur Ausscheidung zu bringen, ist ein weiteres Molekül CaO erforderlich. Durch dieses wird das $MgCO_3$ in unlösliches MgO verwandelt nach der Gleichung

$$MgCO_3 + Ca(OH)_2 = CaCO_3 + Mg(OH)_2.$$

Statt Kalk verwendet man besser klares Kalkwasser, dessen Gehalt festzustellen ist, indem man 25 cm^3 des gesättigten Kalkwassers mit 2—3 Tropfen Phenolphthalein (Lös. 17a) versetzt und dann aus der Bürette N/10-Salzsäure zuläßt, bis die Rotfärbung verschwunden ist.

Beispiel: Verbraucht 11 cm^3 N/10-Salzsäure. 1 cm^3 N/10 entspricht 2,8 mg Kalk, daher enthalten 25 cm^3 Kalkwasser $11 \times 2{,}8 = 30{,}8$ mg $= 0{,}0308$ g und 100 cm^3 $4 \times 0{,}0308 = 0{,}1232$ g Kalk (CaO). Oder in 1 l Wasser 1,232 g CaO. Löslichkeit von Kalk bei den verschiedenen Temperaturen s. unter Lös. 13.

Man wird sich in der Regel damit begnügen, für Brauzwecke nur so viel Kalk zuzusetzen, als der Karbonathärte entspricht, evtl. noch etwas mehr für die freie Kohlensäure, die man nach der S. 260 angeführten Methode bestimmt. Statt N/10-Natronlauge kann man dabei auch Kalkwasser verwenden. Pro hl Wasser sind dann ebenso viele Liter desselben Kalkwassers zur Ausfällung der freien Kohlensäure zuzusetzen, als bei der Titration auf 200 cm³ Wasser verbraucht wurden, da der Umschlag in Rot erfolgt, wenn alle CO_2 in $Ca(HCO_3)_2$ verwandelt ist. Jedes cm³ N/10-Lauge oder -Kalkwasser auf 200 cm³ Wasser entspricht 22 mg CO_2 in 1 l Wasser und 1 mg CO_2 im Liter erfordert 0,127 g CaO pro hl Wasser.

Beispiel: Karbonathärte = 15°. Magnesia = 30 mg im Liter, entsprechend 3 × 1,4 = 4,2 Härtegrade. Freie Kohlensäure = 20 mg im Liter. So sind auf 1 hl Wasser erforderlich:

1. für Karbonathärte	15
2. für Magnesia	4,2
3. für freie Kohlensäure 20 × 0,127 (R-St)	2,54
in Summa . .	21,74 g CaO.

Da obiges Kalkwasser in 1 l 1,232 g CaO enthält, so wären von diesem $\frac{21,74}{1,232}$ (R-St) = 17,6 l auf 1 hl Wasser erforderlich.

Die Behandlung mit Kalkwasser kann in der Kälte erfolgen, wenn dabei kräftig gerührt und das Rühren etwa ½ Stunde fortgesetzt wird, der kohlensaure Kalk setzt sich dann in sehr kurzer Zeit, wie von Fries[1]) nachgewiesen, ab. Mit dem kohlensauren Kalk werden auch die evtl. im Wasser enthaltenen Pilze ganz oder zum Teil niedergeschlagen, so daß die Enthärtung zugleich eine biologische Reinigung bedeutet. Der Zusatz des beim vorhergehenden Versuch ausgeschiedenen kohlensauren Kalkes begünstigt die Klärung.

Für den Vorversuch im Laboratorium verwendet man zweckmäßig zum Rühren den Maischapparat (S. 102). Man wird sich in der Regel begnügen, wenn das gereinigte Brauwasser noch eine Karbonathärte von 4—5° zeigt.

Sehr empfehlenswert ist, sich nicht ausschließlich auf obige Berechnung zu verlassen, sondern immer zunächst im Laboratorium einen Reinigungsversuch vorzunehmen. Nach Zusatz der berechneten Menge Kalk läßt man bis zum andern Tag absetzen, worauf man abfiltriert und im Filtrat die Karbonathärte durch Titration mit N/10-Säure (s. S. 271) bestimmt. Ob nicht etwa doch zuviel CaO zugesetzt worden ist, erkennt man auf folgende Weise: ca. 100 cm³ Filtrat werden mit 3—4 Tropfen Phenolphthalein (Lös. 17a) versetzt, die dabei auftretende starke Rotfärbung (von $MgCO_3$ herrührend) muß auf Zusatz von 10 cm³ Bariumchlorid (Lös. 46) ganz oder fast ganz verschwinden, sonst war zuviel Kalk zugesetzt. Das Verschwinden der Rotfärbung wird beschleunigt durch schwaches Erwärmen. Tritt keine Rotfärbung ein, so war das Wasser zu wenig

[1]) Zeitschrift für das gesamte Brauwesen 1920, Nr. 22.

oder aber richtig enthärtet. Die Bestimmung der Karbonathärte und Prüfung mit Phenolphthalein und Bariumchlorid ist auch im Betrieb immer mit dem gereinigten Wasser vorzunehmen.

Sodahaltiges Wasser kann evtl. verbessert werden durch Zusatz von Chlorkalzium, mit welchem sich die Soda umsetzt, nach der Gleichung

$$Na_2CO_3 + CaCl_2 = CaCO_3 + 2\,NaCl.$$

Auf 106 Gewichtsteile Soda treffen also 111 Gewichtsteile Chlorkalzium oder 219 Gewichtsteile kristallisiertes Chlorkalzium ($CaCl_2 + 6\,H_2O$. Vorversuch im Laboratorium ist notwendig.

2. Kesselspeisewasser[1]).

Für die Kesselspeisung soll das Wasser möglichst vollkommen enthärtet werden. Dies geschieht durchweg durch Zusatz von Chemikalien, und zwar, abgesehen von einzelnen Spezialverfahren in Verbindung mit eigenen Apparaten, von Kalk und Soda.

Die zur Untersuchung erforderliche Wasserprobe soll im Betrieb am Einlauf zu dem Gefäß, in dem die Reinigung vorgenommen werden soll (dem Reiniger), entnommen werden, denn zur Enthärtung im Reiniger wird meist ein bereits im Vorwärmer erhitztes Wasser verwendet, das einen Teil seiner freien Kohlensäure und Karbonathärte verloren hat.

Die Berechnung der erforderlichen Kalkmenge erfolgt genau wie bei der Enthärtung des Brauwassers, S. 281 c).

Der Sodazusatz

erfolgt, um auch den an Schwefelsäure bzw. Salzsäure gebundenen Kalkanteil, die bleibende Härte, zu entfernen. Die Reaktion erfolgt nach der Gleichung:

$$CaSO_4 + Na_2CO_3 = CaCO_3 + Na_2SO_4.$$

Es erfordert also 1 Mol. $CaSO_4$, demnach auch 1 Mol. CaO (Mol.-Gew. = 56), das die bleibende Härte bedingt, 1 Mol. Na_2CO_3 (= 106). Daher erfordert 1 bleibender Härtegrad 106 : 56 = 1,9 g wasserfreie Soda oder (286 × 1,9) : 106 = 5,13 g krstiallisierte Soda, $Na_2CO_3 + 10\,H_2O$ (= 286), auf 1 hl Wasser.

Beispiel: In 1 l Wasser wurden gefunden 120 mg Kalk, 30 mg Magnesia und 18 mg freie Kohlensäure. Auf 100 cm³ Wasser wurden verbraucht 4 cm³ N/10-Säure. Daher

Kalkhärte	12,0°
Magnesiahärte 3 × 1,4	= 4,2°
Gesamthärte	16,2°
Karbonathärte 4 × 2,8	= 11,2°
Bleibende Härte	= 5,0°

[1]) Herr F. M. Wieninger, von der Wissenschaftlichen Station für Brauerei in München hat dem Verfasser besonders bei Bearbeitung dieses Kapitels seine ausgedehnten Erfahrungen in liebenswürdigster Weise zur Verfügung gestellt. Siehe auch Wochenschrift f. Brauerei 1932, Nr. 12.

Daher sind erforderlich auf 1 hl Wasser 11,2 + 4,2 = 15,4 g und für die freie Kohlensäure 18 × 0,127 = 2,3 g, also zusammen 15,4 + 2,3 = 17,7 g CaO und außerdem 5 × 1,9 = 9,5 g wasserfreie oder 5 × 5,13 = 25,6 g kristallisierte Soda.

Zur Erhöhung der Enthärtungswirkung nimmt man die bleibende Härte um einen Grad oder die Sodagabe um 1,9 g (wasserfrei) pro hl höher an.

Vor dem Zusatz von Kalk und Soda ist das Wasser auf mindestens 70° zu erwärmen.

Auch hier ist immer zunächst ein Reinigungsversuch im Laboratorium durchzuführen. Nach Zusatz der in obiger Weise errechneten Kalk- und Sodamengen zu dem auf 70—80° erwärmten Wasser läßt man über Nacht absetzen in zugedecktem Gefäß, zieht den andern Tag das vollständig geklärte Wasser zum Teil ab und untersucht, ob die Reinigung gelungen ist.

Untersuchung des gereinigten Speisewassers.

Im Betrieb erfolgt die Probenahme hinter dem Reiniger oder dem Speisewassersammelbehälter. Eventuell ist das abgekühlte Wasser zu filtrieren.

1. Ätzalkalität. In ein 200-cm³-Erlenmeyer-Kölbchen gibt man 100 cm³ des Speisewassers, versetzt mit 2 Tropfen Phenolphthalein (Lös. 17a). Ist das Wasser richtig enthärtet, so muß es rot werden und muß nach Zugabe von 10 cm³ 10proz. Bariumchloridlösung und Umschütteln rot bleiben.

Dieses mit Phenolphthalein und Bariumchlorid versetzte Speisewasser titriert man mit N/10-Salzsäure (Lös. 29), bis die Rotfärbung verschwindet, wozu 0,7—1,5 cm³ verbraucht werden sollen, entsprechend 0,7 × 2,8 bis 1,5 × 2,8 = rund 2—4 Härtegraden oder 0,7 × 5,3 bis 1,5 × 5,3 = rund 4—8 g Soda im hl, bedingt durch Kalküberschuß. Tritt die Rotfärbung mit Phenolphthalein nicht ein oder verschwindet sie mit Bariumchlorid oder werden weniger als 0,7 cm³ N/10-Säure verbraucht, so war der Kalkzusatz zu gering. Bei mehr als 1,5 cm³ N/10-Säure war er zu hoch.

2. Gesamtalkalität. Diese setzt sich zusammen aus der etwa noch vorhandenen Karbonathärte, aus dem Sodaüberschuß und der Ätzalkalität. Zunächst titriert man 100 cm³ Speisewasser mit N/10-Salzsäure und Methylorange in der auf S. 259 angegebenen Weise und rechnet die verbrauchten cm³ N/10-Säure durch Multiplikation mit 5,3 auf Soda um. Bringt man von dieser Zahl die unter 1. berechnete Sodazahl in Abzug, so erhält man den tatsächlichen Sodagehalt von 1 hl Speisewasser.

Beispiel: Bei 2. wurden verbraucht 1,8 cm³ N/10-Säure, bei 1. dagegen 0,8 cm³, so ist der Sodagehalt:

$$
\begin{array}{r}
1{,}8 \times 5{,}3 = 9{,}54 \\
-\,0{,}8 \times 5{,}3 = 4{,}24 \\
\hline
5{,}30\text{ g } Na_2CO_3 \text{ im hl.}
\end{array}
$$

Bei einem guten Speisewasser sollen bei 2. 0,4—0,8 cm³ N/10-Säure mehr verbraucht werden als bei 1. Dies gilt jedoch nur dann, wenn die Wasserprobe nach Zusatz von Phenolphthalein rot wurde und die Rotfärbung beim Schütteln mit Bariumchloridlösung nicht verschwand, da nur in diesem Falle die unter 1. verbrauchte N/10-Säure auf Kalk und nicht auf Kalzium- und Magnesiumkarbonat traf.

3. Härte. Gut enthärtetes Kesselspeisewasser soll nur mehr eine Gesamthärte von 1—3° und weniger aufweisen. Kommen Steilrohrkessel mit geringem Wasserraum oder Hochdruckkessel über 15 atü in Betracht, so soll das Speisewasser bis auf 1—1,5° und weniger enthärtet sein. Die Härte wird am einfachsten nach Blacher (S. 271) bestimmt.

Untersuchung des Kesselwassers.

Viel wichtiger noch als die Untersuchung des Speisewassers ist die des Kesselwassers selbst.

1. Dichte. Sie wird am einfachsten mittels Saccharometer bei 17,5 bzw. 20° bestimmt. Das Saccharometer soll nicht mehr als 3,8%, entsprechend einem spez. Gewicht 1,0149 oder 2,1° Baumé, zeigen.

2. Ätzalkalität. 100 cm³ Kesselwasser versetzt man mit 2 Tropfen Phenolphthalein (Lös. 17a) und 2 g festes Bariumchlorid und schüttelt unter Abschluß, bis sich das Bariumchlorid gelöst hat.

Hierauf titriert man je nach Alkalität das mit Phenolphthalein und $BaCl_2$ versetzte Wasser mit N/10- oder Normalsalzsäure. Es sollen mindestens 4 cm³ N/10-Säure verbraucht werden entsprechend $4 \times 4 = 16$ g Ätznatron $= 4 \times 5{,}3 = 21{,}2$ g Soda im hl.

Wird das Kesselwasser mit Phenolphthalein nicht rot oder verschwindet die Rotfärbung nach Zugabe von Bariumchlorid oder waren weniger als 4 cm³ N/10-Säure verbraucht worden, so waren die Zusätze an Kalk bzw. Soda oder beiden zu gering.

Ein frisch in Betrieb gesetzter Kessel hat eine geringere Alkalität. Hier soll der Säureverbrauch etwa 2 cm³ N/10-Säure betragen und steigt nach kurzer Zeit auf 4 cm³.

3. Die Gesamtalkalität. Sie wird wie beim Speisewasser bestimmt. 100 cm³ Kesselwasser werden mit einigen Tropfen Methylorange (Lös. 16) versetzt und mit N/10- bzw. Normalsäure titriert. Wurden beispielsweise 8 cm³ N/10-Säure verbraucht, so ist die Gesamtalkalität auf Soda berechnet: $8 \times 5{,}3 = 42{,}4$ g pro hl.

Die auf Soda berechnete Ätzalkalität (s. unter 2) $4 \times 5{,}3 = 21{,}2$ pro hl. Somit ist der wirkliche Sodagehalt des Kesselwassers: 21,2 g pro hl. Das Kesselwasser enthält im hl somit: 16 g Ätznatron und 21,2 g Soda.

Die Erfahrung hat gezeigt, daß bei silikatreichen Wässern und bei Hochleistungskesseln der Kesselbaustoff am besten vor Anfressungen bewahrt bleibt, wenn das Kesselwasser dauernd eine bestimmte, nicht zu unterschreitende Menge Soda oder Ätznatron enthält. Das Kesselwasser soll mindestens 40 g NaOH oder 185 g Na_2CO_3 pro hl enthalten, wobei sich diese Alkalien im Verhältnis von etwa 1 : 4,5 gegenseitig ersetzen können.

Berechnung der Natronzahl.

Gefundene g Na_2CO_3 im hl: 4,5 + g NaOH im hl = Natronzahl. Diese von Splittgerber eingeführte Natronzahl soll zwischen 400 und 2000 liegen. Bei genügender Alkalität des Kesselwassers ist auch die Bildung von Silikatstein (Kalzium- und Magnesiumsilikat) nicht zu befürchten.

Enthärtung mit Ätznatron und Soda.

Bei Wässern mit wenig freier Kohlensäure, geringer Karbonathärte und geringem Magnesiumgehalt, also mit überwiegend bleibender Härte, verwendet man vielfach Ätznatron und Soda zur Enthärtung. Dabei ist zu beachten, daß bei der Einwirkung von Ätznatron auf die vorhandene freie Kohlensäure und auf Kalzium- und Magnesiumbikarbonat sowie auch auf Magnesiumkarbonat auch Soda entsteht, die natürlich von der aus der bleibenden Härte sich errechnenden Menge Soda in Abzug zu bringen ist. Ferner ist zu beachten, daß das käufliche Ätznatron immer einen gewissen Prozentsatz Soda enthält. Wenn

N = erforderliche Menge käufliches Ätznatron zur Entfernung der freien CO_2, der Karbonathärte und des Magnesiakarbonates pro hl in g,
C = Karbonathärtegrade,
b = g MgO im hl,
a = g freie CO_2 im hl,
n = %-Gehalt des Ätznatrons an NaOH,
S = erforderliche Menge käuflicher Soda pro hl in g,
B = bleibende Härtegrade,
s = %-Gehalt des Ätznatrons an Na_2CO_3,
ws = %-Gehalt der käuflichen Soda an Na_2CO_3,

so ist

$$N = \frac{(C + 1{,}4\,b + 1{,}27\,a)\,8000}{n \times 56} \text{ g NaOH käufl. pro 1 hl Wasser}$$

und

$$S = \left[B \times 1{,}9 - \frac{10600 + 80\,s}{5600}\,(C + 1{,}4\,b + 1{,}27\,a)\right] \times \frac{100}{w\,s} \text{ g } Na_2CO_3 \text{ käufl. pro 1 hl Wasser.}$$

Die Untersuchung des Speise- und Kesselwassers erfolgt in der gleichen Weise wie beim Kalk-Sodaverfahren.

Speisewasser für Hochdruckkessel.

Für Hochdruckkessel (über 40 at) sind besondere Anforderungen an das Speisewasser zu stellen.

Der Sauerstoffgehalt muß auf 0,05 mg/l, bei Höchstdruckkesseln unter 0,02 mg/l reduziert werden, was im letzteren Falle durch Zusatz von Natriumsulfit geschieht.

Kieselsäure kann hier sehr gefährlich werden, die Alkalität des Kesselwassers wirkt ihr entgegen, die Natronzahl soll mindestens 400 betragen. Diese hohe Alkalität wirkt auch als Schutz gegen Korrosionen durch freien Sauerstoff, schädliche Chlorverbindungen und salpetersaure Salze.

Salpetersaure Salze können bei Hochdruckkesseln, namentlich bei gleichzeitiger Anwesenheit von Magnesiasalzen und größeren Mengen Chloriden, auch Anlaß zu Störungen geben.

Die Enthärtung mit Trinatriumphosphat.

In letzter Zeit wurden mit großem Erfolge die Härtebildner mit Trinatriumphosphat ausgefällt, wozu die vorhandenen Enthärtungsanlagen benutzt werden können. Nur bei sehr harten Wassern findet eine Vorenthärtung mit Kalk und Soda statt. Hier wird dann nur die Resthärte mit Trinatriumphosphat entfernt.

Bei der Phosphatenthärtung fallen die Niederschläge rascher und grobflockiger aus und das Kesselwasser wird klarer. Ein Überschuß an Phosphat gestattet eine starke Herabsetzung der Natronzahl und verhindert die Laugenbrüchigkeit. Nebenbei bildet sich in einem bestimmten Konzentrationsintervall auf der inneren Kesselwand eine Schutzhaut von Ferriphosphat, so daß man es mit Erfolg jetzt auch bei ganz weichen Wassern, die an sich nicht enthärtet zu werden brauchen, zum Schutze gegen Anfressungen zusetzt. Zur besseren Ausnützung der Enthärtungsmittel wird jetzt immer mehr mit Schlammrückleitung aus dem Kessel zum Reinigen gearbeitet. Genaue Angaben über den notwendigen Zusatz wie über die Prüfung des Speise- und Kesselwassers erteilt die Chemische Fabrik Budenheim & Balcke A.G., Bochum.

Die Bildung der unlöslichen Phosphate geht nach folgenden Gleichungen vor sich.

1. $3\,Ca(HCO_3)_2 + 2\,Na_3PO_4 = Ca_3(PO_4)_2 + 6\,NaHCO_3$,
2. $3\,Mg(HCO_3)_2 + 2\,Na_3PO_4 = Mg_3(PO_4)_2 + 6\,NaHCO_3$,
3. $3\,CaSO_4 + 2\,Na_3PO_4 = Ca_3(PO_4)_2 + 3\,Na_2SO_4$,
4. $3\,MgCl_2 + 2\,Na_3PO_4 = Mg_3(PO_4)_2 + 6\,NaCl$.

XIII. Luft.

Auch die Bestandteile der Luft können in mehrfacher Beziehung Einfluß auf die Vorgänge im Brauerei- und Mälzereibetrieb, sowie auf die Eigenschaften des Bieres gewinnen. Die Luft wirkt nicht nur als Überträgerin von Staub und Keimen von Bierkrankheitsorganismen, sie kann auch chemische Körper gelöst oder suspendiert enthalten, die den Geschmack und die Eigenschaften des Bieres beeinflussen. Von ihrem Wassergehalt ist ihre trocknende oder feucht machende Wirkung abhängig.

Es kommen hauptsächlich folgende Bestimmungen in Frage.

1. Geruchsstoffe.

Das Bier ist für riechende und schmeckende Gase sehr aufnahmefähig, die Luft in den Bierkellern soll daher möglichst frei von derartigen Stoffen sein.

Zur Prüfung leitet man 30—40 l Luft durch etwa 50—100 cm³ reines destilliertes Wasser mittels der in Abb. 81 dargestellten Vorrichtung. Die durchzuleitende Luft kann natürlich auch aus der

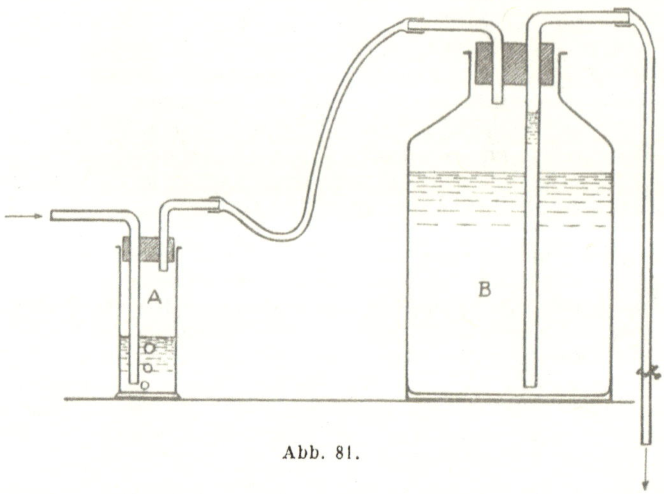

Abb. 81.

Druckluftleitung entnommen werden. Die große (10 l) mit Wasser gefüllte Flasche *B* dient als Aspirator. Wie das Wasser aus ihr durch den mit Quetschschraube verschließbaren Schlauch abläuft, wird die Luft durch das in *A* befindliche Wasser gesaugt. 50 l aus *B* abgelaufenes Wasser entsprechen 50 l durch *A* gesaugte Luft. Nach dem Durchsaugen der Luft verschließt man *A* mit einem sauberen Korkstopfen oder Glasdeckel, stellt in warmes Wasser und prüft das lauwarm gewordene Wasser in *A* auf Geruch.

2. Öl.

Preßluft enthält manchmal äußerst fein verteilte Öltröpfchen, von dem Schmieröl des Luftkompressors herrührend. Wird derartige Luft zum Abfüllen des Bieres verwendet, so besteht die Gefahr einer schädlichen Einwirkung des Fettes auf die Schaumhaltigkeit des Bieres.

Zum Nachweis leitet man wie unter 1. eine möglichst große Menge Luft durch Wasser, welches das Fett zurückhält und untersucht dieses wie S. 277 angegeben. Das verwendete Wasser und die Gerätschaften müssen natürlich peinlichst sauber und fettfrei sein.

3. Wasser.

In der Praxis benutzt man zur Bestimmung des Feuchtigkeitsgehaltes der Luft in der Regel physikalische Instrumente, sogenannte Hygrometer oder Psychrometer. Zur Prüfung dieser Instrumente kann als Standardmethode die gewichtsanalytische Bestimmung des Wassergehaltes der Luft durch Absorption in konz. Schwefelsäure erfolgen. Dazu dient der Apparat Abb. 74 S. 217, jedoch sind nur erforderlich *D*, *E*. An *E* wird angeschlossen ein Aspirator (*B* in Abb. 81). *D* ist ein mit konz. Schwefelsäure gefüllter, gewogener Kugelapparat. Das Chlorkalziumrohr *E* ist ebenfalls gewogen, dient aber nur zur Kontrolle, sein Gewicht darf während des Durchleitens der Luft nicht zunehmen.

Berechnung. Aus der Gewichtszunahme der Schwefesäure berechnet man den Wassergehalt in 1 cm³ Luft in g. Aus diesem kann man alsdann bei bekannter Temperatur mit Hilfe einer Tabelle[1]) für den Gehalt an Wasser in vollkommen mit Wasserdampf gesättigter Luft den sog. relativen Feuchtigkeitsgehalt, den die Spezialinstrumente gewöhnlich angeben, berechnen.

Beispiel: Durchgeleitete Luft 15 l (= 15 kg Wasser), Kugelapparat vorher 32,345 g, nachher 32,510 g, Temperatur 18⁰

$$15\,\mathrm{l} \qquad 32{,}510 - 32{,}345 = 0{,}165\ \mathrm{g\ Wasser}$$

$$1000\,\mathrm{l}\ (= 1\,\mathrm{m}^3) \quad \frac{0{,}165 \times 1000}{15} = 11\ \mathrm{g\ Wasser}$$

Bei 18⁰ entsprechen 15,4 g Wasser in 1 m³ 100% Sättigung. Daher entsprechen 11 g $\frac{100 \times 11}{15{,}4} = 71{,}4\%$ Sättigung oder 71,4% relativer Feuchtigkeit.

Mit der gewichtsanalytischen Methode genügend übereinstimmende Resultate ergeben nach den Untersuchungen an der Lehr- und Versuchsanstalt für Brauer (36. bis 37. Jahresbericht S. 20) Arsmanns Aspirationspsychrometer, Koppes Haarhygrometer und das Thermo-Hygrometer von W. Lambrecht[2]).

4. Kohlensäure (CO_2).

Manchmal kann es auch von Interesse sein, den Kohlensäuregehalt der Luft zu bestimmen. Dies geschieht nach der Absorptionsmethode, indem man 10—50 l Luft durch *D*, *E*, *F* (Abb. 74) saugt, die Gewichtszunahme von *F* ist gleich dem Gehalt der durchgesaugten Luft an CO_2.

[1]) Siehe Leitfaden der Physik von D. A. Doemens und Dipl.-Ing. A. Doemens 3. Aufl. München 1933, S. 113.
[2]) Sämtliche Instrumente sind zu beziehen von W. Lambrecht, A.-G. in Göttingen.

XIV. Filtermasse.

Diese wird aus Baumwollabfällen (Abfälle aus der Wäschekonfektion) nach vorheriger gründlicher Behandlung auf unbedingte Sterilität und chemische Reinheit durch geeignete Präparierung hergestellt. Sehr gute Filtermasse, wenn auch mit einem gelblichen Schein, liefern Abschnitte von neuem ungebleichtem Barchent. Der Filtermasse werden auf Verlangen oft geringe Mengen feine Asbestfasern beigemengt. Durch diese Beimengung soll der Grad der Filtrationsfähigkeit erhöht werden. Bei schlechter Filtermasse sind Woll- und Flachsfasern anwesend. Holzzellulose-Fasern oder Holzschliff-Fasern darf eine gute Filtermasse nicht enthalten.

A. Mechanische und chemische Prüfung.

1. Verteilungsfähigkeit.

Bei dieser Probe werden 10 g fein zerzupfte Filtermasse in einem 1-l-Kolben mit ca. 500 cm^3 Wasser auf dem Wasserbad, unter öfterem Umschütteln, etwa 1 Stunde bei einer Temperatur von 80—90° gehalten.

Die Masse soll sich bei dieser Behandlung fein verteilen, ohne Bildung von Klümpchen oder Knöllchen, da dieselben in hohem Grade durch Bildung von Kanälen und größeren Hohlräumen im Filter die Filtrationsfähigkeit des Filters beeinträchtigen können.

Da ja die Filtermasse vor dem Gebrauch auch im Betriebe gründlicher Waschung und Sterilisation unterzogen wird, so kann man erst nach Feststellung von Verteilungsfähigkeit und Abfiltrieren des Wassers die Masse einer weiteren Prüfung unterziehen, um festzustellen, ob sie den Geschmack von Bier und von verdünntem Alkohol beeinflußt. Das Filtrat kann zur Feststellung der Auslaugefähigkeit der Filtermasse dienen.

2. Geschmacksbeeinflussung.

Die abfiltrierte und hierauf abgepreßte Filtermasse wird auf zwei kleine Bechergläser gleichmäßig verteilt und in eines dieser Gläser ca. 100 cm^3 Bier, in das andere ebensoviel 4proz. Alkohol gegeben und 24 Stunden lang stehen gelassen. Für die Kostprobe wird zum Vergleich auch das gleiche Bier und Alkohol ohne Masse bereitgestellt und die beiden Gefäße genau so behandelt wie die obigen mit der Masse.

Nach 24stündigem Stehenlassen werden die Flüssigkeiten von der Filtermasse abgegossen und gekostet. Es soll dabei kein ranziger, öliger, muffiger Geschmack oder Holzgeschmack auftreten.

3. Auslaugefähigkeit durch Wasser.

Das Filtrat von Nr. 1 wird in einer gewogenen Schale eingedampft und dann 1 Stunde bei 105° im Trockenkasten getrocknet und mit dem Rückstand gewogen.

Beispiel:

Schale mit Rückstand	21,235 g
Schale leer	21,205 g
Rückstand	0,030 g.

Also Rückstand von 10 g lufttrockener Filtermasse beträgt 0,03 g, demnach von 100 g

$$0{,}03 \times 10 = 0{,}3\ \mathrm{g} = 0{,}3\%.$$

Angenommen die Masse hatte 7,2% Wasser, so ist der Rückstand in 100 g Trockensubstanz

$$\frac{0{,}3 \times 100}{100 - 7{,}2} = 0{,}32\ \mathrm{g} = \mathbf{0{,}32\%}.$$

Der Rückstand darf 0,5% nicht übersteigen und außerdem soll er, in ein wenig dest. Wasser aufgelöst, neutral reagieren, da saure oder alkalische Reaktion vermuten läßt, daß die Filtermasse bei ihrer Herstellung vor dem Pressen und Trocknen nicht genügend gereinigt war.

4. Wasser.

Dasselbe wird in ca. 5—8 g fein zerzupfter Masse nach der Trocknungsmethode (s. »Wasser« in der Gerste, S. 24) bestimmt. Das Zerzupfen der Masse soll mit einer Pinzette und ohne Berührung der Masse mit der Hand geschehen.

Der normale Wassergehalt der Filtermasse wird 8% nicht übersteigen.

5. Fett.

Sollte die Masse Wolle oder Holzschliff enthalten, so wird sie in der Regel auch einen übermäßigen Gehalt an Fett aufweisen. Derartige Masse verteilt sich für gewöhnlich schlecht im Wasser, kann an das Bier einen unangenehmen Geschmack abgeben und das Fett kann auch die Schaumhaltigkeit des Bieres beeinträchtigen.

Zur Bestimmung des Fettes wird die wasserfreie Filtermasse (von der Wasserbestimmung) im Soxhletschen Apparat 4 Stunden lang mit Äther extrahiert und nach Verdampfung des Äthers der Rückstand getrocknet und gewogen (s. »Fett« in der Gerste, S. 51).

Der Fettgehalt einer Filtermasse soll 0,3% nicht übersteigen.

6. Asche.

Die Bestimmung der Asche verfolgt den Zweck, über Beisätze mineralischer Natur in der Filtermasse Aufschluß zu geben. In erster Linie kommt hierbei Asbest in Betracht, welcher den Aschegehalt, je nach der zugesetzten Menge, enorm erhöhen kann. Die Asche, in welcher Asbest enthalten ist, löst sich nach Zusatz von Salzsäure nur teilweise auf.

Zur Ermittelung des Aschegehaltes werden 5—10 g Filtermasse in einer gewogenen Platinschale verbrannt und verascht. Hierauf wird das Gewicht der gewonnenen Asche festgestellt und in Prozent angegeben (s. »Asche« in der Gerste, S. 54).

Der Aschegehalt der Filtermasse, ohne nennenswerte Beimengungen von Asbest, wird selten 1% übersteigen.

B. Mikroskopische Prüfung.

Diese Prüfung bezweckt die Form der Fasern, die für Baumwolle, Leinen, Wolle, Asbest, Jute, Stroh und Holz charakteristisch ist, festzustellen.

Sie wird ausgeführt in der Weise, daß man die an verschiedenen Stellen des Filterkuchens mittels einer Pinzette entnommenen kleinen Stückchen fein zerzupft, einzelne Fäden isoliert, dieselben auf Objektträger legt, mit Wasser befeuchtet und sie dann mit einem Deckgläschen bedeckt, um die Form und Zeichnung der Einzelfaser bei ca. 150facher Vergrößerung zu beobachten.

Sehr empfehlenswert ist es ferner, für die Prüfung der verschiedenen Filtermassen Präparate zu besorgen, die es ermöglichen, die Fasern der Filtermasse mit jenen des Präparats zu vergleichen. Baumwoll-, Leinen-, Wollfasern usw. lassen sich leicht beschaffen und erweist sich ein Vergleich mit denselben einfacher und lehrreicher als ein solcher mit einer Zeichnung.

1. Baumwolle.

Baumwollfaser ist flach, korkzieherartig gewunden, mit etwas verdickten Rändern.

2. Leinen.

Leinfaser ist walzenförmig, wenig gedreht, in fast regelmäßigen Abständen von feinen Knötchen unterbrochen, ist weniger lang als die Baumwollfaser und zeigt einen dünnen Längskanal.

3. Wolle.

Wollfaser ist sehr dick, rund, mit dachziegelförmigen Hautschuppen versehen und zeigt in der Regel eine deutliche bogenförmige Krümmung.

4. Asbest.

Asbestfaser ist sehr fein, biegsam, nadelförmig, mit seidenartigem Schleier. Des öfteren weist sie einen Stich ins Grüne auf.

5. Holzzellulose.

Holzfaser erkennt man leicht an den gehöften Tüpfelchen. Zur Unterscheidung reiner Zellulose von Zellulose, die noch Lignin, Holzstoff enthält, bedient man sich als Reagens des Phlorogluzins (konz. alkoholische Lösung mit 10% Salzsäure).

Die Wirkung dieses Reagens:

Holzstoff oder Lignin = purpurrote Färbung,
Zellulose . . . . . . = keine Färbung.

XV. Pech.

Das ursprüngliche Brauerpech (Naturpech) bereitet man aus dem Harze der Nadelhölzer, indem man das gewonnene Rohharz oder Scharrharz zur Entfernung des Terpentinöls usw. in eisernen Kesseln kocht. Das Naturpech findet gegenwärtig hauptsächlich als Zusatz zu anderen Pechmischungen Verwendung.

Die wichtigsten Pechmischungen sind: Kolophonium mit Harz- oder Mineralölen, Kolophonium mit fetten Ölen und festen Fetten, Kolophonium mit Paraffin und Erdwachsprodukten, überhitztes Kolophonium mit Harzöl usw.

Während des Krieges sind auch Peche, »Montanpech«, aus bituminösen Stoffen wie Asphalt, Goudron, Erdwachs u. dgl. hergestellt, ferner regenerierte Peche aus Auslaufpech unter Zusatz von Neupech, Paraffin, Harzöl oder anderen Zusatzmaterialien gewonnen, in Verwendung gekommen.

Das Naturpech enthält viel freie Säure, ist meist von dunkelorange oder gelbbrauner Farbe, undurchsichtig trüb, hat muscheligen Bruch und starkes Aroma.

Mischungen von Kolophonium mit Harzölen oder Mineralölen sind gelb bis braun gefärbt und auch durchsichtig (Transparentpech), falls nicht durch verschiedene Manipulationen, z. B. durch Einblasen von Luft und Wasserdampf, durch Zusätze, wie Chromgelb, Schwerspat und Ocker künstliche Trübung und Färbung (Verschönerungsmittel) erzeugt wurde.

Mischungen von Kolophonium mit fetten Ölen (Leinöl, Rüböl usw.) sowie mit festen Fetten, z. B. Talg, stellen ebenfalls ein klar durchsichtiges Pech dar.

Mischungen von Kolophonium mit Paraffin, Ceresin oder Erdwachs (Emailpech) sind trüb, hellgelb, dem rohen Bienenwachs ähnlich. Eine Mischung von verschiedenen Substanzen, hauptsächlich aus Paraffin, vaselin- und fettartigen Substanzen, Kolophonium und einem Klebstoff hergestellt, liefert ein ideales Brauerpech mit sehr guten Eigenschaften — das sog. Mammutpech.

Überhitztes Kolophonium ist ein Kolophonium, welches durch Destillation von flüchtiger Säure und aromatischen Stoffen fast vollständig befreit ist. Es wird mit Naturpech, Harzöl usw. gemischt und hauptsächlich für Einspritzapparate verwendet.

Die Untersuchung des Peches erstreckt sich hauptsächlich auf folgende Punkte:

1. Schmelzpunkt.

a) Ältere Methode.

Etwas Pech wird in einer Reibschale zuerst mit Eis auf eine niedrige Temperatur gebracht und dann so fein als möglich zerrieben.

Mit diesem Pulver füllt man dann rasch, etwa 2 cm hoch, zwei dünnwandige Schmelzpunktbestimmungsröhrchen und eines von diesen Röhrchen befestigt man mit einem Stück Gummischlauch (Gummiring) an einem Thermometer in der Weise, daß der mit Pech gefüllte Teil sich in einer Höhe mit der Quecksilberkugel befindet (Abb. 82).

Nun wird das an einem Stativ befestigte Thermometer in ein mit Wasser gefülltes Becherglas gesenkt (Abb. 83), die Temperatur des Wassers unter beständigem Rühren ganz allmählich (etwa alle 2 Minuten um 1°) gesteigert und das Verhalten des Peches im Röhrchen beobachtet.

Abb. 82.

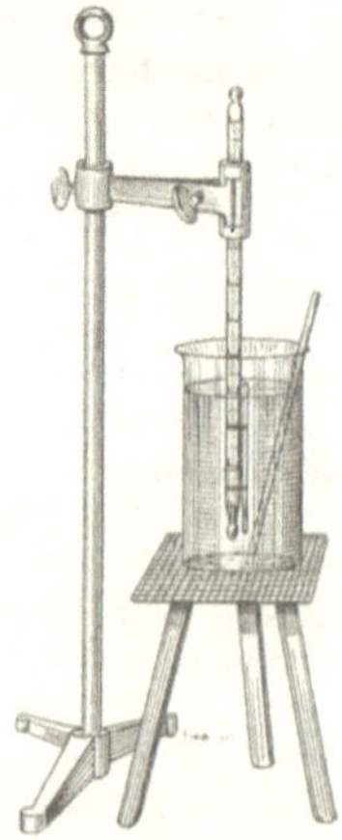

Abb. 83.

Die Temperatur, bei welcher das Pechpulver zusammenzukleben und von der Glaswand sich loszulösen beginnt, bezeichnet man als den Sinterpunkt.

Sobald der Schmelzpunkt des Peches erreicht ist, sinkt das undurchsichtige Pechpulver zusammen und geht in den durchsichtigen Zustand über. Die Temperatur, bei der dieses geschieht, wird als Schmelzpunkt bezeichnet. Dieser liegt immer um einige Grade höher als der Sinterpunkt.

Die Bestimmung ist mindestens zweimal vorzunehmen, und nimmt man von den gewonnenen Zahlen das Mittel.

Bei der zweiten Bestimmung wird das warme Wasser im Becherglas gleich einige Grade unter diejenige Temperatur gebracht, bei welcher das erstemal der Schmelzpunkt bzw. Sinterpunkt ermittelt war, und die Temperatur möglichst langsam, etwa alle 5 Minuten, um 1°, gesteigert.

b) Vereinbarte Methode.

Vorstehende Methode a) bildet die allgemeine Methode für Schmelzpunktbestimmungen. Bei eindeutig »festen« Körpern, auch Paraffin u. dgl., gibt sie sehr genaue Resultate. Pech dagegen (wenigstens viele Pechsorten) muß eigentlich zu den flüssigen Körpern gerechnet werden (nur sehr langsam fließend), bei dem eigentlich von einem Schmelzpunkt gar nicht gesprochen werden kann. Die Resultate nach obiger Methode sind daher sehr unsicher und wenig übereinstimmend. Vom Verein Deutscher Chemiker, Fachgruppe für Gärungschemie, wurde daher zur Bestimmung des sog. Schmelzpunktes das nachstehende Verfahren von Krämer-Sarnow, abgeändert von Lampe[1]) (ebenso wie die unter 2., 3. und 4. angeführten Untersuchungsmethoden), vereinbart.

---

[1]) Allgemeine Brauer- und Hopfenzeitung 1922, Nr. 137.

Das zu prüfende Pech wird in einer Menge von 15—20 g auf einem heißen Wasserbad geschmolzen und in ein zu einer Spitze ausgezogenes Glasrohr von 6 mm lichter Weite bei 1 mm Wandstärke und 10 cm Länge etwa 5 cm hoch luftblasenfrei eingesaugt. Nach dem Erkalten an der Luft schneidet man mit einem Glasmesser ein genau 10 mm langes Stückchen heraus und befestigt es mit einem kurzen Gummischlauch an einem längeren Stück Glasrohr gleichen Durchmessers, das mittels eines Gummiringes (siehe unter a) mit einem Thermometer verbunden ist. Auf das Pech werden 5 g Quecksilber mittels eines geeichten Röhrchens gegeben. Im 6 mm weiten Röhrchen entsprechen diese 5 g Quecksilber einer Höhe von 13 mm. Diese Meßröhrchen sind etwa 10 cm lang, unten zugeschmolzen und haben statt der Marke ein Loch, bis zu welchem das Quecksilber reichen muß, um 5 g zu fassen. Zum besseren Eingießen in die Pechröhrchen sind sie zu einer nicht zu feinen Spitze ausgezogen und leicht umgebogen. Durch Eintauchen in das Quecksilbervorratsgefäß füllen sich genau 5 g Quecksilber ein. Sollte das überschüssige Quecksilber nicht bis zum Loch auslaufen, so genügt ein leichtes Einblasen durch die Spitze des Meßröhrchens. Ein Becherglas von 800 cm³ Inhalt wird nun 8 cm hoch mit Wasser gefüllt und die Thermometerkugel samt dem Pechröhrchen 4 cm tief eingesenkt (s. Abb. 83). Sehr praktisch ist die im Handel erhältliche Apparatur, bei welcher am Rande des Becherglases ein Gestell angebracht ist, an dem mühelos das Thermometer und vier Pechschmelzröhrchen eingesenkt werden können. Auf einem Asbestdrahtnetz wird nun unter andauernder Durchmischung so erhitzt, daß in jeder Minute die Temperatur um 1° steigt. Als Erweichungspunkt gilt der Moment, wo sich das Pech herauszuschieben beginnt, als Schmelzpunkt der Moment, in welchem das Quecksilber nach Herausschieben des weichgewordenen Pechpfropfens zwischen Glas und Pech herausläuft. Die Ausführung der Bestimmung geschieht mit zwei Pechröhrchen und darf die Differenz zwischen den beiden Röhrchen 1° nicht überschreiten.

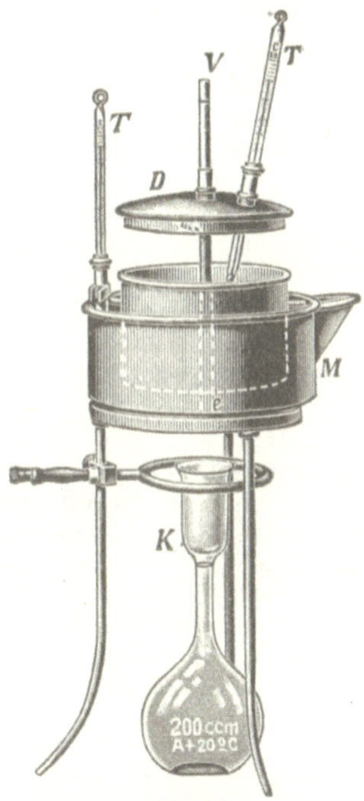

Abb. 84.

Das reine Pech (Naturpech oder Kolophonium-Harzölpech) soll für gewöhnlich bei einer Temperatur zwischen 40—45° schmelzen.

Liegt der Schmelzpunkt dieser Peche unter 40°, so werden sie als weich bezeichnet, übersteigt er jedoch 50°, so nennt man sie spröde.

2. Viskosität.

Zur Bestimmung der Viskosität (Zähigkeit) benutzt man das Englersche Viskosimeter (Abb. 84) unter Anwendung von Hartparaffin als Temperierbad. Zunächst erhitzt man das Paraffinbad auf 177°. Während dieser Zeit schmilzt man 250 g Pech in einem Emailpfännchen zuerst vorsichtig, bis ein Teil des Peches geschmolzen ist und dann schneller auf 175°. Dabei beobachtet man das Verhalten des Peches. Nach Verschließen der Ausflußöffnung des Viskosimeters mit dem beigegebenen Hartholzstäbchen wird das 175° heiße Pech durch ein feinmaschiges Kupferdrahtsiebchen in das innere Gefäß des Viskosimeters gegossen, bis das Pech genau die Niveaumarken erreicht hat. Nach Verschließen mit dem Deckel und Umrühren ist unter Einhaltung der angegebenen Temperaturen in kurzer Zeit die Temperatur von 170°, im Pech gemessen, erreicht. Bei dieser Temperatur wird nach den Vereinbarungen die Viskosität bestimmt. Man stellt zunächst einen im Trockenschrank bei 120 bis 150° vorgewärmten 200-cm³-Meßkolben unter, zieht das Holzstäbchen hoch und bestimmt die Zeit, die verstreicht, bis das Pech im untergestellten Kolben eben die Marke im Kolbenhals passiert, am besten geschieht dies mittels Stoppuhr. Zur Berechnung der Viskositätszahl muß man auch die Zahl kennen, die zum Ablauf von 200 cm³ Wasser von 20° erforderlich ist. Diese Wasserzahl ist bei jedem Viskosimeter vor Ingebrauchnahme desselben zu bestimmen. Sie soll 51—53 Sekunden betragen.

Beispiel: Wasserzahl = 52,8 Sekunden, Ablaufzeit des Peches bei 170° = 92,4 Sekunden.

$$\text{Viskosität}\ \frac{170^0}{20^0} - \frac{92{,}4}{52{,}8} = \mathbf{1{,}75}\ \text{Grad.}$$

Bei Pechen für Einspritzapparate ist die Bestimmung der Viskosität unerläßlich. Aus der Viskosität lassen sich Schlüsse auf die jeweils anzuwendende Pichtemperatur und die zu erwartende Dicke der Pechschicht ziehen. Gute, für Einspritzapparate verwendbare Peche zeigen eine Viskosität von 1,5—2,0. Über 2,5 ist zu beanstanden. Regenerierungspeche haben eine Viskosität von 1,1—1,4.

Man kann natürlich die Viskosität auch bei höheren oder niedereren Temperaturen als 170° bestimmen, etwa von 210—150° in Intervallen 10 oder 20°. Die Viskositätszunahme bei fallender Temperatur soll möglichst gering sein. Auch soll die Viskosität bei längerem Erhitzen des Peches nur wenig abnehmen.

Paraffin- bzw. Ölzusatz setzt die Viskosität des Peches herab.

3. Pichversuch.

(Geschmacksprobe.)

Zur Prüfung des Peches auf Geschmacksabgabe nimmt man einen der Praxis angepaßten Pichversuch vor. Hierzu verwendet man am besten kleine, aus einem Stück gedrehte offene Hölzfäßchen von etwa 300 cm³ Inhalt bei 5 cm lichter Weite und 14 cm Höhe. Vor Beginn des Pichens müssen die Fäßchen gut trocken sein, was man durch längeres Aufbewahren bei Zimmertemperatur oder durch einstündiges Trocknen im Trockenschrank bei 100° erreichen kann. Nach den neuen Vereinbarungen darf der Pichversuch auch in Flaschen (Bierflaschen) ausgeführt werden, wobei jedoch zu beachten ist, daß der Flaschenhals nicht von dem zu untersuchenden Pech benetzt werden darf. Wenn nicht größere Pechmengen zur Verfügung stehen, so macht man den Pichversuch anschließend an die Viskositätsbestimmung. Das noch heiße Pech wird in das Emailpfännchen zurückgegossen und auf 200° erhitzt. Nach Feststellung des Geruches wird das heiße Pech in das Holzfäßchen gegossen. Nach 2 Minuten Stehen wird das Fäßchen unter Drehen entleert, so daß die ganze innere Oberfläche und der Rand von Pech bedeckt ist. Beim Ausgießen des Peches ist dafür Sorge zu tragen, daß ein Rest auf dem Boden zurückbleibt. Sollte sich herausstellen daß Stellen nicht oder ungenügend mit Pech bedeckt sind, so läßt man das Pech auf 150° erkalten und picht nochmals in der beschriebenen Weise. Die mangelhafte Bepichung bei 200° tritt namentlich bei dünnflüssigen Kompositionspechen auf. Mit diesen Pechen wird auch im Betrieb bei niederen Temperaturen gepicht. Unmittelbar nach dem Bepichen werden die Pechdämpfe mit einer Saugpumpe kurz abgesaugt. Nach dem Erkalten wird das Fäßchen einmal mit Brunnenwasser gefüllt und sogleich wieder entleert, im Eisschrank gekühlt, mit sehr kaltem, kohlensäurereichen Flaschenbier nahezu vollgefüllt und sofort mit einer auf das Fäßchen durch eine Preßvorrichtung angedrückten Gummischeibe verschlossen. Nach 24stündigem Verweilen im Eisschrank ist die Kostprobe vorzunehmen, aber erst nach Temperierung auf Zimmertemperatur. Zum Vergleich dient eine ebenfalls im Eisschrank aufgehobene Probe der gleichen Flaschenbiersendung. Einwandfreies Pech soll keinerlei Geruchs- und Geschmacksstoffe an das Bier abgeben.

Nach dem Auswaschen des Fäßchens wird die Pechschicht einer eingehenden Besichtigung unterzogen. Sie soll möglichst glatt und blasenfrei sein. Bei mäßig starkem Aufschlagen des Fäßchens auf die Tischplatte dürfen sich keine Risse und Sprünge oder Abblätterungen zeigen.

4. Verdunstungsfaktor.

Unter Verdunstungsfaktor versteht man den Gewichtsverlust, welchen ein Pech in einer bestimmten Zeit bei ca. 200° erleidet, ausgedrückt in Prozent. Die Bestimmung soll nach Holde in folgender Weise durchgeführt werden.

10 g Pech werden in einem niederen Porzellantiegel von 55 mm oberem Durchmesser und 40 mm Höhe im Ölbade, mit Heißdampfzylinderöl gefüllt, auf 196—202°, im Ölbad gemessen, erwärmt. Der Tiegel muß so tief in Öl eintauchen, daß das Niveau des Öles 2—3 mm über dem Niveau des Peches im Tiegel liegt.

Die Verluste werden nach 60, 100, 150 und 200 Minuten durch Wägung des trockenen, erkalteten Tiegels festgestellt. Durch Multiplikation der jeweiligen Gewichtsabnahme mit 10 ergibt sich die Abnahme in Prozent (= Verdunstungsfaktor). Der Verdunstungsfaktor soll möglichst gering sein.

5. Fremde Beimengungen.

Zu diesen gehören Stoffe organischer und mineralischer Natur. Die ersteren rühren von Verunreinigungen, wie Rinden- und Holzteilchen usw. her; zu den mineralischen Stoffen gehören Sandkörnchen und insbesondere Verfälschungsmittel, hauptsächlich Chromgelb, Schwerspat und Ocker.

Sind größere Mengen von diesen Stoffen vorhanden, was man durch Auflösen eines Stückchens Pech in einem Reagenzglas in 96proz. Alkohol wahrnimmt, so bestimmt man dieselben quantitativ folgendermaßen:

a) Gesamtbeimengungen
(organischer und mineralischer Natur).

10 g grobgepulvertes Pech werden mit etwa 50 cm³ 96proz. Alkohols übergossen und unter vorsichtigem Erwärmen und zeitweiligem Umrühren gelöst. Die noch heiße Lösung wird durch ein vorher getrocknetes und gewogenes Filter filtriert und so lange mit heißem 96proz. Alkohol ausgewaschen, bis einige Tropfen des Filtrates auf dem Platinbleche nach dem Verdunsten keinen Rückstand mehr hinterlassen. Hiernach wird das Filter mit dem Rückstand bei 105° getrocknet und dann gewogen. Die Gewichtszunahme des Filters wird durch den Rückstand verursacht.

Beispiel:

Gewicht des Filters und Rückstandes . .	= 0,769 g
» » » allein	= 0,493 g
» » Rückstandes aus 10 g Pech	= 0,276 g,

demnach aus 100 g Pech

$$0{,}276 \times 10 = 2{,}76\ \text{g} = \mathbf{2{,}76\%}$$

Ein gutes Pech enthält meist nicht mehr als 0,5% fremde Stoffe.

b) Beimengungen mineralischer Natur (Asche).

Verbrennt man das Filter mit dem Rückstand in einem vorher gewogenen Porzellantiegel und glüht, bis keine Kohlenbestandteile mehr vorhanden sind, so erhält man nach dem Erkalten und Wägen des Tiegels die mineralischen Bestandteile oder Asche.

Gewicht des Tiegels mit der Asche . . .	= 9,612 g
» » » allein	= 9,364 g
» der Asche aus 10 g Pech. . . .	= 0,248 g,

demnach aus 100 g

$$0{,}248 \times 10 = 2{,}48\ \text{g} = \mathbf{2{,}48\%}.$$

Die Menge der Asche bei einem normalen Pech soll 0,2% nicht übersteigen.

Die Identifizierung der Aschenbestandteile wird in der Regel nur durch qualitative Prüfung, und zwar auf Chromgelb, Ocker und Schwerspat vorgenommen.

Diese Prüfung kann man auf folgende Weise ausführen:

α) Chromgelb = Chromsaures Blei.

Man mischt die Asche (Glührückstand) mit etwas kohlensaurem Natron und Salpeter, bringt die Mischung auf dem Gebläse zum Schmelzen und läßt sie erkalten; dann löst man die Schmelze in heißem Wasser und filtriert sie durch ein kleines Filter.

Ein Teil des Filtrats prüft man auf Chromsäure, indem man Essigsäure bis zur sauren Reaktion zugibt, die Kohlensäure durch Erhitzung der Lösung entfernt und dann mit einigen Tropfen Bleiessig (Lös. 70) versetzt. Entsteht ein gelber Niederschlag, so enthält das Pech Chromgelb.

β) Schwerspat = schwefelsaures Barium.

Erhitzt man den anderen Teil des Filtrates mit Salzsäure und fügt tropfenweise Chlorbarium (Lös. 46) zu, so tritt bei Anwesenheit von Schwefelsäure ein weißer Niederschlag = Schwerspat auf, (s. a. Schwerspatbestimmung bei folgender Prüfung auf Ocker).

γ) Ocker = Eisenoxydhydrat.

Der mit heißem Wasser ausgewaschene Rückstand (s. unter α) »Chromgelb«) auf dem Filter wird in etwas heißer Salzsäure gelöst, ein Teil hiervon mit Ferrozyankalium (Lös. 48) versetzt. Bei Vorhandensein von Eisen entsteht eine blaue Färbung.

Den Rest der salzsauren Lösung kann man nochmals auf Schwerspat prüfen, indem man etwas verdünnte Schwefelsäure (Lös. 5d) zusetzt. Tritt eine Trübung ein, so ist Barium ermittelt (Schwerspat).

Bei der Prüfung auf Ocker ist hierbei zu bemerken, daß evtl. Eisenreaktion auch vom eisernen Pechkessel herrühren kann. Nach Brand kann das Pech unter Umständen bis 0,6% Eisenoxyd aus dem Pechkessel aufnehmen.

c) Beimengungen organischer Natur.

Diese ergeben sich aus der Differenz der vorhergehenden quantitativen Ermittlungen.

Beispiel:

Gesamtbeimengungen (organischer u. mineralischer Natur)	= 2,76%
Beimengungen mineralischer Natur (Asche)	= 2,48%
» organischer »	= **0,28%**

6. Die Zusammensetzung des Peches.

(Nach Brand.)

Bei dieser Prüfung werden einige Gramm Pech in einem Reagenzglas mit einem Überschuß von 96proz. Alkohol begossen und das Verhalten des Peches beobachtet (mineralische Bestandteile des Peches setzen sich zu Boden und bleiben unberücksichtigt).

Man nimmt bei dieser Manipulation wahr, daß die Lösungen einiger Pechsorten in der Kälte vollkommen oder ziemlich klar bleiben, wogegen sie bei anderen Pechsorten nicht klar, sogar trübe erscheinen. Zur näheren Identifizierung des Peches beachte man auch sein Verhalten in der Kälte gegen Methylalkohol und ferner bei Behandlung mit alkoholischer Kalilauge (Lös. 11c).

A. Pech löst sich in 96proz. Alkohol (Äthylalkohol) klar auf.

Dabei verhalten sich die 4 nachstehenden Pechsorten wie folgt:	a) Mit Methylalkohol behandelt:	b) In Kalilauge gekocht: (einige cm^3 klarer alkoholischer Lösung werden mit gleichen Teilen alkoholischer Kalilauge (Lösung 11 c) am Rückflußkühler 5 Minuten lang gekocht, hierauf mit Wasser verdünnt)
1. Naturpech	klar, oder nur ganz geringe Trübung,	klar, oder nur ganz geringe Ausscheidung,
2. Kolophonium mit Harzöl	do.	es entsteht eine Emulsion,
3. Kolophonium mit Mineralöl	Ausscheidung eines Öles oder einer weißen flokkigen Masse,	do.
4. Kolophonium mit fetten Ölen oder festen Fetten	do.	vollständig klar.

B. Pech löst sich in 96proz. Alkohol nicht klar auf.

Das Pech ist:

5. Kolophonium mit Paraffin und Wachsarten, falls sich der Niederschlag in der Kälte (in der Wärme verschwindet er!) von der Lösung trennen läßt und das Filtrat klar bleibt.

6. Überhitztes Kolophonium oder ein Gemisch von Kolophonium und bereits gebrauchtem, aus den Fässern ausgeschmolzenem Pech, wenn der Niederschlag sich von der Lösung nicht trennen läßt und das Filtrat trüb bleibt.

Bei komplizierten Pechmischungen ist der Analysengang viel schwieriger, da einzelne Ausscheidungen näher geprüft werden müssen.

Die Beimischung von gebrauchtem Pech kann auf folgende Weise nachgewiesen werden:

Etwa 50 g des Pechs werden in ca. dreifacher Menge Alkohol gelöst, etwa 25 cm^3 Terpentinöl zugesetzt und das Ganze bis zur vollständigen Lösung geschüttelt. Nach mehrstündigem Setzenlassen wird die obere Flüssigkeit abgegossen, der Bodensatz auf ein glattes Filter (Barytfilter) gebracht und das Filter mit etwas Äther nachgewaschen. Darauf wird der Rückstand am Filter mit Wasser aufgeschwemmt und mikroskopiert. Bei gebrauchtem Pech findet man unter anderem zahlreiche Hefezellen.

Bei dieser Methode läßt sich schon ein Zusatz von 2% gebrauchtem Pech mit Sicherheit nachweisen.

7. Wasser.

Die Bestimmung des Wassergehaltes wird für gewöhnlich nur dann vorgenommen, wenn das Pech beim Schmelzen und stärkerem Erhitzen (Pichversuch!) zu stark prasselt und spritzt.

Ein normales Pech enthält ganz wenig Wasser, dagegen kommen im Handel Peche vor, welche absichtlich mit Wasser oder mit Wasserdämpfen behandelt wurden, um ihnen ein trübes Aussehen zu verleihen. Bisweilen enthält Pech 10—14% Wasser.

Wenn die Methode der Wasserbestimmung durch Trocknen bei 100—105° auch nicht ganz genau ist, weil auch flüchtige Bestandteile des Peches bei dieser Temperatur entweichen (es handelt sich für gewöhnlich um etliche Zehntel Prozent), so gibt sie doch bei Pechen mit hohem Wassergehalt wertvolle Anhaltspunkte.

Zu dem Zwecke der Wasserbestimmung mischt man in einer flachen Schale 5 g zerriebenes Pech mit 15 g frisch getrocknetem Seesand und stellt das Gemenge 3—4 Stunden lang in den Trockenkasten bei 100°. Die stattgefundene Gewichtsabnahme wird als Wasser bezeichnet und auf Prozent umgerechnet.

Beispiel:

Gewicht der Schale mit Sand vor dem Trocknen . .	= 52,350 g
» » » » » nach » » . .	= 52,240 g
Gewichtsabnahme.	= 0,110 g.

Daher sind in 100 g Pech $\frac{0{,}11 \times 100}{5} = 2{,}2$ g = 2,2% Wasser.

8. Säure.

a) Gesamtsäure.

Die Bestimmung erfolgt nach Fahrion[1]), indem man 2 g gepulvertes Pech in einem Gemisch von 30 cm³ Alkohol und 20 cm³ Petroläther löst und nach Zusatz von 2 Tropfen Phenolphthalein (Lös. 17 a) mit N/2-Kalilauge (Lös. 33) bis zur Rotfärbung titriert. Man kann zugleich bestimmen, wieviel Kaliumhydroxyd zur vollständigen Verseifung (Verseifungszahl) nötig ist, indem man nach Eintritt der Rotfärbung noch weitere N/2-Kalilauge, im ganzen 20 cm³, zusetzt und mindestens 16 Stunden lang stehenläßt; alsdann wird mit wässeriger N/2-Salzsäure (Lös. 28) bis zum Ver-

[1]) Zeitschr. f. angew. Chemie 1901, S. 1201.

schwinden der Rotfärbung zurücktitriert. Von den zwei sich bildenden Flüssigkeitsschichten ist nur die untere rot.

Beispiel: Verbraucht bis zur Rotfärbung 9,3 cm^3 N/2-Kalilauge, nach 16 Stunden bis zum Verschwinden der Rotfärbung 10,2 cm^3 N/2-Salzsäure. Die 9,3 cm^3 N/2-Kalilauge sind auf 1 g Pech und mg Kaliumhydroxyd umzurechnen. 1 cm^3 N/2-Kalilauge enthält 28 mg KOH, daher Säuregrad $= \frac{28 \times 9{,}3}{2} = 130{,}2$ mg Kaliumhydroxyd und Verseifungszahl $= \frac{(20 - 10{,}2)\,28}{2} = 137{,}2$ mg Kaliumhydroxyd. Eckhardt[1]) fand für

	Säurezahl	Verseifungszahl
Kolophonium	158,0 mg	167,0 mg
Harzöl	3,4 »	6,9 »
80 Kolophonium, 20 Harzöl	130,3 »	137,2 »
75 » 25 »	120,7 »	130,0 »
70 » 30 »	105,0 »	120,7 »

b) Flüchtige Säure.

Ein gutes Pech soll wenig flüchtige Stoffe, besonders wenig flüchtige Säuren enthalten.

Die sauren Destillationsprodukte selbst verursachen zwar nicht den gefürchteten Pechgeschmack, der durch pinolinartige Körper des Kolophoniums verursacht wird, sie sind aber die steten Begleiter der letzteren.

Die Ermittlung der Säure kann qualitativ und quantitativ erfolgen.

α) *Qualitativ.*

Die qualitative Prüfung des Peches auf Säuregehalt, welche Anhaltspunkte für die Güte des Peches liefert, wird auf folgend Weise ausgeführt:

Ein Stückchen Pech (2—3 g) wird in einem Reagenzglas im Sandbade auf ca. 200° erhitzt. Die dabei entstehenden Dämpfe läßt man auf blaues Lackmuspapier einwirken, das man mit einer N/10-Lauge angefeuchtet und in den Hals des Reagenzglases gesteckt hat. Ein Zusatz von ca. 20% reinem Glyzerin zu der verwendeten Lauge verhindert das zu rasche Austrocknen des Reagenzpapiers.

Je weniger flüchtige Säuren vorhanden sind, um so länger dauert es, bis das alkalische Lackmuspapier eine rote Färbung annimt.

Peche, deren Säuregehalt so gering ist, daß derselbe durch das am Lackmuspapier haftende Alkali gebunden wird, erzeugen keine Rotfärbung des Papiers und sind als praktisch rein zu betrachten.

β) *Quantitativ.*

Zur quantitativen Bestimmung der Säure nach Brand benutzt man einen Apparat (Abb. 85), bestehend aus einer ca. 180 cm^3 fassen-

[1]) Zeitschr. f. d. ges. Brauwesen 1917, Nr. 39.

den Retorte mit weitem Tubus, welcher ein Thermometer enthält, das in das Pech taucht, und ein Luftzuführungsrohr, das über dem Pech mündet. Die Retorte ist mit einer U-förmigen Röhre (U-Röhre) von bekanntem Gewicht verbunden, welche während der Destillation

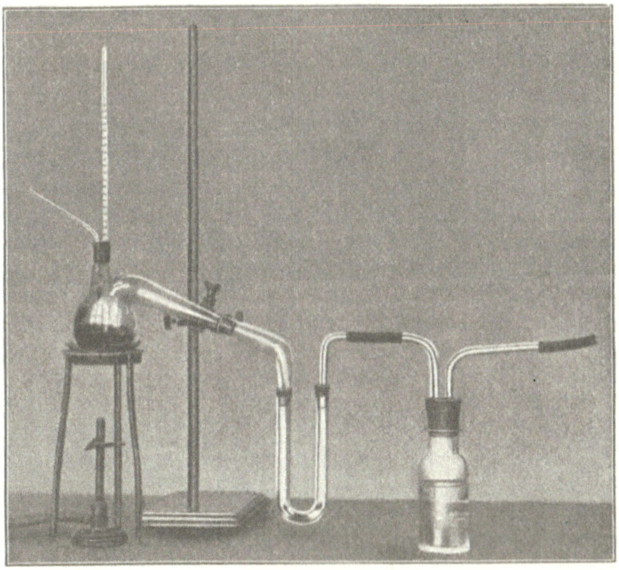

Abb. 85.

mit Eis gekühlt wird und ihrerseits mit einer etwa 300 cm³ fassenden Flasche, welche zu ²⁄₃ mit dest. Wasser gefüllt ist, in Verbindung steht. An die Wasserflasche schließt sich eine Aspiratorflasche von ca. 20 l Inhalt an, um Luft einströmen lassen zu können.

Die Bestimmung der Säure geschieht wie folgt:

100 g Pech werden in die Retorte gebracht und auf dem Sandbade langsam bis auf 200° erhitzt. Sobald die gewünschte Temperatur erreicht ist, wird die Aspiratorflasche in Tätigkeit gesetzt, und zwar läßt man die Luft in der Weise einströmen, daß in der Wasservorlage jede einzelne Luftblase beobachtet werden kann. Die Destillation muß bei 200° geschehen und dauert ca. 2 Stunden.

Hierauf wird die U-Röhre samt Inhalt gewogen, der Inhalt in wenig Äther gelöst, in ein Becherglas entleert und mit Wasser nachgespült (insgesamt ca. 100 cm³). Die Gesamtflüssigkeit im Becherglase wird dann mit N/10-Kalilauge (Lös. 34) unter Anwendung von Lackmustinktur (Lös. 15) als Indikator titriert.

Die Titration der wässerigen Vorlage wird in der Waschflasche selbst vorgenommen.

Aus den ermittelten Zahlen wird dann der »Säuregrad« berechnet.

Beispiel:

Gewicht der U-Röhre samt Inhalt	. =	27,35 g
» » » » allein	. . . . =	25,20 g
» des Inhaltes	. . . . =	2,15 g.

Bei der Titration wurden an N/10-Kalilauge verbraucht:

für den Inhalt der U-Röhre	8,3 cm^3
» » » » Waschflasche	1,8 »
Gesamtverbrauch	10,1 cm^3

Da man unter Säuregrad die mg Kaliumhydroxyd (KOH) versteht, die 1 g der Substanz in der U-Röhre zur Sättigung seiner Säure bedarf, so ist es notwendig, den Säuregehalt des Waschwassers auf Substanz in der U-Röhre umzurechnen.

Dies geschieht wie folgt:

8,3 cm^3 N/10-Lauge entsprechen 2,15 g Substanz der U-Röhre
1,8 » » » » x g » » » »

$$x = \frac{2{,}15 \times 1{,}8}{8{,}3} = 0{,}47\ g$$

demnach Gesamtsubstanz in der U-Röhre = 2,15 + 0,47 = 2,62 g, welche zur Neutralisation 10,1 cm^3 N/10-Kalilauge brauchen.

Aus den ermittelten Zahlen läßt sich leicht der »Säuregrad« berechnen.

1 cm^3 N/10-Kalilauge . . . = 5,6 mg KOH
10,1 » » » . . . = 56,6 » »
2,62 g Substanz entsprechen 56,6 » »

1 g » entspricht $\frac{56{,}6}{2{,}62} = 21{,}6$ mg = **21,6** Säuregrade.

Der Säuregehalt der Peche im allgemeinen wurde bisher zwischen 2—102 Säuregraden ermittelt.

Bei gut gereinigtem Kolophonium, gereinigtem Harzölpech sowie Pech mit Zusatz von Paraffin, Ceresin usw. sowie bei überhitztem Kolophonium finden sich 4—15 Säuregrade. Bei »Transparentpeche« finden sich 20—40 Säuregrade.

9. Flammpunkt.

Man versteht unter Flammpunkt diejenige Temperatur, bei welcher die ersten brennbaren Dämpfe aus dem Pech entweichen, die sich an der Luft entzünden lassen. Die Bestimmung des Flammpunktes ist wichtig schon mit Rücksicht auf die Explosionsgefahr, die um so größer ist, je niedriger der Flammpunkt. Die Bestimmung des Flammpunktes erfolgt mit einem eigenen Apparat von Abel-Pensky-Martens oder aber auch auf nachstehende einfache Weise. Einen geräumigen Porzellantiegel von ca. 5 cm Durchmesser fülle man fast vollständig mit dem Pech, stelle ihn bis zur Höhe des geschmolzenen Peches in ein Sandbad, hänge ein Thermometer in das Pech ein, jedoch so, daß es den Boden des Tiegels nicht berührt, und erhitze von unten mit einer kleinen Gasflamme. Hierauf beobachte man, bei welcher Temperatur (bei normalen Pechen liegt der Flammpunkt immer über 150°) das erste Aufflammen eintritt, wenn man mit einem kleinen Zündflämmchen über den Porzellantiegel fährt. Die Temperatur kann im Anfang in der Minute um 4—5°, später von etwa 120° ab nur noch um 2° steigen. Das Zündflämmchen soll etwa 1 cm lang sein. Von Grad zu Grad fährt man mit demselben in der Ebene des Tiegelrandes einmal über den Tiegel hin und her. Eckhardt fand für Kolophonium 208°, Kolophonium mit 20% Harzöl 170°, gelbes Tiroler Fichtenpech 155°, braunes Fichtenpech 163°, helles Harzöl 143°, dunkles Harzöl 162°, überhitztes Pech 168 und 172°, Paraffin 210°, Emailpech 178°, Mammutpech 198°, sprödes Altpech 240°.

XVI. Paraffin.

Paraffin ist eine schwach bläulichweiße, durchscheinende, harte Masse, die sich mehr oder weniger fettig anfühlt.

Es wird hergestellt aus den Rückständen der Braunkohlen-, Steinkohlen- und Torfdestillation (Teer), auch aus Rückständen von Petroleum, aus Ozokerit oder Erdwachs.

Für die Zwecke der Brauerei ist das Paraffin aus Steinkohle am geeignetsten.

Die Untersuchung des Paraffins erstreckt sich auf:

1. Schmelzpunkt.

Zu dieser Bestimmung wird das vorher in einer Schale auf dem Wasserbade flüssig gemachte Paraffin in ein an beiden Enden offenes Glasröhrchen (etwa 0,5—1 mm innere Weite) bis zu einer Höhe von ca. 1—2 cm gebracht und einige Stunden zum vollständigen Erstarren stehengelassen.

Hierauf wird das Röhrchen genau so am Thermometer befestigt und weiterbehandelt, wie es bei der Schmelzpunktbestimmung des Peches unter a), S. 294, angegeben.

Nahe dem Schmelzpunkt beginnt das Paraffin durchsichtig zu werden, löst sich von den Wänden des Röhrchens los und wird dann rasch durch den Wasserdruck in die Höhe geschoben. Die in diesem Augenblick abgelesene Temperatur entspricht dem Schmelzpunkt.

Je nach dem Grade der Reinheit und dem bei der Herstellung verwendeten Material schmilzt das Paraffin zwischen 30 und 80°. Je höher der Schmelzpunkt ist, desto reiner ist in der Regel das Paraffin, und dementsprechend steigt auch sein Preis.

Das zum Paraffinieren in Brauereien verwendete Paraffin soll einen möglichst hohen Schmelzpunkt — etwa 55—60° — besitzen.

Bei der Verwendung darf es nicht über 160—180° erhitzt werden.

2. Paraffinierungsversuch.

Man verfährt dabei in gleicher Weise wie bei dem Pichversuch (s. S. 296); es ist jedoch zu bemerken, daß das Paraffin nicht höher als bis auf 130—160° erhitzt werden darf.

Beim Erhitzen des Paraffins auf 100° und auch höher darf kein unangenehmer, scharfer Geruch auftreten, auch das durch hohen Wassergehalt verursachte Spratzen soll bei gutem Paraffin nicht vorkommen.

Nachdem die Gefäße (Holzfäßchen, Medizinglas) paraffiniert sind, werden dieselben mit Wasser, 4proz. Alkohol oder Bier beschickt und nach etwa 24 Stunden die Kostprobe vorgenommen, wobei die Flüssigkeiten keinen fremden Geruch oder schlechten Geschmack aufweisen dürfen, und vor allem dürfen sie auf keinen Fall an Petroleum erinnern.

Es empfiehlt sich auch, zu obigem Versuche glatte Eichenholzpflöcke zu verwenden, die mit dem Paraffin gestrichen und dann in Glaszylinder mit obigen Flüssigkeiten gestellt werden.

3. Prüfung auf Reinheit.

a) Harzige Beimengungen.

Wird das Paraffin mit konzentrierter Schwefelsäure in einer Porzellanschale im siedenden Wasserbade 10 Minuten lang erwärmt, so soll es weder sich selbst braun färben, noch eine Braunfärbung der Schwefelsäure verursachen. Beim Auftreten einer ganz schwachen gelblichen Färbung ist das Paraffin noch verwendbar.

b) Säure.

Kocht man 10 g Paraffin mit 40 cm³ dest. Wasser und setzt einige Tropfen Lackmustinktur (Lös. 15) zu, so darf das Wasser nicht gerötet werden.

c) Sonstige Verunreinigungen.

Wird das Paraffin durch Erwärmen in 10facher Menge Alkohol gelöst, die abgekühlte Flüssigkeit nach mehrstündigem Stehenlassen vom wieder ausgeschiedenen Paraffin abfiltriert und mit etwas Wasser verdünnt, so darf das Filtrat sich weder trüben, noch soll es beim Eindampfen Rückstand hinterlassen.

Anmerkung. Es sei noch bemerkt, daß unter dem Namen »Korkparaffin« eine Mischung aus Paraffin und Karnaubawachs in den Handel kommt und vielfach zum Paraffinieren der Flaschenkorke Verwendung findet. Für dieses gelten die vorstehenden Untersuchungsmethoden natürlich nicht.

XVII. Lack.

Der Lack, welcher in Brauereien zum Anstreichen von Bottichen, Kühlschiffen usw. Verwendung findet, ist eine Lösung von etwa 40—50% Schellack (Gummilack aus ostindischen Ficusarten) in reinem, ca. 90proz. Alkohol (Äthylalkohol). Derselbe stellt eine mehr oder weniger dunkelbraune, ziemlich dicke Flüssigkeit dar.

Man gewinnt einige wertvolle Anhaltspunkte zur Beurteilung des Lackes durch folgende Versuche:

1. Lackierungsversuch.

Zu diesem Zweck kann man einige trockene Eichenholzbrettchen oder Klötzchen mit dem zu prüfenden Lack bestreichen, und zwar in dreimaligem Anstrich in Intervallen von je einem halben oder ganzen Tage. Beim Anstreichen muß er möglichst schnell trocknen und eine gleichmäßige, zusammenhängende, durchsichtige und feste Schicht bilden. Langsames Trocknen und ungleichmäßiges Aussehen der Schicht rührt meistens von stark wässerigem Alkohol her.

Die so präparierten Brettchen (eines nach eintägigem und eines nach achttägigem Trocknen) stellt man auf 1—2 Tage in Bechergläser, die mit 4proz. Alkohol, Bier oder Wasser, evtl. auch gärender Würze gefüllt sind. Hiernach werden die Flüssigkeiten verkostet und die Brettchen näher geprüft.

Sollte bei der Kostprobe eine Geschmacksveränderung der angewandten Flüssigkeiten oder Weißwerden des Lackanstrichs konstatiert werden, so läßt das auf Verwendung von Schellacksurrogaten oder minderwertigen Alkohol schließen.

Da der Lack eine gewisse Elastizität besitzen muß, so empfiehlt es sich, denselben durch gelindes Aufschlagen der Brettchen zu prüfen. Ein guter Lack soll elastisch sein und sogar in dicker Schicht bei dieser Manipulation nicht abspringen.

2. Prüfung auf Reinheit.

150 g Lack werden in einem trockenen Fraktionierkolben, der mit einem Thermometer versehen ist (Abb. 86), in einem Paraffinbade der Destillation unterworfen. Beim Überdestillieren werden die Temperaturen im Destillationskolben beobachtet.

Wasserfreier Äthylalkohol beginnt erst bei 79°, Methylalkohol oder Holzgeist, der, weil billiger, auch manchmal zur Lackfabrikation verwendet wird, dagegen schon bei 67° zu destillieren.

Die Destillation wird so lange fortgesetzt, bis keine Flüssigkeit mehr in den anderen Kolben übergeht. Die Temperatur des Paraffinbades kann während des Destillationsprozesses bis auf etwa 120° gesteigert werden.

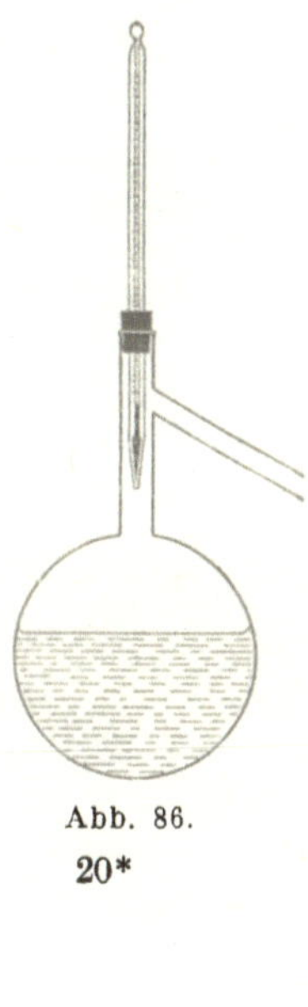

Abb. 86.

Hiernach werden Rückstand und Destillat, jedes für sich, gewogen; das spez. Gewicht des letzteren wird festgestellt und hieraus der Prozentgehalt an Alkohol berechnet.

Beispiel:

Gewicht	des	Kolbens mit dem Lack vor dem Destillieren	= 219,9 g
»	»	Kolbens leer	= 69,9 g
»	»	Lacks	= 150,0 g
»	»	Kolbens mit dem Rückstand nach dem Dest.	= 127,1 g
»	»	Kolbens leer (wie oben)	= 69,9 g
»	»	Rückstandes aus 150 g Lack	= 57,2 g
»	»	Kolbens mit dem Destillat	= 152,3 g
»	»	Kolbens leer	= 59,6 g
»	»	Destillats aus 150 g Lack	= 92,7 g

Daher aus 100 g Lack $\frac{92,7 \times 100}{150} = 61,8$ g Destillat = **61,8%**.

Spez. Gewicht des Destillats $\frac{17,5^0}{17,5^0} = 0,8120$, was nach der Alkoholtabelle (Tab. 3) einem Alkoholgehalt von ca. 93,4 Gew.-% entspricht.

Der Rückstand, in Prozenten ausgedrückt, ergibt sich aus:

100 — 61,8 = **38,2%**.

Das Destillat soll weder stechenden Geruch aufweisen (Holzgeist), noch soll es nach Terpentin riechen (unreines Kolophonium). Es soll neutral reagieren.

Wird dem Destillat Wasser zugesetzt, so muß es vollständig klar bleiben. Eine mehr oder weniger starke milchige Trübung verrät das Vorhandensein von Terpentin oder unreinem Methylalkohol.

XVIII. Schmieröl.

Gegenwärtig sind fast nur noch aus den Erdölrückständen gewonnene Mineralöle als Schmieröl in Gebrauch. Für ihre genaue Untersuchung und Begutachtung sei auf das Buch von Professor Dr. Holde, »Kohlenwasserstofföle und Fette«, VII. Auflage, Berlin 1933, verwiesen. S. auch Kopfnote Seite 312. Nachstehend können nur die allerwichtigsten Untersuchungsmethoden kurz beschrieben werden.

1. Mechanische Verunreinigungen.

Diese bestehen gewöhnlich aus Steinteilchen, Fasern usw. und sind bei hellen Ölen schon in der Probeflasche zu erkennen, bei dunklen Ölen erst beim Durchgießen durch ein Sieb von 0,3 mm Maschenweite.

2. Spez. Gewicht.

Die Bestimmung dient hauptsächlich zur Kontrolle der Identität mit früheren Lieferungen. Das spez. Gewicht $\frac{20^0}{4^0}$ schwankt bei gewöhnlichen Maschinenölen und Zylinderölen ungefähr zwischen 0,870 und 0,930.

a) Mit dem Aräometer.

Das Aräometer ist nur bei weniger dicken Ölen anwendbar. Die Ablesung soll erst ½ Stunde nach dem Einsenken erfolgen. Da die Öle nicht durchsichtig sind, so muß man die Höhe des Wulstes an der Spindel durch Schätzung ermitteln, wenn man an der wahren Flüssigkeitsoberfläche ablesen will. Die amtlich geeichten Normalaräometer für Mineralöle sind auf Ablesung am oberen Rande des Wulstes eingestellt. Zur Korrektur auf 20° ist für jeden Grad oberhalb dieser Temperatur 0,0007 zuzuzählen und für jeden Grad unterhalb ebensoviel abzuziehen.

Beispiel:

Abgelesen bei 25°	0,892
Korrektur für 5° 5 × 0,0007 =	+ 0,0035
Spez. Gewicht $\frac{20^0}{4^0}$	0,8955.

b) Mit dem Pyknometer.

Auch die pyknometrische Methode ist bei dicken Ölen nicht gut anwendbar. Man verwendet am besten Pyknometer mit weitem Hals, der mit einem eingeschliffenen Thermometer verschlossen ist. Vielfach sind diese Pyknometer noch mit einem seitlichen Steigrohr versehen, in welchem die Flüssigkeit auf eine Marke eingestellt wird. Das Temperieren im Wasserbad ist durch die Dickflüssigkeit der Öle sehr erschwert, man begnügt sich daher in der Regel mit der Beobachtung der gegebenen Temperatur, wobei natürlich zu beachten ist, daß die Temperatur des Öles nicht wesentlich von der Lufttemperatur abweichen darf. Zur Umrechnung auf 20° kann man bei nicht zu großen Abweichungen von dieser Temperatur vom spez. Gewicht für jeden Grad 0,0007 zu- bzw. abziehen. Zur Umrechnung des bei 20° auf Wasser von 20° bezogenen spez. Gewichtes auf $\frac{20^0}{4^0}$ ist mit dem spez. Gewicht des Wassers bei 20° 0,998232 zu multiplizieren.

Beispiel:

Pyknometer mit Öl bei 20,8° . .	73,2650 g
» leer	28,3450 g
Öl bei 20,8°	44,9200 g
Pyknometer mit Wasser bei 20° .	78,350 g
» leer	28,345 g
Wasser bei 20°	50,005 g

$$\text{Spez. Gew.} \frac{20^0}{20^0} = \frac{44{,}9209}{50{,}005}$$

$$\text{» »} \frac{20^0}{4^0} = \frac{44{,}9209 \times 0{,}998232}{50{,}005} = 0{,}89674 + 0{,}0007 \times 0{,}8$$

(Korr. f. Temp.) = 0,89730.

c) Nach der Alkoholschwimmethode.

Diese Methode ist besonders für ganz dickflüssige Öle empfehlenswert. Man lasse zunächst Öl in eine Alkoholwassermischung tropfen, die ungefähr das gleiche spez. Gewicht besitzt wie das Öl. Je nachdem die Öltropfen untersinken oder schwimmen, setzt man unter Umrühren Alkohol oder Wasser zu, bis die Öltropfen in der Flüssigkeit schweben, das spez. Gewicht des Öles also gleich dem des verdünnten Alkohols ist. Man hat dann also nur letzteren auf Temperatur, die genau 20° betragen soll, und spez. Gewicht zu untersuchen. Zur Bestimmung des spez. Gewichtes füllt man am besten sofort ein Pyknometer mit dem Alkohol, temperiert, stellt auf die Marke ein und wägt.

Beispiel:

Pyknometer mit verd. Alkohol von 20°	73,240 g
» leer.	28,345 g
Verd. Alkohol von 20°	44,895 g

Das Pyknometer faßt 50,005 g Wasser von 20°. Daher spez. Gewicht des Alkohols und demnach auch des Öles $\frac{20^0}{20^0} \frac{44,895}{50,0512}$ oder $\frac{20^0}{4^0} \cdot \frac{44,895 \times 0,998232}{50,0512} = 0,8454.$

3. Säure.

a) Qualitativ.

Etwa 100 cm³ Öl werden mit der gleichen Menge heißem Wasser kräftig durchgeschüttelt und dann die wässerige Schicht abfiltriert.

Bei Vorhandensein von Mineralsäure zeigt die wässerige Schicht mit einigen Tropfen Methylorange (Lös. 16) eine rote Färbung.

b) Quantitativ.

α) *Bei hellfarbigen Ölen.*

In einem Erlenmeyer-Kolben von ca. 200 cm³ Inhalt wäge man ca. 10 g Öl genau ab. Dann gebe man in ein zweites Kölbchen 50 cm³ Benzol und 25 cm³ Alkohol (95%), dazu 5—10 Tropfen Phenolphthalein (Lös. 17a), dann tropfenweise aus der Bürette alkoholische N/10-Kalilauge (Lös. 35), bis zur deutlichen schwachen Rotfärbung. Die so neutralisierte Benzol-Alkoholmischung gebe man zu dem abgewogenen Öl und titriere mit alkoholischer N/10-Kalilauge, bis zur deutlichen Rotfärbung. Die verbrauchte Menge Lauge rechnet man auf Prozent Schwefelsäureanhydrid oder Ölsäure um oder man berechnet die auf 1 g Öl verbrauchten mg Kaliumhydroxyd (= »Säurezahl«):

Beispiel: Auf 10,4 g Öl verbraucht 0,8 cm³ N/10-Kalilauge.

1 cm³ N/10-Kalilauge entspricht 0,004 g SO_3 oder 0,0282 g Ölsäure oder 5,6 mg KOH,

0,8 cm³ N/10-Kalilauge entsprechen 0,0032 g SO_3 oder 0,02256 g Ölsäure oder 4,48 mg KOH.

Dann entspricht der Säuregehalt im Öl

$$\frac{0{,}0032 \times 100}{10{,}4} \text{ (R-St)} = \mathbf{0{,}0308}\,\%\ SO_3$$

oder $$\frac{0{,}02256 \times 100}{10{,}4} \text{ (R-St)} = \mathbf{0{,}217}\,\%\ \text{Ölsäure.}$$

$$\text{Säurezahl} = \frac{4{,}48}{10{,}4} \text{ (R-St)} = \mathbf{0{,}431.}$$

1% SO_3 = Säurezahl 14 = 7,05% Ölsäure.

Helle Öle sollen keine oder nur Spuren (höchstens 0,05% SO_3) Säure enthalten.

β) Bei dunkelfarbigen Ölen.

In einem mit Glasstopfen verschlossenen Meßzylinder wäge man ca. 20 g Öl genau ab, versetze mit genau 40 cm³ absolutem Alkohol, der, wie unter α) angegeben, neutralisiert wurde und schüttle tüchtig durch, evtl. unter schwachem Erwärmen. Am anderen Tage nehme man mit einer trockenen Pipette 20 cm³ des überstehenden Alkohols heraus, versetze mit 5—10 Tropfen Phenolphthalein und titriere wie unter α). Beträgt der Säuregehalt mehr als 0,03% SO_3, so muß nach Abgießen des im Zylinder verbliebenen Alkoholrestes die Ausschüttelung und Titration wiederholt werden. Berechnung wie unter α). Bei guten dunklen Ölen beträgt der Säuregehalt nicht mehr als 0,15% SO_3 entsprechend.

4. Brennpunkt und Flammpunkt.

Der Flammpunkt kann, wie S. 304 unter Pech angegeben, einfach in einem Porzellantiegel bestimmt werden. Gleichzeitig prüfe man mittels des Zündflämmchens von 2 zu 2°, bis ein ruhiges Brennen des Öles eintritt (= Brennpunkt). Der Brennpunkt liegt um 20—60° höher als der Flammpunkt.

Nach den »Richtlinien« soll zur Flammpunktsbestimmung der Flammpunktprüfer von Marcusson benutzt werden.

5. Erstarrungspunkt (Stockpunkt).

Man erhitzt das Öl zunächst 10 Minuten auf 50° und kühlt es dann in einem Wasserbad auf 20° ab. Das so vorbereitete Öl wird mit der Pipette in ein Reagenzglas von 18 cm Länge und 4 cm lichter Weite 4—4,5 cm hoch so eingefüllt, daß kein Öl an der Innenwandung herunterfließt. Empfehlenswert ist die Anbringung einer Strichmarke am Reagenzglase. Durch einen auf das Reagenzglas passenden Kork wird ein Stockpunktthermometer so eingehängt, daß das untere Ende des Quecksilbergefäßes etwa 1,7 cm über dem Boden des Reagenzglases steht und das Thermometer überall gleich weit von den Wandungen des Reagenzglases entfernt ist. Die Skala des Thermometers soll bei Quecksilberthermometern — 38 bis + 50°, bei Alkoholthermometern — 50 bis + 30° bei 1 mm Gradlänge um-

Übersicht über die an die wichtigsten

(Nach »Richtlinien für den Einkauf und die Prüfung

Nr.	Benennung	Art	Spez. Gew. bei 20° nicht über	Viskositätsgrade bei 50° C
1	Eismaschinenöl für Ammoniakbetrieb	Raffinat aus Erdöl	0,94	4—12° bei 20° C
2	Elektromotoren- und Dynamoöl für Motoren a) mit geringer Umlaufgeschwindigkeit b) mit hoher Umlaufgeschwindigkeit	Raffinat, Destillat od. gefettetes Öl	0,95	a) 2,5—4,5 b) 3,5—8
3	Luftkompressorenöl	Raffinat	0,94	für Ventilkompressoren 3,5—8 für Schieberkompressoren 6—8
4	Lagerschmieröl	Raffael Destillat od. gefettetes Öl	0,95	2,5—8
5	Kugellageröl	Raffinat	0,95	3—8
6	Kleingasmotoren, Automobilmotorenöl	Raffinat od. gefettetes Öl	0,97	3,5—8
7	Dieselmotoren-Zylinderöl	Raffinat Destillat od. gefettetes Öl	0,95	nicht unter 4
8	Getriebeöl für Automobile und Zahnradvorgelege	Raffinat Destillat od. gefettetes Öl	0,97	nicht unter 4 (nicht einheitlich)
9	Sattdampfzylinderöl	Erdöl oder gefettetes Öl	0,98	2,5—6 bei 100° C
10	Heißdampfzylinderöl	Erdöl oder gefettetes Öl	0,98	3—6 bei 100° C
11	Transformatoren- und Schalteröl	Raffinat	0,92 0,895[1])	nicht über 8 bei 20°
12	Last- und Pflugmotorenöl	Raffinat od. gefettetes Öl	0,97	im Sommer 8—12 im Winter 5—8

[1]) Bei Transformatoren und Schaltern, deren Kessel von der Außenluft

Schmieröle zu stellende Anforderungen.

von Schmiermitteln«, VII. Aufl., Düsseldorf 1936.)

Flammpunkt nicht unter	Stockpunkt a) im Sommer b) im Winter nicht über	Säure in % SO_3 höchstens	Asche in % höchstens
145° C	— 20° C	0,2	0,02
a) 160° C b) 180° C	a) + 5° C b) — 5° C	Raffinate: 0,3 Destillate: 0,6 Gefettete Öle: 4,0	0,02
180° C	0° C	0,4	0,02
160° C	a) + 5° C b) — 5° C	Raffinate: 0,6 Destillate: 1,5 Gefettete Öle: 1,0	0,05
160° C	a) + 5° C b) — 5° C	0,2	0,02
180° C	a) + 5° C b) — 5° C	Raffinate: 0,2 Gefettete Öle: 5,0	0,02
175° C für Dieselmotoren mit Kompressor- und Einheits-schmierung 200° C	a) + 5° C b) — 5° C	Raffinate: 0,6 Destillate: 2,0 Gefettete Öle: 5,0	0,02
175° C	—	Raffinate: 0,5 Destillate: 2,0 Gefettete Öle: 5,0	0,05
240° C	—	Erdöl: 1,4 Gefettete Öle: 5,0	0,1
260° C	—	Erdöl: 1,4 Gefettete Öle: 5,0	0,1
145° C	— 15° C — 40° C[1]	0,05	0,01
180° C	a) + 5° C b) — 5° C	für Raffinate: 0,5 für gefettete Öle: 5,0	0,05

umspült werden.

fassen und muß so hoch über dem Quecksilbergefäß liegen, daß sie durch den Kork nicht verdeckt ist.

Das Reagenzglas wird nun in einem Emailtopf (Durchmesser und Höhe etwa 12 cm) gebracht, der bei Stockpunkten von 0° und höher mit einer Eis-Wassermischung von 0° so weit gefüllt ist, daß die Kältemischung oberhalb der Öloberfläche steht. Bei Stockpunkten unter 0° gibt man in den Emailtopf Salzlösungen von Temperaturen unter 0°. In 100 Gew.-Teilen Wasser von 0° sind zu lösen

für	—3°	13	Gew.-Teile	Kalisalpeter			
»	—4°	13	»	»	und	2 Teile	Kochsalz
»	—5°	13	»	»	»	3,3 »	»
»	—10°	22,5	»	Chlorkalium			
»	—14°	20	»	Salmiak (Chlorammonium)			
»	—15°	25	»	»			

Diese Mischungen behalten die angegebenen Temperaturen (Gefrierpunkte) so lange, als noch beide Phasen (fest und flüssig) vorhanden sind. Zur Erhaltung der Gleichmäßigkeit sind sie von Zeit zu Zeit umzurühren. Der mit der Salzlösung beschickte Emailtopf wird in eine Kältemischung von 1 Gew.-Teil Viehsalz mit 2 Gew.-Teilen zerkleinertem Eis gestellt. Bei einem Stockpunkt von —20° wird das Reagenzglas mit dem Öl direkt in die Kältemischung von Viehsalz und Eis (— 21°) gebracht. Für Temperaturen unter —20° werden Mischungen von fester Kohlensäure und Alkohol verwendet.

Zur Feststellung des Stockpunktes beim Abkühlen des Öles wird das Reagenzglas nach je 2° Temperaturabnahme herausgenommen und geneigt. Die Temperatur, bei der sich beim Neigen unmittelbar am Thermometer kein Wulst mehr bildet und sich bei einer Kippdauer von 10 Sekunden keine sichtbare Bewegung mehr zeigt, gilt als Stockpunkt.

Ein Bewegen des Thermometers ist unbedingt zu vermeiden

6. Asche.

Diese Bestimmung wird ausgeführt durch vorsichtiges Abbrennen und Einäschern von 10—50 g Öl in einer Platinschale. Zur Vermeidung des Anbrennens der Öldämpfe setzt man zu Anfang die Schale in den Ausschnitt einer Asbestplatte.

7. Wasser.

Hoher Wassergehalt macht sich durch Schäumen und Spratzen beim Erhitzen im Reagenzglas bemerkbar.

Die quantitative Bestimmung erfolgt durch Feststellung des Gewichtsverlustes, den 10—15 g Öl durch längeres Erhitzen im Wasserbade erleiden. Von der dadurch ermittelten Zahl zieht man nun den Gewichtsverlust ab, der sich bei einer gleich großen Menge Öl ergibt, das mit Chlorkalzium entwässert und im übrigen auf gleiche Weise behandelt wurde.

Die genauere Bestimmung des Wassergehaltes erfolgt durch Abdestillieren mit Xylol nach der Anleitung in den »Richtlinien« (s. S. 312).

8. Löslichkeit in Benzin.

1 cm^3 Öl wird mit ca. 40 cm^3 Benzin (Kahlbaum) kräftig geschüttelt, dabei muß sich das Öl klar lösen. Asphalt, der in dunkeln Ölen enthalten sein kann, bleibt in Form dunkler Flocken ungelöst.

9. Viskosität.

Die Schmierfähigkeit eines Öles wird nach dessen Viskosität oder Zähigkeit beurteilt.

Diese wird mit Hilfe des Englerschen Viskosimeters (Abb. 84) genau wie beim Pech (S. 296) ermittelt und in Viskositätsgraden, bezogen auf Wasser von 20°, zum Ausdruck gebracht. Als Temperierbad benutzt man in diesem Falle statt Hartparaffin entweder Wasser oder Glyzerin-Wassermischungen.

Die Bestimmung erfolgt bei verschiedenen Temperaturen, und zwar am häufigsten bei 20°; es ist jedoch üblich, bei Ölen, welche zum Schmieren von Dampfzylindern benützt werden, die Viskositätsbestimmung bei 50° oder auch 100° vorzunehmen.

Das Öl wird vor der Prüfung durch ein Sieb von 0,3 mm Maschenweite gegossen, um es von evtl. vorhandenen mechanischen Verunreinigungen zu befreien.

Tausz-Kugelfall-Viskosimeter. Bei diesem läßt man eine Stahlkugel durch das in einem kleinen Metallzylinder befindliche Öl fallen. Für die Umrechnung der beobachteten Fallzeit in Engler-Grade ist eine Tabelle beigegeben. Der billige Preis und die einfache Handhabung lassen den Apparat, der durch die Firma Dr. Bender und Dr. Hobein in München zu beziehen ist, für die Praxis recht empfehlenswert erscheinen.

XIX. Reinigungs- und Desinfektionsmittel.

Dieselben werden angewandt, um die Reinlichkeit der Räume und Geräte in einem Betriebe aufrechtzuerhalten; manche aber von ihnen, wie z. B. Kalk und Soda, finden außerdem auch Verwendung zum Weichmachen des Wassers.

Da es oft sehr wichtig erscheint, über den Gehalt an wirksamer Substanz dieser Mittel unterrichtet zu sein, so ist eine chemische Prüfung derselben unerläßlich.

1. **Soda** (kohlensaures Natron).

Sie kommt in zwei Formen in den Handel:

a) kristallisierte Soda = $Na_2CO_3 + 10\ H_2O$ (wasserhaltige) und

b) kalzinierte Soda = Na_2CO_3 (wasserfreie).

Zum Zwecke der Untersuchung werden 10 g fein zerkleinerte Soda in einem Literkolben zur Lösung gebracht, mit Wasser auf die Marke aufgefüllt und gut durchgeschüttelt.

Dann bringt man 10 cm^3 von dieser Lösung in ein Becherglas, setzt ca. 50 cm^3 Wasser und einige Tropfen Methylorange (Lös. 16) als Indikator zu und titriert in der Kälte mit N/10-Schwefelsäure (Lös. 30).

Durch Multiplikation der verbrauchten cm^3 N/10-Schwefelsäure mit 5,3 erhält man den Prozentgehalt des wirksamen Natriumkarbonats (Na_2CO_3) in der Soda.

Beispiel: Bei der Titration wurden 18,1 cm^3 N/10-Schwefelsäure verbraucht.

Der Prozentgehalt an wirksamem Na_2CO_3 ist demnach

18,1 × 5,3 = **95,9.**

Der Rest (100 — 95,9) = 4,1% sind Wasser, Kochsalz, Glaubersalz und andere Verunreinigungen.

In chemisch reinem Zustande enthält die Soda an Na_2CO_3:

a) kristallisierte 37,06%,
b) kalzinierte . . . . . 100,00%.

2. Kaustische Soda (Seifenstein).

Dieses unter den mannigfachsten Namen in den Handel kommende Reinigungsmittel ist in der Hauptsache ein Gemisch von Ätznatron (NaOH) und Soda, welche bei der Analyse quantitativ ermittelt werden.

a) Ätznatron.

Man löst 10 g Seifenstein in einem 1 l fassenden Kolben und füllt denselben auf die Marke auf.

10 cm^3 dieser Lösung werden unter Zusatz von ca. 50 cm^3 Wasser und einigen Tropfen Phenolphthalein (Lös. 17a) als Indikator mit N/10-Schwefelsäure (Lös. 30) in der Kälte titriert, bis die rote Färbung verschwindet. Berechnung s. unter b).

b) Soda.

Der obigen entfärbten Flüssigkeit setzt man nach der ersten Titration einige Tropfen Methylorange (Lös. 16) zu und titriert in der Kälte die gelb gewordene Flüssigkeit wieder mit N/10-Schwefelsäure bis zur Rotfärbung. Die verbrauchte Menge entspricht der Hälfte der vorhandenen Soda, da die Soda bei der Titration unter a) in Natriumbikarbonat übergeführt worden ist. Um die unter b) verbrauchte Menge N/10-Schwefelsäure ist daher die unter a) verbrauchte zu vermindern, die unter b) verbrauchte zu vermehren. Erstere rechnet man alsdann durch Multiplikation mit 4 auf Ätznatron, letztere durch Multiplikation mit 5,3 auf Soda um.

Beispiel: Verbraucht unter a): 17,6 cm^3
» » b): 2,2 »

Der Seifenstein enthält demnach:

Ätznatron (17,6 — 2,2) × 4 = **61,6%**
Soda (2,2 + 2,2) × 5,3 . . = **23,3%**
Zusammen 84,9%

Demnach betragen die Verunreinigungen 100 — 84,9 = 15,1%.

3. Ätzkalk (gebrannter Kalk).

Bei der Probenahme ist wohl zu berücksichtigen, daß die einzelnen Stücke von gebranntem Kalk sehr verschiedener Zusammensetzung sein können. Man verfährt am besten in ähnlicher Weise, wie unten unter Kohle angegeben ist. Die Untersuchung auf den Gehalt an wirksamem Kalk (CaO) wird ausgeführt nach Schild und Knorr[1]), indem man von der Durchschnittsprobe einen Teil in einer Reibschale fein verreibt, 1 g abwägt, in einen 2-l-Kolben gibt und nach dem Ablöschen auf die Marke auffüllt. Unter öfterem Umschütteln läßt man mindestens 24 Stunden stehen, bevor man titriert. Man kann auch das abgewogene g Kalk in einer Achatschale zu Mehl verreiben, mit etwas Wasser ablöschen und nochmals zerreiben. Nach Überspülen in einem 2-l-Kolben wird mit kohlensäurefreiem Wasser zur Marke aufgefüllt und unter öfterem Umschütteln 1 Stunde stehen gelassen. Zur Titration bringt man mittels Pipette 100 cm³ in einen Erlenmeyer-Kolben, versetzt mit ein paar Tropfen Phenolphthalein (Lös. 17a) und titriert mit N/10-Schwefelsäure (Lös. 30) bis zur Entfärbung. Die Lösung soll vorher nicht titriert werden.

1 cm³ N/10 entspricht 2,8 mg CaO.

Beispiel: Verbraucht 14 cm³ N/10-Säure.

Auf 1 g Kalk treffen demnach $14 \times 2,8 \times 20$ mg $= 0,784$ g CaO entsprechend 78,4% Wirkungsgrad.

In der gleichen Weise wird Kalkwasser titriert und die verbrauchte Säure am besten auf 1 hl Kalkwasser umgerechnet.

Beispiel: Auf 100 cm³ Kalkwasser verbraucht 42 cm³ N/10-Säure. Daher in 100 cm³ Kalkwasser $42 \times 2,8 = 117,6$ mg CaO und in 1 hl ebensoviel g.

4. Chlorkalk.

Derselbe besteht aus unterchlorigsaurem Kalk, $Ca(ClO)_2$, Chlorkalzium, $CaCl_2$, und mehr oder weniger Kalziumhydroxyd, $Ca(OH)_2$. Schon durch die Kohlensäure der Luft wird der unterchlorigsaure Kalk unter Freiwerden von Chlor und Sauerstoff zersetzt. Durch Salzsäure und auch durch Schwefelsäure wird jedoch doppelt soviel Chlor, als im unterchlorigsauren Kalk enthalten ist, aus dem Chlorkalk in Freiheit gesetzt, da der aus der unterchlorigen Säure freiwerdende Sauerstoff Salzsäure (evtl. durch die Schwefelsäure aus dem $CaCl_2$, freigemacht) zu Chlor oxydiert.

Den Gehalt an sog. wirksamem Chlor, d. i. die Chlormenge, welche beim Übergießen des Chlorkalkes mit Salzsäure frei wird, bestimmt man wie folgt:

10 g Chlorkalk werden in einer Reibschale mit Wasser zu einem gleichmäßigen Brei zerrieben, in einen Literkolben gespült, bis zur Marke aufgefüllt und das Ganze gut durchgeschüttelt.

---

[1]) Allg. Brauer- und Hopfenzeitung 1937, Nr. 171.

Nun bringt man von dieser milchigen Lösung 100 cm^3 in ein Becherglas, setzt ca. 1—2 g Jodkalium hinzu, bringt das letztere zur Lösung, fügt 10—20 Tropfen konzentrierter Salzsäure (Lös. 4a) bei, läßt sodann aus der Bürette N/10-Thiosulfatlösung (Lös. 39) zulaufen, bis die anfänglich braune Farbe der Flüssigkeit in Schwachgelb übergegangen ist.

Hierauf setzt man einige Tropfen Stärkelösung zu, wodurch eine blaue Färbung entsteht, und titriert mit obiger Lösung weiter, bis die blaue Färbung wieder verschwunden ist.

Die verbrauchten cm^3 N/10-Thiosulfatlösung mit 0,355 multipliziert, ergeben den Prozentgehalt des Chlorkalkes an wirksamem Chlor (Cl).

Beispiel: Es wurden 80,2 cm^3 an N/10-Thiosulfatlösung verbraucht

$$80{,}2 \times 0{,}355 = \mathbf{28{,}47\%} \text{ Chlor.}$$

Der wirksame Chlorgehalt des Chlorkalks soll zwischen 25 bis 30% liegen.

5. Doppelschwefligsaurer Kalk.

Die Lösung, welche unter dem Namen »doppelschwefligsaurer Kalk« zum Zwecke der Reinigung und Desinfektion sehr ausgedehnte Verwendung findet, enthält neben doppeltschwefligsaurem Kalk, $Ca(HSO_3)_2$, auch freie schweflige Säure, SO_2.

Bei der Analyse wird sowohl die gesamte als auch die freie schweflige Säure ermittelt, und aus der sich ergebenden Differenz berechnet man die gebundene schweflige Säure. Dabei wird jedoch das eine halbgebundene Molekül SO_2 im $Ca(HSO_3)_2$ zur freien Säure gerechnet.

a) Gesamte schweflige Säure.

Man bringt 32 g der zu untersuchenden Lösung in einen 1 l fassenden Kolben, füllt denselben mit Wasser auf die Marke auf und schüttelt gut durch.

Hierauf gebe man die Lösung in eine Bürette und lasse zu 10 cm^3 N/10-Jodlösung (Lös. 38c) mit einigen Tropfen Stärkelösung (Lös. 67) so lange zufließen, bis die blaue Farbe verschwunden ist.

10 cm^3 N/10-Jodlösung oxydieren 10 × 3,2 = 32 mg SO_2. Diese Menge SO_2 ist also in der verbrauchten Menge der Lösung enthalten.

Beispiel: Verbraucht 19 cm^3 Lösung.

$$\text{Daher in 100 g Lösung } \frac{32 \times 100}{19 \times 32} = \frac{100}{19} \text{ (R-St)} = \mathbf{5{,}26}\text{ g } SO_2.$$

b) Freie schweflige Säure.

Nach Beendigung von a) versetzt man die titrierte Lösung mit einigen Tropfen Phenolphthalein (Lös. 17a) und dann mit N/10-Natronlauge (Lös. 32) bis zur bleibenden Rotfärbung. Von der verbrauchten Natronlauge zieht man die unter a) angewandte Jodlösung ab, von der verbleibenden N/10-Natronlauge entspricht jedes cm^3 3,2 mg SO_2 in der unter a) verbrauchten Menge Lösung.

Beispiel: Verbraucht 25 cm^3 N/10-Lauge.

$$\text{Daher in 100 g Lösung } \frac{(25-19) \times 3{,}2 \times 100}{19 \times 32} = (25-19) \times \frac{10}{19} \text{ (R-St)}$$

$$= 3{,}16 \text{ g } SO_2.$$

c) Gebundene schweflige Säure.

Der Prozentgehalt an gebundener schwefliger Säure ergibt sich aus der Differenz der beiden eben ermittelten Zahlen, und zwar:

Gesamte schweflige Säure	= 5,26%
Davon freie schweflige Säure	= 3,16%
Daher gebundene schweflige Säure . .	= 2,1 %.

Die Kalziumbisulfitlösung soll 4—5% an freier schwefliger Säure enthalten und stets gut verschlossen in einem kühlen Raum aufbewahrt werden.

6. Doppeltschwefligsaures Natron

(Natriumbisulfit, Sulfitnatron = $NaHSO_3$).

Die Bestimmung der gesamten, freien und an Natron gebundenen schwefligen Säure geschieht in derselben Weise wie oben bei Nr. 5.

Die Sulfitnatronlösung soll mindestens 4—5% freie schweflige Säure enthalten, und empfiehlt es sich, die Lösung in gut verschließbaren Gefäßen in möglichst kaltem Raum zu lagern.

7. Flammon ($NH_4F + HF$).

Man verwendet es zur Desinfektion von Schläuchen usw. in einer 0,5—1 proz. Lösung.

Flammon ist ein saures Ammoniumsalz der Flußsäure, welches neben Fluorammonium (NH_4F) auch freie Flußsäure (HF) enthält. Der Prozentgehalt an beiden wird durch die Analyse ermittelt.

a) Freie Flußsäure (HF).

0,2 g des Flammons werden in einem paraffinierten Becherglas in ca. 25 cm^3 Wasser gelöst und nach Zugabe von ein paar Tropfen Lackmustinktur (Lös. 15) mit N/10-Barytlauge (Lös. 37) bis zu eintretender Blaufärbung titriert. Ist der Umschlag nicht deutlich zu erkennen, so empfiehlt es sich, die Tüpfelmethode mit neutralem Lackmuspapier anzuwenden.

Die verbrauchten cm^3 Barytlauge ergeben direkt den Prozentgehalt des Flammons an freier Flußsäure.

Beispiel: Bei der Titration wurden 31,2 cm^3 N/10-Barytlauge verbraucht.

Das Salz enthält demnach **31,2**% freie Flußsäure.

b) Fluorammonium (NH_4F).

0,2 g des Salzes werden in einem Aufschließungskolben (Abb. 24 S. 33) in ca. 150 cm³ Wasser gelöst und nach Zusatz von ca. 20 cm³ Lauge (Lös. 10) das freiwerdende Ammoniak in 50 cm³ vorgelegter N/10-Schwefelsäure (Lös. 30) überdestilliert (s. »Stickstoff in der Gerste«, S. 32). Die nicht neutralisierte Schwefelsäure wird mit N/10-Natronlauge (Lös. 32) festgestellt und daraus die zur Neutralisation des Ammoniaks verbrauchte Schwefelsäuremenge berechnet. Durch Multiplikation der cm³ der letzteren mit 1,85 erhält man den Prozentgehalt an Fluorammonium.

Beispiel: Es wurden 50,0 cm³ N/10-Schwefelsäure vorgelegt. Bei der Titration wurden 16,6 cm³ N/10-Natronlauge verbraucht. Zur Neutralisation des Ammoniaks wurden 50 — 16,6 = 33,4 cm³ N/10-Schwefelsäure verbraucht.

33,4 × 1,85 = **61,8%** Fluorammonium.

Chemisch reines saures Fluorammonium enthält:

35,1% freie Flußsäure (HF) und
64,9% Fluorammonium (NH_4F).

8. Kieselfluorwasserstoffsäure (H_2SiF_6).

Diese unter verschiedenen Namen (Montanin usw.) in den Handel kommende Säure findet als gutes Desinfektionsmittel eine sehr häufige Verwendung. Sie ist eine hellgrüne, sauer reagierende Flüssigkeit, die neben Verunreinigungen, wie Eisen, Aluminium usw., als wirksamen Bestandteil die freie Kieselfluorwasserstoffsäure enthält.

Man bestimmt dieselbe am einfachsten durch Titration mit N/10-Natronlauge (Lös. 32).

Die Neutralisation der Kieselfluorwasserstoffsäure mit NaOH verläuft je nach Umständen nach einer der beiden Gleichungen

$$\text{I} \quad H_2SiF_6 + 2\,NaOH = Na_2SiF_6 + 2\,H_2O,$$
$$\text{II} \quad H_2SiF_6 + 6\,NaOH = 6\,NaF + 2\,H_2O + Si(OH)_4.$$

Nach II geht der Farbenumschlag (Phenolphthalein) glatt und rasch vor sich, wenn man nach Sahlborn und Hinrichsen in der Wärme titriert. Am besten läßt man während der Titration den Kolben mit der Säure in einer Porzellanschale mit heißem Wasser stehen.

1 cm³ N/10 Lauge = 0,0024 g H_2SiF_6.

9. Hypochlorite.

Zu diesen gehören Antiformin, Radoform und die in manchen Brauereien durch Elektrolyse selbst hergestellten Hypochloritlaugen.

Die desinfizierende Wirkung beruht auf dem Freiwerden von Sauerstoff aus dem unterchlorigsauren Natron, Natriumhypochlorit.

$$NaOCl = NaCl + O.$$

Um die Wirkung zu erhöhen und die Entwicklung von freiem Chlor zu verhindern, enthalten die käuflichen Hypochloritlösungen auch Ätznatron und wird auch der selbst bereiteten Lösung Ätznatron zugesetzt. Das Ätznatron wirkt auf Bierstein und sonstige Ausscheidungen lösend.

Am wichtigsten ist die Untersuchung auf wirksames Chlor, welches dem wirksamen Sauerstoff entsprechend ist, und die Bestimmung der durch freies Ätznatron und Natriumkarbonat bedingten Alkalität. Soll die Untersuchung auf getrennte Bestimmung von Ätznatron und Natriumkarbonat sowie den Gehalt an Natriumchlorid und Natriumchlorat ausgedehnt werden, so kann dies nach den Methoden von Wieninger[1]) geschehen.

a) Wirksames Chlor.

Antiformin und Radoform enthalten 5—6%, Elektrolytlauge ca. 0,5% wirksames Chlor. Die Bestimmung beruht darauf, daß man durch die durch Salzsäure in Freiheit gesetzte unterchlorige Säure aus zugesetztem Kaliumjodid Jod frei macht und dieses durch Natriumthiosulfatlösung titriert.

$$NaOCl + 2\,HCl + 2\,KJ = NaCl + 2\,KCl + 2\,J + H_2O.$$

Die Flüssigkeit wird zunächst auf einen Gehalt von ca. 0,1% wirksamem Chlor verdünnt. Antiformin und Radoform sind also 50fach, Elektrolytlauge 5fach zu verdünnen. 5 cm^3 dieser Verdünnung versetzt man mit 1—2 cm^3 10proz. Jodkaliumlösung und genau 10 cm^3 N/10-Salzsäure (Lös. 29). Hierauf läßt man aus der Bürette N/10-Natriumthiosulfatlösung (Lös. 39) zufließen, bis die braune Farbe des ausgeschiedenen Jods verschwunden ist. 1 cm^3 N/10-Thiosulfatlösung entspricht 0,71 g wirksamem Chlor im Liter der verdünnten Lösung.

Beispiel: Verbraucht 1,4 cm^3 N/10-Thiosulfatlösung. Daher bei 50facher Verdünnung in 1 l unverdünnter Lösung 1,4 × 0,71 × 50 (R-St) = 49,7 g Chlor.

Eine wirksame Gebrauchslösung soll ca. 1,2—1,5 g wirksames Chlor im l enthalten.

b) Alkalität.

Da nach obiger Gleichung für je 2 Atome Jod bzw. Chlor, die frei werden, 2 Mol. HCl gebunden werden, so muß bei der Titration unter a) der durch die zugesetzten 10 cm^3 N/10-Säure bedingte Säuregrad entsprechend vermindert werden. Außerdem wirkt aber noch die durch NaOH und Na_2CO_3 verursachte eigene Alkalität der Lösung auf die Säure neutralisierend. Bestimmt man also in der bei a) erhaltenen Titrationsflüssigkeit die noch vorhandene freie Säure, so läßt sich die Alkalität berechnen.

Zunächst setzt man der bei a) erhaltenen Titrationsflüssigkeit noch 1 Tropfen N/10-Thiosulfatlösung zu, dann 1 Tropfen Methylrot (Lös. 21a) und hierauf aus der Bürette N/10-Natronlauge (Lös. 32), bis die Farbe in Gelb umschlägt. Die verbrauchte Menge

[1]) Zeitschrift für das gesamte Brauwesen 1923, Nr. 4.

N/10-Lauge ist von den zugesetzten 10 cm^3 N/10-Säure, vermindert um die unter a) verbrauchten cm^3 N/10-Thiosulfat, abzuziehen, wodurch man die Alkalität der 5 cm^3 verdünnter Lösung, ausgedrückt in cm^3 N/10, erhält. Eventuell kann man diese auf Ätznatron umrechnen.

Beispiel: Verbraucht 6 cm^3 N/10-Natronlauge, unter a) 1,4 cm^3 N/10-Thiosulfat.

Alkalität von 5 cm^3 50fach verdünnter Lösung = 10 — 1,4 — 6 = 2,6 cm^3 N/10 oder 2,6 × 20 × 50 = 2600 cm^3 Norm., entsprechend 2,6 × 40 = 104 g NaOH auf 1 l.

10. Formaldehyd, Formalin (CH_2O).

Dieses ist eine wasserhelle, wässerige Lösung von intensiv stechendem Geruch. Formaldehyd wird in der Praxis meist als 1½proz. Lösung zum Desinfizieren von Leitungen usw. verwendet. Sehr guter Formaldehyd enthält in 100 cm^3 38 g wirksames CH_2O.

Zum Zwecke der Untersuchung werden 25 g Formaldehyd in einem ½-l-Kolben mit Wasser auf die Marke aufgefüllt. 5 cm^3 dieser Lösung (= 0,25 g) bringt man in eine etwa 200 cm^3 fassende Stöpselflasche und setzt schnell ca. 30 cm^3 Normal-Natronlauge (Lös. 27) hinzu. Hierauf läßt man unter ständigem Umrühren etwa 50 cm^3 N/5-Jodlösung (Lös. 38a) zufließen, bis die Lösung stark gelb erscheint.

Nun verschließt man die Flasche, schüttelt ½ Minute lang, setzt ca. 40 cm^3 Normal-Schwefelsäure (Lös. 26) zu, verschließt wieder, und nach kurzem Stehen titriert man den Überschuß an Jod mit N/10-Thiosulfatlösung (Lös. 39) zurück.

Durch das verbrauchte Jod ist der Formaldehyd zu Ameisensäure oxydiert worden.

Es oxydieren 2 Atome Jod 1 Mol. CH_2O, daher entspricht 1 cm^3 N/5-Jodlösung 0,003 g CH_2O.

Beispiel:

Zugesetzte N/5-Jodlösung . . . . = 50 cm^3
Verbrauchte N/10-Thiosulfatlösung = 38 cm^3 oder N/5 = 19 »
Verbrauchte N/5-Jodlösung . . . . = 31 cm^3

In 0,25 g Formaldehyd 31 × 0,003 = 0,093 g CHOH
In 100 g » 400 × 0,093 = 37,2 g CHOH = **37,2%**.

11. Wasserstoffsuperoxyd.

Zur Bestimmung des Wasserstoffsuperoxyds wird die zu untersuchende Lösung mit Schwefelsäure 1 : 4 angesäuert und mit N/10-Kaliumpermanganat bis zur bleibenden Rotfärbung titriert. Dabei findet folgende Reaktion statt:

$$2\ KMnO_4 + 5\ H_2O_2 + 4\ H_2SO_4 = 2\ KHSO_4 + 2\ MnSO_4 + 8H_2O + SO_2$$

$$1\ cm^3\ N/10\ KMnO_4 = 1{,}7\ mg\ H_2O_2.$$

XX. Kautschukwaren.

(Gummischläuche und Gummischeiben.)[1]

Der Kautschuk, vielfach auch Gummi genannt, ist ein Pflanzenstoff und findet sich in dem Milchsaft holzartiger Tropen- und Subtropengewächse. Dieser Milchsaft gerinnt beim Stehen an der Luft und geht in eine feste, elastische Masse über.

Den geschätztesten Kautschuk liefert u. a. Brasilien und wird derselbe nach dem Hafenorte Para Parakautschuk benannt.

Rohkautschuk ist bei 0° hart, bei 30—40° klebrig, und erst durch das gründliche Waschen und die Vulkanisation (eine eigentümliche Verbindung des Kautschuks mit Schwefel in der Hitze) erhält er seine wertvollen Eigenschaften und wird alsdann zur Herstellung von Gebrauchsgegenständen wie zu Schläuchen, Scheiben usw. verwendet.

Für die Beurteilung der genannten Artikel kann man folgende Versuche anstellen[2].

1. Elastizität = Dehnung.

Um die Elastizität der Kautschukwaren zahlenmäßig zum Ausdruck zu bringen, bedient man sich des Brandschen Apparates (Abb. 87). Nachdem man von dem Probegummi einige gleichlange

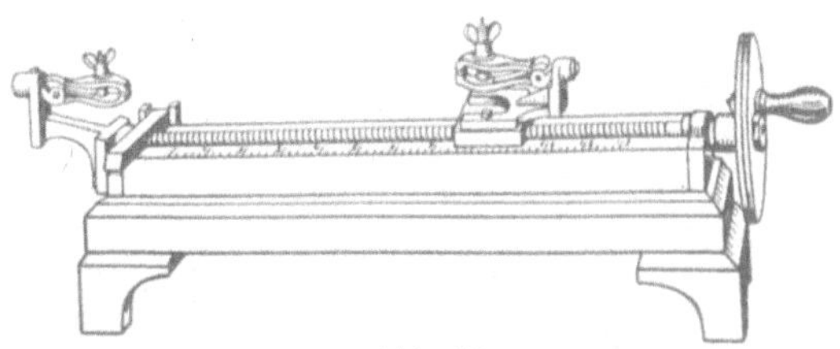

Abb. 87.

und starke Streifen herausgeschnitten hat, spannt man jeden einzeln in den Apparat und dehnt ihn so lange aus, bis der Streifen reißt. Man liest dann am Apparate die in mm angegebene Dehnung ab, und von sämtlichen Ermittelungen wird die Durchschnittszahl berechnet.

Die schlechten Gummisorten mit höherem Aschengehalt weisen eine geringere Elastizität auf; ein guter Paraschlauch mit 8% Asche zeigt z. B. eine Dehnung von 90 mm, wogegen ein Schlauch von ge-

[1]) Der Reichsausschuß für Lieferungsbedingungen (RAL) hat für Einkauf und Prüfung von Kautschukwaren, ebenso für Schmiermittel und Kronenkorke Vorschriften herausgegeben, welche durch den Beuth-Verlag G. m. b. H., Berlin SW 19 zu beziehen sind. Diese RAL-Vorschriften für Kautschukwaren stimmen überein mit den von Bode aufgestellten Richtlinien. Siehe Wochenschrift für Brauerei 1935, Nr. 28.

[2]) Bei Bierschläuchen mit Stoffeinlagen wird man meistens nur die mit dem Bier direkt in Berührung kommende Innenplatte der Untersuchung unterziehen.

ringerer Qualität und 48% Asche bei gleicher Stärke des Probestückes nur 20 mm aufweist.

2. Festigkeit.

Die Gummistreifen von gleicher Stärke werden einzeln an einem Ende fest eingespannt und an das andere Ende so viel Gewichte gehängt, bis der Streifen reißt.

Gute Ware von Parakautschuk reißt bei einer gewissen Stärke, z. B. bei 3 kg Belastung, dagegen minderwertige Ware schon bei ½ kg.

3. Klang.

Derselbe kann auch zur Beurteilung der Ware herangezogen werden. Es geben nämlich gedehnte Gummistreifen von guter Ware beim Anspielen einen kräftigen Ton, Streifen der minderwertigen Gummisorten dagegen tönen gar nicht oder nur sehr schwach.

4. Lichtempfindlichkeit.

Bei der Prüfung von Flaschenscheiben ist die Lichtempfindlichkeit der Scheiben von besonderer Wichtigkeit[1]). Kautschuk hat allgemein die Eigenschaft, daß er, wenn er in gespanntem Zustande der Einwirkung von Luft und Licht ausgesetzt ist, in seiner exponierten Oberfläche eine Zersetzung erleidet, wodurch die Elastizität des Gummis so weit verringert wird, daß infolge der Spannung zunächst mikroskopisch feine Risse (Lichtrisse) entstehen, die bald deutlich sichtbar werden. Flaschenscheiben, welche die geringste Neigung zur Bildung solcher Lichtrisse zeigen, werden sich immer im praktischen Gebrauch am längsten bewähren. Zur Ausführung der Probe schraubt man in ein starkes Holzbrett zwei kräftige kurze Holzschrauben in einem Abstand von 2—3 cm, zieht die Scheibe auseinander und spannt sie über die Holzschrauben. •Das ganze Brett mit beliebig vielen Scheiben setzt man hierauf an einem passenden Fenster dem Sonnenlicht aus. Minderwertige Scheiben zeigen schon nach 8 Tagen, manche sogar noch früher, feine, radial verlaufende Risse und werden hart und brüchig.

5. Geschmacksbeeinflussung.

Flaschenscheiben prüft man auf Geschmacksbeeinflussung nach Bode[2]) in folgender Weise.

In sechs Betriebsflaschen gebe man je eine Scheibe und versehe auch den Porzellankopf mit einer solchen. Bei weiteren sechs Flaschen werden die Porzellanköpfe allein mit Scheiben versehen, von denen man weiß, daß sie vollkommen indifferent sind. Dann werden alle 12 Flaschen am Abfüllbock gefüllt und 12 Tage bei Zimmertemperatur stehengelassen. Nach 3, 6 und 12 Tagen werden je zwei Flaschen von jeder Serie auf Geschmack geprüft. Mineral-

[1]) Siehe Sembritzki, Wochenschrift für Brauerei 1907, Nr. 52, und Eckhardt, Zeitschrift für das gesamte Brauwesen 1908, Nr. 26.

[2]) Wochenschrift für Brauerei 1933, Nr. 52.

wasser wird vielfach stärker ungünstig beeinflußt als Bier, manchmal aber auch umgekehrt.

Um Bierschläuche zu prüfen, wird ein kurzes Stück Schlauch mit warmem Wasser gründlich gewaschen, mit Leitungswasser abgefrischt und dann in einen Glaszylinder gegeben, den man hierauf mit Bier anfüllt und mit einem einwandfreien Gummistopfen verschließt. Nach drei- bis viertägigem Stehen bei Zimmertemperatur prüfe man das Bier auf Geschmack.

6. Asche (Mineralstoffe).

Die Aschebestimmung (Kreide, Magnesia, Schwerspat, Zinkoxyd, Infusorienerde und andere ähnliche Stoffe) geschieht in einem gewogenen Porzellantiegel (Durchmesser 40, Höhe 35 mm), Einwaage 1 g. Man setzt den Tiegel in das Loch einer Asbestplatte, durch die er 1 cm durchragt, erhitzt zunächst mit ganz kleiner Flamme, bis die flüchtigen Anteile entfernt sind und führt dann die Veraschung mit voller Bunsenflamme auf dem Tondreieck zu Ende.

Ein hoher Aschengehalt ist in den meisten Fällen ein Zeichen von minderwertiger Ware.

Der Gehalt an Asche schwankt zwischen 1 bis zu 50%, soll aber nicht über 30% betragen.

7. Prüfung der Empfindlichkeit gegen Alkalien.

(Nach Dr. Eckhardt.)

Die in der Brauerei verwendeten Gummiwaren dürfen nicht empfindlich gegen Alkalien sein, da sie bei den Reinigungsarbeiten (Schlauchspülung, Flaschenreinigung) mit mehr oder weniger starken, kalten oder heißen Lösungen von Soda, Ätznatron usw. behandelt werden. Es sollen in Alkalien leicht lösliche, oftmals geschmacklich oder gesundheitlich nicht einwandfreie Beimischungen wie Faktis[1]), Öle usw. entweder ganz fehlen oder wie Schwefelantimon, Zinkoxyd, Vulkanisierbeschleuniger usw. durch den reinen Kautschuk so gebunden sein, daß sie derartigen Angriffen widerstehen. Am schnellsten und einfachsten prüft man mit einer besonders wirksamen heißen alkoholischen Kalilauge (Lös. 11c) in folgender Weise: Eine Anzahl auf einem zur Abstandswahrung wiederholt gebogenen Draht aufgereihte Gummischeiben oder passend geschnittene Schlauchstücke werden in einem kleinen Glaskolben mit einer genügenden Menge der alkoholischen Kalilauge 5 Stunden lang auf dem Wasserbad am Rückflußkühler erhitzt. Dann werden die Scheiben herausgenommen, mit Wasser abgewaschen und zwischen Filtrierpapier abgetrocknet. Nun beobachtet man die Veränderung, welche der Gummi durch die Behandlung erlitten hat, sieht zu, ob er seine Elastizität eingebüßt hat, ob er klebrig geworden ist und ob er beim Einschneiden eine mehr oder weniger weit ins Innere

[1]) Unter Faktis versteht man eine Verbindung, welche durch Behandlung von pflanzlichen Ölen, hauptsächlich Rüböl mit Schwefel erhalten wird. Faktiszusatz kann dem Bier einen widrigen »Gummigeschmack« verleihen.

reichende, veränderte Randzone zeigt. Gummischeiben, die bei dieser Behandlung gar keine oder nur geringe Veränderung erleiden, sind immer vorzuziehen.

Nach Bode prüft man auf Widerstandsfähigkeit gegen Alkalien und Säuren, indem man je ein etwa 1 cm² großes Stück Gummi in 50 cm³ Wasser, 1 proz. Salzsäure und 1 proz. Natronlauge einlegt. Nach 3 tägigem Stehen bei Zimmertemperatur sollen die Flüssigkeiten nicht gefärbt, die Gummistücke nicht gequollen sein und im Aussehen nicht voneinander abweichen. Die im Wasser gelegenen Stücke dürfen nicht wesentlich verfärbt sein.

8. Untersuchung von Kautschukwaren.

Nach Weber[1]).

Bestimmt wird zunächst die Menge der in Azeton löslichen Bestandteile. Zu diesen gehören Kautschukharze, dann der bei der Vulkanisation nicht gebundene Schwefel, ferner Mineralöle, Paraffin u. dgl. Der mit Azeton ausgezogene Rückstand wird dann mit alkoholischer Kalilauge extrahiert (verseift), wobei der Faktis in Lösung geht. Ferner muß der Aschegehalt (s. oben unter 6.) bestimmt werden. Der nach Abzug des in Azeton löslichen sowie der verseifbaren Bestandteile und der Asche verbleibende Rest ergibt den Reinkautschukgehalt. Man verfährt in nachstehender Weise:

Das Material ist zunächst möglichst fein zu zerkleinern, am besten durch Raspeln mittels einer scharfen, ziemlich groben Raspel. Das Raspeln der Schlauchinnenplatte hat so zu geschehen, daß Anteile der Gummiauflage des Gewebes nicht in die Probe gelangen. Flaschenscheiben (etwa 20 Stück) werden am besten auf einem Rundeisen, auf dem durchgehend ein Gewinde aufgeschnitten ist, aufgereiht und nach Auflegen von eisernen Deckscheiben von oben und unten mittels kräftiger Flügelschrauben stark zusammengepreßt. In diesem gepreßten Zustande lassen die Scheiben sich meistens ziemlich gut raspeln. Ist die Pressung, wie bei Schläuchen, nicht gut durchführbar, so kann man auch die Zerkleinerung mittels einer scharfen Schere vornehmen, jedoch muß dabei der Gummi in möglichst kleine Stückchen zerschnitten werden. Eisensplitter sind durch Magneten zu entfernen.

Von dem zerkleinerten Material werden nun 2 g mit Azeton (Siedepunkt 56—58°) im Soxhletapparat (s. S. 51) 8 Stunden extrahiert. Von der so gewonnenen Lösung wird das Azeton abdestilliert, der Rückstand bei 70° bis zur Gewichtskonstanz getrocknet und gewogen (= Azetonlösliches). Die nach der Extraktion aus dem Apparat genommene Extraktionshülse bleibt zunächst einige Zeit an einem mäßig warmen Ort liegen, bis das Azeton fast völlig verdunstet ist und die Hülse sich trocken anfühlt. Der Rückstand wird auf ein tariertes Uhrglas gegeben und alle an der Hülse haften-

[1]) Bode, Untersuchung von Flaschenscheiben und Schläuchen, Wochenschrift für Brauerei 1912, Nr. 26 und 1935, Nr. 28.

den Teile mit Hilfe eines Pinsels quantitativ auf das Uhrglas gebracht. Die vollständige Trocknung geschieht dann im Trockenschrank bei 55—60° bis zur Gewichtskonstanz. Stärkeres Erwärmen sowie ein länger als unbedingt nötiges Belassen im Trockenschrank ist zu vermeiden. Die Wägung ergibt die Menge der in Azeton unlöslichen Bestandteile.

Diese werden nun in ein Kölbchen gebracht und mit N/2-alkoholischer Kalilauge (Lös. 35a) mindestens 4 Stunden lang am Rücklaufkühler gekocht. Nach Abdekantieren der alkoholischen Kalilauge durch ein gewogenes Filter wird der Kolbeninhalt so lange mit kochendem Wasser behandelt, bis nach Zusatz einiger Tropfen Phenolphthalein (Lös. 17a) das Wasser nur noch schwache Rotfärbung zeigt. Der Rückstand wird quantitativ auf das Filter gebracht und mit siedend heißem Wasser bis zur Alkalifreiheit gewaschen. Das Auswaschen kann beschleunigt werden durch vorsichtige Neutralisation des Kolbeninhaltes mit sehr verdünnter Essigsäure vor Überspülen des Rückstandes auf das Filter. Der ausgewaschene Filterinhalt wird zuerst mit 50proz., dann mit hochprozentigem Alkohol, darauf mit Alkohol-Äther-Gemisch (1 : 1) und endlich mit reinem Äther entwässert und nach dem Verdunsten des Äthers 2 Stunden bei 70° getrocknet und gewogen. Nach dem Wägen wird in dem Rückstand noch der Aschegehalt bestimmt und abgezogen, der verbleibende Rest ist der Reinkautschukgehalt. Einwaage abzüglich Reinkautschuk, Asche und Azetonlöslichem gibt den Gehalt an verseifbaren Bestandteilen.

Nach Bode soll die Gesamtmenge des in Azeton löslichen und der durch N/2 alkoholischen Kalilauge ausziehbaren Bestandteile nicht mehr als 15% betragen. Die Aschenmenge soll 30% nicht übersteigen. Kreide soll als Füllmittel nicht verwendet werden und der Reinkautschukgehalt soll mindestens 60% betragen.

Manche Brauereien fordern sogar: Azeton- und Kalilaugelösliches nicht mehr als 10%, Asche nicht mehr als 10% und Reinkautschuk mindestens 80%.

XXI. Kohle.

Sie ist das Produkt einer langsamen, teilweisen Verwesung pflanzlicher und tierischer Stoffe bei Luftabschluß.

Die Bestandteile der Kohle sind:

	C	=	Kohlenstoff
	H. . . .	=	Wasserstoff
	O . . .	=	Sauerstoff
	H_2O. . .	=	Wasser
	Asche . .	=	mineralische Bestandteile
evtl.	N. . . .	=	Stickstoff
»	S	=	Schwefel.

Die Asche kann enthalten: Kieselsäure, Tonerde, Eisenoxyd, Kalk usw.

Die Wärmeentwicklung der Kohle beruht darauf, daß C und H, auch etwa vorhandener S sich mit dem O der Luft verbinden, also, verbrennen. Die Verbrennungsprodukte bestehen aus CO_2 = Kohlensäure, Wasser und SO_2 = schwefliger Säure. Größere Mengen der letzteren greifen Metall an, weshalb Schwefelgehalt mißlich ist.

1 Gewichtsteil C beim Verbrennen erwärmt 8080 Gewichtsteile Wasser von 14½ auf 15½°,

1 Gewichtsteil H beim Verbrennen erwärmt 34462 Gewichtsteile Wasser von 14½ auf 15½°.

Oder:

1 kg C gibt bei vollständiger Verbrennung	8080 kg-Kal Wärme[1])
1 kg H gibt beim Verbrennen zu flüssigem Wasser	34600 » »
1 kg H gibt beim Verbrennen zu Wasserdampf	29200 kg-Kal Wärme

Der Wert der Kohle wird herabgemindert:

a) Durch Sauerstoff, da er einen entsprechenden Teil des Wasserstoffs unwirksam macht, indem er mit letzterem Wasser bildet, welches verdampft werden muß und daher viel Wärme absorbiert.

b) Durch Gehalt an hygroskopischem Wasser, welches bei der Verdampfung ebenfalls einen Teil der erzeugten Wärme in Anspruch nimmt.

c) Durch Asche, weil sie zur Wärmeentwicklung nicht beiträgt.

Probenahme.

(Anweisung vom Bayerischen Revisions-Verein.)

»Von der zu untersuchenden Kohle nimmt man von möglichst vielen verschiedenen Stellen mit einer kleinen Schaufel in eine Kiste eine Probe von mindestens 100 kg. Diese Probe breitet man auf einer breiten Fläche aus, läßt sie auf Nußgröße zerkleinern und nach gründlicher Durchmischung in ein Quadrat von ca. 1 m^2 Fläche ausbreiten.

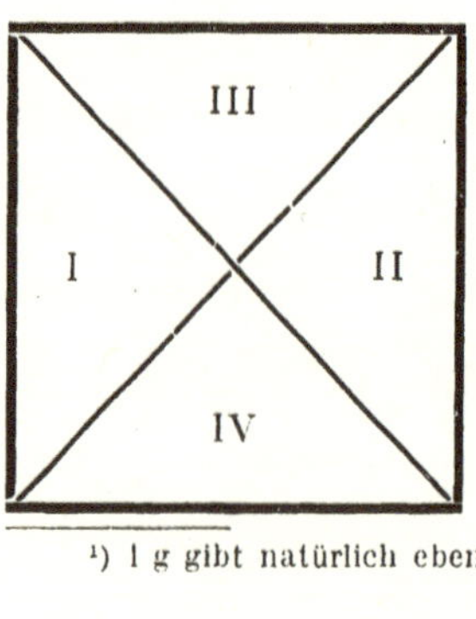

Dieses teilt man durch die beiden Diagonalen in 4 Teile und nimmt die beiden Teile I und II weg. Die Teile III und IV formt man zu einem neuen Quadrat, welches man wieder in der gleichen Weise teilt und so fort, bis noch 5 kg bleiben, welche in einer Blechbüchse mit gut schließendem Deckel an das Laboratorium gesandt werden.«

[1]) 1 g gibt natürlich ebenso viele g-Kal.

Von dieser 5 kg schweren Probe nimmt man im Laboratorium eine ca. 500 g schwere Durchschnittsprobe, zerreibt und mischt sie in einer großen Reibschale, nimmt von dieser ca. 100 g und zerreibt sie zu feinem Pulver für die nachfolgenden Bestimmungen.

1. Heizwert.[1])

a) Durch das Kalorimeter.

Die bei der Verbrennung der Heizstoffe entwickelte Wärme läßt sich ihrer Menge nach genau messen und ergibt dann deren absoluten kalorimetrischen Effekt (Brenn- oder Heizwert), welchen man unter Anwendung von besonderen Apparaten, den sog. Bomben-Kalorimetern, durch vollkommene Verbrennung der Kohle und durch Vermeidung von Wärmeverlusten ermittelt.

Als zuverlässigstes Kalorimeter dürfte das nach Berthelot-Mahler-Kroeker (Fabrikant: Max Kohl, A.-G., Chemnitz) zu betrachten sein. In dem doppelwandigen Gefäß *B* (Abb. 88) befindet sich das Kalorimetergefäß *A*. In der Mitte des Gefäßes *A* wird die Verbrennungsbombe *C* aufgestellt. Mittels der auf das doppelwandige Kupfergefäß aufgesetzten Rührvorrichtung *D* wird ein ringförmiger Rührer *E*, der sich in dem mit Wasser gefüllten Zwischenraum zwischen der Bombe und dem Kalorimetergefäß auf- und abbewegt, in Bewegung gesetzt. In das Kalorimetergefäß ragt das Thermometer *G* hinein. Die Verbrennungsbombe *C* besteht aus einem starkwandigen zylindrischen Metallgefäß mit aufschraubbarem Deckel. Durch den Deckel geht ein Rohr zur Einführung des Sauerstoffs und ein zweites zur Ableitung der Verbrennungsgase. Weiter geht noch durch den Deckel die elektrische Zündvorrichtung. Von den in oben beschriebener Weise gewonnenen 100 g Kohlpulver werden 1—2 g bei 105—110° getrocknet, hierauf von dem wasserfreien Kohlpulver ca. 1 g mittels einer dem Apparat beigegebenen Presse in Brikettform gebracht, wobei der Zünddraht mit eingepreßt wird. Das Brikett wird mit dem Zünddraht genau gewogen und dann in die Kalorimeterbombe gebracht, indem man die Enden des

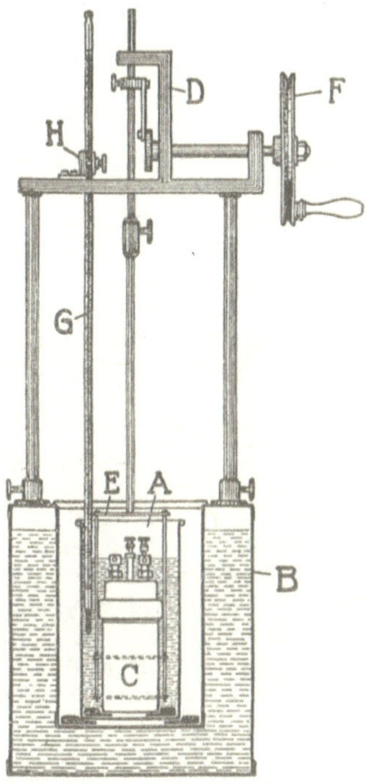

Abb. 88.

[1]) Genauere Anleitung s. Chemisch-technische Analyse von Lunge-Berl.

Zünddrahtes mit den Polen der Zündvorrichtung verbindet. Die Verbrennungsbombe muß innen vollkommen trocken sein. Der Deckel mit der Kohleprobe wird nun fest aufgeschraubt. Hierauf verbindet man die Bombe mit der Sauerstoffflasche und läßt nach dem Ausströmen der Luft den Sauerstoffdruck in der Bombe auf 20—25 Atmosphären steigen. Bevor nun die Bombe in das Kalorimetergefäß gebracht wird, soll letzteres nach dem Füllen des Doppelmantels von *B* mit Wasser mindestens 1 Stunde im gleichen Raume gestanden sein zwecks Temperaturausgleich, ebenso auch ein bis zur Marke mit dest. Wasser gefüllter Meßkolben. Dieses Wasser dient zum Füllen des Kalorimetergefäßes *A*. Die Wandungen des leeren Raumes zwischen *A* und *B* müssen ebenfalls vollkommen trocken sein. Die Temperatur des Wassers im Meßkolben soll 1—1½° unter der Zimmertemperatur liegen, d. h. ungefähr so viel unter der Zimmertemperatur als die Endtemperatur darüber liegen wird. Hierauf bringt man die Bombe, nachdem man die Leitungsdrähte mit der Zündvorrichtung verbunden hat, in das Kalorimetergefäß mit den 2 l Wasser und das Ganze in das Gefäß *B*.

Nun ist zunächst unter fortwährender Bewegung des Rührwerks die Temperatur des Wassers im Kalorimetergefäß zu beobachten. Nach einigen Minuten hat das Thermometer die Temperatur des Wassers angenommen. Nun notiert man die Temperatur und stellt nach Ablauf je 1 Minute die Temperatursteigerung fest. Nach 10 Minuten schließt man den Strom zur Zündung der Kohleprobe und beobachtet das Thermometer aufmerksam weiter. Jede Minute notiert man den Stand des Thermometers bis zur zehnten Minute nach Erreichung der Höchsttemperatur. Aus diesen Temperaturerhebungen läßt sich nun die Temperaturerhöhung des Kalorimeterwassers errechnen. Nun muß zunächst noch der sog. Wasserwert des Kalorimeters festgestellt werden, d. h. es muß die an die aus Glas und Metall bestehenden Teile des Apparates abgegebene Wärme auf Wasser umgerechnet werden. Zu diesem Zwecke wird eine Substanz von genau bekannter Verbrennungswärme in derselben Weise wie die Kohle im Kalorimeter verbrannt und die auftretende Temperaturerhöhung gemessen. Am besten eignen sich reiner Rohrzucker (3952 Kal) und Benzoin (7883,4 Kal), welche dem Apparate beigegeben sind. Die Differenz der mit dem Rohrzucker oder Benzoin eingeführten und der auf das Wasser übergegangenen Anzahl Kalorien ergibt die Kalorienzahl, welche auf den Apparat übergegangen ist und wieviel Wasser man mit dieser um die ermittelte Anzahl Grade erwärmen kann, läßt sich leicht berechnen. Weiter sind noch in Betracht zu ziehen die geringe Menge Wärme, welche bei der Verbrennung des als Zünddraht benutzten Eisendrahtes und die bei Bildung von Salpetersäure und Schwefelsäure aus dem Stickstoff und dem Schwefel der Kohle entsteht. Erstere Wärmemenge ergibt sich aus dem Gewicht des Zünddrahtes, der Brennwert kann zu 1600 Kal angenommen werden. Die Bildungswärme von Salpetersäure und Schwefelsäure kann man vernachlässigen oder für dieselben 10—20 Kal in Abzug bringen. Schließlich ist auch noch zu berücksichtigen, daß bei der Verbrennung der Kohle im Kalorimeter aus dem Wasserstoff der Kohle Wasserdampf entsteht, welcher sich im Apparat unter Abgabe von Verdampfungswärme kondensiert und abkühlt, während bei der Verwendung der Kohle im Betrieb das sich bildende Wasser in Dampfform mit den Rauchgasen abzieht. Es ist daher auch noch nach Beendigung des Versuches die in der Bombe enthaltene und die im zugeführten Sauerstoff enthaltene Wassermenge zu bestimmen. Genaue Anleitung zur Ausführung des ganzen Versuches und der Berechnung wird dem Apparat von der Fabrik beigegeben.

Den durchschnittlichen absoluten Heizwert (ermittelt in der kalorimetrischen Bombe) und die Zusammensetzung einiger Kohlenarten zeigt nachstehende Tabelle:

	Heizwert in Kalorien	Wassergehalt	Aschengehalt	Brennbare Substanz
Braunkohle . .	3500—4500	15—55	1—10	40—75
Steinkohle . . .	6500—7800	1,5—9	7—11	81—91
Anthrazit . . .	8000	1	6	93

b) Aus der chemischen Zusammensetzung.

Zur Ermittlung des annähernden absoluten Heizwertes der Kohle kann man sich auch der Elementaranalyse bedienen, d. h. es wird der Gehalt an C, H, O und S in der üblichen Weise, die aber hier nicht näher beschrieben werden kann, bestimmt, um alsdann nach der korrigierten Dulongschen Formel, der sog. Verbandsformel, den Heizwert auf lufttrockene Kohle, d. h. Kohle, so wie sie geliefert wurde, zu berechnen.

Die Verbandsformel lautet:

$$\text{Heizwert} = 81\,C + 290\left(H - \frac{O+N}{8}\right) + 25\,S - 6\,H_2O.$$

Beispiel: C = 72,5%, H = 4,95%, O = 10,04%, S = 0,87%, H_2O = 3,23%, N = 1%.

Demgemäß berechnet sich der Heizwert der Kohle laut obiger Formel wie folgt:

$$81 \times 72{,}5 + 290 \times \left(4{,}95 - \frac{10{,}04+1}{8}\right) + 25 \times 0{,}87 - 6 \times 3{,}23 = 6910$$

Kalorien oder WE.

2. Wasser.

In einem Trockenglas werden 10—20 g Kohle im Trockenschrank bei 105° erhitzt, bis keine Gewichtsabnahme mehr stattfindet. Trockene Kohle nimmt infolge Sauerstoffaufnahme oft an Gewicht zu. Sollte sich infolge des Trocknens bei der Wägung eine Gewichtszunahme zeigen, so gilt die vorausgehende Wägung.

Die Gewichtsabnahme in Prozenten ausgedrückt wird als Wasser bezeichnet.

3. Asche.

Etwa 5 g Kohle werden in einer gewogenen Platinschale über einem Pilzbrenner vorsichtig erhitzt. Nach vollständiger Veraschung wird die Platinschale gewogen und dann die Asche mit etwas Spiritus benetzt. Sollten in der Asche sich unverbrannte Kohlenteilchen vorfinden, so schwimmen dieselben nach oben. In diesem Falle brennt man den Spiritus ab, glüht und wägt wiederum, bis die Veraschung zu Ende ist.

4. Reinkohle.

Der Gehalt an Reinkohle oder brennbarer Substanz ergibt sich aus der Differenz des Wasser- und des Aschegehaltes von 100.

Beispiel: Wassergehalt der Kohle	= 8,2%
Aschegehalt » »	= 6,7%
Zusammen	= 14,9%

Brennbare Substanz = (100 — 14,9) = **85,1%**.

Je höher diese ist, desto besser und heizkräftiger wird in der Regel die Kohle sein. Der Gehalt an brennbarer Substanz bei gleichem Wassergehalt bleibt bei Kohlen derselben Grube ziemlich gleich.

5. Stickstoff.

Diese Bestimmung wird genau in derselben Weise wie in der Gerste (s. S. 32) vorgenommen. Man verwendet aber dazu höchstens 2 g Substanz.

Der Stickstoffgehalt, z. B. bei Steinkohlen, liegt meistens zwischen 1—2%.

6. Schwefel.

Zur Bestimmung des Gesamtschwefelgehaltes wird ein Gemenge aus 1 g Kohle und ca. 2 g eines Gemisches von 2 Teilen Magnesia und 1 Teil wasserfreier Soda im Platintiegel langsam, unter Umrühren, so lange erhitzt, bis die graue Farbe des Gemenges ins Hellgelbe bis Bräunliche übergeht. Dann wird der Tiegelinhalt mit Wasser ausgekocht, in ein Becherglas ausgespült und zur Oxydation noch vorhandener Sulfide Bromwasser zugesetzt und weiter erhitzt. Man filtriert, säuert das Filtrat mit Salzsäure an, kocht, bis die Flüssigkeit farblos geworden, und fällt mit Chlorbarium. Der gebildete Niederschlag von Bariumsulfat wird auf übliche Weise (s. Wasseranalyse S. 258) bestimmt und durch Multiplikation mit 0,137 auf Schwefel (S) umgerechnet.

Der Gehalt der Steinkohle an Schwefel liegt meistens zwischen 1—1,5%, bei Braunkohle oft viel höher.

7. Koksausbeute.

Zu diesem Zwecke wird 1 g Kohle in einem Platintiegel mit aufgelegtem Deckel stark erhitzt, bis (nach etwa 2 Minuten) keine leuchtende Flamme mehr sichtbar ist, und gewogen. Der am Tiegeldeckel abgelagerte Ruß wird mitgewogen.

Diese Bestimmung gibt wertvolle Aufschlüsse darüber, ob man es mit einer mageren oder fetten, gasreichen oder gasarmen Kohle zu tun hat, ob die Kohle langflammig oder kurzflammig brennt.

XXII. Torf.[1])

Probenahme.

Man nehme zunächst 6 aus je 10 Soden bestehende Nester heraus. Diese 60 Soden sind zunächst auf einem Hackstock mit Beil, mit einem Hammer oder auch auf einer eigenen Zerkleinerungsmaschine zu zerkleinern und gründlich zu mischen. Die zerkleinerte Masse ist dann auf einen niedern Haufen gelegt in vier Quadrate zu teilen, von denen zwei gegenüberliegende entfernt werden. Der Rest wird weiter zerkleinert und wieder in gleicher Weise geteilt. Die schließlich erhaltene kleine Probe wird mit einer Fleischhackmaschine oder in einer Reibschale in Pulverform gebracht. Das so erhaltene Pulver ist innig zu mischen und kann nun zur Untersuchung verwendet werden. Bei ganz nassem Torf ist ein Vortrocknen vor dem Vermahlen notwendig.

1. Wasser.

4—10 g Torfpulver werden 2½—3 Stunden im Ulschen Trockenschrank getrocknet und weiter verfahren wie S. 24 unter Gerste angegeben.

2. Asche.

3—4 g Torfpulver werden in einer Platinschale verascht wie bei Gerste S. 54.

3. Heizwert.

Sind Wasser- und Aschegehalt bekannt, so kann der Heizwert berechnet werden nach der Formel von H. Minssen, in welcher für den Heizwert von aschefreier trockener Torfsubstanz die für deutschen Torf zutreffende Durchschnittszahl 5200 Kal pro kg angenommen ist. Bezeichnet a den Aschegehalt in der Trockensubstanz, so ist der Heizwert der Torf-Trockensubstanz =

$$H_{Tr} = \frac{(100 - a)\,(5200 - 10\,a)}{100}.$$

Für die Umrechnung auf lufttrockene Substanz ist zu berücksichtigen, daß der Wassergehalt nicht nur den Trockensubstanzgehalt entsprechend vermindert, sondern auch, daß bei der Verdampfung

[1]) Dr. F. Eckhardt, Zeitschrift für das gesamte Brauwesen 1921, Nr. 3.

von 1 kg Wasser 600 Kal Wärme verbraucht werden. Daher ist, wenn der Wasserprozentgehalt des Torfes = w gesetzt wird, der Heizwert des lufttrockenen Torfes =

$$H = \frac{H_{Tr}(100 - w)}{100} - 6 \times w.$$

Beispiel: Wassergehalt des Torfes = w = 37,4%, Aschegehalt in der Trockensubstanz = a = 6,44%.

$$H_{Tr} = \frac{(100 - 6{,}44)(5200 - 10 \times 6{,}44)}{100} = 4805 \text{ Kal}$$

$$H = \frac{4805\,(100 - 37{,}4)}{100} - 6 \times 37{,}4 = 2784 \text{ Kal.}$$

XXIII. Motorenbetriebsstoffe.

Es können hier nur die wichtigsten Betriebsstoffe oder Kraftstoffe, Benzin und Benzol und ihre wichtigsten Untersuchungsmethoden besprochen werden. Ausführlich finden sich alle hierher gehörigen Stoffe behandelt in »Holde, Kohlenwasserstofföle und Fette«, VII. Auflage, Berlin 1933[1]). Zur Untersuchung von Benzin, Benzol, Spiritus und deren Mischungen liefert die Firma Dr. P. Güttes in Bochum, Wittenerstr. 18, eine zweckdienliche einfache Einrichtung (Kistenlaboratorium), zusammengestellt vom Benzol-Verband, G. m. b. H. in Bochum. Die nachstehenden Untersuchungsmethoden sind zum Teil der Gebrauchsanweisung für das Kistenlaboratorium entnommen.

1. Verdunstungsprobe.

Beim Verreiben einiger Tropfen auf der Handfläche darf kein unangenehmer, beißender oder stechender Geruch auftreten. Beim Verdunsten in einem Uhrglas auf schwach erwärmtem Wasserbad darf kein Rückstand hinterbleiben. Auf weißes Papier getropft, soll nach der Verdunstung kein Fettfleck sichtbar und kein Geruch wahrnehmbar sein.

1a. Drakorubinpapierprobe.

Sie dient zur Feststellung, welcher Klasse ein Kraftstoff angehört.

In einen kleinen Glaszylinder gibt man ca. 5 cm³ Kraftstoff und stellt ein Stückchen Drakorubinpapier hinein, so daß es halb in die Flüssigkeit eintaucht, läßt 1—2 Stunden ruhig stehen, nimmt den Papierstreifen heraus und läßt ihn trocknen.

a) Ist der Streifen unverändert oder höchstens etwas dunkler geworden, zeigt er an der Eintauchstelle keine Zone und ist auch die Flüssigkeit farblos, so liegt Benzin vor.

[1]) Siehe auch: H. Bausch, Zur Untersuchung von Kraftstoffen. Wochenschrift für Brauerei 1934, Nr. 3.

b) Ist der eingetauchte Teil teilweise entfärbt oder noch ziegelrot und fein dunkelrot gesprenkelt, zeigt er an der Berührungsstelle eine helle, dann nach oben abschließend eine dunkelrote Zone mit schwarzem Rand und ist die Flüssigkeit blutrot gefärbt, so liegt Benzol vor.

c) Ist der eingetauchte Teil entfärbt (fast weiß), zeigt er eine dunkle Zone mit lackartigen Streifen darüber und lagert am Boden der farblosen Flüssigkeit roter Farbstoff, der beim Umschwenken in Lösung geht und die Flüssigkeit färbt, so liegt Spiritus vor.

d) Ist der eingetauchte Teil wenig entfärbt, tritt an der Eintauchstelle keine oder nur eine schwache Zone auf und ist die Flüssigkeit rosa bis rot gefärbt, so liegt ein Benzin mit natürlichem Benzolgehalt oder eine Benzol-Benzin-Mischung vor.

e) Ist der eingetauchte Teil entfärbt, zeigt die nach unten heller werdende Zone an der Eintauchstelle keinen Lackstreifen und ist die Flüssigkeit blutrot gefärbt, so liegt eine stark benzolhaltige Spiritusmischung vor.

f) Ist der Streifen wie bei e) entfärbt, zeigt er aber eine Lackzone und verhält sich die Flüssigkeit wie bei c), so liegt ein Benzol-Sprit-Gemisch mit geringem Benzolgehalt vor.

2. Spez. Gewicht.

Das spez. Gewicht $\frac{15^0}{4^0}$ beträgt bei

Monopolin	0,750—0,760
Motorenbenzin	0,730—0,750
Leichtbenzin	0,640—0,720
Schwerbenzin	0,720—0,810
Petroleum	0,780—0,830
Holzgeist	0,800—0,805
Spiritus	0,805—0,820
50% Benzin und 50% Benzol (Aral) .	0,790—0,810
Motorenbenzol	0,872—0,878
Schwerbenzol	0,886.

Das spez. Gewicht kann bestimmt werden mit einem Aräometer, mit der Westphalschen Waage oder mittels Pyknometer. Es ist bei 15° bezogen auf Wasser von 4° zu bestimmen. Erfolgt die Bestimmung nicht genau bei 15°, so kann man, wenn die Abweichung nicht über 2,5° beträgt, für jeden Grad die Zahl des spez. Gewichtes um $\pm 0{,}0008$ korrigieren.

Beispiel: Spez. Gewicht $\frac{17{,}5^0}{17{,}5^0}$ 0,7384.

Zur Umrechnung auf Wasser von 4° ist mit dem spez. Gewicht des Wassers bei 17,5° (s. Tabelle XII) zu multiplizieren, daher

$$
\begin{array}{lr}
0{,}7384 \times 0{,}998712 \ldots\ldots & = 0{,}7374 \\
\text{Korrektur} + 2{,}5 \times 0{,}0008 & = \underline{0{,}0020} \\
\text{Spez. Gewicht } \frac{15^0}{4^0} \;\ldots & 0{,}7394
\end{array}
$$

Die Bestimmung des spez. Gewichtes kann hauptsächlich nur zur Feststellung der Identität mit einem vorgelegten Muster oder einer früheren Lieferung dienen.

3. Destillationsprobe.

100 cm^3 Benzin oder Benzol gebe man in eine im Ölbad stehende Retorte[1]), welche zur Aufnahme eines Thermometers mit einem Tubus versehen ist, und bringe durch vorsichtiges (wegen der leichten Brennbarkeit der Benzindämpfe) Erhitzen die Flüssigkeit zum Destillieren. Pro Sekunde sollen etwa 2 Tropfen übergehen. Als Vorlage kann ein 100-cm^3-Meßzylinder dienen. Man notiert nun die Temperaturen, die das Thermometer in dem Augenblick anzeigt, wenn gerade 5, 10, 15, 20 usw. bis 95 cm^3 Kraftstoff in die Vorlage destilliert sind. Trägt man die so gewonnenen Zahlen ein in ein Koordinatensystem, welches auf der Ordinatenachse die Temperaturen und auf der Abszissenachse die cm^3 Destillat trägt, so erhält man die Siedekurve.

Die sog. Kennziffer eines Kraftstoffes erhält man, indem man die Temperaturen, welche das Thermometer bei 5, 15, 25, 35 usw. bis 95 cm^3 Destillat zeigt, addiert und die Summe durch 10 dividiert.

Die Kennziffer beträgt bei:

B.-V.-Benzol 99,
B.-V.-Aral 110,
Markenbenzin für Personenwagen 116,
U-S-Navy-Specification-Benzin für Lastwagen 140.

4. Dimethylsulfatprobe[2]).

Nach der Anleitung zum Kistenlaboratorium.

Dimethylsulfat löst Benzol und ähnliche Stoffe sofort auf, Benzine dagegen bleiben ungelöst. Bei einer Benzol-Benzin-Mischung wird daher das Benzol herausgelöst. Ebenso wird aus Benzin mit natürlichem Benzolgehalt dieses herausgenommen. Man verfährt in folgender Weise:

In einem 25-cm^3-Meßzylinder mit Glasstopfen gibt man 15 cm^3 Dimethylsulfat, dazu 10 cm^3 des zu untersuchenden Betriebsstoffes, schüttelt einige Male um und läßt absitzen. Mischt sich Betriebsstoff und Dimethylsulfat vollständig, so liegt Benzol vor. Löst das Dimethylsulfat nur einen Teil heraus, so besteht der nicht aufgelöste, obenauf schwimmende Teil aus Benzinkohlenwasserstoffen.

5. Schwefelsäureprobe.

Man gebe etwas Kraftstoff in ein Reagenzglas, dazu ebensoviel konzentrierte Schwefelsäure und schüttele. Guter Kraftstoff bleibt

---

[1]) Besser verwendet man den Destillationsapparat aus dem Kistenlaboratorium.

[2]) Dimethylsulfat ist außerordentlich giftig, auch die Dämpfe sehr gefährlich (Abzug!).

dabei klar und zeigt höchstens schwache Gelbfärbung. Dunkelgelbe Färbung deutet auf harzige Beimengungen. Schwarzer oder rotbrauner Niederschlag rührt von teerigen Bestandteilen her.

6. Wasserlöslichkeit.

Benzin und Benzol mischen sich mit Wasser nicht. Denaturierter Spiritus trübt sich mit Wasser, jedoch findet keine Entmischung statt. Auch reiner Alkohol trübt sich mit kalkhaltigem Brunnenwasser. Zur Prüfung, wieviel Benzin oder Benzol einem Spiritus zugemischt ist, gibt man 50 cm^3 des Gemisches in einem 100-cm^3-Meßzylinder mit Glasstopfen, dazu 50 cm^3 50proz. kristallisiertes Kalziumchlorid, schüttelt gut durch und liest nach einiger Zeit ab, wieviel Flüssigkeit über der unten angesammelten wässerigen Lösung steht. Die gefundene Zahl mit 2 multipliziert ergibt die Prozente Benzin oder Benzol. Die Zunahme der unteren Schicht mit 2 multipliziert gibt umgekehrt den Gehalt an Alkohol.

XXIV. Futtermittel.

Der Nährwert der Futtermittel wird hauptsächlich bedingt durch ihren Gehalt an Fett, Eiweiß und stickstofffreien Extraktstoffen, während der Gehalt an Wasser wertlos ist und die Rohfaser nur ganz untergeordneten Futterwert besitzt.

Ein Futtermittel ist daher im allgemeinen um so wertvoller, je weniger Wasser und Rohfaser und je mehr Fett, Eiweiß und stickstofffreie Extraktstoffe es enthält.

Die Bestimmung von Fett, Eiweiß, Wasser und ebenso Asche erfolgt nach den unter Gerste angegebenen Methoden. Die stickstofffreien Extraktstoffe werden berechnet aus dem Gesamtgewicht durch Abzug der übrigen Bestandteile (Wasser, Protein, Fett, Rohfaser und Asche). Vielfach werden die einzelnen Nährstoffe, um bessere Vergleichszahlen zu bekommen, auf Kalorien, soweit sie dem tierischen Körper in Form von Wärme und Kraft zugute kommen, umgerechnet. Oder man rechnet die einzelnen Futterbestandteile auf Stärkewert um, d. i. diejenige Zahl, welche angibt, wieviel kg Stärke dem Körper ebensoviel Energie zuführt als der betreffende Futterbestandteil.

1 kg gibt Kalorien

Fett	9300
Eiweiß	4000
Stickstofffreie Extraktstoffe	4100

In Brauereien wird es sich meistens um die Begutachtung des Hafers handeln, und dabei spielt die Hauptrolle die Bestimmung der Rohfaser. Dieselbe erfolgt am besten nach dem Verfahren von Stiegler, verbessert von v. Keresztes[1]). Nach diesem werden 5 g

[1]) Beiträge zur chemischen Kenntnis des Roggenmehles. Doktor-Dissertation, München 1915.

fein gemahlener Substanz (Hafer oder andere Getreidearten) in einem mit 200-cm³-Marke versehenen Becherglas mit 10 cm³ Alkohol möglichst innig verrieben, mit 40 cm³ Wasser und 50 cm³ Salzsäure (Lös. 4a) versetzt und unter öfterem Umrühren ½ Stunde stehengelassen. Die Lösung wird dann mit Wasser auf 200 cm³ gebracht und unter Ergänzung des verdampfenden Wassers ½ Stunde schwach gekocht. Dann kühlt man ab und versetzt zur Ausfällung der Eiweißkörper mit 10 cm³ 4proz. Phosphorwolframsäure (Lös. 9b). Hierauf filtriert man durch ein gehärtetes Filter und spült den Rückstand vom Filter in ein geräumiges Becherglas. In diesem neutralisiert man mit Kalilauge, versetzt mit 50 cm³ 5proz. Kalilauge (Lös. 11b), füllt mit Wasser auf 200 cm³ auf und kocht ½ Stunde, wobei die Eiweißstoffe und die Phosphorwolframsäure in Lösung gehen. Hierauf filtriert man durch einen Gooch-Tiegel, auf dessen Boden sich eine glatte Asbestschicht befindet. Geht nach einiger Zeit die Filtration zu langsam, so leert man den Gooch-Tiegel in ein Becherglas, legt eine neue Asbestschicht ein und gießt aufs neue auf. Die Rohfaser wird mit heißem Wasser bis zum Verschwinden der alkalischen Reaktion gewaschen, mit Alkohol nachgewaschen und schließlich mit Äther ½ Stunde stehengelassen. Hierauf wird der Äther vollständig abgesaugt, der Gooch-Tiegel in ein Trockengläschen gestellt, 2 Stunden bei 100—105° getrocknet und nach dem Erkalten im Exsikkator das Ganze gewogen. Hierauf wird der Gooch-Tiegel in einen Hesseschen Schamottetiegel von ca. 1 cm größerem Durchmesser und dieser in eine unten mit drei Füßen versehene, innen mit Asbest ausgekleidete Eisenblechhülle eingesetzt und dann der Schamottetiegel von unten mit einem rauschenden Teclu-Brenner erhitzt. Der Gooch-Tiegel bleibt anfangs offen und wird später zugedeckt. Nach vollständigem Veraschen und Erkalten im Exsikkator wird der Gooch-Tiegel mit dem Trockengläschen wieder gewogen. Die Differenz zwischen der ersten und zweiten Wägung ergibt die Menge der aschefreien Rohfaser.

Statt durch einen Gooch-Tiegel kann man, wenn es nicht auf besondere Genauigkeit ankommt, durch ein gewöhnliches, im Wägeglas gewogenes Filter filtrieren. Hierauf wäscht man mit heißem Wasser, dann mit Alkohol und Äther aus, trocknet und wägt. Hierauf wird Filter mit Rückstand verascht und wieder gewogen. Die gefundene Menge Asche ist wie oben von dem erst gewogenen Rückstand abzuziehen, um die Menge der aschefreien Rohfaser zu erhalten.

Lösungen.

Alle nachstehenden Substanzen, bei denen die Bereitung nicht angegeben ist, werden im fertigen Zustande bezogen.

Wo bei der Bereitung von Lösungen die Flüssigkeitsmengen in »Teilen« angegeben sind, sind immer »Volumteile« gemeint.

I. Neutrale Lösungsmittel.

1. Destilliertes Wasser (Aqua destillata, H_2O), reines Wasser.

Dasselbe soll klar, geschmack-, farb- und geruchlos sein sowie frei von fremden Stoffen, wie Ammoniak, Salpetersäure, Salpetrige Säure, Schwefelsäure, Chlor usw. und beim Verdampfen keinen Rückstand hinterlassen. Mit Phenolphthalein (Lös. 17a) soll es sich nicht rotfärben.

Ca. 100 cm³ im Becherglas auf weißer Unterlage färben sich mit Methylorange (Lös. 16) gelb. Die gelbe Farbe schlägt mit 1, höchstens 2 Tropfen N/10-Salzsäure (Lös. 29) in Rot um.

1a. Kohlensäurefreies Wasser.

Beim Stehen an der Luft absorbiert das Wasser immer eine geringe Menge Kohlensäure aus der Luft. Diese kann man entfernen durch halbstündiges Kochen oder durch längeres Durchleiten von entkohlensäuerter Luft. Letzteres Verfahren ist unter Lös. 32 genau beschrieben. Das Kochen des Wassers zwecks Entfernung der Kohlensäure geschieht am besten in einem Kupferkolben, da bei Glasgefäßen immer die Lösung geringer Mengen alkalischer Bestandteile des Glases zu befürchten ist. Der Kupferkolben, welcher zugleich als Vorratsgefäß dient, soll oben eine weite Öffnung von 3—4 cm Durchmesser und unten ein mit Messinghahn verschlossenes Ablaufrohr haben. Zur Abhaltung der Kohlensäure der Luft nach dem Kochen dient ein mit Natronkalk gefülltes Glasrohr, wie Abb. 89, S. 350 dargestellt. Unter dem Natronkalk muß sich eine reichlich bemessene Watteschicht befinden, damit beim Einziehen der Luft kein Natronkalk in das Wasser gelangen kann. Nach jedesmaliger Entnahme von Wasser schließt man das Natronkalkröhrchen mittels Gummistopfen. Dabei ist es bequemer, wenn man das Röhrchen abwärts hängend anbringt. Zur Prüfung auf geringe Mengen Kohlensäure versetzt man 100 cm³ Wasser mit 8—10 Tropfen einer 0,2proz. Rosolsäurelösung in 80 volumproz. Alkohol. Bei Gegenwart der geringsten Menge Kohlensäure geht die rotbraune Farbe der Rosolsäurelösung in Gelb über. Ferner muß, wenn man 100 cm³ Wasser mit 4—5 Tropfen Phenolphthalein (Lös. 17a) und 1 Tropfen N/10-Natronlauge versetzt, die Rotfärbung mindestens 5 Minuten bestehen bleiben.

2. Äthylalkohol (C_2H_5OH, gewöhnlicher Alkohol).

Eine farblose, leicht bewegliche Flüssigkeit von brennendem Geschmack. Soll beim Verdunsten keinen Rückstand hinterlassen und vollkommen neutral reagieren. Spez. Gewicht von Alkohollösungen s. Tabelle III.

a) Absoluter Alkohol vom spez. Gewicht 0,7925 bei $\frac{17{,}5^0}{17{,}5^0}$ und einer Siedetemperatur von ca. 78⁰.

b) 94,6 gew.-proz. Alkohol[1]), Spiritus, vom spez. Gewicht 0,8085 bei $\frac{17,5^0}{17,5^0}$. Im Text als 96proz. Alkohol bezeichnet.

Weitere Verdünnungen des Alkohols nimmt man am besten nach Gewichtsverhältnissen vor. Will man z. B. 90 gew.-proz. Alkohol herstellen, so verdünnt man 100 g 94,6proz. Alkohol (= 94,6 g absolut) mit Wasser auf $\frac{100 \times 94,6}{90} = 105,1$ g, also 100 g 94,6proz. Alkohol mit 5,1 g Wasser.

Die Gewichtsprozente verwandelt man in reine Volumprozente, indem man das nach Tabelle III der betreffenden Alkohollösung zukommende spez. Gewicht mit den Gewichtsprozenten multipliziert und durch das spez. Gewicht des absoluten Alkohols (0,7925) dividiert.

Beispiel: 85 Gew.-% = ? Vol.-%.
Spez. Gewicht nach Tabelle III 0,834.

$$\text{Vol.-}\% = \frac{0,834 \times 85}{0,7925} = 89,45,$$

d. h. 100 cm³ Lösung enthalten 89,45 cm³ Alkohol.

Will man umgekehrt Vol.-% in Gew.-% verwandeln, so geschieht dies nach der Formel

$$\text{Gew.-}\% = \frac{\text{Vol.-}\% \times 0,7925}{\text{spez. Gew.}}.$$

Da aber das den gegebenen Vol.-% entsprechende spez. Gewicht nicht bekannt ist, so rechnet man zunächst mit einem annähernden spez. Gewicht und kann alsdann mit dem den gefundenen Gew.-% nach Tabelle III entsprechenden spez. Gewicht die Rechnung nochmals durchführen. Die annähernden spez. Gewichte können auch nachstehender Tabelle durch Interpolation entnommen werden.

Vol.-%	Gew.-%	Spez.-Gew. $\frac{17,5^0}{17,5^0}$
1	0,8	0,9985
10	8,03	0,9865
20	16,24	0,9758
30	24,64	0,9648
40	33,34	0,9509
50	42,46	0,9333
60	52,13	0,9122
70	62,43	0,8888
80	73,53	0,8625
90	85,73	0,8324
95	92,47	0,8145
100	100	0,7925

[1]) Der in Deutschland in den Handel kommende „Prima Sprit" enthält 94,6 Gew.-Proz. oder 96,5 Vol.-Proz. Alkohol, bei Bezug unter 25 l wird jedoch 92,4 gew.-proz. oder 95 vol.-proz. Alkohol verabfolgt.

2a. Säurefreier Alkohol.

Der käufliche Alkohol ist in der Regel nicht ganz säurefrei. Um wirklich neutralen Alkohol zu erhalten, nehme man 100 cm^3 des bezogenen Alkohols, versetze mit einigen Tropfen Phenolphthalein (Lös. 17a) und lasse nun tropfenweise aus der Bürette N/10-Natronlauge zufließen, bis eben ganz schwache Rosafärbung eingetreten ist. Wäre dazu etwa 0,2 cm^3 N/10-Lauge erforderlich, so sind also zu 1 l Alkohol 2 cm^3 N/10-Lauge zuzusetzen, natürlich ohne Phenolphthalein.

3. Äthyläther (Äther, sog. Schwefeläther, $[C_2H_5]_2O$).

Eine klare, sehr flüchtige, leicht bewegliche, sehr leicht entzündliche Flüssigkeit. Spez. Gewicht 0,736 bei $\frac{0^0}{4^0}$ und 0,719 bei $\frac{17{,}5^0}{17{,}5^0}$, Siedetemperatur ca. 35°.

Sehr feuergefährlich! Er soll beim Verdunsten keinen Rückstand hinterlassen und vollkommen neutral reagieren. 150 cm^3 Äther sollen bei 15° 1 cm^3 Wasser vollständig und klar lösen.

II. Säuren.

4. Salzsäure (Acidum hydrochloricum, HCl).

a) Konz. HCl. Eine klare, farblose, an der Luft rauchende Flüssigkeit, welche bei einem spez. Gewicht von 1,195 bei $\frac{15^0}{4^0}$ 38 Gew.-Prozent HCl enthält.

b) 36proz. HCl vom spez. Gewicht 1,183. 100 Teile konz. Säure und 6 Teile Wasser.

c) 25proz. HCl vom spez. Gewicht 1,125. 1,8 Teile konz. Säure und 1 Teil Wasser.

d) 12proz. HCl vom spez. Gewicht 1,060. 8 Teile konz. Säure und 20 Teile Wasser.

e) Verdünnte HCl, 10proz. HCl vom spez. Gewicht 1,049. 1 Teil konz. Säure und 3 Teile Wasser.

f) 7proz. HCl vom spez. Gewicht 1,033. 1 Teil konz. Säure und 5 Teile Wasser.

Um aus dem spez. Gewicht annähernd den Gew.-%-Gehalt von Salzsäure (und umgekehrt) zu finden, können die Formeln dienen:

$$\text{Spez. Gew.} = 1 + \% \times 0{,}005$$

$$\% = \frac{\text{Spez. Gew.} - 1}{0{,}005}.$$

5. Schwefelsäure (Acidum sulfuricum, H_2SO_4).

a) Konz. H_2SO_4. Klare, stark ätzende, farblose ölige Flüssigkeit, welche keine Dämpfe ausstößt. Sie enthält bei einem spez. Gewicht $\frac{15^0}{4^0}$ von 1,841 ca. 96% H_2SO_4.

b) 50proz. H_2SO_4 vom spez. Gewicht 1,400. 100 g konz. Säure und 92 g Wasser = 137 cm³.

c) 39proz. H_2SO_4 vom spez. Gewicht 1,300. 100 g konz. Säure und 146 g Wasser = 189 cm³.

d) Verdünnte H_2SO_4. 1 Teil konz. Säure und ca. 4 Teile Wasser.

Bemerkung. Beim Mischen von konz. Schwefelsäure und Wasser gieße man vorsichtshalber die Säure in dünnem Strahle und unter Umrühren in das Wasser und verfahre nie umgekehrt.

Gewichtsprozent H_2SO_4.	1	10	20	30	40	50	60	70	80	90
Spez. Gew. $\frac{15^0}{4^0}$	1,005	1,069	1,143	1,221	1,307	1,399	1,503	1,615	1,732	1,820.

6. Salpetersäure (Acidum nitricum, HNO_3).

a) Konz. HNO_3 — klare, stark ätzende Flüssigkeit. Sie enthält bei einem spez. Gewicht $\frac{15^0}{4^0}$ von 1,400 ca. 65% HNO_3.

b) 32proz. HNO_3 vom spez. Gewicht 1,200. 100 g konz. Säure und 103 g Wasser.

c) Verdünnte HNO_3. 1 Teil konz. Säure und ca. 2 Teile Wasser.

d) Schwefelsäurehaltige Salpetersäure. 30 cm³ konz. H_2SO_4 und 1 l 32proz. HNO_3.

7. Essigsäure (Acidum aceticum, CH_3COOH).

a) Eisessig, Acidum aceticum anhydricum, 100proz. Bildet weiße Kristallblätter, die bei 17° schmelzen, von stechend saurem Geruch.

b) Konz. Essigsäure vom spez. Gewicht 1,064, entsprechend 96% Essigsäure.

c) Verdünnte Säure. 1 Teil konz. Essigsäure und 5—6 Teile Wasser.

Bemerkung: Die spez. Gewichte über 1,0553 entsprechen je zwei Lösungen von verschiedenem Gehalt. Um zu wissen, ob man eine Säure vor sich hat, deren Gehalt an CH_3COOH das Dichtigkeitsmaximum (1,0748 = 78%) übertrifft, braucht man nur etwas Wasser zuzusetzen. Nimmt das spez. Gewicht zu, so war die Säure stärker als 78proz., widrigenfalls war sie schwächer.

8. Phosphorsäure, Ortho- (Acidum phosphoricum, H_3PO_4).

Eine klare, farb- und geruchlose Flüssigkeit, welche bei einem spez. Gewichte von 1,154 etwa 25% H_3PO_4 enthält.

9. Phosphorwolframsäure.

a) 2proz. Lösung. 2 g Säure auf 100 cm³ Wasser.
b) 4proz. Lösung. 4 g Säure auf 100 cm³ Wasser.

III. Alkalien.

10. Natronlauge.

Ca. 30proz. 300 g Ätznatron in Stangen, Natrium causticum fusum purum, NaOH, werden in einer mit Gummistopfen versehenen Flasche mit Wasser zu 1 l gelöst.

11. Kalilauge.

a) 40proz. 400 g Ätzkali in Stangen, Kalium causticum fusum purum, KOH, werden wie unter 10. zu 1 l gelöst.

b) 5proz. 50 g Ätzkali wie oben zu 1 l gelöst.

c) Alkoholische Kalilauge. Dieselbe wird bereitet, indem man in einem 100 cm³ fassenden Meßkölbchen 10 g festes Ätzkali (KOH) mit etwa 10 cm³ Wasser übergießt, durch Schütteln löst, hierauf mit 95proz. Alkohol auf die Marke auffällt, gut durchschüttelt und nach einigem Stehen durch Glaswolle filtriert.

Die Lösung soll zum Gebrauch frisch bereitet werden.

12. Ammoniak (Salmiakgeist, Liquor ammonii caustici).

Wässerige Lösung von Ammoniakgas, NH_3, in Wasser.

a) Konz. NH_3. Eine klare, farblose, stechend riechende, stark alkalisch reagierende Flüssigkeit, welche bei dem spez. Gewicht $\frac{15^0}{15^0}$ 0,91 25% NH_3 enthält.

b) Verdünntes NH_3. 1 Teil konz. NH_3 und ca. 3 Teile Wasser.

c) 10proz. NH_3. 400 cm³ konz. NH_3 mit Wasser auf 1 l verdünnen.

d) 5proz. NH_3. 200 cm³ konz. NH_3 mit Wasser auf 1 l verdünnen.

e) Ca. Normal-NH_3. 20 cm³ konz. NH_3 mit Wasser auf 300 cm³ verdünnen.

13. Kalkwasser.

Gesättigte Lösung von $Ca(OH)_2$, stellt eine klare, farblose, alkalische Flüssigkeit dar, die sich an der Luft trübt unter Bildung von kohlensaurem Kalk.

Die Bereitung geschieht auf folgende Weise: Ein Stück gut gebrannter Kalk wird in einer Schale mit wenig Wasser versetzt, bis der Kalk in Pulver zerfallen ist; dieses rührt man mit Wasser zu einem dünnen Brei an und läßt ihn einige Zeit stehen. Nun wird das überstehende Wasser, welches Verunreinigungen enthält, abgegossen, und den Brei bringt man in eine Flasche, die man mit Wasser auffüllt. Nachdem man das Ganze von Zeit zu Zeit kräftig durchgeschüttelt, läßt man es absetzen. Die klare überstehende Flüssigkeit ist gesättigtes Kalkwasser = Kalziumhydroxydlösung.

Die Löslichkeit des Kalks in Wasser ist je nach der Temperatur verschieden. Es lösen sich beispielsweise bei:

0°	0,138 g	CaO in	100	cm^3	Wasser,
10°	0,134 g	» »	100	»	»
15°	0,130 g	» »	100	»	»
20°	0,125 g	» »	100	»	»
30°	0,116 g	» »	100	»	»
45°	0,101 g	» »	100	»	»
100°	0,058 g	» »	100	»	»

14. Barytwasser.

Gesättigte Lösung von $Ba(OH)_2$, scheidet an der Luft kohlensauren Baryt ab. 60—70 g Ätzbaryt werden zu 1 l Wasser gegeben und häufiger geschüttelt, von dem abgesetzten Baryt gießt man das Barytwasser beim Gebrauch klar ab.

IV. Indikatoren.

Als solche bezeichnet man bei der Maßanalyse Lösungen, welche man den zu titrierenden Flüssigkeiten zusetzt, um durch einen Farbenumschlag das Ende der Titration zu erkennen.

Im allgemeinen gilt die Regel, von dem Indikator nicht mehr zuzusetzen, als zur deutlichen Erkennung der Farbe erforderlich ist.

Am häufigsten werden gebraucht:

15. Lackmustinktur.

Der Lackmusfarbstoff färbt sich infolge seines Gehaltes an Azolithmin mit Säuren rot, mit Alkalien blau. Die Farbe schlägt nicht plötzlich um, sondern geht zuerst in Violett über. Freie Kohlensäure wirkt auf Lackmus wie eine Säure, daher können Karbonate nur in der Hitze mit Lackmus titriert werden. Größere Mengen Ammoniumsalze vermindern die Schärfe des Umschlages. Von den Phosphaten wirken die primären wie Säuren, die sekundären und tertiären dagegen basisch auf Lackmus.

Zur Bereitung der Lackmustinktur werden die käuflichen Lackmuswürfel zunächst 2—3 mal mit Alkohol in der Wärme extrahiert und dann mit heißem Wasser ausgezogen. Die Lösung läßt man in einem Glaszylinder absetzen. Hierauf zieht man die geklärte Flüssigkeit ab, dampft sie auf ca. $\frac{1}{3}$ ein und übersättigt mit Essigsäure. Dann wird weiter eingedampft bis zur Sirupdicke und die erkaltete Masse mit 90 proz. Alkohol übergossen. Dadurch wird der verwendbare blaue Farbstoff ausgefällt, während ein störend wirkender violetter Farbstoff in Lösung bleibt. Hierauf filtriert man ab, wäscht mit Alkohol aus und löst den zurückbleibenden Farbstoff in so viel warmem Wasser, daß 3 Tropfen der Lösung 50 cm^3 Wasser deutlich färben.

Einfacher stellt man sich die Lackmustinktur aus dem käuflichen reinen Azolithmin her, indem man 1 g davon in 100 cm^3 schwach alkalisch gemachtem Wasser löst und mit Oxalsäure vorsichtig auf violette Farbe einstellt.

Zur Prüfung der Lackmustinktur auf Empfindlichkeit versetzt man 100 cm³ Wasser mit einigen Tropfen Lackmustinktur, gibt davon je die Hälfte in zwei Bechergläser und setzt zu dem einen 1 Tropfen N/10-Schwefelsäure, zum anderen 1 Tropfen N/10-Natronlauge. Dabei muß deutliche Rot- bzw. Blaufärbung eintreten.

Bei Luftabschluß verdirbt die Lackmustinktur durch Bakterienentwicklung, man hebt sie daher in einem offenen Glase auf oder verschließt nur mit einem lockeren Wattepfropfen.

Zur Herstellung von blauem und rotem Lackmuspapier wird Lackmustinktur mit N/10-Schwefelsäure bzw. N/10-Natronlauge eben sauer bzw. alkalisch gemacht. Hierauf zieht man weißes Filtrierpapier durch die Lösung und trocknet in einem ammoniak- und säurefreiem Raume.

Zur Herstellung von neutralem Reagenzpapier löst man 0,2 g feingepulvertes reines Azolithmin in einer Porzellanschale in 250 cm³ siedendem Wasser und 1,25 cm³ Normalnatronlauge. Durch die tiefblaue Lösung werden Streifen starken Filtrierpapiers gezogen und an Schnüren getrocknet. Die Trocknung bis zur konstant bleibenden blauvioletten Färbung dauert zwei volle Tage.

Das Reagenzpapier ist gut vor Licht und Luft geschützt in einem Glase aufzubewahren.

16. Methylorange.

0,1 g dieses Farbstoffes werden in 100 cm³ Wasser gelöst.

Methylorange färbt sich mit Alkalien, kohlensauren Alkalien und Ammoniak gelb, mit Säuren, ausgenommen Kohlensäure, rot. Bei Titration von Alkalien mit Säuren geht das Gelb zuerst in Orange und dann in Rot über. Als Neutralpunkt ist das Auftreten der Orangefärbung anzunehmen.

17. Phenolphthalein

(reines!) wird durch Laugen rot, in neutraler und saurer Lösung ist es farblos. Auf Zusatz von Lauge zu einer Säure tritt beim wahren Neutralpunkt schwache Rosafärbung, dann intensive Rotfärbung ein. Sekundäre Karbonate färben Phenolphthalein rot, bei Zusatz von Säure verschwindet die Rotfärbung, wenn alles sekundäre Karbonat in primäres Karbonat verwandelt ist. Der genaue Neutralpunkt ist da, wo eben eine deutliche Schwächung der Rötung bemerkbar ist. Bei Gegenwart von Ammoniaksalzen ist dieser Indikator nicht anwendbar.

Primäre Phosphate wirken sauer, sekundäre Phosphate ganz schwach und tertiäre Phosphate stark basisch auf Phenolphthalein. Bei Titration von sauren Phosphaten ist volle Neutralität erreicht, also alles primäre Phosphat in sekundäres Salz übergeführt, wenn eine Steigerung der Rotfärbung nicht mehr beobachtet werden kann.

a) 1 g Phenolphthalein in 100 cm³ 95proz. Alkohol gelöst.

b) 0,05 g Phenolphthalein in 100 cm³ 50proz. säurefreiem Alkohol.

c) Phenolphthalein-Vergleichslösung:

Zunächst bereite man sich eine Boratpufferlösung nach Windisch-Kolbach, p_H 9,0. 12,404 g Borsäure nach Sörensen werden in 100 cm^3 kohlensäurefreier Norm.-Natronlauge (Lös. 32) gelöst und mit kohlensäurefreiem Wasser (s. unter Lös. 32) auf 1 l aufgefüllt. Zu 850 cm^3 dieser Lösung gibt man 150 cm^3 N/10-Salzsäure (Lös. 29), die vorher durch ½stündiges Lüften mit kohlensäurefreier (Durchleiten durch Natronlauge) Luft entkohlensäuert wurde: Diese Lösung ist luftdicht verschlossen unbegrenzt haltbar[1]).

Von dieser Lösung werden 40 cm und 4 cm^3 von Lös. 17b in ein Vergleichsglas des Azidimeters eingefüllt und mit paraffiniertem Kork verschlossen. Diese Vergleichslösung muß nach 30 Tagen erneuert werden.

d) 0,037 g Phenolphtalein in 100 cm^3 95proz. Alkohol gelöst.

18. Kongorot.

0,5 g werden in 90 g Wasser gelöst und dann 10 cm^3 95proz. Alkohol zugesetzt. Färbt sich mit Alkalien rot, mit Säuren blau. Die Farbe geht von blau auf Zusatz von Lauge in blauviolett, rotviolett und dann plötzlich in intensiv rotbraun über.

19. Neutralrot.

0,02 g werden in 100 cm^3 50proz. Alkohol gelöst. Färbt sich mit Säuren rot, mit Basen gelb.

19a. Neutralrot-Vergleichslösung.

Zunächst bereite man sich eine Phosphatpufferlösung, p_H 7,07. 7,719 g sekundäres Natriumphosphat ($Na_2HPO_4 + 2H_2O$) und 3,177 g primäres Kaliumphosphat (KH_2PO_4), beide nach Sörensen, werden in kohlensäurefreiem Wasser (s. unter Lös. 32) gelöst und auf 1 l aufgefüllt Die Lösung ist luftdicht verschlossen unbegrenzt haltbar. 40 cm^3 dieser Phosphatpufferlösung und 4 cm^3 Neutralrotlösung (Lös. 19) werden in ein Vergleichsglas des Azidimeters eingefüllt und mit paraffiniertem Kork verschlossen. Die Lösung ist nur einige Tage haltbar.

20. Alizarinsulfosaures Natron.

0,5 g werden in 100 cm^3 Wasser gelöst und vom ungelösten Rückstand abfiltriert. Färbt sich mit Säuren gelb, mit Alkalien rot.

21. Methylrot.

1 g Methylrot wird in einer Reibschale mit 95proz. Alkohol verrieben und auf ½ l aufgefüllt. Nachdem, wenn nötig, filtriert,

[1]) Diese Pufferlösung wird verwendet zur Bereitung der Phenolphtalein-Vergleichslösung für die Aziditätsbestimmung von Bier. Für die Untersuchung von Würze dagegen schreiben die Vereinbarungen vor, daß zu dem ganzen Liter Borsäurelösung 380 cm^3 entkohlensäuerte N/10 Salzsäure gegeben werden. Das p_H dieser Lösung soll 8,67 betragen. Bei größerer Abweichung als 0,03 ist durch N/10 HCl bzw. N/10 NaOH auf 8,67 einzustellen. Auch bei der mit dieser Lösung bereiteten Vergleichslösung wird beim Titrieren von Würzen die Farbe bei $p_H = 9$ umschlagen.

füllt man mit 50proz. Alkohol auf 1 l auf. Mit Säuren rot, mit Alkali gelb.

22. Kurkuma.

Wird hauptsächlich in Form von Kurkumapapier (käuflich) benutzt. Mit Säuren gelb, mit Alkali rotbraun.

22a. Phenolsafranin.

0,5 g Phenolsafranin werden in Wasser gelöst und auf 1 l aufgefüllt.

23. Kaliumchromat, Kalium chromicum.

10 g Kaliumchromat werden in 100 cm³ Wasser gelöst.

23a. Bromchlorphenolblau.

0,3 g Bromchlorphenolblau werden in 200 cm³ säurefreiem 95proz. Alkohol gelöst und mit Wasser zu 1 l aufgefüllt.

V. Normallösungen.

Zur Ausführung der volumetrischen, titrimetrischen oder maßanalytischen Methoden dienen Reagenzlösungen von bestimmtem Gehalt. Dieselben werden hergestellt, indem man entweder die vorgeschriebene Menge der Substanz genau abwägt, in einem Meßkolben in Wasser oder dem sonstigen vorgeschriebenen Lösungsmittel löst und hierauf bis zur Marke auffüllt oder man stellt sich, wenn die Substanz in reinem Zustande nicht erhältlich bzw. schwer abwägbar ist, eine Lösung von annähernd richtigem Gehalt her und bestimmt den Gehalt genau, indem man die Wirksamkeit der Lösung gegen eine andere von genau bekanntem Gehalt feststellt (Titerstellung). Die den Gehalt oder den Wirkungswert angebende Zahl nennt man den Titer der Lösung.

Eine besondere Art der Lösungen von bestimmtem Gehalt bilden die Normallösungen. Diese enthalten im Liter das Äquivalentgewicht der betreffenden Substanz in Gramm. Unter Äquivalentgewicht versteht man die 1 Atom Wasserstoff entsprechende Menge. Bei Säuren und Basen ist daher das Äquivalentgewicht gleich dem Molekulargewicht dividiert durch die Wertigkeit, und 1 l Normalsäure enthält 1 g Säure-Wasserstoff, 1 l Normallauge 1 g basischen Wasserstoff.

Das Molekulargewicht von Schwefelsäure, H_2SO_4, ist $2 + 32 + 64 = 98$, daher, weil H_2SO_4 zweiwertig ist, Äquivalentgewicht $= 98 : 2 = 49$, folglich muß 1 l Normalschwefelsäure 49 g H_2SO_4 enthalten.

Molekulargewicht von $KMnO_4 = 158$. Bei seiner oxydierenden Wirkung gibt 1 Mol. $KMnO_4$ 2½ Atome O, entsprechend 5 Atomen H, ab, daher Äquivalentgewicht $= 158 : 5 = 31{,}6$ und 1 l Normal-Kaliumpermanganat enthält demnach 31,6 g $KMnO_4$.

Statt der Normallösungen verwendet man vielfach 1/10-Normal- oder 1/100-Normallösungen (N/10- oder N/100-Lösungen), die den zehnten oder hundertsten Teil des Äquivalentgewichtes in Gramm im Liter enthalten[1]).

Ist eine Lösung nicht genau normal, so rechnet man die jeweils verbrauchte Menge durch Multiplikation mit einem durch die Titerstellung ermittelten Faktor (auch Index oder Titer genannt) auf Normal um.

Wären z. B. bei der Titerstellung auf 20 cm³ N/10-Schwefelsäure 19 cm³ einer annähernd N/10-Ammoniaklösung verbraucht, so entspricht 1 cm³ Ammoniak 20 : 19 = 1,053 cm³ N/10. Wären nun bei einer Bestimmung 7,3 cm³ Ammoniak verbraucht, so entsprechen diese 7,3 × 1,053 = 7,96 cm³ N/10.

24 Norm.-Natriumkarbonatlösung.

Äquivalentgewicht von Na_2CO_3 = 106 : 2 = 53. Ca. 60 g chemisch reines Natriumkarbonat werden in einer Porzellanschale zwecks vollständiger Entwässerung ca ½ Stunde unter häufigem Umrühren mit einem Metallspatel auf dem Drahtnetz über nichtrauschender Flamme auf etwa 200—300° erhitzt. Nach dem Erkalten im Exsikkator wäge man in ein kleines Becherglas genau 53 g ab, löse in Wasser, bringe in 1-l-Kolben, spüle das Becherglas 3—4 mal mit Wasser nach und fülle schließlich bis zur Marke auf. Da diese Lösung als Ausgangspunkt für die Einstellung der Normalsäuren und Normallaugen dienen soll, so soll die Herstellung möglichst sorgfältig mit einem geeichten Literkolben (s. S. 2) erfolgen. Würde der Kolben etwa 1000,6 statt 1000 g Wasser fassen, so hat man auch entsprechend mehr, also $\frac{53 \times 1000,6}{1000} = 53,0379$ g Na_2CO_3 zu nehmen.

25. N/10-Natriumkarbonatlösung.

Enthält im Liter 5,3 g Na_2CO_3. Wird hergestellt wie Nr. 24 aus 5,3 g Natriumkarbonat oder durch 10fache Verdünnung der Lös. 24.

26. Norm.-Schwefelsäure.

Äquivalentgewicht von H_2SO_4 = 98 : 2 = 49. Man wäge in einem Becherglas ca. 55 g konz. Schwefelsäure ab und verdünne mit Wasser auf 1 l. Zur Titerstellung gebe man in ein Becherglas oder Erlenmeyer-Kölbchen 20cm³ Norm.-Natriumkarbonatlösung (Lös. 24), dazu ca. 30 cm³ Wasser und ein paar Tropfen Methylorange (Lös. 16) bis zu ganz schwacher Gelbfärbung. Hierauf läßt man aus der Bürette die Schwefelsäure zu, bis das Gelb eben in Orange umschlägt. Hierauf liest man die Bürette ab und läßt dann noch einen

[1]) Sehr bequem zur Anfertigung von Normal- (bzw. $^1/_{10}$ oder $^1/_{100}$ Normal-) Lösungen sind die Fixanal-Substanzen von E. de Haën A.-G. in Seelze bei Hannover. Dieselben sind in Ampullen abgepackte Chemikalien, deren Menge genau dem $^1/_1$ oder $^1/_{10}$ usw. Äquivalentgewicht entspricht und so auf 1 l Wasser gelöst die gewünschte Normallösung ergeben.

Tropfen weiter zufließen, wodurch die Farbe in Rot übergehen muß. Wären z. B. auf 20 cm³ Norm.-N_2CO_3 18,6 cm³ H_2SO_4 verbraucht worden, so ist offenbar die Schwefelsäure stärker als normal, und es wären, um genau Norm.-Schwefelsäure zu erhalten, 18,6 cm der Lösung auf 20 cm³ oder 930 cm³ auf 1 l zu verdünnen. Zu diesem Zwecke wägt man in einem trockenen Literkolben 1000 — 930 = 70 g Wasser und füllt mit obiger Schwefelsäure bis zur Marke auf. Ganz einwandfrei ist diese Methode allerdings nicht wegen der beim Vermischen verschiedener Flüssigkeiten zu beobachtenden Kontraktion. Man überzeuge sich daher durch eine abermalige Titration davon, ob die Schwefelsäure jetzt wirklich genau normal ist.

Statt Natriumkarbonatlösung zu verwenden, kann man auch ein entsprechendes Quantum trockenes Natriumkarbonat für jeden einzelnen Versuch abwägen. Wären etwa auf 1,085 g Na_2CO_3 19,2 cm³ Schwefelsäure verbraucht, so würden auf 20 cm³ Norm.-Natriumkarbonatlösung (= 1,060 g Na_2CO_3) $\frac{19{,}2 \times 1{,}06}{1{,}085} = 18{,}76$ cm³ Schwefelsäure verbraucht worden sein.

27. Norm.-Natronlauge.

Äquivalentgewicht von NaOH = 40. Etwa 45 g reinstes Ätznatron, Natrium causticum fusum purum in bacillis, werden in Wasser gelöst und auf ungefähr 1 l aufgefüllt. Von dieser Lösung titriert man 20 cm³ nach Zusatz von Methylorange mit Norm.-Schwefelsäure, wie unter 26 angegeben. Wären dabei z. B. 21 cm³ verbraucht, so ist die Lauge zu stark und müssen 20 cm³ auf 21 cm verdünnt werden oder $\frac{20 \times 1000}{21} = 952{,}4$ cm³ auf 1 l. Man wägt in einem trockenen Literkolben 1000 — 952,4 = 47,6 g Wasser und fülle mit der Lauge auf 1 l auf.

Bereitung von kohlensäurefreier Norm.-Natronlauge s. unter 32.

28. N/2-Salzsäure.

Äquivalentgewicht von HCl = 36,5, N/2 = 36,5 : 2 = 18,25 g HCl im Liter. Konz. Salzsäure (Lös. 4a wird ungefähr 20fach verdünnt. Dann wird die Lösung eingestellt unter Anwendung von 10 cm³ Norm.-Natriumkarbonat (Lös. 24) wie unter 26 angegeben und auf genau N/2 verdünnt.

29. N/10-Salzsäure.

Enthält im Liter 3,65 g HCl und kann durch Verdünnung aus Lös. 28 hergestellt werden, indem man 200 cm³ von Lös. 28 in einen Literkolben bringt und bis zur Marke mit Wasser auffüllt. Man kann sie auch direkt aus konz. Salzsäure herstellen und gegen Natriumkarbonat einstellen, wie oben angegeben.

30. N/5-Schwefelsäure.

Enthält im Liter 9,8 g H_2SO_4 und kann aus 26 hergestellt werden, indem man 200 cm³ von Lös. 26 in einen Literkolben gibt und bis zur Marke mit Wasser auffüllt. Man kann sie auch direkt aus konz. Schwefelsäure herstellen und gegen Natriumkarbonat einstellen, wie oben angegeben. Am einfachsten ist die Herstellung aus Fixanal, s. Fußnote S. 348. Zur Haltbarmachung setzt man ein keines Stückchen Thymol zu.

30a. Norm.-Essigsäure.

Enthält im Liter 60 g HCO_2CH_3. Ungefähr 65 g konz. Essigsäure (Lös. 7b) werden in einem Literkolben mit Wasser bis zur Marke aufgefüllt. Hierauf stellt man den Titer mit N/10-Natronlauge (Lös. 32) unter Anwendung von Phenolphthalein (Lös. 17a) als Indikator und kann evtl. durch Zusatz der entsprechenden Menge Wasser auf genau Norm. bringen.

31. N/2-Natronlauge.

Enthält im Liter 20 g NaOH und wird bereitet wie Lös. 27 oder aus dieser durch zweifache Verdünnung hergestellt, indem man 500 cm³ von Lös. 27 in einem ½-l-Meßkolben genau abmißt, in einen Literkolben gibt unter mehrmaligem Nachspülen des ½-l-Kolbens mit Wasser und schließlich bis zur Marke auffüllt.

32. N/10- und Norm.-Natronlauge, kohlensäurefreie.

Wird am besten in größerer Menge hergestellt. Das Vorratsgefäß verbindet man zweckmäßig mit einer Bürette (Abb. 89). Auf Standgefäß und auf Bürette befindet sich je ein Glasröhrchen mit Natronkalk zur Abhaltung der Kohlensäure der Luft, die Röhrchen werden nach dem Gebrauch mit Gummistopfen geschlossen. Unter dem Natronkalk im Röhrchen befindet sich eine nicht zu knapp bemessene Schicht Watte, um ein Eindringen von Natronkalk in die Lösung zu verhindern. Die Bürette schließt man unten mit Gummischlauch und Quetschhahn oder besser Kugelventil (nicht Glashahn).

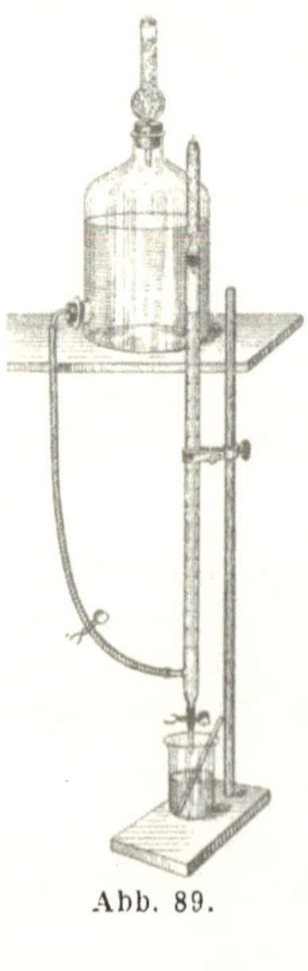

Abb. 89.

Zunächst bereite man sich eine kohlensäurefreie Lösung von Ätznatron, indem man 150 g reinstes NaOH und 180 g Wasser in einen mit Gummistopfen verschlossenen Glaszylinder bringt und 4—8 Tage ruhig stehen läßt, wobei sich das vorhandene Na_2CO_3 ausscheidet. Hierauf werden 5 l Wasser in das Standgefäß gebracht und mittels eines doppelt durchbohrten Stopfens und der Wasserstrahlsaugpumpe Luft durchgeleitet, die man vorher zur Entfernung der Kohlensäure durch Natronlauge und dann noch durch Wasser geleitet hat. Nach 2—3 Stunden ist das Wasser vollkommen kohlensäurefrei (s. auch unter 1a). Dann gibt man sofort reichlich 30 cm^3 der klar abgesetzten Lauge hinzu, verschließt sofort und mischt durch vorsichtiges Schütteln. Die Titerstellung erfolgt mit N/5-Schwefelsäure gegen Methylorange bis die Farbe in reingelb umgeschlagen ist. Eine zweite Titration nehme man vor gegen Phenolphthalein. Wenn die Lösung genügend frei von Kohlensäure ist, so dürfen auf 10 cm^3 N/5-Schwefelsäure (Lös. 30) mit Phenolphthalein (Lös. 17a) als Indikator höchstens 0,15 cm^3 mehr verbraucht werden, als mit Methylorange.

In der gleichen Weise bereitet man sich kohlensäurefreie Norm.-Natronlauge, indem man von obiger kohlensäurefreien Ätznatronlösung 60 cm^3 auf 1 l kohlensäurefreies Wasser gibt.

33. N/2-Kalilauge.

Enthält im Liter 56,1 : 2 = 28,05 g KOH. Etwa 30 g reinstes Ätzkali, Kalium causticum fusum purum in bacillis, werden in Wasser gelöst und auf 1 l aufgefüllt. Die Einstellung erfolgt wie unter 27.

34. N/10-Kalilauge.

Enthält im Liter 5,61 g KOH. 6 g reinstes Ätzkali werden in Wasser gelöst und auf 1 l aufgefüllt. Die Einstellung erfolgt mit N/5-Schwefelsäure (Lös. 30), wie unter 27.

35. N/10 alkoholische Kalilauge

wird bereitet wie Nr. 34, nur wird das KOH statt in Wasser in 90 vol.-proz. Alkohol gelöst.

35a. N/2 alkoholische Kalilauge.

Wird bereitet wie die N/10-Lauge (Lös. 35) unter Anwendung von 30,0 g Ätzkali.

36. N/5-Ammoniak (s. Abb. 90).

Enthält im Liter 3,4 g NH_3. 20 cm^3 Ammoniak (Lös. 12a) werden mit Wasser auf 1 l verdünnt. Hierauf gibt man 20 cm^3 von Lös. 30 in ein Becherglas oder ein Erlenmeyer-Kölbchen, dazu etwa 30 cm^3 Wasser und 2—3 Tropfen Alizarin (Lös. 20) oder Methylrot (Lös. 21a) und lasse aus der Bürette von der Ammoniaklösung zufließen bis zur Rot- bzw. Gelbfärbung. Die jedenfalls zu starke Lösung wird auf N/5 verdünnt, wie unter 27 angegeben.

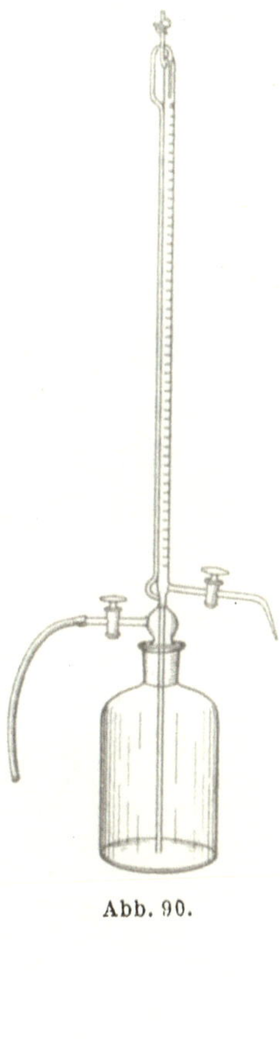

Abb. 90.

37. N/10-Barytlauge.

Enthält im Liter

$$\frac{315,5}{2 \times 10} = 15,775 \text{ g Ba } (OH)_2 + 8 H_2O.$$

Man löse ca. 17 g Bariumhydroxyd oder Ätzbaryt, Barium causticum cristallisatum purissimum, in Wasser und fülle auf 1 l auf. Den unlöslichen kohlensauren Baryt läßt man in einer verschlossenen Flasche gut absetzen und bringt die überstehende klare Flüssigkeit sofort unter Natronkalkverschluß (Abb. 90, S. 351). Zur Titerstellun nimmt man 10 cm³ von Lös. 30, dazu ca. 30 cm³ Wasser und 2 bis 3 Tropfen Phenolphthalein (Lös. 17a) und läßt aus der Bürette von der Barytlauge zufließen, bis Rotfärbung eintritt. Eine genaue Einstellung auf N/10 empfiehlt sich nicht.

38. Jodlösung.

a) N/5-Lösung. Man wägt auf einem Uhrglase genau 25,38 g Jod, Jodum resublimatum (J = 126,9) und löst dasselbe mit 50 g Jodkalium, Kalium jodatum, in einem Literkolben in etwa 200 bis 300 cm³ Wasser in der Kälte und füllt hierauf bis zur Marke auf.

b) N/10-Lösung. Entweder löst man 12,69 g Jod und 25 g Jodkalium wie oben in Wasser zu 1 l oder man verdünnt die N/5-Lösung auf das Doppelte.

c) N/100-Lösung. Man verdünnt von der N/10-Jodlösung genau 100 cm³ mit Wasser zu 1 l.

d) Jodlösung zur Verzuckerungsprobe bei dem Maischprozesse bereitet man, indem man N/10-Jodlösung ungefähr 5fach verdünnt. Es werden z. B. ca. 20 cm³ N/10-Jodlösung mit Wasser auf 100 cm³ aufgefüllt.

Die Jodlösungen sind lichtempfindlich und daher im Dunkeln aufzubewahren. Die Prüfung der Normallösungen geschieht mit Thiosulfatlösung (Lös. 39). Man gibt mit einer Pipette so viel N/10-Thiosulfatlösung in ein Erlenmeyer-Kölbchen als 10, 20 oder 50 cm³ Jodlösung entspricht und läßt nach Zugabe von einigen Tropfen Stärkelösung (Lös. 67) aus der Bürette Jodlösung bis zur Blaufärbung zufließen.

39. N/10-Natriumthiosulfatlösung.

Man löst in der Kälte 25 g kristallisiertes Natriumthiosulfat, Natrium thiosulfuricum ($Na_2S_2O_3 + 5 H_2O = 248$) in Wasser und füllt zu 1 l auf. Zur Titerstellung bereite man sich zunächst eine N/10-Jodlösung durch Abwägen von reinstem Jod (zur Analyse) nach der unter 38b gegebenen Vorschrift. Von dieser Lösung gebe man mit einer Pipette 20 cm³ in ein Erlenmeyer-Kölbchen und lasse aus einer Glashahnbürette Thiosulfatlösung zufließen, bis die Flüssigkeit nur noch ganz schwach gelblich erscheint. Dann versetze man mit 1—2 cm³ Stärkelösung (Lös. 67) und lasse weiter Thiosulfatlösung zu, bis die blaue Farbe verschwunden ist. Beim Aufbewahren können bei gleichzeitiger Anwesenheit von Kohlensäure gewisse Bakterienarten (Thiobakterien) zersetzend auf das Thiosulfat wirken. Haltbarkeit erzielt man daher durch Sterilisation der Lösung oder Verwendung kohlensäurefreien Wassers (Nr. Ia) und Abhaltung der Luftkohlensäure.

Beispiel:

Auf 20 cm^3 N/10-Jod wurden gebraucht 19,4 cm^3 Thiosulfat.

Dann entspricht 1 cm^3 Thiosulfat $\frac{20}{19,4} = 1,031$ N/10. Eine Verdünnung der Lösung auf genau Normal ist nicht empfehlenswert.

40. N/10-Kaliumkarbonatlösung.

$\frac{138,2}{2 \times 10} = 6,91$ g reinstes Kaliumkarbonat, Kalium carbonicum purissimum, K_2CO_3, werden in einem Literkolben in Wasser gelöst und bis zur Marke aufgefüllt.

41. N/10-Oxalsäure.

$\frac{126,05}{2 \times 10} = 6,3025$ g reinste, kristallisierte Oxalsäure ($H_2C_2O_4 + 2\,H_2O = 126,05$), Acidum oxalicum purissimum pro Analyse, werden in einem Literkolben in Wasser gelöst und bis zur Marke aufgefüllt.

42. N/100-Oxalsäure.

$\frac{126,05}{2 \times 100} = 0,63025$ g reinste, kristallisierte Oxalsäure werden in einem Literkolben in Wasser gelöst und bis zur Marke aufgefüllt

Zur Haltbarmachung kann man der Lösung vor dem Auffüllen 100 cm^3 konz. Schwefelsäure zusetzen. Sie ist dann natürlich in bezug auf Säuregehalt nicht mehr N/100, wohl aber in bezug auf Oxydierbarkeit der Oxalsäure und daher für die Titration mit Kaliumpermanganat ebenso gut verwendbar.

43. Kaliumpermanganatlösung.

a) N/10-Lösung. 3,16 oder besser 3,20 g reinstes Kaliumpermanganat, Kalium permanganicum cristallisatum ($KMnO_4 = 158$, Äquivalentgewicht $= \frac{158}{5} = 31,6$), werden in einem Literkolben in Wasser gelöst und bis zur Marke aufgefüllt.

Der Titer dieser Lösung kann gegen N/10-Oxalsäure (Lös. 41) eingestellt werden (s. Titerstellung unter Kapitel »Wasser«, S. 247). Man kann auch in folgender Weise verfahren: 20 cm^3 N/10-Natriumoxalat (Lös. 78) werden mit Wasser auf ca. 200 cm^3 verdünnt, mit 10 cm^3 verdünnter Schwefelsäure (Lös. 5d) versetzt und auf ca. 80° erwärmt. Hierauf läßt man aus einer Glashahnbürette so lange Kaliumpermanganatlösung zufließen, bis eben schwache Rosafärbung eingetreten ist.

b) N/100-Lösung. Man stellt nur eine annähernde N/100-Lösung her, indem man 0,32 g kristallisiertes Kaliumpermanganat in einem Literkolben in Wasser löst und dann auf die Marke auffüllt.

Diese Lösung wird hierauf mit N/100-Oxalsäurelösung (Lös. 42) genau eingestellt (s. Titerstellung unter Kapitel »Wasser«, S. 247).

c) 5 g Kaliumpermanganat werden in Wasser gelöst und auf 1 l aufgefüllt.

VI. Einfache Reagenzlösungen.

Dieselben werden hergestellt durch Auflösen der reinen Salze in Wasser.

44. Ammoniumoxalat, Ammonium oxalicum $(NH_4)_2C_2O_4$	5 g	auf 100 cm³ Wasser
45. Natriumphosphat, Natrium phosphoricum (Na_2HPO_4)	10 g	
46. Bariumchlorid, Barium chloratum $(BaCl_2)$	10 g	
47. Silbernitrat, Argentum nitricum $(AgNO_3)$	5 g	
48. Ferrocyankalium, Kalium ferrocyanatum (K_4FeCy_6)	3 g	
49. Rhodankalium, Kalium rhodanatum (KSCy)	10 g	
50. Eisenchlorid, Ferrum chloratum $(FeCl_3)$ . . . . . . (Liquor Ferri sesquichlorati)	10 g	
51. Ammoniumpersulfat, Ammonium persulfuricum . . .	10 g	
51.a Ammoniumkarbonat	10 g	

VII. Besondere Lösungen.

52. Neßlers Reagens.

35 g Jodkalium werden in ca. 100 cm³ Wasser, 17 g Quecksilberchlorid (unter Erwärmen) in etwa 300 cm³ Wasser gelöst. Letztere Lösung wird dann unter stetem Umrühren zu der ersten gegossen, bis ein geringer Teil des sich bildenden roten Niederschlages ungelöst bleibt. Nun bringt man die Lösung in einen 1 l fassenden Meßkolben, setzt 200 cm³ 25proz. Kalilauge (50 g KOH) zu und füllt die Mischung mit Wasser bis zu 1 l auf.

Die Lösung soll vor Luft und Licht geschützt aufbewahrt werden.

53. Millons Reagens.

5 g Quecksilber werden in 10 g Salpetersäure vom spez. Gewicht 1,42 = 69,8% HNO_3 unter dem Abzug in der Kälte, am Schluß unter Erwärmen gelöst. Nach vollständiger Lösung fügt man auf 1 Volumen Lösung 2 Volumen Wasser zu, läßt einige Stunden absetzen und bewahrt die abgegossene klare Flüssigkeit in einer Flasche mit Glasstopfen auf.

54. Fehlingsche Lösung.

Dieselbe besteht aus gleichen Raumteilen Kupfersulfatlösung und alkalischer Seignettesalzlösung.

a) Kupfersulfatlösung: 69,278 g chemisch reines umkristallisiertes Kupfersulfat werden in Wasser, unter gelindem Erwärmen, gelöst und die Lösung nach dem Erkalten auf 1 l aufgefüllt.

b) Seignettesalzlösung:

α) Nach Soxhlet. 173 g Seignettesalz werden in 400 cm³ Wasser gelöst und mit 100 cm³ einer Natronlauge versetzt, die 516 g Natriumhydroxyd im Liter enthält.

β) Nach Kjeldahl. 346 g Seignettesalz werden in ca. 500 cm³ Wasser gelöst, mit 130 g Ätznatron versetzt und nach deren Lösung auf 1 l mit Wasser aufgefüllt.

Die Seignettesalzlösung ist nicht haltbar und daher immer frisch zu bereiten.

Auch empfiehlt es sich, mit der Fehlingschen Lösung einen blinden Versuch nach einem der Verfahren S. 129—136 vorzunehmen ohne Zusatz von Zuckerlösung, wobei sich kein Kupferoxydul ausscheiden darf.

54a. Seignettesalzlösung.

350 g Seignettesalz und 100 g reines Ätznatron werden in Wasser auf 1 l gelöst.

55. Silbernitratlösung.

4,89 g reinstes Silbernitrat werden in einem Literkolben in Wasser gelöst und bis zur Marke aufgefüllt. 1 cm³ dieser Lösung erfordert genau 1 mg Chlor, um eben alles Silber auszufällen.

56. Chlornatriumlösung.

Chemisch reines Kochsalz, Natrium chloratum purissimum, wird in einem Porzellantiegel erhitzt, bis es kein Wasser mehr enthält (nicht mehr knistert), worauf man es im Exsikkator erkalten läßt. Von diesem Salze werden genau 1,648 (= 1 g Cl) in einem Literkolben in Wasser gelöst und bis zur Marke aufgefüllt.

57. Sulfat-Molybdänlösung.

Man verdünne 90 cm³ Salpetersäure vom spez. Gewicht 1,40 (Lös. 6a) mit 10 cm³ Wasser, übergieße mit diesen 100 cm³ Säure vom spez. Gewicht 1,36 10 g reines trockenes Ammoniumsulfat in einem 200-cm³-Zylinder und rührt um, bis sich das Sulfat gelöst hat. Ferner löse man 36 g reinstes trockenes Ammoniummolybdat durch Zerreiben in einer Reibschale in heißem Wasser, gibt in einen 100-cm³-Kolben, füllt zur Marke auf und gießt die Lösung in dünnem Strahl unter Umrühren zu der in einem Becherglas befindlichen sulfathaltigen Salpetersäure, läßt mindestens 48 Stunden bei Zimmertemperatur stehen, filtriert durch ein säurefestes, dichtes Filter und hebt das fertige Reagens wohl verschlossen an einem kühlen, dunklen Orte auf.

58. Ammoniumnitratlösung.

20 g reines Ammoniumnitrat werden in Wasser gelöst und auf 1 l aufgefüllt. Wenn die Lösung nicht schon sauer reagiert, so ist sie mit einigen Tropfen Salpetersäure anzusäuern.

59. Chlorkalziumlösung.

200 g reinstes Chlorkalzium, Calcium chloratum purum siccum, werden in 300 g Wasser gelöst. Die Lösung soll vollkommen neutral sein. Dies prüft man in der Weise, daß man 20 cm³ der Lösung mit 10 cm³ Wasser vermischt und zum Sieden erhitzt (zur Entfernung

der Kohlensäure). Die erkaltete Lösung mit 2 Tropfen Phenolphthalein (Lös. 17a) versetzt, soll durch 1 Tropfen N/10-Natronlauge (Lös. 32) deutlich gerötet werden.

60. Ferrisulfatlösung.

50 g Ferrisulfat, Ferrum sulfuricum oxydatum purum, $Fe_2(SO_4)_3$, werden in einem Literkolben in Wasser gelöst, mit 200 g konz. Schwefelsäure (Lös. 5a) versetzt und mit Wasser bis zur Marke aufgefüllt.

61. Wasserstoffsuperoxyd.

1 cm³ chemisch reines 100 vol.-proz. Wasserstoffsuperoxyd (Merck) wird mit 200 cm³ Wasser verdünnt.

62. Seifenlösung (nach Clark).

5 g medizinische Seife (sapo medicatus) löst man im Wasserbade in etwa 200 cm³ 56proz. Alkohol (700 cm³ 95proz. Alkohol + 300 cm³ Wasser = ca. 1 l ungefähr 56proz. Alkohol) bringt die Lösung in einen Literkolben und füllt mit gleichem Alkohol auf die Marke auf. Vorteilhaft erweist es sich die Lösung einige Tage stehenzulassen, um sie alsdann zu filtrieren und das klare Filtrat auf Chlorbariumlösung einzustellen.

Man löst zu diesem Zwecke 0,523 g Chlorbarium in Wasser zu 1 l auf mischt gut durch und bringt dann 100 cm³ dieser Lösung entsprechend 12 mg CaO in eine ca. 250 cm³ fassende Stöpselflasche und läßt aus der Bürette so lange Seifenlösung zufließen, bis bei kräftigem Schütteln eben ein zarter, dichter, ca. 2 cm hoher, 5 Minuten haltender Schaum entsteht (s. S. 272).

Die Seifenlösung, von welcher dazu weniger als 45 cm³ verbraucht werden, ist mit 56proz. Alkohol zu verdünnen, bis genau 45 cm³ Seifenlösung auf 100 cm³ Chlorbariumlösung zur Schaumbildung erforderlich sind. 45 cm³ Seifenlösung entsprechen alsdann 12 deutschen Härtegraden.

Beispiel: Es wurden bei dem Versuche zur erforderlichen Schaumbildung 37 cm³ Seifenlösung verbraucht. Folglich sind den 37 cm³ Seifenlösung 45 — 37 = 8 cm³ 56proz. Alkohol zuzusetzen. Sind es im ganzen 900 cm³ Seifenlösung, so müssen denselben 195 cm³ Alkohol zugesetzt werden, was aus nachstehender Gleichung hervorgeht:

$$37 : 8 = 900 : x$$

$$x = \frac{8 \times 900}{37} = 195.$$

Nach tüchtigem Durchmischen wird die Lösung nochmals geprüft, um festzustellen, ob die richtige Konzentration erreicht ist.

63. Brandsche Farbstofflösung.

Zur Bereitung dieser Lösung wird eine Mischung von Farbstoffen (1 g Patentblau, 2,5 g Echtblau, 4 g Bordeaux und 16 g

Viktoriagelb) hergestellt und davon 1,15 g zu 1 l in 20 proz. Alkohol aufgelöst. Diese Lösung entspricht dann genau der Farbentiefe einer N/10-Jodlösung.

64. Lintnersche Farbstofflösungen.

a) Lösung I für Karamelmalz:
4 g Eisenammoniak-Alaun, für analytische Zwecke, Kahlbaum (Ferrisalz), werden in Wasser unter Zusatz von 20 cm³ N/10-Schwefelsäure zu 100 cm³ gelöst. Es dürfen nur unverletzte Kristalle des Eisenammoniak-Alauns verwendet werden, die unmittelbar vor der Abwägung in einer Reibschabe zerrieben werden. Der Rest der gepulverten Substanz darf nicht in das Vorratsgefäß des Salzes zurückgegeben werden, da sie Eisenoxyd abspalten und dadurch die unverletzten Kristalle infizieren kann.

b) Lösung II für Farbmalz:
1 g Eisenammoniak-Alaun wird in Wasser wie bei a) unter Zusatz von 2,4 cm³ Essigsäure (Lös. 7b statt Schwefelsäure) zu 100 cm³ gelöst.

Die obigen Lösungen sind im Dunkeln und gut verschlossen aufbewahrt etwa 4 Monate haltbar.

64a. Eisenammoniumsulfatlösung.

2,15 g krist. Eisenammoniumsulfat (Ferrosalz) werden in ausgekochtem Wasser gelöst, mit 10 cm³ konzentrierter Schwefelsäure (Nr. 5a) versetzt und mit ausgekochtem Wasser auf 1 l aufgefüllt.

65. Molybdänlösung.

15 g kristallisiertes Ammoniummolybdat werden in einem 100 cm³ fassenden Meßkolben in Wasser gelöst, bis zur Marke aufgefüllt und in 100 cm³ reiner Salpetersäure vom spez. Gewicht 1,2 (Lös. 6b) gegossen (nicht umgekehrt!).

66. Lösliche Stärke.

Gewöhnliche Stärke (Kartoffelstärke) wird durch mehrtägige (7 Tage) Einwirkung von etwa 7,5 proz. Salzsäure in löslicher Stärke, die nicht mehr verkleistert, verwandelt. Genaue Anleitung s. Pawlowski 4. Auflage, S. 342. Am besten bezieht man die lösliche Stärke von einer chemischen Fabrik.

67. Einprozentige Stärkelösung.

1 g lösliche Stärke (s. Lös. 66) wird in ca. 100 cm³ Wasser verteilt und unter Umrühren erwärmt bis zur klaren Lösung. Zur Haltbarmachung kann man 2 Tropfen Toluol zufügen.

68. Jodzinkstärkelösung.

4 g lösliche Stärke (s. Lös. 66) und 20 g Zinkchlorid ($ZnCl_2$) werden in 100 g kochendem Wasser gelöst. Der erkalteten Flüssig-

keit wird die farblose, durch Erwärmen frisch bereitete Lösung von 1 g Zinkfeile und 2 g Jod in 10 g Wasser hinzugefügt, auf 1 l aufgefüllt und filtriert. 1 cm³ dieser Lösung und 20 cm³ Wasser muß durch 1 Tropfen N/10-Jodlösung (Lös. 38b) stark blau werden, darf sich aber auf Zusatz von verdünnter Schwefelsäure nicht blau färben.

Die Lösung ist in einer dicht verschlossenen braunen Flasche aufzubewahren.

69. Alkalische Bleiazetatlösung (Bleiessig).

Man versetzt eine wässerige Lösung von neutralem Bleiazetat so lange mit Kalilauge, bis der gebildete Niederschlag sich wieder gelöst hat.

70. Natriumnitritlösung.

0,815 g Natriumnitrit, Natrium nitrosum, werden in einem Literkolben in Wasser gelöst und bis zur Marke aufgefüllt. 1 cm³ dieser Lösung enthält 0,1 mg N_2O_3.

71. Kaliumnitratlösung.

0,1872 g Kaliumnitrat, Kalium nitricum, werden in einem Literkolben in Wasser gelöst und bis zur Marke aufgefüllt. 1 cm³ dieser Lösung enthält 0,1 mg N_2O_5.

72. Eisenammoniakalaunlösung.

8,6355 g Eisenammoniakalaun, $NH_4Fe(SO_4)_2 + 12\,H_2O$, werden in einem Literkolben in Wasser gelöst und bis zur Marke aufgefüllt. 1 cm³ dieser Lösung enthält 1 mg Eisen.

73. Natron-Sodalösung.

4 g Ätznatron und 14,3 krist. Soda (= 5,3 g wasserfreie Soda) werden in 100 cm³ Wasser gelöst.

74. Ammoniumchloridlösung.

0,315 g Ammoniumchlorid, Ammonium chloratum, werden in einem Literkolben in Wasser gelöst und bis zur Marke aufgefüllt. 1 cm³ dieser Lösung enthält 0,1 mg NH_3.

75. Magnesiamischung.

55 g krist. Chlormagnesium und 70 g Chlorammonium werden in 2,5proz. Ammoniaklösung (Lös. 12a 10fach verdünnt) zu 1 l gelöst.

76. Silbersulfatlösung.

Etwa 0,6 g reines Silbersulfat werden mit 100 cm³ Wasser übergossen und wiederholt geschüttelt. Beim Gebrauch wird die klare gesättigte Lösung vom Bodensatz abgegossen bzw. mit einer Pipette abgehoben.

77. N/10-Natriumoxalatlösung.

6,7 g reinstes Natriumoxalat ($Na_2C_2O_4$) werden in einem 1-l-Kolben in Wasser gelöst und zur Marke aufgefüllt.

78. N/10-Kaliumpalmitatlösung.

25,6 g reinste Palmitinsäure werden durch gelindes Erwärmen gelöst in 400 cm^3 95proz. Alkohol und 250 cm^3 reinstem Glyzerin. Hierauf setzt man etwa 10 Tropfen Phenolphthalein (Lös. 17a) zu, neutralisiert mit alkoholischer Kalilauge, die man sich durch Auflösen von 6—7 g KOH in 100 cm^3 90 Vol.-proz. Alkohol hergestellt hat und füllt mit 95proz. Alkohol auf 1 l auf.

Zur Titerstellung gibt man zunächst 20 cm^3 Kalkwasser (Lös-13) in ein Erlenmeyer-Kölbchen, verdünnt mit ca. 100 cm^3 kohlensäurefreiem Wasser (Lös. 1a) und titriert nach Zusatz von Methylorange (Lös. 16) mit N/10-HCl (Lös. 29) bis zum Farbenumschlag. Die verbrauchten cm^3 Säure werden durch Multiplikation mit 2,8 auf mg Kalk umgerechnet. Hierauf setzt man 1 cm^3 Phenolphthalein (Lös. 17a), ein wenig N/10-NaOH bis zur schwachen Rotfärbung und schließlich noch etwas N/10-HCl zu bis zum Verschwinden der Rotfärbung. Dann läßt man aus der Bürette Palmitatlösung zufließen bis zur deutlichen und dauernden Rotfärbung.

Beispiel: In 20 cm^3 Kalkwasser wurden gefunden 20 mg CaO. An Palmitatlösung wurden verbraucht 7,4 cm^3. Dann entspricht 1 cm^3 Palmitatlösung 20 : 7,4 = 2,7 mg CaO = 2,7 Härtegrade.

Tabellen.

Tabelle I—IV.

Die Tabellen

I für das Gewicht von 1 cm^3 Luft bei den verschiedenen Temperaturen und Barometerständen,

II für das spez. Gewicht $\frac{17,5^0}{17,5^0}$ von Zuckerlösungen von 0—30% nach Plato,

III für das spez. Gewicht $\frac{17,5^0}{17,5^0}$ von Alkohollösungen von 0—100%,

IV für den Wert $\frac{A}{b}$ bei Stammwürzen von 1—30%

finden sich in »Tabellen zur Malz- und Bieranalyse« von Dr. Doemens. Verlag von R. Oldenbourg, München 1919, III. Aufl. 1928.

V. Tabelle zum Reichsgetreideprober für das Hektolitergewicht

a) von Gerste.

Angaben des Getreide-probers (in Gramm) zu ¼ l	1 l	Zuge-höriges Hekto-liter-gewicht in kg	Angaben des Getreide-probers (in Gramm) zu ¼ l	1 l	Zuge-höriges Hekto-liter-gewicht in kg	Angaben des Getreide-probers (in Gramm) zu ¼ l	1 l	Zuge-höriges Hekto-liter-gewicht in kg
126,0	504	49,65	146,5	586	58,2	167,0	669	66,75
126,5	506	49,85	147,0	588	58,40	167,5	671	66,95
127,0	508	50,05	147,5	590	58,6	168,0	673	67,15
127,5	510	50,3	148,0	592	58,8	168,5	675	67,35
128,0	512	50,5	148,5	594	59,05	169,0	677	67,6
128,5	514	50,7	149,0	596	59,25	169,5	679	67,8
129,0	516	50,9	149,5	598	59,45	170,0	681	68,0
129,5	518	51,1	150,0	600	59,65	170,5	683	68,2
130,0	520	51,3	150,5	602	59,85	171,0	685	68,4
130,5	522	51,55	151,0	604	60,05	171,5	687	68,6
131,0	524	51,75	151,5	606	60,3	172,0	689	68,85
131,5	526	51,95	152,0	608	60,50	172,5	691	69,05
132,0	528	52,15	152,5	610	60,70	173,0	693	69,25
132,5	530	52,35	153,0	612	60,9	173,5	695	69,45
133,0	532	52,55	153,5	614	61,1	174,0	697	69,65
133,5	534	52,8	154,0	616	61,35	174,5	699	69,85
134,0	536	53,0	154,5	618	61,55	175,0	701	70,1
134,5	538	53,2	155,0	620	61,75	175,5	703	70,3
135,0	540	53,4	155,5	622	61,95	176,0	705	70,5
135,5	542	53,6	156,0	624	62,15	176,5	707	70,7
136,0	544	53,8	156,5	626	62,35	177,0	709	70,9
136,5	546	54,05	157,0	628	62,6	177,5	711	71,1
137,0	548	54,25	157,5	630	62,8	178,0	713	71,35
137,5	550	54,45	158,0	632	63,0	178,5	715	71,55
138,0	552	54,65	158,5	635	63,2	179,0	717	71,75
138,5	554	54,85	159,0	637	63,4	179,5	719	71,95
139,0	556	55,05	159,5	639	63,6	180,0	721	72,15
139,5	558	55,3	160,0	641	63,85	180,5	723	72,35
140,0	560	55,5	160,5	643	64,05	181,0	725	72,60
140,5	562	55,7	161,0	645	64,25	181,5	727	72,80
141,0	564	55,9	161,5	647	64,45	182,0	729	73,0
141,5	566	56,1	162,0	649	64,65	182,5	731	73,2
142,0	568	56,3	162,5	651	64,85	183,0	733	73,4
142,5	570	56,55	163,0	653	65,1	183,5	735	73,6
143,0	572	56,75	163,5	655	65,3	184,0	737	73,85
143,5	574	56,95	164,0	657	65,5	184,5	739	74,05
144,0	576	57,15	164,5	659	65,7	185,0	741	74,25
144,5	578	57,35	165,0	661	65,9	185,5	743	74,45
145,0	580	57,55	165,5	663	66,1	186,0	745	74,65
145,5	582	57,8	166,0	665	66,35	186,5	747	74,85
146,0	584	58,0	166,5	667	66,55	187,0	749	75,1

b) Von Weizen.

Angaben des Getreideprobers (in Gramm) zu ¼ l	1 l	Zugehöriges Hektolitergewicht in kg	Angaben des Getreideprobers (in Gramm) zu ¼ l	1 l	Zugehöriges Hektolitergewicht in kg	Angaben des Getreideprobers (in Gramm) zu ¼ l	1 l	Zugehöriges Hektolitergewicht in kg
168,0	669	66,0	180,5	719,5	71,65	193	770	77,25
168,5	671	66,25	181	721,5	71,85	193,5	772	77,45
169,0	673	66,45	181,5	723,5	72,1	194	774	77,7
169,5	675	66,7	182	725,5	72,3	194,5	776	77,9
170,0	677	66,9	182,5	727,5	72,5	195	778	78,15
170,5	679	67,15	183	729,5	72,75	195,5	780	78,35
171,0	681	67,35	183,5	731,5	72,95	196	782	78,6
171,5	683	67,6	184	733,5	73,2	196,5	784	78,8
172,0	685	67,8	184,5	735,5	73,4	197	786	79,0
172,5	687,5	68,05	185	737,5	73,65	197,5	788	79,25
173,0	689,5	68,25	185,5	739,5	73,85	198	790	79,45
173,5	691,5	68,5	186	741,5	74,1	198,5	792	79,7
174,0	693,5	68,7	186,5	744	74,3	199	794	79,9
174,5	695,5	68,95	187	746	74,55	199,5	796	80,15
175	697,5	69,15	187,5	748	74,75	200	798	80,35
175,5	699,5	69,4	188	750	75,0	200,5	800,5	80,6
176	701,5	69,6	188,5	752	75,2	201	802,5	80,8
176,5	703,5	69,85	189	754	75,45	201,5	804,5	81,05
177	705,5	70,05	189,5	756	75,65	202	806,5	81,25
177,5	707,5	70,3	190	758	75,9	202,5	808,5	81,5
178	709,5	70,5	190,5	760	76,1	203	810,5	81,7
178,5	711,5	70,75	191	762	76,35	303,5	812,5	81,95
179	713,5	70,95	191,5	764	76,55	204	814,5	82,15
179,5	715,5	71,2	192	766	76,8	204,5	816,5	82,4
180	717,5	71,4	192,5	768	77,0			

VI. Hektolitergewichts-Tabelle zum Brauerschen Getreideprüfer.

Sperrigkeit in Graden	Gewicht eines Hektoliters in kg	Sperrigkeit in Graden	Gewicht eines Hektoliters in kg	Sperrigkeit in Graden	Gewicht eines Hektoliters in kg	Sperrigkeit in Graden	Gewicht eines Hektoliters in kg
121	82,6	146	68,5	171	58,5	196	51,0
122	82,0	147	68,0	172	58,1	197	50,8
123	81,3	148	67,6	173	57,8	198	50,5
124	80,6	149	67,1	174	57,8	199	50,2
125	80,0	150	66,7	175	57,1	200	50,0
126	79,4	151	66,2	176	56,8	201	49,8
127	78,7	152	65,8	177	56,5	202	49,5
128	78,1	153	65,4	178	56,2	203	49,3
129	77,5	154	64,9	179	55,9	204	49,0
130	76,9	155	64,5	180	55,6	205	48,8
131	76,3	156	64,1	181	55,2	206	48,5
132	75,8	157	63,7	182	54,9	207	48,3
133	75,2	158	63,3	183	54,6	208	48,1
134	74,6	159	62,9	184	54,3	209	47,8
135	74,1	160	62,5	185	54,0	210	47,6
136	73,5	161	62,1	186	53,8	211	47,4
137	73,0	162	61,7	187	53,5	212	47,2
138	72,5	163	61,3	188	53,2	213	46,9
139	71,9	164	61,0	189	52,9	214	46,7
140	71,4	165	60,6	190	52,6	215	46,5
141	70,9	166	60,2	191	52,4	216	46,3
142	70,4	167	59,9	192	52,1	217	46,1
143	69,9	168	59,5	193	51,8	218	45,9
144	69,4	169	59,2	194	51,5	219	45,7
145	69,0	170	58,8	195	51,3	220	45,4

VII. Tabelle zur Ermittlung des Stickstoff- und Eiweiß-(Protein-)Gehaltes

in 100 g lufttrockener Substanz aus dem beim Titrieren des Destillates nach der Kjeldahl-Methode verbrauchten cm³ N/5-Ammoniak bei Verwendung von 3 g Substanz und 25 cm³ N/5-Schwefelsäure als Vorlage.

cm³ N/5-NH_3	% N	% Eiw.	cm³ N/5-NH_3	% N	% Eiw.	cm³ N/5-NH_3	% N	% Eiw.	cm³ N/5-NH_3	% N	% Eiw.	cm³ N/5-NH_3	% N	% Eiw.
2,50	2,100	13,12	4,65	1,899	11,87	6,80	1,699	10,62	8,95	1,498	9,36	11,10	1,297	8,11
55	2,095	13,10	70	1,895	11,84	85	1,694	10,59	9,00	1,493	9,33	15	1,293	8,08
60	2,091	13,07	75	1,890	11,81	90	1,689	10,56	05	1,489	9,31	20	1,288	8,05
65	2,086	13,04	80	1,885	11,78	95	1,685	10,53	10	1,484	9,27	25	1,283	8,02
70	2,082	13,01	85	1,881	11,76	7,00	1,680	10,50	15	1,479	9,24	30	1,279	8,00
75	2,077	12,98	90	1,876	11,73	05	1,675	10,47	20	1,475	9,22	35	1,274	7,96
80	2,072	12,95	95	1,871	11,70	10	1,671	10,44	25	1,470	9,19	40	1,269	7,93
85	2,067	12,92	5,00	1,867	11,67	15	1,666	10,41	30	1,466	9,16	45	1,265	7,91
90	2,062	12,89	05	1,862	11,64	20	1,661	10,38	35	1,460	9,13	50	1,260	7,87
95	2,058	12,86	10	1,857	11,61	25	1,657	10,36	40	1,456	9,10	55	1,255	7,84
3,00	2,053	12,83	15	1,853	11,58	30	1,652	10,33	45	1,451	9,07	60	1,251	7,82
05	2,048	12,80	20	1,848	11,55	35	1,647	10,29	50	1,447	9,04	65	1,246	7,79
10	2,043	12,77	25	1,843	11,52	40	1,643	10,27	55	1,442	9,01	70	1,241	7,76
15	2,039	12,74	30	1,839	11,49	45	1,638	10,24	60	1,437	8,98	75	1,237	7,73
20	2,034	12,71	35	1,834	11,46	50	1,633	10,21	65	1,433	8,95	80	1,232	7,70
25	2,030	12,69	40	1,829	11,43	55	1,629	10,18	70	1,428	8,92	85	1,227	7,67
30	2,025	12,66	45	1,825	11,41	60	1,624	10,15	75	1,423	8,90	90	1,223	7,64
35	2,021	12,63	50	1,820	11,38	65	1,619	10,12	80	1,419	8,87	95	1,218	7,61
40	2,016	12,60	55	1,816	11,35	70	1,615	10,09	85	1,414	8,84	12,00	1,213	7,58
45	2,011	12,57	60	1,811	11,32	75	1,610	10,06	90	1,409	8,81	05	1,209	7,56
50	2,007	12,54	65	1,806	11,29	80	1,605	10,03	95	1,405	8,78	10	1,204	7,52
55	2,002	12,51	70	1,801	11,26	85	1,601	10,01	10,00	1,400	8,75	15	1,199	7,50
60	1,997	12,48	75	1,797	11,23	90	1,596	9,97	05	1,396	8,72	20	1,195	7,47
65	1,993	12,45	80	1,792	11,20	95	1,591	9,94	10	1,391	8,69	25	1,190	7,44
70	1,988	12,43	85	1,787	11,17	8,00	1,587	9,92	15	1,386	8,66	30	1,185	7,41
75	1,983	12,40	90	1,783	11,14	05	1,582	9,89	20	1,381	8,63	35	1,181	7,38
80	1,979	12,37	95	1,778	11,11	10	1,577	9,86	25	1,377	8,61	40	1,176	7,35
85	1,974	12,34	6,00	1,773	11,08	15	1,573	9,83	30	1,372	8,58	45	1,171	7,32
90	1,969	12,31	05	1,769	11,06	20	1,568	9,80	35	1,367	8,54	50	1,167	7,29
95	1,965	12,28	10	1,764	11,02	25	1,563	9,77	40	1,363	8,52	55	1,162	7,26
4,00	1,960	12,25	15	1,759	10,99	30	1,559	9,74	45	1,358	8,49	60	1,157	7,23
05	1,955	12,22	20	1,755	10,97	35	1,554	9,71	50	1,353	8,46	65	1,153	7,21
10	1,951	12,19	25	1,750	10,94	40	1,549	9,68	55	1,349	8,43	70	1,148	7,17
15	1,946	12,16	30	1,746	10,91	45	1,545	9,66	60	1,344	8,40	75	1,143	7,14
20	1,941	12,13	35	1,741	10,88	50	1,540	9,63	65	1,339	8,37	80	1,139	7,12
25	1,937	12,10	40	1,736	10,85	55	1,535	9,60	70	1,335	8,34	85	1,134	7,09
30	1,932	12,08	45	1,731	10,82	60	1,531	9,57	75	1,330	8,31	90	1,129	7,06
35	1,927	12,04	50	1,727	10,79	65	1,526	9,54	80	1,325	8,29	95	1,125	7,03
40	1,923	12,02	55	1,722	10,76	70	1,521	9,51	85	1,321	8,26	13,00	1,120	7,00
45	1,918	11,99	60	1,717	10,73	75	1,517	9,48	90	1,316	8,23			
50	1,913	11,96	65	1,713	10,71	80	1,512	9,45	95	1,311	8,20			
55	1,909	11,93	70	1,708	10,68	85	1,507	9,42	11,00	1,307	8,17			
60	1,904	11,90	75	1,703	10,64	90	1,503	9,39	05	1,302	8,14			

VIII. Tabelle für das Verhältnis zwischen cm³ F. L. und Maltose nach Reischauer-Wein.

cm³ F. L.	mg Maltose	cm³ F. L.	mg Maltose	cm³ F. L.	mg Maltose	cm³ F. L.	mg Maltose	cm³ F. L.	mg Maltose
1,00	7,26	1,36	9,85	1,72	12,42	2,07	14,97	2,42	17,53
1,01	7,33	1,37	9,92	1,73	12,50	2,08	15,04	2,43	17,60
1,02	7,41	1,38	10,00	1,74	12,57	2,09	15,12	2,44	17,67
1,03	7,48	1,39	10,07	1,75	12,64	2,10	15,19	2,45	17,74
1,04	7,55	1,40	10,14	1,76	12,71	2,11	15,26	2,46	17,82
1,05	7,62	1,41	10,21	1,77	12,78	2,12	15,34	2,47	17,89
1,06	7,70	1,42	10,28	1,78	12,86	2,13	15,41	2,48	17,96
1,07	7,77	1,43	10,35	1,79	12,93	2,14	15,48	2,49	18,04
1,08	7,84	1,44	10,42	1,80	13,00	2,15	15,55	2,50	18,11
1,09	7,92	1,45	10,49	1,81	13,07	2,16	15,63	2,51	18,18
1,10	7,99	1,46	10,57	1,82	13,15	2,17	15,70	2,52	18,26
1,11	8,06	1,47	10,64	1,83	13,22	2,18	15,77	2,53	18,33
1,12	8,13	1,48	10,71	1,84	13,29	2,19	15,85	2,54	18,40
1,13	8,21	1,49	10,78	1,85	13,36	2,20	15,92	2,55	18,47
1,14	8,28	1,50	10,85	1,86	13,44	2,21	15,99	2,56	18,55
1,15	8,35	1,51	10,92	1,87	13,51	2,22	16,07	2,57	18,62
1,16	8,42	1,52	10,99	1,88	13,58	2,23	16,14	2,58	18,69
1,17	8,49	1,53	11,07	1,89	13,66	2,24	16,21	2,59	18,77
1,18	8,57	1,54	11,14	1,90	13,73	2,25	16,28	2,60	18,84
1,19	8,64	1,55	11,21	1,91	13,80	2,26	16,36	2,61	18,91
1,20	8,71	1,56	11,28	1,92	13,88	2,27	16,43	2,62	18,99
1,21	8,78	1,57	11,35	1,93	13,95	2,28	16,50	2,63	19,06
1,22	8,85	1,58	11,43	1,94	14,02	2,29	16,58	2,64	19,14
1,23	8,92	1,59	11,50	1,95	14,09	2,30	16,65	2,65	19,21
1,24	8,99	1,60	11,57	1,96	14,17	2,31	16,72	2,66	19,29
1,25	9,06	1,61	11,64	1,97	14,24	2,32	16,80	2,67	19,36
1,26	9,14	1,62	11,71	1,98	14,31	2,33	16,87	2,68	19,44
1,27	9,21	1,63	11,78	1,99	14,39	2,34	16,94	2,69	19,51
1,28	8,28	1,64	11,85	2,00	14,46	2,35	17,01	2,70	19,59
1,29	9,35	1,65	11,92	2,01	14,53	2,36	17,09	2,71	19,66
1,30	9,42	1,66	12,00	2,02	14,61	2,37	17,16	2,72	19,74
1,31	9,49	1,67	12,07	2,03	14,68	2,38	17,23	2,73	19,81
1,32	9,56	1,68	12,14	2,04	14,75	2,39	17,31	2,74	19,89
1,33	9,64	1,69	12,21	2,05	14,82	2,40	17,38	2,75	19,96
1,34	9,71	1,70	12,28	2,06	14,90	2,41	17,45	2,76	20,04
1,35	9,78	1,71	12,35						

IX. Tabelle für das Verhältnis zwischen Kupfer und Zucker bei Anwendung von 30 cm³ Fehlingscher Lösung nach Kjeldahl.

mg Kupfer	mg Dextrose	mg Invertzucker	mg Maltose	mg Kupfer	mg Dextrose	mg Invertzucker	mg Maltose
40	17,8	19,1	30,9	88	40,5	42,9	69,5
41	18,2	19,5	31,7	89	40,9	43,4	70,3
42	18,7	20,0	32,5	90	41,4	43,9	71,2
43	19,1	20,5	33,3	91	41,9	44,4	72,0
44	19,6	21,0	34,1	92	42,4	45,0	72,8
45	20,1	21,5	34,9	93	42,9	45,5	73,6
46	20,5	22,0	35,6	94	43,4	46,0	74,5
47	21,0	22,5	36,4	95	43,9	46,5	75,3
48	21,5	23,0	37,2	96	44,4	47,0	76,1
49	21,9	23,4	38,0	97	44,9	47,6	76,9
50	22,4	23,9	38,8	98	45,4	48,1	77,8
51	22,8	24,4	39,6	99	45,9	48,6	78,6
52	23,3	24,9	40,4	100	46,4	49,1	79,4
53	23,8	25,4	41,2	101	46,9	49,7	80,3
54	24,2	25,9	42,0	102	47,4	50,2	81,1
55	24,7	26,4	42,8	103	47,9	50,7	81,9
56	25,2	26,9	43,6	104	48,4	51,2	82,8
57	25,6	27,3	44,4	105	48,9	51,8	83,6
58	26,1	27,8	45,2	106	49,4	52,3	84,4
59	26,6	28,3	46,0	107	49,9	52,8	85,2
60	27,0	28,8	46,8	108	50,4	53,3	86,1
61	27,5	29,3	47,6	109	50,9	53,9	86,9
62	28,0	29,8	48,4	110	51,4	54,4	87,7
63	28,4	30,3	49,2	111	51,9	54,9	88,6
64	28,9	30,8	50,0	112	52,5	55,5	89,4
65	29,4	31,3	50,8	113	53,0	56,0	90,3
66	29,9	31,8	51,6	114	53,5	56,6	91,1
67	30,3	32,3	52,4	115	54,0	57,1	91,9
68	30,8	32,8	53,2	116	54,5	57,6	92,8
69	31,3	33,3	54,0	117	55,0	58,1	93,6
70	31,8	33,8	54,8	118	55,5	58,7	94,5
71	32,2	34,3	55,6	119	56,0	59,2	95,3
72	32,7	34,8	56,4	120	56,6	59,8	96,1
73	33,2	35,3	57,3	121	57,1	60,3	97,0
74	33,7	35,8	58,1	122	57,6	60,8	97,8
75	34,2	36,3	58,9	123	58,1	61,4	98,7
76	34,6	36,8	59,7	124	58,6	61,9	99,5
77	35,1	37,3	60,5	125	59,2	62,5	100,4
78	35,6	37,8	61,3	126	59,7	63,0	101,3
79	36,1	38,3	62,1	127	60,2	63,5	102,1
80	36,6	38,8	63,0	128	60,7	64,1	103,0
81	37,1	39,4	63,8	129	61,2	64,6	103,8
82	37,5	39,9	64,6	130	61,8	65,2	104,7
83	38,0	40,4	65,4	131	62,3	65,7	105,5
84	38,5	40,9	66,2	132	62,8	66,3	106,4
85	39,0	41,4	67,1	133	63,4	66,9	107,3
86	39,5	41,9	67,9	134	63,9	67,4	108,1
87	40,0	42,4	68,7	135	64,4	67,9	109,0

Tabelle IX. (Fortsetzung.)

mg Kupfer	mg Dextrose	mg Invertzucker	mg Maltose	mg Kupfer	mg Dextrose	mg Invertzucker	mg Maltose
136	64,9	68,5	109,8	186	93,0	97,5	154,0
137	65,5	69,0	110,7	187	93,5	98,1	154,9
138	66,0	69,6	111,6	188	94,1	98,7	155,8
139	66,6	70,2	112,4	189	94,7	99,3	156,7
140	67,1	70,7	113,3	190	95,3	99,9	157,6
141	67,6	71,2	114,1	191	95,9	100,5	158,6
142	68,2	71,8	115,0	192	96,5	101,1	159,5
143	68,7	72,4	115,9	193	97,1	101,7	160,4
144	69,2	72,9	116,7	194	97,7	102,3	161,3
145	69,8	73,5	117,6	195	98,3	103,0	162,2
146	70,3	74,0	118,5	196	98,9	103,6	163,1
147	70,9	74,6	119,3	197	99,5	104,2	164,0
148	71,4	75,2	120,2	198	100,1	104,8	165,0
149	72,0	75,8	121,1	199	100,7	105,4	165,9
150	72,5	76,3	121,9	200	101,4	106,1	166,8
151	73,0	76,9	122,8	201	102,0	106,7	167,7
152	73,6	77,4	123,7	202	102,6	107,3	168,7
153	74,1	78,0	124,6	203	103,2	107,9	169,6
154	74,7	78,6	125,4	204	103,8	108,6	170,5
155	75,2	79,1	126,3	205	104,4	109,2	171,5
156	75,8	79,7	127,2	206	105,0	109,8	172,4
157	76,4	80,3	128,1	207	105,7	110,5	173,3
158	76,9	80,9	129,0	208	106,3	111,1	174,2
159	77,5	81,5	129,9	209	106,9	111,7	175,2
160	78,0	82,0	130,7	210	107,5	112,4	176,1
161	78,6	82,6	131,6	211	108,2	113,0	177,0
162	79,2	83,2	132,5	212	108,8	113,7	178,0
163	79,7	83,8	133,4	213	109,4	114,3	178,9
164	80,3	84,4	134,3	214	110,1	114,9	179,8
165	80,8	84,9	135,2	215	110,7	115,6	180,8
166	81,4	85,5	136,0	216	111,3	116,2	181,7
167	82,0	86,1	136,9	217	112,0	116,9	182,7
168	82,5	86,7	137,8	218	112,6	117,5	183,6
169	83,1	87,3	138,7	219	113,3	118,2	184,6
170	83,7	87,9	139,6	220	113,9	118,8	185,5
171	84,2	88,4	140,5	221	114,5	119,5	186,5
172	84,8	89,0	141,4	222	115,2	120,2	187,4
173	85,4	89,6	142,3	223	115,8	120,8	188,4
174	86,0	90,2	143,2	224	116,5	121,5	189,3
175	86,5	90,8	144,1	225	117,1	122,1	190,3
176	87,1	91,4	145,0	226	117,8	122,8	191,2
177	87,7	92,0	144,9	227	118,4	123,4	192,2
178	88,3	92,6	146,8	228	119,1	124,1	193,1
179	88,8	93,2	147,7	229	119,7	124,8	194,1
180	89,4	93,8	148,6	230	120,4	125,5	195,1
181	90,0	94,4	149,5	231	121,1	126,1	196,0
182	90,6	95,0	150,4	232	121,8	126,8	197,0
183	91,2	95,6	151,3	233	122,4	127,5	197,9
184	91,8	96,2	152,2	234	123,1	128,2	198,9
185	92,4	96,9	153,1				

X. Tabelle der q-Werte und Alkoholfaktoren nach Balling.

Stammwürze	Attentuationsquotient $\left(\frac{p-m}{p-n}\right)-1$	Alkoholfaktoren für die scheinbare $p-m$ Attentuations-	wirkliche $p-n$ Attentuations-	Attentuationsdifferenz $n-m$
$= p$	$= q$	$= a$	$= b$	$= c$
1	0,221	0,3983	0,4864	2,2010
2	0,222	0,4001	0,4889	2,2024
3	0,223	0,4018	0,4915	2,2041
4	0,224	0,4036	0,4941	2,2058
5	0,225	0,4054	0,4967	2,2076
6	0,226	0,4073	0,4993	2,2096
7	0,227	0,4091	0,5020	2,2116
8	0,228	0,4110	0,5047	2,2137
9	0,229	0,4129	0,5074	2,2160
10	**0,230**	**0,4148**	**0,5102**	**2,2184**
11	0,231	0,4167	0,5130	2,2209
12	0,232	0,4187	0,5158	2,2234
13	0,233	0,4206	0,5187	2,2262
14	0,234	0,4226	0,5215	2,2290
15	0,235	0,4246	0,5245	2,2319
16	0,236	0,4267	0,5274	2,2350
17	0,237	0,4288	0,5304	2,2381
18	0,238	0,4309	0,5334	2,2414
19	0,239	0,4330	0,5365	2,2448
20	**0,240**	**0,4351**	**0,5396**	**2,2483**
21	0,241	0,4373	0,5427	2,2519
22	0,242	0,4395	0,5458	2,2557
23	0,243	0,4417	0,5490	2,2595
24	0,244	0,4439	0,5523	2,2636
25	0,245	0,4462	0,5555	2,2677
26	0,246	0,4485	0,5589	2,2719
27	0,247	0,4508	0,5622	2,2763
28	0,248	0,4532	0,5656	2,2808
29	0,249	0,4556	0,5690	2,2854
30	0,250	0,4580	0,5725	2,2902

XI. Tabelle für die der Seifenlösung entsprechenden Härtegrade. (Nach Faißt und Knauß.)

		Härtegr.			Härtegr.
2,0 cm³	Seifenlös. =	0,15	24,0 cm³	Seifenlös. =	5,87
2,5 »	»	0,27	24,5 »	»	6,01
3,0 »	»	0,40	25,0 »	»	6,15
3,5 »	»	0,52	25,5 »	»	6,29
4,0 »	»	0,65	26,0 »	»	6,43
4,5 »	»	0,78	26,5 »	»	6,57
5,0 »	»	0,90	27,0 »	»	6,71
5,5 »	»	1,02	27,5 »	»	6,85
6,0 »	»	1,15	28,0 »	»	6,99
6,5 »	»	1,27	28,5 »	»	7,13
7,0 »	»	1,40	29,0 »	»	7,27
7,5 »	»	1,52	29,5 »	»	7,41
8,0 »	»	1,65	30,0 »	»	7,55
8,5 »	»	1,78	30,5 »	»	7,69
9,0 »	»	1,90	31,0 »	»	7,83
9,5 »	»	2,03	31,5 »	»	7,98
10,0 »	»	2,16	32,0 »	»	8,12
10,5 »	»	2,29	32,5 »	»	8,27
11,0 »	»	2,42	33,0 »	»	8,41
11,5 »	»	2,55	33,5 »	»	8,56
12,0 »	»	2,68	34,0 »	»	8,70
12,5 »	»	2,81	34,5 »	»	8,85
13,0 »	»	2,94	35,0 »	»	8,99
13,5 »	»	3,07	35,5 »	»	9,14
14,0 »	»	3,20	36,0 »	»	9,28
14,5 »	»	3,33	36,5 »	»	9,43
15,0 »	»	3,46	37,0 »	»	9,57
15,5 »	»	3,59	37,5 »	»	9,72
16,0 »	»	3,72	38,0 »	»	9,87
16,5 »	»	3,85	38,5 »	»	10,02
17,0 »	»	3,98	39,0 »	»	10,17
17,5 »	»	4,12	39,5 »	»	10,32
18,0 »	»	4,25	40,0 »	»	10,47
18,5 »	»	4,39	40,5 »	»	10,62
19,0 »	»	4,52	41,0 »	»	10,77
19,5 »	»	4,65	41,5 »	»	10,92
20,0 »	»	4,78	42,0 »	»	11,07
20,5 »	»	4,93	42,5 »	»	11,23
21,0 »	»	5,06	43,0 »	»	11,38
21,5 »	»	5,19	43,5 »	»	11,54
22,0 »	»	5,33	44,0 »	»	11,69
22,5 »	»	5,47	44,5 »	»	11,84
23,0 »	»	5,60	45,0 »	»	12,00
23,5 »	»	5,74			

XII. Tabelle für das spezifische Gewicht des Wassers

bei Temperaturen von 0—30°, bezogen auf Wasser von 4°. Mittelwerte aus den Zahlen der Tabelle von Thiesen, Scheel und Dießelhorst und der Formel von Chappuis, nach **Kohlrausch.**

Die Zahlen bedeuten die Gewichte in g von 1 cm³ Wasser von nebenstehender Temperatur im Vakuum. Das Gewicht in Luft gegen Messinggewichte ist durchschnittlich um 0,001 g geringer. Die genaue Umrechnung erfolgt nach Formel II S. 112.

Temperatur	Spezifisches Gewicht	Differenz	Temperatur	Spezifisches Gewicht	Differenz
0	0,999868	+ 59	16	0,998970	— 168
1	0,999927	+ 41	17	0,998802	— 89
2	0,999968	+ 24	17,5	0,998713	— 90
3	0,999992	+ 08	18	0,998623	— 190
4	1,000000	— 08	19	0,998433	— 201
5	0,999992	— 24	20	0,998232	— 211
6	0,999968	— 39	21	0,998021	— 222
7	0,999929	— 53	22	0,997799	— 232
8	0,999876	— 67	23	0,997567	— 241
9	0,999809	— 81	24	0,997326	— 252
10	0,999728	— 95	25	0,997074	— 261
11	0,999633	— 108	26	0,996813	— 271
12	0,999525	— 121	27	0,996542	— 280
13	0,999404	— 133	28	0,996262	— 289
14	0,999271	— 145	29	0,995973	— 297
15	0,999126	— 156	30	0,995676	

XIII. Korrekturen-

für die Berechnung der Stammwürze nach der

A =	0,4	0,6	0,8	1,0	1,2	1,4	1,6
2 A + n							
1	+0,022	—	—	—	—	—	—
2	+0,018	+0,027	+0,036	—	—	—	—
3	+0,014	+0,020	+0,027	+0,034	+0,041	+0,048	—
4	+0,010	+0,014	+0,019	+0,024	+0,029	+0,034	+0,038
5	+0,005	+0,008	+0,010	+0,013	+0,016	+0,018	+0,021
6	+0,001	+0,002	+0,002	+0,003	+0,004	+0,004	+0,005
7	—0,003	—0,005	—0,006	—0,008	—0,010	—0,011	—0,013
8	—0,008	—0,011	—0,015	—0,019	—0,023	—0,027	—0,030
9	—0,012	—0,017	—0,023	—0,029	—0,035	—0,040	—0,045
10	—0,016	—0,024	—0,032	—0,040	—0,047	—0,055	—0,063
11	—0,020	—0,031	—0,041	—0,051	—0,060	—0,070	—0,081
12	—0,024	—0,037	—0,049	—0,060	—0,072	—0,084	—0,096
13	—0,029	—0,043	—0,058	—0,071	—0,085	—0,099	—0,113
14	—0,033	—0,049	—0,065	—0,081	—0,097	—0,113	—0,129
15	—0,037	—0,056	—0,073	—0,092	—0,110	—0,128	—0,146
16	—0,042	—0,062	—0,082	—0,103	—0,123	—0,144	—0,163
17	—0,046	—0,069	—0,091	—0,114	—0,136	—0,159	—0,181
18	—0,050	—0,075	—0,099	—0,124	—0,148	—0,173	—0,197
19	—0,054	—0,082	—0,108	—0,135	—0,161	—0,187	—0,214
20	—0,059	—0,088	—0,117	—0,145	—0,174	—0,203	—0,231

A =	3,2	3,4	3,6	3,8	4,0	4,2	4,4
2 A + n							
1	—	—	—	—	—	—	—
2	—	—	—	—	—	—	—
3	—	—	—	—	—	—	—
4	—	—	—	—	—	—	—
5	—	—	—	—	—	—	—
6	—	—	—	—	—	—	—
7	—0,026	—0,027	—	—	—	—	—
8	—0,059	—0,063	—0,066	—0,069	—	—	—
9	—0,090	—0,096	—0,100	—0,106	—0,111	—0,117	—0,122
10	—0,124	—0,131	—0,138	—0,146	—0,153	—0,160	—0,168
11	—0,157	—0,167	—0,177	—0,186	—0,195	—0,204	—0,213
12	—0,189	—0,200	—0,212	—0,224	—0,234	—0,245	—0,256
13	—0,222	—0,236	—0,249	—0,262	—0,275	—0,288	—0,302
14	—0,254	—0,270	—0,285	—0,300	—0,315	—0,330	—0,345
15	—0,287	—0,304	—0,322	—0,339	—0,356	—0,373	—0,389
16	—0,321	—0,341	—0,359	—0,378	—0,398	—0,417	—0,436
17	—0,355	—0,377	—0,397	—0,419	—0,440	—0,461	—0,482
18	—0,387	—0,410	—0,434	—0,457	—0,480	—0,503	—0,526
19	—0,420	—0,445	—0,471	—0,495	—0,520	—0,545	—0,569
20	—0,454	—0,481	—0,508	—0,536	—0,562	—0,589	—0,615

Tabelle

Formel: Stammwürze = 2 A + Extrakt + Korrektur.

1,8	2,0	2,2	2,4	2,6	2,8	3,0	= A
							2 A + n
—	—	—	—	—	—	—	1
—	—	—	—	—	—	—	2
—	—	—	—	—	—	—	3
+0,043	—	—	—	—	—	—	4
+0,023	+0,026	+0,030	+0,032	—	—	—	5
+0,005	+0,006	+0,007	+0,007	+0,008	+0,008	—	6
—0,014	—0,016	—0,018	—0,019	—0,021	—0,022	—0,024	7
—0,034	—0,037	—0,041	—0,045	—0,048	—0,052	—0,056	8
—0,051	—0,057	—0,063	—0,068	—0,073	—0,079	—0,084	9
—0,071	—0,078	—0,086	—0,094	—0,101	—0,109	—0,116	10
—0,090	—0,100	—0,109	—0,119	—0,129	—0,139	—0,148	11
—0,108	—0,119	—0,131	—0,143	—0,155	—0,166	—0,178	12
—0,127	—0,141	—0,155	—0,168	—0,182	—0,196	—0,209	13
—0,145	—0,161	—0,176	—0,192	—0,207	—0,224	—0,239	14
—0,164	—0,182	—0,200	—0,217	—0,235	—0,252	—0,270	15
—0,183	—0,204	—0,224	—0,243	—0,262	—0,282	—0,302	16
—0,203	—0,225	—0,247	—0,269	—0,290	—0,312	—0,334	17
—0,221	—0,245	—0,269	—0,293	—0,317	—0,340	—0,364	18
—0,240	—0,266	—0,292	—0,318	—0,344	—0,369	—0,395	19
—0,260	—0,288	—0,315	—0,344	—0,371	—0,399	—0,426	20

4,6	4,8	5,0	5,2	5,4	5,6	5,8	6,0	= A
								2 A+n
—	—	—	—	—	—	—	—	1
—	—	—	—	—	—	—	—	2
—	—	—	—	—	—	—	—	3
—	—	—	—	—	—	—	—	4
—	—	—	—	—	—	—	—	5
—	—	—	—	—	—	—	—	6
—	—	—	—	—	—	—	—	7
—	—	—	—	—	—	—	—	8
—	—	—	—	—	—	—	—	9
—0,175	—0,182	—	—	—	—	—	—	10
—0,223	—0,232	—0,242	—0,251	—0,260	—	—	—	11
—0,268	—0,279	—0,290	—0,300	—0,311	—0,321	—0,331	—	12
—0,314	—0,328	—0,340	—0,353	—0,366	—0,378	—0,391	—0,406	13
—0,361	—0,375	—0,390	—0,404	—0,419	—0,433	—0,448	—0,462	14
—0,406	—0,423	—0,440	—0,456	—0,472	—0,489	—0,505	—0,519	15
—0,454	—0,474	—0,492	—0,510	—0,528	—0,546	—0,564	—0,583	16
—0,502	—0,523	—0,543	—0,564	—0,584	—0,604	—0,624	—0,644	17
—0,549	—0,571	—0,594	—0,616	—0,639	—0,661	—0,683	—0,705	18
—0,594	—0,618	—0,643	—0,667	—0,691	—0,717	—0,739	—0,762	19
—0,642	—0,669	—0,695	—0,720	—0,746	—0,773	—0,798	—0,824	20

XIV. Abgerundete Atomgewichte der wichtigsten Elemente.

Element	Zeichen	Atomgew.	Element	Zeichen	Atomgew.
Aluminium . .	Al	27,0	Molybdän . . .	Mo	96,0
Antimon . . .	Sb	121,8	Natrium . . .	Na	23,0
Arsen	As	75,0	Nickel	Ni	58,7
Baryum . . .	Ba	137,4	Phosphor . . .	P	31,0
Blei	Pb	207,2	Platin	Pt	195,2
Bor	B	10,8	Quecksilber . .	Hg	200,6
Brom	Br	79,9	Radium. . . .	Ra	226,0
Calcium . . .	Ca	40,1	Sauerstoff. . .	O	16,0
Chlor.	Cl	35,5	Schwefel . . .	S	32,1
Eisen.	Fe	55,8	Silber	Ag	107,4
Fluor.	F	19,0	Silicium . . .	Si	28,1
Gold	Au	197,2	Stickstoff . . .	N	14,0
Helium	He	4,0	Strontium. . .	Sr	87,6
Jod	J	126,9	Wasserstoff . .	H	1,008
Kalium . . .	K	39,1	Wismut. . . .	Bi	209,0
Kohlenstoff . .	C	12,0	Wolfram . . .	W	184,0
Kupfer	Cu	63,5	Zink	Zn	65,4
Magnesium . .	Mg	24,3	Zinn	Sn	118,7
Mangan. . . .	Mn	54,9			

Stichwortverzeichnis.

A.

B.

I.

J.

K.

L.

M.

N.

O.

P.

Q.

R.

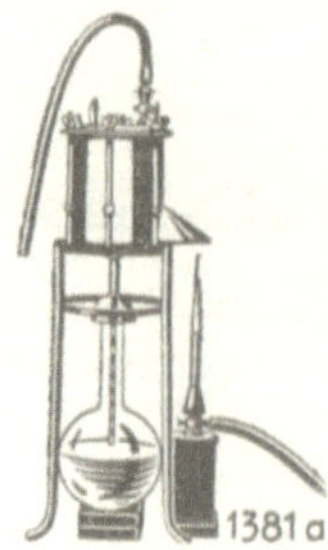

SEITZ

P3
duplex
So
soll sie aussehen,
wenn sie die automatische, bürstenlose Flaschenspülmaschine verläßt. Henkel's P3 duplex das Flaschenreinigungsmittel mit doppelter Reinigungskraft, verschafft Ihnen so einwandfrei gereinigte Flaschen von strahlendem Hochglanz. Lernen Sie P3 duplex kennen. P3 duplex hat sich in Großbrauereien hervorragend bewährt.
HENKEL & CIE A.G. DÜSSELDORF Schließfach 345

Die
FILTERMASSE
von
Weltruf
ENZINGER-UNION-WERKE
MANNHEIM
ORIGINAL
ENZINGER-UNION-FILTERMASSE
ENZINGER·UNION·WERKE AG
MANNHEIM
FILTERASBEST • FILTERSCHICHTEN

Patent-Kronkork
„Knisa“
mit Metall-Öffner

VERZEICHNIS DER ANZEIGENKUNDEN

Seite

Für den Inhalt verantwortlich: Dr. Albert Doemens, München. Für den Anzeigenteil verantwortlich: Jakob Bauer, München. Druckauflage: 1575. Vom Werberate gen. Nr. 8108. Anzeigenpreisliste Nr. 1. Verkaufspreis: RM. 12.—
Verlag: R. Oldenbourg, München und Berlin. Druck: R. Oldenbourg, München.
Printed in Germany.

www.ingramcontent.com/pod-product-compliance
Lightning Source LLC
LaVergne TN
LVHW091041021026
849161LV00002BA/257
9783486769630